中国国家标准汇编

426

GB 23809～23837

（2009年制定）

中国标准出版社　编

中国标准出版社

北　京

图书在版编目(CIP)数据

中国国家标准汇编:2009年制定.426:GB 23809～23837/中国标准出版社编.—北京:中国标准出版社,2010

ISBN 978-7-5066-6002-0

Ⅰ.①中… Ⅱ.①中… Ⅲ.①国家标准-汇编-中国-2009 Ⅳ.①T-652.1

中国版本图书馆CIP数据核字(2010)第165742号

中国标准出版社出版发行
北京复兴门外三里河北街16号
邮政编码:100045

网址 www.spc.net.cn
电话:68523946 68517548
中国标准出版社秦皇岛印刷厂印刷
各地新华书店经销

*

开本 880×1230 1/16 印张 39 字数 1 167 千字
2010年10月第一版 2010年10月第一次印刷

*

定价 220.00 元

ISBN 978-7-5066-6002-0

出 版 说 明

1.《中国国家标准汇编》是一部大型综合性国家标准全集。自1983年起，按国家标准顺序号以精装本、平装本两种装帧形式陆续分册汇编出版。它在一定程度上反映了我国建国以来标准化事业发展的基本情况和主要成就，是各级标准化管理机构，工矿企事业单位，农林牧副渔系统，科研、设计、教学等部门必不可少的工具书。

2.《中国国家标准汇编》收入我国每年正式发布的全部国家标准，分为"制定"卷和"修订"卷两种编辑版本。

"制定"卷收入上一年度我国发布的、新制定的国家标准，顺延前年度标准编号分成若干分册，封面和书脊上注明"20××年制定"字样及分册号，分册号一直连续。各分册中的标准是按照标准编号顺序连续排列的，如有标准顺序号缺号的，除特殊情况注明外，暂为空号。

"修订"卷收入上一年度我国发布的、修订的国家标准，视篇幅分设若干分册，但与"制定"卷分册号无关联，仅在封面和书脊上注明"20××年修订-1，-2，-3，……"字样。"修订"卷各分册中的标准，仍按标准编号顺序排列（但不连续）；如有遗漏的，均在当年最后一分册中补齐。需提请读者注意的是，个别非顺延前年度标准编号的新制定的国家标准没有收入在"制定"卷中，而是收入在"修订"卷中。

读者配套购买《中国国家标准汇编》"制定"卷和"修订"卷则可收齐上一年度我国制定和修订的全部国家标准。

3. 由于读者需求的变化，自1996年起，《中国国家标准汇编》仅出版精装本。

4. 2009年我国制修订国家标准共3 158项。本分册为"2009年制定"卷第426分册，收入国家标准GB 23809～23837的最新版本。

中国标准出版社

2010年8月

目　录

ICS 01.080.01
A 22

GB

中华人民共和国国家标准

GB/T 23809—2009

应急导向系统 设置原则与要求

Safety way guidance systems—Setting principles and requirements

(ISO 16069:2004,Graphical symbols—Safety signs—
Safety way guidance systems(SWGS),MOD)

2009-05-06 发布 2009-11-01 实施

中华人民共和国国家质量监督检验检疫总局
中国国家标准化管理委员会 发布

前　言

本标准使用重新起草法修改采用ISO 16069:2004《图形符号　安全标志　安全导向系统(SWGS)》。

本标准与ISO 16069:2004相比,存在如下技术性差异:

——用GB 2894代替原国际标准中的引用文件ISO 7010,GB 2894在相关技术内容上与ISO 7010一致;

——增加“应急导向标志”术语;

——将表1中的中文字体由“宋体”更改为“黑体”;

——将5.3.4和6.4.3中有关条款统一为“应急导向线应帮助公众绕过障碍”;

——将原文中附录B和附录C由规范性附录更改为资料性附录,并将正文中相关引用改为“宜”。

为了便于使用,本标准还对ISO 16069:2004做了下列编辑性修改:

——由于国家标准中已有GB/T 15565《图形符号　术语》系列标准且该系列标准涵盖了ISO 16069:2004中的大部分术语,因此删除与GB/T 15565重复的术语,改以引用文件的形式;

——将表1中“使用辅助文字的示例”中的英文文字改为中文;

——将原文中“疏散路线标志”和“导向标志”统一为“应急导向标志”;

——将原文中“紧急出口”改为“安全出口”;

——修改表1中的“人形”,使其与国家标准一致;

——将原文中所有标志的版面设计按照国家标准的要求统一。

本标准的附录A、附录B和附录C为资料性附录。

本标准由全国图形符号标准化技术委员会(SAC/TC 59)提出并归口。

本标准起草单位:中国标准化研究院、国务院应急管理办公室、公安部天津消防研究所、建设部标准定额司、国家安全生产监督管理总局、民政部国家减灾中心、中国民用航空总局航空安全技术中心、北京市地震局。

本标准主要起草人:邹传瑜、白殿一、周伟、姚松经、卫明、邬燕云、吴建安、陈永权、刘家伟、张亮、张敬军。

本标准为首次发布。

引 言

随着城市化进程加快、人口聚集程度越来越高，为了保障公众的生命财产安全，对标准化的应急导向系统(SWGS)的需求也应运而生。标准化的SWGS传递必要的安全信息，能帮助公众迅速撤离危险区域，或在发生火灾及其他紧急情况时帮助公众迅速在指定的安全区集合。

规范和统一的SWGS设置原则，能够更好地帮助公众识别并遵循SWGS传递的有关安全撤离的导向信息。此外，标准化的SWGS有助于消防队员和其他救援人员在紧急情况下疏散危险区域内的人群。

为跨越语言障碍有效地传达应急导向信息，本标准中的SWGS采用了箭头等符合国家标准的图形符号和标志。

疏散路线的照明不是SWGS的一部分，而SWGS也不准备代替紧急疏散照明，因此紧急疏散照明未被本标准涵盖。某些场合不需要紧急疏散照明，而在紧急疏散照明不起作用的场合(如烟雾弥漫)，SWGS将会更加有效地协助紧急疏散。然而，通常建议SWGS要与疏散路线照明结合使用，以便使整个SWGS能够发挥更大的作用。

制定本标准的目的是规范SWGS中所用到的各类要素的设计。使用一致的设计要素进行设计可以加强公众对SWGS的认识，帮助公众在紧急情况发生时迅速识别导向信息并撤离现场。

本标准并不涵盖风险评估。通常说来，需要针对不同风险情况采用不同类型和布局的SWGS。SWGS的具体实践和最终设计要由专业人员承担。

应急导向系统　设置原则与要求

重要提示：虽然本标准印刷版本中的颜色符合（根据目测检验在容许偏差内）GB/T 2893.1 的要求，但不能将印刷版本用于颜色的匹配。有关颜色匹配的要求，请参考 GB/T 2893.1 中对安全色的色度属性和光度属性的规定及安全色在颜色体系中的参考值。

1　范围

本标准规定了公共建筑物内应急导向系统（safety way guidance systems，SWGS）的规划、设计和设置的原则与要求。

本标准适用于公共建筑物内 SWGS 中电光源要素和磷光要素的设计与设置，也适用于根据 SWGS 的使用环境、材料、设计、安装和维护来确定 SWGS 中的不同要素。

本标准不适用于触摸式和听觉类应急设施的设计与设置，也不适用于应急照明系统的设计和设置（尤其是疏散路线照明的设计和应用），除非用于疏散路线上应急设备或疏散路线上特征位置（如安全出口或楼梯）的照明设计。

本标准不适用于水路和海运中船只的 SWGS 的设计和设置。

2　规范性引用文件

下列文件中的条款通过本标准的引用而成为本标准的条款。凡是注日期的引用文件，其随后所有的修改单（不包括勘误的内容）或修订版均不适用于本标准，然而，鼓励根据本标准达成协议的各方研究是否可使用这些文件的最新版本。凡是不注日期的引用文件，其最新版本适用于本标准。

GB/T 2893.1　图形符号　安全色和安全标志　第 1 部分：工作场所和公共区域中安全标志的设计原则（GB/T 2893.1—2004，ISO 3864-1：2002，MOD）

GB 2894　安全标志及其使用导则

GB/T 15565（所有部分）　图形符号　术语

GB/T 2900.65　电工术语　照明（GB/T 2900.65—2004，IEC 60050-845：1987，MOD）

IEC 60364-5-55　建筑物电气安装　第 5-55 部分：电气设备的选择和架设　其他设备（Electrical installations of buildings—Part 5-55：Selection and erection of electrical equipment—Other equipment）[1)]

IEC 60598-2-22　光源　第 2-22 部分：特殊要求　紧急照明光源（Luminaires—Part 2-22：Particular requirements—Luminaires for emergency lighting）

CIE 出版物 69：1987　照度计特性化方法和照度计：性能、特征和规格（Methods of characterizing illuminance meters and luminance meters：Performance，characteristics and specification）

3　术语和定义

GB/T 15565 和 GB/T 2900.65 界定的以及下列术语和定义适用于本标准。

3.1

应急时间　period of use

〈应急导向系统〉应急导向系统有效发挥作用的预期时间。

1）　IEC 60364-5-55 和其单独的修改件及其标准汇编本均有效。

3.2

应急导向标志　safety direction sign

由箭头与安全出口图形标志和(或)文字组成的标志。

4　应急导向系统(SWGS)的规划

4.1　一般要求

由于 SWGS 非常复杂并且使用的要素多种多样,因此规划阶段应考虑下述因素:

——使用疏散路线的预期人数;

——建筑物内人员的人口统计特征;

——建筑物内人员从事的主要活动类型;

——疏散开始前的预期延迟时间;

——建筑物的类型、规模、使用情况和所在位置;

——疏散路线的复杂程度、方向变化和楼层变化引起混乱的可能性;

——可能遇到的特定危险源;

——需要使用疏散路线的特定危险源;

——现有应急疏散路线的特征,例如楼层平面图;

——要素的组合使用,以便在特定的危险情况下(如烟扩散、地震和碰到障碍物或出现拥堵)疏散人群。

注:如果亮度或光强度较高,那么视觉要素在烟雾条件下能在更远的观察距离处可见。烟雾条件下的背景照明会使很多要素变得模糊,可见度降低。出于以上原因,表面发光的透射要素的可见度更佳。

4.2　要素的选择

选择应急导向系统中的要素时应考虑:

——对高位和低位要素(SWGS 的关键视觉要素)的需求;

注 1:通用设计原则是随着亮度、亮度对比度和尺寸的增加,在周边环境中应急导向要素将更加显著,同时,在视线方向上,标志和信息也将更加清晰和易于理解。

——本标准中对要素的最小光度特性和最小尺寸的规定;

注 2:不论什么情况,要素的显著性、可识别性和清晰度与要素的尺寸、亮度和设置密度成正比。

——在光源环境下磷光要素正常工作的条件;

——对应急备用电源的需求,以便在正常电源故障的情况下自动为电光源要素(如照明和标志)供电;

——对高位应急导向标志的需求,以便在正常使用以及正常电源故障的情况下都能够有效疏散公众;

——对低位、中位应急导向标志和应急导向线的最低需求,以保证磷光要素在照明故障后以及电光源要素在电源故障后的黑暗环境中在应急时间内的使用。

按照本标准,应急导向系统的有效应急时间宜不少于 60 min。

5　SWGS 的基本设计原则

5.1　设计目标

5.1.1　一般设计要求

SWGS 应提供一致、连续的信息,以便公众能从危险区域有序地疏散到集合区。

可按照本章、第 6 章和第 7 章使用各种应急导向要素传递应急导向信息。

5.1.2　疏散路线的连续性

在设置 SWGS 的要素时,应保证疏散路线从危险区域到集合区的连续性。从危险区域到疏散路线终点之间,应保证应急导向线在视觉上的连续性和显著性,并应完整地标示疏散线路的边界。

5.1.3 视觉的强化

应急导向标志应按照一定间隔重复设置，设置数量应保证信息的一致性和连续性。

高位、中位和低位应急导向标志的设置密度和视觉强化程度应根据建筑物预期出现的危险源确定。

低位应急导向标志应与应急导向线组合设置或尽量靠近应急导向线设置。如果可行，高位和中位应急导向标志应在低位重复设置。

5.1.4 位置的选择

原则上应急导向线应设置在低位，且观察距离应大于 30 m，应急导向标志的观察距离应大于 5 m。

为了加强视觉效果，帮助公众更好地辨认疏散路线沿途的导向栏杆、扶手或者其他建筑构件，可在距离地板 1.20 m 处增设应急导向标志和应急导向线，加强疏散路线在中等观察距离(10 m～20 m)时的视觉效果。

高位应急导向标志的设置位置应满足中等观察距离(10 m～20 m)至远距离(20 m～30 m)观察的要求。高位应急导向标志应标示疏散路线沿途上的分岔点或中途点、最终目的地，高位应急导向标志应安装在疏散路线沿途的所有安全出口和终端出口的门的上方。

应急导向标志可设置在疏散路线沿途墙面高度 1.20 m～1.80 m 的区域，加强中等观察距离(10 m～20 m)的视觉效果。

5.1.5 要素的可见度和颜色

所有 SWGS 要素的颜色、形状和图形符号应符合 GB/T 2893.1 和 GB 2894 的要求。在任何满足设计规定的环境里，已启用的 SWGS 的所有要素与周边环境的亮度对比度应不小于 3。

注 1：亮度低于 2 cd/m^2 的低位和中位要素的颜色要求参见 GB/T 2893.1。

注 2：电光源要素和非电光源要素的颜色使用要求见第 6 章、第 7 章。

5.1.6 目的地

应使用 SWGS 要素突出和强调疏散路线上的中途点(如疏散路线上的安全出口、集合区、避难区)和最终目的地。

5.1.7 避免节点处方向混淆

SWGS 应避免提供多条可选路线，以免疏散时造成不确定性和混乱。当从某一节点至最终目的地有多条路线且距离相等时，应在该节点之前设置应急导向标志以便鼓励公众沿着任一路线疏散。

5.1.8 袋形走廊

应在袋形走廊入口之前和袋形走廊内增设高位、中位和低位应急导向标志，使公众远离袋形走廊沿疏散路线撤离。

注：典型袋形走廊的 SWGS 设计示例参见附录 A 的图 A.11。

5.1.9 减少信息干扰和信息混淆

SWGS 要素应是主要标志。公共信息标志和一般的建筑设施标志的颜色应与指定疏散路线上 SWGS 要素的颜色明显不同。

注：通过增加 SWGS 要素的尺寸、设置密度和亮度，或者缩小干扰信息的尺寸，降低干扰信息的亮度，均能实现减少信息干扰的目的。

5.1.10 多层建筑

在多层建筑物内的所有楼梯间应设置楼层编号。在每一楼层或者通向安全出口的主要走廊应设置楼层平面图以帮助确定方位。

5.1.11 消防和应急设备位置的标志

应使用 GB/T 2893.1 和 GB 2894 中相关安全标志标示疏散路线沿途或附近的消防设备和应急设备的位置。不应使用带箭头的导向标志标示疏散路线沿途或附近的设备的位置。

消防设备和应急设备周边区域也可按照 GB/T 2893.1 采用相关安全标志标示。

注：这些标志和标记向公众提供辅助的视觉方位信息。

5.2 应急导向标志使用的一致性和明确性

5.2.1 一般要求

依照本标准设计的SWGS应符合GB/T 2893.1和GB 2894中关于安全出口图形标志和箭头的要求(见表1)。

疏散路线沿途所有安全出口门上的安全出口图形标志应配有向上箭头,表示“由此向前”。

注1:辅助文字会使标志更为醒目。

注2:中位和低位应急导向标志可用由ISO 7010中的箭头标志代替。

表1 单独的或有辅助文字的应急导向标志示例

含义	只使用图形符号和箭头	使用辅助文字的示例	使用双语辅助文字的示例
方向右下(指示楼层变化)		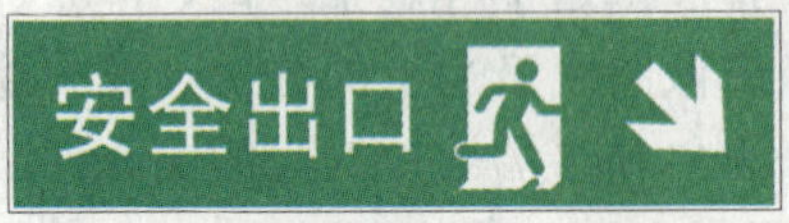	
a) 方向右上(指示楼层变化) b) 悬挂在开阔区域,指示右前		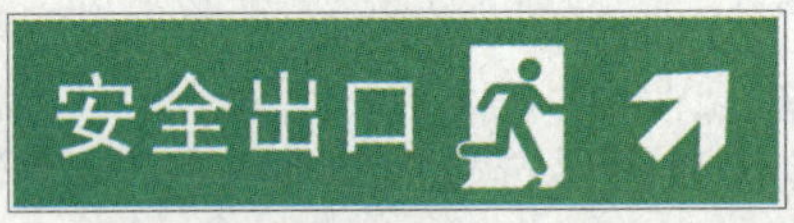	
方向左下(指示楼层变化)			
a) 方向左上(指示楼层变化) b) 悬挂在开阔区域,指示左前			
a) 前行(指示行进方向) b) 在门上方,指示由此穿过后前行(指示行进方向) c) 前行向上(指示楼层变化)			
右行(指示行进方向)			
左行(指示行进方向)			
下行(指示楼层变化)			

图1 设置在地面上的应急导向标志示例

5.2.2 使用的一致性

应急导向标志(如表1和图1所示)应仅用于表示疏散方向。所有应急导向标志(包含高位、中位和低位)中的图形符号应与箭头结合使用。箭头所示方向应与疏散方向一致。

5.2.3 设置位置

应急导向标志的确切含义取决于安装位置。在方向发生变化、疏散路线上的门以及向建筑物上一层疏散的位置尤其应选择恰当的应急导向标志。

5.3 使用不同视觉要素的设计原则

5.3.1 到最近出口或安全区的SWGS设计

5.3.1.1 一般要求

在应急时间内,疏散路线上所有可能位置和疏散路线沿途邻近区域,应急导向标志均应提供清晰无误、明确的导向信息。应急导向标志应延伸至安全区或集合区。为避免混淆和犹豫,应保证应急导向线在视觉上的连续性,并减少断点。

SWGS要素的设置应有助于避免可能的危险。

注:单个要素的技术设计参数见第6章和第7章。

5.3.1.2 应急导向标志

紧急情况下使用的所有出口以及疏散路线沿途的关键位置均应在高位设置安全出口标志,以便指示到下一个安全出口、安全区或者集合区的方向,同时也为邻近区域指示疏散路线的位置。

如果在观察距离内无法直接看到安全出口标志,应设置一系列出口导向标志帮助引导公众向安全出口方向疏散。中位应急导向标志之间的最大间距应为10 m。

5.3.1.3 应急导向线与辅助的方向箭头

应急导向线应包含以下要素:

——点光源:光发射区域小于100 mm^2,并按照最大间隔0.2 m布置的一系列光源;

——非连续光源:光发射区域的面积应大于或等于50 mm×100 mm,最大间隔按照6.2.3中要求布置的一系列光源;

——不同尺寸和亮度的线光源:连续的应急导向线。

疏散路线沿途除设置高位应急导向标志以外,还应在低位设置带有方向信息的应急导向线,以便清晰地指示疏散路线。应尽可能保持应急导向线的连续性。除疏散路线上有门的位置,应急导向线的断点的宽度不应大于0.2 m。当疏散路线沿途有门时,墙上或地面的应急导向线断点的最大宽度可为1 m,或者应在门口地面上设置连续的应急导向线。门扇上不应标示应急导向线。

因走廊交叉导致墙上的应急导向线断开时,宜增设地面应急导向线或者在走廊对面的墙上设置带应急导向标志的应急导向线。

墙上的低位应急导向线距离地板平面的最大高度应为0.4 m。如果墙上的低位应急导向线有断点,可在断裂位置设置连续的地面应急导向线。

表1和图1中的应急导向标志应沿疏散路线按照最大间隔5 m标示,还应在关键位置(如分岔口和方向改变的位置)标示。

当地上的应急导向线距离墙壁0.5 m以内时,应急导向标志直接设置在墙上。此时,应急导向标志与地板平面的高度不应大于0.4 m。

5.3.1.4 疏散路线边界的标记

宜在疏散路线的两侧同时设置应急导向线。宽度为2 m以内的疏散路线，可仅设置一条应急导向线，此时应急导向线可设在地面上或者墙上。

在房间内或者开阔空间内，疏散路线的两侧均应设应急导向线，或者使用应急导向线标示通过该区域的行进通道。

5.3.1.5 楼梯、坡道和梯子的标记

应急导向线应使用墙面标记表示楼梯、单个台阶或坡道的轮廓线或倾斜度。应清晰地标出楼层变化的起始点、中途和终点。应标记或者照亮楼梯的水平部分，还宜标记或照亮楼梯的垂直部分。

宜在楼梯的扶手或中央支撑部位上设置应急导向线。

5.3.2 安全出口门的标记

应标记疏散路线沿途的门和终端安全出口门。

门的标记可采用标记门框、门把手和其他开启设施，或者出口照明的方式实现。

应清晰地标明门的开启机制区域、开启方法和开启方向。

注：可在门扇上设置GB 13495中的"推开"或"拉开"标志，标示门的开启方向。

如果在门的标记系统中设有应急导向标志，则应设置在与门开启机制等高的位置。

5.3.3 消防设备、应急设备和安全设备以及报警装置的标记

应将符合GB 2894要求的消防设备安全标志和应急设备安全标志设置在相应位置。应使用相应的安全标志醒目地标示紧急情况下使用的通信设备(这种通信设备应设在每个呼叫点和电话机所在位置)。应标记或照亮设备的背景区域。

5.3.4 特殊危险源的识别

应设置警告标志标示，诸如电气设备和压力容器等危险源的位置和种类。

应使用GB/T 2893.1中的适当安全标记标示疏散路线中的障碍物(如墙壁凸起、柱子和设备等)。

应急导向线应引导公众绕过障碍和突起的地方。

5.3.5 集合区和安全区的识别

应按照GB/T 2893.1和GB 2894的要求在人员集合区和安全区设置相应的安全标志。应急导向标志应引导公众从出口、安全出口疏散到集合区。

5.3.6 平面图的设置

楼层平面图应设在各层醒目位置，提供方位信息、指示疏散路线并指示到最近安全出口的疏散路线。

应标记或照亮楼层平面图。

5.3.7 无障碍疏散路线的标记

如根据行动不便人群的特殊需求专门设计了疏散路线，则应专门地标示。如为有特殊需要的人专门提供的避难场所和设备，同样应专门地标示。

6 电光源要素的特殊要求

6.1 一般要求

采用电光源要素的SWGS除配备主电源外，还应配有备用电源，以防主电源发生故障。备用电源应能提供SWGS所有电光源要素在应急时间内的电力供应，以保证要素的可见度。此外，采用电光源要素的SWGS应能在建筑物可能出现的各种危险情况下均能启用。

当启用SWGS时，宜在5 s内达到6.2的最低光度要求。

注：电光源要素的SWGS的设计基础是为了保证疏散路线沿途及临近区域的所有视觉要素的良好可见度。这种可见度取决于要素的照明特性、位置和几何尺寸。

在SWGS的基础上可增设闪光、音响(警报)信号、具有"动画效果"的动态系统和提供安全信息的远程控制应急导向标志。

6.2 应急导向线、高位应急导向标志的要求

6.2.1 由点光源构成的应急导向线(辅以应急导向标志)

点光源的间距应不大于 200 mm。

点光源的发光强度应不小于 30 mcd。如果烟雾和(或)明亮环境下的醒目度是首要考虑因素,则发光强度应不小于 100 mcd。

注 1:点光源的发光强度可以由一簇点光源产生。

应急导向标志应设在应急导向线附近或与之组合使用。

由发光源构成的应急导向标志应使用 GB 2894 中的图形符号(见表 1),当设在地板上时采用图 1 的标志。应急导向标志的设置高度应高于 30 mm。绿色的最低亮度应为 20 cd/m^2。对比色应为白色或黑色,当对比色为白色时其亮度至少为绿色的 5 倍。

注 2:黑色对比色与绿色自动形成对比。

点光源形成的应急导向标志可用于照亮应急导向标志中的图形符号,且图形符号应符合 GB/T 2893.1 的要求(见表 1),或者用于照亮地板上的标志(见图 1)。点光源的颜色应为绿色。图形符号的最小边长应为 80 mm。点光源的最小间距应为 5 mm。

6.2.2 由线光源构成的应急导向线(辅以应急导向标志)

应急导向线的线光源亮度应不小于 20 cd/m^2。在黑暗环境中并且烟雾不是首要考虑因素时,亮度可降低到 2 cd/m^2。

为了确保明亮环境中应急导向线的醒目性,应急导向线的颜色应为绿色(背景为绿色时除外)或者线光源的亮度至少为环境亮度的 2 倍。采取在线光源两侧各加一条宽度至少 5 mm 的对比带也能保证应急导向线与环境形成足够的反差。如果使用对比带,白色的线光源则应使用黑色对比带,而绿色的线光源应使用黑色或白色对比带。

线光源最窄应为 10 mm。

注:10 mm 线光源可用两条宽度为 5 mm、间距小于 1 mm 的线光源组成。

应急导向标志可设在应急导向线附近或与之组合使用。单独的应急导向标志的最小边长应为 30 mm。如果线光源的宽度大于或等于 30 mm,应急导向标志的图形符号也可直接设在线光源上。

应急导向标志的图形符号应使用 GB/T 2893.1 中的图形符号(见表 1),当设在地板上时采用图 1 中的标志。

使用白色线光源的应急导向标志,白色的亮度至少应与线光源的亮度相同。

使用绿色线光源的应急导向标志,绿色的亮度至少应与线光源的亮度相同。可用黑色对比色替代应急导向标志中的白色。

可使用由符合 6.2.1 规定的点光源构成的应急导向标志。

6.2.3 非连续光源构成的应急导向线

非连续绿色光源的平均亮度应不小于 20 cd/m^2。当在黑暗环境中且烟雾不是首要考虑因素时,绿色的亮度最低可以降低到 2 cd/m^2。对比色应为白色且亮度应为绿色亮度的 5 倍。

非连续光源的最小发光面积应为 50 mm×100 mm,并且应使用 GB/T 2893.1 中的图形符号(见表 1),当设在地板上时采用图 1 中的标志。

非连续光源的最大间距应为 4 m。如果要求 SWGS 在烟雾环境下可视,则最大间距应降低到 2 m。如果门的位置导致应急导向线出现 2 m 以上的断裂,则应立即在门侧沿疏散路线方向增设光源。

6.2.4 高位安全标志

高位安全标志应符合 GB/T 2893.1 和 GB 2894 的要求。如果烟雾和(或)在明亮环境下的醒目性为首要考虑因素,则白色对比色的平均亮度应不低于 500 cd/m^2(在无烟环境下,距离因数 z 为 200)。当与磷光要素联合使用,电源出现故障时,这些安全标志应自动在周围黑暗的环境中暗淡下来,以避免眩光,确保 SWGS 的可见度。

6.3 标记

6.3.1 楼梯和坡道的标记

应按5.3.1.3和5.3.1.5的规定设置应急导向线。楼梯梯级前缘应选择下述方式之一进行标记:

——所有楼梯梯级前缘设置由线光源或点光源组成的发光条;

——用应急导向线或增设的楼梯光源照亮所有楼梯梯级前缘,以确保楼梯梯级中央部位的最低亮度为1 lx。

楼梯光源可位于邻近的墙壁上(与楼梯的最大距离为400 mm),或在梯级垂直部分设置光源。宜在水平及以上方向遮蔽光源,以避免眩目。

应使用应急导向线或增设的光源照亮地板或坡道的地面,以确保坡道中央部位地面的最低亮度为1 lx。

为了方便测量,可在离地板20 mm高度处测量亮度。

6.3.2 门和安全出口的标记

应按5.3.2的规定标记疏散路线沿途的安全出口门和终端安全出口门。如果烟雾是首要考虑因素,则应按5.3.2的规定用发光条标记门框。

如果烟雾不是首要考虑因素,则门前地板处的亮度应至少为1 lx。

如果用照明标记安全出口门,则门前地板平面的亮度应至少为1 lx。

为了方便测量,可在离地板20 mm高度处测量亮度。

注:所需的照明可以由门上方设置的高位透射应急导向标志提供,也可以由高位光源提供。

6.4 消防设备、应急设备和安全设备

6.4.1 消防设备、应急设备和安全设备的识别和定位

宜采用至少50 cd/m^2的光源从背面照射或采用至少5 lx的垂直照明从前面照射消防和应急设备。见第5章。

6.4.2 报警装置和电话的识别和定位

应使用相应的安全标志突出标示紧急情况下使用的通信设备(这种通信设备应设在每个呼叫点和电话机所在位置)。此外,宜采用至少50 cd/m^2的光源从背面照亮或者采用至少5 lx的垂直照明从前面照射这些设备。

6.4.3 特殊危险源的识别

应设置警告标志以识别危险源的种类和位置。

应使用GB/T 2893.1中的安全标记标示疏散路线中的障碍(如墙壁凸起、柱子和设备等),亮度至少达到1 lx。

应急导向线应引导公众绕过障碍和突起的地方。

6.5 电光源要素的应急电源及其操作条件

应急电源及其操作条件应符合IEC 60598-2-22和IEC 60364-5-55的要求。

如使用中央电源,SWGS的要素应按IEC 60364-5-55的要求,由至少两条电路交替供电。

注:IEC 60364-7针对不同类型的建筑物提出了要求。

6.6 文件编制和日志

应提供日志记录日期和证据,日志应包括以下内容:

——验收协议;

——安装平面图;

——电源和灯的类型和功率;

——所有修改和检查、维护的结果;

——供应商资料;

——检查协议。

6.7 检查和维护

应按照 IEC 60364-5-55 的要求进行检查和维护。

7 磷光要素的特殊要求

7.1 一般要求

至少在 1 h 的应急时间内应保证磷光要素在设计视距内的可见度。

注：在这段时间内，公众慢慢适应了黑暗的环境。

无论是否有紧急照明，SWGS 的磷光要素均应与周围环境形成足够对比，以便于辨认。

磷光要素的表面应在紧急情况发生前就有足够照明。

7.2 SWGS 的磷光要素及其位置

7.2.1 一般要求

在明亮的正常照明条件下，磷光要素的设计应符合 GB/T 2893.1 的色度和光度特性要求。

注 1：如果没有其他外部光源，当亮度低于 2 cd/m^2 时，这些标志和标记将失去显色性，但是人眼的对比度和暗适应性将使标志和标记保持在设计观察距离处的可见度和清晰度。

注 2：磷光 SWGS 由一系列磷光要素(包括应急导向线、安全标志和应急导向标志)构成。在明亮环境或者应急照明条件下，通过表面对比度或者磷光对比带(与安全色形成对比)能保证这些要素的显著性。如果没有其他外部光源，所有要素的显著性由其照明特性和特殊的黄绿磷光色决定。

注 3：SWGS 中磷光要素的设置数量和密度取决于疏散路线的复杂度。所有附加的应急导向标志为疏散路线提供视觉提示，并因此让疏散人员更为安心和自信。

7.2.2 连续的应急导向线

应根据第 5 章(尤其是 5.3.1.2、5.3.1.3)和 7.4 的要求用磷光材料制作应急导向线，并将其作为地面或墙上的线光源，以标示整个疏散路线。

7.2.3 危险源的标记

应使用磷光标记突出显示柱子、扶壁和拐角等危险源。应使用磷光标记标示疏散路线上的障碍物，磷光标记的设计应符合 GB/T 2893.1 中的要求。

7.2.4 辅助的地面标记

辅助的磷光地面标记(如脚印、V 形或点等)可用于引导公众沿疏散路线前进。辅助的地面标记应设置在疏散路线的边界内，不应取代表 1 和图 1 中属于应急导向线的应急导向标志。

7.2.5 楼梯和坡道标记

7.2.5.1 一般要求

除随楼梯或坡道倾斜的应急导向线外，梯级垂直部分和(或)楼梯侧面应使用磷光材料标示，以便勾勒出各级楼梯或坡道的轮廓。可在扶手、栏杆尤其是扶手和栏杆的拐弯处增设标记。对于多层建筑物的楼梯间，应在楼梯平台粘贴磷光标志，表示如下信息：楼梯标志，楼层，能否重新进入(如果不能，是否有最近的上行和下行楼层以供再次进入)。

7.2.5.2 楼梯前缘的标记

应使用宽度为 20 mm 以上的磷光带形标记标示每个梯级前缘。这些标记不应有导致绊倒或者滑倒的隐患。

7.2.5.3 扶手的标记

紧邻墙壁设置的扶手应使用磷光材料强调。设置在通道或者楼梯中间的扶手应在扶手或支撑杆上标示。

7.2.6 安全出口门框的标记

7.2.6.1 一般要求

终端安全出口门和疏散路线沿途的安全出口门应使用宽度 25 mm 以上的磷光带标示门框。门框的门把手一侧应设置从地板直至门把手高度的连续的磷光标记。当观察距离为 20 m 以上时，整个门框宜用磷光材料标示出来。

7.2.6.2 门把手和开启设备的标记

应采用磷光材料突出安全出口门上的门把手或开启设施，并应设置相关开门的说明。

7.2.7 应急导向标志

磷光应急导向标志应如表1所示，并设置在中位和低位，也可采用墙面附着式或者悬挂式安装以提供准确的导向信息。设置在地面上的导向标志应如图1所示。

可在应急导向线上提供辅助信息(如至出口的距离和次要疏散路线的标记)。

低位应急导向线的导向标志宽度应与应急导向线等宽(应急导向线的宽度是7.4中照明公式的因子)，并应不小于50 mm。

注：高位应急导向标志的要求见6.2.4。

7.2.8 安全设备的标记

疏散路线沿途设置的消防设备和应急设备应采用磷光材料标示轮廓，并应使用GB/T 2893.1中的安全标记。应使用磷光安全标志标示消防设备的位置，安全标志如GB 2894所示。

7.2.9 其他视觉标记和安全信息

可设置磷光标志提供更多的视觉信息并作为黑暗中的光源，这些磷光标志提供如下信息，诸如在紧急情况下采取的行动、疏散平面图、指令性的须知和指示。

7.3 SWGS中磷光要素的亮度要求

7.3.1 最低亮度特性

当按照附录B测试时，作为SWGS要素的磷光材料，其延迟特性的最低亮度要求宜与表2相符。

注：材料亮度特性的提高、SWGS要素面积和设置密度的增加、激发照明亮度的提高均能增强系统的效能。

表2 延迟特性的最低亮度要求

消隐时间 min	亮度 mcd/m^2
10	20
60	2.8
340	0.3

7.3.2 安装位置所需的最低亮度

疏散路线宜始终保证正常照明，疏散路线中央部位正常的平均照度宜为50 lx，墙上设置的要素的最低平均亮度宜为25 lx，或者适当考虑建筑类型、居住条件和正常照明条件下合适的平均亮度。现场照明15 min激发后应符合表3中亮度值的要求。

如果安装位置的要素的亮度符合表3的要求，那么SWGS的应急时间为60 min。

注1：安装要素的亮度特性取决于磷光材料的固有性能、启用前的照明水平和类型。

注2：磷光SWGS中要素在黑暗环境中的可见度取决于要素的亮度及其面积。

注3：亮度测量方法参见附录C。

表3 安装要素的最低亮度要求

消隐时间 min	亮度 mcd/m^2
10	≥15
60	≥2
注：本表所列的要求为最低要求。材料亮度特性的提高、SWGS要素面积和设置密度的增加、激发照明亮度的提高均能增强系统的效能。	

7.4 低位应急导向线的宽度

最低亮度要求符合7.3.1和7.3.2规定的应急导向线，其最小宽度应为100 mm。当最小宽度减少时，低位应急导向线的磷光材料的亮度可按公式(1)相应增加。应同时满足 10 min 的亮度值和 60 min 的亮度值要求。

$$L' = L\left(\frac{100}{d'}\right)^2 \qquad \cdots\cdots(1)$$

式中：

L'——表示亮度的增加值，单位为 mcd/m^2；

L——表示根据表 3 的最低亮度，单位为 mcd/m^2；

d'——表示应急导向线宽度的减少值。

磷光 SWGS 的效能是材料亮度和面积的函数，宜在设计时提供较大面积的材料以便为公众提供更多便利。

SWGS 非连续部分的要素的亮度特性宜与应急导向线的亮度特性相同。

7.5 照明要求

为保障照明，以下条款应作为建筑物安全管理系统的一部分。

注 1：在启用前磷光 SWGS 的所有要素均需有足够的激发亮度。

注 2：亮度和时间均会对磷光要素的效能产生影响。

安装完毕，应记录照明类型和照明等级，同时应详细记录包括均匀散射灯在内的照明设备和装置的资料。

建筑物的安全管理系统应要求保障所有时间的正常照明，在建筑物全部使用前至少提前 15min 提供照明或根据安装说明的要求提供照明。

尤其应该采取措施防止意外事故和(或)未经授权拆除或关闭激发照明。

7.6 照明和亮度的检验

安装时，宜参照附录 C 测量磷光材料在黑暗中的激发亮度和适光亮度。应在高位、中位和低位以及应急导向线上测量亮度。尤其宜注意发生最低激发照明的区域。所测亮度应达到 7.4 中磷光材料亮度的最低值。

制造商和安装商应提供所有安装要素的亮度数据和现场照明条件下的预计亮度数据(数据参照附录 B 测试)。

7.7 文件编制和日志

应提供日志记录日期和证据，日志应包括以下内容：

——验收协议；

——安装平面图；

——照明类型和照明级别以及为确保照明所采取的预防措施；

——所有修改和检查、维护的结果；

——供应商资料；

——检查协议；

——所用材料的标准样品。

7.8 检查和维护

应指定专人按一定间隔时间持标准样品对磷光要素进行目测对比检查和清洁。若发现有要素退化、变色或丢失的情况，应记录在日志上并立即更换。应检查光源是否正常运行。若灯泡和光源丢失或出现故障，应予以记录并修理或更换。

与安全相关的光源维护程序请参照国家有关要求。详细信息和方法参见 IEC 60364-5-55。

宜按照附录 C 测量现场亮度属性。应按照 7.4 公式所确定的 10 min 和 60 min 最低亮度检查相应宽度的磷光材料的亮度值。如果亮度值低于 7.4 所列数值，则应予以更换。

安装磷光要素时，应将与所安装材料相同的标准样品连同产品文件一起放于避光箱内。

附 录 A
（资料性附录）
SWGS设计示例

本附录给出的SWGS设计示例(图A.1～图A.21)是为了说明符合SWGS良好规范的一些要素集合。

本附录仅列出典型示例,并不包括所有设计类型。其他设计示例也可根据风险评估的必要程度或者根据疏散路线的特殊设计标准进行选取。

本附录描述的部分SWGS要素是为了更好地理解示例。

单位为米

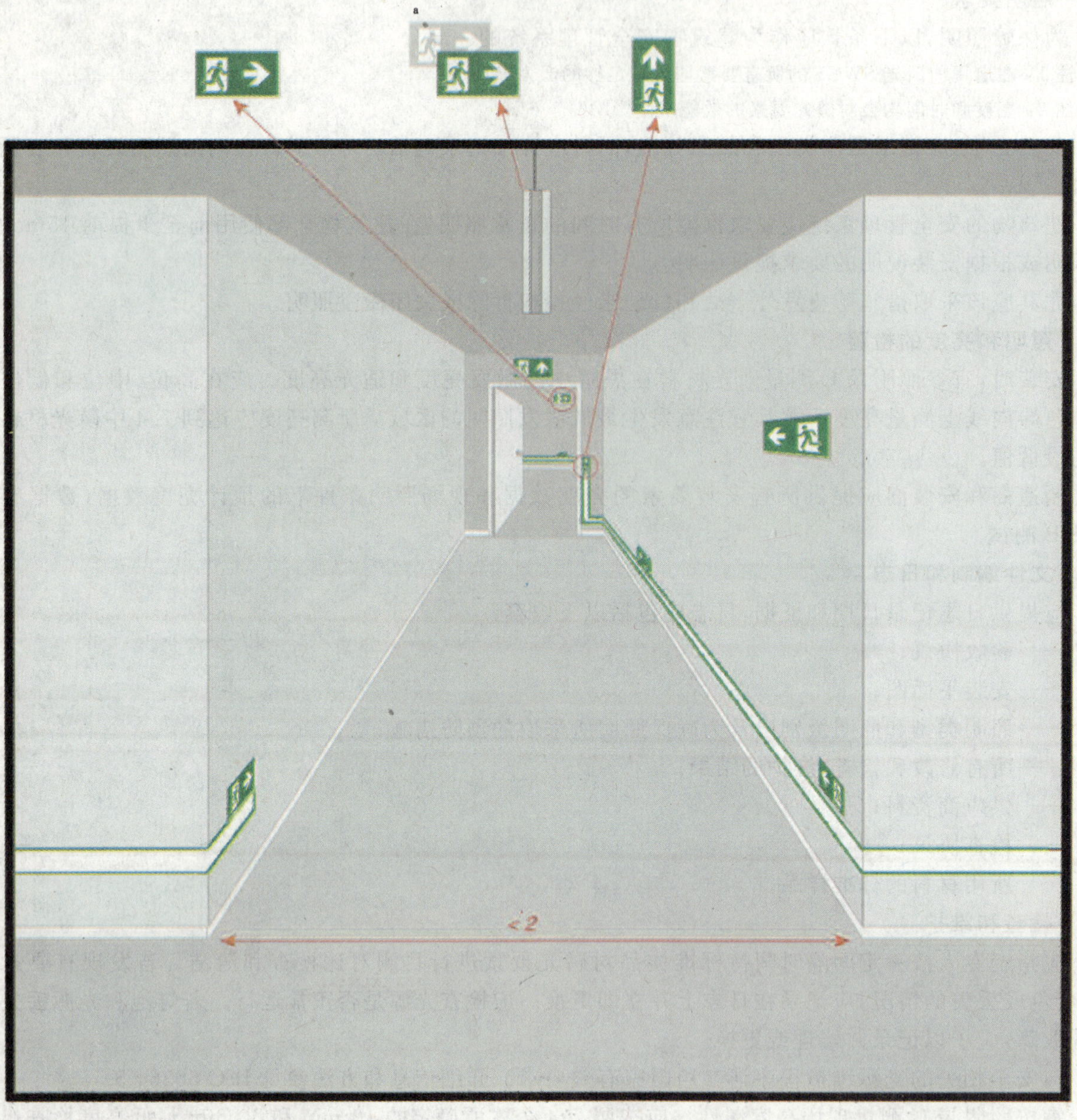

本图举例说明了针对典型疏散路线的一种SWGS的设计方案。

a 高位双面应急导向标志(悬于天花板)。

图A.1 走廊宽度不超过2 m、长度不超过10 m的T形路口的设计示例

单位为米

本图举例说明了针对典型疏散路线的一种 SWGS 的设计方案。

[a] 高位单面透射应急导向标志。

[b] 高位双面透射应急导向标志(悬挂式或在天花板上),采用照明突出 T 形路口。

[c] 与门把手等高的透射应急导向标志。

[d] 高位单面透射应急导向标志,采取照明突出门。

[e] 带有应急导向标志的应急导向线。

图 A.2　宽度不超过 2 m、笔直走廊的 T 形路口的设计示例(采用照明突出门和 T 形路口)

单位为米

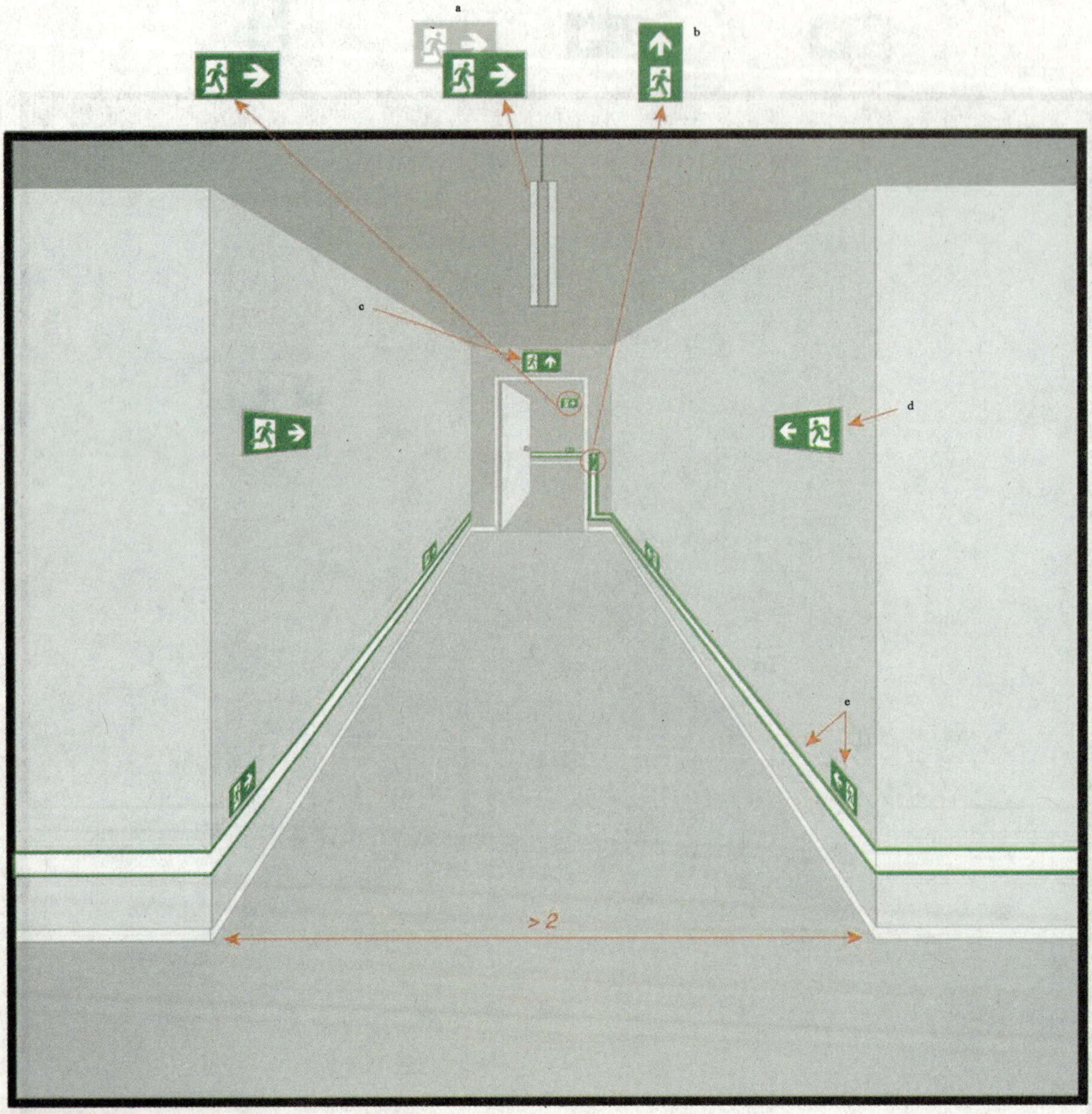

本图举例说明了针对典型疏散路线的一种 SWGS 的设计方案。

a 高位双面透射或外部照明应急导向标志(悬挂式或在天花板上)。

b 门框和门把手指示。

c 高位单面透射或外部照明的应急导向标志。

d 中位应急导向标志。

e 带有应急导向标志的应急导向线。

图 A.3　宽度超过 2 m,两侧配有低位应急导向线的走廊设计

单位为米

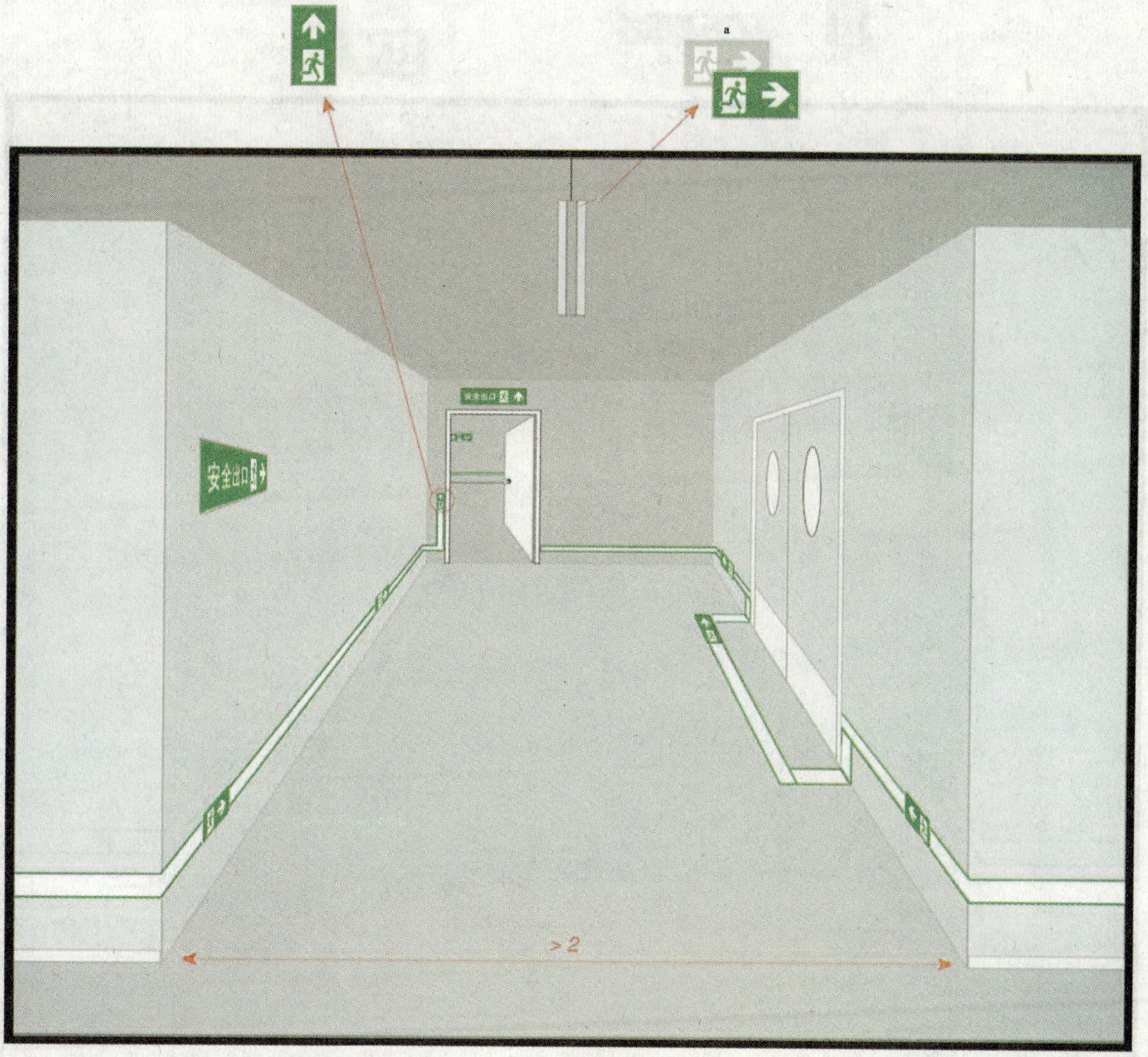

本图举例说明了针对典型疏散路线的一种 SWGS 的设计方案。

a 高位双面应急导向标志(悬于天花板)。

图 A.4　宽度超过 2 m、有门(用地面导向线区分)的笔直走廊的 T 形路口设计示例

单位为米

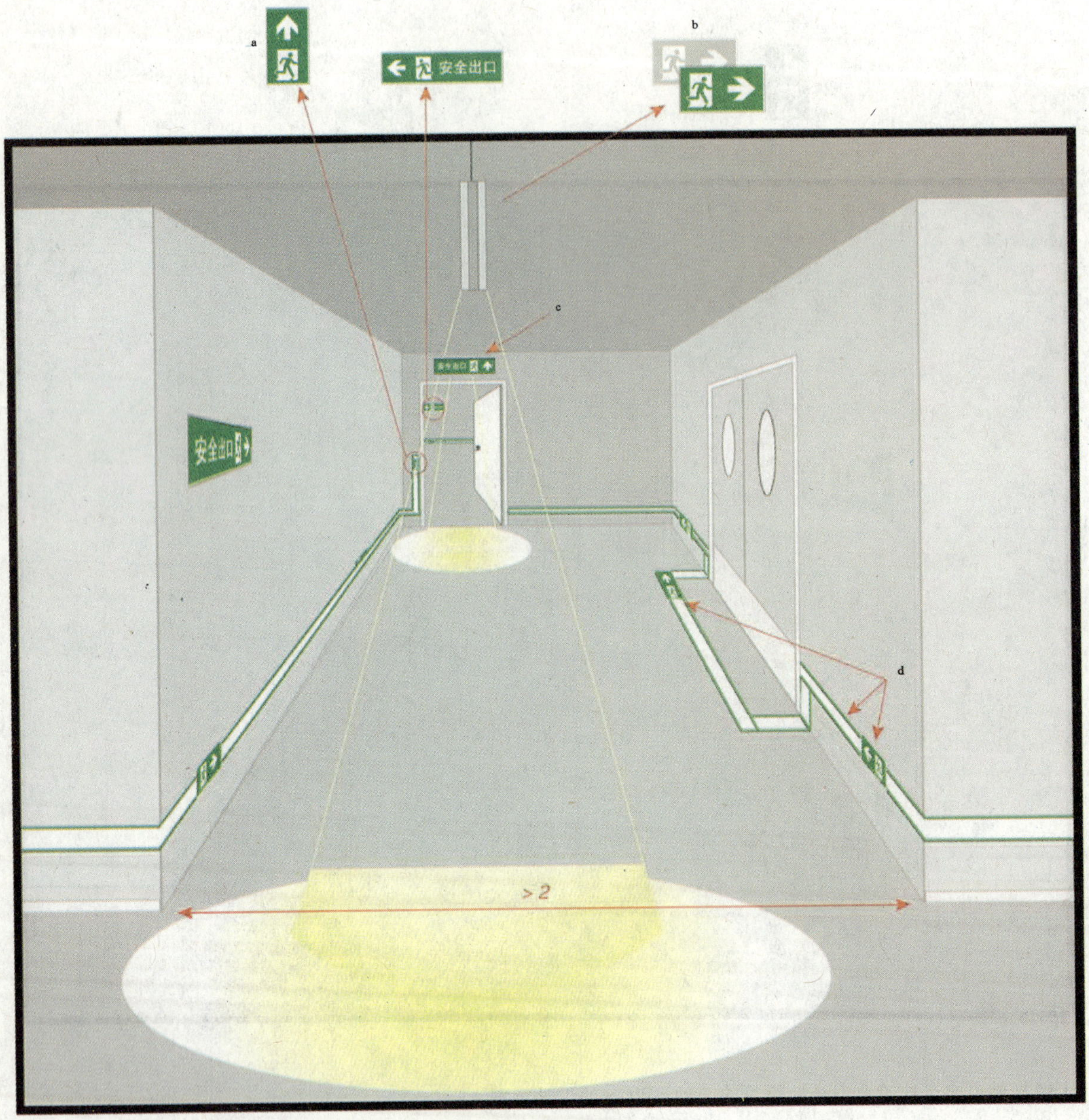

本图举例说明了针对典型疏散路线的一种 SWGS 的设计方案。

a 与门把手等高的透射应急导向标志。

b 高位双面透射应急导向标志(悬挂式或在天花板上),采用照明突出 T 形路口。

c 高位单面透射应急导向标志,采用照明突出门。

d 带有应急导向标志的应急导向线。

图 A.5 宽度超过 2 m,在 T 形路口和门上配有聚焦照明的 T 形路口设计示例

单位为米

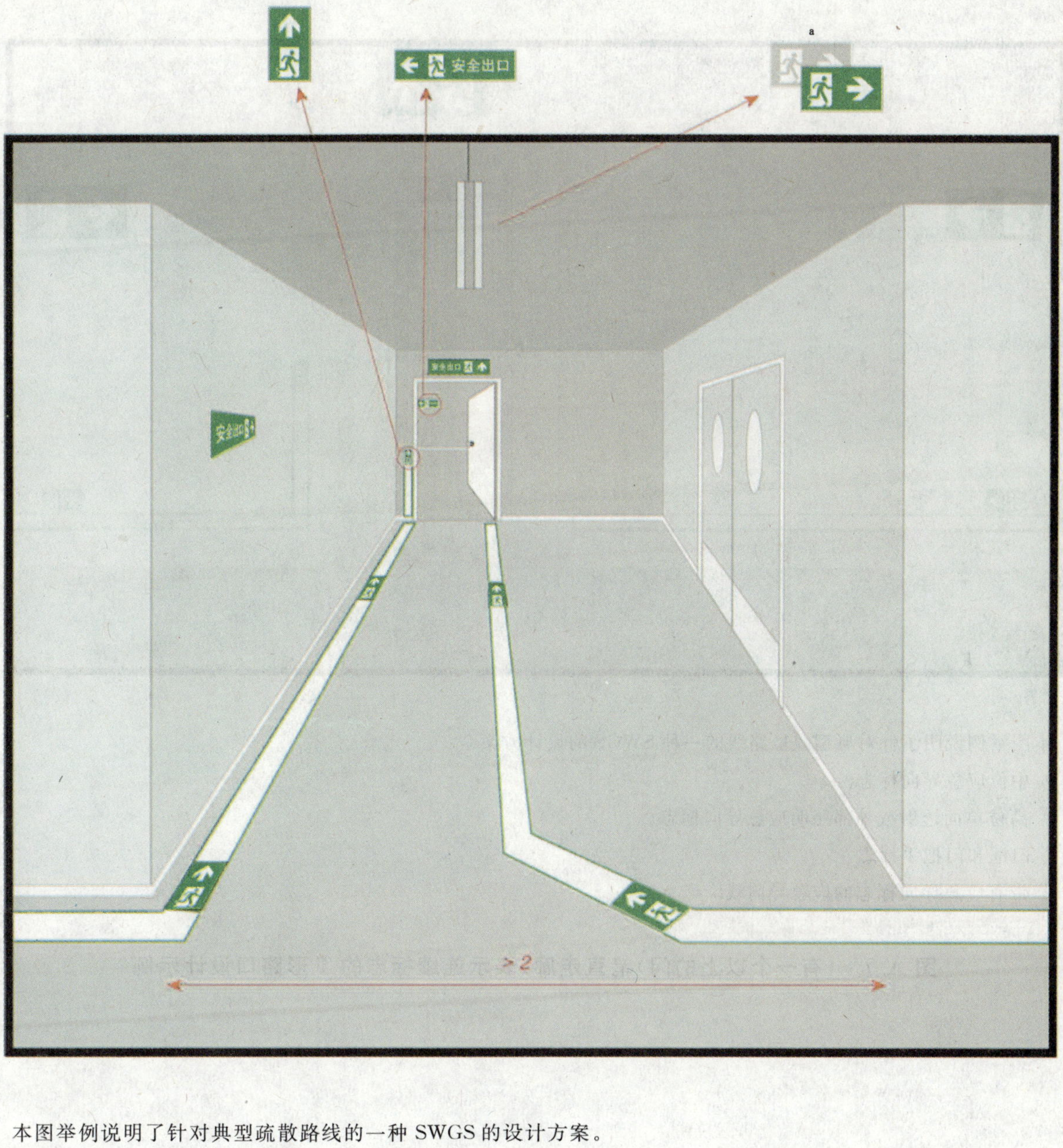

本图举例说明了针对典型疏散路线的一种 SWGS 的设计方案。

[a] 高位双面应急导向标志(悬于天花板)。

图 A.6　宽度超过 2 m,有门,采用地面导向线(带应急导向标志)的 T 形路口设计示例

单位为米

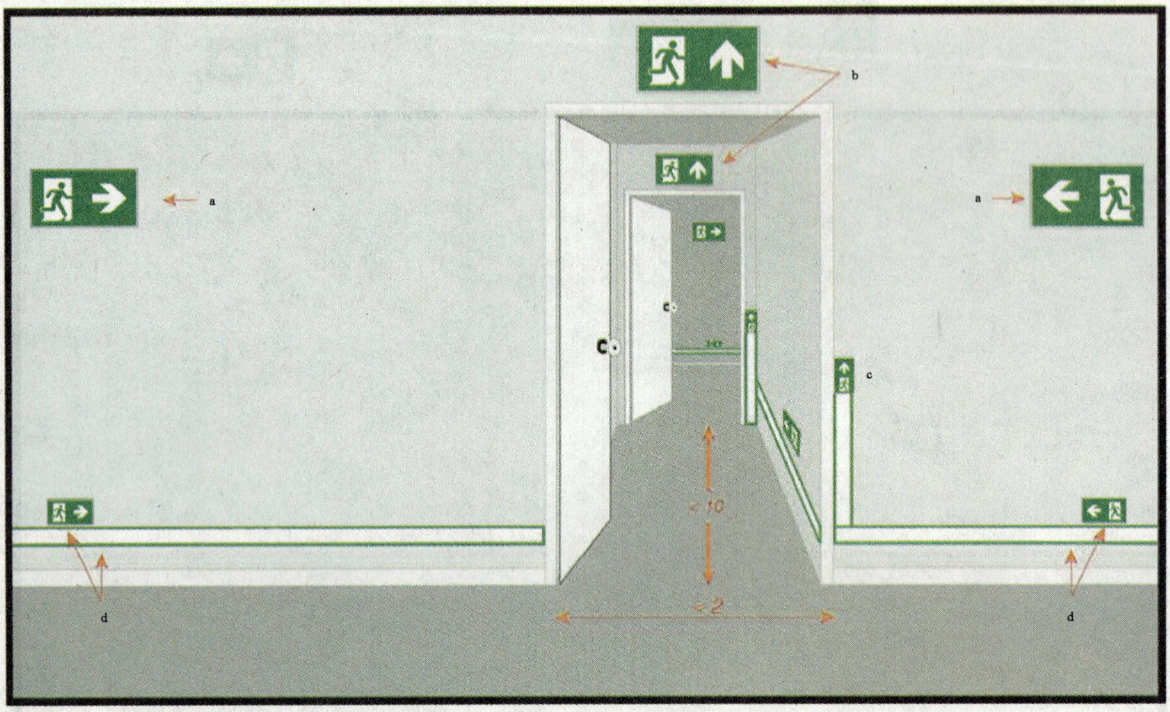

本图举例说明了针对典型疏散路线的一种 SWGS 的设计方案。

a 中位应急导向标志。

b 高位单面透射或外部照明应急导向标志。

c 门框和门把手标志。

d 带有应急导向标志的应急导向线。

图 A.7 (有一个以上的门)笔直走廊,表示连续标志的 T 形路口设计示例

单位为米

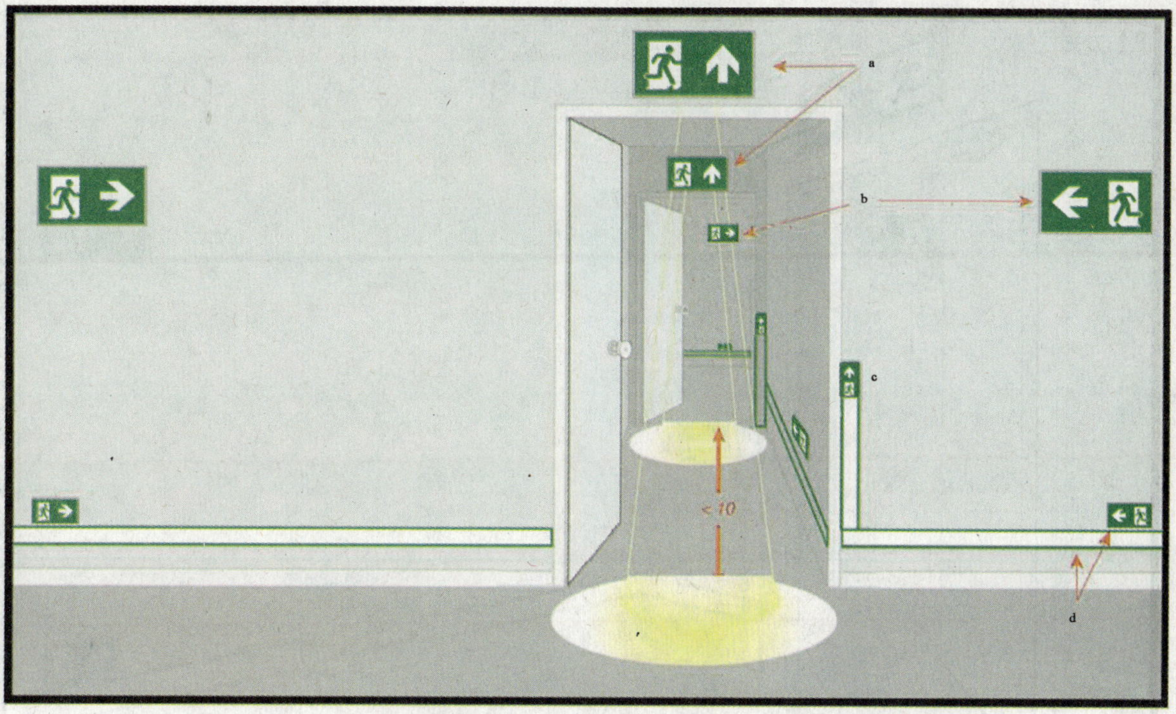

本图举例说明了针对典型疏散路线的一种 SWGS 的设计方案。

a 由高位单面透射应急导向标志提供的聚焦照明。

b 中位应急导向标志。

c 门框和门把手标志。

d 带有应急导向标志的应急导向线。

图 A.8　不超过 2 m 的笔直走廊，门处由高位单侧透射应急导向标志提供聚焦照明的 T 形路口设计示例

本图举例说明了针对典型疏散路线的一种 SWGS 的设计方案。

图 A.9　建筑物特征标记和经过门的应急导向标志设计示例

本图举例说明了针对典型疏散路线的一种 SWGS 的设计方案。

图 A.10　另一种建筑物特征标记和全门框标记设计示例

单位为米

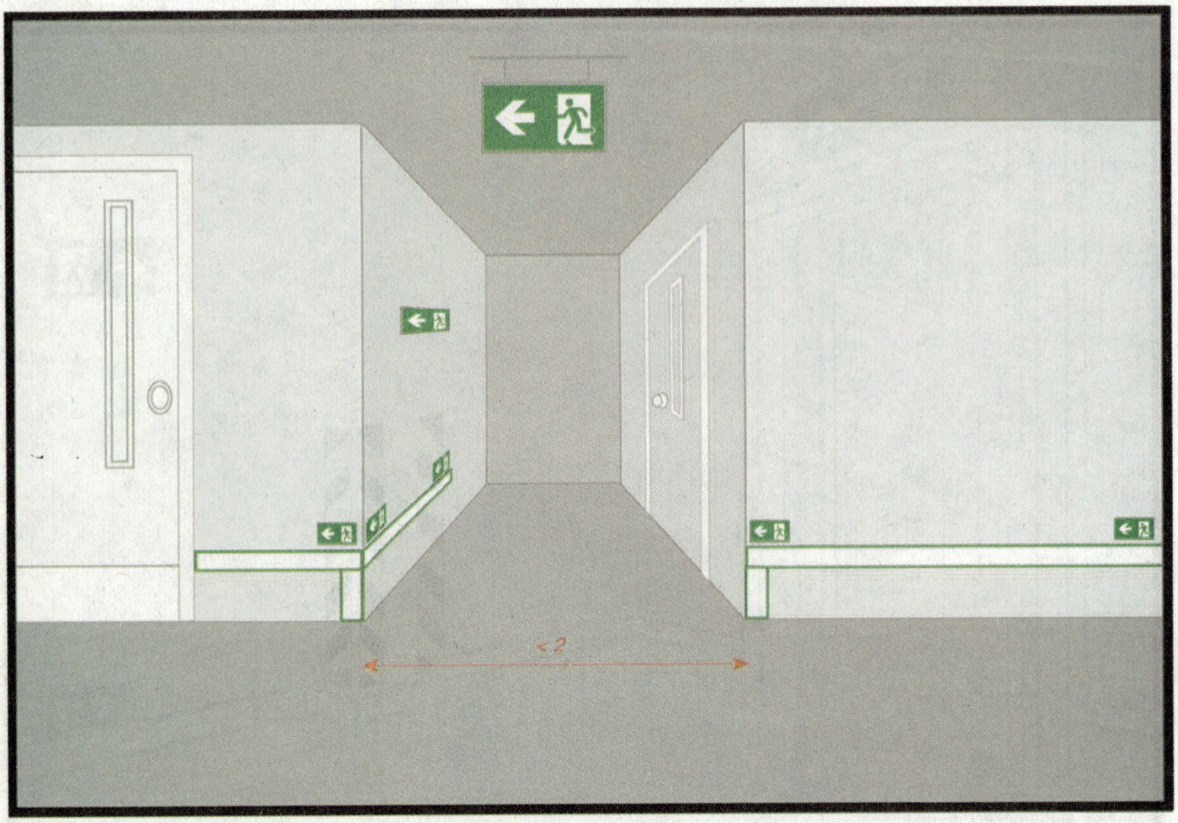

本图举例说明了针对典型疏散路线的一种 SWGS 的设计方案。

图 A.11　宽度不超过 2 m 的袋形走廊应急导向标志设计示例

本图举例说明了针对典型疏散路线的一种 SWGS 的设计方案。

a 高位双面应急导向标志(悬于天花板)。

图 A.12　地面应急导向线标示的路口设计示例

本图举例说明了针对典型疏散路线的一种 SWGS 的设计方案。

[a] 高位双面应急导向标志(悬于天花板)。

图 A.13　带应急导向标志的地面应急导向线的路口设计示例

本图举例说明了针对典型疏散路线的一种 SWGS 的设计方案。

[a] 高位双面应急导向标志(悬于天花板)。

图 A.14 墙上设置的应急导向线的路口设计示例

本图举例说明了针对典型疏散路线的一种 SWGS 的设计方案。

[a] 高位双面应急导向标志(悬于天花板)。

图 A.15　带应急导向标志的地面应急导向线在开放空间的设计示例

本图举例说明了针对典型疏散路线的一种 SWGS 的设计方案。

图 A.16 有路口的开放空间和路口有地面应急导向线的设计示例

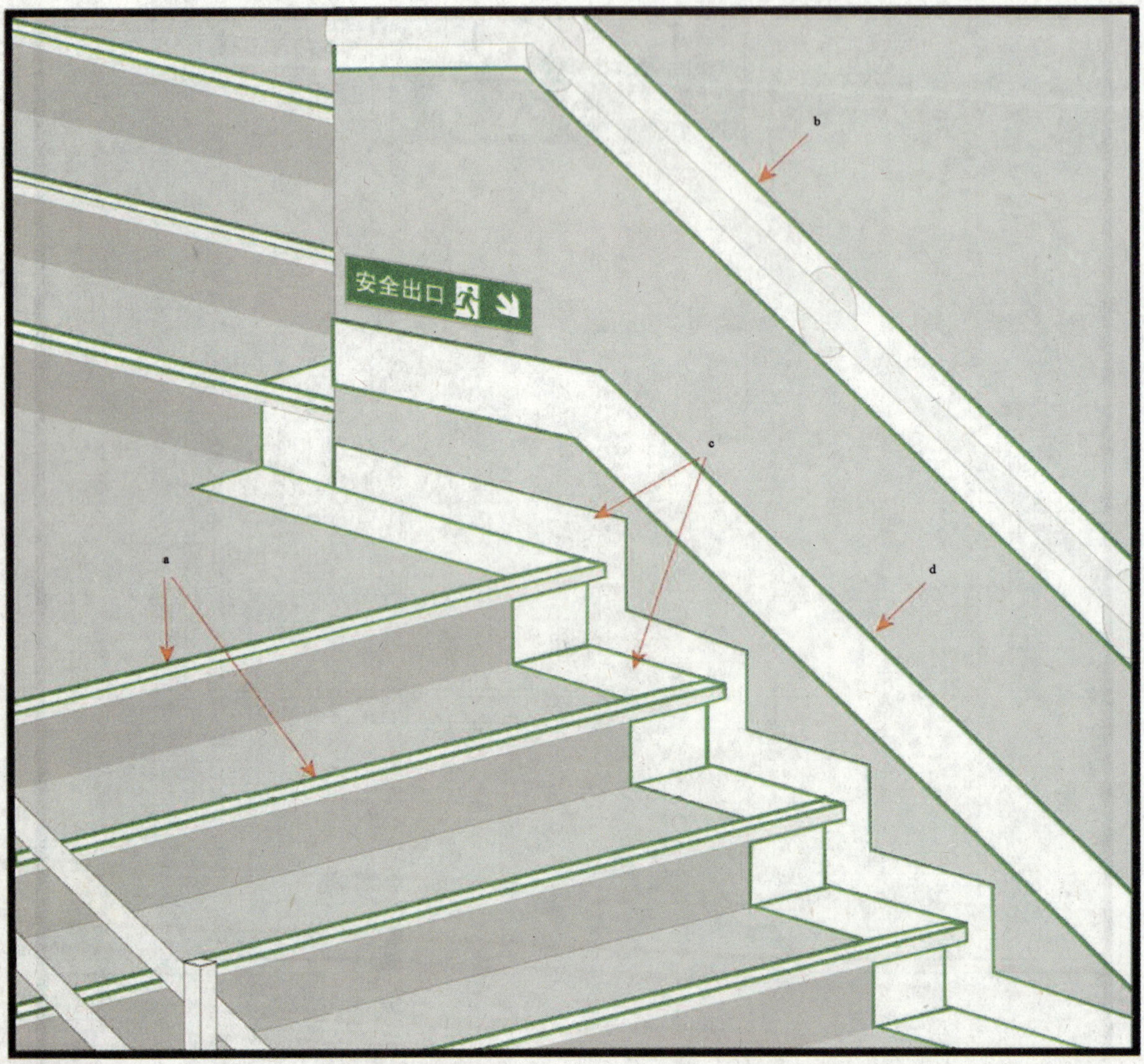

本图举例说明了针对典型疏散路线的一种 SWGS 的设计方案。

a 梯级前缘:突出楼梯前缘。

b 突出扶手的应急导向线。

c 勾勒楼梯形状的应急导向线。

d 墙上设置的应急导向线。

图 A.17 楼梯和扶手上不同标记的设计示例

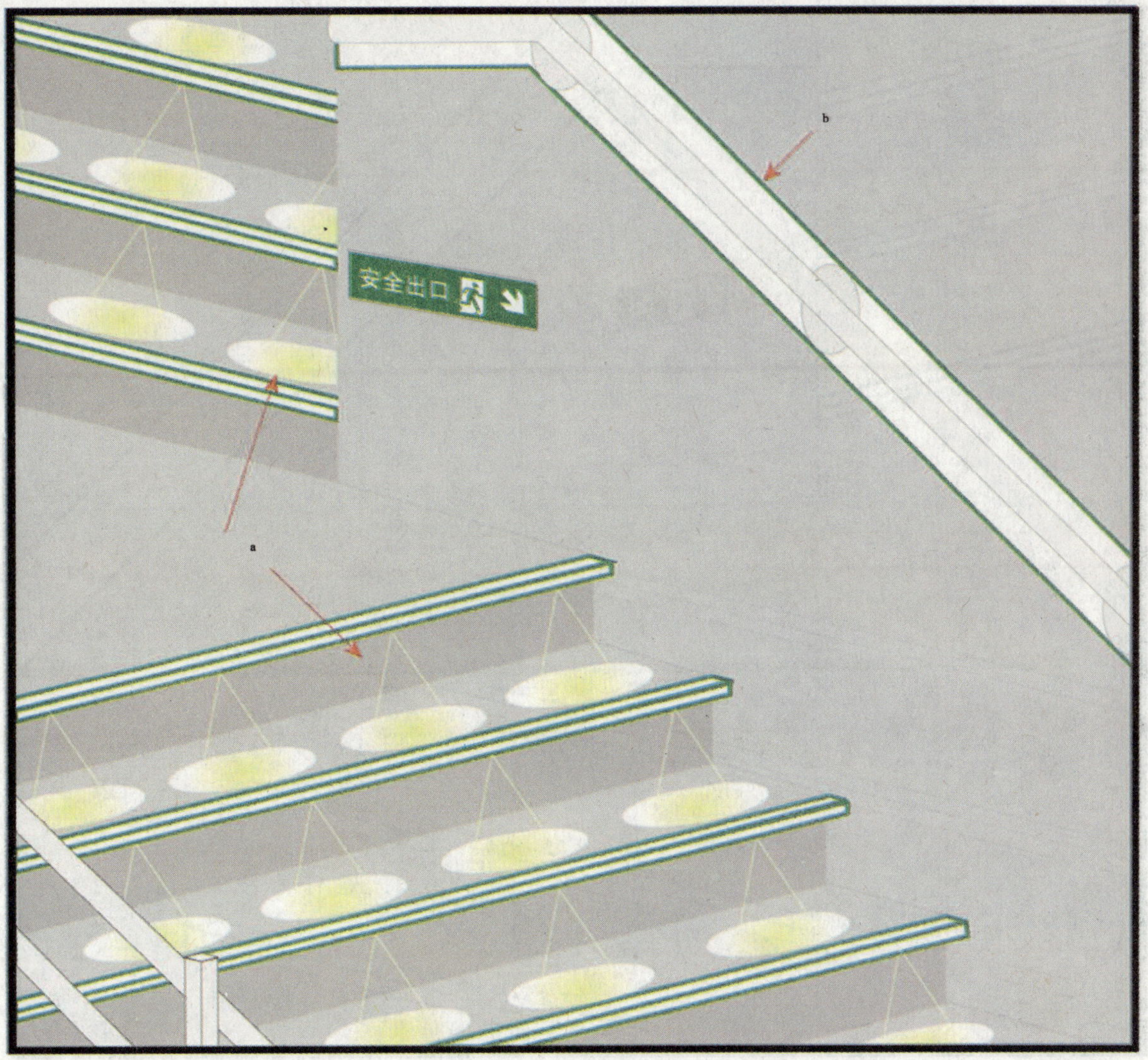

本图举例说明了针对典型疏散路线的一种 SWGS 的设计方案。

a 照亮楼梯板的光源。

b 可突出扶手。

图 A.18 楼梯板用光源照亮的楼梯设计示例

本图举例说明了针对典型疏散路线的一种 SWGS 的设计方案。

a 梯级前缘:突出楼梯前缘。

b 导向标志。

c 可突出扶手。

图 A.19 采用墙上低位光源照亮的楼梯板的楼梯设计示例

本图举例说明了针对典型疏散路线的一种 SWGS 的设计方案。

图 A.20 斜坡(水平变化)的应急导向标志设计示例

本图举例说明了针对典型疏散路线的一种 SWGS 的设计方案。

a 高位单面透射应急导向标志，采用照明标示斜坡。

b 高位单面透射应急导向标志（悬挂式或在天花板上），有向下照明的应急导向标志光源，以突出门和坡道末端。

图 A.21 坡道（水平变化）的应急导向标志设计示例

附 录 B
（资料性附录）
实验室磷光要素的适光亮度测量

B.1 试样

应对三个试样进行检测。每个试样上应有一块直径至少 35 mm，足以供亮度计正常使用的磷光材料区域。

试样应为配有适宜的紫外线保护的最终产品。图形符号的尺寸应大于最小试验直径，或者试样应为来自生产批次的试样，没有印刷图形符号，但有紫外线保护。

试样应有符合制造商生产批号的生产批次、代码和识别号，并应连续编号。应按照制造商的使用说明上漆。

B.2 预处理

测试前应将所有试样放在黑暗密闭环境中至少 48 h 以上，应直至试验前才将试样从黑暗密闭环境中取出。

B.3 环境条件

试样预处理、激发和亮度测试期间的环境温度应为 23 ℃±2 ℃。相对湿度应为(50±10)%。所有亮度测试均应在室内或容器内执行，周围亮度至少比最低亮度测量值低一个数量级。

B.4 照度和亮度测量仪表

B.4.1 照度测量仪表

应使用余弦适光 $V(\lambda)$ 校正照度计测量以勒克斯(lx)为单位的照度，照度计按以下特性校准：

——光谱误差：$f_1' \leqslant 5\%$（f_1' 按 CIE 69 定义）；

——紫外线反应：$u \leqslant 0.5\%$（u 按 CIE 69 定义）；

——分辨率：1.0 lx；

——线性误差：$f_3 \leqslant 0.5\%$（f_3 按 CIE 69 定义）；

——测量范围：10 lx≤范围≤10 klx；

——光度计头的光入射直径：≤1 cm。

B.4.2 亮度测量仪表

应使用校准后的亮度计测量适光亮度。根据采用的是远距测量法（见 B.6.2）或接触法（见 B.6.3），亮度计应为远距光度计或接触亮度计，并应满足以下最低特性：

——光谱误差：$f_1' \leqslant 5\%$（f_1' 按 CIE 69 定义）；

——紫外线反应：$u \leqslant 0.5\%$（u 按 CIE 69 定义）；

——分辨率：至少为 0.01 mcd/m^2；

——线性误差：$f_3 \leqslant 0.5\%$（f_3 按 CIE 69 定义）；

——信号噪音率：对于所有测量值，至少为 10∶1；

——测量范围：10^{-5} cd/m^2≤范围≤10 cd/m^2；

——显示器：≥3.5 数字，范围：0.001×10^{-2} cd/m^2≤范围≤19.99 cd/m^2。

应通过查看测试仪表的证书来确认照度和亮度测试仪表已经提前校准。

B.5 激发照明情况

应采用无散射、无滤光、连续短氙弧 500 W 或 500 W 以下，在试样表面上的平均照度达到 1 000 lx 的光源激发磷光试样。应使用 B.4.1 规定的照度计测量照度。不应使用诸如防热等在灯前屏蔽。不应在光源前面安装滤光器。激发持续时间应为 5 min。试样温度不应在激发后 1 min 超过 25 ℃。激发期间周围不应有环境光或杂散光。

应在试样被照明区域的中央和在试样表面外缘相互成 90°的四个点上放置测试垫以便测量照度。五个测试垫的平均照度应为 1 000 lx。测试垫最大照度除以最小照度应小于 1.1。

B.6 亮度测量

B.6.1 一般要求

应采用 B.4.2 所述的亮度计、B.6.2 所述的远距测量法或者 B.6.3 所述的接触法测量亮度。

B.6.2 远距测量法

亮度计与所测试样之间距离以及亮度计光圈的选择应确保被测试样的面积足以使亮度计能够读取较低亮度值。

注：被测试样的直径至少宜为 30 mm。

B.6.3 接触法

亮度计的测量头应置于试样表面。应采用覆盖试样的外表面或者用光保护材料盖在亮度测量头周围以遮蔽环境光。被测试样的面积应足以使亮度计能够读取低亮度值。

注：被测试样的直径至少宜为 30 mm。

亮度的计算应按照以下公式通过测量照度并将其转换成亮度以确定亮度值：

$$\bar{L} = E/\Omega_p$$

式中：

$\bar{L}$——所测试样的平均亮度，单位为 cd/m^2；

E——在所用光度计头光入射区域上确定的地方的照度，单位为 lux(lx)；

Ω_p——从光度计头光入射区域中间看到的测量物体被测表面的投影立体角，单位为球面度(sr)。

投影球面度 Ω_p 的计算公式如下：

$$\Omega_p = \pi[1+(r/R)^2]^{-1}\Omega_0$$

式中：

Ω_0——单位球面度，$\Omega_0 = 1$ sr；

r——光度计头光入射区域和测量物体之间的距离，单位为毫米(mm)；

R——测量物体被测表面平面半径，单位为毫米(mm)。

B.6.4 亮度记录

测量前应将亮度计归零，测量完后立即检查。如果零偏移为所测值 5%以上，则测量不合格。

应在拆除激发光之后至少 2 min 测量亮度。就一切情况而论，测量值应包括激发光拆除后 60 min 的时间且应包括三个试样在 2 min±10 s、10 min±10 s、30 min±10 s 和 60 min±10 s 时的测量值(用 mcd/m^2 表示)。

亮度特性应以三个试样的平均值为基础。

要测量亮度达到 0.3 mcd/m^2 的时间，方法有两种：一是通过连续测量直至亮度达到 0.3 mcd/m^2 的时间，二是根据情况采取以下方法估计的记录时间(以分钟计)或亮度达到 0.3 mcd/m^2 的时间。

a) 如果亮度达到 3 mcd/m^2 的测量时间小于 80 min，则应继续测量直至亮度达到 2 mcd/m^2 或 2 mcd/m^2 以下。应将时间值(t)和亮度值(L)转换成(以 10 为底)对数。应根据 $\lg t$ 标绘 $\lg L$。

采用最小二乘方回归法获得的一次多项式曲线应符合从 20 min 到最后记录时间之间的时间

范围内的数值。一次多项式方程的形式是：

$$\lg L = p\lg t + k$$

在上式中，p 和 k 均为从符合时间数值的最小二乘曲线中得来的系数。

应根据以下公式确定亮度达到 0.3 mcd/m² 的时间的对数：

$$\lg t = \frac{\lg(0.3) - k}{p}$$

应记录亮度达到 0.3 mcd/m² 的估计时间。

亮度达到 0.3 mcd/m² 的估计时间应以三个试样的平均值为依据。

b) 如果亮度达到 3 mcd/m² 的测量时间为 80 min 或 80 min 以上，则应继续测量直至亮度达到 2 mcd/m² 或 2 mcd/m² 以下。应将时间值(t)和亮度值(L)转换成(以 10 为底)对数。应根据 $\lg t$ 标绘 $\lg L$。采用最小二乘方回归法获得二次多项式曲线应符合从 20 min 到最后记录时间之间的时间范围内的数值。二次多项式方程的形式是：

$$\lg L = m(\lg t)^2 + n\lg t + c$$

式中，m、n 和 c 均为从符合时间数值的最小二乘曲线中得来的系数。

应根据以下公式确定亮度达到 0.3 mcd/m² 的时间的对数：

$$\lg t = \frac{-n - \{n^2 - 4m[c - \lg(0.3)]\}^{0.5}}{2m}$$

应记录亮度达到 0.3 mcd/m² 的估计时间。

无论亮度达到 0.3 mcd/m² 的时间是估计的还是测量的，亮度达到 0.3 mcd/m² 的时间均应以三个试样的平均值为依据。

B.7 昼光条件下颜色的确定

应按照 GB/T 2893.1 所述分步骤检查和证实昼光环境下的颜色。

可能需要继续测量 xy-色度坐标直至测量稳定，所花时间可能达到 20 min。

B.8 测试报告

测试报告应包含下列信息：

a) 引用本标准(按照 GB/T 23809 测试或测量)。

b) 待测磷光产品的制造商(名称、地址、电话、传真)。

c) 试样描述(识别信息，可据此跟踪制造商的生产批号)。

d) 按照 GB/T 2893.1 测量的色度坐标。

e) 预处理开始和结束信息(天数和时间)。

f) 测量日期。

g) 仪表参数、光度计序列号和校准截止日期。

h) 激发(按分钟充满、激发光源类型、以 lx 为单位的照度)。

i) 环境温度、试样的表面温度和相对湿度。

j) 光度亮度测量结果。激发后 10 min 时以 mcd/m² 为单位的亮度停止，激发后 30 min 停止，激发后 60 min 停止，亮度达到 0.3 mcd/m² 的测量时间和估计时间。分别列出所有试样和平均值。

k) 测试人(姓名和职位)。

l) 签名。

m) 试验地点。

n) 公司进行的试验(全名、地址、电话、传真)。

B.9 磷光材料的标记

应从如下角度标记磷光材料：

a) 激发后 10 min 和 60 min 的亮度(用 mcd/m^2 表示)；

b) 亮度达到 0.3 mcd/m^2 的测量时间或估计时间。

举例：标记，根据本标准 GB/T 23809 编号，以 10 min(20)的数值，60 min(2.8)数值为基础，亮度达到 0.3 mcd/m^2(340)的测量时间或估计时间：

GB/T 23809—20—2.8—340

附　录　C
（资料性附录）
磷光要素亮度特性现场测量

C.1　一般要求

本附录适用于现场测量磷光产品的发光。

测量磷光产品的激发照度以及延迟期间亮度随时间的变化情况。

C.2　测量位置

测量位置由参与验收各方协商决定。所确定的位置应在照度方面具有代表性，并应适于测量安装中采用的各种类型的磷光产品。

每种磷光产品至少应在两个位置测量。这两个位置应位于同种光源照明的区域内。装置中所用和激发照明来自不同类型光源的每种磷光产品的测量次数应相同。

还应测量亮度测量点处应急导向线的宽度。

C.3　测量条件

应在正常的现场条件下，尤其是给定照明和温度条件下测量。应在测量前至少 15 min 打开光源。测量前应将测量仪表归零，测量完后再进行检查。

C.4　照度和亮度测量仪表

C.4.1　照度测量仪表

应使用余弦适光 $V(\lambda)$ 校正照度计测量以勒克斯(lx)为单位的照度，照度计按以下特性校准：

——光谱误差：$f_1{}' \leqslant 5\%$（$f_1{}'$ 按 CIE 69 定义）；

——紫外线反应：$u \leqslant 0.5\%$（u 按 CIE 69 定义）；

——分辨率：1.0 lx；

——线性误差：$f_3 \leqslant 0.5\%$（f_3 按 CIE 69 定义）；

——测量范围：10 lx≤范围≤10 klx；

——光度计头的光入射直径≤1 cm。

C.4.2　亮度测量仪表

通过校准亮度计测量适光亮度来确定亮度，并至少应具有以下特征：

——光谱误差：$f_1{}' \leqslant 5\%$（$f_1{}'$ 按 CIE 69 定义）；

——紫外线反应：$u \leqslant 0.5\%$（u 按 CIE 69 定义）；

——清晰度：至少为 0.01 mcd/ m^2；

——线性误差：$f_3 \leqslant 0.5\%$（f_3 按 CIE 69 定义）；

——信号噪音率：对于所有测量值，至少为 10∶1；

——测量范围：10^{-5} cd/m^2≤范围≤10 cd/m^2；

——显示器：≥3.5 数字，范围：0.001×10^{-2} cd/m^2≤范围≤19.99 cd/m^2。

C.4.3　测量仪表校准

照度和亮度测试仪表应提前校准。

C.5　激发光源和照度测量

应采用现场安装的光源激发磷光试样。激发持续时间应为 15 min，或根据建筑物类型、占用情况和正常照明情况而定。

为测量磷光产品处的照度，应将光度计头的光入射区域置于磷光产品前，与其表面平等，并位于下次测量处。照度计应符合C.4.1的规定。

C.6 亮度测量

C.6.1 一般要求

照度测量完后以及开始亮度测量之前，观察等待时间应为5 min。在此期间，应将磷光产品再次置于原有照明条件下以便激发。

模拟举动和(或)计算机界面对于报告的生成是有用的。倘若周围温度小于15 ℃，建议采用恒温光度计头。

C.6.2 亮度的测量

应采用C.4.2所述的亮度计、C.6.2.1所述的远距测量法或者C.6.2.2所述的接触法测量亮度。

C.6.2.1 远距光度测量法

选择亮度计和所测试样之间的距离以及亮度计的光圈时应确保被测试样的大小足以使亮度计能够读取较低亮度级的数值。

C.6.2.2 接触法

亮度计的测量头应置于试样表面。应使用光保护材料盖在亮度测量头周围的试样表面以遮蔽环境光。待测试样的面积应足以使亮度计能够读取低亮度级的数值。

应按照以下公式通过测量照度和转换成亮度确定亮度：

$$\bar{L} = E/\Omega_p$$

式中：

$\bar{L}$——所测试样的平均亮度，单位为 cd/m^2；

E——在所用光度计头光入射区域上确定的地方的照度，单位为lux(lx)；

Ω_p——从光度计头光入射区域中间看到的测量物体被测表面的投影立体角，单位为球面度(sr)。

投影球面度 Ω_p 的计算公式如下：

$$\Omega_p = \pi[1 + (r/R)^2]^{-1}\Omega_0$$

式中：

Ω_0——单位球面度，$\Omega_0 = 1$ sr；

r——光度计头光入射区域和测量物体之间的距离，用毫米(mm)表示；

R——测量物体被测表面平面半径，用毫米(mm)表示。

C.6.3 外部光线的影响

除非不能避免外部光线的影响或者其影响可以得到校正，否则不应让外部光线进入光度计头的光圈内或正被测量的磷光产品的表面。

C.6.4 测量程序

应在激发后2 min、10 min、30 min和60 min时测量磷光产品的亮度，并应记录各个测量点和试样的亮度。

C.7 测试报告

测试报告应包含下列信息：

a) 引用本标准(按照GB/T ×××××测试)；

b) 测量地点(例如地址、建筑物、平面指示)；

c) 依据测量地点表的测量地点；

d) 磷光产品类型；

e) 测量地点的确切位置；

f) 应急导向线的宽度；

g) 测量区域的大小；

h) 测量时的周围温度；

i) 磷光产品上的照度，以 lx 为单位；

j) 激发时间(参见 C.5)；

k) 测量地点处的光源；

l) 以 mcd/m^2 为单位的亮度和相关的以 min 为单位的时间；

m) 测量仪表，制造商，类型；

n) 测量日期和时间；

o) 签名、审查人姓名和测量机构的地址；

p) 注。

参 考 文 献

[1] GB 13495 消防安全标志(ISO 6309:1987,NEQ)

[2] ISO 7010 图形符号 安全色和安全标志 用于工作场所和公共区域的安全标志(Graphical symbols—Safety colours and safety signs—Safety signs used in workplaces and public areas)

[3] ISO 17724 图形符号 词汇表(ISO 17724,Graphical symbols—Vocabulary)

[4] IEC 60364-7 建筑物电气安装 第7部分:特殊安装或位置要求(Electrical installations of buildings—Part 7:Requirements for special installations or locations)

[5] CIE 出版物 15.2:1986 色度学(第2版)(CIE Publication 15.2:1986,Colorimetry,2nd ed.)

ICS 73.040
D 20

GB

中华人民共和国国家标准

GB/T 23810—2009

直接液化用原料煤技术条件

Specification of coal for direct liquefaction

STANDARDS PRESS OF CHINA

2009-06-01 发布 2010-01-01 实施

中华人民共和国国家质量监督检验检疫总局
中国国家标准化管理委员会 发布

前　言

本标准由中国煤炭工业协会提出。

本标准由全国煤炭标准化技术委员会归口。

本标准起草单位:煤炭科学研究总院北京煤化工研究分院。

本标准主要起草人:丁华、姜英、罗陨飞、史士东。

直接液化用原料煤技术条件

1 范围

本标准规定了直接液化用原料煤的类别、技术要求、测定方法和检验验收依据。

本标准适用于直接液化用原料煤。

2 规范性引用文件

下列文件中的条款通过本标准的引用而成为本标准的条款。凡是注日期的引用文件，其随后所有的修改单(不包括勘误的内容)或修订版均不适用于本标准，然而，鼓励根据本标准达成协议的各方研究是否可使用这些文件的最新版本。凡是不注日期的引用文件，其最新版本适用于本标准。

GB/T 211 煤中全水分的测定方法(GB/T 211—2007，ISO 589:2003，Hard coal—Determinatin of total moisture，NEQ)

GB/T 212 煤的工业分析方法(GB/T 212—2008，ISO 11722:1999，Solid mineral fuels—Hard coal—Determination of moisture in the general analysis test sample by drying in nitrogen，ISO 1171:1997，Solid mineral fuels—Determination of ash，ISO 562:1998，Hard coal and coke—Determination of volatile matter，NEQ)

GB 474 煤样的制备方法(GB 474—2008，ISO 18283:2006，Hard coal and coke—Manual sampling，MOD)

GB 475 商品煤样人工采取方法(GB 475—2008，ISO 18283:2006，Hard coal and coke—Manual sampling，MOD)

GB/T 476 煤中碳和氢的测定方法(GB/T 476—2008，ISO 625 Solid mineral fuels—Determination of carbon and hydrogen—Liebig method，MOD)

GB/T 2565 煤的可磨性指数测定方法(哈德格罗夫法)(GB/T 2565—1998，neq ISO 5074:1980)

GB/T 5751 中国煤炭分类

GB/T 6948 煤的镜质体反射率显微镜测定方法(GB/T 6948—2008，ISO 7404-5:1994，Methods for the petrographic analysis of bituminous coal and anthracite—Part 5:Method of determining microscopically the reflectance of vitrinite，MOD)

GB/T 8899 煤的显微组分组和矿物测定方法(GB/T 8899—1998，eqv ISO 7404-3:1994)

GB/T 18666 商品煤质量抽查和验收方法

GB/T 19494.1 煤炭机械化采样 第1部分:采样方法(GB/T 19494.1—2004，ISO 13909-1:2001 Hard coal and coke—Mechanical sampling—Part 1:General introduction，ISO 13909-2:2001 Hard coal and coke—Mechanical sampling—Part 2:Coal—Sampling from moving streams，ISO 13909-3:2001 Hard coal and coke—Mechanical sampling—Part 3:Coal—Sampling from stationary lots，NEQ)

GB/T 19494.2 煤炭机械化采样 第2部分:煤样的制备(GB/T 19494.2—2004，ISO 13909-1:2001 Hard coal and coke—Mechanical sampling—Part 1:General introduction，ISO 13909-4:2001 Hard coal and coke—Mechanical sampling—Part 4:Coal—Preparation of test samples，NEQ)

3 类别

褐煤，烟煤中的长焰煤、不黏煤、弱黏煤及气煤。煤炭类别按 GB/T 5751 确定。

4 技术要求和测定方法

直接液化用原料煤的技术要求和测定方法见表1。

表1 直接液化用原料煤的技术要求和测定方法

项　目	符　号	指　标		测定方法
全水分	M_t/%	褐煤	≤35.0	GB/T 211
		烟煤	≤16.0	
灰分	A_d/%	1级	≤8.00	GB/T 212
		2级	8.01～12.00	
挥发分	V_{daf}/%	>35.00		GB/T 212
氢碳原子比[a]	H/C,以干燥无灰基表示	>0.75		GB/T 476,GB/T 15460
惰质组含量	I,去矿物基/%	1级	≤15.00	GB/T 8899
		2级	15.01～45.00	
哈氏可磨性指数	HGI	>50		GB/T 2565
镜质体反射率	R_{max}/%	<0.65		GB/T 6948

[a] 煤样的氢碳原子比(H/C)计算方法如下:

$$H/C = \frac{H_{daf} \times N_A / M_C}{C_{daf} \times N_A / M_H}$$

式中:H/C——氢碳原子比,以干燥无灰基表示;

H_{daf}——干燥无灰基煤样中氢的质量分数,%;

C_{daf}——干燥无灰基煤样中碳的质量分数,%;

M_C——碳元素的相对原子质量,数值为12;

M_H——氢元素的相对原子质量,数值为1;

N_A——阿伏伽德罗常数,数值为$6.02 \times 10^{23}\ mol^{-1}$。

5 质量检验和验收

5.1 煤样的采取和制备

煤样按GB 475或GB/T 19494.1的规定采取,按GB 474或GB/T 19494.2的规定制备。

5.2 发送煤炭应附有质量证明书。

5.3 直接液化用原料煤的质量由具有资质的检验机构检验。

5.4 直接液化用原料煤的验收按GB/T 18666的规定执行。

ICS 67.040
X 00

GB

中华人民共和国国家标准

GB/T 23811—2009

食品安全风险分析工作原则

Working principles for food safety risk analysis

2009-05-27 发布　　　　2009-09-01 实施

中华人民共和国国家质量监督检验检疫总局
中国国家标准化管理委员会　发布

前　言

本标准制定时参考了《食品法典委员会程序手册》(第十七版,2008)第Ⅲ部分的《食品法典框架内应用的风险分析工作原则》。

本标准由中国标准化研究院提出。

本标准由全国食品安全管理技术标准化技术委员会(SAC/TC 313)归口。

本标准主要起草单位:中国标准化研究院、卫生部卫生监督中心。

本标准主要起草人:刘文、许建军、张志强、戴岳。

食品安全风险分析工作原则

1 范围

本标准规定了食品安全风险分析的一般要求，以及风险评估、风险管理和风险交流的基本原则。

本标准适用于指导开展食品安全风险分析。

2 术语和定义

下列术语和定义适用于本标准。

2.1

危害 hazard

食品中所含有的对健康有潜在不良影响的生物、化学或物理因素或食品存在的状态。

[GB/T 19538—2004，定义 3.11]

2.2

风险 risk

食品中危害产生某种不良健康影响的可能性和该影响的严重性。

2.3

风险评估 risk assessment

以科学为依据，由危害识别、危害特征描述、暴露评估以及风险特征描述四个步骤组成的过程。

2.4

风险管理 risk management

与各利益相关方磋商后，权衡各种政策方案，考虑风险评估结果和其他保护消费者健康、促进公平贸易有关的因素，并在必要时选择适当预防和控制方案的过程。

2.5

风险交流 risk communication

在风险分析全过程中，风险评估者、风险管理者、消费者、产业界、学术界和其他利益相关方对风险、风险相关因素和风险感知的信息和看法，包括对风险评估结果解释和风险管理决策依据进行的互动式沟通。

2.6

风险分析 risk analysis

由风险评估、风险管理和风险交流三部分组成的过程。

2.7

危害识别 hazard identification

对某种食品中可能产生不良健康影响的生物、化学和物理因素的确定。

2.8

危害特征描述 hazard characterization

对食品中生物、化学和物理因素所产生的不良健康影响进行定性和（或）定量分析。

2.9

暴露评估 exposure assessment

对食用食品时可能摄入生物、化学和物理因素和其他来源的暴露所作的定性和（或）定量评估。

2.10

风险特征描述 risk characterization

根据危害识别、危害特征描述和暴露评估结果，对产生不良健康影响的可能性与特定人群中已发生或可能发生不良健康影响的严重性进行定性和(或)定量估计及估计不确定性的描述。

3 一般要求

3.1 风险分析应包括：

——风险评估；

——风险管理；

——风险交流。

以上三个部分密切相关、不可分割。

3.2 风险分析应：

——完整、全面、准确；

——公开、透明并予以记录；

——根据最新科学数据适时评价和审查。

3.3 在整个风险分析过程中应确保所有利益相关方的有效交流和协商[1)]。

3.4 风险评估和风险管理应在职能上分离，从而确保风险评估的完整性，避免风险评估者和风险管理者职能的混淆，减少任何利益冲突。然而，风险分析是一个持续改进的过程，在实际应用过程中，风险管理者和风险评估者之间的相互联系是不可缺少的。

3.5 当有证据显示食品中存在对人体健康的风险，但科学研究数据不充分或不全面时，不应着手制定限量标准，应考虑制定指导性技术文件。

3.6 审慎是风险分析固有的原则。在对食品引起的人体健康危害进行风险评估和风险管理时，常常存在很多不确定因素，在风险分析中应明确考虑现有科学资料所存在的不确定性和差异性。如果有足够的科学证据允许制定标准或指导性技术文件，风险评估使用的假设和所挑选的风险管理备选方案应反映不确定性程度和危害的特性。

4 风险评估

4.1 风险评估政策

4.1.1 风险评估政策的制定应是风险管理的一项具体内容。风险评估之前，风险管理者应与风险评估者和所有其他利益相关方协商确定风险评估政策，确保风险评估的系统性、全面性、公平性和透明性。

4.1.2 风险管理者对风险评估者的授权应尽可能明确。必要时，风险管理者应要求风险评估者对不同风险管理备选方案可能导致的风险变化进行评估并加以分析说明。

4.2 风险评估的一般要求

4.2.1 风险评估应包括四个步骤，即危害识别、危害特征描述、暴露评估以及风险特征描述。

4.2.2 应明确风险评估的范围和目的，并与风险评估政策相符。风险评估结果的形式及可能的替代结果也应予以明确。

4.2.3 负责风险评估的专家的挑选应根据其专业知识、经验和独立性以透明的方式进行。挑选这些专家的程序应予以记录，包括公开声明任何可能的利益冲突。公开声明还应确定和详细说明专家的专业知识、经验和独立性。

4.2.4 风险评估应以所有现有科学数据为基础。应尽最大可能利用所获得的定量信息，同时也可利用

1) 在本标准中，“利益相关方”一词指“风险评估者、风险管理者、消费者、业界、学术界和酌情包括其他有关各方及其代表组织”。

定性信息。进行风险评估还应获取和整合来自各地的相关数据，尤其包括流行病学监测数据、分析和暴露数据、媒体报道、投诉、国外预警等。风险特征描述应易懂、实用。

4.2.5 风险评估应考虑整个食品链中所使用的生产、贮存和处理工艺（包括传统工艺），以及分析、取样和检验方法，也应考虑特定的不良健康影响的普遍性。

4.2.6 在风险评估的每个步骤中应考虑对风险评估产生影响的制约因素、不确定性和假设，并以透明的方式加以记录。风险评估中对不确定性和可变性的表达可以是定性或定量的，但应尽可能科学量化。

4.2.7 根据切合实际的暴露情形，风险评估应考虑风险评估政策确定的不同情形；应考虑易感和高风险人群，也应考虑相关的急性、慢性（包括长期）危害以及累计（或合计）的不良健康影响。

4.2.8 风险评估报告应指出所有制约因素、不确定性和假设及其对风险评估的影响。还应记录少数人的不同意见。消除不确定性对风险管理决策影响的责任在于风险管理者，而不在于风险评估者。

4.2.9 如果风险评估结果中能对风险作出数量估计，应以通俗易懂、实用的方式提交风险管理者和其他风险评估者及利益相关方，以便他们能对这些评估进行审查。

5 风险管理

5.1 食品风险分析的双重目的是保护消费者健康和确保食品贸易的公平性，但风险管理中所作出的决策和建议应将保护消费者的健康作为首要目标。在处理不同情形下的类似风险时，如无正当理由，应避免消费者健康保护程度出现的差别。

5.2 风险管理应包括初步风险管理活动[2)]，对风险管理备选方案的评估，以及对作出的决策进行监测和评审。这些决策应以风险评估为基础，并适当考虑与保护消费者健康以及促进公平食品贸易相关的其他合法因素。

5.3 风险管理者应遵循3.5提供的指导，在就现有的风险管理备选方案提出最终建议或决策之前，尤其是在制定标准或最大限量时，需确保风险评估结果已提交。

5.4 在取得一致结果的过程中，风险管理应考虑整个食品链中使用的相关生产、贮存和处理工艺（包括传统工艺），分析、取样和检验方法，执法和遵守的可行性，以及特定不良健康影响的普遍性。

5.5 风险管理过程应透明、协调一致和详细记录。风险管理方面的决策和建议都应予以记录，条件具备时在各项食品标准和指导性技术文件中明确规定，从而促进所有利益相关方更广泛地认识风险管理过程。

5.6 初步风险管理活动和风险评估结果应与现有风险管理备选方案的评估相结合，以便对该风险的管理作出决策。

5.7 对风险管理备选方案进行评估应根据风险分析的范围、目的及方案对消费者健康的保护程度，同时也应考虑不采取任何行动的情况。

5.8 为了避免贸易壁垒，应确保风险管理决策过程的透明性和一致性。对所有风险管理备选方案的评估应尽可能考虑其潜在的利弊。在对同样能够有效保护消费者健康的不同风险管理方案中作出选择时，应考虑这些措施对食品贸易所产生的潜在影响，并避免选择产生不必要贸易限制的措施。

5.9 风险管理应考虑风险管理备选方案的经济性及可行性。在制定标准、准则和提出其他建议时，风险管理还应考虑替代性备选方案的必要性，所有方案在保护消费者健康的程度方面是一致的。

5.10 风险管理应是一个持续的过程。在对风险管理决策进行评估和审查时，应考虑新收集的所有数据。应对食品标准和指导性技术文件进行定期审查，并在必要时予以更新，从而反映出最新的科学知识和与风险分析相关的其他信息。

2） 就这些原则而言，风险管理活动包括查明食品安全问题；确定风险概况；为风险评估和风险管理优先重点确定危害等级；为组织风险评估确定风险评估政策；委托开展风险评估以及审查风险评估的结果。

6 风险交流

6.1 风险交流应：

——促进对风险分析所审议的特定问题的认识和理解；

——促进制定风险管理备选方案/建议的透明度和一致性；

——为理解提出的风险管理决策奠定合理的基础；

——提高风险分析的总体效益和效率；

——加强参与者之间的合作关系；

——促进公众对食品风险分析过程的认识，提高公众对食品供应安全性的信任和信心；

——促进所有利益相关方的适当参与；

——促进利益相关方对食品风险信息的交换。

6.2 风险分析应包括风险评估者（专家组织和咨询机构）和风险管理者之间的明确、相互联系和记录的交流，以及在这一过程中所有利益相关方之间的相互交流。

6.3 风险交流不只是信息的传递，其主要作用应是确保将有效风险管理需要的所有信息和意见纳入整个决策过程。

6.4 风险交流应明确说明风险评估政策、风险评估及其不确定性。还应明确解释标准或指导性技术文件的必要性、制定程序及对不确定性的处理。风险交流应说明所有制约因素、不确定性和假设及其对风险分析的影响，以及风险评估过程中少数人的意见。

参 考 文 献

[1] FAO/WHO/CAC 食品法典委员会程序手册(第十七版,2008)(Codex Alimentarius Commission Procedural Manual),2007 年 7 月

[2] GB/T 19538—2004 危害分析与关键控制点(HACCP)体系及其应用指南

ICS 67.040
X 04

中华人民共和国国家标准

GB/T 23812—2009

糕点生产及销售要求

Requirement of pastry produce and distribution

2009-05-27 发布　　2009-09-01 实施

中华人民共和国国家质量监督检验检疫总局
中国国家标准化管理委员会　发布

前言

本标准参考了 SN/T 1443.1—2004《食品安全管理体系　要求》的相关内容制定。

本标准由中国商业联合会提出。

本标准由全国食品工业标准化技术委员会归口。

本标准由中国商业联合会商业标准中心、国家食品安全危害分析与关键控制点应用研究中心、国家食品安全监督检验中心、中国食品工业协会面包糕饼专业委员会、哈尔滨老鼎丰食品有限公司、北京味多美食品有限责任公司、咀香园健康食品(中山)有限公司、苏州长发食品有限责任公司、广州市莲香楼有限公司、天津市糕点行业协会负责起草。

本标准主要起草人:张丽君、李经津、郑传钰、罗晓轩、王长龙、徐玉铎、黄利、张延杰、洪如松、高树山、钱志先。

糕点生产及销售要求

1 范围

本标准规定了糕点生产及销售要求的术语和定义、总则、文件要求、管理者职责、职责和权限、沟通、产品特性、前提方案、操作性前提方案、关键控制点等的要求。

本标准适用于糕点类产品生产及销售企业的质量控制。

2 规范性引用文件

下列文件中的条款通过本标准的引用而成为本标准的条款。凡是注日期的引用文件，其随后所有的修改单(不包括勘误的内容)或修订版均不适用于本标准，然而，鼓励根据本标准达成协议的各方研究是否可使用这些文件的最新版本。凡是不注日期的引用文件，其最新版本适用于本标准。

GB/T 191 包装储运图示标志(GB/T 191—2008,ISO 780:1997,MOD)

GB 2760 食品添加剂使用卫生标准

GB 7718 预包装食品标签通则

GB 8957 糕点厂卫生规范

GB 14880 食品营养强化剂使用卫生标准

GB 14881 食品企业通用卫生规范

食品标识管理规定 中华人民共和国国家质量监督检验检疫总局令第102号

3 术语和定义

下列术语和定义适用于本标准。

3.1

食品安全 food safety

食品在按照预期用途进行制备和(或)食用时，不会对消费者造成伤害的概念。

3.2

食品安全危害 food safety hazard

食品中所含有的对健康有潜在不良影响的生物、化学或物理的因素或食品存在状况。

3.3

控制措施 control measure

能够用于防止或消除食品安全危害或将其降低到可接受水平的行动或活动。

3.4

食品链 food chain

生产或制造某特定食品所需的，从初级生产到最终消费的所有操作步骤及其顺序和相互关系。

注：食品链的范围包括从初级生产、生产、加工、包装、储藏、运输、销售或制售直到最终消费的所有环节。

3.5

关键控制点 critical control point;CCP

能够进行控制，并且该控制对防止、消除某一食品安全的危害或将其降低到可接受水平是必需的某一步骤。

3.6

流程图 flow diagram

生产或制造某特定食品所用步骤或操作的顺序的系统表达。

3.7

食品安全管理体系　food safety management system

在食品安全方面对企业进行指挥和控制的管理体系。

3.8

糕点　pastry

以谷物粉、油、糖、蛋等为主料，添加(或不添加)适量辅料，经调制、成型、熟制等工序制成的食品。

注：改写 GB/T 12140—2007，定义 2.1。

4　总则

4.1　企业应建立有效的食品安全管理体系，形成文件，加以实施和保持，并予以持续改进。

4.2　企业应确定食品安全管理体系的范围。该范围应规定所涉及的产品或产品类别、加工和生产场地。

4.3　企业应：

a)　识别、评估、预防或控制产品对消费者健康有根据预期产生的特定危害，以确保提供安全产品；

b)　监视、评价、防范在已放行产品中有根据预期发生的特定危害，以保障产品的食用安全；

c)　在保障产品食用安全所需的食品链范围内，做好在企业内外沟通与危害预防、控制、防范过程有效性相关的必要信息；

d)　实施必要的措施，以验证并保证危害预防、控制和防范过程持续的有效性。

4.4　企业应确保对任何影响产品符合食品安全要求的外包过程实施控制，并在食品安全管理体系中加以识别和验证。

5　文件要求

5.1　总则

a)　制定食品安全方针和目标，并形成文件；

b)　企业为确保食品安全管理体系有效建立、实施和更新所需的文件；

c)　形成文件的程序；

d)　形成文件的过程所需的记录。

5.2　文件控制

食品安全管理体系所要求的文件应予以控制。记录是一种特殊类型的文件，应依据 5.3 的要求进行控制。

应编制形成文件的程序，以规定以下方面所需的控制：

a)　文件需经最高管理者批准后发布、实施，以确保文件的准确、完善及可操作性；

b)　必要时对其进行评审与更新，并再次批准、发布；

c)　记录文件更改的原因和证据；

d)　确保文件的更改和现行修订状态得到识别；

e)　确保在使用处可获得适用文件的有关版本；

f)　确保文件保持清晰、易于识别；

g)　确保与食品安全管理体系相关的外来文件得到识别，并控制其分发；

h)　防止作废文件的非预期使用，对需保留的作废文件进行适当的标识。

5.3　记录控制

应建立并保持记录，以提供符合要求和食品安全管理体系有效运行的证据。记录应保持清晰、全面、准确、易于识别和检索。应编制形成文件的程序，以规定记录的标识、贮存、保护、检索、保存期限和处置所需的控制。

6 管理者职责

6.1 管理承诺

最高管理者应对企业建立和实施食品安全管理体系的承诺提供证据。

6.2 经营目标

企业的经营目标应确保食品安全的要求。

6.3 食品安全方针

最高管理者应制定食品安全方针：

a) 确保食品安全方针符合与顾客商定的食品安全要求和法律法规要求；

b) 确保食品安全方针与企业在食品链中的作用相适宜；

c) 确保食品安全方针在企业的各层得以沟通、实施并保持；

d) 确保食品安全方针在持续适宜性方面得到评审；

e) 食品安全方针应由可测量的目标来支持。

7 职责与权限

7.1 最高管理者应确保企业在食品安全管理体系内的职责和权限得到规定和沟通。

7.2 食品安全小组组长：

企业应成立食品安全小组。

最高管理者应任命食品安全小组组长，无论其在其他方面的职责如何，应负责企业食品安全小组工作，并具有以下方面的职责和权限：

a) 确保按照本标准的要求建立、实施、保持和更新食品安全管理体系；

b) 直接向企业的最高管理者报告食品安全管理体系的有效性和适宜性，以进行评审，作为改进的基础；

c) 为食品安全小组成员安排相关的培训和教育。

8 沟通

8.1 外部沟通

为确保在整个食品链中能够获得充分的食品安全方面的信息，企业应制定、实施和保持有效的措施，以便与下列各方进行沟通：

a) 供方和分包方；

b) 顾客，特别是产品信息(包含与预期用途有关的说明书，特别贮存要求，以及适宜时包含保质期)、问询、合同或订单处理(包括对其修改)，以及顾客反馈(包括客户抱怨)；

c) 食品主管部门；

d) 对食品安全管理规范的有效性或更新产生影响，或将受其影响的其他企业。

8.2 内部沟通

企业应建立、实施和保持有效的联系，以便与有关的人员就影响食品安全的事项进行沟通。

企业应确保食品安全小组及时获得变更的信息，包括但不限于以下方面：

a) 产品或新产品；

b) 原料、辅料和服务；

c) 生产系统和设备；

d) 生产场所，设备位置，周围环境；

e) 清洁和卫生计划；

f) 包装、贮存和分销体系；

g) 人员资格水平和(或)职责及权限分配;

h) 法律法规要求;

i) 与食品安全危害和控制措施有关的知识;

j) 企业遵守的顾客、行业和其他要求;

k) 来自外部相关方的有关问询;

l) 表明与产品有关的健康危害的投诉;

m) 影响食品安全的其他条件。

9 实施危害分析的预备步骤

9.1 产品特性

企业在文件中对所有原辅料、与产品接触的材料、糕点产品的特性和预期用途进行识别。

9.2 工艺流程

企业应制定和确认生产流程图。糕点企业的生产流程见图1。

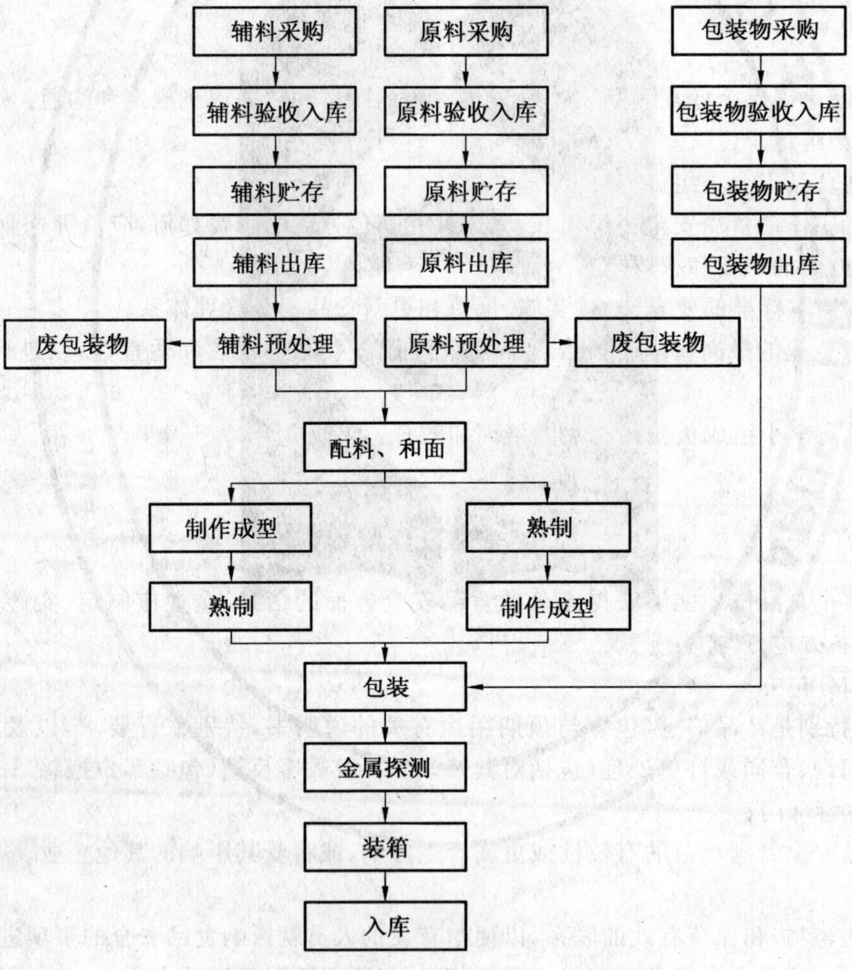

图1 糕点生产原则性工艺流程图

10 糕点生产前提方案

10.1 人力资源

10.1.1 食品安全小组

食品安全小组应由多种专业人员组成,包括从事卫生控制、生产加工、工艺制定、实验室检验、设备维护、原辅料采购、仓储管理等项工作的人员。

10.1.2 人员能力、意识与培训

影响食品安全活动的人员应具备相应的能力和技能。

10.1.2.1 应具有满足需要的熟悉糕点生产(销售)基本知识及加工工艺的人员。

10.1.2.2 食品安全小组应理解并掌握应用食品安全原理和食品安全管理体系的标准。

10.1.2.3 从事工艺制定、卫生控制、实验室检验工作的人员应具备相关知识。

10.1.2.4 生产人员应熟悉卫生要求,遵守前提方案的相关规范要求。

10.1.3 人员健康和卫生要求

10.1.3.1 从事食品生产、检验和管理人员的卫生和体检要求应符合国家相关法律法规和标准的规定,每年应进行一次健康检查及卫生知识培训,必要时做临时健康检查,体检合格后方可上岗。

10.1.3.2 生产、检验和管理人员应保持人员个人清洁卫生,不得将与生产无关的物品带入车间;工作时不得戴首饰、手表,不得化妆;进入车间时应洗手、消毒并穿着工作服、帽、鞋,离开车间时换下工作服、帽、鞋;工作帽、服应集中管理,统一清洗、消毒,统一发放。不同卫生要求的区域或岗位的人员应穿戴不同颜色或标识的工作服、帽,以便区别。不同区域人员不应串岗。

10.2 基础设施和维护

10.2.1 基础设施及环境

企业应提供资源以便建立和保持符合食品安全管理体系要求所需的基础设施。

10.2.1.1 设计

新建、扩建、改建的工程项目的食品卫生部分应按本标准和 GB 14881、GB 8957 的有关规定设计与建造。

10.2.1.2 厂区环境与道路

10.2.1.2.1 厂区环境与道路均应符合 GB 14881、GB 8957 的有关规定。

10.2.1.2.2 生产、生活、行政和辅助区的总体布局合理,不得相互妨碍。

10.2.1.2.3 厂区周围应设置适宜的防范外来污染源和有害动物侵入的设施。

10.2.1.3 厂房及设施

10.2.1.3.1 厂房应按生产工艺流程及所规定的空气清洁级别合理布局和有效间隔,各生产车间、工序环境清洁度划分见表1;同一厂房内以及相邻厂房之间的生产操作不得相互影响。生产车间(含包装间)应有足够的空间,人均占地面积(除设备外)应不少于 1.5 m^2,用于生产的最高机械设备距屋顶的间距应考虑安装及检修的方便。

表 1 各生产车间、工序环境清洁度划分表

清洁度区分	车间或工序区域	空气沉降菌要求/(CFU/皿)
清洁生产区	半成品冷却区与暂存区、内包装间	≤30
准清洁生产区	配料与调制间、成型工序、成型胚品暂存区、烘焙工序、外包装车间	≤50
一般生产区	原料预清洁区、原料前预处理工序、选蛋工序原(辅)料仓库、包装材料仓库、成品仓库、检验室	不作要求

注 1:清洁生产区指半成品冷却区、内包装间等清洁度要求高的作业区域。

注 2:准清洁生产区指配料与调制间、成型工序等清洁度要求次于清洁生产区的作业区域。

注 3:一般生产区指生产场所中清洁度要求低于准清洁生产区的作业区域。

10.2.1.3.2 检验室应与生产品种检验相适应,室内宜分别设置精密仪器室、微生物检验室、理化检验室和留样室,防止交叉污染。必要时宜增设车间检验室。

10.2.1.3.3 建筑物应坚固耐用，易于维修、清洗，并有能防止食品、食品接触面及内包装材料被污染的结构。

10.2.1.4 一般生产区

一般生产区的厂房和设施应符合 GB 14881、GB 8957 的要求。

10.2.1.5 清洁生产区和准清洁生产区

清洁、准清洁生产区的内表面应平整光滑、无裂缝、接口严密、无颗粒物脱落和不良气体释放，能耐清洗与消毒，墙壁与地面、墙壁与天花板、墙壁与墙壁等交界处应呈弧形或采取其他措施，以减少灰尘积聚和便于清洗。

清洁生产区的排水设施出口应设置洁净地漏，排水方向应从高清洁区向低清洁区。

清洁生产区应设置独立的人员更衣室。

清洁和准清洁生产区应分别设有空气净化处理装置和清洁、消毒设施，并应定期检修，保持清洁。

10.2.2 机械设备

10.2.2.1 设备应与生产能力相适应，装填设备宜采用自动机械装置，物料输送宜采用输送带或不锈钢管道，且排列合理、有序，使生产能顺利进行，避免引起污染或交叉污染。

10.2.2.2 凡与食品接触的设备、工器具和管道（包括容器内壁），应选用无毒、无异味、耐腐蚀、不透水、不变形且可反复清洗和消毒、符合食品卫生要求的材料或涂料制造。

10.2.2.3 机械设备应根据生产工艺要求设置安全防护设施。

10.2.2.4 各种设备的管道应以不同颜色明显区分，且不宜架设于暴露的食品、食品接触面及内包装材料的上方，以免造成对食品的污染。

10.2.2.5 机械设备应有定期维护保养制度，确保设备的完好率和运转率。

11 糕点生产操作性前提方案

11.1 原辅料与包装材料

11.1.1 原辅料及包装材料的购入、验收、贮存、发放应符合相关标准，应执行物料管理制度与操作规程，专人负责。

11.1.2 内包装材料和生产操作中与食品直接接触的容器、工器具等应符合食品卫生要求；供应商应提供相关资质文件和按有关规定提供与供应物料的品种、规格、来源、质量的产品采购标准（或合同约定）相一致的有效检验合格报告单。

11.1.3 使用的食品添加剂应符合 GB 2760 的相关规定；营养强化剂的使用应符合 GB 14880 的规定。

11.1.4 内包装材料应满足相应要求且符合食品卫生等相关规定的材质。

11.1.5 原辅料的运输工具等应符合卫生要求。运输过程不得与有毒有害物品同车或同一容器混装。

11.1.6 原辅料购进后应对其原产地、规格、包装情况进行初步检查，按验收的规定填写入库账、卡，入库后应依据需要抽样自检或向质检部门申请委托检验。

11.1.7 各种原辅料及包装材料应分批次编号与堆置，按待检、合格、不合格分区存放，并有明显标识，宜采用三色（绿、红、黄）标示管理方式，绿色表示合格品、红色表示不合格品、黄色表示待检品；相互影响风味的原辅料贮存在同一仓库，应分区存放，防止相互影响。

11.1.8 对有温度、湿度及特殊要求的原辅料应按规定条件储存，应设置专用库储存。

11.1.9 应采用先进先出的原则。对不合格或过期原辅料应加注标识并及时处理。

11.2 原辅料及其包装物的卫生控制

11.2.1 投产前的物料应经过严格的检验，合格后方可投入生产使用。

11.2.2 物料进入生产区前，应在预进间除去外包装或外包装表面除尘净化，再经传递口进入物料暂存区，标示明确。

11.2.3 在开启和倾倒原辅料前应预清洁，以防异物进入产品。

11.2.4 所有物料流通应明确标示品名、规格、批号和来源。

11.3 原辅料的前处理

11.3.1 原辅料应严格按工艺规程进行加工处理，加工品应符合相关标准，包装严密；凭合格检验报告单入库；再进入生产使用。

11.3.2 不同品种原辅料在同一设备处理时应适时清洁，不得相互影响其质量、卫生。

11.4 配料与调制

11.4.1 应验证调制所用的设备、与食品接触面、工具已清洗、消毒。

11.4.2 食品添加剂的用量，配料前应进行复核，防止投料种类和数量有误。

11.4.3 投料时要防止原料的外包装接触调制设备，避免造成污染。

11.4.4 投料时应严格按照各品种的操作规程投料，防止物料溅出。

11.4.5 调制好的配料应按工艺规程及时流入下一道工序，防止污染或腐败变质，应对其进行检验，不符合标准的应作另行处理。

11.5 成型

11.5.1 模具应保持图纹轮廓清晰和清洁卫生；其用润滑剂(油)应符合食品卫生要求。

11.5.2 操作前应认真检查配料和所用设备及其工、器具是否符合清洁卫生规定要求，确保食品的卫生安全。

11.6 熟制

11.6.1 熟制设备应定期清理、保洁和安全保养，检查其计量器具和安全设施在法定计量验证合格有效期内方可使用。

11.6.2 熟制过程应控制温度等相关参数和终端产品的感官，并适时做好记录。

11.6.3 熟制过程产生的油、烟等应能及时、安全排出室外并符合相关环保规定。

11.7 冷却

11.7.1 熟制后的产品应迅速传送至清洁作业室(或区)进行冷却至适宜温度，并适时检查和整理，合格品与不合格品应分区暂存。然后，合格品按先出先包的原则转送至内包装工序；不合格品应及时处理。可回收不合格品与不可回收不合格品应分区暂存，并分别标示。

11.7.2 每天(班)应进行适时清洁和消毒并记录。

11.8 内包装

11.8.1 内包装应于清洁生产区进行。

11.8.2 所用设备及其工、器具应符合清洁卫生规定要求。

11.8.3 产品应经金属探测器检验，剔除被金属污染的包装食品(若包装材料为铝质时应在其包装前进行金属探测检验)。

11.8.4 食品包装袋内不得装入与食品无关的物品(如玩具、文具等)；若装入干燥剂或脱氧剂，则应符合相关标准。

11.8.5 及时将操作时产生的废品、废物收集在专用的密闭容器内。

11.9 外包装与标签

11.9.1 包装材料应符合相关法律法规和标准的规定。

11.9.2 半成品经检验合格方可包装成成品。

11.9.3 成品标签应符合 GB 7718 和《食品标识管理规定》规定。

11.9.4 包装材料和标签应由专人保管，每批产品标签凭生产指令(或计划)发放、领用。

11.9.5 储运包装应符合 GB/T 191 要求。

11.10 成品贮存与运输

11.10.1 贮存与运输应符合 GB 14881 的规定。

11.10.2 成品在运输过程中应轻拿轻放，防止日晒雨淋，运输工具应清洁卫生，不得与有毒有污染的物品混装运输。

11.10.3 仓管员应严格执行收、发货制度和操作规程。定期清查整理，其数量应与账面一致。

11.10.4 成品入库应有存量记录；成品出库应有出货记录，内容至少包括生产日期、出货时间、地点、对象、数量及经手人等，以便发现问题时可及时收回。

11.10.5 成品按待检、合格、不合格分区存放，并有明显标识，宜采用三色（绿、红、黄）标示管理方式，绿色表示合格品、红色表示不合格品、黄色表示待检品。

12 糕点生产关键控制点

糕点生产关键控制点包含但不限于：

a) 原材料验收；

b) 配料；

c) 熟制；

d) 金属探测。

13 产品追溯与召回

13.1 企业应建立和实施追溯程序。主要包括原料、辅料和包装材料的验收；清洗剂、消毒剂、半成品、成品等入（出）库规定，标识的管理、产品批次管理、成品检验报告、运输过程的记录保持等，实现从原辅料验收到产品出厂全过程的标识及产品出厂的追溯。

13.2 企业应建立产品撤回程序，包括通过电话、传真、网络等方式与客户的沟通，收集顾客反馈单，收集客户对产品的要求，包括数量、包装及规格、质量指标（包括特殊指标的检测方法等）、交付。接到客户投诉时，相关部门应收集证明性资料和图片，按照追溯管理确认责任并制定处理方式，对于进入流通领域的应采用合适的方式及时、快速、完全地撤回。

14 糕点销售安全要求

14.1 确定合格供方

14.1.1 资质审核

14.1.1.1 应了解并审核供应商的企业资质情况。相关材料包括但不限于：

a) 营业执照；

b) 税务登记证；

c) 一般纳税人证书；

d) 企业机构代码；

e) 产品执行标准；

f) 生产许可证；

g) 商标注册证。

14.1.1.2 全部资质材料应清晰、有效。

14.1.2 商品审核

14.1.2.1 符合相关规定的检验机构出具的商品检验合格报告。

14.1.2.2 实物审核：按供应商提供产品的执行标准，并对照相关国家、行业标准，对商品的感官、理化、卫生、净含量等指标进行检验或送检。

14.1.3 实地考察

对高风险等供应商宜进行实地考察。

14.1.4 综合评价

应依据 14.1.1～14.1.3 的情况，对供应商是否合格作出综合评价。

14.2 采购

应加强索证索票。

14.2.1 14.1.1中规定相关资质文件应加盖供应商企业公章。

14.2.2 如法律法规对资质材料有特殊要求，厂商应按指定内容及日期提供。

14.2.3 供应商应及时提供产品的质检报告。

14.2.4 资质材料中注明有效期的以注明期限为终止日期。

14.3 验收

14.3.1 应比较相关文件，以确保商品符合要求。

14.3.2 应对送货车辆的清洁状况、车厢温度等进行必要的检查。

14.3.3 应对商品包装、外观质量进行必要的检查。

14.3.4 验收场所、设备应保持清洁，定期清扫，无积尘、无食品残渣，无霉斑、鼠迹、苍蝇、蟑螂，不得存放有毒、有害物品。

14.3.5 食品验收时应注意按生产单位、品种分别放置于食品专用栈板上，保证商品分类、分架。避免交叉污染。

14.4 存储

14.4.1 贮存场所、设备应保持清洁，定期清扫，无积尘、无食品残渣，无霉斑、鼠迹、苍蝇、蟑螂，不得存放有毒、有害物品。

14.4.2 应分类、分架存放，距离墙壁、地面均在10 cm以上，并定期检查，使用应遵循先进先出的原则，变质和过期食品应及时清除。

14.4.3 在食品专用独立仓库或存储区域和其他食品应适当合理分隔避免受到污染。按常温、冷藏等不同存储要求存放相应食品。

14.4.4 食品存储仓库和货架的设计应满足食品卫生要求和先进先出的操作原则。

14.4.5 不同类别的食品应分库或分架存放，库房内备有相应的货架和货垫。

14.4.6 食品外包装应完整，无积尘，码放整齐，便于检查清点。

14.5 陈列销售

14.5.1 人员管理

应符合10.1.3的要求。

14.5.2 设施、设备

14.5.2.1 应使用符合卫生要求的用品实施清洁并填写工作记录。

14.5.2.2 清洁设备适合，工作状态良好。

14.5.2.3 针对产品不同的储存陈列要求，配备相应的陈列设备。

14.5.2.4 对于需冷藏的产品，冷藏柜应保持在要求的温度。

14.5.3 销售管理

14.5.3.1 食品销售时陈列应符合其自身保质储存条件。

14.5.3.2 销售食品标识应符合GB 7718和《食品标识管理规定》的要求。

14.5.3.3 上架销售的食品应严格控制在保质期内。

14.5.3.4 应有销售记录。

14.6 问题食品的处理

14.6.1 问题食品

企业对其不符合有关食品安全规定和标准的食品，或给消费者的健康和安全造成潜在或现实危害的问题食品，一经发现应立即启动食品撤架流程。

14.6.2 食品安全事件

企业对其发生的食品安全事件，应立即启动食品安全事件处理流程。主要包括顾客投诉，政府部门的抽查、调查以及协查过程中发现的食品安全事件。

对于相关事故的基本状况及处理方式应形成报表，食品安全管理部门应进行月/周统计分析并存档。

14.6.3 **处理方法**

14.6.3.1 企业应根据食品的可追溯程度、事件影响的大小、健康损害风险的大小等因素，将问题食品或食品安全事件进行分析，然后分级别、分步骤地启动食品安全事故应急处理机制。

14.6.3.2 对重大食品安全事件，应建立内部应急处理小组，由采购、存储、加工、销售、食品安全管理、法律、市场等部门人员组成，对发生质量或安全问题的食品的应急处理及时做出决策并付诸实施。

14.6.3.3 销售企业处理问题食品和食品安全事件时要及时：

a) 内部及时联动撤架。一旦启动产品的撤架机制，各部门应积极配合执行。采购、配送中心和门店应在撤架指令下达后于最短的时间内(48 h内)完成问题食品下架、封存、清点、在途食品运输的跟踪，并将有关信息反馈企业汇总。

b) 应及时提供给消费者、公众、媒体和政府执法机构准确、负责和公正的信息，尽快配合控制流通渠道避免问题食品扩散，调动相关资源尽快查清问题的根源并采取必要的控制及反应手段，应尽力将问题食品可能或已经造成的危害降低至最低。

c) 应设置内部及外部食品质量安全监管和通报机制，实时掌握上架食品的质量和安全状态。对内部和外界发现的相关食品质量和安全问题进行应急反应和处理。

d) 应保持顾客投诉统计，每月/周食品质量问题汇总与分析，政府抽检食品情况月报表。

参考文献

[1] 中华人民共和国食品安全法(中华人民共和国主席令[2009]第九号)

[2] GB/T 12140—2007 糕点术语

[3] SN/T 1443.1—2004 食品安全管理体系 要求

ICS 67.220.20
X 40

中华人民共和国国家标准

GB/T 23813—2009

食品中1,2-丙二醇的测定

Determination of 1,2-propanediol in foods

2009-05-27 发布

2009-09-01 实施

中华人民共和国国家质量监督检验检疫总局
中国国家标准化管理委员会 发布

前　言

本标准的附录 A 和附录 B 为资料性附录。

本标准由中国标准化研究院提出并归口。

本标准起草单位:国家食品质量安全监督检验中心。

本标准主要起草人:赵玉琪、周相娟、常宇文、李伟、田野、谢精精。

食品中 1,2-丙二醇的测定

1 范围

本标准规定了用气相色谱法和气相色谱-质谱法测定食品中 1,2-丙二醇含量的方法。

本标准适用于食品中 1,2-丙二醇的测定。

本标准方法检出限 0.01 g/kg。

第一法 气相色谱法

2 原理

食品中 1,2-丙二醇用无水乙醇提取，提取液过滤后，采用气相色谱法保留时间定性，外标法定量。

3 试剂

除非另有说明，在分析中所使用试剂均为分析纯。

3.1 无水乙醇。

3.2 海砂：化学纯，粒度 0.65 mm～0.85 mm。

3.3 1,2-丙二醇标准样品：纯度≥99.9%。

3.4 1,2-丙二醇标准储备液：准确称取 1,2-丙二醇标准样品 1 g(精确到 0.000 1 g)，用无水乙醇溶解并转移至 100 mL 容量瓶中，定容至刻度，此溶液每毫升含 1,2-丙二醇 10 mg。贮存于 4 ℃冰箱中，有效期 3 个月。

3.5 1,2-丙二醇标准使用液：分别准确吸取 1,2-丙二醇标准储备液(10 mg/mL)0.0 mL、0.1 mL、0.2 mL、1.0 mL、2.0 mL、5.0 mL 至 6 个 100 mL 容量瓶中，用无水乙醇溶液定容至刻度，得到浓度为 0.0 μg/mL、10.0 μg/mL、20.0 μg/mL、100.0 μg/mL、200.0 μg/mL、500.0 μg/mL 的 1,2-丙二醇标准系列溶液。现用现配。

4 仪器

4.1 气相色谱仪(GC)：配有氢火焰离子化检测器(FID)。

4.2 分析天平：感量 0.01 g 和 0.000 1 g。

4.3 粉碎机。

4.4 涡旋混合器。

4.5 回旋振荡器。

4.6 离心机：转速≥4 000 r/min。

5 分析步骤

5.1 提取和净化

5.1.1 糕点、膨化食品、奶油、干酪、豆制品等

试样用粉碎机粉碎。准确称取混匀试样 5 g(精确到 0.01 g)，加入 50.00 mL 无水乙醇，涡旋混匀 2 min 后振荡提取 40 min，静置 1 h 后用定性滤纸过滤，所得滤液用气相色谱仪分析。

5.1.2 生湿面制品等

试样用粉碎机粉碎。准确称取混匀试样 2 g(精确到 0.01 g)于研钵中，加适量的海砂(海砂与样品

质量比约 3：1～4：1)研磨成干粉状，加入 50.00 mL 无水乙醇，涡旋混匀 2 min 后振荡提取 40 min，静置 1 h 后用定性滤纸过滤，所得滤液用气相色谱仪分析。

5.1.3 冷冻饮品等

固体试样置于洗净干燥烧杯中解冻，待溶化后用玻棒捣碎并搅拌均匀。液体试样放至室温后直接摇匀。准确称取混匀试样 10 g(精确到 0.01 g)，用无水乙醇定容到 50.00 mL，涡旋混匀 2 min，静置 1 h(必要时以 4 000 r/min 离心 15 min)后用定性滤纸过滤，所得滤液用气相色谱仪分析。

5.1.4 植物蛋白饮料等

试样直接摇匀。准确称取混匀试样 10 g(精确到 0.01 g)，用无水乙醇定容到 50.00 mL，涡旋混匀 2 min，静置 1 h(必要时以 4 000 r/min 离心 15 min)后用定性滤纸过滤，所得滤液用气相色谱仪分析。

5.2 测定

5.2.1 气相色谱参考条件

色谱柱：键合/交联聚乙二醇固定相石英毛细管色谱柱，30 m×0.25 mm(内径)×0.25 μm，或相当色谱柱；

载气：高纯氮，纯度≥99.999%，恒流模式，柱流速 1 mL/min；

采用程序升温，柱初始温度 80 ℃，保持 1 min，以 20 ℃/min 速率升温至 160 ℃，保持 2 min，再以 15 ℃/min 速率升温至 220 ℃，保持 5 min；

进样口温度：230 ℃；

检测器温度：240 ℃；

进样量：1 μL；

进样方式：分流进样，分流比 10：1。

5.2.2 色谱分析

在 5.2.1 仪器条件下，试样待测液和 1,2-丙二醇标准样品的目标化合物在相同保留时间处(±0.5%)出现，可定性 1,2-丙二醇。以 1,2-丙二醇标准溶液浓度为横坐标，峰面积为纵坐标，作线性回归方程，从标准曲线图中查出试样溶液中 1,2-丙二醇相应含量。1,2-丙二醇标准样品溶液气相色谱图参见附录 A。

6 结果计算

食品中 1,2-丙二醇含量(g/kg)的计算见式(1)：

$$X = c \times \frac{V \times 1\,000}{m \times 1\,000} \times 1\,000 \qquad \cdots\cdots(1)$$

式中：

X——食品中 1,2-丙二醇的含量，单位为克每千克(g/kg)；

c——从标准工作曲线上查出的试样溶液中 1,2-丙二醇的浓度，单位为微克每毫升(μg/mL)；

V——试样定容体积，单位为毫升(mL)；

m——试样的质量，单位为克(g)。

计算结果保留至小数点后第二位。

7 精密度

在重复性条件下获得的两次独立测定结果的绝对差值不得超过算术平均值的 20%。

第二法 气相色谱-质谱法

8 原理

食品中 1,2-丙二醇用无水乙醇提取，提取液过滤后，用气相色谱-质谱联用仪测定，采用选择离子监测扫描模式(SIM),用化合物的保留时间和质谱碎片的丰度比定性,外标法定量。

9 试剂

除非另有说明,在分析中所使用试剂均为分析纯。

9.1 无水乙醇。

9.2 海砂:化学纯,粒度 0.65 mm~0.85 mm。

9.3 无水硫酸钠:于 650 ℃灼烧 4 h,储于密闭干燥器中备用。

9.4 1,2-丙二醇标准样品:纯度≥99.9%。

9.5 1,2-丙二醇标准储备液:准确称取 1,2-丙二醇标准样品 1 g(精确到 0.000 1 g),用无水乙醇溶解并转移至 100 mL 容量瓶中,定容至刻度,此溶液每毫升含 1,2-丙二醇 10 mg。贮存于 4 ℃冰箱中,有效期 3 个月。

9.6 1,2-丙二醇标准使用液:分别准确吸取 1,2-丙二醇标准储备液(10 mg/mL)0.0 mL、0.1 mL、0.2 mL、1.0 mL、2.0 mL、5.0 mL 至 100 mL 容量瓶中,用无水乙醇定容至刻度,得到浓度为 0.0 μg/mL、10.0 μg/mL、20.0 μg/mL、100.0 μg/mL、200.0 μg/mL、500.0 μg/mL 的 1,2-丙二醇标准系列溶液。现用现配。

10 仪器

10.1 气相色谱-质谱联用仪(GC-MS):EI 源,四级杆分析器。

10.2 分析天平:感量 0.01 g 和 0.000 1 g。

10.3 粉碎机。

10.4 涡旋混合器。

10.5 回旋振荡器。

11 分析步骤

11.1 提取和净化

11.1.1 糕点、膨化食品、奶油、干酪、豆制品等

试样用粉碎机粉碎。准确称取混匀试样 5 g(精确到 0.01 g),加入 50.00 mL 无水乙醇,涡旋混匀 2 min 后振荡提取 40 min,静置 1 h 后通过无水硫酸钠(约 2 g)用定性滤纸过滤,所得滤液用气相色谱-质谱联用仪分析。

11.1.2 生湿面制品等

试样用粉碎机粉碎。准确称取混匀试样 2 g(精确到 0.01 g)于研钵中,加适量的海砂研磨成干粉状,加入 50.00 mL 无水乙醇,涡旋混匀 2 min 后振荡提取 40 min,静置 1 h 后通过无水硫酸钠(约 2 g)用定性滤纸过滤,所得滤液用气相色谱-质谱联用仪分析。

11.2 测定

11.2.1 气相色谱-质谱参考条件

色谱柱:键合/交联聚乙二醇固定相石英毛细管色谱柱,30 m×0.25 mm(内径)×0.25 μm,或相当色谱柱;

载气:氦气,纯度≥99.999%,恒流模式,柱流速 1 mL/min;

采用程序升温,柱初始温度 80 ℃,保持 1 min,以 20 ℃/min 速率升温至 160 ℃,保持 2 min,再以 15 ℃/min 速率升温至 220 ℃,保持 5 min;

进样口温度:230 ℃;

色谱-质谱接口温度:240 ℃;

进样量:1 μL;

进样方式：分流进样，分流比 10：1；

电离方式：电子轰击源(EI)；

电离能量：70 eV；

溶剂延迟：8 min；

扫描方式：采用选择离子监测扫描模式(SIM)，选择离子 m/z 31,45,61，定量离子 m/z 45。

11.2.2 定性确证

在 11.2.1 仪器条件下，试样待测液和 1,2-丙二醇标准样品的目标化合物在相同保留时间处(±0.5%)出现，并且对应质谱碎片离子的质荷比与标准样品一致，各特征碎片离子 m/z 45,31,61 的相对丰度比为 100：11：5，试样当中目标化合物特征碎片离子丰度比与标准样品相比其最大偏差小于或等于 30%，可定性确证目标分析物。1,2-丙二醇选择离子流图和质谱图参见附录 B。

11.2.3 定量分析

在 11.2.1 仪器条件下，以 1,2-丙二醇标准溶液浓度为横坐标，以 m/z 45 基峰峰面积为纵坐标，作线性回归方程，从标准曲线图中查出试样溶液中 1,2-丙二醇相应含量。

12 计算

食品中 1,2-丙二醇含量(g/kg)的计算见式(2)：

$$X = c \times \frac{V \times 1\,000}{m \times 1\,000} \times 1\,000 \qquad \cdots\cdots(2)$$

式中：

X——食品中 1,2-丙二醇的含量，单位为克每千克(g/kg)；

c——从标准工作曲线上查出的试样溶液中 1,2-丙二醇的浓度，单位为微克每毫升(μg/mL)；

V——试样定容体积，单位为毫升(mL)；

m——试样的质量，单位为克(g)。

计算结果保留至小数点后第二位。

13 精密度

在重复性条件下获得的两次独立测定结果的绝对差值不得超过算术平均值的 20%。

附 录 A
（资料性附录）
1,2-丙二醇标准样品溶液气相色谱图

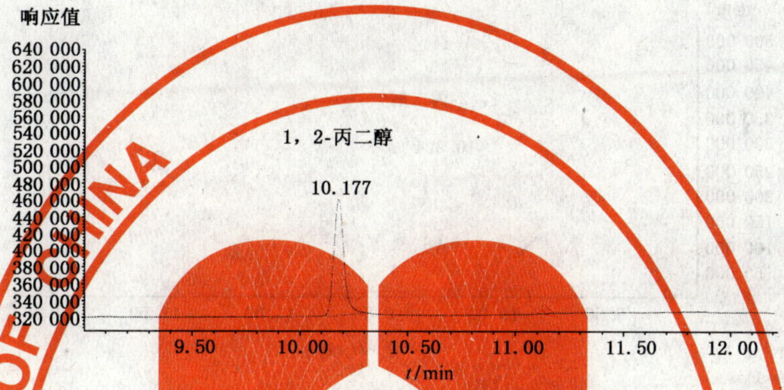

图 A.1 1,2-丙二醇标准样品溶液气相色谱图

附 录 B
（资料性附录）
1,2-丙二醇标准样品溶液选择离子流图和质谱图

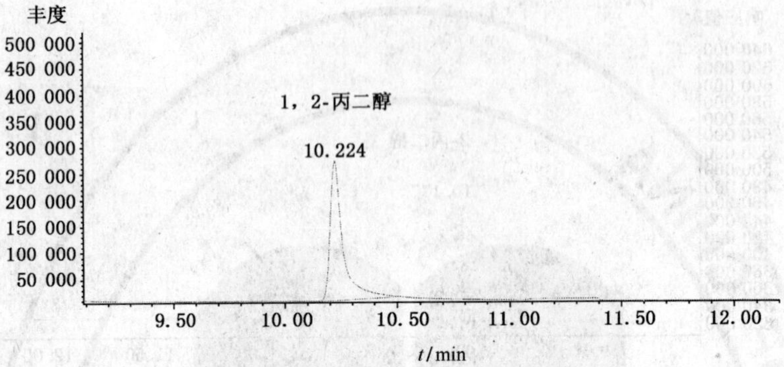

图 B.1 1,2-丙二醇标准样品溶液选择离子流图(m/z 45)

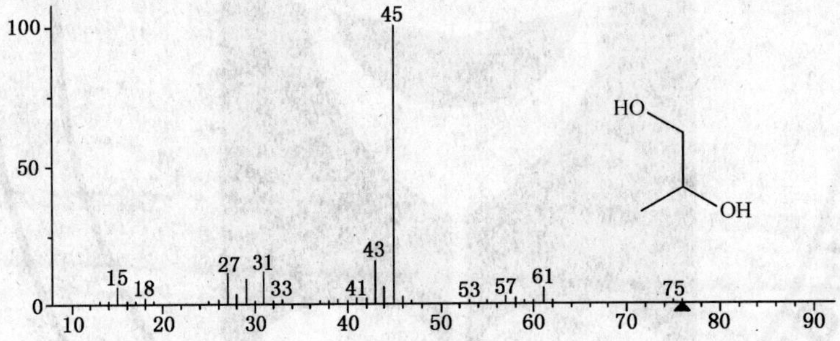

图 B.2 1,2-丙二醇质谱图

ICS 67.050
X 04

中华人民共和国国家标准

GB/T 23814—2009

莲蓉制品中芸豆成分定性PCR检测方法

Protocol of the polymerase chain reaction for detecting kidney beans components in lotus foods

2009-05-27 发布 2009-09-01 实施

中华人民共和国国家质量监督检验检疫总局
中国国家标准化管理委员会 发布

前 言

本标准的附录 A 为资料性附录。

本标准由中国标准化研究院提出并归口。

本标准负责起草单位:国家加工食品质量监督检验中心(广州)、广州市质量监督检测研究院、中华人民共和国深圳出入境检验检疫局。

本标准主要起草人:蔡依军、覃芳芳、罗海英、邓鸿铃、郭新东、吴玉銮、蓝芳。

莲蓉制品中芸豆成分定性 PCR 检测方法

1 范围

本标准规定了莲蓉制品中芸豆成分的定性 PCR 检测方法。

本标准适用于由莲蓉制品半成品和成品中芸豆成分的定性检测。

本标准的检出限为 0.5 ng 芸豆 DNA。

2 规范性引用文件

下列文件中的条款通过本标准的引用而成为本标准的条款。凡是注日期的引用文件，其随后所有的修改单(不包括勘误的内容)或修订版均不适用于本标准，然而，鼓励根据本标准达成协议的各方研究是否可使用这些文件的最新版本。凡是不注日期的引用文件，其最新版本适用于本标准。

GB/T 6682 分析实验室用水规格和试验方法(GB/T 6682—2008,ISO 3696:1987,MOD)

GB/T 19495.1 转基因产品检测 通用要求和定义

GB/T 19495.2 转基因产品检测 实验室技术要求

GB/T 19495.7 转基因产品检测 抽样和制样方法

3 术语和定义

GB/T 19495.1 确立的术语和定义适用于本标准。

4 防污染措施

检测过程中防止交叉污染的措施按照 GB/T 19495.2 中的规定执行。

5 抽样和制样

按照 GB/T 19495.7 规定的方法执行。

6 测定方法

6.1 原理

样品经 DNA 提取后，针对芸豆特异基因序列设计引物，通过 PCR 技术，特异性扩增芸豆基因的 DNA 片段，根据 PCR 扩增结果，判断该样品中是否含有芸豆成分。

6.2 试剂和材料

除另有规定外，所用试剂为分析纯或生化试剂，水为按照 GB/T 6682 规定的一级水。

6.2.1 引物：检测莲蓉制品内源基因和芸豆特异基因的引物及其信息见表 1。

表 1 莲蓉制品内、外源基因所需的引物信息

检测基因	引物序列	PCR 产物大小/bp	基因性质	适用范围
NNEA0732	正:5'-GTAGAATCGGCACTGGAGGTAG-3' 反:5'-CATGGGCTAACCAACTAGACAGC-3'	142	莲子特异基因	莲蓉制品
AB070627	正:5'-CAGACATTTCATATCCAGGGAGG-3' 反:5'-TGAATTGTACGGTGAAGGATGG-3'	194	芸豆特异基因	莲蓉制品

6.2.2 琼脂糖：电泳纯。

6.2.3 Tris 饱和酚。

6.2.4 三氯甲烷。

6.2.5 冰乙酸。

6.2.6 无水乙醇。

6.2.7 异戊醇。

6.2.8 异丙醇。

6.2.9 氢氧化钠(NaOH)。

6.2.10 盐酸(HCl)。

6.2.11 三羟甲基氨基甲烷(Tris)。

6.2.12 乙二胺四乙酸钠盐(Na_2EDTA)。

6.2.13 蔗糖。

6.2.14 溴酚蓝。

6.2.15 乙酸钠(NaAc)。

6.2.16 苯酚＋三氯甲烷＋异戊醇(25＋24＋1,体积比)。

6.2.17 三氯甲烷＋异戊醇(24＋1,体积比)。

6.2.18 3 mol/L 乙酸钠：3 mol/L 乙酸钠溶液，乙酸调节 pH 为 5.2。

6.2.19 1×TAE 电泳缓冲液：取 50×TAE(242 g Tris,57.1 mL 冰乙酸，100 mL 0.5 mol/L Na_2EDTA,用 HCl 或 NaOH 调节 pH 至 8.0,定容至 1 L)按比例稀释。

6.2.20 TE 缓冲液：Tris 0.01 mol/L,Na_2EDTA 0.001 mol/L,用 HCl 或 NaOH 调节 pH 至 8.0。

6.2.21 PCR 试剂盒：Taq 酶，dNTPs,10×Buffer,氯化镁($MgCl_2$)。

6.2.22 上样缓冲液：0.25%溴酚蓝，40%(质量浓度)蔗糖溶液。

6.2.23 溴化乙锭溶液：1 mg/mL。

6.2.24 70%乙醇。

6.2.25 等效 DNA 提取试剂盒。

6.2.26 DNA 分子质量标准品(50 bp)。

6.3 主要仪器

6.3.1 PCR 热循环仪。

6.3.2 电泳仪。

6.3.3 凝胶成像系统。

6.3.4 离心机：12 000 r/min。

6.3.5 涡旋振荡器。

6.3.6 分析天平：0.1 g。

6.3.7 微量可调移液器：0.5 μL,2 μL,10 μL,20 μL,100 μL,200 μL,1 000 μL。

6.3.8 核酸蛋白分析仪或紫外分光光度计。

6.4 检测步骤

6.4.1 模板 DNA 的提取

6.4.1.1 对照设置

阳性对照：莲子基因组 DNA、芸豆基因组 DNA；

阴性对照：已知以不含该基因的样品提取的 DNA；

空白对照：双蒸水(ddH_2O)。

6.4.1.2 DNA 提取步骤

a) 样品 DNA 提取时设双平行；

b) 将样品粉碎，取适量样品，加入 400 μL TE 缓冲液(6.2.20)，将沉淀完全溶解；

c) 加入与溶液等体积苯酚＋三氯甲烷＋异戊醇(25＋24＋1)(6.2.16)，重复混匀 10 min；

d) 12 000 r/min 室温离心 10 min，将上清液转移至另一干净的 1.5 mL 离心管中；

e) 加入与上清液等体积三氯甲烷＋异戊醇(24＋1)(6.2.17)，重复混匀 10 min；

f) 12 000 r/min 室温离心 10 min，小心吸取上清液；

g) 加入上清液 1/10 体积 3 mol/L 乙酸钠 (6.2.18)，加入 2 倍～2.5 倍体积经－20 ℃预冷的无水乙醇 (6.2.6)，颠倒混匀后－20 ℃静置 1 h；或加入等体积异丙醇(6.2.8)，混匀后室温静置 10 min；

h) 15 000 r/min，室温离心 10 min，弃去上清液；

i) 70％乙醇(6.2.24) 洗涤沉淀 2 次～3 次，干燥 DNA；

j) 50 μL 0.1×TE(6.2.20)溶解沉淀，4 ℃保存。

也可以用等效 DNA 提取试剂盒(6.2.25)提取样品 DNA，按试剂盒操作说明书指示操作。

6.4.2 DNA 质量的测定

样品中提取的 DNA 质量的测定用核酸蛋白分析仪或紫外分光光度计(6.3.8)进行测定。

取适量 DNA 溶液加 TE 缓冲液(6.2.20)进行稀释，用核酸蛋白分析仪或紫外分光光度计分别检测 260 nm 和 280 nm 处的吸光值 A_{260} 和 A_{280}。DNA 的浓度按式(1)计算：

$$c = A \times N \times 50/1\,000 \qquad \cdots\cdots(1)$$

式中：

c——DNA 浓度，μg/μL；

A——260 nm 处的吸光值；

N——核酸稀释倍数。

当 A_{260}/A_{280} 比值在 1.4 以上时，可用于 PCR 扩增，1.7～2.0 之间时，PCR 扩增效果好。

6.4.3 PCR 扩增

6.4.3.1 PCR 反应体系

检测样品内、外源基因的 PCR 反应体系见表 2。每个反应体系应设置两个平行反应。同时设置阳性对照、阴性对照和空白对照。

表 2 PCR 反应体系

试剂名称	贮备液浓度	加入 PCR 反应体系的体积/μL
10×PCR Buffer	—	2.5
$MgCl_2$	25 mmol/L	2.5
dNTP	2.5 mmol/L	2.0
Primers	20 pmol/μL	正：0.25
		反：0.25
Taq	5 U/μL	0.15
Template	0.1 μg/μL～0.2 μg/μL	1
ddH_2O	—	补足反应体系总体积为 25

6.4.3.2 PCR 反应循环参数

见表 3。

表 3 各基因检测 PCR 反应条件

基因	变性	扩增	循环数	后延伸
莲子特异基因	94 ℃/5 min	94 ℃/30 s 58 ℃/30 s 72 ℃/30 s	35	72 ℃/5 min
芸豆内源基因	94 ℃/5 min	94 ℃/30 s 56 ℃/30 s 72 ℃/30 s	35	72 ℃/5 min

6.4.4 **PCR 扩增产物电泳检测**

将适量的琼脂糖(6.2.2)加入 1×TAE 缓冲液(6.2.19)中，配制成浓度为 2%(质量浓度)的溶液，加热溶解，然后加入溴化乙锭溶液(6.2.23)至终浓度 0.5 μg/mL，混匀，稍适冷却后，倒入电泳板上，插上梳板，室温下凝固后，放入盛 1×TAE 缓冲液的电泳槽中，轻轻垂直向上拔去梳板。在每个泳道中加入适量的 PCR 产物与上样缓冲液(6.2.22)的混合液(10 μL～20 μL PCR 产物与上样缓冲液 2 μL 混合)，其中一个泳道中加入 DNA 分子质量标准品(6.2.26)5 μL，接通电源电泳，按 2 V/cm 的电压电泳至溴酚蓝迁移至 3 cm～5 cm 处结束。凝胶成像仪观察并分析记录。

6.4.5 **结果分析**

6.4.5.1 **莲蓉内源基因的检测**

用针对莲蓉内源基因设计的引物对样品 DNA 提取液进行 PCR 扩增，阳性对照和待测样品均应被扩增出 142 bp 的 PCR 产物，阴性对照和空白对照应不能扩增得到相应的 PCR 产物。如待测样品未见有该 PCR 扩增产物，则说明 DNA 提取质量有问题，或 DNA 提取液中有抑制 PCR 反应的因子存在，应重新提取 DNA，直到扩增出该 PCR 产物。

6.4.5.2 **芸豆基因的检测**

对样品 DNA 进行芸豆内源基因的 PCR 扩增，如果阴性对照和空白对照未出现扩增条带，阳性对照和待测样品均出现预期大小的扩增条带(扩增片段大小 194 bp)，则可初步判定待测样品中含有可疑的芸豆成分，应进一步进行确证实验，依据确证实验的结果最终报告；如果待测样品未出现 PCR 扩增产物，则可断定待测样品中不含有芸豆成分。

6.4.6 **确证实验**

当 PCR 检测结果为阳性时，可通过酶切的方法或其他方法(如测序比对，序列参见附录 A)进行确证：

PCR 产物的限制性内切酶酶切分析；

用内切酶 ApaI 对 PCR 扩增产物进行酶切分析，阳性样品酶切片段大小为 81 bp 和 103 bp。

推荐酶切体系为 50 μL，PCR 扩增产物 20 μL，酶用量为 2U，酶切温度和时间为 37 ℃ 30 min，电泳方法参见 6.4.4。

7 结果表述

7.1 芸豆特异基因片段得到扩增，且扩增片段大小与预期片段大小一致，表明样品中检测出芸豆成分，结果表述为“样品中检测出芸豆成分，阴性对照、阳性对照及空白对照检测结果正常”。

7.2 莲蓉内源基因片段得到扩增，且扩增片段大小与预期片段大小一致，而芸豆特异基因片段未得到扩增，或扩增片段大小与预期片段大小不一致，表明样品中未检测出芸豆成分，结果表述为“样品中未检测出芸豆成分，阴性对照、阳性对照及空白对照检测结果正常”。

附　录　A
（资料性附录）
扩增片段序列

A.1　芸豆特异基因扩增序列(194 bp)

CAGACATTTC ATATCCAGGG AGGAACATGC TATTCGTTTG GCGAAGACTA
TGGACGATCA GAATTAAAGG GTGGTGGGGC CCATAAGTTT GATCAGCATG
CTGTTTGGAC TGTAAACAAA CACAGGTAGC AGCATCACTC GCAGTCTCGT
TGTCACCTCC ACGCAGATAG CGCCATCCTT CACCGTACAA TTCA

A.2　莲子特异基因扩增序列(142 bp)

GTAGAATCGG CACTGGAGGT AGCCGGCCAG GTGGCAGGTA CATCAGTATC
AACCTCACCC CTTCCGTATA GTGCCATGGC AAGCCAATGT GAGGCCCTAG
GCACAGGAAC AAGGAAGAAG CTGTCTAGTT GGTTAGCCCA TG

ICS 67.050
X 04

中华人民共和国国家标准

GB/T 23815—2009

猪肉制品中植物成分定性 PCR 检测方法

Protocol of the polymerase chain reaction for detecting plant components in meat

2009-05-27 发布　　　　2009-09-01 实施

中华人民共和国国家质量监督检验检疫总局
中国国家标准化管理委员会　发布

前　言

本标准的附录 A 为资料性附录。

本标准由中国标准化研究院提出并归口。

本标准负责起草单位：国家加工食品质量监督检验中心（广州）、广州市质量监督检测研究院、中华人民共和国深圳出入境检验检疫局。

本标准主要起草人：郭新东、邓鸿铃、覃芳芳、罗海英、袁洁、吴玉銮、谢文缄。

猪肉制品中植物成分定性 PCR 检测方法

1 范围

本标准规定了猪肉制品中植物成分的定性 PCR 检测方法。

本标准适用于由猪肉制成的半成品和成品中植物成分的定性检测。

本标准的检出限为 0.5 ng 植物 DNA。

2 规范性引用文件

下列文件中的条款通过本标准的引用而成为本标准的条款。凡是注日期的引用文件，其随后所有的修改单(不包括勘误的内容)或修订版均不适用于本标准，然而，鼓励根据本标准达成协议的各方研究是否可使用这些文件的最新版本。凡是不注日期的引用文件，其最新版本适用于本标准。

GB/T 6682 分析实验室用水规格和试验方法(GB/T 6682—2008，ISO 3696:1987，MOD)

GB/T 19495.1 转基因产品检测 通用要求和定义

GB/T 19495.2 转基因产品检测 实验室技术要求

GB/T 19495.7 转基因产品检测 抽样和制样方法

3 术语和定义

GB/T 19495.1 确立的术语和定义适用于本标准。

4 防污染措施

检测过程中防止交叉污染的措施按照 GB/T 19495.2 中的规定执行。

5 抽样和制样

按照 GB/T 19495.7 规定的方法执行。

6 测定方法

6.1 原理

样品经过提取 DNA 后，针对植物特异基因的序列设计引物，通过 PCR 技术，特异性扩增植物基因的 DNA 片段，根据 PCR 扩增结果，判断该样品中是否含有植物成分。

6.2 试剂和材料

除另有规定外，所用试剂为分析纯或生化试剂，水为按照 GB/T 6682 规定的一级水。

6.2.1 引物：检测猪肉制品内源和外源基因的引物及其信息见表 1。

表 1 猪肉制品内、外源基因所需的引物信息

检测基因	引物序列	PCR 产物大小/bp	基因性质	适用范围
tRNALeu	正：5’-CGAAATCGGTAGACGCTACG-3’ 反：5’-TTCCATTGAGTCTCTGCACCT-3’	193	植物叶绿体	猪肉制品
mitochondrion	5’-AAGTTAGAGATCGGGAGCCTAA-3’ 5’-AAGGTGACAATAGGTAGTCC-3’	264	猪内源线粒体基因	猪肉制品

6.2.2 琼脂糖:电泳纯。

6.2.3 Tris 饱和酚。

6.2.4 三氯甲烷。

6.2.5 冰乙酸。

6.2.6 无水乙醇。

6.2.7 异戊醇。

6.2.8 异丙醇。

6.2.9 氢氧化钠(NaOH)。

6.2.10 盐酸(HCl)。

6.2.11 三羟甲基氨基甲烷(Tris)。

6.2.12 乙二胺四乙酸钠盐(Na_2EDTA)。

6.2.13 蔗糖。

6.2.14 溴酚蓝。

6.2.15 乙酸钠(NaAc)。

6.2.16 苯酚+三氯甲烷+异戊醇(25+24+1,体积比)。

6.2.17 三氯甲烷+异戊醇(24+1,体积比)。

6.2.18 乙酸钠溶液:3 mol/L 乙酸钠溶液,乙酸调节 pH 为 5.2。

6.2.19 1×TAE 电泳缓冲液:取 50×TAE(242 g Tris,57.1 mL 冰乙酸,100 mL 0.5 mol/L Na_2EDTA,用 HCl 或 NaOH 调节 pH 至 8.0,定容至 1 L)按比例稀释。

6.2.20 TE 缓冲液:Tris 0.01 mol/L,Na_2EDTA 0.001 mol/L,用 HCl 或 NaOH 调节 pH 至 8.0。

6.2.21 PCR 试剂盒:Taq 酶,dNTPs,10×Buffer,氯化镁($MgCl_2$)。

6.2.22 上样缓冲液:0.25%溴酚蓝,40%(质量浓度)蔗糖溶液。

6.2.23 溴化乙锭溶液:1 mg/mL。

6.2.24 70%乙醇。

6.2.25 等效 DNA 提取试剂盒。

6.2.26 DNA 分子质量标准品(50 bp)。

6.3 主要仪器

6.3.1 PCR 热循环仪。

6.3.2 电泳仪。

6.3.3 凝胶成像系统。

6.3.4 离心机:12 000 r/min。

6.3.5 涡旋振荡器。

6.3.6 分析天平:0.1 g。

6.3.7 微量可调移液器:0.5 μL,2 μL,10 μL,20 μL,100 μL,200 μL,1 000 μL。

6.3.8 核酸蛋白分析仪或紫外分光光度计。

6.4 检测步骤

6.4.1 模板 DNA 的提取

6.4.1.1 对照

阳性对照:猪基因组 DNA、植物基因组 DNA;

阴性对照:已知以不含该基因的样品提取的 DNA;

空白对照:双蒸水(ddH_2O)。

6.4.1.2 提取步骤

a) 样品 DNA 提取时设双平行;

b) 将样品粉碎，取适量样品放入 2.0 mL 离心管，加入 400 μL TE 缓冲液(6.2.20)，于 65 ℃水浴中溶解 10 min，上下颠倒混匀；

c) 加入与溶液等体积苯酚＋三氯甲烷＋异戊醇(25＋24＋1)(6.2.16)，摇晃混匀 10 min；

d) 12 000 r/min 室温离心 10 min，将上清液转移至另一干净的 1.5 mL 离心管中；

e) 加入上清液等体积三氯甲烷＋异戊醇(24＋1)(6.2.17)，摇晃混匀 10 min；

f) 12 000 r/min 室温离心 10 min，小心吸取上清液；

g) 加入上清液 1/10 体积乙酸钠溶液(6.2.18)、2 倍～2.5 倍体积经－20 ℃预冷的无水乙醇(6.2.6)，颠倒混匀后－20 ℃静置 1 h；或加入等体积异丙醇(6.2.8)，混匀后室温静置 10 min；

h) 12 000 r/min 室温离心 10 min，弃去上清液；

i) 70％乙醇(6.2.24)洗涤沉淀 2 次～3 次，干燥 DNA；

j) 50 μL 0.1×TE(6.2.20)溶解沉淀，4 ℃保存。

也可以用等效 DNA 提取试剂盒(6.2.25)提取 DNA，按试剂盒操作说明书指示进行操作。

6.4.2 DNA 质量的测定

样品中提取的 DNA 质量的测定用核酸蛋白分析仪或紫外分光光度计(6.3.8)进行测定。

取适量 DNA 溶液加 TE 缓冲液(6.2.20)进行稀释，用核酸蛋白分析仪或紫外分光光度计分别检测 260 nm 和 280 nm 处的吸光值 A_{260} 和 A_{280}。DNA 的浓度按式(1)计算：

$$c = A \times N \times 50/1\,000 \quad \cdots\cdots\cdots\cdots (1)$$

式中：

c——DNA 浓度，μg/μL；

A——260 nm 处的吸光值；

N——核酸稀释倍数。

当 A_{260}/A_{280} 比值在 1.4 以上时，可用于 PCR 扩增，1.7～2.0 之间时，PCR 扩增效果好。

6.4.3 PCR 扩增

6.4.3.1 PCR 反应体系

检测肉制品内、外源基因的 PCR 反应体系见表 2。每个反应体系应设置两个平行反应。同时设置阳性对照、阴性对照和空白对照。

表 2 PCR 反应体系

试剂名称	贮备液浓度	加入 PCR 反应体系的体积/μL
10×PCR Buffer	—	2.5
$MgCl_2$	25 mmol/L	2.5
dNTP	2.5 mmol/L	2.0
Primers	20 pmol/μL	正：0.25 反：0.25
Taq	5 U/μL	0.15
Template	0.1 μg /μL～0.2 μg /μL	1
ddH_2O	—	补足反应体系总体积为 25

6.4.3.2 **PCR 反应循环参数**

见表 3。

表 3 各基因检测 PCR 反应条件

基因	变性	扩增	循环数	后延伸
植物叶绿体 tRNALeu 基因	94 ℃/5 min	94 ℃/30 s 60 ℃/30 s 72 ℃/30 s	35	72 ℃/5 min
猪内源基因	94 ℃/5 min	94 ℃/30 s 54 ℃/30 s 72 ℃/30 s	35	72 ℃/5 min

6.4.4 **PCR 扩增产物电泳检测**

将适量的琼脂糖(6.2.2)加入 1×TAE 缓冲液(6.2.19)中,配制成浓度为 2%(质量浓度)的溶液,加热溶解,然后加入溴化乙锭溶液(6.2.23)至终浓度 0.5 μg/mL,混匀,稍适冷却后,倒入电泳板上,插上梳板,室温下凝固后,放入盛 1×TAE 缓冲液的电泳槽中,轻轻垂直向上拔去梳板。在每个泳道中加入适量的 PCR 产物与上样缓冲液(6.2.22)的混合液(10 μL～20 μL PCR 产物与上样缓冲液 2 μL 混合),其中一个泳道中加入 DNA 分子质量标准品(6.2.26)5 μL,接通电源电泳,按 2 V/cm 的电压电泳至溴酚蓝迁移至 3 cm～5 cm 处结束。凝胶成像仪观察并分析记录。

6.4.5 **结果分析**

6.4.5.1 **内源基因的检测**

用针对猪内源基因设计的引物对样品 DNA 提取液进行 PCR 测试,以猪肉 DNA 为阳性对照,阳性对照和待测样品均应被扩增出 264 bp 的 PCR 产物。如未见有该 PCR 扩增产物,则说明 DNA 提取质量有问题,或 DNA 提取液中有抑制 PCR 反应的因子存在,应重新提取 DNA,直到扩增出该 PCR 产物。

6.4.5.2 **植物基因的检测**

对样品 DNA 提取液进行植物特异基因的 PCR 测试,以植物 DNA 作为阳性对照,如果阴性对照和空白对照未出现扩增条带,阳性对照和待测样品均出现预期大小的扩增条带(扩增片段大小为193 bp),则可初步判定待测样品中含有可疑的植物成分,应进一步进行确证实验,依据确证实验的结果最终报告;如果待测样品未出现 PCR 扩增产物,则可断定待测样品中不含有植物成分。

6.4.6 **确证实验**

当 PCR 检测结果为阳性时,可通过实时荧光 PCR 方法或其他方法(如测序比对,序列参见附录 A)进行确证试验;

推荐实时荧光 PCR 探针序列 5'-GCAATCCTGAGCCAAATCC-3'。

7 结果表述

7.1 植物特异基因片段得到扩增,且扩增片段大小与预期片段大小一致,表明样品中检测出植物成分,结果表述为"样品中检测出植物成分,阴性对照、阳性对照及空白对照检测结果正常"。

7.2 猪内源基因片段得到扩增,且扩增片段大小与预期片段大小一致,而植物特异基因片段未得到扩增,或扩增片段大小与预期片段大小不一致,表明样品中未检测出植物成分,结果表述为"样品中未检测出植物成分,阴性对照、阳性对照及空白对照检测结果正常"。

附　录　A
（资料性附录）
扩增片段序列

A.1　植物叶绿体 tRNALeu 基因片段(193 bp)

CGAAATCGGT AGACGCTACG GACTTAATTG GATTGAGCCT TAGTATGGAA
ACTTACTAAG TGATAACTTT CAAATTCAGA GAAACCCAGG AATTAAAAAT
GGGCAATCCT GAGCCAAATC CTCTTCTCCT TTCCAAGAAC AAACAGGGGT
TCAGAAAGCG AAAAAGGGGG ATAGGTGCAG AGACTCAATG GAA

A.2　mitochondrion 基因片段(264 bp)

AAGTTAGAGA TCGGGAGCCT AAATCTCCCC TCAATGGTAT GCCACAACTA
GATACATCCA CATGATTCAT TACAATTACA TCAATAATTA TAACATTATT
TATTTTATTC CAACTAAAAA TCTCAAACTA CTCATACCCA GCAAGCCCAG
AATCAATTGA ACTCAAAACT CAAAAACATA GCACCCCTTG AGAAATAAAA
TGAACGAAAA TCTATTTGCC TCTTTTATTG CCCCCACGAT AATAGGACTA
CCTATTGTCA CCTT

ICS 67.060
X 04

中华人民共和国国家标准

GB/T 23816—2009

大豆中三嗪类除草剂残留量的测定

Method for determination of triazine herbicide residues in soybean

2009-05-25 发布　　　　2009-09-01 实施

中华人民共和国国家质量监督检验检疫总局
中国国家标准化管理委员会　发布

前 言

本标准的附录 A、附录 B 和附录 C 均为资料性附录。

本标准由国家认证认可监督管理委员会提出并归口。

本标准起草单位：中国检验检疫科学研究院、中国农业大学、中华人民共和国江西出入境检验检疫局。

本标准主要起草人：陈冬东、祁彦、张新忠、杨强、占春瑞、李建中、安娟、李淑娟、储晓刚。

大豆中三嗪类除草剂残留量的测定

1 范围

本标准规定了大豆中西玛通、西玛津、氰草津、阿特拉通、嗪草酮、西草净、莠去津、扑灭通、特丁通、莠灭净、特丁津、扑草净、异丙净残留量的高效液相色谱和液相色谱-质谱/质谱的测定方法。

本标准适用于大豆中西玛通、西玛津、氰草津、阿特拉通、嗪草酮、西草净、莠去津、扑灭通、特丁通、莠灭净、特丁津、扑草净、异丙净残留量的检测及确证。

2 规范性引用文件

下列文件中的条款通过本标准的引用而成为本标准的条款。凡是注日期的引用文件，其随后所有的修改单(不包括勘误的内容)或修订版均不适用于本标准，然而，鼓励根据本标准达成协议的各方研究是否可使用这些文件的最新版本。凡是不注日期的引用文件，其最新版本适用于本标准。

GB/T 6682 分析试验室用水规格和试验方法(GB/T 6682—2008,ISO 3696:1987,MOD)

3 原理

试样中三嗪类除草剂用乙腈提取，经凝胶渗透色谱仪(GPC)及中性氧化铝 SPE 柱净化后，用高效液相色谱和液相色谱-质谱/质谱测定，外标法定量。

4 试剂和材料

除非另有说明，所有试剂均为分析纯，水为 GB/T 6682 规定的一级水。

4.1 乙腈：色谱纯。

4.2 二氯甲烷。

4.3 甲酸。

4.4 磷酸。

4.5 固相萃取柱：中性氧化铝 1 000 mg，6 mL，使用前用 5 mL 二氯甲烷活化。

4.6 滤膜：0.22 μm。

4.7 标准品：西玛通、西玛津、氰草津、阿特拉通、嗪草酮、西草净、莠去津、扑灭通、特丁通、莠灭净、特丁津、扑草净、异丙净，纯度均大于 98%，相关信息参见附录 A 中表 A.1。

4.8 标准储备液：准确称取适量的 13 种三嗪类农药标准品，用乙腈分别配制成浓度为 100 μg/mL 的标准储备液。

4.9 混合标准工作液：根据需要，分别吸取 13 种三嗪类农药标准储备液用流动相稀释配制成适当浓度的混合标准工作液。

5 仪器和设备

5.1 高效液相色谱仪(HPLC)：配有二极管阵列检测器。

5.2 液相色谱-质谱质谱仪(LC-MS/MS)：配有电喷雾离子源(ESI)。

5.3 均质器。

5.4 凝胶渗透色谱：玻璃柱，700 mm×25 mm；填料，Biobeads S-X3，40 g。

5.5 振荡器。

5.6 离心机。

5.7 旋转蒸发仪。

5.8　固相萃取装置。

5.9　氮吹仪。

5.10　聚四氟乙烯离心管。

6　试样制备与保存

6.1　试样制备

取代表性试样 500 g，用粉碎机粉碎并使其全部通过 0.425 mm 的样品筛，混和均匀，装入洁净的容器内，密封并标识。

6.2　试样保存

试样于 0 ℃～4 ℃避光保存。取样、制样及保存过程中应防止试样受到污染或者残留农药含量发生变化。

7　分析步骤

7.1　提取

称取 10 g(精确至 0.01 g)试样于 50 mL 聚四氟乙烯离心管中，加入 40 mL 乙腈，旋涡 2 min 混匀，于振荡器振荡 30 min，4 000 r/min 下离心 5 min，将上清液转移至 100 mL 圆底烧瓶中。样品残渣再加入 40 mL 乙腈重复以上操作提取一次，合并两次提取液，于 35 ℃下旋转浓缩至约 1 mL，N_2 吹干。用二氯甲烷溶解残渣，定容至 10 mL。

7.2　净化

由 GPC 自动进样系统吸入上述提取样品液 7.5 mL，定量环 5.0 mL 进样，以二氯甲烷为流动相，流量 5 mL/min，检测波长 228 nm，收集 14 min～24 min 的馏分于梨形瓶中，在 40 ℃水浴下旋转蒸发至近干。用 5 mL 二氯甲烷溶解。

将上述溶解液转移至活化好的小柱中。从上样开始就接收流出液(流速约 1 mL/min)，再用 5 mL 二氯甲烷洗脱，收集洗脱液，合并流出液和洗脱液，经氮气吹干后用 1 mL 流动相定容。过 0.22 μm 滤膜，供 HPLC 和 LC-MS/MS 测定。

7.3　测定

7.3.1　HPLC 参考条件

a)　色谱柱：C_{18} 柱，250 mm×4.6 mm(内径)，5 μm，或相当者；

b)　流动相：乙腈-水，梯度条件参见附录 B 中表 B.1；

c)　流速：1.0 mL/min；

d)　检测波长：228 nm；

e)　进样量：10 μL；

f)　柱温：30 ℃。

7.3.2　LC-MS/MS 参考条件

a)　色谱柱：C_{18} 柱，150 mm×2.1 mm(内径)，3.5 μm，或相当者；

b)　流动相：乙腈-0.1%甲酸水溶液，梯度条件参见附录 B 中表 B.2；

c)　流速：0.2 mL/min；

d)　进样量：10 μL；

e)　柱温：30 ℃；

f)　质谱条件：参见附录 B 中表 B.3 和表 B.4。

7.3.3　定量测定

7.3.3.1　HPLC 法：根据样液中三嗪类除草剂的含量，选定浓度相近的标准工作溶液，待测样液中三嗪类除草剂的响应值应在仪器检测的线性范围内。对标准工作溶液及样液等体积参插进样测定。在上述 HPLC 仪器条件下，参考保留时间分别为：西玛通 9.10 min，西玛津 12.10 min，氰草津 12.30 min，阿特拉通 13.36 min,嗪草酮 13.96 min,西草净 16.70 min,莠去津 17.53 min,扑灭通 19.21 min,特丁通 21.32 min,莠灭净 23.42 min,特丁津 25.52 min,扑草净 29.00 min,异丙净 32.80 min。液相色谱图参见附录 C 中图 C.1。

7.3.3.2 LC-MS/MS 法:根据样液中三嗪类除草剂的含量,选定浓度相近的标准工作溶液,待测样液中三嗪类除草剂的响应值应在仪器检测的线性范围内。对标准工作溶液及样液等体积参插进样测定。在上述仪器条件下,参考保留时间分别为:西玛通 7.66 min,西玛津 9.12 min,氰草津 9.23 min,阿特拉通 9.06 min,嗪草酮 9.38 min,西草净 9.96 min,莠去津 10.15 min,扑灭通 10.19 min,特丁通 10.45 min,莠灭净 10.88 min,特丁津 11.21 min,扑草净 11.62 min,异丙净 12.23 min。液相色谱-质谱/质谱色谱图参见附录 C 中图 C.2。

7.3.4 定性测定

按照上述条件测定试样和标准溶液,如果试样中化合物质量色谱峰的保留时间与标准溶液相比在 ±2.5% 的允许偏差之内;样品中待测组分的两个子离子的相对丰度与浓度相当的标准溶液相比,相对丰度偏差不超过表 1 的规定,则可判断样品中存在相应的目标化合物。

表 1 定性测定时相对离子丰度的最大允许偏差

相对离子丰度/%	>50	>20~50	>10~20	≤10
允许的相对偏差/%	±20	±25	±30	±50

7.4 空白试验

除不加试样外,按上述测定步骤进行。

8 结果计算和表达

试样中待测化合物的残留量可以采用测定仪器的软件处理器或者按式(1)计算:

$$X = \frac{A \times c_s \times V}{A_s \times m} \qquad \cdots\cdots (1)$$

式中:

X——试样中被测组分的残留含量,单位为毫克每千克(mg/kg);

A——样液中被测组分的峰面积;

A_s——标准工作液中被测组分的峰面积;

c_s——标准工作液中被测组分的浓度,单位为微克每毫升(μg/mL);

V——样液最终定容体积,单位为毫升(mL);

m——最终样液所代表的试样量,单位为克(g)。

注:计算结果需将空白值扣除。

9 测定低限和回收率

9.1 测定低限

本标准液相色谱法对各待测物的测定低限为 0.02 mg/kg;液相色谱-质谱/质谱法对各待测物的测定低限为 0.005 mg/kg。

9.2 回收率

本标准高效液相色谱法三嗪类除草剂添加浓度在 0.020 mg/kg~1.00 mg/kg 范围内,平均回收率为 71.87%~101.94%,相对标准偏差为 2.25%~10.73%。

本标准液相色谱-质谱/质谱法三嗪类除草剂添加浓度在 0.02 mg/kg~1.0 mg/kg 范围,平均回收率为 62.66%~120.1%,相对标准偏差为 2.55%~19.61%。

附 录 A
(资料性附录)
三嗪类除草剂信息表

表 A.1 13种三嗪类除草剂基本信息

三嗪类除草剂 名称	CAS 编码	分子式 相对分子质量	结 构 式
西玛通 simetone	673-04-1	$C_8H_{15}N_5O$ 197.2	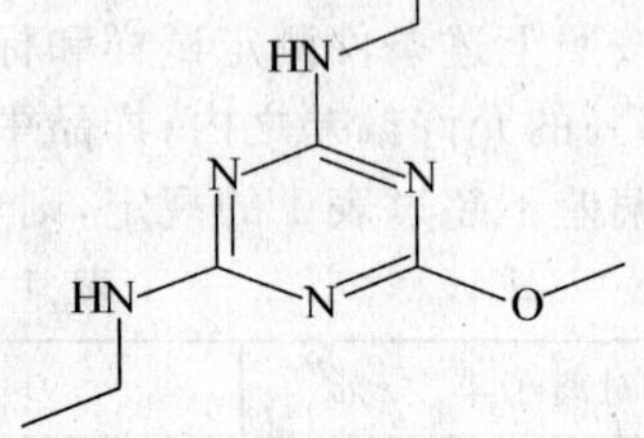
西玛津 simazine	122-34-9	$C_7H_{12}ClN_5$ 201.7	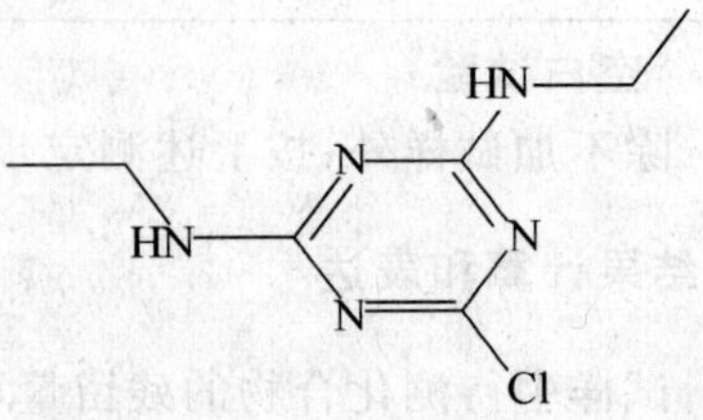
氰草津 cyanazine	21725-46-2	$C_9H_{13}ClN_6$ 240.7	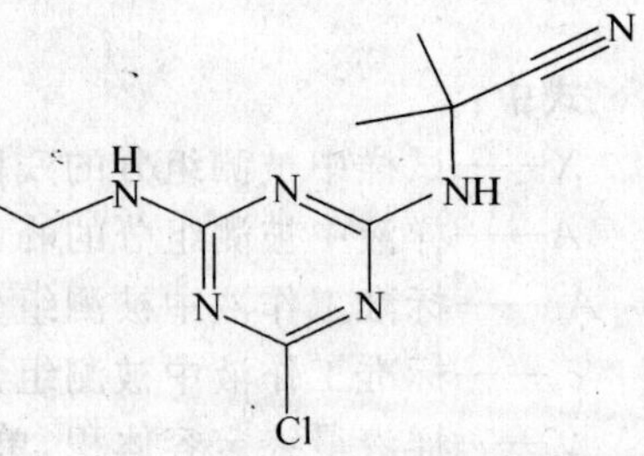
莠去通 atraton	1610-17-9	$C_9H_{17}N_5O$ 211.3	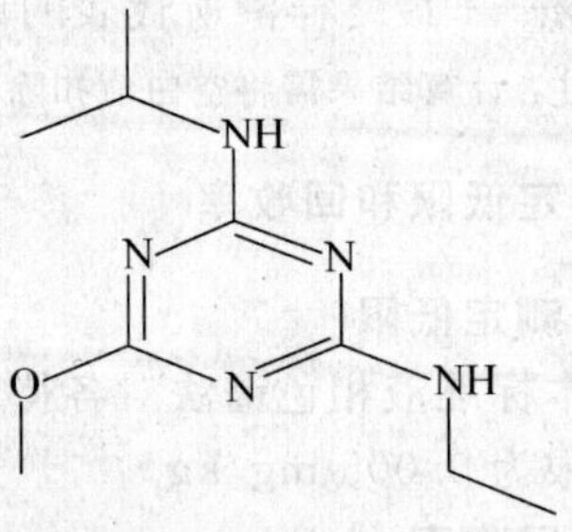
嗪草酮 metribuzin	21087-64-9	$C_8H_{14}N_4OS$ 214.2848	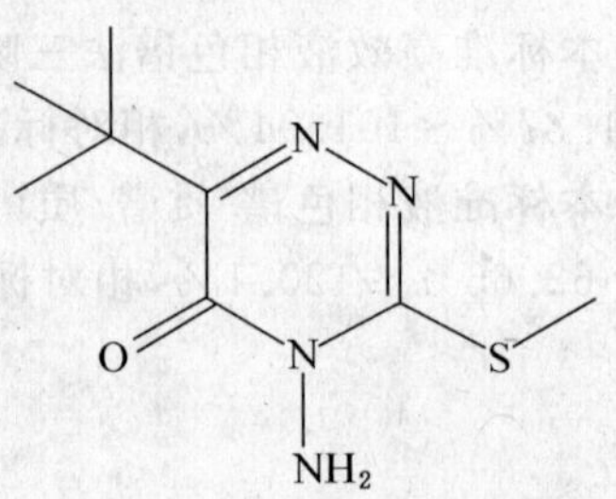

表 A.1（续）

三嗪类除草剂 名称	CAS 编码	分子式 相对分子质量	结 构 式
西草净 simetryn	1014-70-6	$C_8H_{15}N_5S$ 213.3	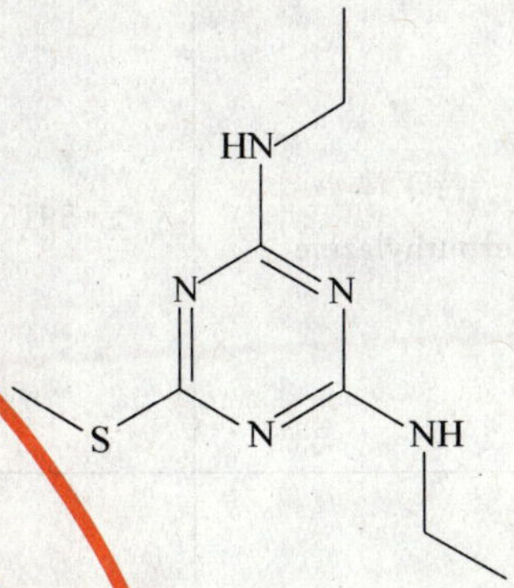
莠去津 atrazine	1912-24-9	$C_8H_{14}ClN_5$ 215.7	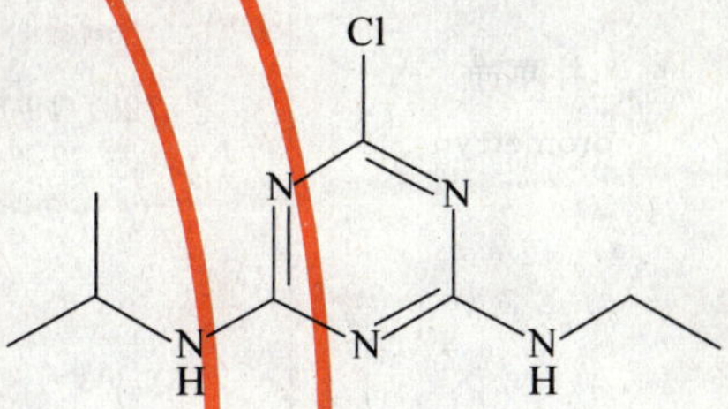
扑灭通 prometon	1610-18-0	$C_{10}H_{19}N_5O$ 225.293	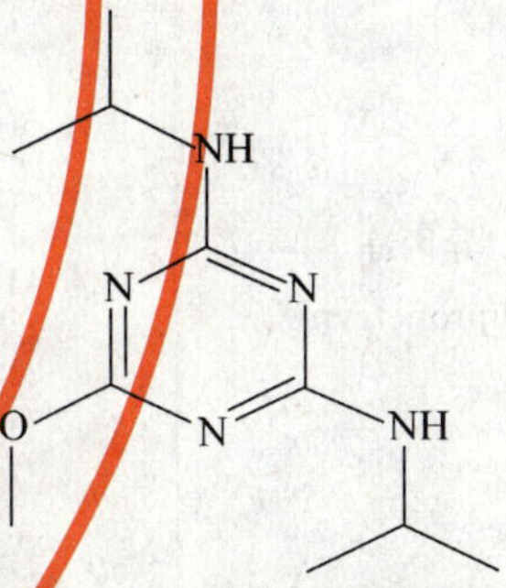
特丁通 terbumeton	33693-04-8	$C_{10}H_{19}N_5O$ 225.3	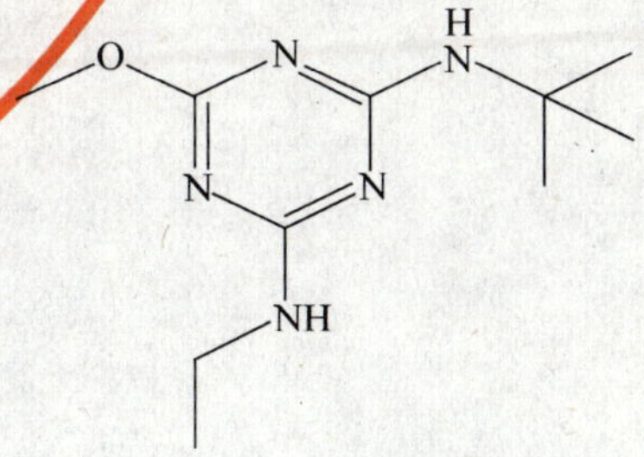
莠灭净 ametryn;ametryne	834-12-8	$C_9H_{17}N_5S$ 227.3	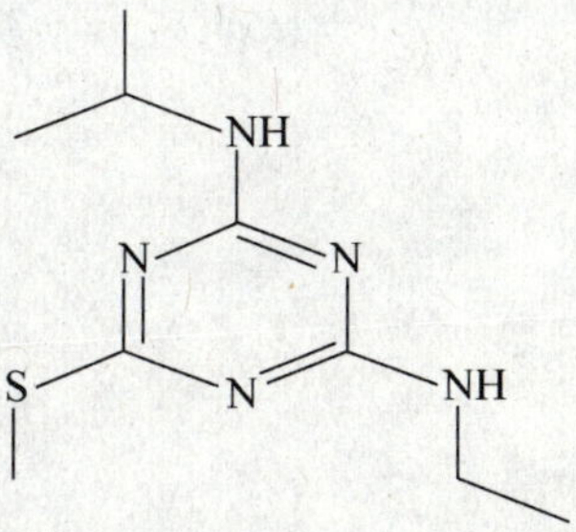

表 A.1（续）

三嗪类除草剂 名称	CAS 编码	分子式 相对分子质量	结构式
特丁津 terbuthylazine	5915-41-3	$C_9H_{16}ClN_5$ 229.7	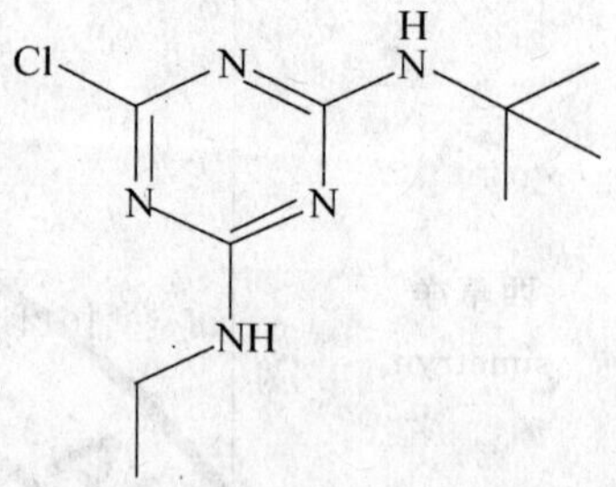
扑草净 prometryn	7287-19-6	$C_{10}H_{19}N_5S$ 241.4	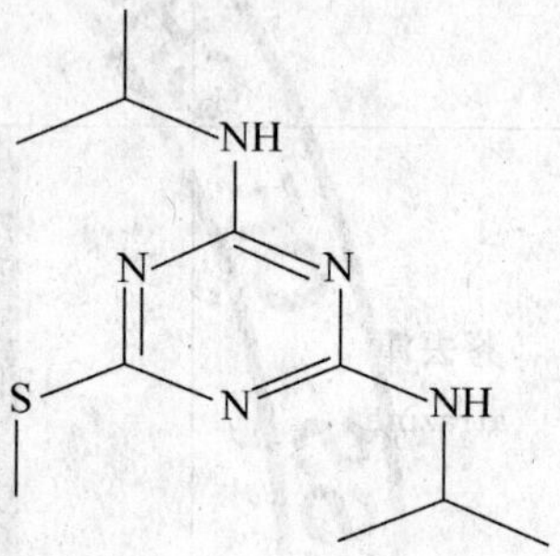
异丙净 dipropetryn	4147-51-7	$C_{11}H_{21}N_5S$ 255.4	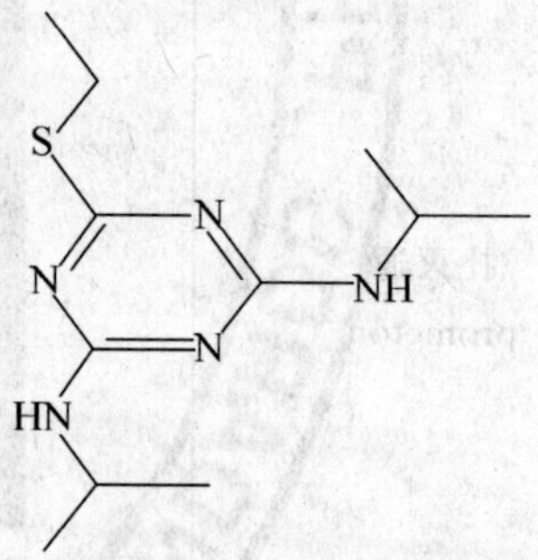

附 录 B
（资料性附录）
高效液相色谱法和液相色谱-质谱/质谱法测定参数[1)]

表 B.1 高效液相色谱法液相色谱梯度程序

洗脱时间/min	水/%	乙腈/%
0.00	80	20
2.00	65	35
11.00	60	40
12.00	57	43
16.00	57	43
27.00	40	60
28.00	35	65
34.00	25	75
34.01	10	90
40.00	0	100
40.01	80	20
45.00	80	20

表 B.2 液相色谱-质谱/质谱法液相色谱梯度程序

时间/min	乙腈/%	0.1%甲酸水溶液/%
0.00	20	80
7.00	90	10
9.00	90	10
10.00	20	80
16.00	20	80

表 B.3 质谱条件

电离方式	ESI+
毛细管电压	3.0 kV
源温度	120 ℃
去溶剂温度	350 ℃
锥孔气流	氮气，100 L/h
去溶剂气流	氮气，600 L/h
碰撞气压	氩气，2.40×10^{-6} Pa
监测模式	多反应监测（MRM）

1) 非商业性声明：附录 B 所列参数是在 Waters Quattro Ultima Pt 质谱仪上完成的，此处列出试验用仪器型号仅是为了提供参考，并不涉及商业目的，鼓励标准使用者尝试采用不同厂家或型号的仪器。

表 B.4 多反应监测条件

化合物名称	母离子(m/z)	子离子(m/z)	驻留时间/s	锥孔电压/V	碰撞能量/eV
西玛通	198	124[a] 128	0.05 0.05	40	17 17
西玛津	202	132[a] 104	0.05 0.05	40	16 19
氰草津	241	214[a] 132	0.05 0.05	40	15 20
阿特拉通	212	100[a] 170	0.05 0.05	40	20 16
嗪草酮	215	187[a] 131	0.05 0.05	40	15 18
西草净	214	124[a] 96	0.05 0.05	40	17 20
莠去津	216	174[a] 132	0.05 0.05	40	15 18
扑灭通	226	184[a] 142	0.05 0.05	40	16 19
特丁津	230	132[a] 174	0.05 0.05	40	21 15
特丁通	226	114[a] 170	0.05 0.05	40	21 15
莠灭净	228	96[a] 186	0.05 0.05	40	21 16
扑草净	242	200[a] 158	0.05 0.05	40	16 20
异丙净	256.2	172[a] 144	0.05 0.05	40	20 24

[a] 用于定量。

附 录 C
（资料性附录）
标准物质液相色谱图及质量色谱图

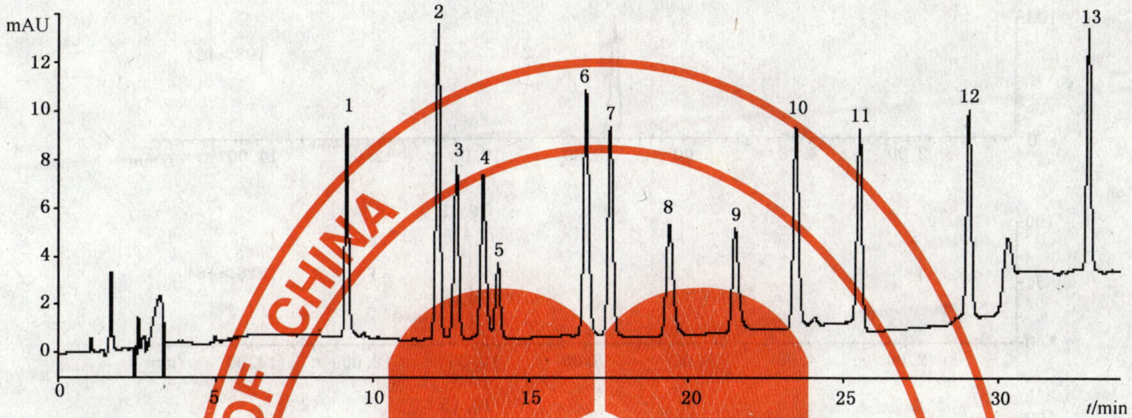

1——西玛通；
2——西玛津；
3——氰草津；
4——阿特拉通；
5——嗪草酮；
6——西草净；
7——莠去津；
8——扑灭通；
9——特丁通；
10——莠灭净；
11——特丁津；
12——扑草净；
13——异丙净。

图 C.1　13 种三嗪类除草剂 HPLC 色谱图

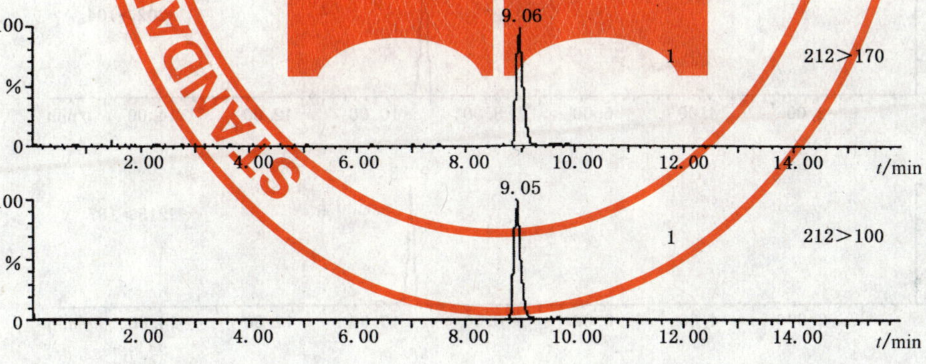

1——阿特拉通；
2——西玛通；
3——扑灭通；
4——西玛津；
5——嗪草酮；
6——西草净；
7——氰草津；
8——特丁通；
9——特丁津；
10——莠灭净；
11——莠去津；
12——异丙净；
13——扑草净。

图 C.2　13 种三嗪类除草剂 LC-MS/MS 多反应监测色谱图

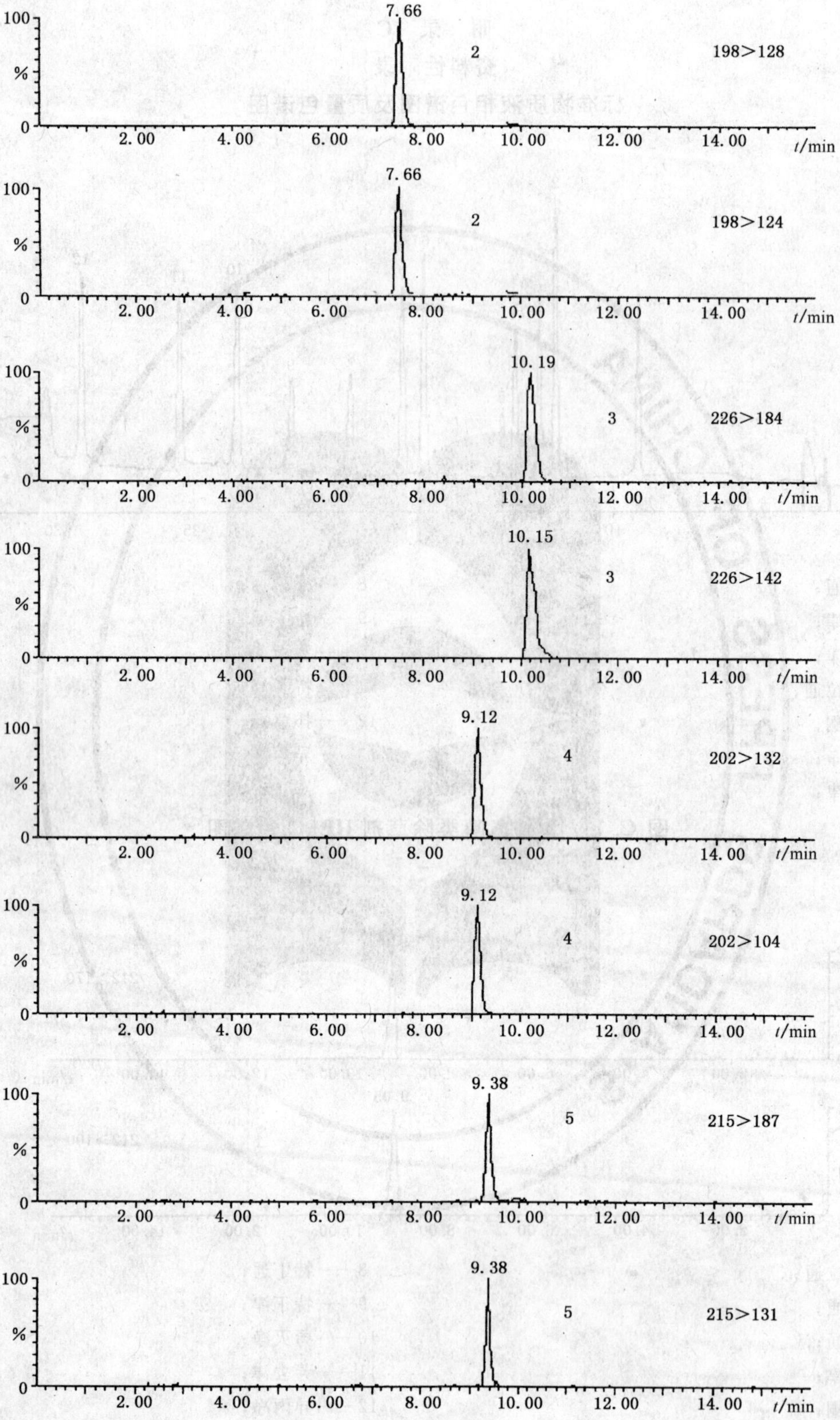
7.66
2
198>128
7.66
2
198>124
10.19
3
226>184
10.15
3
226>142
9.12
4
202>132
9.12
4
202>104
9.38
5
215>187
9.38
5
215>131
100
%
0
2.00
4.00
6.00
8.00
10.00
12.00
14.00
t/min

图 C.2（续）

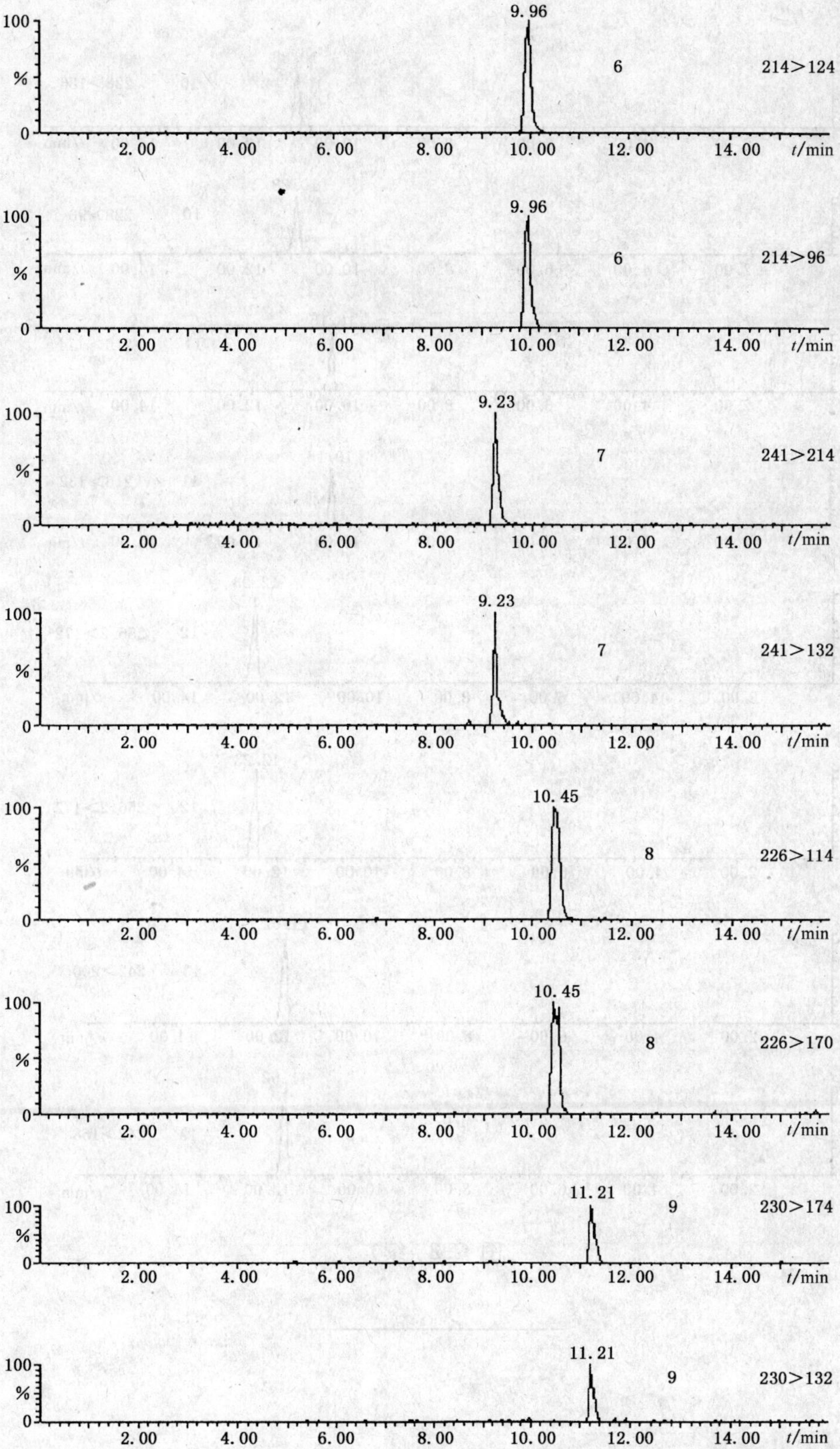
9.96
6
214>124
9.96
6
214>96
9.23
7
241>214
9.23
7
241>132
10.45
8
226>114
10.45
8
226>170
11.21
9
230>174
11.21
9
230>132
100
%
0
2.00
4.00
6.00
8.00
10.00
12.00
14.00
t/min

图 C.2（续）

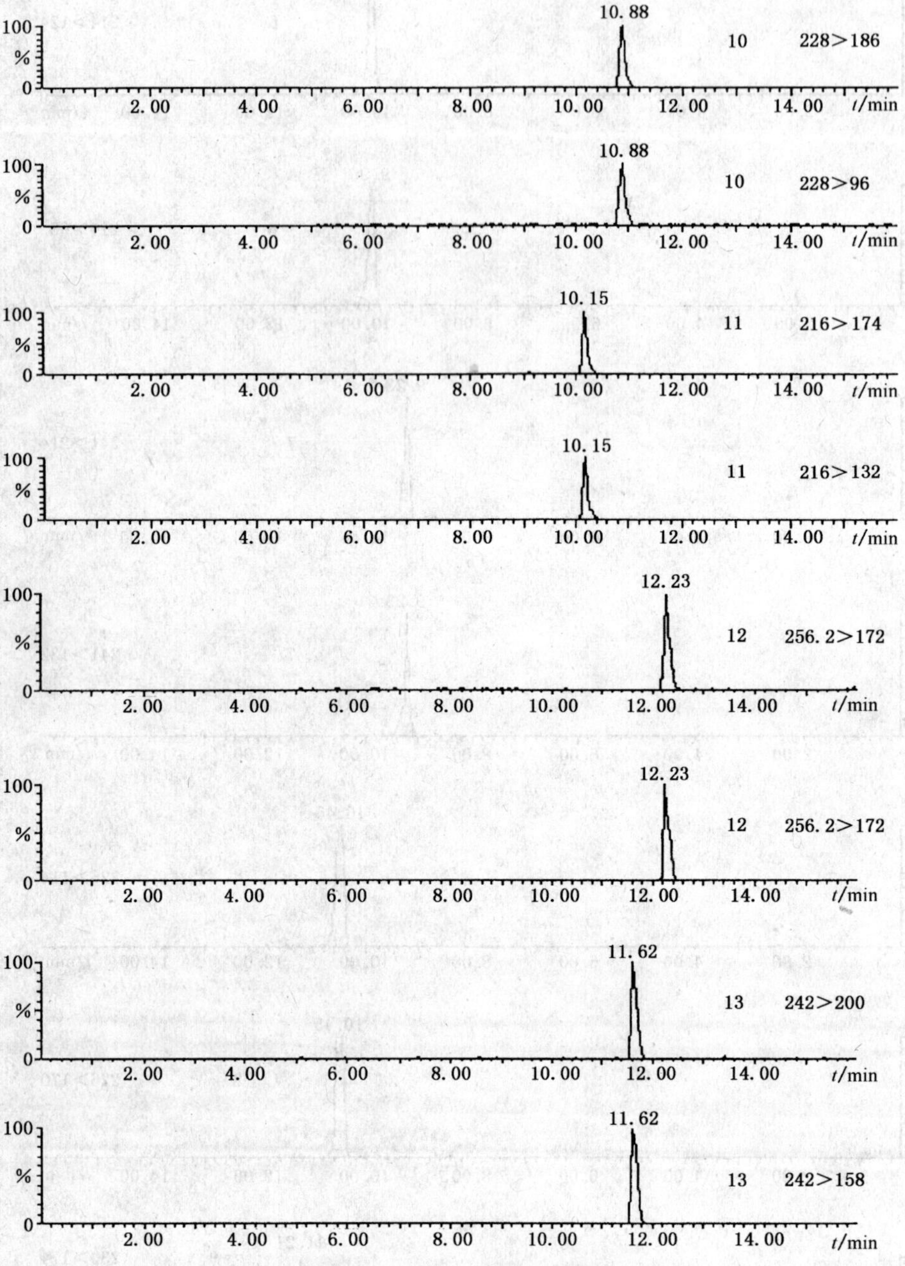
10.88
10 228>186
10.88
10 228>96
10.15
11 216>174
10.15
11 216>132
12.23
12 256.2>172
12.23
12 256.2>172
11.62
13 242>200
11.62
13 242>158
100
%
0
2.00
4.00
6.00
8.00
10.00
12.00
14.00
t/min

图 C.2（续）

ICS 67.060
X 04

GB

中华人民共和国国家标准

GB/T 23817—2009

大豆中磺酰脲类除草剂残留量的测定

Method for determination of sulfonylurea herbicide residues in soybean

2009-05-25 发布　　2009-09-01 实施

中华人民共和国国家质量监督检验检疫总局
中国国家标准化管理委员会　发布

前　言

本标准的附录A、附录B和附录C均为资料性附录。

本标准由国家认证认可监督管理委员会提出并归口。

本标准起草单位：中国检验检疫科学研究院。

本标准主要起草人：陈冬东、李淑娟、祁彦、李建中、安娟、张新忠、杨强、占春瑞、李晓娟、储晓刚。

大豆中磺酰脲类除草剂残留量的测定

1 范围

本标准规定了大豆产品中环氧嘧磺隆、噻吩磺隆、甲磺隆、醚苯磺隆、氯磺隆、苄嘧磺隆、氟磺隆、吡嘧磺隆、氯嘧磺隆、氟嘧磺隆残留量的高效液相色谱和液相色谱-质谱/质谱的测定方法。

本标准适用于大豆中环氧嘧磺隆、噻吩磺隆、甲磺隆、醚苯磺隆、氯磺隆、苄嘧磺隆、氟磺隆、吡嘧磺隆、氯嘧磺隆、氟嘧磺隆残留量的检测及确证。

2 规范性引用文件

下列文件中的条款通过本标准的引用而成为本标准的条款。凡是注日期的引用文件，其随后所有的修改单(不包括勘误的内容)或修订版均不适用于本标准，然而，鼓励根据本标准达成协议的各方研究是否可使用这些文件的最新版本。凡是不注日期的引用文件，其最新版本适用于本标准。

GB/T 6682 分析试验室用水规格和试验方法(GB/T 6682—2008，ISO 3696:1987，MOD)

3 原理

试样中磺酰脲类除草剂用乙腈提取，经氟罗里硅土柱净化后，用高效液相色谱和液相色谱-质谱/质谱测定，外标法定量。

4 试剂和材料

除非另有说明，所有试剂均为分析纯，水为GB/T 6682规定的一级水。

4.1 乙腈：色谱纯。

4.2 甲醇。

4.3 丙酮。

4.4 二氯甲烷。

4.5 正己烷。

4.6 甲酸。

4.7 氟罗里硅土：60 mm～100 mm，650 ℃烘4 h，降至室温后，称取95 g氟罗里硅土加入5 g水，配制成含水量为5%的氟罗里硅土，放入磨口瓶中在干燥器中平衡过夜后备用。

4.8 无水硫酸钠：650 ℃灼烧4 h，冷却后置于干燥器中存放备用。

4.9 二氯甲烷-丙酮-甲醇(7.5+2+0.5，体积比)：量取7.5 mL二氯甲烷、2 mL丙酮和0.5 mL甲醇，混匀。

4.10 二氯甲烷-甲醇(1+1，体积比)：量取10 mL二氯甲烷和10 mL甲醇，混匀。

4.11 滤膜：0.22 μm。

4.12 标准品：环氧嘧磺隆、噻吩磺隆、甲磺隆、醚苯磺隆、氯磺隆、苄嘧磺隆、氟磺隆、吡嘧磺隆、氯嘧磺隆、氟嘧磺隆，纯度均大于98%，相关信息参见附录A中表A.1。

4.13 标准储备液：准确称取适量的10种磺酰脲标准品，用乙腈分别配制成浓度为100 μg/mL的标准储备液。

4.14 混合标准工作液：根据需要，分别吸取10种磺酰脲标准储备液用乙腈稀释配制成适当浓度的混合标准工作液。

5 仪器和设备

5.1 高效液相色谱仪(HPLC):配有二极管阵列检测器。

5.2 液相色谱-质谱质谱仪(LC-MS/MS):配有电喷雾离子源(ESI)。

5.3 均质器。

5.4 玻璃净化柱:300 mm×10 mm(内径)玻璃层析柱,依次填入 2 cm 无水硫酸钠,2.5 g 的 5%氟罗里硅土,2 cm 高的无水硫酸钠。使用前用 20 mL 二氯甲烷活化。

5.5 振荡器。

5.6 离心机。

5.7 旋转蒸发仪。

5.8 聚四氟乙烯离心管。

6 试样制备与保存

6.1 试样制备

取代表性试样 500 g,用粉碎机粉碎并使其全部通过 0.425 mm 的样品筛,混和均匀,装入洁净的容器内,密封并标识。

6.2 试样保存

试样于 0 ℃~4 ℃ 避光保存。取样、制样及保存过程中应防止试样受到污染或者残留农药含量发生变化。

7 分析步骤

7.1 提取

称取 5 g 试样(精确至 0.01 g)于 50 mL 聚四氟乙烯离心管中,加入 30 mL 乙腈于振荡器提取 20 min,4 000 r/min 离心 5 min,将上清液转入 150 mL 分液漏斗中。再向残渣中加入 30 mL 乙腈重复上述操作一次,合并两次提取液于分液漏斗中。向分液漏斗中加入 30 mL 用乙腈饱和的正己烷,振摇 2 min,静置分层后弃去正己烷层,乙腈层转于 100 mL 梨形瓶中 40 ℃旋转浓缩蒸发至干,用 5 mL 二氯甲烷溶解残渣。

7.2 净化

将上述提取液全部转移至柱上。用 10 mL 二氯甲烷-丙酮-甲醇(7.5+2+0.5,体积比)(4.9)淋洗柱子并弃去,再用 20 mL 二氯甲烷-甲醇(1+1,体积比)(4.10)进行洗脱并收集于梨形瓶中。洗脱液于旋转蒸发器 40 ℃下浓缩至干,用 1 mL 流动相溶解定容。过 0.22 μm 滤膜,供 HPLC 和 LC-MS/MS 测定。

7.3 测定

7.3.1 HPLC 参考条件

a) 色谱柱:C_{18},250 mm×4.6 mm(内径),5 μm,或相当者;

b) 流动相:乙腈-水(磷酸调 pH=2.5),梯度条件参见附录 B 中表 B.1;

c) 流速:1.0 mL/min;

d) 检测波长:230 nm;

e) 进样量:10 μL;

f) 柱温:30 ℃。

7.3.2 LC-MS/MS 参考条件

a) 色谱柱:C_{18},150 mm×2.1 mm(内径),5 μm,或相当者;

b) 流动相:乙腈-0.1%甲酸水溶液,梯度条件参见附录 B 中表 B.2;

c) 流速:0.2 mL /min;

d) 进样量:10 μL;

e) 柱温:30 ℃。

f) 质谱条件:参见附录B中表B.3和表B.4。

7.3.3 **定量测定**

7.3.3.1 HPLC法:根据样液中磺酰脲的含量,选定浓度相近的标准工作溶液,待测样液中某种磺酰脲的响应值应在仪器检测的线性范围内。对标准工作溶液及样液等体积参插进样测定。在上述HPLC仪器条件下,参考保留时间分别为:环氧嘧磺隆10.74 min,噻吩磺隆11.25 min,甲磺隆12.30 min,醚苯磺隆13.59 min,氯磺隆14.11 min,苄嘧磺隆17.35 min,氟磺隆19.15 min,吡嘧磺隆19.33 min,氯嘧磺隆19.84 min,氟嘧磺隆20.89 min。液相色谱图参见附录C中图C.1。

7.3.3.2 LC-MS/MS法:根据样液中磺酰脲类的含量,选定浓度相近的标准工作液,待测样液中某种磺酰脲的响应值应在仪器检测的线性范围内。对标准工作液及样液等体积参插进样测定。在上述仪器条件下,参考保留时间分别为:环氧嘧磺隆5.49 min,噻吩磺隆5.63 min,甲磺隆6.15 min,醚苯磺隆6.63 min,氯磺隆6.86 min,苄嘧磺隆8.46 min,氟磺隆9.49 min,吡嘧磺隆9.91 min,氯嘧磺隆9.91 min,氟嘧磺隆10.46 min。液相色谱-质谱/质谱色谱图参见附录C中图C.2。

7.3.4 **定性测定**

按照上述条件测定试样和标准溶液,如果试样中化合物质量色谱峰的保留时间与标准溶液相比在±2.5%的允许偏差之内;样品中待测组分的两个子离子的相对丰度与浓度相当的标准溶液相比,相对丰度偏差不超过表1的规定,则可判断样品中存在相应的目标化合物。

表1 定性测定时相对离子丰度的最大允许偏差

相对离子丰度/%	>50	>20~50	>10~20	≤10
允许的相对偏差/%	±20	±25	±30	±50

7.4 空白试验

除不加试样外,按上述测定步骤进行。

8 结果计算和表达

试样中待测化合物的残留量可以采用测定仪器的软件处理器或者按式(1)计算:

$$X = \frac{A \times c_s \times V}{A_s \times m} \quad \cdots\cdots(1)$$

式中:

X——试样中被测组分的残留含量,单位为毫克每千克(mg/kg);

A——样液中被测组分的峰面积;

A_s——标准工作液中被测组分的峰面积;

c_s——标准工作液中被测组分的浓度,单位为微克每毫升(μg/mL);

V——样液最终定容体积,单位为毫升(mL);

m——最终样液所代表的试样量,单位为克(g)。

注:计算结果需将空白值扣除。

9 测定低限和回收率

9.1 测定低限

本标准液相色谱法对各待测物的测定低限为0.02 mg/kg;液相色谱-质谱/质谱法对各待测物的测定低限为0.005 mg/kg。

9.2 回收率

本标准高效液相色谱法磺酰脲类除草剂添加浓度在 0.05 mg/kg～2.00 mg/kg 范围内，平均回收率为 69.8%～100.7%，相对标准偏差为 1.89%～10.43%。

本标准液相色谱-质谱/质谱法磺酰脲类除草剂添加浓度在 0.02 mg/kg～0.10 mg/kg 范围内，平均回收率为 72.1%～98.8%，相对标准偏差为 0.90%～7.74%。

附　录　A
（资料性附录）
磺酰脲类除草剂信息表

表 A.1　10 种磺酰脲类除草剂基本信息

磺酰脲类除草剂 名称	CAS 编码	分子式 相对分子质量	结构式
环氧嘧磺隆 oxasulfuron	144651-06-9	$C_{17}H_{18}N_4O_6S$ 406.4	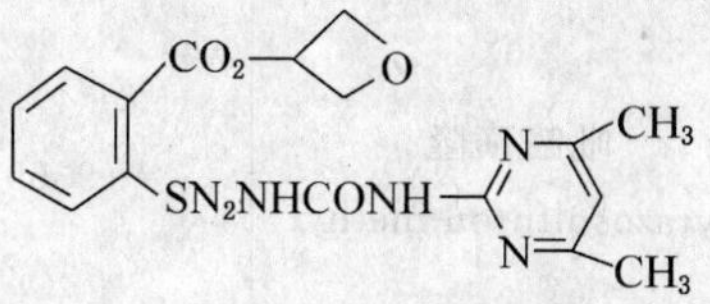
噻吩磺隆 thifensulfuron-methyl	79277-27-3	$C_{12}H_{13}N_5O_6S_2$ 387.4	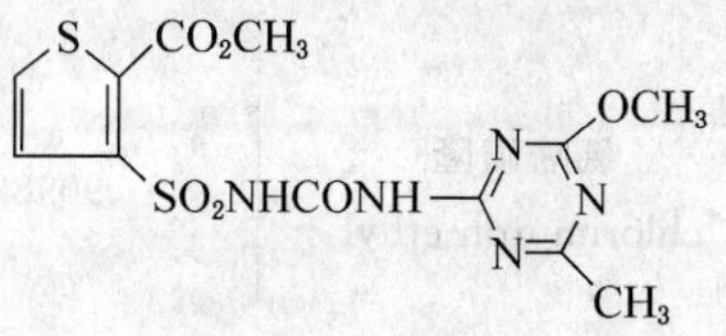
甲磺隆 metsulfuron-methyl	74223-64-6	$C_{14}H_{15}N_5O_6S$ 381.4	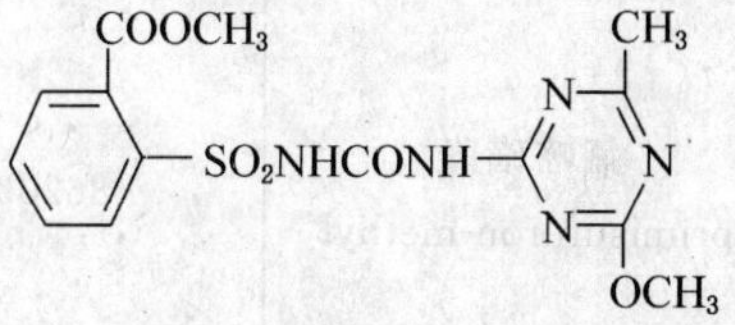
醚苯磺隆 triasulfuron	82097-50-5	$C_{14}H_{16}ClN_5O_5S$ 401.8	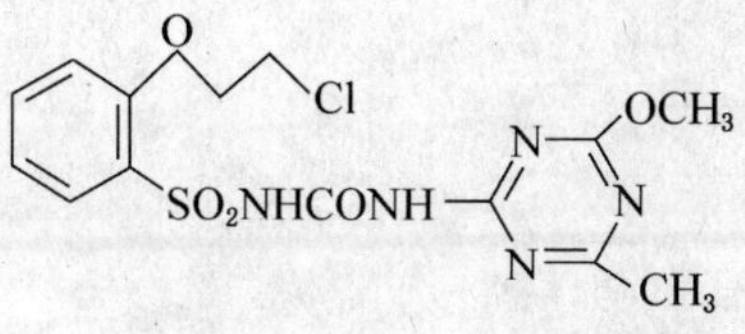
氯磺隆 chlorsulfuron	64902-72-3	$C_{12}H_{12}ClN_5O_4S$ 357.8	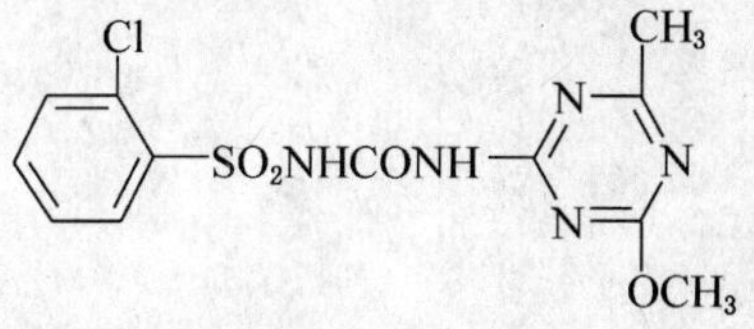
苄嘧磺隆 bensulfuron-methyl	83055-99-6	$C_{16}H_{18}N_4O_7S$ 410.4	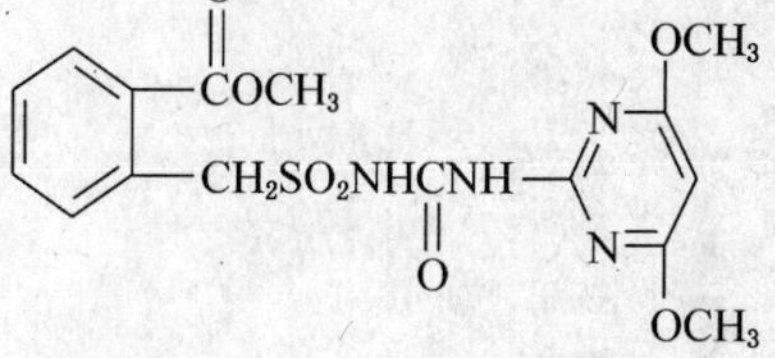

表 A.1（续）

磺酰脲类除草剂名称	CAS 编码	分子式 相对分子质量	结构式
氟磺隆 prosulfuron	94125-34-5	$C_{15}H_{16}F_3N_5O_4S$ 419.4	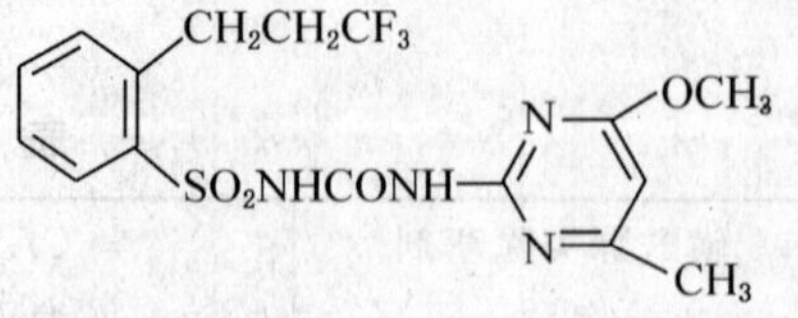
吡嘧磺隆 pyrazosulfuron-methyl	93697-74-6	$C_{14}H_{18}N_6O_7S$ 414.4	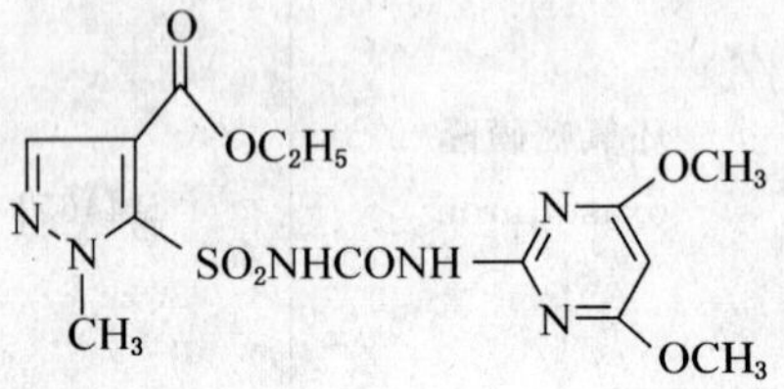
氯嘧磺隆 chlorimuron-ethyl	90982-32-4	$C_{15}H_{15}ClN_4O_6S$ 414.8	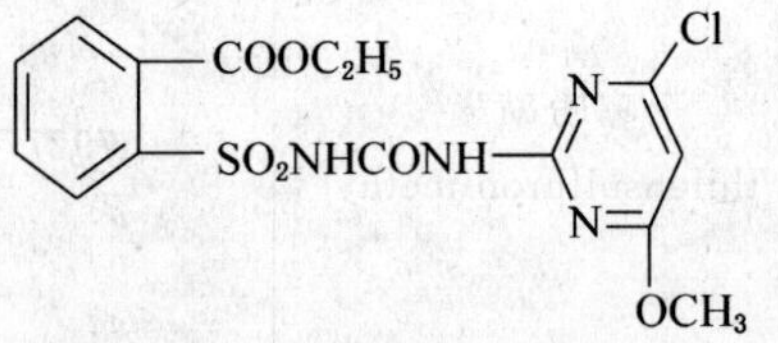
氟嘧磺隆 primisufuron-methyl	86209-51-0	$C_{15}H_{12}F_4N_4O_7S$ 468.3	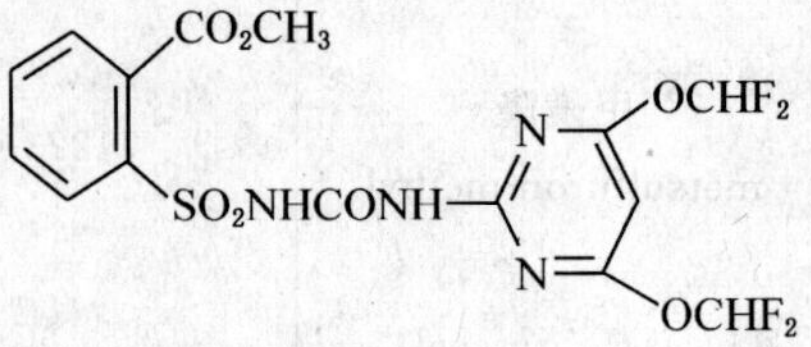

附 录 B
（资料性附录）
高效液相色谱法和液相色谱-质谱/质谱法测定参数[1]

表 B.1 高效液相色谱法液相色谱梯度程序

时间/ min	乙腈/ %	磷酸水溶液(pH=2.5)/ %
0.00	20	80
1.75	35	65
10.00	40	60
13.00	50	50
15.00	60	40
22.00	60	40
22.01	90	10
27.00	90	10

表 B.2 液相色谱-质谱/质谱法液相色谱梯度程序

时间/min	乙腈/%	0.1%甲酸水溶液/%
0.00	40	60
8.00	90	10
10.00	90	10
11.00	40	60
17.00	40	60

表 B.3 质谱条件

电离方式	ESI+
毛细管电压	3.0 kV
源温度	120 ℃
去溶剂温度	350 ℃
锥孔气流	氮气,100 L/h
去溶剂气流	氮气,600 L/h
碰撞气压	氩气,2.40×10^{-6} Pa
监测模式	多反应监测 (MRM)

1) 非商业性声明:附录 B 所列参数是在 Waters Quattro Ultima Pt 质谱仪上完成的,此处列出试验用仪器型号仅是为了提供参考,并不涉及商业目的,鼓励标准使用者尝试采用不同厂家或型号的仪器。

表 B.4 多反应监测条件

化合物名称	母离子(m/z)	子离子(m/z)	驻留时间/s	锥孔电压/V	碰撞能量/eV
环氧嘧磺隆	407	150[a] 284	0.05 0.05	40	16 12
噻吩磺隆	388	141[a] 167	0.05 0.05	40	15 14
甲磺隆	382	141[a] 167	0.05 0.05	40	15 19
醚苯磺隆	402	141[a] 167	0.05 0.05	40	19 16
氯磺隆	358	141[a] 167	0.05 0.05	40	15 14
苄嘧磺隆	411	149[a] 182	0.05 0.05	40	18 16
氟磺隆	420	141[a] 167	0.05 0.05	40	22 18
吡嘧磺隆	415	182[a] 186	0.05 0.05	40	16 16
氯嘧磺隆	415.1	186[a] 213	0.05 0.05	40	15 12
氟嘧磺隆	469	199[a] 254	0.05 0.05	40	19 16

[a] 用于定量。

附 录 C
（资料性附录）
标准物质液相色谱图及质量色谱图

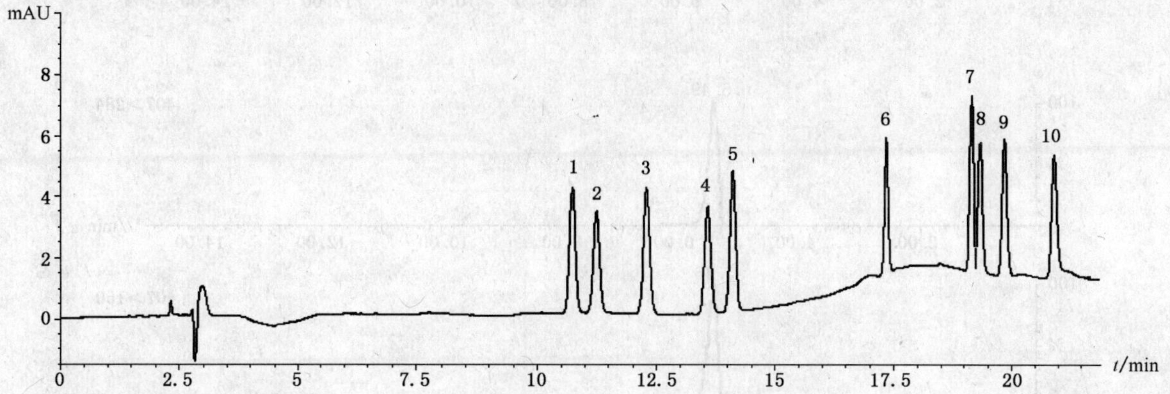

1——环氧嘧磺隆；
2——噻吩磺隆；
3——甲磺隆；
4——醚苯磺隆；
5——氯磺隆；
6——苄嘧磺隆；
7——氟磺隆；
8——吡嘧磺隆；
9——氯嘧磺隆；
10——氟嘧磺隆。

图 C.1　10 种磺酰脲类除草剂 HPLC 色谱图

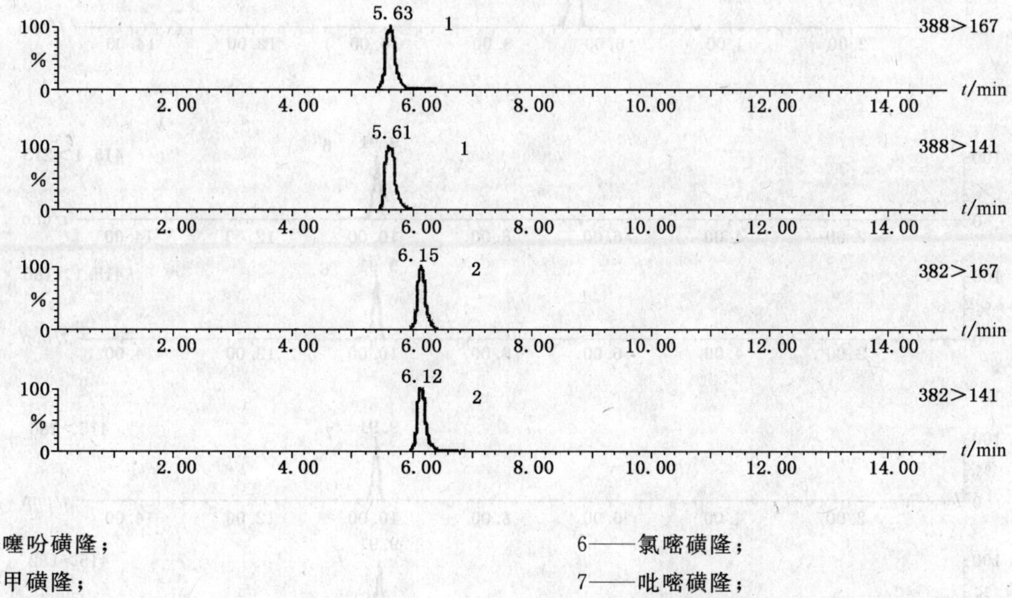

1——噻吩磺隆；
2——甲磺隆；
3——氯磺隆；
4——环氧嘧磺隆；
5——醚苯磺隆；
6——氯嘧磺隆；
7——吡嘧磺隆；
8——苄嘧磺隆；
9——氟嘧磺隆；
10——氟磺隆。

图 C.2　10 种磺酰脲类除草剂 LC-MS/MS 多反应监测色谱图

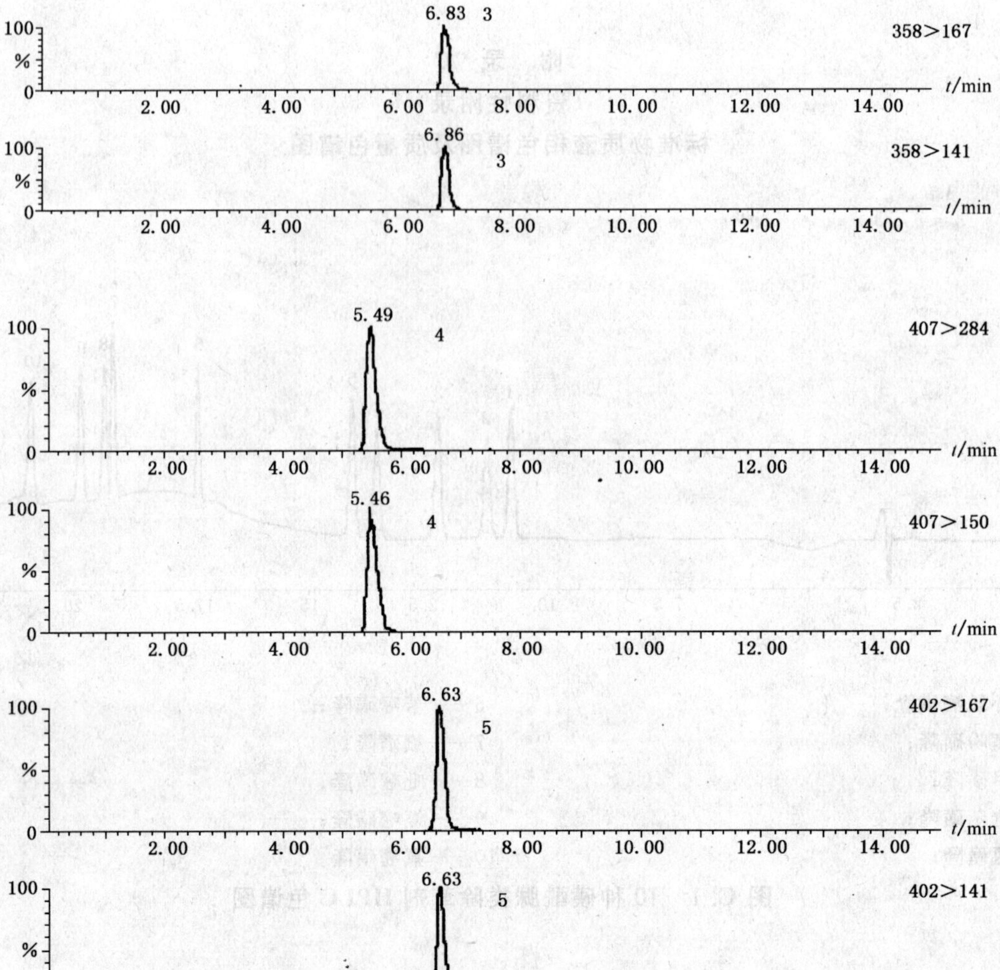
6.83 3
358>167
6.86 3
358>141
5.49 4
407>284
5.46 4
407>150
6.63 5
402>167
6.63 5
402>141
9.91 6
415.1>213
9.91 6
415.1>186
9.91 7
415>186
9.91 7
415>182
100
%
0
2.00
4.00
6.00
8.00
10.00
12.00
14.00
t/min

图 C.2（续）

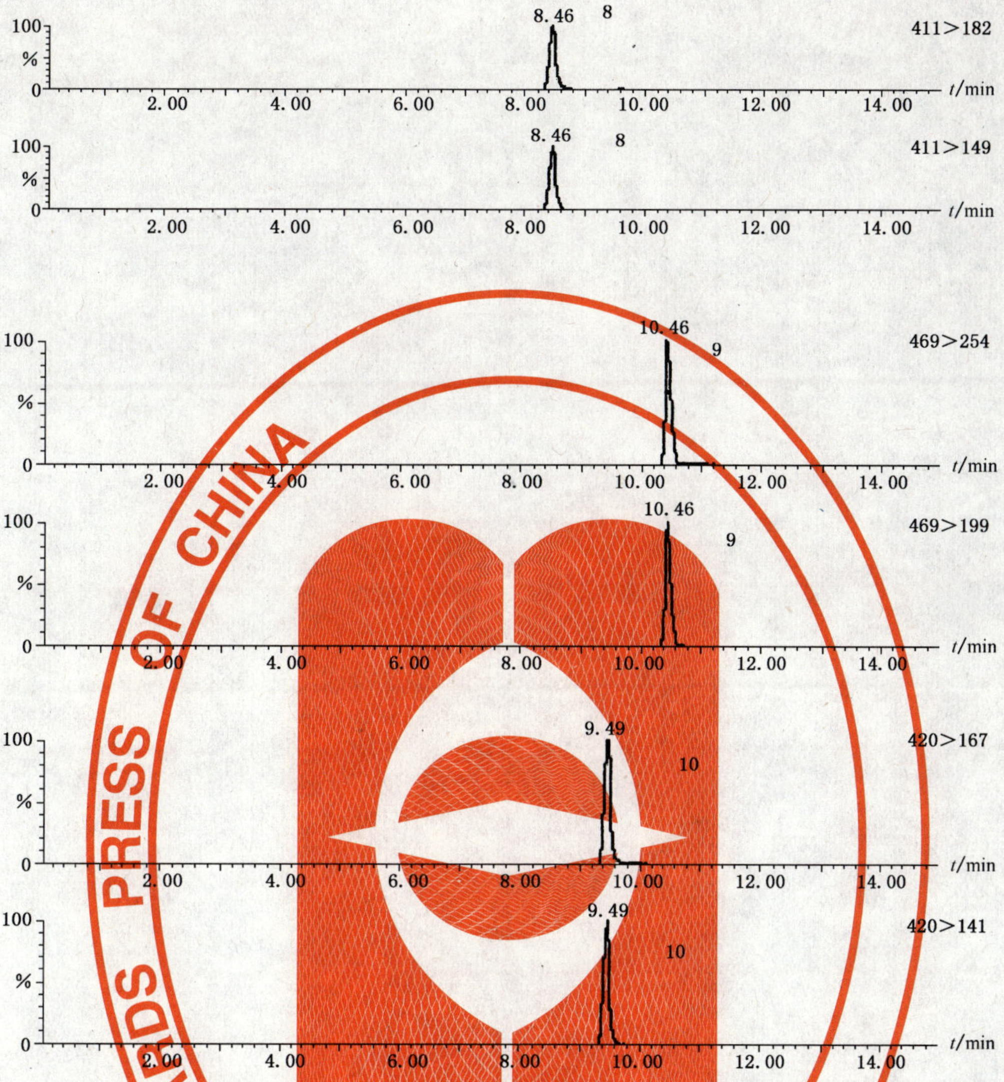
8.46
8
411>182
8.46
8
411>149
10.46
9
469>254
10.46
9
469>199
9.49
10
420>167
9.49
10
420>141
100
%
0
2.00
4.00
6.00
8.00
10.00
12.00
14.00
t/min

图 C.2（续）

ICS 67.060
X 04

中华人民共和国国家标准

GB/T 23818—2009

大豆中咪唑啉酮类除草剂残留量的测定

Determination of imidazolinone herbicide residues in soybean

2009-05-25 发布　　　　2009-09-01 实施

中华人民共和国国家质量监督检验检疫总局
中国国家标准化管理委员会　发布

前言

本标准的附录A、附录B均为资料性附录。

本标准由国家认证认可监督管理委员会提出并归口。

本标准起草单位：中国检验检疫科学研究院、中华人民共和国江西出入境检验检疫局。

本标准主要起草人：李晓娟、祁彦、张新忠、占春瑞、陈冬东、代汉慧、彭涛、贾然、李建忠、杨强、李淑娟、储晓刚。

大豆中咪唑啉酮类除草剂残留量的测定

1 范围

本标准规定了大豆籽粒中咪唑烟酸、甲基咪草烟、咪草酸甲酯、咪唑乙烟酸、咪唑喹啉酸残留量的高效液相色谱和液相色谱-质谱/质谱测定方法。

本标准适用于大豆籽粒中咪唑烟酸、甲基咪草烟、咪草酸甲酯、咪唑乙烟酸、咪唑喹啉酸残留量的测定。

2 规范性引用文件

下列文件中的条款通过本标准的引用而成为本标准的条款。凡是注日期的引用文件，其随后所有的修改单(不包括勘误的内容)或修订版均不适用于本标准，然而，鼓励根据本标准达成协议的各方研究是否可使用这些文件的最新版本。凡是不注日期的引用文件，其最新版本适用于本标准。

GB/T 6682　分析实验室用水规格和试验方法(GB/T 6682—2008，ISO 3696:1987，MOD)

3 原理

试样用二氯甲烷提取，凝胶渗透色谱法和液液分配法净化，高效液相色谱法和液相色谱-质谱/质谱法测定，外标法定量。

4 试剂和材料

除非另有说明，所有试剂均为分析纯，水为 GB/T 6682 规定的一级水。

4.1 乙腈：色谱纯。

4.2 正己烷：色谱纯。

4.3 二氯甲烷。

4.4 磷酸。

4.5 滤膜：0.22 μm，有机相。

4.6 标准物质

4.6.1 咪唑烟酸(imazapyr，CAS No. 81334-34-1)：纯度大于等于 99%。

4.6.2 甲基咪草烟(imazapic，CAS No. 104098-48-8)：纯度大于等于 99%。

4.6.3 咪草酸甲酯(imazamethabenz-methyl，CAS No. 81405-85-8)：纯度大于等于 99.5%。

4.6.4 咪唑乙烟酸(imazethapyr，CAS No. 81335-77-5)：纯度大于等于 99%。

4.6.5 咪唑喹啉酸(imazaquin，CAS No. 81335-37-7)：纯度大于等于 99.5%。

4.7 标准储备溶液：分别准确称取各标准物质 10 mg(精确至 0.1 mg)，用乙腈溶解并定容至 100 mL，配制成浓度为 100 μg/mL 的标准储备溶液，各标准储备溶液于 0 ℃～4 ℃避光保存。

5 仪器和设备

5.1 高效液相色谱仪：配有紫外检测器。

5.2 液相色谱-质谱/质谱仪：配有电喷雾电离源。

5.3 粉碎机。

5.4 样品筛：筛孔尺寸 0.425 mm。

5.5 分析天平：感量为 0.1 mg 和 1 mg。

5.6 涡旋混合器。

5.7 振荡器。

5.8 旋转蒸发仪。

5.9 离心机。

5.10 具塞离心管。

5.11 凝胶渗透色谱仪：填料 Biobeads S-X3，40 g；玻璃柱 700 mm×25 mm；流动相二氯甲烷；流动相流速 5.0 mL/min；进样量 5.0 mL；检测波长 250 nm。

6 试样制备与保存

6.1 试样制备

取代表性试样 500 g，用粉碎机粉碎并使其全部通过 0.425 mm 的样品筛，混和均匀，装入洁净的容器内，密封并标识。

6.2 试样保存

试样于 0 ℃～4 ℃避光保存。取样、制样及保存过程中应防止试样受到污染或者残留农药含量发生变化。

7 分析步骤

7.1 提取

准确称取 5 g 试样(精确至 0.01 g)于 50 mL 具塞离心管中，向离心管中加入 35 mL 二氯甲烷，涡旋混合 2 min 后置于振荡器上振荡提取 20 min，以 4 000 r/min 速度离心 5 min，取上层清液并经二氯甲烷润湿的滤纸过滤后，收集于 100 mL 梨形瓶中。再向残余试样中加入 35 mL 二氯甲烷，重复上述操作。再用 10 mL 二氯甲烷分 3 次～5 次洗涤离心管和滤纸，合并洗涤液于梨形瓶中，于 40 ℃水浴中减压浓缩至约 3 mL。将浓缩液用二氯甲烷定容至 10 mL，以 4 000 r/min 速度离心 5 min，再将上层清液转移至 GPC 进样瓶中，待净化。

7.2 净化

样品提取液首先采用凝胶渗透色谱法净化，在 5.11 的仪器条件下，收集第 13.80 min～22.8 min 的馏分共 45 mL，于 40 ℃水浴中减压浓缩至近干，再用氮气吹干。用 2 mL 乙腈溶解残渣，再加入 2 mL 乙腈饱和的正己烷，涡旋振荡 2 min，静置分层后弃去正己烷层，乙腈层用氮气吹干。再用乙腈定容至 1.0 mL，供 HPLC 和 LC-MS/MS 测定。

7.3 高效液相色谱和液相色谱-质谱/质谱测定

7.3.1 高效液相色谱法参考条件

a) 色谱柱：C_{18}柱，250 mm×4.6 mm(内径)，5 μm，或相当者；

b) 柱温：30 ℃；

c) 流动相及梯度洗脱程序参见附录 A；

d) 流速：1.0 mL/min；

e) 进样量：10 μL；

f) 检测波长：250 nm。

7.3.2 液相色谱-质谱/质谱法参考条件

a) 色谱柱：C_{18}柱，150 mm×2.1 mm(内径)，3.5 μm，或相当者；

b) 柱温：30 ℃；

c) 流动相及梯度洗脱程序参见附录 A；

d) 流速：0.2 mL/min；

e) 进样量：10 μL；

f) 质谱/质谱参考条件参见附录 A。

7.3.3 **定量测定**

7.3.3.1 HPLC 法：根据样液中咪唑啉酮类除草剂的含量，选取浓度相近的标准工作溶液，待测样液中咪唑啉酮类除草剂的响应值应在仪器检测的线性范围内。对标准工作溶液及样液等体积交替进样测定。在 7.3.1 的仪器条件下，保留时间约为咪唑烟酸 8.60 min，甲基咪草烟 11.50 min，咪草酸甲酯 13.73 min，咪唑乙烟酸 15.98 min，咪唑喹啉酸 20.38 min，色谱图参见附录 B 中图 B.1。

7.3.3.2 LC-MS/MS 法：根据样液中咪唑啉酮类除草剂的含量，选取浓度相近的标准工作溶液，待测样液中咪唑啉酮类除草剂的响应值应在仪器检测的线性范围内。对标准工作溶液及样液等体积交替进样测定。在 7.3.2 的仪器条件下，保留时间约为咪唑烟酸 5.21 min，甲基咪草烟 6.63 min，咪草酸甲酯 7.03 min，咪唑乙烟酸 7.29 min，咪唑喹啉酸 7.78 min，多反应监测质量色谱图参见附录 B 中图 B.2。

7.3.4 **定性测定**

按照上述条件测定试样和标准溶液，如果试样中化合物质量色谱峰的保留时间与标准溶液相比在 ±2.5% 的允许偏差之内；样品中待测组分的两个子离子的相对丰度与浓度相当的标准溶液相比，相对丰度偏差不超过表 1 的规定，则可判断试样中存在相应的目标化合物。

表 1 定性离子相对丰度的最大允许偏差

相对离子丰度/%	>50	>20～50	>10～20	≤10
允许的最大偏差/%	±20	±25	±30	±50

7.4 **空白试验**

除不称取试样外，均按上述条件和步骤进行。

8 结果计算与表达

试样中待测化合物的残留量可采用数据处理软件或按式(1)计算：

$$X_i = \frac{C_i \times V \times 1\,000}{m \times 1\,000} \quad \cdots\cdots(1)$$

式中：

X_i——试样中待测化合物的残留量，单位为毫克每千克(mg/kg)；

C_i——从标准曲线中得到的待测化合物的浓度，单位为微克每毫升(μg/mL)；

V——样液最终定容体积，单位为毫升(mL)；

m——最终样液所代表的试样质量，单位为克(g)。

9 测定低限和回收率

9.1 **测定低限**

本标准液相色谱法对各待测物的测定低限为 0.05 mg/kg；液相色谱-质谱/质谱法对各待测物的测定低限为 0.02 mg/kg。

9.2 **回收率**

本标准高效液相色谱法在添加浓度 0.05 mg/kg～1.00 mg/kg 范围内，回收率在 88.2%～105.9% 之间；

本标准液相色谱-质谱/质谱法在添加浓度 0.02 mg/kg～1.00 mg/kg 范围内，回收率在 81.8%～103.9% 之间。

附　录　A
（资料性附录）
高效液相色谱法和液相色谱-质谱/质谱法测定参数1)

表 A.1　HPLC 流动相梯度洗脱条件

洗脱时间/min	磷酸水溶液（pH 2.5）/%	乙腈/%
0.00	90	10
1.75	80	20
14.00	68	32
20.00	62	38
23.00	54	46
23.01	10	90
28.00	0	100
28.01	90	10
35.00	90	10

表 A.2　LC-MS/MS 流动相梯度洗脱程序

洗脱时间/min	0.1%甲酸水溶液/%	乙腈/%
0.00	90	10
5.00	30	70
10.00	10	90
18.00	90	10

表 A.3　LC-MS/MS 质谱条件

电离方式	ESI^+
毛细管电压	3.0 kV
源温度	120 ℃
去溶剂温度	350 ℃
锥孔气流	氮气，100 L/h
去溶剂气流	氮气，600 L/h
碰撞气压	氩气，2.50×10^{-5} Pa
监测模式	多反应监测（MRM）

1)　非商业性声明：附录 A 所列参数是在 Waters Quattro Ultima Pt 质谱仪上完成的，此处列出试验用仪器型号仅是为了提供参考，并不涉及商业目的，鼓励标准使用者尝试采用不同厂家或型号的仪器。

表 A.4 LC-MS/MS 多反应监测条件

农药名称	母离子(m/z)	子离子(m/z)	驻留时间/s	锥孔电压/V	碰撞能量/eV
咪唑烟酸	262	217[a]	0.2	40	17
		234	0.2		15
甲基咪草烟	276	234[a]	0.2	40	18
		248	0.2		22
咪草酸甲酯	289	229[a]	0.2	40	18
		257	0.2		23
咪唑乙烟酸	290	230[a]	0.2	40	18
		247.8	0.2		23
咪唑喹啉酸	312	270[a]	0.2	40	19
		252	0.2		26

a 为定量离子。

附 录 B
（资料性附录）
咪唑啉酮类农药标准物质液相色谱图和多反应监测离子流色谱图

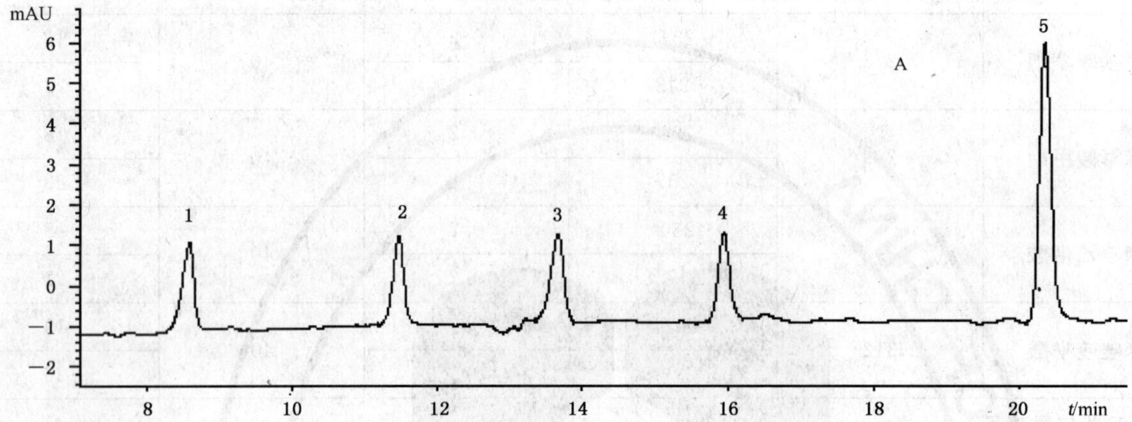

1——咪唑烟酸；
2——甲基咪草烟；
3——咪唑乙烟酸；
4——咪草酸甲酯；
5——咪唑喹啉酸。

图 B.1 标准物质液相色谱图

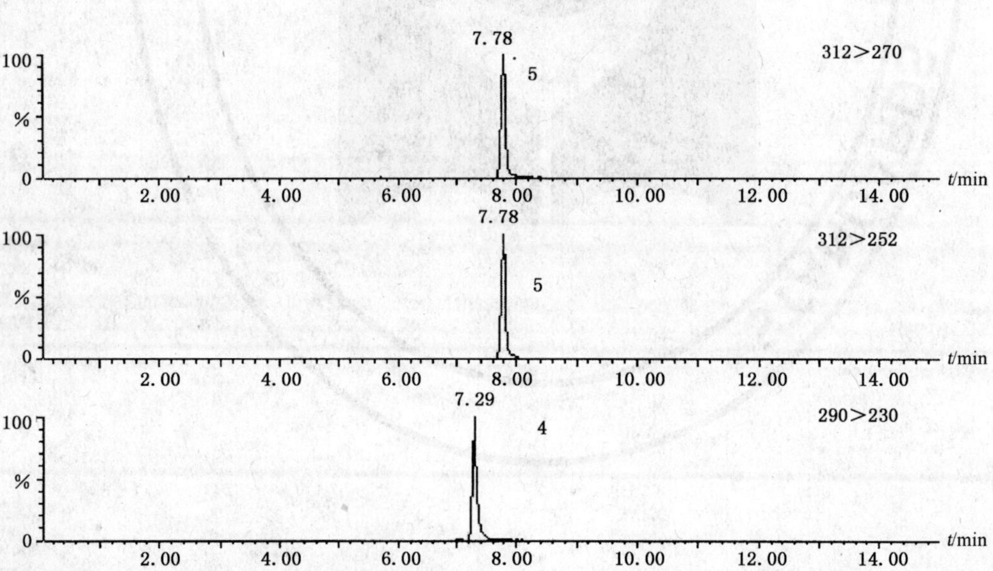

1——咪唑烟酸；
2——甲基咪草烟；
3——咪唑乙烟酸；
4——咪草酸甲酯；
5——咪唑喹啉酸。

图 B.2 标准物质多反应监测离子流色谱图

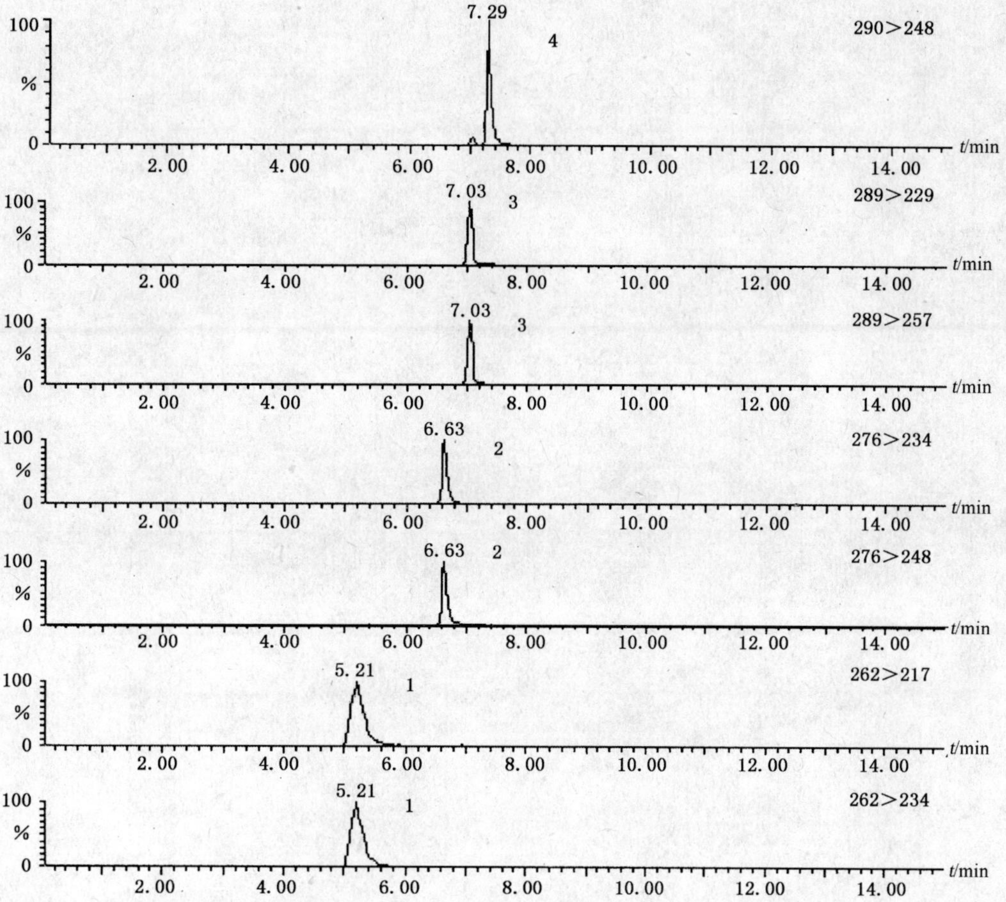
7.29
4
290>248
100
%
0
2.00
4.00
6.00
8.00
10.00
12.00
14.00
t/min
7.03
3
289>229
7.03
3
289>257
6.63
2
276>234
6.63
2
276>248
5.21
1
262>217
5.21
1
262>234

图 B.2（续）

ICS 13.110
J 09

GB

中华人民共和国国家标准

GB 23819—2009/ISO 19353:2005

机械安全 火灾防治

Safety of machinery—
Fire prevention and protection

(ISO 19353:2005,IDT)

2009-05-13 发布 2009-12-01 实施

中华人民共和国国家质量监督检验检疫总局
中国国家标准化管理委员会 发布

前言

本标准的第 4 章、第 5 章、第 6 章、第 7 章和第 8 章为强制性的，其余为推荐性的。

本标准等同采用 ISO 19353:2005《机械安全　火灾防治》(英文版)。

本标准等同翻译 ISO 19353:2005。为便于使用，本标准做了下列编辑性修改：

——用“本标准”代替“本国际标准”；

——删除了 ISO 前言，重新编写了前言；

——将规范性引用文件的导语按 GB/T 1.1—2000 进行了修改，并将 ISO 19353:2005 引用的国际标准改为对应的国家标准。

本标准的附录 A、附录 B 均为资料性附录。

本标准由全国机械安全标准化技术委员会(SAC/TC 208)提出并归口。

本标准起草单位：中机生产力促进中心、中国包装和食品机械总公司、长春试验机研究所有限公司、洛阳矿山机械工程设计研究院有限责任公司。

本标准主要起草人：付大为、李勤、宁燕、王国扣、王学智、杨现利、富锐、张晓飞。

本标准为首次发布。

引　言

机械安全在防火方面包括火灾防治和消防，通常包括技术、结构、组织、工厂和公共消防措施，如图1所示。机械的有效防火安全需要采取单独措施或综合多种措施。

机械安全标准的结构如下：

a) A类标准(基础安全标准)，给出适用于所有机械的基本概念、设计原则和一般特征。

b) B类标准(通用安全标准)，涉及范围较宽的机械的一类或多类安全装置的一个或多个安全方面：

——B1类，特定的安全特征(如安全距离、表面温度、噪声)标准；

——B2类，安全装置(如双手操纵装置、联锁装置、防护装置)标准。

c) C类标准(机械安全标准)，对一个特定的机器或一组机器规定出详细的安全要求的标准。

按照GB/T 15706.1的规定，本标准是B类标准。

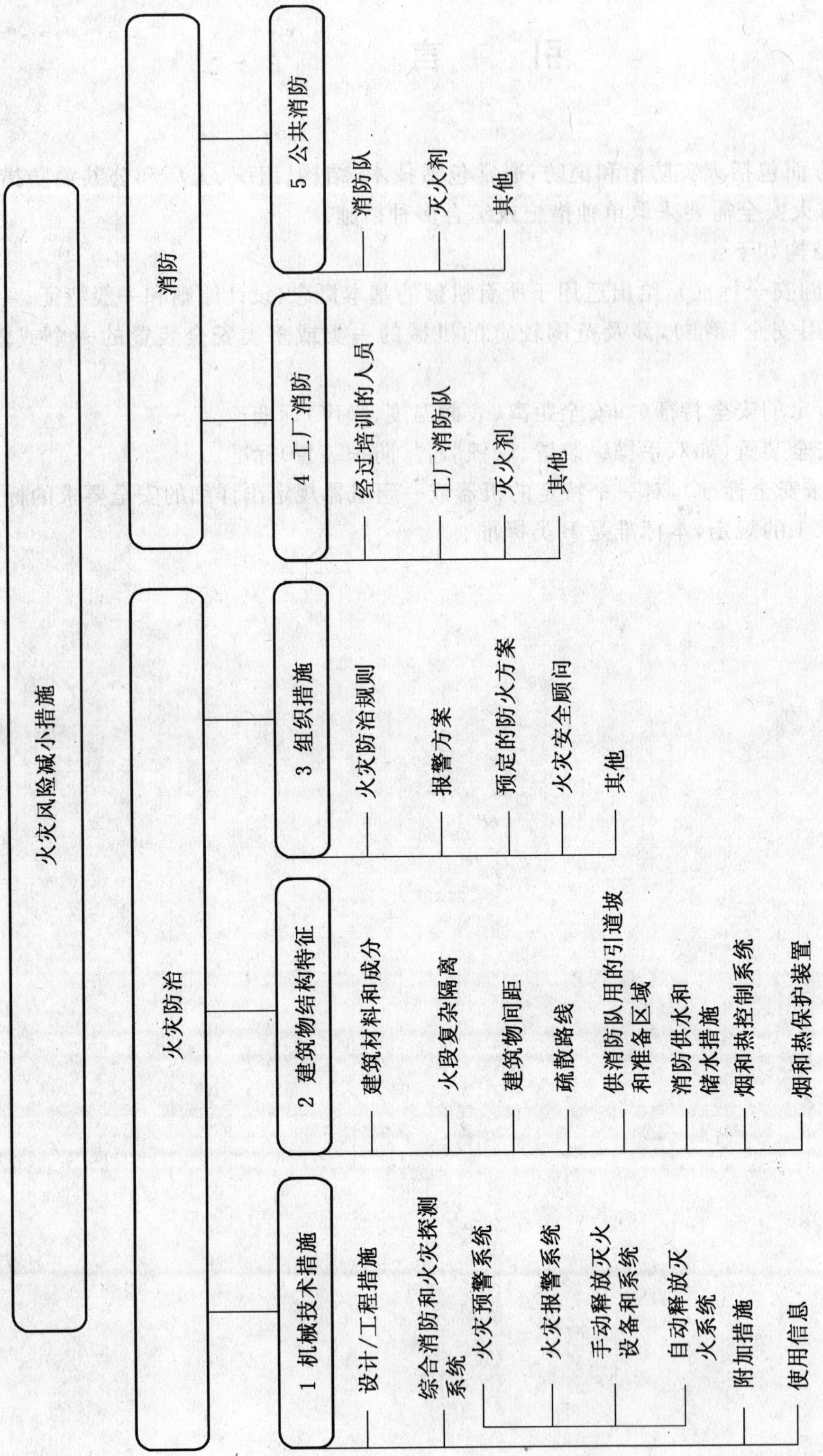

图 1 减小火灾风险的措施

机械安全 火灾防治

1 范围

本标准规定了用于识别由机械导致的火灾危险及进行相应风险评价的方法,给出了机械设计和制造过程中所需采取的技术性火灾防治措施的基本概念和方法。本标准的主要目的是根据机械的预定使用,通过采取技术措施达到所需的安全水平,这些措施主要集成于该机械,并通过优先使用安全组件来实现。本标准不适用于含有受控燃烧过程的机械(例如:内燃机、锅炉),除非燃烧过程可能在机械的其他部分或机器外面构成点燃源。

2 规范性引用文件

下列文件中的条款通过本标准的引用而成为本标准的条款。凡是注日期的引用文件,其随后所有的修改单(不包括勘误的内容)或修订版均不适用于本标准,然而,鼓励根据本标准达成协议的各方研究是否可使用这些文件的最新版本,凡是不注日期的引用文件,其最新版本适用于本标准。

GB/T 15706.1—2007 机械安全 基本概念与设计通则 第1部分:基本术语和方法(ISO 12100-1:2003,IDT)

GB/T 15706.2—2007 机械安全 基本概念与设计通则 第2部分:技术原则(ISO 12100-2:2003,IDT)

GB/T 16856.1 机械安全 风险评价 第1部分:原则(GB/T 16856.1—2008,ISO 14121-1:2007,IDT)

3 术语和定义

下列术语和定义适用于本标准。

3.1

可燃性 combustibility

材料能够燃烧的特性。

注:材料可燃性特征的精确评价取决于机械的工作环境和材料的形态(例如:刨花、粉尘)。

3.2

可燃的 combustible

有或没有火焰都能够燃烧的。

[ISO 13943:2000]

3.3

燃烧 combustion

物质与氧化剂作用发生的放热反应,通常伴有火焰、热和(或)烟。

[ISO 13943:2000]

3.4

破坏性火 damaging fire

对人、建筑、机械和(或)环境造成损害的火。

3.5

灭火剂 fire-extinguishing agent

适于灭火的介质。

3.6

火灾保护　fire protection

通过探测、扑灭或控制着火，从而减小对人员和财产危害的措施，例如：设计特征、系统、设备、建筑或其他结构。

[ISO 8421-1:1987]

3.7

火灾预防　fire prevention

防止火灾发生和(或)限制其影响的措施。

[ISO 8421-1:1987]

3.8

火灾载荷　fire load

在机器和加工过程中包含的所有可燃材料(包括原料和加工材料)完全燃烧释放出来的热能。

[ISO 13943:2000]

3.9

火灾危害　fire hazard

火灾可能造成的死亡(或伤害)和(或)对财产、环境的损害。

[ISO 13943:2000]

3.10

火　fire

预定燃烧(有用的火)和不受控燃烧(破坏性火)的统称。

3.11

火灾报警系统　fire alarm system

探测起火并触发紧急响应的系统。

3.12

火灾风险　fire risk

火灾引起的伤害发生概率和严重程度的综合。

3.13

火灾安全顾问　fire safety advisor

评价企业全部或部分经营活动中的火灾防治措施的雇员或顾问。

3.14

阻燃剂　flame retardant

为抑制或延缓火焰出现和(或)降低火焰传播速度而对材料添加的物质或处理。

3.15

火焰　flame

发光的气相燃烧区域。

[ISO 13943:2000]

3.16

易燃性　flammability

在规定条件下，材料或产品的有火焰燃烧能力。

[ISO 13943:2000]

注：材料点燃特征的精确评价取决于机械的工作环境。

3.17

灼热燃烧　glow

物质处于没有火焰的固相，但燃烧区域有发光现象的燃烧。

3.18

伤害　harm

对健康产生的生理上的损伤或危害。

[GB/T 15706.1—2007,3.5]

3.19

点燃源　ignition source

引起燃烧的能量来源。

3.20

点燃　ignition

引起燃烧。

[ISO 13943:2000]

3.21

点燃能量　ignition energy

引起燃烧所必需的能量。

3.22

组织措施　organizational measures

分配任务、划分责任、管理火灾发生时的应急预案和帮助消防队制定和执行其消防程序等所有的火灾防治措施。

3.23

过热　overheating

不可控制的温度升高。

3.24

火灾预警系统　pre-fire alarm system

探测可能发生的火灾并据此触发紧急响应的系统。

3.25

公共消防　public fire-fighting

根据当地条件,依靠有能力的消防队进行公众消防的所有措施。

[ISO 13943:2000]

3.26

安全组件　safety component

机械的组件,该组件是不可互换的设备,在使用时执行某种安全功能,其失效或故障会危及到暴露人员的安全或健康。

3.27

自燃　self-ignition

由自加热引起的点燃。

[ISO 13943:2000]

3.28

自加热　self-heating

材料内部发生的放热反应,引起材料内部温度升高。

[ISO 13943:2000]

3.29

烟　smoke

由燃烧或热解作用所产生的悬浮在气体中的可见固体和(或)液体微粒。

[ISO 13943:2000]

3.30

建筑物的结构特征　structural features of buildings

为了减小火灾蔓延、方便占用人疏散、提供消防队通道和安全消防条件，并降低对建筑物、建筑物内部及环境的损害的所有与建筑物设计、建造和功能规划有关的火灾防治措施。

3.31

工厂消防　works fire-fighting

工厂管理人员为机械的使用者制定的依靠工作人员灭火的所有措施。

4　危险识别的要求

4.1　一般要求

警告：火灾危险还可能引发爆炸危险(见 EN 1127-1 和 EN 1127-2)。

如果在相同的时间和地点存在足量的可燃材料、氧化剂和点燃能量，就有火灾危险。火灾危险取决于三要素的相互作用，见图 2。

某些本质上不稳定的材料、强氧化剂或能自加热的物质都会引起火灾危险。

氧气浓度的变化(例如：富氧)也很容易引起火灾危险。

机械所加工、使用或释放的材料，机械周边的材料或构成机械的材料，都可能引起火灾危险。

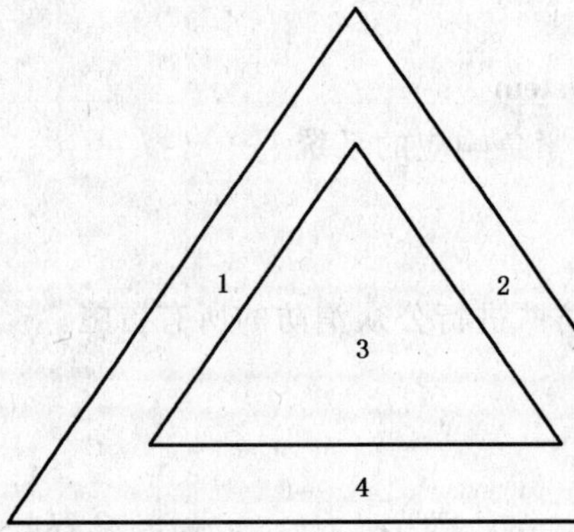

1——可燃材料；

2——点燃能量；

3——火灾；

4——氧化剂。

图 2　火灾三要素

4.2　可燃材料

可燃材料可以是固态、液态或气态的。应确定是否存在可燃材料，或可燃材料的量和分布。

材料燃烧的难易程度受其尺寸、外形和积聚的影响。例如：小片材料松散的集中在一起比大块的同一材料更容易被点燃。同样，材料的组合也可能影响其易燃性和燃烧特性。

还应考虑随着时间或使用材料性质是否发生变化。这些变化包括材料可能分解释放出可燃气体和蒸汽，这可导致火灾危险的增加。

4.3 氧化剂

在评价火灾危险时，应确定是否存在助燃物质(例如：产生氧气的物质)，以及它们出现的概率和量。最常见的氧化剂是空气，但还有其他助燃的氧化剂，例如：硝酸钾(KNO_3)，高锰酸钾($KMnO_4$)，高氯酸($HClO_4$)，过氧化氢(H_2O_2)，氧化氮(N_2O)。

4.4 点燃源

应确定存在或可能出现何种点燃源。

出现点燃源的可能性受下列因素影响：

a) 热能；

b) 电能；

c) 机械能；

d) 化学能。

示例见附录 A。

5 风险评价的要求

5.1 一般要求

根据 GB/T 16856.1 给出的程序，确定和评定火灾风险需要一系列的逻辑步骤对由机械和(或)工作过程引起的火灾危险进行系统检查，包括风险分析和风险评定。通过风险评定确定是否需要采取减小风险的措施。

5.2 风险分析

应通过分析确定机械发生火灾的风险。发生火灾的风险取决于是否存在火灾危险、火灾发生的概率以及可能的伤害程度。

火灾风险的分析应包括下列要素(也可见图 3)：

——与机器和加工有关的所有材料清单，包括原材料和加工材料；

——上述材料的点燃性、易燃性、可燃性、助燃效应及毒性；

——火灾载荷的确定；

——所有可能的点燃源清单；

——根据火灾载荷和点燃源确定火灾场景；

——由人员过失(如物质交换和控制器的误操作)可能引起的火灾风险的评定。

机器使用的材料或组件的燃烧性能信息，通常可从技术文献或供应商处得到。但在有些情况下，需要对材料或组件进行适当的测试。

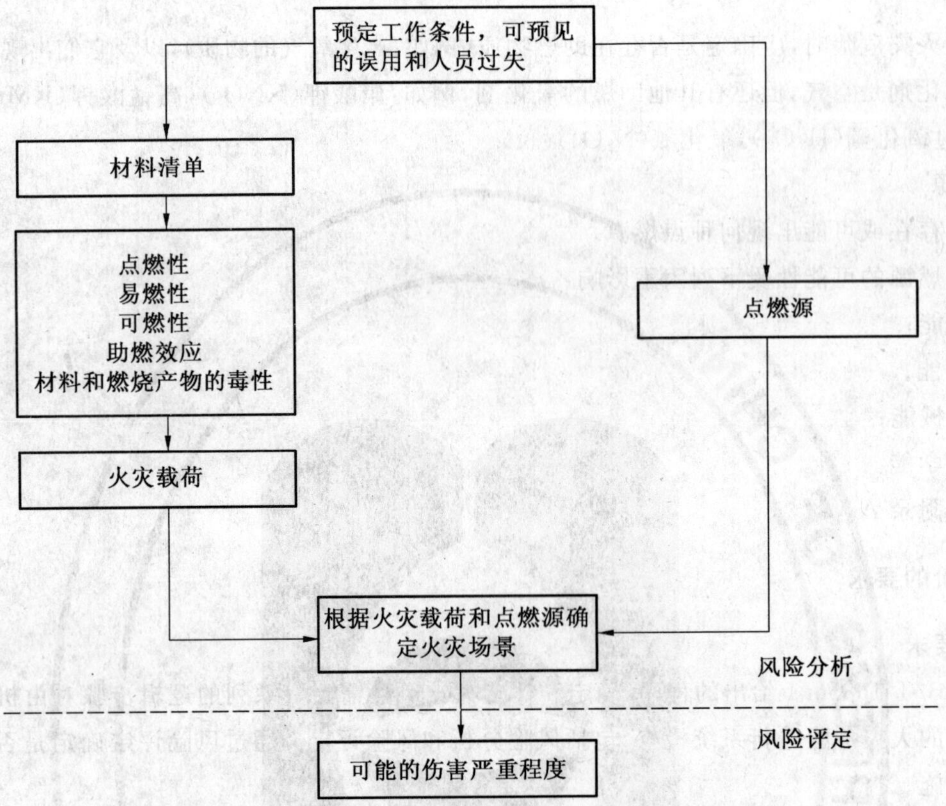

图 3 风险分析和风险评定

5.3 风险评定

分析火灾风险后，应根据预期的伤害评定火灾风险。伤害可能来自火灾本身、热辐射、燃烧生成物或排出物等。如果火灾风险的评定结论为机器不安全，则应采取减小风险的措施。

对财产或环境的损害程度取决于经济、技术和法规等几方面的因素。在决定是否需要采取技术性火灾防治措施时应考虑这些因素。

5.4 风险减小

如果需要采取减小风险措施，应决定是否采取技术措施和采取何种技术措施用以减小火灾风险和(或)限制火灾的影响。

在采取每项减小火灾风险的技术措施后，应按照 GB/T 16856.1 定义的程序再次进行风险分析，直至机器安全。技术性火灾防治措施不包括针对该机械的所有风险，因此还应注意采取的措施不能增加其他风险。

6 用于机械的技术性火灾防治措施

6.1 概述

技术性火灾防治措施(见图 1)包括：

——设计和(或)工程措施；

——综合火灾探测和消防系统；

——附加措施；

——使用信息。

依照 GB/T 15706.1—2007 的第 5 章（见 7.1 和图 4）中的程序，应根据上面的优先级顺序采取措施。

6.2 设计（工程）措施

风险减小应主要通过消除或最大程度减小火灾危险的设计（工程）措施来实现。这些措施包括下列内容（GB/T 15706.1 中的要求也适用）：

a) 构成机器的材料应是不可燃、不易燃和（或）已降低可燃性（易燃性）的材料，例如：阻燃材料。

注：建筑制品和构件的对火反应试验方法和火灾分级系统已在 GB 8624 等标准中给出。

b) 消除或最大程度的减小机器自身或物质的过热风险，这些物质是机器产生或使用的气体、液体、固体、粉尘或蒸汽。风险分析应考虑可能导致过热的过程偏差。识别并采取措施探测或控制这种偏差可实现消除或最大程度的减小风险。

c) 选择制造机器的材料时，应消除或最大程度的减小其与机器使用的材料或产生的物质之间的不良作用。

d) 机器的设计应避开可燃或助燃浓度，或避免原材料、中间产品、超过机器需求量的产品的积聚。

e) 不能消除火灾发生的可能性时，应限制火灾（火焰、热和烟等）的影响，例如，通过对机器加装屏蔽或围栏来消除或最大程度的减小人员伤害、财产损失和（或）环境破坏的风险。

6.3 综合火灾探测和消防系统的使用

合理使用综合火灾探测和消防系统（安全组件）可实现风险减小。该系统由具有探测、控制、报警和灭火功能的装置组成。应根据图 5 确定综合火灾探测和消防系统的要求。附录 B 给出了安全组件的示例，该组件由探测器、中央报警控制单元、存储单元、排放管道和喷嘴组成。

伤害的严重程度本质上由火势增长速度和持续时间决定。宜尽可能探测到火灾并以最快速度启动灭火程序。如果可能危及到人员的安全（例如：使用有毒灭火剂时），应关注机器区域内和（或）机器内部的人员安全。宜采取这些措施确保扑灭火灾（破坏性火灾）或尽可能限制其发生范围。

6.4 附加措施

有时可能需要提供适当的附加火灾防治措施，例如：

——机械和（或）辅助设备的程控关闭，包括所有非必要原材料和产品的隔离；

——机械的急停，非必要动力源的隔离，例如：电源和燃料供应；

——灭火系统覆盖的保护区域的隔离，例如：通过围栏或水幕。

如有必要，应提供发生火灾时用来保留或收集燃烧生成物和灭火剂的装置。

6.5 使用信息

应为使用者提供全面、易懂的文档，以确保使用者能保持机械、装置和技术性火灾保护设备处于正确工作状态，能够随时动作。必要时，启动所需的消防措施。

应提供在机器预定使用时适用的技术性火灾防治措施的试运行、运行和维护信息（根据 GB/T 15706.2—2007 的第 6 章），以及任何遗留的火灾风险警告。如果用户特别要求机械的火灾防治至少部分依赖用户现有的火灾保护措施，则在操作说明书中应定义和描述它们之间的关系。

确定对财产和环境的可能损害时，机器制造商应规定包括安装位置在内的安装要求。如果用户不能遵从这些要求，需要评价火灾在机器范围之外传播对其财产和环境造成的可能损害，例如对周围区域、其他工厂和(或)建筑物等的影响。该评价可改变损害水平(低、中、高)的确认(见7.3.3),并要求用户采取措施予以修正。

7 技术性火灾防治措施的选择和设计

7.1 程序

为了通过选择和设计技术性火灾防治措施实现风险减小,应根据GB/T 16856.1的迭代程序采取下列步骤,如图4所示。

第1步:风险评价。

——根据GB/T 15706和GB/T 16856.1(也可见5.2),在机器的所有运行模式和寿命周期的各阶段对机器进行火灾的风险分析。

——根据GB/T 15706和GB/T 16856.1(也可见5.3),评定由火灾危险引起的风险和是否已实现充分的风险减小。如果认为机器是安全的,则迭代过程结束,完成使用信息。

第2步至第7步:决定采取技术性火灾防治措施实现风险减小。

第2步:决定采取的设计(工程)措施。

设计和工程措施必须采用第1步进行检查,如果最终设计的机器没能达到足够的安全,执行第3步。

第3步:决定使用综合火灾探测和消防系统(安全组件)和(或)附加措施。

第4步:确定火灾防治措施的安全要求。

确定火灾保护设备[例如:急停、电力/燃料隔离和(或)灭火剂释放]的探测、报警和触发的条件。

第5步:选择适当系统部件和灭火剂。

根据第4步确定的关于火灾保护设备的适用性、可靠性以及灭火剂的编号、位置、分布和适量的要求,选择单独的系统组件。

第6步:确认。

选择单独的系统组件与第4步确定的要求进行对比,确认是否实现火灾防治。应使用第1步检查最终的综合火灾探测和消防系统和(或)附加措施。如果仍然不能认为机器是安全的,则重复第3步至第6步。

第7步:完成使用信息。

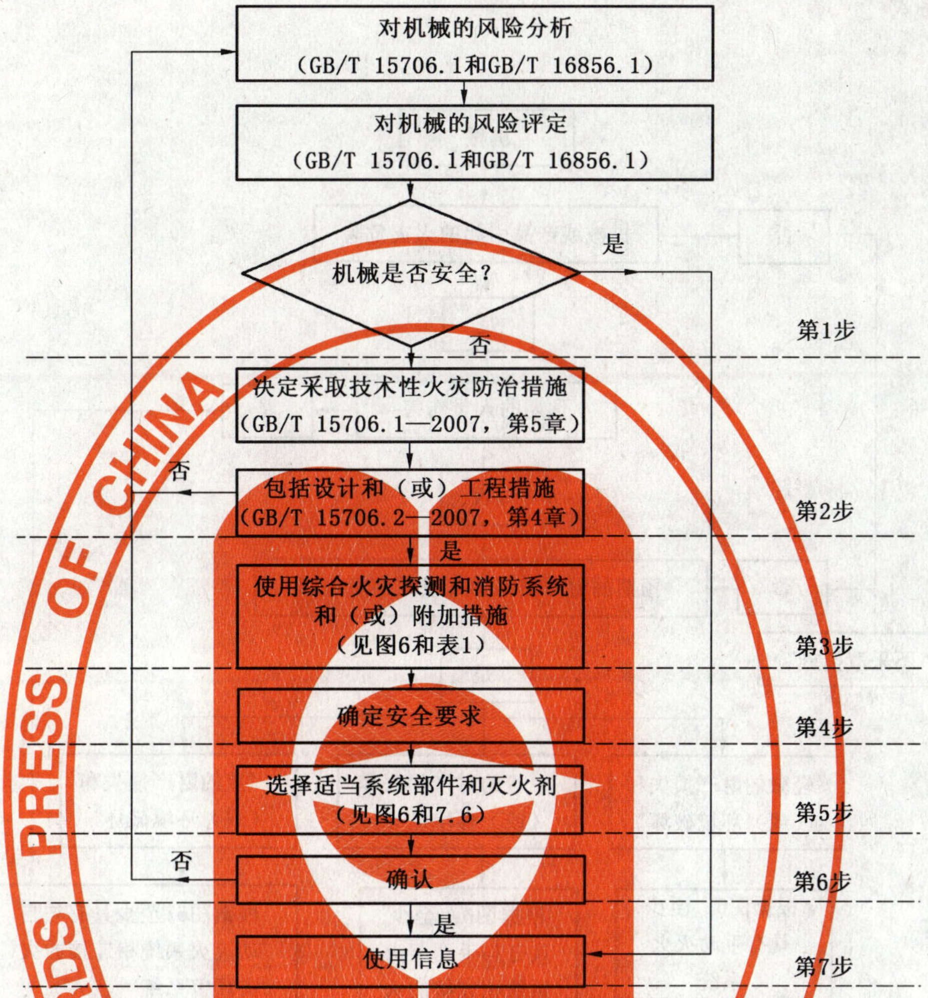

图4 选择技术性火灾防治措施的迭代过程

7.2 决定采用技术性火灾防治措施

如果决定采用技术性火灾防治措施减小火灾风险,应优先考虑设计和(或)工程措施。如果通过这些措施没有将风险减小到所要求的水平,则应提供综合火灾探测和消防系统。这些系统可能包括(也可见图6),例如:

——火灾预警系统;

——具有手动灭火系统或自动灭火系统的火灾报警系统。

遗留风险应在使用信息中描述(见6.5)。

7.3 与预期伤害有关的综合火灾探测和消防系统的选择

7.3.1 概述

发生火灾,确定与预期伤害有关的综合火灾探测和消防系统的选择时,应考虑下列可能的伤害等级(也见图5)。

7.3.2 对人员的伤害

如果预期机械发生火灾会对人员造成伤害,应至少提供与自动灭火系统相结合的火灾预警系统。

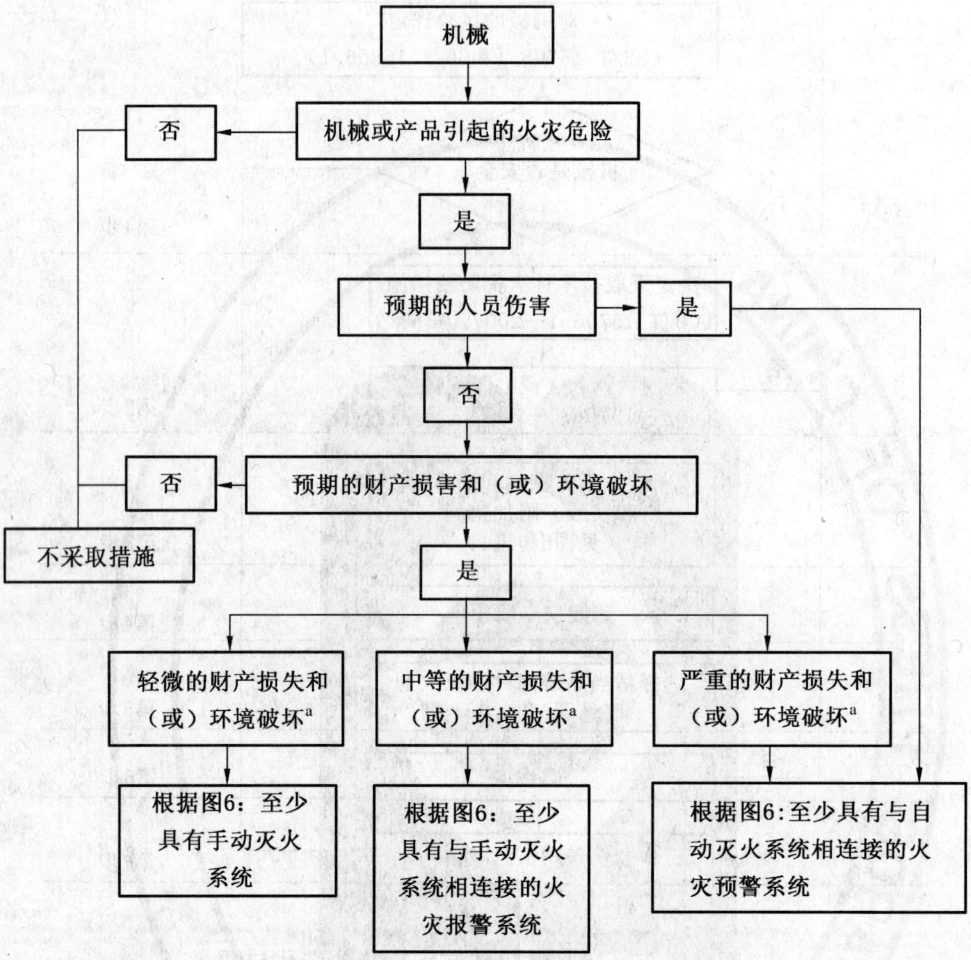

[a] 此处考虑的是最高的预期损害。

图 5　与预定伤害有关的集成火检和灭火系统的火灾防治设备的选择

综合火灾探测和消防系统的类型

火灾预警系统	火灾报警系统	手动灭火系统	自动灭火系统
组合在系统中的典型部件			
——气体、热、烟或其他探测器 ——报警信号装置 ——控制单元 ——触发装置	——火灾探测器 ——报警信号装置 ——控制和显示设备	——报警信号装置 ——手动触发装置 ——控制和显示设备 ——灭火剂存储单元 ——排放管道和喷嘴	——火灾探测器 ——报警信号装置 ——控制和显示设备 ——排放单元 ——灭火剂存储单元 ——排放管道和喷嘴 ——手动装置
功能			
——尽可能快的探测火灾危险 ——触发报警信号 ——触发防止火灾的自动或手动安全功能	——尽可能快的探测火灾 ——触发报警信号 ——触发防止火灾的自动或手动安全功能，可能包括手动释放灭火系统	——手动释放灭火剂 ——发出系统激活的指示信号	——尽可能快的探测火灾 ——触发报警信号 ——自动释放灭火剂 ——发出系统激活的指示信号 ——触发安全功能

至少应考虑这些功能，如果对列出的功能没有影响，可以增加附加功能。

触发、控制和显示设备、火灾探测器和火警报警信号装置的定义，见 EN 54。

图 6　综合火灾探测和消防系统

7.3.3 财产(环境)损害

7.3.3.1 轻微损害

如果机械发生火灾预期会对财产和(或)环境造成轻微的损害,应至少具有手动灭火系统。

7.3.3.2 中等损害

如果机械发生火灾预期会对财产和(或)环境造成中等的损害,应至少具有与手动灭火系统相连接的火灾报警系统。

7.3.3.3 严重损害

如果机械发生火灾预期会对财产和(或)环境造成严重的损害,应至少具有与自动灭火系统相连接的火灾预警系统。

7.4 安全考虑

在第3步中,应规定使用综合火灾探测和消防系统的操作条件。

如果使用手动系统,在发生火灾时,经过培训的人员应及时到场进行干预(触发报警、停机、尝试灭火)。使用信息中应包含此内容。

如果使用自动灭火系统,应确保系统在所有可预见的操作条件下(例如:气候条件、烟气发展、动力源故障、电磁兼容、装置失效)都能正常工作。

为保证不削弱灭火作用,受保护机械的控制系统及其附属的灭火系统应相互匹配。机械的控制系统应支持灭火系统的运行并确保不产生新的风险。

中央报警单元应与机械的报警系统兼容并在使用信息中说明其接口。

7.5 系统部件

应根据第3步选择合适的综合火灾探测和消防系统部件,设计者应说明所使用部件的可靠性、兼容性和有效性。

如果必要,应根据风险水平提供整套或部分综合火灾探测和消防系统作为冗余系统。

7.6 灭火剂

选择合适的灭火剂时应考虑下列因素,例如:

——火灾类型;

——属于机械的或由机械加工的可燃材料;

——机械的位置;

——可能的人员伤害;

——可能的环境破坏。

应考虑下列四个火灾分类(见 EN 2):

A 固体材料引起的火灾,主要是通常在发热条件下燃烧的有机物,例如:木材、纸、稻草、煤炭、纺织品、轮胎;

B 液体或液化物引起的火灾,例如:汽油、油脂、油漆、树脂、蜡、焦油、醚、酒精;

C 气体引起的火灾,例如:甲烷、丙烷、氢气、煤气;

D 金属引起的火灾,例如:铝、镁、锂、钠、钾及它们的合金。

根据上述火灾分类,应选择适当的灭火剂,如:

——有或没有添加剂(如:为改变表面张力)的水;

——泡沫;

——粉末;

——灭火气体，例如：二氧化碳、氮气、氩气及它们的混合物；

——化学灭火剂，例如：卤代烷替代物；

——气溶胶，例如：细分散形态的流体或固体物质。

灭火剂的配给类型和数量，以及喷射速度，应与预期的火灾、机械构造、操作条件、空间条件以及所使用的灭火剂相适应。在其他消防措施（例如：消防队介入）有效之前，灭火剂的量应足以确保扑灭预期的火灾或使火灾处于可控状态。

注：在某些情况下，所选的灭火剂需要特别批准。

8 操作条件

在规划火灾防治措施时，应考虑包括启动和停止过程在内的正常操作条件。此外，还需考虑可能的技术故障和人员过失。设计综合火灾防治系统需要全面的知识和丰富的经验。因此，宜咨询火灾防治领域内的专家。

附 录 A
（资料性附录）
点燃源的示例

A.1 热能

此类点燃源包括：
——加热装置；
——内燃机；
——明光或明火；
——热表面；
——焊接飞溅物；
——激光或其他强辐射源。

A.2 电能

此类点燃源包括：
——电照明装置，如电灯；
——电磁辐射；
——短路；
——电弧；
——接地故障；
——导线故障；
——雷击；
——静电释放；
——接触松脱；
——过载引起的过度升温；
——热感应；
——电源连接不当。

A.3 机械能

此类点燃源包括：
——摩擦（如过热）；
——超声波；
——碰撞；
——碾压；
——压缩（包括绝热压缩）。

A.4　化学能

此类点燃源包括：

——自加热；

——自燃，如自燃材料；

——失控的放热反应。

附 录 B
（资料性附录）
集成在机械中的灭火系统的设计示例

见图 B.1。

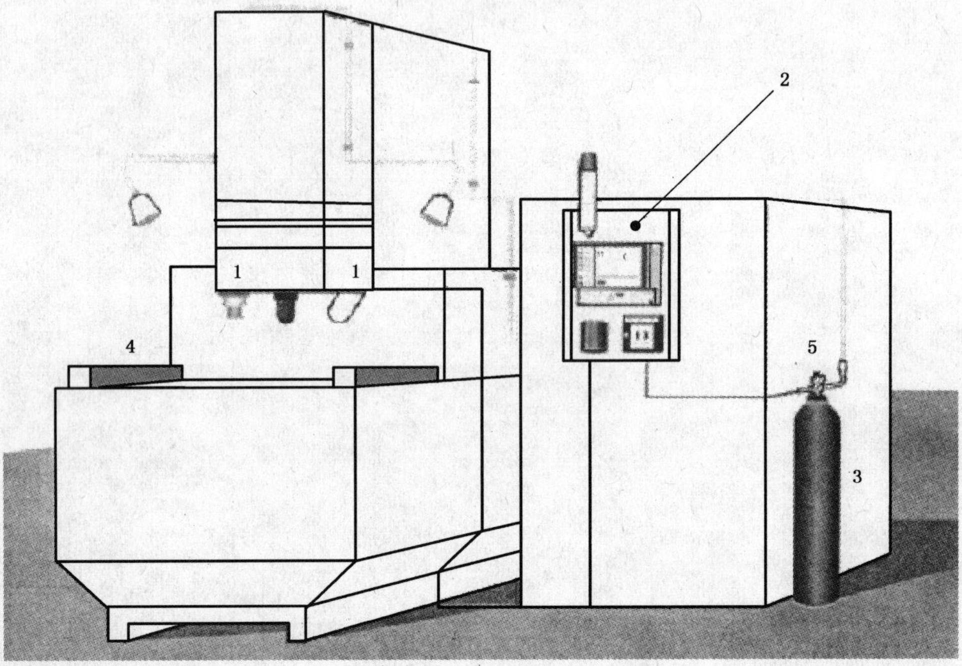

1——探测器；
2——中央报警控制单元；
3——灭火剂存储单元；
4——排放管道和喷嘴；
5——释放单元。

图 B.1 集成在机械中的灭火系统的设计示例

参 考 文 献

[1] GB/T 213 煤的发热量测定方法.
[2] GB/T 5464 建筑物材料不燃性试验方法.
[3] GB 8624 建筑材料及制品燃烧性能分级.
[4] GB/T 21775 闪点的测定 闭杯平衡法.
[5] ISO 4880 纺织品及纺织制品的燃烧性能 词汇表.
[6] ISO 6183 消防设备 应急使用二氧化碳灭火系统 设计和安装.
[7] ISO 6184(所有部分) 防爆系统.
[8] ISO 8421(所有部分) 消防 词汇表.
[9] ISO 13943:2000 火灾安全 词汇表.
[10] ISO 2719 闪点测定法 彭斯基-马顿闭口杯方法.
[11] EN 2 火灾分类.
[12] EN 3(所有部分) 便携式灭火器.
[13] EN 54(所有部分) 火灾探测和火灾报警系统.
[14] EN 1127-1 爆炸性环境 爆炸的预防和保护 第1部分:基本概念和方法.
[15] EN 1127-2 爆炸性环境 爆炸的预防和保护 第2部分:采矿学基本概念和方法.
[16] FRISTON R. M. 化学、燃烧和易燃性.

ICS 13.110
J 09

中华人民共和国国家标准

GB 23820—2009/ISO 21469:2006

机械安全　偶然与产品接触的润滑剂卫生要求

Safety of machinery—Lubricants with incidental product contact—Hygiene requirements

(ISO 21469:2006,IDT)

2009-05-13 发布　　2009-12-01 实施

中华人民共和国国家质量监督检验检疫总局
中国国家标准化管理委员会　发布

前　言

本标准的第5章、第6章和第7章为强制性的，其余为推荐性的。

本标准等同采用国际标准ISO 21469:2006《机械安全　偶然与产品接触的润滑剂　卫生要求》(英文版)。

本标准等同翻译ISO 21469:2006。为便于使用，本标准做了下列编辑性修改：

——用"本标准"代替"本国际标准"；

——删除了ISO前言，重新编写了前言；

——将规范性引用文件的导语按GB/T 1.1—2000进行了修改，并将ISO 21469:2006引用的国际标准改为对应的国家标准；

——删除了第4章最后的注。

本标准的附录A、附录B均为资料性附录。

本标准由全国机械安全标准化技术委员会(SAC/TC 208)提出并归口。

本标准起草单位：中机生产力促进中心、长春试验机研究所有限公司。

本标准主要起草人：张晓飞、李勤、宁燕、王学智、富锐、付大为。

引　言

在食品、化妆品、药品、烟草和动物饲料的生产过程中(包括与产品直接接触的包装过程),避免来自机器元件(例如:齿轮、轴承、液压装置、气压装置、压缩机、滑道和链条等)上润滑剂的污染是基本要求。但不能完全避免产品与润滑剂接触时,应使用准许发生交叉污染的润滑剂。

直到1998年,美国农业部(USDA)才发布了授权满足上述要求的润滑剂的标准USDA H1。使用这样的润滑剂使用户有信心相信在关心消费者方面他们做到了最佳。USDA在工作计划结束后,认为需要在此领域制定一项国际标准。

机械安全标准的结构如下:

a) A类标准(基础安全标准),给出适用于所有机械的基本概念、设计原则和一般特征。

b) B类标准(通用安全标准),涉及在机械的一种安全特征或使用范围较宽的一类安全装置:

——B1类,特定的安全特征(如安全距离、表面温度、噪声)标准;

——B2类,安全装置(如双手操纵装置、联锁装置、压敏装置、防护装置)标准。

c) C类标准(机器安全标准),对一种特定的机器或一组机器规定出详细的安全要求的标准。

依照GB/T 15706.1的规定,本标准属于B类标准。

对于按照C类标准设计和构造的机器,如果C类标准中的条款与A类或B类标准不一致时,优先采用C类标准。

机械安全　偶然与产品接触的润滑剂
卫生要求

1　范围

本标准规定了在制造和加工过程中偶然与产品接触，以及与在食品、食品加工、化妆品、药品、烟草或动物饲料等工厂中所使用的包装接触(例如：通过热传递、负荷转移、润滑或机械的腐蚀防护等)的润滑剂在配方、制造、使用和处理时的卫生要求。本标准中包含的条款作为注册准则用来评价偶然与产品接触的润滑剂与本标准的符合性(见附录B)。本标准不适用于用作产品添加剂的物质或直接与产品接触的润滑剂(见附录A)，而是限于不关注职业健康与安全的卫生学领域。然而，基本的原则是加工过程中相关的职业健康和安全应与卫生学一起考虑，从而采取满足两方面要求的措施。

2　规范性引用文件

下列文件中的条款，通过本标准的引用而成为本标准的条款。凡是注日期的引用文件，其随后所有的修改单(不包括勘误的内容)或修订版均不适用于本标准，然而，鼓励根据本标准达成协议的各方研究是否可使用这些文件的最新版本。凡是不注日期的引用文件，其最新版本适用于本标准。

GB/T 15706.1—2007　机械安全　基本概念与设计通则　第1部分：基本术语和方法(ISO 12100-1:2003,IDT)

ISO 6743-99:2002　润滑剂、工业油及相关产品(L类)—分类—第99部分：概述

ISO 6743(其他所有部分)　润滑剂、工业油及相关产品(L类)—分类

3　术语和定义

下列术语和定义适用于本标准。

3.1

润滑剂　lubricant

当进入固体表面之间形成薄膜时，可以减小摩擦、黏合、热以及磨损的物质。

3.2

产品　product

人类或家畜预定通过摄取、注射、表面敷用、插入等方式使用的任何物质。

3.3

制造　manufacture

润滑剂及产品的获得、生产、准备和加工。

3.4

加工　processing

对产品进行的称重、测量、填充和再填充、冲压、印刷、包装、放入容器、容器密封/关闭、冷却、贮存和运输等单元操作。

3.5

预定使用　intended use

按照润滑剂和机械制造商的说明书使用润滑剂，并考虑包括使用寿命、化学负荷、热载荷和机械载荷在内的预期操作条件。

3.6

偶然与产品接触　incidental product contact

与产品非预期的但又不可预防的接触。

4　危险清单

偶然与产品接触的润滑剂可能有如下卫生危险：

a)　生物因素，例如病原体、腐败微生物或毒素；

b)　化学因素，例如有毒的、致癌的或诱变的物质；

c)　物理因素，例如金属磨损。

5　卫生要求

5.1　制造商选择卫生措施的基本策略

制造商设计偶然与产品接触的润滑剂应根据 GB/T 15706.1—2007 中 5.1 的要求选择卫生措施的基本策略，包括：

a)　识别润滑剂与哪些产品/加工相关联；

b)　与产品生产有关的危险(见第 4 章)；

c)　与所识别的每个危险有关的风险评价(见 5.2)；

d)　与所识别的危险有关的消除危险或减小风险的设计方法(见 5.3)；

e)　检验风险减小方法有效性的方法(见第 6 章)；

f)　遗留风险的描述以及认为必要的任何附加预防措施(见第 7 章)。

注：GB 19891 中也示意性地给出了选择卫生措施的过程的指南。

5.2　制造商风险评价的要素

以下是润滑剂制造、处理、贮存、使用和补给过程中，风险评价应考虑的典型因素的范围和类型：

a)　由包装物质引起的润滑剂污染；

b)　生物因素引起的润滑剂污染；

c)　产品引起的润滑剂污染；

d)　水引起的润滑剂污染；

e)　润滑剂的使用寿命；

f)　由曝置温度、机械活动、氧化和退化引起的化学/物理变化；

g)　可预见的误用。

风险评价的结果宜根据规定的润滑剂质量和使用准则转化为校正和预防性措施。

注：普遍认为，与产品接触可导致产品的外观、味道、气味或质地改变。

5.3　卫生设计

5.3.1　分类

根据预定使用，从 ISO 6743-99:2002 中选择偶然与产品接触的润滑剂。所选择的润滑剂应满足 ISO 6743 其他部分以及相关的国家标准的要求。

5.3.2　交叉污染

如果润滑剂与产品发生交叉污染，润滑剂的组成应使得已加工产品中的残留物对消费者的健康无害；在润滑剂的味道和气味方面，应使得润滑剂不会对产品的预定使用产生任何不利的影响。

5.3.3　成分

如果润滑剂的成分中只包括相关部门或其他公认的国际组织认为与产品接触或偶然与产品接触是安全的那些物质，则润滑剂应满足性质上和成分上的要求。这些物质应宜包含在政府或公认的国际组织公布的清单中(见附录 A)，或使用偶然与产品接触的润滑剂是经过他们权威认可的。

5.3.4 良好作业规范

为了避免润滑剂非预期的与产品偶然接触等引起的污染，制造商在制造和包装润滑剂时宜多加注意。

6 制造商的符合性验证

适当时，制造商应通过以下方法来验证润滑剂与本标准的要求的符合性：

a) 检查润滑剂的配方及其成分；

b) 对照规定的质量标准，评价制造过程中使用的程序和规范；

c) 使用提供独立检查配方和（或）制造练习等服务的有资质的第三方机构；

d) 可行时，采取特殊的试验；

e) 通过有资质的实验室进行润滑剂注册所需的试验。

7 使用信息

润滑剂的以下卫生设计、制造和使用取决于用户采取的附加预防措施，至少包括润滑剂制造商提出的那些措施。

润滑剂制造商应向用户提供下列信息：

a) 清楚恰当的标签，该标签应包括保存期限以及润滑剂是否适合用作偶然与食品接触的润滑剂；

b) 适当的包装，充分的保护以防止产品因损坏、掺杂、搬运、贮存和包装引起的退化；

c) 适当的贮存要求。

附 录 A
（资料性附录）
可接受与卫生产品接触的物质

以下是规定可接受物质的适当国家/国际资源的示例。

——FAO/WHO食品添加剂联合专家委员会（JECFA）：www.fao.org/es/esn/jecfa/database/cover.htm。

——1995年3月18日，关于除色素和甜味剂以外的食品添加剂的委员会指令95/2/EC。欧洲共同体官方公报，No. L61/1。

——美国联邦法规（CFR）21，Part 178.3570，2002年4月修订：偶然与食品接触的润滑剂【包括参考的CFR的其他段落[1]】

1) 可从美国政府出版署文件管理人员处获得。

附 录 B
（资料性附录）
偶然与产品接触的润滑剂的注册准则

B.1 注册基础

B.1.1 每种润滑剂产品的单独注册申请表宜归档。注册员注册所需的所有消费者信息宜保存为机密文档。同样，制造商和批发商之间共享的信息宜保存为机密文档。

B.1.2 检查润滑剂的成分时，润滑剂制造商宜提供产品成分及其名称的全部详细资料。成分数据宜包括所有成分的定性组成和定量组成（重量的百分比）。宜给出符合 IUPAC（纯应用化学国际联盟）规则的化学名称，并且在可行时给出化学摘要服务（CAS）编号。

B.1.3 申请表宜在适当的表格和附加成分数据中包括以下信息：

a) 商标名称；

b) 给出新配方或改良配方；

c) 给出机构正式批准的任何产品，而不是向其提交产品的机构；

d) 规定容器尺寸的产品标签，并且如果容器不止一种尺寸，则还包括每种尺寸的标签的副本。

在改变配方之前，申请者有义务通报注册机构。如果要改变配方，宜申请新的注册。

B.1.4 评估产品配方的准则基于 5.3.3。

B.1.5 如果已得到政府或其他公认的国际组织的认可，也可使用附录 A 的参考文件中没有出现的成分。在这种情况下，政府或其他公认的国际组织的相关书面批准文件宜提供给注册员。

B.1.6 注册机构宜保留公开发布的注册证书列表；该机构宜符合 GB/T 27065 的认可条件，并进行定期外部审核。

参 考 文 献

[1] GB 19891 机械安全 机械设计的卫生要求(GB 19891—2005,ISO 14159:2002,MOD).
[2] GB/T 27065 产品认证机构通用要求(GB/T 27065—2004,ISO/IEC Guide 65:1996,IDT).

ICS 13.110
J 09

中华人民共和国国家标准

GB 23821—2009/ISO 13857:2008
代替 GB 12265.1—1997,GB 12265.2—2000

机械安全
防止上下肢触及危险区的安全距离

Safety of machinery—Safety distances to prevent hazard zones being reached by upper and lower limbs

(ISO 13857:2008,IDT)

2009-05-13 发布 2009-12-01 实施

中华人民共和国国家质量监督检验检疫总局
中国国家标准化管理委员会 发布

前言

本标准的第4章为强制性的，其余为推荐性的。

本标准等同采用ISO 13857:2008《机械安全　防止上肢触及危险区的安全距离》(英文版)。

本标准等同翻译ISO 13857:2008。为便于使用，本标准做了下列编辑性修改：

——将“本国际标准”改为“本标准”；

——用小数点“.”代替作为小数点的逗号“,”；

——将引用标准的导语按GB/T 1.1—2000进行了修改，并将引用的已转化为国家标准的国际国外标准改为对应的国家标准；

——删除了国际标准的前言，重新编写了前言；

——ISO 13857:2008的4.2.3中的“(见表4)”有误，本标准予以删除。

本标准合并修订了GB 12265.1—1997和GB 12265.2—2000。

本标准与GB 12265.1—1997、GB 12265.2—2000有以下几点不同：

——标准性质由全文强制改为条文强制；

——4.1.1增加“穿鞋的时候与基准面有一定接触”的假定；

——增加了一些安全要求的描述，如4.2、4.3；

——增加了附录A和参考文献。

本标准的附录A、附录B均为资料性附录。

本标准由全国机械安全标准化技术委员会(SAC/TC 208)提出并归口。

本标准起草单位：中机生产力促进中心、青岛市华测检测技术有限公司。

本标准主要起草人：富锐、李勤、朱平、宁燕、孙华山、王学智、肖建民、张晓飞、付大为。

本标准所代替标准的历次版本发布情况为：

——GB 12265.1—1997、GB 12265.2—2000。

引　言

根据 GB/T 15706.1，本标准属于通用安全标准(B2 类)。

本标准中的要求可由 C 类标准补充或修改。

对于 C 类标准范围涵盖的，并且已按照该标准设计和制造的机器，优先采用该 C 类标准中的要求。

利用安全距离防止上下肢触及危险区是消除或减小机械风险的一种方法。

在规定安全距离时，必须考虑以下因素：

——使用机器时可能出现的各种触及状态；

——可靠的人体测量数据和人群差异；

——生物力学因素，诸如人体各部分的伸缩和关节转动的限制；

——技术和应用情况；

——针对特殊人群的附加措施(如：有特殊需要的人员)，由于与规定的人体尺寸有偏差可能会需要这些措施。

机械安全
防止上下肢触及危险区的安全距离

1 范围

本标准规定了在工业及非工业环境下防止触及机械危险区的安全距离数值。安全距离适用于保护措施。本标准也给出了有关防止下肢自由触及危险区的安全距离的信息(见4.3)。

本标准适用于14岁及以上的人员(14岁人员身高的第5百分位数近似为1 400 mm)。另外,对于上肢,提供了3岁以上儿童(3岁儿童身高的第5百分位数近似为900 mm)通过开口触及时所需要的信息。

注1:没有考虑防止儿童下肢进入的数据。

这些安全距离适用于仅通过距离就能获得足够安全的场合。因为安全距离的依据是尺寸,因此即使满足了本标准的要求,具有某些极限尺寸的人也能够触及危险区。

注2:这些安全距离对某些伤害不能提供有效防护,例如物质的辐射和排放,对此类伤害需增加或采取其他防护措施。

本标准涉及的有关下肢的章节,未考虑在风险评价中不可预见的上肢触及危险。

安全距离旨在规定条件下(见4.1.1)防止人员触及危险区。

注3:本标准未提供防止以攀越方式触及危险区的措施。

2 规范性引用文件

下列文件中的条款通过本标准的引用而成为本标准的条款。凡是注日期的引用文件,其随后所有的修改单(不包括勘误的内容)或修订版均不适用于本标准,然而,鼓励根据本标准达成协议的各方研究是否可使用这些文件的最新版本。凡是不注日期的引用文件,其最新版本适用于本标准。

GB/T 15706.1 机械安全 基本概念与设计通则 第1部分:基本术语和方法(GB/T 15706.1—2007,ISO 12100-1:2003,IDT)

3 术语和定义

GB/T 15706.1给出的以及下面的术语和定义适用于本标准。

3.1

防护结构 protective structure

安全防护装置(如:防护装置,阻挡装置)或其他物理障碍物(如:机器的一部分),用以限制人体和(或)人体某部位的运动从而防止其触及危险区。

3.2

安全距离 safety distance

安全间距 safe separation distance

s_r

防护结构距危险区的最小距离。

4 防止上下肢触及的安全距离

4.1 通则

4.1.1 假定

本标准的安全距离由下列假定得出：

——防护结构和其中开口的形状和位置保持不变；

——安全距离是从限制身体或其有关部位的表面开始测量的；

——人员可能强行使身体某一部位越过防护结构或通过开口试图触及危险区；

——基准面为人们通常站立的平面，但不一定是地面(如工作平台也可能是基准面)；

——穿鞋的时候与基准面有一定接触(不包括使用高跟鞋，攀爬或跳跃)；

——不能借助辅助设施(如椅子或梯子等)改变基准面；

——不能借助辅助设施(如棍棒或工具等)扩展上肢的自然可达域。

4.1.2 风险评价

在确定防止人员触及危险区的安全距离前，应确定风险的高低。因此，应进行风险评价(见 GB/T 15706.1 和 GB/T 16856.1)。风险评价应以伤害出现概率及其可预见的严重程度为依据。为了实现由本标准选择合适的安全距离，有必要对风险评价所依据的技术和人的因素进行分析。风险评价应考虑所有可能发生的进入。当同时使用几个表得出不同的数值时，应选用其中最严格的数值(见附录 A 中的举例)。

注 1：在评估伤害的风险(见 GB/T 16856.1)时，需要考虑频率、持续时间、能量、速度和接触面的形状等特征。

在低风险处，应至少选用表 1 中的数值(见 4.2.2.1.1)。

在非低风险处，应选用高风险表——表 2 中的数值(见 4.2.2.1.2)。

注 2：仅当由摩擦或磨损等危险引起的风险对人体造成的长期或不可恢复的伤害不能预见时，才可评定为低风险。

表 7 中给出的安全距离(s_r)用于人员试图使用下肢通过开口触及危险区的情况。

如果本标准的要求无法满足，应使用其他安全措施。

4.2 防止上肢触及的安全距离

4.2.1 上伸触及

4.2.1.1 图 1 给出了上伸触及的安全距离。

4.2.1.2 如果危险区有低风险，则危险区的高度 h 应为 2 500 mm 或更高。

4.2.1.3 如果危险区有高风险(见 4.1.2)，那么危险区的高度 h 应为 2 700 mm 或更高。

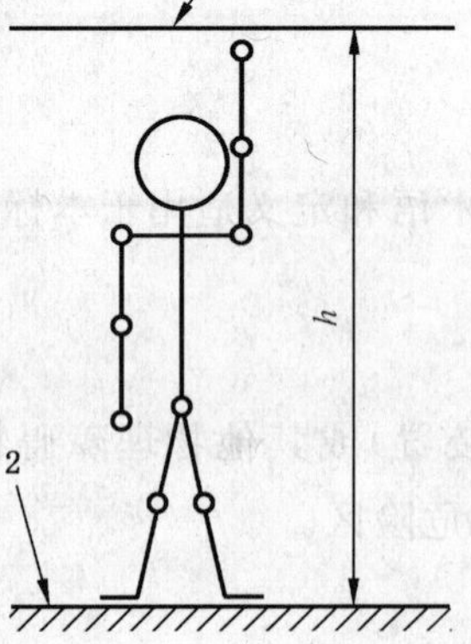

1——危险区；

2——基准面；

h——危险区高度。

图 1 上伸触及示意图

4.2.2 越过防护结构触及

图 2 给出了越过防护结构触及的安全距离。

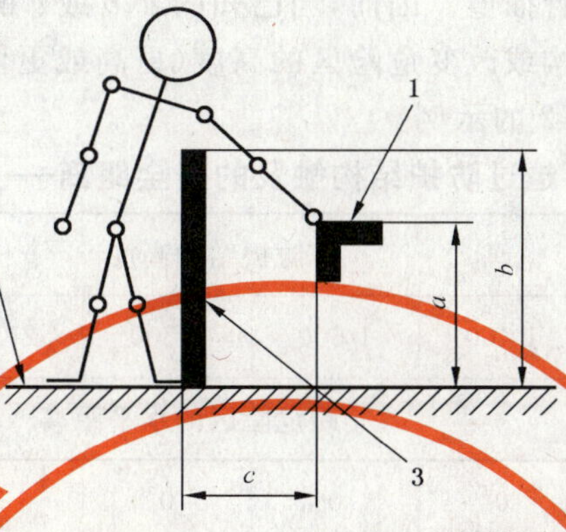

a——危险区高度；
b——防护结构高度；
c——防护结构近人一侧距危险区的水平距离。
1——危险区(最近点)；
2——基准面；
3——防护结构。

图 2 越过防护结构触及示意图

4.2.2.1 安全距离值

4.2.2.1.1 表 1 中给出的数值应用于确定危险区高度、防护结构高度和距危险区水平距离的相应尺寸。如果危险区有低风险(见 4.1.2)，表 1 中给出的数值应作为最小值使用。

表 1 中给出的值之间不应进行插值。因而，当已知的 a、b 或 c 的值在表 1 中两个数值之间时，应选择更安全的距离或更高的防护结构或改变危险区的高度(更高或更低)。

附录 A 给出了使用表 1 和表 2 的示例。

表 1 越过防护结构触及的安全距离——低风险 单位为毫米

危险区高度[b] a	防护结构高度[a] b								
	1 000	1 200	1 400	1 600	1 800	2 000	2 200	2 400	2 500
	距危险区的水平距离 c								
2 500	0	0	0	0	0	0	0	0	0
2 400	100	100	100	100	100	100	100	100	0
2 200	600	600	500	500	400	350	250	0	0
2 000	1 100	900	700	600	500	350	0	0	0
1 800	1 100	1 000	900	900	600	0	0	0	0
1 600	1 300	1 000	900	900	500	0	0	0	0
1 400	1 300	1 000	900	800	100	0	0	0	0
1 200	1 400	1 000	900	500	0	0	0	0	0
1 000	1 400	1 000	900	300	0	0	0	0	0
800	1 300	900	600	0	0	0	0	0	0
600	1 200	500	0	0	0	0	0	0	0
400	1 200	300	0	0	0	0	0	0	0
200	1 100	200	0	0	0	0	0	0	0
0	1 100	200	0	0	0	0	0	0	0

[a] 防护结构高度小于 1 000 mm 的不包括在内，因其不能有效地限制身体运动。

[b] 危险区高度在 2 500 mm 以上的参见 4.2.1。

4.2.2.1.2 表2中给出的数值应用于确定危险区高度、防护结构高度和距危险区水平距离的相应尺寸。如果危险区有高风险(见4.1.2),应使用表2中给出的数值。

表2中给出的值之间不应进行插值。因而,当已知的 a、b 或 c 的值在表2中两个数值之间时,应选择更安全的距离或更高的防护结构或改变危险区的高度(更高或更低)。

附录A给出了使用表1和表2的示例。

表2 越过防护结构触及的安全距离——高风险　　单位为毫米

危险区高度[c] a	防护结构高度[a,b] b								
	1 000	1 200	1 400	1 600	1 800	2 000	2 200	2 400	2 500
	距危险区的水平距离 c								
2 700	0	0	0	0	0	0	0	0	0
2 600	900	800	700	600	600	500	400	300	100
2 400	1 100	1 000	900	800	700	600	400	300	100
2 200	1 300	1 200	1 000	900	800	600	400	300	0
2 000	1 400	1 300	1 100	900	800	600	400	0	0
1 800	1 500	1 400	1 100	900	800	600	0	0	0
1 600	1 500	1 400	1 100	900	800	500	0	0	0
1 400	1 500	1 400	1 100	900	800	0	0	0	0
1 200	1 500	1 400	1 100	900	700	0	0	0	0
1 000	1 500	1 400	1 000	800	0	0	0	0	0
800	1 500	1 300	900	600	0	0	0	0	0
600	1 400	1 300	800	0	0	0	0	0	0
400	1 400	1 200	400	0	0	0	0	0	0
200	1 200	900	0	0	0	0	0	0	0
0	1 100	500	0	0	0	0	0	0	0

a 防护结构高度低于1 000 mm的不包括在内,因其不能有效地限制身体运动。

b 防护结构高度低于1 400 mm的,如果没有另外安全措施,不应采用。

c 危险区高度在2 700 mm以上的参见4.2.1。

4.2.3 弧形触及

表3为14岁及以上人员的基本运动示例(近似高度为1.4 m及以上)(也见4.2.5)。当限制运动的障碍物长度至少为300 mm时,可选用小于850 mm的安全距离[1)]。

1) ISO 13857:2008原文此处的"(见表4)"有误,本标准予以删除。

表 3　弧形触及的安全距离

单位为毫米

运动限制	安全距离 s_r	图　示
只在肩部和腋窝运动受限制	≥850	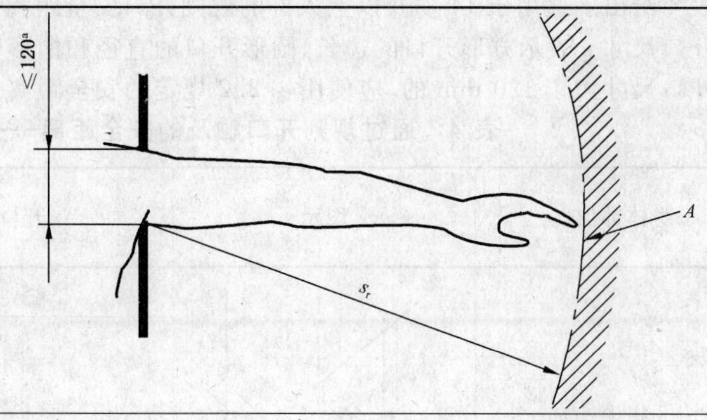
臂被支撑至肘部	≥550	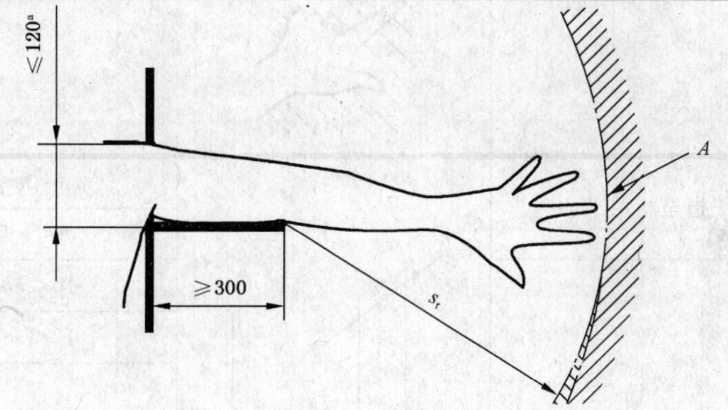
臂被支撑至腕部	≥230	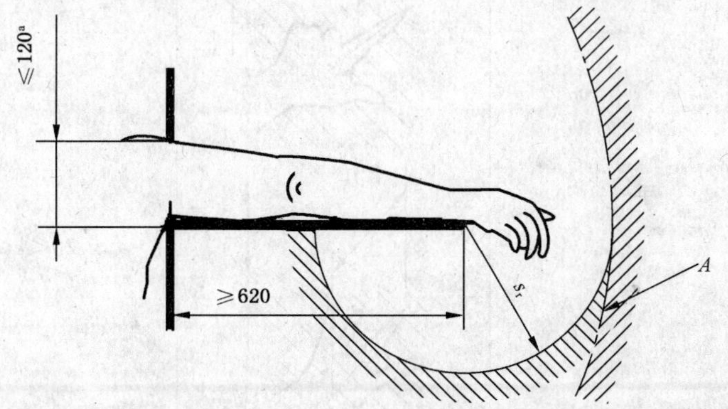
臂和手被支撑至指关节	≥130	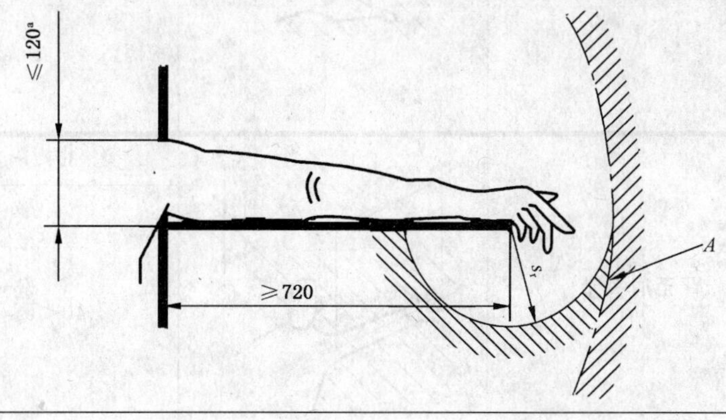

A　臂的运动范围。

s_r　径向安全距离。

[a] 圆形开口的直径或方形开口的边长，或槽形开口的宽度。

4.2.4 通过开口触及

4.2.4.1 14 岁及以上人群通过规则开口触及

表 4 给出了适用于 14 岁及以上人群的规则开口安全距离 s_r。

开口尺寸 e 表示方形开口的边长、圆形开口的直径和槽形开口的最窄处尺寸。

开口尺寸大于 120 mm 的，应使用 4.2.2 规定的安全距离。

表 4 通过规则开口触及的安全距离——14 岁及以上人员

单位为毫米

身体部位	图示	开口	安全距离 s_r		
			槽形	方形	圆形
指尖	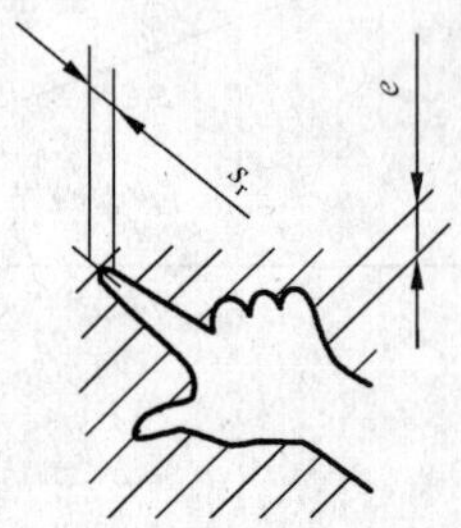	$e \leqslant 4$	≥2	≥2	≥2
		$4 < e \leqslant 6$	≥10	≥5	≥5
指至指关节	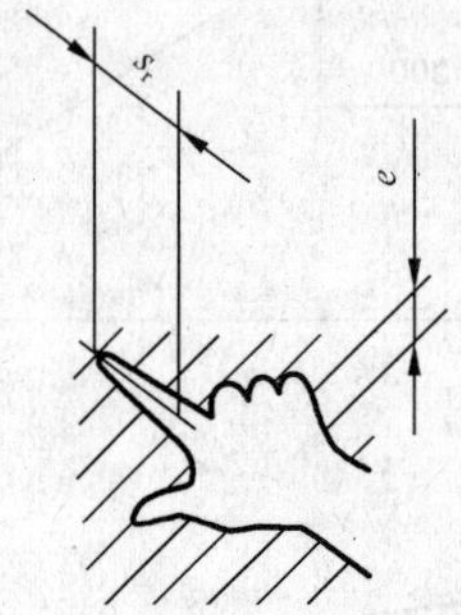	$6 < e \leqslant 8$	≥20	≥15	≥5
手		$8 < e \leqslant 10$	≥80	≥25	≥20
		$10 < e \leqslant 12$	≥100	≥80	≥80
		$12 < e \leqslant 20$	≥120	≥120	≥120
	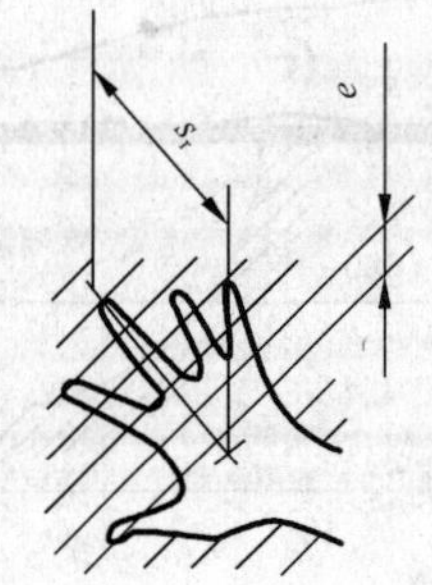	$20 < e \leqslant 30$	≥850[a]	≥120	≥120
臂至肩关节	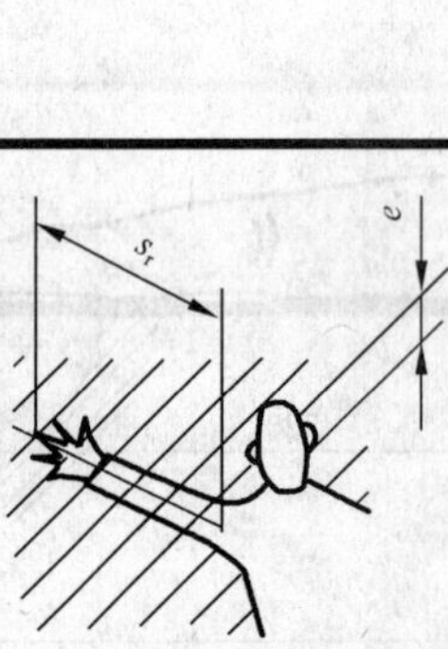	$30 < e \leqslant 40$	≥850	≥200	≥120
		$40 < e \leqslant 120$	≥850	≥850	≥850

表中的粗实线划分了开口尺寸限制的人体部分。

[a] 如果槽形开口长度不大于 65 mm，拇指将受到阻挡，安全距离可减小到 200 mm。

4.2.4.2 适用于3岁和3岁以上人群的规则开口

表5适用于较小上肢厚度尺寸和3岁及以上人群的行为(3岁儿童身高的第5百分位数近似为900 mm)。

开口尺寸 e 表示方形开口的边长、圆形开口的直径和槽形开口的最窄处尺寸。

当开口大于100 mm时,安全距离应根据4.2.2的规定使用。

注:防止儿童卡住颈部的措施不在本标准中考虑。

表5 通过规则开口触及的安全距离——3岁及以上人员

单位为毫米

身体部位	图示	开口	安全距离 s_r 槽形	安全距离 s_r 方形	安全距离 s_r 圆形
指尖	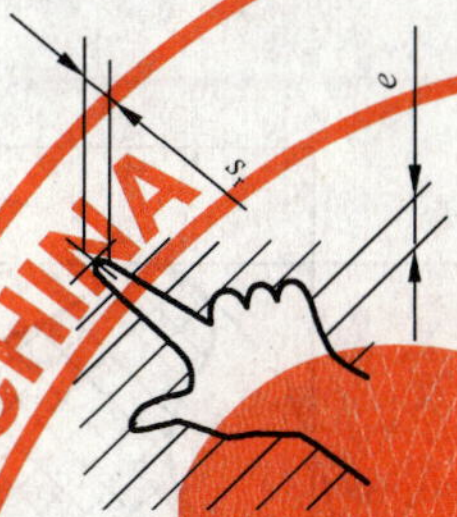	$e \leqslant 4$	≥2	≥2	≥2
		$4 < e \leqslant 6$	≥20	≥10	≥10
指至指关节		$6 < e \leqslant 8$	≥40	≥30	≥20
		$8 < e \leqslant 10$	≥80	≥60	≥60
手		$10 < e \leqslant 12$	≥100	≥80	≥80
		$12 < e \leqslant 20$	≥900[a]	≥120	≥120
臂至肩关节	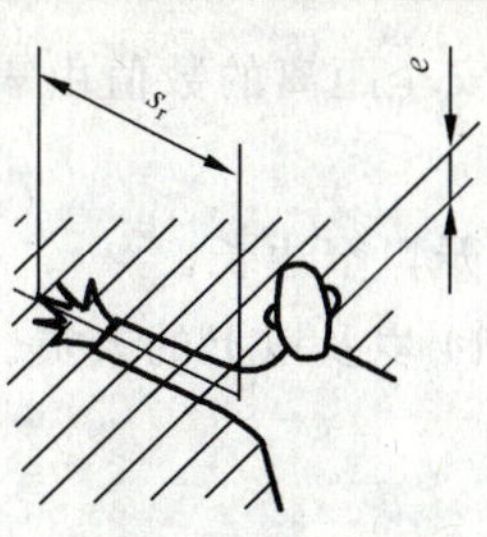	$30 < e \leqslant 100$	≥900	≥550	≥120
		$30 < e \leqslant 100$	≥900	≥900	≥900

表中的粗实线划分了开口尺寸限制的人体部分。

[a] 如果槽形开口长度≤40 mm,拇指将受到阻挡,安全距离可减小到120 mm。

4.2.4.3 不规则形状开口

在不规则开口情况下应按给出的顺序执行以下步骤：

a) 确定能够完全插入不规则开口的尺寸[见图 3a)和图 3b)阴影线部分]：

——最小圆形开口的直径；

——最小方形开口的边长；

——最窄槽形开口的边宽。

b) 根据表 4 或表 5 选择相应的安全距离。

c) 可以使用在 b)项中所选的 3 个数值中最短的安全距离。

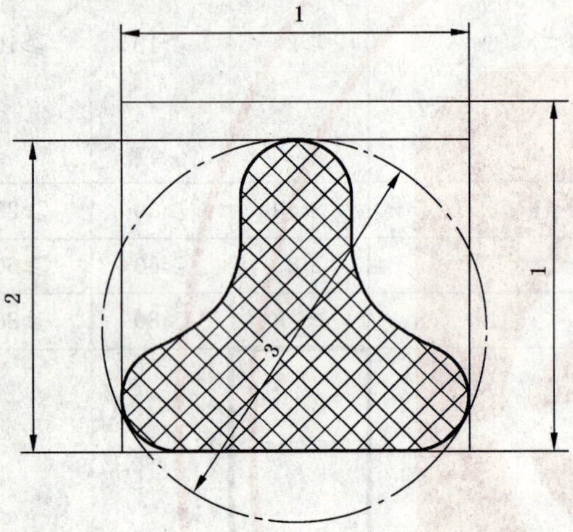

a)

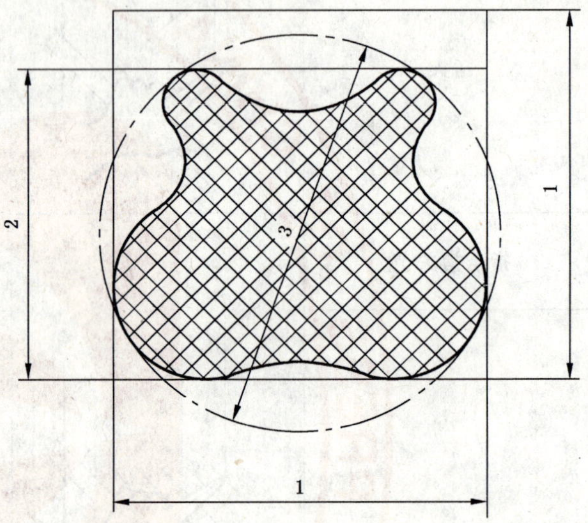

b)

1——边长；

2——宽度；

3——直径。

图 3 不规则形状开口示意图

4.2.5 附加防护结构对安全距离的影响

表 1～表 5 中的防护结构都处于同一平面。宜考虑附加防护结构或平面用来减少臂、手或手指的自由运动，并增大容存危险的区域。表 3 和表 6 给出了如何实现该目的的例子。

臂可依托的防护结构和表面，可以任意角度倾斜。

4.3 防止下肢触及的安全距离

通常，上肢的安全距离宜由表 1～表 6 确定。下肢的安全距离的数值由表 7 中给出(未考虑上肢进入开口的情况)。

尺寸 e 表示方形开口的边长、圆形开口的直径或槽形开口窄边长。

表 7 中的数值与是否穿戴衣着鞋袜无关并且适用于 14 岁及以上的人员。

通过不规则开口触及的安全距离见 4.2.4.3。

表 6　附加防护结构的安全距离

单位为毫米

运动限制	安全距离 s_r	图　示
在肩部和腋窝限制运动 两个单独的防护结构，一个允许腕部运动，另一个允许肘部运动	$s_{r1} \geqslant 230$ $s_{r2} \geqslant 550$ $s_{r3} \geqslant 850$	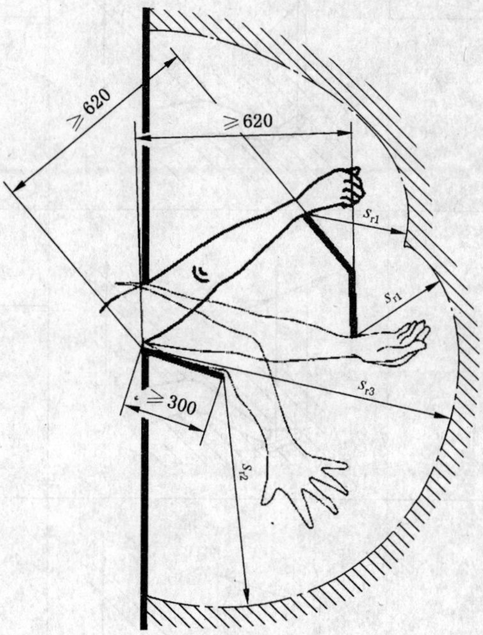
在肩部和腋窝限制运动 一个分离的防护结构，允许由手指到指关节运动	$s_{r3} \geqslant 850$ $s_{r4} \geqslant 130$	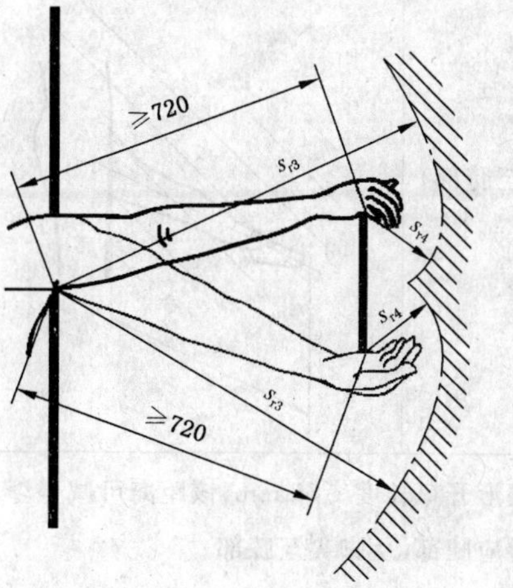
s_r　径向安全距离。		

表 7　下肢通过规则形状开口触及的安全距离　　　　单位为毫米

下肢部位	图　示	开　口	安全距离 s_r	
			槽　形	方形或圆形
脚趾尖	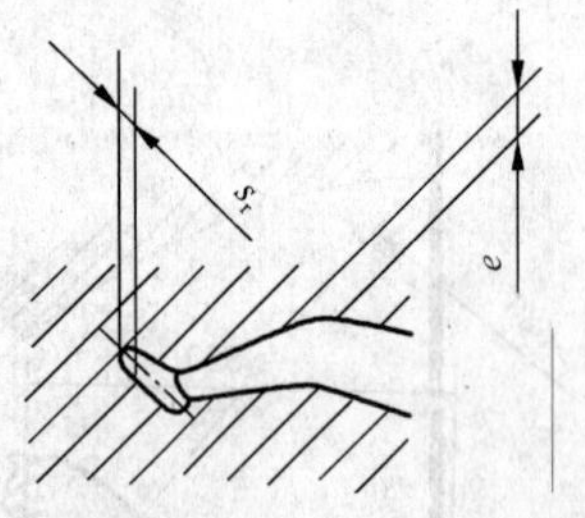	$e \leqslant 5$	0	0
		$5 < e \leqslant 15$	≥10	0
脚趾		$15 < e \leqslant 35$	≥80[a]	≥25
脚	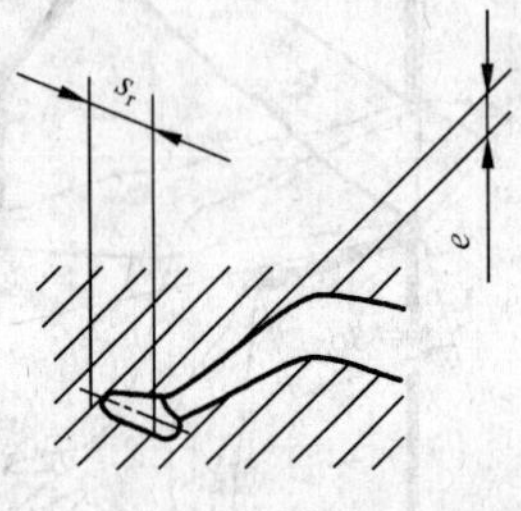	$35 < e \leqslant 60$	≥180	≥80
		$60 < e \leqslant 80$	≥650[b]	≥180
腿部(从脚尖至膝部)	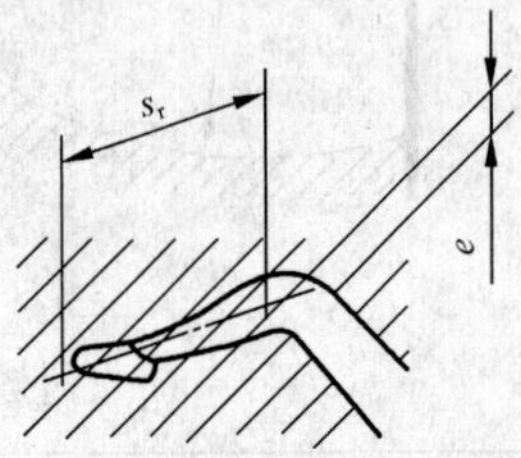	$80 < e \leqslant 95$	≥1 100[c]	≥650[b]
腿部(从脚尖至胯部)	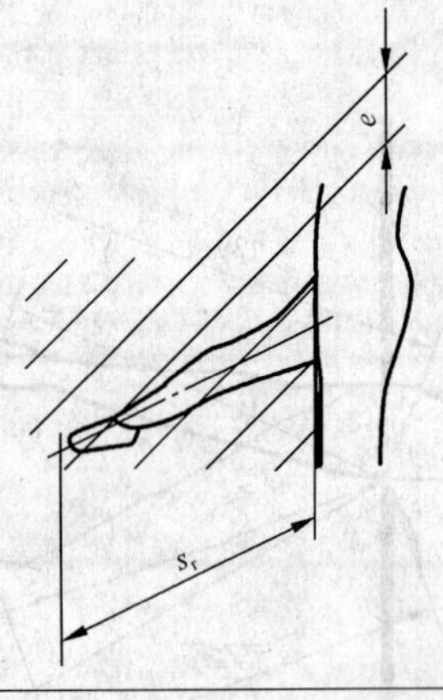	$95 < e \leqslant 180$	≥1 100[c]	≥1 100[c]
		$180 < e \leqslant 240$	不允许	≥1 100[c]

[a] 如果槽形开口长度≤75 mm,该距离可减至≥50 mm。

[b] 其值对应腿部(从脚尖至膝部)。

[c] 其值对应腿部(从脚尖至胯部)。

注:槽形开口窄边大于 180 mm,方形开口边长和圆形开口直径大于 240 mm 时,整个身体可以进出(也可见第 1 章的最后一段)。

在某些场合(例如,设计在不平地面上运动的移动式农业机械),本标准规定的安全距离不可用。在这种场合,至少应采用限制下肢自由运动的防护装置。对于这种方法,附录 B 给出的安全距离可以采用。

附 录 A
（资料性附录）
中间值情况下表 1 和表 2 的用法

下面的例子解释了当所用的数值不同于表中给出的数值时表 1 和表 2 的使用方法，以使用表 2 为例。

例 1　已知 a 和 c，确定防护结构的高度 b。

如果危险区的高度 a 为 1 500 mm，危险区距预计的防护结构的水平距离 c 为 800 mm。则使用表 2，防护结构的高度 b 可以通过下面的推导确定：

由表中危险区高度列中最接近 1 500 mm 的数值且比 a=1 400 mm 更大（安全）的数值确定 a，则 a=1 600 mm（见①）。确定 c 的数值，c=800 mm（见②）。得出防护结构的高度 b 的值为 1 800 mm（见③）。

单位为毫米

危险区高度[c] a	防护结构高度[a,b] b								
	1 000	1 200	1 400	1 600	1 800 ③	2 000	2 200	2 400	2 500
	距危险区的水平距离 c								
2 700	0	0	0	0	0	0	0	0	0
2 600	900	800	700	600	600	500	400	300	100
2 400	1 100	1 000	900	800	700	600	400	300	100
2 200	1 300	1 200	1 000	900	800	600	400	300	0
2 000	1 400	1 300	1 100	900	800	600	400	0	0
1 800	1 500	1 400	1 100	900	800	600	0	0	0
1 600 ①	1 500	1 400	1 100	900	800 ②	500	0	0	0
1 400	1 500	1 400	1 100	900	800	0	0	0	0
1 200	1 500	1 400	1 100	900	700	0			
1 000	1 500	1 400	1 000	800	0	0			
800	1 500	1 300	900	600	0	0			
600	1 400	1 300	800	0	0	0			
400	1 400	1 200	400	0	0	0			
200	1 200	900	0	0	0	0			
0	1 100	500	0	0	0	0			

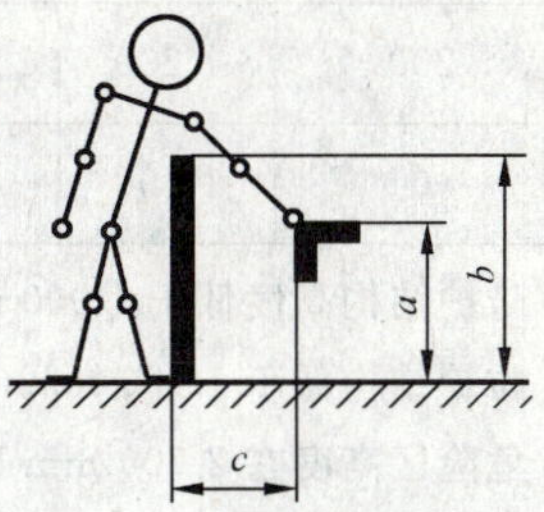

[a] 防护结构高度低于 1 000 mm 的不包括在内，因其不能有效地限制身体运动。

[b] 防护结构低于 1 400 mm 的，如果没有另外安全措施，不应采用。

[c] 危险区高度在 2 700 mm 以上的参见 4.2.1。

图 A.1　例 1——表 2 使用示例

例 2 已知 a 和 b，确定距危险区的水平距离 c。

如果防护结构的高度 b 为 1 300 mm，危险区高度 a 为 2 300 mm。使用表 2，则防护结构距危险区的水平距离 c 可以通过下面的推导确定：

由表中防护结构高度栏中最接近 1 300 mm 的数值且比 b=1 400 mm 更好(安全)的数值确定 b，则 b=1 200 mm(见①)。选择最接近 2 300 mm 且安全距离比 a=2 400 mm 更好(安全)的数值确定 a 的数值，a=2 200 mm(见②)。得出 c 的值为 1 200 mm(见③)。

单位为毫米

危险区高度[c] a	防护结构高度[a,b] b								
	1 000	1 200①	1 400	1 600	1 800	2 000	2 200	2 400	2 500
	距危险区的水平距离 c								
2 700	0	0	0	0	0	0	0	0	0
2 600	900	800	700	600	600	500	400	300	100
2 400	1 100	1 000	900	800	700	600	400	300	100
2 200 ②	1 300	1 200 ③	1 000	900	800	600	400	300	0
2 000	1 400	1 300	1100	900	800	600	400	0	0
1 800	1 500	1 400	1100	900	800	600	0	0	0
1 600	1 500	1 400	1100	900	800	500	0	0	0
1 400	1 500	1 400	1100	900	800	0	0	0	0
1 200	1 500	1 400	1 100	900	700	0			
1 000	1 500	1 400	1 000	800	0	0			
800	1 500	1 300	900	600	0	0			
600	1 400	1 300	800	0	0	0			
400	1 400	1 200	400	0	0	0			
200	1 200	900	0	0	0	0			
0	1 100	500	0	0	0	0			

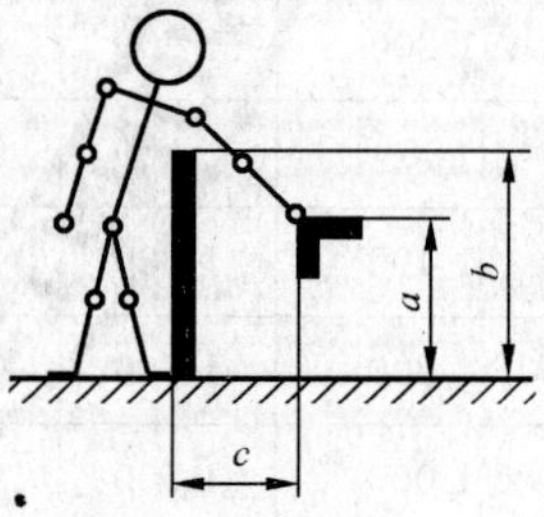

[a] 防护结构高度低于 1 000 mm 的不包括在内，因其不能有效地限制身体运动。

[b] 防护结构低于 1 400 mm 的，如果没有另外安全措施，不应采用。

[c] 危险区高度在 2 700 mm 以上的参见 4.2.1。

图 A.2 例 2——表 2 使用示例

例 3　已知 b 和 c，确定危险区的高度 a。

如果防护结构的高度 b 为 1 700 mm，距危险区的水平距离 c 为 850 mm，则使用表 2，危险区的高度 a 可以通过下面的推导确定：

由表中防护结构高度栏中最接近 1 700 mm 的数值且比 b=1 800 mm 更好（安全）的数值确定 b，则 b=1 600 mm（见①）。选择最接近 850 mm 的数值确定 c 的值，c=900 mm（见②），其有几种可能（在图 A.3 中突出显示的位置）。得出 a 的值为≥2 400 mm 或≤1 000 mm（见③）。危险区在 1 000 mm～2 400 mm 将不受到防护结构的保护。

单位为毫米

	危险区高度[c] a	防护结构高度[a,b] b								
		1 000	1 200	1 400	1 600①	1 800	2 000	2 200	2 400	2 500
		距危险区的水平距离 c								
d	2 700 ③	0	0	0	0	0	0	0	0	0
d	2 600 ③	900	800	700	600	600	500	400	300	100
d	2 400 ③	1 100	1 000	900	800	700	600	400	300	100
e					900 ②	800	600	400	300	0
e					900 ②	800	600	400	0	0
e					900 ②	800	600	0	0	0
e					900 ②	800	500	0	0	0
e					900 ②	800	0	0	0	0
e					900 ②	700	0			
d	1 000 ③	1 500	1 400	1 000	800	0	0			
d	800 ③	1 500	1 300	900	600	0	0			
d	600 ③	1 400	1 300	800	0	0	0			
d	400 ③	1 400	1 200	400	0	0	0			
d	200 ③	1 200	900	0	0	0	0			
d	0 ③	1 100	500	0	0	0	0			

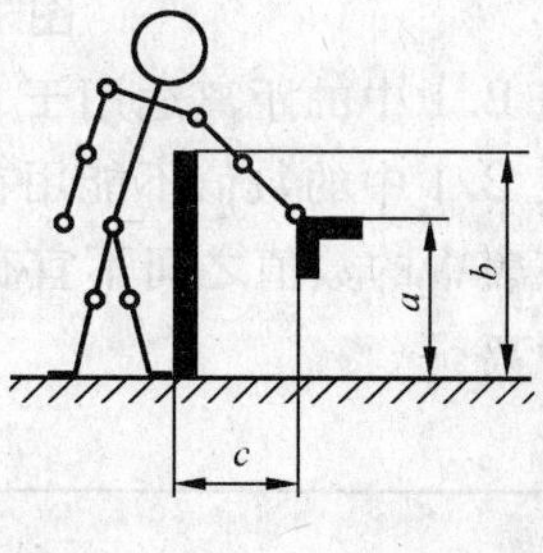

[a] 防护结构高度低于 1 000 mm 的不包括在内，因其不能有效地限制身体运动。

[b] 防护结构低于 1 400 mm 的，如果没有另外安全措施，不应采用。

[c] 危险区高度在 2 700 mm 以上的参见 4.2.1。

[d] 允许。

[e] 不允许。

图 A.3　例 3——表 2 使用示例

例 4　对于一个高风险：如果危险区高度 a 为 1 800 mm，且若防护结构是一个高度为 b=2 000 mm 的栅格（表 2），安全距离 c=600 mm。此栅格具有方形开口（50 mm×50 mm），由表 4 得出安全距离 s_r=850 mm。则宜采用更大的安全距离。

附　录　B
（资料性附录）
阻止下肢自由进入的距离

附加的防护结构可用于限制下肢在已存在的防护结构下面自由动作。对于该方法，本附录给出了由地面或基准面到防护结构的距离。此方法只能提供有限的保护，在很多情况下，有其他方法更为适用。

注：这些距离并非安全距离，可能需要附加的防范措施以限制进入。

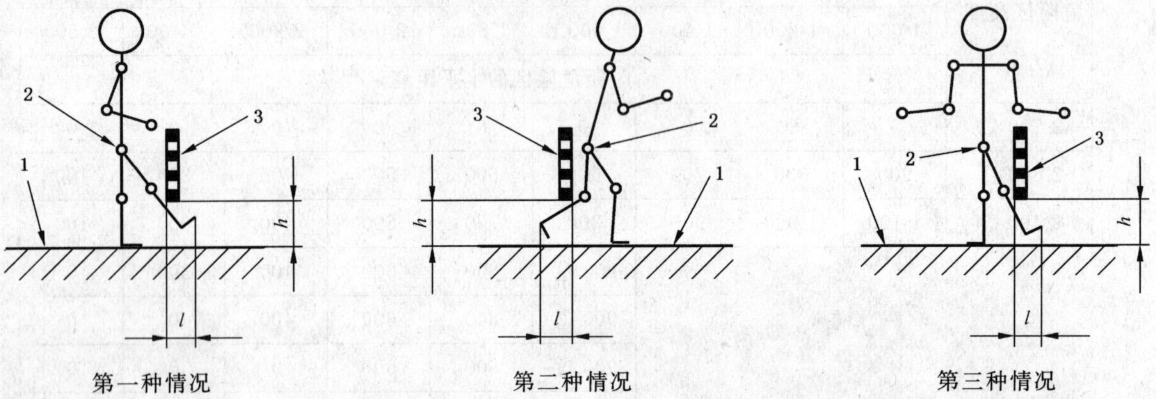

1——基准面；
2——髋关节；
3——防护结构。
h——到防护结构的高度；
l——限制距离。

图 B.1　防止下肢在防护结构以下自由活动示意图

表 B.1 中的距离适用于人在无支撑时保持站立姿势（如图 B.1）时限制下肢进入的特定情况。

表 B.1 中的数值不能用在有滑倒或误用风险的场合。

该表中的数值之间不宜有任何插入值。如果防护结构的高度 h 在两个数值之间，则宜选用较高 h 值的距离。

表 B.1　防止下肢触及的距离　　单位为毫米

到防护结构的高度 h	距离 l		
	第一种情况	第二种情况	第三种情况
h≤200	≥340	≥665	≥290
200<h≤400	≥550	≥765	≥615
400<h≤600	≥850	≥950	≥800
600<h≤800	≥950	≥950	≥900
800<h≤1 000	≥1 125	≥1 195	≥1 015
注：槽形开口窄边大于 180 mm，方形开口边长和圆形开口直径大于 240 mm 时，整个身体可以进出。			

参 考 文 献

[1] GB/T 16856.1 机械安全 风险评价 第1部分:原则.

[2] GB/T 19876 机械安全 与人体部位接近速度相关防护设施的定位.

[3] ISO 14738 机械安全 机械中工作台设计的人体测量要求.

[4] EN 547-3 机械安全 人体尺寸 第3部分:人体测量数据.

ICS 67.180.10
X 33

GB

中华人民共和国国家标准

GB/T 23822—2009

糖果和巧克力生产质量管理要求

Quality management requirement of candy & chocolate producing

2009-05-27 发布

2009-10-01 实施

中华人民共和国国家质量监督检验检疫总局
中国国家标准化管理委员会 发布

前言

本标准由中国商业联合会提出。

本标准由全国糖果和巧克力标准化技术委员会归口。

本标准主要起草单位:中国商业联合会商业标准中心、中国食品工业协会糖果专业委员会、冠生园(集团)有限公司,上海金丝猴集团有限公司、福建雅客食品有限公司、北京康贝尔(马大姐)食品有限公司、石狮黎祥食品有限公司、旺旺集团糖果事业部、福建惠康食品工业有限公司、东莞徐记食品有限公司、蜡笔小新食品工业有限公司、中国焙烤食品糖制品工业协会、国家食品质量监督检验中心、玛氏食品(北京)有限公司、箭牌糖果(中国)有限公司、吉百利(中国)食品有限公司、广东真美食品集团有限公司。

本标准主要起草人:丁绍辉、陈国兴、崔伟忠、靖红兵、董焰生、魏建华、翁延俊、余明达、史伟珍、马浩、华本源、赵燕萍、元晓梅、李宇、许敏青、晏兵、庄沛锐、靳晓蕾、刘振宇。

糖果和巧克力生产质量管理要求

1 范围

本标准规定了糖果和巧克力(含代可可脂巧克力)生产企业的工厂设计、厂房与设施、机械设备、机构与人员、卫生管理、生产过程管理、品质管理、记录管理、标识等要求。

本标准适用于糖果和巧克力(含代可可脂巧克力)生产企业生产过程的安全控制。

2 规范性引用文件

下列文件中的条款通过本标准的引用而成为本标准的条款。凡是注日期的引用文件,其随后所有的修改单(不包括勘误的内容)或修订版均不适用于本标准,然而,鼓励根据本标准达成协议的各方研究是否可使用这些文件的最新版本。凡是不注日期的引用文件,其最新版本适用于本标准。

GB 2760 食品添加剂使用卫生标准

GB 5749 生活饮用水卫生标准

GB 7718 预包装食品标签通则

GB 8978 污水综合排放标准

GB 9678.1 糖果卫生标准

GB 9678.2 巧克力卫生标准

GB 13432 预包装特殊膳食用食品标签通则

GB 14881 食品企业通用卫生规范

GB 14930.1 食品工具、设备用洗涤剂卫生标准

GB 14930.2 食品工具、设备用洗涤消毒剂卫生标准

食品标识管理规定 国家质量监督检验检疫总局[2007]102 号令

3 术语与定义

下列术语和定义适用于本标准。

3.1

作业区 homework area

糖果、巧克力直接生产加工的车间和仓库等场所。

3.1.1

清洁作业区 sweep the homework area

清洁度要求高的作业区域。

3.1.2

准清洁作业区 allow to sweep the homework area

清洁度要求次于清洁作业区的作业区域。

3.1.3

一般作业区 general homework area

清洁度要求低于准清洁作业区的作业区域。

3.1.4

管制作业区 control the homework area

清洁作业区和准清洁作业区的统称。

3.1.5

配料室 go together with to anticipate the room

根据配方和作业计划,集中进行辅料及食品添加剂计量称重,按工艺要求配入各份数的作业场所。

3.1.6

包装区 pack the area

从事成品包装的作业场所,包括内包装区及外包装区。

3.1.6.1

内包装区 inside the packing area

从事与产品内容物直接接触内包装的作业场所。

3.1.6.2

外包装区 over-wrap area

从事未与产品内容物直接接触外包装的作业场所。

3.1.6.3

内包装材料准备室 inside the packing material it prepares the room

不必经任何清洗消毒程序即可直接使用的内包装材料,进行拆除其外包装或成型等的作业场所。

3.1.7

缓冲区 buffer area

原材料或半成品未经过正常制造流程而直接进入管制作业区时,为避免管制作业区直接与外界相通,于入口处所设置的场所。

3.2

非食品处理区 the non-food processing area

品管(检验)室、办公室、更衣及洗手消毒室、卫生间等区域。

3.3

分隔 insulate

场所与场所之间以有形的手段予以隔开。

3.4

食品接触面 foods contact surface

直接或间接与食品接触的表面。

3.4.1

直接食品接触面 direct foods contact surface

与食品直接接触的器具及设备的表面。

3.4.2

间接的食品接触面 indirect foods contact surface

在正常作业情况下,与食品或食品直接接触面接触的表面。

4 工厂设计

4.1 选址

工厂应设置在地势相对较高、气候相对干燥、交通方便、水源充足的地区,不应设于受污染河流的下游;厂区周围不应有粉尘、有害气体、放射性物质或其他扩散性污染源,不应有昆虫孳生的潜在场所。

4.2 布局

4.2.1 生产区域与职工生活区域应分开,做到合理布局。厂区如有员工宿舍及附设餐厅,应与制造作业场所、仓库等完全隔离。

4.2.2 厂区周围环境应保持清洁和绿化。厂房与外缘公路或道路应保持一定的距离,中间设有绿化带;厂区内非硬化地面应进行绿化。

4.2.3 厂区应铺设适合车辆通行的坚硬道路,路面应无扬尘、无积水。

4.2.4 厂区周围应有防范外来污染源侵入的设施。

4.3 给排水

4.3.1 生产用水应符合 GB 5749 的规定。

4.3.2 厂区给排水系统应能适应生产、生活需要,设施合理有效,避免雨季积水。

4.3.3 污水排放应符合 GB 8978 的规定,污水处理设施应远离生产区域。

4.4 厂区环境

4.4.1 厂区内应无不良气味,无有害气体、煤烟、粉尘等污染物。

4.4.2 锅炉房不应位于生产区域主风向的上方;锅炉排放应符合相关国家标准的规定。

4.4.3 加工后的废弃物及其他污物的存放处应远离生产区域,不应位于生产区域主风向的上方。

4.4.4 生产区域不应饲养禽、畜类等动物。

5 厂房与设施

5.1 设计及建筑要求

5.1.1 凡新建、扩建和改建的项目均应符合 GB 14881 的规定。

5.1.2 厂区总平面布置图、建筑物平面图、立体图、剖面图、管线图等有关资料应长期妥善保存。

5.1.3 厂房的各项建筑结构应合理、坚固,便于卫生管理及清洁、消毒、维护,并保持良好状态,防止食品、食品接触面及包装材料受到污染。

5.1.4 厂区和车间内的各种管道、管线的走向应合理。

5.2 厂房及车间布置

5.2.1 应设置与生产情况相匹配的设施,如原料仓库、包装材料仓库、配料区、溶糖区、熬煮区、精磨区、精炼区、冷却(干燥)和成型区、内包装区、外包装区、成品仓库、更衣室、洗手消毒区、品质管理室和试验室等。

5.2.2 作业区内设备之间或设备与墙壁之间,应有适当的宽度或工作空间,其宽度应足以使工作人员便于作业(包括清洗和消毒),且不致因衣服或身体的接触而污染食品、食品接触面或内包装材料。

5.2.3 生产车间应按照作业流程需要及卫生要求合理布局;作业区按照糖果和巧克力生产品种的需要,分为一般作业区、准清洁作业区和清洁作业区,各区之间应适当分隔。

5.2.4 应设置更衣室、洗手消毒区等员工进入车间的过渡设施。

5.2.5 检验室应有足够空间安置试验台、仪器、设备等。微生物检验场所应与其他场所适当分隔。

5.3 天花板

5.3.1 加工、包装、储存等场所的天花板应易于清洁,防止灰尘积聚,避免结露、长霉或脱落。清洁作业区、准清洁作业区及其他半成品场所的天花板应平滑且易于清扫。

5.3.2 天花板应使用无毒、无异味、耐湿、耐腐蚀的白色或浅色防水材料建造。

5.3.3 蒸汽、水、电等配件管不应设置于食品暴露的正上方,空调风管等宜设于天花板的上方,否则应安装防止灰尘及凝结水掉落的设施。

5.4 墙壁与门窗

5.4.1 生产车间的内壁应采用无毒、无异味、平滑、不透水、不吸水、易清洗的浅色防腐建筑材料建造。内壁若设有墙裙,墙裙至少应达到 1.5 m 以上。清洁作业区、准清洁作业区的墙角及柱角应具有一定弧度。

5.4.2 门、窗、天窗应严密不易变形,设置的位置适当,易于清洁;非全年使用空调的车间与储存场所,应设有易于拆下清洗和不生锈的纱窗、纱网;管制作业区对外出入门户应装设能关闭的纱门或空气帘;窗户不宜设置窗台。

5.5 地面与排水

5.5.1 车间地面应使用无毒、无异味、不透水、不吸水的材料建造，并应平坦防滑，无裂缝，易于清洗消毒。作业环境潮湿、有水洗方式清洗作业或地面有排水的区域，地面应能耐酸、耐碱、耐腐蚀并有一定的排水坡度及排水系统。

5.5.2 排水系统应保持通畅、便于清洗；如使用排水沟，排水沟的侧面和底面接合处应有一定弧度；排水系统入口处应安装带水封的地漏，以防止固体废弃物流入及浊气逸出；排水系统内及下方不应有其他管路；排水出口应设有防止污染源和鼠类、昆虫通过排水管道潜入的有效措施；室内排水的流向应由清洁区流向准清洁区，并有防止废水逆流的设计。

5.6 供水

5.6.1 应保证工厂各区域所用的水质、压力、水量等符合生产需要，凡与食品接触的用水，其水质应符合 GB 5749 的有关规定。不与食品接触的用水（如冷却水、消防水、污水或废水等）的管道系统与食品生产用水的管道系统之间应有明显区分，并以完全分离的管路输送，不应有逆流或相互交接。

5.6.2 储水池（塔、槽）、管道、器具等应采用无毒、无异味、耐腐蚀的材料构造；并应增设安全卫生设施，防止有害动物及其他有害物质进入。

5.7 采光与照明

作业区内应有充足的自然采光或人工照明，照明设施应使用安全型或有防护装置。

5.8 通风设施和温控装置

5.8.1 各作业区域的温度、湿度应满足工艺要求。

5.8.2 排气口应装有易清洗、耐腐蚀的网罩，防止进水、进尘，防止有害动物侵入；进气口位置应远离污染源和排气口，应设有空气过滤设备；通风排气装置应易于拆卸清洗、维修或更换。

5.8.3 产生粉尘等可能污染环境的区域，应设有适当的排除、收集或控制装置。

5.9 洗手、消毒设施

5.9.1 生产区域应设置足量的洗手、消毒设施。清洁作业区及准清洁作业区对外出入口应设置独立的洗手、消毒设施。

5.9.2 洗手台应采用不锈钢或陶瓷等不透水材料，洗手设施应使用非手动性的一次性流动水，并备有无香型清洁用品，必要时设有热水；如使用浸泡式消毒池，消毒水应达到有效的浓度并定时更换；使用干手设备，应定期进行清洗、消毒，使用擦手纸巾还应配备非手动开盖式垃圾桶。

5.10 更衣室

5.10.1 应设置在车间入口处，与洗手消毒区相邻。

5.10.2 应按照员工人数设置足够空间、衣鞋柜等。

5.10.3 应有适当照明和通风设施，定期清洁和消毒。

5.11 卫生间

5.11.1 生产区域的卫生间应与车间主体相连接，且应设置在进入更衣室的外部，与车间相隔离，其外门不得朝向作业区。

5.11.2 应采用冲水式，并应设有排气（臭）装置，有效控制空气流向；门窗应严密坚固、易于清洗；地面、墙壁、便槽等应采用不渗水、易清洗、不积垢且表面可进行清洗消毒的材料构造。应设有洗手、清洁消毒及干手设施，并有充足的照明度。

5.11.3 排污管道应与车间排水管道分设，排污管道与化粪池应设有可靠的防臭气水封。

5.12 仓库

5.12.1 应根据原辅料、包装材料、半成品、成品等性质不同分设储存场所，必要时应设有冷藏库；同一仓库储存性质不同物品时，应适当隔开；仓库应设置数量足够的垫仓板及物品存放架，储存物品应离墙壁及地面 10 cm 以上，并根据每箱质量设定堆高限度。

5.12.2 应有防止污染的结构，且应以无毒、坚固材料建成，其大小足以使作业顺畅进行并易于维持整洁，还应有防止有害动物侵入的装置。

5.12.3 根据不同物品的存放要求，必要时应在仓库配备温、湿度控制设施。仓库环境控制应有记录。

5.13 安全设施

5.13.1 厂房用电应按 GB 14881 有关规定执行。

5.13.2 防火、防爆、消防等应按 GB 14881 有关规定执行。

6 生产设备

6.1 配置

6.1.1 生产设备应与生产能力相匹配并按照生产作业顺序排列。

6.1.2 糖果生产企业应根据所生产产品的品种，配备相应的生产设备，如：化糖、熬糖、预热、混合搅拌、冷却（干燥）、充气、成型、包衣、包装等设备；胶基糖果生产还需配备加热搅拌机、成型机、包装机；压片糖果生产还需配备混合、造粒、干燥、压片等设备。

6.1.3 巧克力生产企业应根据所生产产品的性质和品种，配备相应的生产设备。

6.2 安全与卫生

6.2.1 所有机械设备应容易检查、便于拆卸、清洗消毒、易于排水、易于保持清洁干燥，有利于保证食品卫生；与食品接触的表面应平滑，无凹陷或裂缝，以避免机械润滑油、金属碎屑、污水或其他污染物混入食品。

6.2.2 所有用于食品处理区及可能接触食品的设备与工器具、管道，应由无毒、无味、不吸水、不变形、耐腐蚀且可承受重复清洗消毒的材料制造。

6.2.3 工厂内所有物料储存设备，如配料缸（桶、罐）、搅拌缸、储存缸、保温缸等，均应装配顶盖。

6.2.4 压力设备应具备温度、压力指示；其设计、安装、操作和保养应符合国家规定的压力容器安全标准，并应严格按设备要求进行操作。

6.2.5 用于贮存、运送的机械化生产系统（包括重力、气动、密闭及自动系统）的设计与制造应易于使其维持良好的卫生状况。

6.3 检验检测设备

6.3.1 应根据产品检验需要配置相应的检测设备。

6.3.2 检验仪器、设备应定期校准或检定；化学试剂、标准液等应确保使用期限的有效性。

6.4 计量设备

6.4.1 计量设备应有专人负责。有条件的单位可设立计量室，负责计量设备的管理。

6.4.2 生产中所用的计量器具应定期校准，并做记录；原辅材料、包装材料及半成品、成品所用的检验设备和仪器应每年至少校准 1 次。

7 机构与人员

7.1 机构与职责

7.1.1 应设置生产、品质及卫生专职管理人员，负责原料处理、加工及成品包装等与生产有关的管理工作，原辅料、包装材料、加工过程及成品质量控制标准的制定、抽样检验、食品卫生及品质追踪等工作，各项卫生管理制度的制修订、厂内外环境及厂房设施卫生、生产及清洗作业卫生、人员卫生，组织卫生培训与从业人员健康检查及监督考核等工作。

7.1.2 生产管理负责人与品质管理负责人不宜相互兼任。

7.1.3 工厂应有足够的品质管理及检验人员，能满足产品的按批检验。

7.2 人员与资质

7.2.1 生产管理、品质管理负责人应具备相关专业学历和直接或相关管理经验。

7.2.2 生产管理人员应具备相应的加工技术、经验与卫生知识。

7.2.3 品质管理人员应具备基本品质管理技能，能发现、识别各生产环节、制品的不良状况。

7.2.4 食品检验人员应具备专业检验资格证和相应的检测技能。

7.2.5 卫生专职管理员应具备相关专业学历或同等学历，并具备基本卫生管理资质。

7.3 人员管理

7.3.1 人员健康管理

按 GB 14881 有关规定执行。

7.3.2 疾病或受伤

7.3.2.1 已知或怀疑患有某种可能通过食品传播的疾病或为某种病原体的携带者，在有可能污染食品的情况下不应进入食品加工操作区，如果从业人员出现临床性或流行性疾病征兆时，应及时撤离作业区进行医疗检查。

7.3.2.2 与食品直接接触的工作人员发生受伤情况，应及时报告，以便进行必要的医疗检查和防护处理，必要时应调离与食品直接接触的岗位，防止发生食品污染事故；现场管理人员必要时也应进行相关检查。

7.4 教育与培训

7.4.1 培训要求

7.4.1.1 工厂应制定年度培训计划，组织各部门负责人和从业人员参加各种岗前、在职培训及有关专业知识的学习，并建立个人培训档案。

7.4.1.2 负责监督卫生的人员应受过食品安全卫生、操作等基础教育或具有相应的作业经验。食品操作和监管人员应在食品加工技术及食品保护原理方面受过适当的培训，而且应明了不良的个人卫生行为及不卫生操作的危险性。

7.4.1.3 直接或间接接触食品的食品从业人员应经过食品卫生安全知识的岗前培训，包括新参加或临时参加的从业人员。

7.4.2 培训计划

7.4.2.1 培训计划应包括：食品的性质、特别是致病菌和腐败菌在食品中繁殖的特性；食品加工和包装的方式；食品储存条件；食品货架寿命；食品生产卫生要求及食品卫生安全相关的主要法规、标准等。

7.4.2.2 培训计划应定期审核和修订，及时更新。

7.4.3 指导和监督

7.4.3.1 对培训和指导计划的实施，应定期评价并进行常规性督察，以确保方案的有效实施。

7.4.3.2 食品加工的管理和监督人员应掌握食品安全原理、食品质量和卫生操作方面的必要知识，并能判断潜在的危险，采取必要的纠正和预防措施。

8 卫生管理

8.1 制度

8.1.1 工厂应制定卫生管理制度，内容涉及环境、厂房设施、生产设备、清洗与消毒、人员卫生管理等方面。

8.1.2 工厂卫生管理应有完善的检查计划和考核标准，应实行岗位责任制，并有完整的记录作为管理与考评的依据。

8.2 环境卫生管理

8.2.1 厂区及邻近厂区的道路、庭院应保持清洁；厂区内草木要定期修剪，保持环境整洁。

8.2.2 排水系统应保持畅通，不得有污泥蓄积，废弃物应作妥善处理，防止废弃物存放场所的不良气味或有害气体溢出，必要时进行清洗消毒。

8.2.3 厂区内禁止堆放杂物及不必要的器具；生产场所不应储存或放置有毒物质，不应堆放非即将使用的原辅料、内包装材料或其他无关物品。

8.2.4 管制作业区应保持空气的相对清洁，应设置相应的空气净化装置或定期进行空气消毒。

8.2.5 厂区内污物管理按 GB 14881 有关规定执行。污物收集设施应带盖或密闭，每天清理，经常清洗、消毒，防止有害动物的集聚、孳生；原料、成品应与垃圾、废料等应分开或分时运输，废弃物及垃圾存放场所应在 24 h 内及时清运；防止交叉污染。

8.3 厂房设施卫生管理

8.3.1 厂房设施应建立维修保养制度，并按规定进行维护、保养或检修，保持良好的使用状态。

8.3.2 厂房屋顶、天花板及墙壁有破损时、地面破损或积水时，应及时清理、修补。厂房内各项设施应随时保持清洁和及时维修或更新。如灯具及配管等外表，应定期清扫或清洗；全年使用空调的生产车间与储存场所的空调机及风管应定期清理等。

8.3.3 冷藏库、烘房内应经常清理，消毒，并保持清洁，避免积水。

8.4 生产设备卫生管理

8.4.1 生产设备和管道的连接部位应根据产品的加工需要定期清洁或清洗消毒；用于加工、包装、储存、运输等的设备及工器具如巧克力模板、烤盘、生产用周转箱等，应定期清洗、消毒，并用有效的方法保持清洁。

8.4.2 生产中应有适当的原料和包装材料暂存区，暂存区物品至生产结束应及时清理出场；应配备指定存放备件的备品架(柜)，以便各种工具使用后能迅速放回指定位置。

8.5 清洗与消毒管理

8.5.1 应制定安全、有效的清洗、消毒方法及作业程序，采用适当的方法和条件保证清洁效果；已清洗和消毒过的可移动设备和用具，应放在能防止其食品接触面再受污染的适当场所，并保持适用状态。

8.5.2 洗涤及消毒的药剂，应采取严格防范措施及限制，并应明确标示其毒性和使用方法，应证实在使用状态下安全而适用。必要时在卫生管理人员的监督下进行使用。

8.5.3 用于清扫、洗涤和消毒的设备、用具应放置在专用场所妥善保管。

8.5.4 清洁剂、消毒剂及杀虫剂应存放于固定场所且上锁，其存放与使用应由专人负责，以免污染食品。

8.5.5 工具、设备所用洗涤剂、洗涤消毒剂必须符合 GB 14930.1 和 GB 14930.2 的有关规定；与食品接触的设备及用具的清洗用水，应符合 GB 5749 的规定。

8.6 除虫、灭害管理

8.6.1 除虫、灭害管理按 GB 14881 有关规定执行。

8.6.2 厂房内若发现有害动物存在时，应追查和杜绝其来源。扑灭方法应以不污染食品、食品接触面及包装材料为原则；防治方法宜选择物理和机械方法，若采用化学方法防治则尽量避免使用杀虫剂，必要时可使用低毒生物杀虫剂。

8.7 有毒、有害物管理

8.7.1 生产厂内，除维护卫生及试验室检验所必须使用的药剂外，不得存放有毒药剂。

8.7.2 有毒、有害物管理按 GB 14881 有关规定执行。

8.8 个人卫生管理

8.8.1 生产操作人员必须保持良好个人的清洁卫生和良好的个人卫生习惯，遵守卫生规范。

8.8.2 生产人员应按规范穿着清洁、统一的工作服、鞋、帽；清洁区的生产人员还应佩戴口罩；不得穿工作服、工作鞋进入厕所或离开加工场所。

8.8.3 个人物品不得带入生产区域，生产人员不得戴首饰(包括手表、戒指、项链、挂坠、耳环、耳坠等)，不得戴假睫毛，不允许留长指甲、涂指甲油和佩戴任何类型的假指甲。

8.8.4 操作人员的手与食品或食品直接接触面接触时，应先按要求进行严格消毒，或视需要穿戴一次性手套。一次性手套如果弄脏或破损，应立即更换。

8.8.5 作业区域内不得吸烟(吸烟区应限制在生产区外的指定区域)；不得吃食物或做其他有碍食品卫

生的活动;不得随地吐痰。

8.8.6 进入食品生产、加工和操作处理区的参观人员及其他管理人员,应穿戴防护性工作服并遵守本章中提到的个人卫生要求。

8.8.7 员工工作服管理按 GB 14881 有关规定执行。

9 生产过程管理

9.1 生产操作规程的制定与执行

9.1.1 工厂应根据实际生产情况制定生产操作规程(以下简称"规程");规程的制定由生产部门负责,同时需征求品质管理等相关部门或组织的认可。

9.1.2 规程中应详细规定产品配方、生产工艺流程、生产操作程序、环境条件、生产管理规定(至少应包括生产作业流程、控制点或控制对象、控制标准、控制措施及注意事项等),还应包括原辅材料管理及机械设备操作与维护标准等内容。

9.1.3 规程应符合安全卫生原则,应保证产品满足 GB 9678.1 或 GB 9678.2 的规定,并应尽可能减少物理因素、化学因素和生物因素导致的污染。

9.1.4 应指导和监督生产人员按照生产操作规程进行作业,配方及工艺条件非经核准不得随意更改。

9.2 原辅料管理

9.2.1 应详细制定原辅料、包装材料的采购标准、品质规格、检验项目、验收标准及检验方法,制定过磅、取样、检验、判定、审核、处理、领用等作业程序,并切实执行。

9.2.2 采购原辅料应确认供应商是否合法,并对其资格进行审查;采购的原辅料、食品添加剂必须符合国家有关强制性标准和相应的法规要求,进货时应要求供应商提供同批检验合格证或化验单等文件,原料可能含有农药、重金属或霉菌毒素时,应向供应商索要检验报告或化验单;不合格品应拒收。

9.2.3 原辅料使用前应进行感观检查,必要时须按相应的方法进行处理,如过滤、过筛、挑选等,去除不符合要求的部分或外来杂物,不合格或过期的原辅料不得使用。

9.2.4 食品添加剂应设专库或专柜存放,由专人负责管理,并专册登记种类、名称、进货时间、数量及领用时间、数量等。其使用应符合 GB 2760 的规定。

9.2.5 直接接触食品的包装材料(容器),应按国家有关的产品标准和卫生标准要求执行,内包装材料使用前须经检查,无破损、无污染的方可使用。

9.2.6 可重复使用(如返工料)或继续使用的原辅材料应保存在有防护条件的环境中,并应有明确标示。原料及配料的保管应避免污染及损坏,使其品质的劣化减至最低程度,其保管条件应满足存放要求。

9.3 生产作业管理

9.3.1 糖果生产过程管制应包括下列项目:

9.3.1.1 硬糖:煮糖参数、包装室温湿度、质量及数量等管制。

9.3.1.2 酥糖:煮糖参数、糖酥比例、包装室温湿度、质量及数量等管制。

9.3.1.3 凝胶糖果:煮糖参数、干燥条件、包装室温湿度、质量及数量等管制。

9.3.1.4 焦香糖果、奶糖、充气糖果:煮糖参数、砂质型糖果的老化条件、包装室温湿度、质量及数量等管制。

9.3.1.5 胶基糖果:厚度、质量及数量等管制。

9.3.1.6 压片糖果:成型车间的温湿度、硬度、质量及数量等管制。

9.3.2 巧克力及其制品(含代可可脂巧克力及其制品)的管制应包括下列项目:

酱料研磨细度、精炼温度和时间、调温温度、成型和冷却隧道温度、酱料部分与其他食品的比例(巧克力制品及代可可脂巧克力制品)、包装室的温湿度、质量及数量等管制。

9.3.2.1 糖果、巧克力成型和包装车间室内温湿度控制应符合产品生产要求。

9.4 设备的保养和维修

9.4.1 应严格执行正确的设备操作程序，出现故障应及时排除，并采取有效措施防止污染产品。

9.4.2 应加强设备的日常维修和保养，包括设备的点检、定期维修等。

9.4.3 应有使用、维护和保养记录。

10 品质管理

10.1 品质管理手册的制定与执行

10.1.1 品质管理部门应制定品质管理手册，其内容应包括本标准10.2至10.6的规定，并经生产部门认可后严格遵照执行。

10.2 原辅材料(含包装材料)品质管理

10.2.1 原辅材料(含包装材料)进厂要建立索证索票制度，并应根据生产日期、供应商的编订批号，加以记录，便于追溯。因品质保存需要，需要特别储存条件者，对其储存条件应能控制并做记录。

10.2.2 原辅料及包装材料需经查验合格后方可进行使用，经判定无法使用的原辅材料、包装材料应予以标示(不合格或禁用)，并分别存放；经判定合格的原辅材料、包装材料应遵照“先进先出”的原则进行管理与使用。

10.2.3 对储存时间较长，品质有可能发生变化的原辅材料，应定期抽样确认品质。原辅料经抽样程序被破坏的包装容器，应立即做适当的处理，以防变质。

10.3 加工过程中的品质管理

10.3.1 工厂应依据危害性分析与危害性评价结果，确定质量关键控制点，并制定控制标准与控制措施，一旦偏离控制标准时应采取相应的纠正措施、预防措施。

10.3.2 应详细制定质量关键控制点的检验项目、检验标准、抽样及检验方法等，严格执行并记录。需要时宜设置金属探测器，以控制金属碎屑对产品造成的显著危害。

10.4 成品的品质管理

10.4.1 应详细制定成品的规格、检验项目、检验标准、抽样及检验方法。品质规格下限不得低于国家标准或行业标准，检验方法原则上应以国家标准方法为准，如用其他方法，应定期与国家标准方法核对。

10.4.2 成品应逐批抽取代表性样品实施下列查验分析项目：检验项目应不低于产品的出厂检验要求。检验结果应填写“检验报告”单，不合格品应按照品质管理手册中的相关事项处理。

10.4.3 生产企业宜设立样品室，用以每批成品留样观察，样品数量应满足必要的品质保存性检验及产生质量纠纷时检验用。保存时间在正常的保存条件下至保质期后两个月。

10.5 检验管理

10.5.1 应详细制定原材料、半成品及成品的采样方法，采样场所注意事项、检验方法、检验结果的判定、样品的储存、留样等有关事项的操作标准及记录样式，并确保严格执行。

10.5.2 检验所用的方法若采用修改过的简便方法，则应定期与标准方法核对。

10.5.3 必要时可委托具权威性的检测机构代为检验企业无法检测的项目。

10.5.4 检验计划实施过程和有必要重新化验时取样的有关事项，以及不合格品处理事项应有专人负责。

10.5.5 品质管理部门应及时向生产部门、仓库部门通报检验结果等有关事项。

10.6 贮存管理

10.6.1 成品仓库应干燥、通风、阴凉，无不良气味；应设防蝇、防尘、防鼠、防虫及等设施，仓库容量应与生产能力相适应。

10.6.2 经检验合格的成品应按其贮存要求储存于成品库内，并做好仓库储存条件的管理和记录。成品应按品种、批次、分类存放，并有明显标志。

10.6.3 仓库中的物品应定期检查，发现异常应及时处理，必要时有温度、湿度记录。

10.6.4 成品仓储应有存量记录，成品出厂应作出货记录，内容包括批号、出货时间、地点、对象、数量等，以便发生问题时可迅速收回。

10.6.5 仓库出货顺序应按“先进先出”的原则，并对外观品质进行检查。包装破损或经长时间储存品质有较大劣化的可能者，应重新检验合格方可出货。

10.6.6 仓库不得储存有毒、有害物品或其他易腐、易燃品以及可能引起串味的物品。仓库应经常整理、清洁，储存物品应与地面、墙壁保持适当的距离。

10.7 运输管理

10.7.1 装运前应对进出货用的容器、车辆等运输工具进行卫生检查。运输工具应无污染、无虫害、无异味。有可能造成污染原料、半成品或成品的物品禁止一起储运。

10.7.2 糖果和巧克力产品在储运时应避免日光直射、雨淋和撞击，并根据产品的特性，在气候炎热时宜配备空调设施专运等。

10.8 成品售后管理

10.8.1 应建立成品售后管理制度，对顾客提出的书面或口头意见、投诉，品质管理部门(必要时协调其他有关部门)应立即追查原因，妥善处理。

10.8.2 应建立出厂成品的召回(收回)机制，内容包括判断、鉴定、处理、纠正和预防措施、记录等。

10.8.3 顾客意见(包括书面或口头意见、投诉)及召回(收回)的成品，应作记录，内容包括召回(收回)的产品名称、批号及生产日期、数量和召回(收回)的日期、理由、处理日期和最终处理方法等。

11 记录管理

11.1 工厂所有记录管理应由执行人和负责人签名。记录应以真实、及时、填写规范为原则，不得随意更改，确需更改时应由更改人签名确认。

11.2 所有生产和品质管理的记录应由生产和品质管理部门进行审核，以确定该作业是否符合规范；检查中发现异常应及时处理。

11.3 品质管理记录应以适当的统计方法处理，以提供正确的判断依据。

11.4 所有记录至少应保存两年。

12 标识

12.1 预包装定量食品的标签应符合 GB 7718 和《食品标识管理规定》的要求。

12.2 预包装定量且具有特殊膳食用食品的标示，除了满足 12.1 之外，还应符合 GB 13432 的规定。

12.3 出口食品的标示应符合到岸国(地区)相应的法律法规要求。

12.4 批号管理：应在外箱上以明码或暗码表示生产批号，以利仓储管理及成品可追溯回收作业。

ICS 67.180.10
X 30

中华人民共和国国家标准

GB/T 23823—2009

糖 果 分 类

Candy classify

2009-05-27 发布　　2009-10-01 实施

中华人民共和国国家质量监督检验检疫总局
中国国家标准化管理委员会　发布

前言

本标准由中国商业联合会提出。

本标准由全国糖果和巧克力标准化技术委员会归口。

本标准起草单位：中国商业联合会商业标准中心、中国食品工业协会糖果专业委员会、冠生园(集团)有限公司、上海金丝猴集团有限公司、福建雅客食品有限公司、北京康贝尔(马大姐)食品有限公司、东莞徐记食品有限公司、石狮黎祥食品有限公司、福建惠康食品工业有限公司、旺旺集团糖果事业部、蜡笔小新食品工业有限公司、中国焙烤食品糖制品工业协会、国家食品质量监督检验中心、箭牌糖果(中国)有限公司、玛氏食品(北京)有限公司、吉百利(中国)食品有限公司、广东真美食品集团有限公司。

本标准主要起草人：张丽君、丁绍辉、陈国兴、崔伟忠、靖红兵、董焰生、魏建华、马浩、翁延俊、史伟珍、余明达、华本源、赵燕萍、元晓梅、许敏青、李宇、晏兵、庄沛锐。

糖 果 分 类

1 范围

本标准规定了糖果的分类。

本标准适用于管理、检验和糖果生产。

2 术语和定义

下列术语和定义适用于本标准。

2.1

糖果 candy

以白砂糖、淀粉糖浆(或其他食糖)、糖醇或允许使用的其他甜味剂为主要原料,经相关工艺制成的固态、半固态或液态甜味食品。

2.2

无糖 no-sugar

含单糖和双糖小于或等于 0.5 g/100 g(100 mL)的固体或液体食品。[参见 GB 13432—2004]

3 糖果的分类

3.1 硬质糖果类(硬糖类)

3.1.1 砂糖、淀粉糖浆型硬质糖果。

3.1.2 砂糖型硬质糖果。

3.1.3 夹心型硬质糖果。

3.1.4 包衣、包衣抛光型硬质糖果。

3.1.5 无糖型硬质糖果。

3.1.6 其他型硬质糖果。

3.2 酥质糖果类(酥糖类)

3.2.1 裹皮型酥质糖果。

3.2.2 无皮型酥质糖果。

3.2.3 无糖型酥质糖果。

3.2.4 其他型酥质糖果。

3.3 焦香糖果类(太妃糖类)

3.3.1 胶质型焦香糖果(胶质型太妃糖)。

3.3.2 砂质型焦香糖果(砂质型太妃糖)。

3.3.3 夹心型焦香糖果(夹心型太妃糖)。

3.3.4 包衣、包衣抛光型焦香糖果(包衣、包衣抛光型太妃糖)。

3.3.5 无糖型焦香糖果(无糖型太妃糖)。

3.3.6 其他型焦香糖果(其他型太妃糖)。

3.4 凝胶糖果类

3.4.1 植物胶型凝胶糖果。

3.4.2 动物胶型凝胶糖果。

3.4.3 淀粉胶型凝胶糖果。

3.4.4 混合胶型凝胶糖果。

3.4.5 夹心型凝胶糖果。

3.4.6 包衣、包衣抛光型凝胶糖果。

3.4.7 无糖型凝胶糖果。

3.4.8 其他型凝胶糖果。

3.5 奶糖糖果类(奶糖类)

3.5.1 硬质型奶糖糖果。

3.5.2 胶质型奶糖糖果。

3.5.3 砂质型奶糖糖果。

3.5.4 包衣、包衣抛光型奶糖糖果。

3.5.5 夹心型奶糖糖果。

3.5.6 无糖型奶糖糖果。

3.5.7 其他型奶糖糖果。

3.6 胶基糖果类

3.6.1 咀嚼型胶基糖果(口香糖)

3.6.1.1 固态型口香糖。

3.6.1.2 半固态型口香糖。

3.6.1.3 夹心型口香糖。

3.6.1.4 包衣、包衣抛光型口香糖。

3.6.2 吹泡型胶基糖果(泡泡糖)

3.6.2.1 固态型泡泡糖。

3.6.2.2 半固态型泡泡糖。

3.6.2.3 夹心型泡泡糖。

3.6.2.4 包衣、包衣抛光型泡泡糖。

3.6.3 无糖型胶基糖果

3.6.4 其他型胶基糖果

3.7 充气糖果类

3.7.1 高度充气型糖果(棉花糖)

3.7.1.1 高度充气胶质型糖果。

3.7.1.2 高度充气砂质型糖果。

3.7.1.3 高度充气夹心型糖果。

3.7.1.4 高度充气包衣、包衣抛光型糖果。

3.7.1.5 高度充气其他型糖果。

3.7.2 中度充气型糖果(牛轧糖)

3.7.2.1 中度充气胶质型糖果。

3.7.2.2 中度充气砂质型糖果。

3.7.2.3 中度充气混合型糖果。

3.7.2.4 中度充气夹心型糖果。

3.7.2.5 中度充气包衣、包衣抛光型糖果。

3.7.2.6 中度充气其他型糖果。

3.7.3 低度充气型糖果(求斯糖)

3.7.3.1 低度充气胶质型糖果。

3.7.3.2 低度充气砂质型糖果。

3.7.3.3 低度充气混合型糖果。

3.7.3.4 低度充气夹心型糖果。

3.7.3.5 低度充气包衣、包衣抛光型糖果。

3.7.3.6 低度充气其他型糖果。

3.7.4 无糖型充气糖果

3.8 压片糖果类

3.8.1 坚实型压片糖果(无心型压片糖果)。

3.8.2 夹心型压片糖果。

3.8.3 包衣、包衣抛光型压片糖果。

3.8.4 无糖型压片糖果。

3.8.5 其他型压片糖果。

3.9 流质糖果类

3.9.1 糖果糖液型。

3.9.2 泡沫糖液型。

3.9.3 起泡糖液型。

3.9.4 吹泡糖液型。

3.9.5 其他型流质糖果。

3.10 膜片糖果类

3.10.1 无糖型膜片糖果。

3.10.2 砂糖型膜片糖果。

3.10.3 球珠型膜片糖果。

3.11 花式糖果类

3.11.1 脆性型花式糖果。

3.11.2 酥松型花式糖果。

3.11.3 砂质型花式糖果。

3.11.4 弹性型花式糖果。

3.11.5 无糖型花式糖果。

3.11.6 其他型花式糖果。

3.12 其他糖果类

参 考 文 献

[1] GB 13432—2004 预包装特殊膳食用食品标签通则

ICS 35.040
A 24

中华人民共和国国家标准

GB/T 23824.1—2009/ISO/IEC TR 20943-1:2003

信息技术 实现元数据注册系统(MDR)内容一致性的规程 第1部分:数据元

Information technology—Procedures for achieving metadata registry content consistency—Part 1:Data elements

(ISO/IEC TR 20943-1:2003,IDT)

2009-05-06 发布 2009-11-01 实施

中华人民共和国国家质量监督检验检疫总局
中国国家标准化管理委员会 发布

前　言

GB/T 23824《信息技术　实现元数据注册系统(MDR)内容一致性的规程》分为四个部分：

——第1部分:数据元；

——第2部分:XML结构化数据；

——第3部分:值域；

——第4部分:综述。

本部分为GB/T 23824的第1部分，等同采用ISO/IEC TR 20943-1:2003《信息技术　实现元数据注册系统(MDR)内容一致性的规程　第1部分:数据元》。

为了保持与英文版本的一致性，英文版中斜体表示的内容本部分中也使用斜体表示。

本部分的附录A、附录B、附录C和附录D为资料性附录。

本部分由全国电子业务标准化技术委员会提出并归口。

本部分起草单位:中国标准化研究院。

本部分主要起草人:邢立强、孙广芝、娄晓琳、张艳琦、史立武、陈琳、李小林、刘植婷、张荫芬。

引　言

基于GB/T 18391《信息技术　元数据注册系统》的元数据注册系统之间的元数据交换,不仅依赖于注册系统软件符合该标准,而且还取决于注册系统之间的元数据内容的可比性。尽管该标准规定了数据的规范和注册,但关于如何将内容注册到系统中还存在一些实际问题。基于相关组织实施该标准的经验,对内容问题的研究将有助于目前和将来的用户。

元数据注册系统可用于注册数据元、值域以及适于组织多种数据资源集的相关属性。元数据注册系统中所存储的数据元,可能出现在表格中,表现在企业数据模型中,包含于EDI报文集中,来自文件和标准,或者是计算机系统应用的一部分。一些组织的注册系统用于记录在现存的应用中如何使用数据元,另一些组织的注册系统则是标准数据元仓库,这些标准数据元被用作应用开发中数据元的模型。GB/T 18391.6专用于元数据注册系统的开发和应用。

GB/T 18391.3模型化了数据元及其关联的数据元概念。在生成数据元概念、数据元和值域时,需要把规则和关系概念化并连接。对数据元和数据元概念的各种可能层次及它们关系的说明非常有助于生成可共享的、形式完好的数据。从最泛化数据元到最特化应用数据元的关系和继承需要予以规定。数据值域应能重复使用,并规则化。

尽管元数据注册系统可以用来存贮多种元数据项的信息,本部分只针对数据元和关联的元数据项。尽管存在差异,本部分的目的在于确保对数据元属性的内容有一个共同的理解,以便元数据可以在注册系统之间得以共享。

本部分的依据是GB/T 18391.3,该标准描述了用于管理数据语义的注册系统的组织,并以概念模型的形式规定了注册系统的结构。概念模型的目的不是成为计算机系统的一个逻辑或物理数据模型。

信息技术　实现元数据注册系统(MDR)内容一致性的规程　第1部分:数据元

1　范围

1.1　背景

基于GB/T 18391的元数据注册系统(MDR)(以下简称"注册系统")是管理可共享数据的一种工具,是关于数据参考信息的一个全面的、权威的来源。MDR支持通过记录和分发数据描述的标准化和协同化规程,来促进数据在组织及用户间的共享。MDR提供了与涉及数据元的文件的联系,以及与数据元所应用的信息系统的联系。当与一个数据库联合使用时,注册系统能够使用户更好地理解来自该数据库的信息。

注册系统不包含数据本身,它包含对清楚描述、编目、分析和分类数据所必要的元数据。它给出关于数据单元含义、表示和标识的理解。本标准识别了用于决定系统之间共享数据元含义时所应有的信息元素。

1.2　目的

GB/T 23824的本部分旨在描述一组在注册系统中获得数据元及其属性一致性注册的规程。本部分不是数据手册,而是用户指南,用于概念化数据元及其相关元数据项,以便能够始终建立质量良好的数据元。必要时,组织可以采纳/或增加这些规程。

1.3　限用范围

本部分的范围限定于与一个数据元相关的项:数据元标识符、特定相关环境中的名称和定义及示例;数据元概念;概念域及其值的含义;值域及其允许值。

1.4　注册方法——数据元和值域

在元数据注册系统中注册代码集和其他值域时,一些注册机构将这些集合视为值域,而其他注册机构将之视为数据元。除非明确声明,本部分都将这些集合视为数据元。这种选择,有助于说明注册多种不同数据元的方法,包括将标准代码集作为数据元这样的示例。

2　规范性引用文件

下列文件中的条款通过本部分的引用而成为GB/T 23824的本部分的条款。凡是注日期的引用文件,其随后所有的修改单(不包括勘误的内容)或修订版均不适用于本部分。然而,鼓励根据本部分达成协议的各方研究是否可使用这些文件的最新版本。凡是不注日期的引用文件,其最新版本适用于本部分。

GB/T 18391.1　信息技术　元数据注册系统(MDR)　第1部分:框架(GB/T 18391.1—2009,ISO/IEC 11179-1:2004,IDT)

GB/T 18391.2　信息技术　元数据注册系统(MDR)　第2部分:分类(GB/T 18391.2—2009,ISO/IEC 11179-2:2005,IDT)

GB/T 18391.3　信息技术　元数据注册系统(MDR)　第3部分:注册系统元模型与基本属性(GB/T 18391.3—2009,ISO/IEC 11179-3:2003,IDT)

GB/T 18391.4　信息技术　元数据注册系统(MDR)　第4部分:数据定义的形成(GB/T 18391.4—2009,ISO/IEC 11179-4:2004,IDT)

GB/T 18391.5　信息技术　元数据注册系统(MDR)　第5部分:命名和标识原则(GB/T 18391.5—

2009,ISO/IEC 11179-5:2005,IDT)

GB/T 18391.6 信息技术 元数据注册系统(MDR) 第6部分:注册(GB/T 18391.6—2009,ISO/IEC 11179-6:2005,IDT)

ISO/IEC TR 15452:2000 信息技术 数据值域规范

3 术语和定义

GB/T 18391(所有部分)和 ISO/IEC TR 15452:2000 中确立的术语和定义适用于 GB/T 23824 的本部分。

4 数据元提取

本章给出了在一个注册系统中构造数据元和数据元内容的一个概念上的框架。数据元是一种推导过程中观念上的结果,涉及若干种提取类型,由提取方法产生了一系列彼此关联的“层”。层可以由较一般的衍进为较具体的。

提取类型决定了每层各成员间以及各层之间的关系在定义注册系统内容结构方面是很有意义的。这提供了不同注册系统间内容比较以及在一个注册系统中进行检索的一种方法。除了数据元的定义和其他属性外,对派生数据元的提取类型和层次的比较,可以确保数据元内容在系统之间的共享。

系统的开发可以分层描述,例如,在业务视图中包含最高层定义,并在系统层实现。层的数量和粒度由用户的需求来驱动。本章将描述两种可以生成层的方法,但每种方法都不是任何实现所必选的,同时给出注册系统实现中最有用的提取类型的示例。

4.1 提取类型

提取是一种成熟的分析和概念化的工具。它常用于分析模型的过程或功能。“提取”这个术语用于指过程和过程的结果。提取可以用于注册系统的环境中,作为一种手段,可以使数据元的开发及其相互间的关系连贯起来,成为一体。

可以由若干种方法,获得从最抽象层到更具体层的分解。从最一般意义上的概念开始,发展为应用中的数据元,这些层可以用从其他层产生它们的提取类型来标记。尽管这种对提取展开程序的描述意味着它经常按照一种方向进行(从一般到具体),但相反的情况肯定也是存在的。同样,与该结构一致是合适的,但不意味着所有关系都是单一方向。实际上,为避免这种假设,抽象类型的名称有意识的包括了两个层次。

数据元开发中最常用的三类提取方法是特化/泛化、串联/分解和聚合。

- 特化/泛化是两类之间的一种关系,在此关系中,一个类(子类)中的所有项都存在于另一类(父类);
- 串联(或合成)是源值通过字符串的串联开发出合成值。分解是将值串的组成部分分解为源字符值;
- 聚合是对源值做数学运算来派生值。通常不存在该运算的逆运算(称之为派生)来恢复组分部分。

此三种类型在注册系统中经常存在。

4.2 特化/泛化示例

特化/泛化的机制可以用来表达数据元之间的一种等级结构关系。

美国邮政局 (USPS)建立了美国的邮政编码。数据元“州 USPS 代码”(见图1)形成了地址群的一部分。它可以直接映射为应用数据元,也可以作为数据元等级的最高层,按其在结构中的位置,每层都展示出更高程度上的特化。

下一层包含了元素“州地理代码”和“州邮政地址代码”。这两个州代码元素现在是两个不同地址群的成员。但是两个元素的概念域是一致的,因此地理地址和邮政地址潜在的有效值集合是相同的。

更进一步的特化出现在再下一层。"州邮政地址代码"分解为"州设施邮政地址代码"和"州用户邮政地址代码"。如前所述,这些元素的地址群不同,此外数据的值域也没有必要包含相同的有效值集合。"州用户邮政地址代码"域可以与"州地理代码"保持一致,但"州设施邮政地址代码"域可能限定在有设施存在的州子集中。

在该例中,应用数据元映射为此层的注册系统元素。6.7 描述了以不同名称出现在不同数据库的数据元与一个注册系统数据元之间的关联。这些关系通过确保形式不同的数据元之间语义一致来支持数据交换。

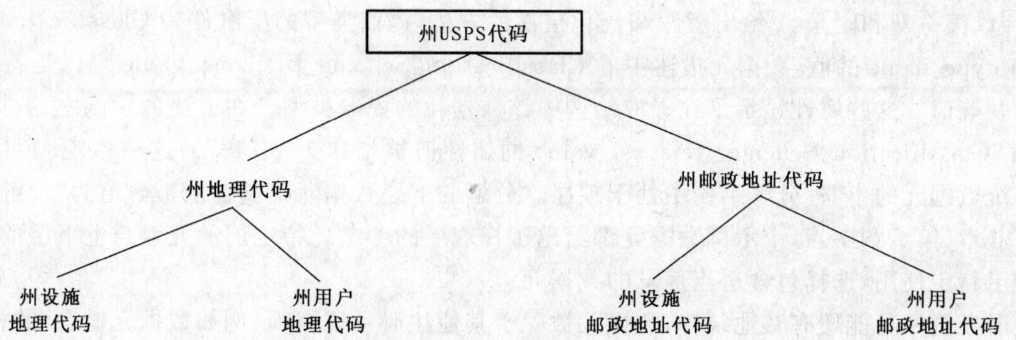

图 1 特化/泛化层次

第 6 章、第 7 章和附录 A 给出了跟踪特化层次的方法,提取类型的层次作为 Classification_Scheme_Item. csi_type_name 的值,数据元描述中的 Classification_Scheme_Item. csi_value 可以是特化、泛化、聚合和串联等值。这些属性显示了在提取结构中该数据元的提取类型。在上述的示例中,数据元"州 USPS 代码"的属性值 Classification_Scheme_Item. csi_value 被指定为"泛化"。这一指定表明这个数据元在注册系统数据元的泛化/特化结构中处于顶层。下层中的数据元,"州地理代码"和"州邮政地址代码"的该属性值被指定为"特化"。第三层的数据元,即"州设施地理代码"、"州客户地理代码" 、"州设施邮政地址代码"和"州客户邮政地址代码"也被指定为"特化"。

在注册系统中可能还有其他结构,数据元被置于其他注册系统表项(例如数据元概念)的相对位置。这种情况下,需要其他的属性定位那些结构中的示例数据元。

4.2.1 值域共享示例

图 1 表示了一个泛化/特化的层次,此处,"州 USPS 代码"被看作一个数据元,它被特化为"州地理代码"和"州邮政地址代码"。如果"州地理代码"和"州邮政地址代码"的允许值范围相同,也可以将"州 USPS 代码"作为一个数据值域,由数据元"州地理代码"和"州邮政地址代码"共享。

4.3 串联/分解示例

用串联/分解表达数据元之间的一种关系,即,较高层描述整个序列,较低层则为该序列的组成部分。它们可以是离散的,也可以是非离散的;也就是说,一些较低层的组分在其描述或域上是可以重叠的。

该提取类型的一个示例是将邮政地址序列划分为其子组分(见图 2),这些划分以 ISO 11180 为基础。该图显示了数据元集"邮政地址分组"的组分。

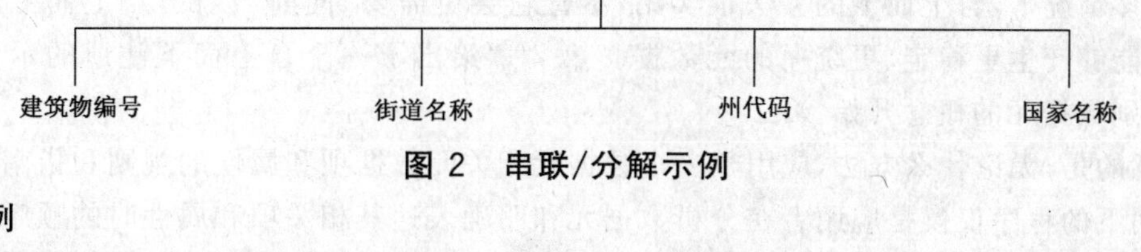

图 2 串联/分解示例

4.4 聚合示例

用聚合表达数据元间的一种关系,即:较高层描述一个整体的某个特性,较低层为影响该特性的要素。它们可以是离散的，也可以是非离散的；也就是说，一些较低层的组分在其描述或域上是可以重叠的。

该类型提取的示例有：

- 从结束时间减去开始时间或任一临时中断时间段，来产生一个运作时间段；
- 从值总体和其计数产生平均值和标准差。

应注意的是，聚合运算的逆运算（派生）通常不成立。这是因为，派生过程产生了与原数据示例不同类型的信息。在严格的派生分解中，信息常常在过程中有所损失。

第6章、第7章和附录A给出了跟踪泛化层次的方法，提取类型的层次作为Classification_Scheme_Item. csi_type_name的值，数据元描述中的Classification_Scheme_Item. csi_value可以是特化、泛化、聚合和串联等值。这些属性显示了在提取结构中该数据元的提取类型。在上述的示例中，数据元"邮政地址组"的Classification_Scheme_Item. csi_value的属性值被指定为"串联"。这一指定表明此数据元在注册系统数据元的串联/分解结构中处于顶层。分解的下层数据元其属性值被赋值为"分解"。

在第6章、第7章中，每个示例数据元都给出了提取层的参考。特定层的元素与上下层的关系有助于用户为了特定使用，选择包含适当信息的数据元。

在注册系统中可能还有其他结构，数据元被置于其他注册系统表项（例如数据元概念）的相对位置。这种情况下，需要其他的属性定位那些结构中的示例数据元。

5 数据元注册

为了能够明确地描述和定义数据元，在注册数据元时，要求记录数据元的一定特征。这些特征作为数据元的属性储存在注册系统中。注册系统既可以包括标准中的数据元，也可以包括应用中的数据元。注册系统中的元数据信息的数量和质量可能是良好、完备的，也可能是不完整的。本部分的目的在于描述如何在注册系统中注册数据元，以便生成质量高且一致的元数据。GB/T 18391.3规定了用于记录注册系统中数据元的属性。本部分将给出一些示例来说明注册系统中数据元的注册。它包括必选属性、由元模型给出了完整定义的属性，以及注册机构自己规定的必要属性。

数据元构建过程中，常常会出现很多问题，例如，值域中值的定义有些是规范的，有些不是。两个数据元的值可能是交迭的。本部分不解决这类问题。

元模型给出了记录注册系统中多个元数据项的管理数据，被称之为管理记录。管理记录应包括一个标识符、项产生的日期、项的注册和管理状态。管理记录应有相关环境下的名称和定义。管理记录还可以包括当与项有关的的数据变更时的日期、有效和终止的日期。解释性备注和项的起源以及管理注解、变更描述和尚未解决的问题都可以被记录。在目前对注册进行描述的GB/T 18391.6中，关于管理记录而非数据元自身的注册状态确定的严格的程序尚未建立。出于本部分的目的，用于决定所有项注册状态的完备和数据质量特性将被认为与数据元自身的一样。

本部分包括了数据元注册的两种方法：自下而上的方法，在注册之前，关于数据元的有限信息是可以获得的；自上而下的方法，事先可以识别概念上的信息。

- 自下而上的注册程序提供了在定义关于数据元概念信息之前，就完成的关于数据元（例如，定义、名称和允许值）的基本元数据属性。本部分的第6章描述了该方法；
- 在许多情况下，自上而下的方法很实用，尽管它会更需要"向前"尝试，自上而下注册的潜在好处是能够产生更稳定、更统一的元数据。第7章给出了一个自上而下注册的示例，在此，注册由识别数据元的概念开始。

值得注意的是，无论什么方法，应用于一个数据元相关元数据项和属性的规则和指南应相同。自下而上和自上而下的程序仅仅是应用者在分析数据元和明确表达其相关项和属性时的顺序不同而已。第6章的语境描述了完整的注册程序。除了描述的顺序外，相同的程序可适用于第7章。

6 自下而上的数据元注册方法

在许多情况下，提交者提供注册的数据元仅是一些有限的信息(例如，名称、定义和允许值的集合)，其他属性必然由基于对其他一些事实所隐含的潜在数据元和概念的理解来决定。对现有系统进行操作的注册系统操作人员，可能会发现从数据元到数据元概念的操作是合适的。在本部分中称为自下而上方法。当注册系统的目的在于作为一个描述数据产品例如公共数据集、查询结果等元数据的一个发行机制时，也可使用自下而上的方法。

本章提供的示例描述了基于自下而上的程序如何编写一个数据元的属性。注册程序按照分析和编写一个数据元属性的逻辑顺序来表述。首先描述注册数据元的一般性程序，其次是四种类型的数据元的注册的示例，包括：

- 一个具有可枚举值域的国际标准；
- 一个信息系统，该系统的应用数据元使用了标准的可枚举值域；
- 一个具有不可枚举值域的国际标准；
- 另一个标准，其中的应用数据元使用了标准的不可枚举值域。

本部分的目的在于帮助注册系统实施者系统性地阐明、描述和定义一个数据元的属性。6.1 给出了自下而上的数据元注册系统总体方法的一个示例。注册诸如国际标准、国家标准和信息系统中描述的各种更特化的数据元示例时，可参见 6.2，6.3，6.4 和 6.5 。附录 A 中的表格简要概括了第 6 章随后示例中每个数据元需要注册的信息。附录 B 依据 GB/T 18391.2，GB/T 18391.4，GB/T 18391.5 和 GB/T 18391.6，包含了更详尽的信息和示例，用以帮助数据元注册的操作人员。附录 C 提供了本部分的示例属性与 GB/T 18391.3 元模型间的对照。

6.1 注册数据元的一般性程序

通常提交注册的数据元的信息是有限的，可能是在文件中或由提交组织提供的名称和定义，也有可能包括允许值的集合。下面的一般性程序目的在于，按照某个特定注册机构的要求，产生一个完整、定义良好的数据元注册。

有些数据元的元数据可能永远也会完整。如计算机软件的应用数据元，除了表示属性(例如，字段长度和数据类型)外，其他信息很少。对这些数据元，仅注册最基本的属性，数据元的注册状态是“未完成”。

6.1.1 数据元的理解

在检测计算机系统时，操作人员不应认为记录中的字段和注册系统中的数据元是一一对应的。随着系统的更新，在不同的情况下，字段可用于不同的目的。这时一个字段可能对应多个数据元，也可能多个字段对应一个数据元。

注册程序的第一步是理解一个特定数据元。哪类数据可以存储在该数据元中？是否有数据值的定义或描述？是否提供数据的允许值或者示例？数据值是由算法还是统计来决定？数据值的表示是什么？例如，它们可以是事物的名称或描述，可计算的数值，作为标识符的字符串或数字。当提交的文件不足以满足对数据元的理解时，操作人员应咨询该数据元的提交者，以获得必要的信息。

第一步的结果是对数据元语义内容的理解。

6.1.2 内容研究

注册者在形式化新注册数据元的属性之前，应研究并确定：

- 在现有的国际、国家或组织标准中是否有对该数据元的描述？
- 注册系统中，或者注册系统的联盟中是否存在可再利用的数据元？

有必要认识到，在记录元数据于注册系统时，注册操作人员应进行值确认。操作人员将决定是否采用一个数据元以满足新需求，或者是否有某个现有数据元的属性(例如，值域、数据元概念或概念域)可被该新数据元利用。内容研究应包括概念域、数据元概念和值域以及数据元的研究，以识别可能与将被注册数据元有关的属性。如果现有的标准数据元可以用作一个典型来满足带有新目的的特定规范,那么一些相关的元数据项可被再利用于该新数据元的注册。

该步骤的结果是确认所需的新数据元,或决定是改造还是再利用现有的数据元或它的一些属性。

6.1.3 数据元定义

一个数据元的基本语义内容应从数据元的定义中获得。GB/T 18391.4 描述编写定义的规则与指南。附录 B 根据 GB/T 18391.4 阐明的规则和指南,给出编写定义的示例。定义和名称注册在相关语境中(定义或名称应用于或来源于其中的学科标记)。本部分中许多示例的相关语境记录为“注册系统”。该例中的“注册系统”表明对名称和定义的简洁陈述是依据注册机构为此特定注册系统而建立的规则和指南。除了标记(命名)语境,表示名称和定义的语言也可标记为一种语言标识符。

6.1.4 允许值和值域

GB/T 18391.3 给出了描述允许值域的属性。数据元的全部允许值构成了该数据元的值域。附录 B 也包含关于值域属性的详尽信息和这些属性如何用于可枚举值域(即,通过列表来规定)和不可枚举值域(通过公式、规则、规程或参照来规定)的示例。数据类型应与其所来源的模式名称或数据名称相关联。附录 B 提供了数据类型来源的示例。格式用于表明标点符号的位置,或满足数据项的值的其他编辑需要(例如,YYYYMMDD 是日期的一种格式)。

不同属性的使用取决于允许值是可枚举还是不可枚举。每个可枚举允许值与规定该允许值含义的一个有效值含义相关联。描述参见 6.1.8。

每个可枚举允许值的起始日期也一起被注册在注册系统中(即,当允许值对于注册系统中的值含义有效时的日期)。对值含义来说,该允许值成为无效的终止日期也将被注册。

不可枚举域的值域应包括对数据元有效值的描述。本部分包含了注册具有可枚举域(6.2 和 6.3)和不可枚举域(6.4 和 6.5)的数据元的具体示例。

值域是一项管理记录,要求记录值域的管理数据,包括相关语境中的名称和定义、域的起源和任何说明性备注,以及该值域的管理状态和注册状态。

6.1.5 表示类

在注册过程的该阶段,适于注册描述如何表示数据元的表示类。在 GB/T 18391 的注册系统中,表示类是一项可选属性。在使用表示类的地方,它是一项管理记录。每个表示类都需要标识符、名称、定义和相关语境及其他属性,如注册状态、管理状态和创建日期。可选属性(例如,解释性备注、来源)也可包含在表示类中。

注册数据元时,表示类选自已被管理的表示类列表,并记录在该数据元中。表示类的限定词也可酌情记录。表示类用法的描述及示例参见 B.2.3。

6.1.6 名称和标识符

GB/T 18391.5 给出了数据元的命名和标识的原则。一个数据元应至少赋予一个名称,并与该名称适用的相关语境关联。可以为一个学科、一个组织、一个特定计算机语言、一个数据库管理系统或其他目的开发一个名称。遵照一个特定名称相关语境的命名协定来开发每个名称。命名协定可以是多样化的,从“无论你想称呼它什么”到一个高度结构化的名称。命名协定的描述应作为一个参考文件保存在元数据注册系统中。GB/T 18391.5 没有强制规定命名协定,但说明了如何文档化一个命名协定。附录 B 通过名称和名称相关语境应用的示例详述了 GB/T 18391.5。

在注册机构(RA)中注册的每个数据元都由一个唯一的标识符来标识,使之没有歧义。尽管该标准没有规定数据元标识符的格式和内容,但是标识符不应带有关于该数据元的有用信息,例如,它可以是一个自动系统按序赋予的一个号码。如果数据元的属性发生改变,则生成该数据元一个新版本,并重新注册版本标识符 (VI)。

由于每个注册机构都有各自的标识方案,所以不同的注册机构可能使用了相同的标识符标识不同的数据元。因此,应确定一个注册机构标识符(RAI),并同数据标识符和版本标识符一起唯一的标识一个数据元。按照GB/T 18391的规定进行注册的数据元拥有国际注册数据标识符(IRDI),它由RAI、DI、VI组成。GB/T 18391.6描述了RA的要求和RAI的构成。RAI由国际代码分配符(ICD)、组织标识符(OI)、组织内部机构标识符(OPI)和OPI来源组成。GB/T 18391.6对IRDI作了进一步的讨论。本部分将RAI的示例标为{RAI}。

在GB/T 18391注册系统中,所有管理记录都将被赋予标识符,其方法与上述数据元的相同。

6.1.7 其他元数据属性

GB/T 18391.3描述了其他必选和可选的数据元属性。除了6.1.3描述的定义属性和6.1.6的标识属性,还有用于定义和描述数据元的管理、关系、分类和其他混合属性。用于GB/T 18391元数据注册系统的该标准要求数据元应文档化为管理记录。

除了GB/T 18391.3规定的必选属性,注册机构可以确立特定注册系统的轮廓。规定如下要求:

- 在GB/T 18391.3中为可选属性,但在该注册系统中为必选的属性;
- 在GB/T 18391.3中规定的,但该注册系统中未包括的可选属性;
- 在GB/T 18391.3中未涉及但在该注册系统中要标识并添加的属性。

本部分随后的各章描述了通过数据元概念将数据元关联起来(6.1.8)和对数据元进行分类(6.1.9)的属性。许多信息源没有提供关于数据元的概念和分类信息。6.1.10描述了与注册和管理状态有关的一些管理信息。附录B包括了这些元数据属性的详细信息。

对于本部分描述的自下而上注册程序,在此记录的一些管理和混合属性包括:

- 提交组织:提交组织是将要添加的数据元提交给注册系统的组织的名称。提交组织的提交联系在注册系统中也有记录。
- 主管联系:被授权负责数据资源集合的组织是主管联系。主管也可以是组织内部的一个职位,或甚至是热线应答服务。该阶段可以注册关于联系的其他信息,包括电话号码、电子信箱和邮编。
- 数据元解释性备注:数据元的解释性备注可以用来提供该数据元的备注,包括用法、程序和其他不适于包含在该数据元的定义属性中的说明性信息。
- 数据元的起源:数据元可以与任何类型的来源关联,包括文件、标准、系统、团体、表格或消息集。只有一个与数据元关联的来源指明关于该数据元的信息源。关于来源的其他信息在该阶段可以注册的包括摘要和文献信息。

系统日期一般由应用软件记录为管理属性:创建日期和最近修改日期。其他管理数据可进行手工注册。

6.1.8 数据元概念

在注册数据元阶段,可以通过数据元概念规定关于数据元的概念性信息。数据元概念可以与若干数据元关联,这些数据元用不同的表示记录关于那个概念的数据,例如,表示加拿大各个省的名称和代码具有相同的概念,在该例中就是“加拿大省份标识符”。

数据元概念可以用对象类、特性和限定词标识。数据元概念是单一的(仅表示为一个概念)。它可与多个数据元关联,包括其他的名称和代码,但在其名称或定义中不包括表示类术语。下段将要描述到数据元概念仅与唯一的一个概念域关联。

概念域规定数据元概念,即,在注册系统中,管理数据项概念的可能有效值含义集合的表示应独立于(但不限于)它们在相应值域中的表示。概念域“加拿大省份”包括有效值含义如“加拿大的省(Alberta,... Yukon Territory),”每个值含义标识一个加拿大的省。每个值含义和它的概念域、起始日期(值含义在注册系统的概念域中开始有效的日期)和终止日期(值含义无效的日期)一起注册在注册系统中。依照值域规定的表示,允许值与值含义关联。例如,表示加拿大的两字母字符代码允许值“CA”与命名为“世界各国”这个概念域中“主要地理实体为加拿大”的值含义关联。

数据元概念和概念域通常为管理记录,应由管理数据规定,如同数据元本身一样。因此,至少有一个该数据元概念和概念域的名称和定义应记录在相关语境中。还需要记录二者进入注册系统的日期以及它们的注册状态和管理状态。关于数据元概念和概念域的注释、起源和其他管理属性也可储存。

附录B详尽地描述了数据元概念和概念域的派生,包括值含义。

6.1.9 分类方案

在恰当的时候,也记录分类方案的属性。分类有助于增加在定义中不易包含的额外信息,组织注册系统的内容,并提供路径来支持更有意义的查询。GB/T 18391.2 描述了分类的一般种类。

每个注册机构都应决定包含在其注册系统中的分类类型。始终要记录分类方案的类名。注册机构可以选择将数据元分为如下几组:

- 用于邮政地址的数据元;
- 用于标识设施的数据元;
- 用于定位地球表面一个点的数据元;
- 列于数据标准中数据元;
- 包含于应用系统的数据元;
- 标识于数据集合表格中的数据元。

注册机构可以选择的分类类型的示例按一个或多个关键字对数据元进行分类,例如,高度、日期、设施、行业、组织以及对象类。分类方案经常包含管理数据,并与组织、参考文件、注册机构和联系信息等相关联。本部分仅提供了分类方案类型和这些类型分类值的示例。

6.1.10 注册和管理状态信息

起初,新注册的数据元仅有某些属性被记录。这样的数据元其注册状态指定为"未完成"。当一个数据元所有的必选属性注册在注册系统中,但元数据的质量尚未验证,则注册状态为"已记录"。通过质量审查程序,一些数据元将被指定为"合格"的,另一些为"标准"的。"标准"的数据元是用于数据共享时所首选的数据元,使得被交换的数据有一致的表示和理解。

在 GB/T 18391.6 中描述的数据元的注册过程和注册状态,可以用于标识元数据的审查和质量。许多数据元可能被注册在一个注册系统中,但其中仅有相当少量数据元被指定为"标准"的注册状态。附录B描述了贯穿注册数据元整个生命周期的注册和管理状态的分配。GB/T 18391.6 规定了注册状态的层级,但管理状态由各注册机构确立。尽管 GB/T 18391.6 没有给出数据元外其他元数据项的注册,但在本部分中其注册过程,与数据元的一致。

6.2 具有可枚举域的标准的示例

本条中的数据元注册的示例,来源于 ISO 3166-1:1997(E/F),其有效值是可枚举的。

ISO 3166 包含了下列值域:国家名称英文简称、国家(正式)名称英文全称,2 字符字母代码、3 字符字母代码、2 字符数字代码、3 字符数字代码、国家名称法语简称、国家名称法语全称。

下列各段以国家名称英文简称为例,按照逻辑顺序给出了一个标准的可枚举数据元属性的编写。6.2.12 中的表格包含了国际标准中一个可枚举数据元示例的全部元数据属性。

6.2.1 数据元的理解

该注册数据元来自一个国际标准,它包括世界各国国家标识符的官方概念域。选择将英文简称标准化是因为其在美国联邦各部门的信息系统中用处最多,私人领域也是如此。美国邮政局(USPS)将英文简称形式的名称用于所有寄出的国际邮件,优先于该标准中包含的其他任何代码或全称。相对于各个国家自己标识的当地名称,(USPS) 也优先使用该名称。例如,(USPS) 认可"Japan"而不是该国家自己普遍使用的"Nihon"。在以 ISO 3166 为基础的开发中,也优先使用英文简称,以避免有些情况下,全称(即,"……人民共和国""……王国")可能反映国家政治状况。

一些注册机构可能选择将英文简称注册为一个值域,而不是一个数据元(注:参见 1.4)。由于 ISO 3166包含了通常不作为国家而作为地区的名称和代码,因此基于 ISO 3166 的数据元也可能会仅使用表示国家而不含地区的值域子集。

该标准英文简称在长度上从 4 个字母字符(例如,Peru)到 44 个字母字符(即,South Georgia and the South Sandwich Islands)。

6.2.2 内容研究

其他含有国家标识概念域的标准有:美国商业部、技术局、美国国家标准和技术研究院(NIST)发布的美国联邦信息处理标准(FIPS)。FIPS 10-4 由美国国务院开发并使用,并由美国国务院地理学者和全球问题办公室负责维护。FIPS 10-4 发布于 1995 年 4 月,反映了自 1993 年 5 月 6 日以来的变化。FIPS 104-1 执行了美国国家标准研究院的标准 ANSI Z39.27-1984,并采用了 ISO 3166 规定的实体、名称和代码,并对其作了一些限定。例如,FIPS 104-1 没有随意地将一些与美国有关联的地区和领土标识为国家,而在 ISO 3166 中是标识为国家的。FIPS 104-1 的上次修订是在 1986 年 5 月 12 日。FIPS 104-1 由美国国家标准局(即,现在的 NIST)维护,但应与美国国务院、美国地名委员会和 ISO 3166 的维护机构协商。目前尚无计划更新 FIPS 的两项标准,而且两项标准也没有获得国际范围的认可。

标识国家的数据元标准应是国际权威的值域源,并要对其进行持续的维护。因此,ISO 3166:1997 是国家名称数据元的起源。

6.2.3 数据元定义

数据元定义的编写依据 GB/T 18391.4 确立的相应的规则和指南。附录 B 用示例对其进行了描述。定义是单数的,因为数据元的任何示例仅包含一个值。理解该数据元的实质含义是用英文的一个简称标识国家,数据元的定义可表达为"ISO 认可的国家英文简称"。

6.2.4 允许值和值域

该数据元的允许值是列在 ISO 3166 中的英文简称(即,Afghanistan,Albania,... Zimbabwe)。每个允许值和其在某个特定注册系统中的有效值含义一起注册到这个注册系统中。该例中"起始日期"被定为该标准开始生效的日期:1997 年 1 月 10 日,此时尚未注册"终止日期"。

该数据元允许值的范围包括所有国家的英文简称。值域被定义为允许值的一个集合。在相关语境中它可以用一个名称和一个定义加以标记。在该例中,相关语境为"注册系统";值域的名称为"国家英文简称";定义是"ISO 认可的国家英文简称"。值域还应有一个标识符和一个版本号,可以通过应用软件赋予。参见附录 B.2.2 和值域,该例中在此时记录的其他值域属性有:

- 数据类型:国家名称的数据类型是"CHARACTER VARYING",数据来源是"ANSI ISO SQL";
- 最大字符:依据 6.2.1,该值域已知的最大长度为 44;
- 格式:该字符串没有要求的格式;
- 值域(VD)来源:可获得允许值的标准是 ISO 3166-1:1997;
- 标识符:{RAI} 5678:1。

6.2.5 表示类

表示类"名称"在以前注册的表示类(它们中每个都有其自己的管理纪录)值中选取。该例中,表示限定符"简称"也应记录下来,以区别 ISO 3166 中的英文全称。

6.2.6 数据元的标识和命名

名称并不能标识数据元。GB/T 18391.5 要求用唯一的标识符来标识数据元,赋予数据元一个或多个名称,并记录在相关语境中。

6.2.6.1 标识

按照附录 B 的描述,赋予"国家英文简称"数据元一个唯一的标识符。该例的注册系统中,唯一的数据元标识符和版本标识符(DI:VI=20903:1)在系统时间中赋予。如同在该文件附录 B 中描述的那样,该标识符前是注册机构的标识符。在该例中,注册机构的标识符表示为{RAI}。通常在一个记录生成时,就自动赋予一个标识符,包括已被记录的 RAI。该示例数据元的 IRDI 指定为{RAI}20903:1。

6.2.6.2 名称相关语境和命名协议

GB/T 18391.5 描述了数据元的命名。附录 B 给出了名称相关语境和命名协议的示例。对于该国际标准数据元,名称来源于决定名称相关语境"注册系统"的命名协议。它的派生依据附录 B 中提供的示例命名协议,概括如下:

- 范围:该示例命名协议的范围是注册系统的名称。
- 权责:该示例的权责属于环境数据注册系统。
- 语义规则:在适当的情况下,名称可包括一个对象和一个特性。限定词可用来区别在其他情况下,可能一样的名称。表示类术语应作为最后一个术语包含在名称中。
- 词法规则:数据元的名称的最大长度应为 100 个字母数字型的字符。
- 名称唯一性:在一个特定注册机构的相关语境中,名称应该是唯一的。

6.2.6.3 该数据元的命名

该数据元的名称使用以上的命名协议在相关语境"注册系统"中进行注册。协议规定该名称宜包括对象"国家",以表明该数据值存储在这一数据元中。在示例"名称(命名)"中,根据该注册系统的命名协议,名称宜包括概念的表示。也有必要使用限定名称,因为在 ISO 3166 中国家名称有四个值域。特性"英文语种"和限定词"简称"适用于此示例。该数据元的名称表述为"ISO 认可的国家英文简称"。

6.2.7 其他元数据属性

下列各段描述了可在此时记录的其他元数据属性的示例:

- 选取该数据元的示例。示例应是值域中的允许值之一。
  数据元示例:China。
- 标识该数据元的来源作为获得允许值的标准。在该例中,数据元的来源与值域的来源相同。
  数据元来源:ISO 3166-1:1997《世界各国及地区名称表示代码 第 1 部分:国家代码》。
- 记录那些不包含在定义中,但可以提供数据元有关的额外信息的解释性备注。
  数据元解释性备注:该数据元包含在邮政地址标准中。
- 注册提交组织的名称,它是提交数据元来注册的组织。
  提交组织:信息收集办公室。
- 记录组织的名称、头衔或其他联系方式,以便赋予监测和维护数据元职责。
  主管联系:地理政治的数据主管。

其他管理元数据,例如创建日期,如果可能尽量由系统自动记录或获取。其他管理数据可以手工录入。

6.2.8 数据元概念

如同 6.1.8 描述的,数据元概念的标识是基于数据元的名称和定义而不是表示法。在数据元"国家英文简称"中表现出的概念是"国家标识符",定义为"世界某个主要地理实体的一个标识符"。该概念可以由包含在 ISO 3166 中所有的 7 个名称和代码来表示。数据元概念的名称和定义与数据元的名称和概念方式一样被记录在相关语境中。该示例中数据元概念名称和定义的相关语境是"注册系统"。

数据元概念的对象类和特性,以及适当的限定词可以在此时注册。对于国家标识符,对象类记录为"国家",特性为"标识符"。数据元概念和对象类、特性一样,是一个管理记录。管理型数据要求以下各项:如上描述的名称和定义,各项在注册系统中产生的日期。生成日期一般由应用软件赋予,从系统日期中获取。

概念域是一个管理数据项概念的可能有效值含义的集合,它们在注册系统中的表示应独立于(且不限于)它们在任何相应值域中的表示。包含有关标识世界各国值含义的概念域被命名为"世界各国",它被定义为"世界主要地理政治实体"。与该概念域关联的值含义定义为"以〈*国家名称*〉为人所知的世界上主要地理政治实体",这里,〈*国家名称*〉是列于 ISO 3166 上的国家名称。每个值含义由其自身的值含义标识符(VMID)来标识,并与在特定注册系统中其值含义对于概念域生效的日期一起注册在注册系统中。在该例中,所有值含义的日期设定为1997年1月10日,是该标准成为官方标准的日期。注册系统内,任何值含义无效的时候,终止日期也将被注册(即,注册系统的更新反映了值含义描述的变化)。

6.2.9 分类

下列各段给出了该示例中数据元的分类类型:

- 标识一个或多个关键词,关键词是名称或主题的描述符,便于将相近的数据元分组以用于检索。

  关键词:国家。

- 依照用于翻译的概念或一般性主题,用类似的数据元将ISO国家英文简称分组。

  概念组:国家标识符,该组中其他数据元可以包括用于"国家标识符"的其他6个表示。

  主题组:地理政治实体,该组其他数据元可以包括诸如州或省名称、县名称和市名称之类的数据元。

- 标识该数据元的一个或多个真实世界对象可以在此时记录。

  对象类:国家。

- 标识该数据元的抽象层次。

  抽象类型层次:泛化。

6.2.10 注册和管理状态信息

当该数据元的所有必选元数据属性已录入后,指定其注册状态为"已记录",管理状态为"质量评价中",关于注册和管理状态的描述参见附录B。因为该数据元由一个国际标准来标识,它被认为是在示例注册系统中表示国家名称的首选数据元,在必要的质量评价完成后,其注册状态将更新为"标准",其管理状态为"最终"。

GB/T 18391.3元模型要求记录所有管理记录的注册状态和管理状态。当这些管理记录的所有必选元数据属性已录入后,指定它的注册状态为"已记录",管理状态为"质量评价中",附录B中注册和管理状态的描述适用于所有的管理记录。因为该例中的数据元概念由一个国际标准来标识,在必要的质量评价完成后,注册状态将更新为"标准",其管理状态为"最终"。

6.2.11 来自ISO 3166的其他名称和代码

来自ISO 3166的其他名称,亦即英文名称、法语名称(简称和全称)和代码也可由它们各自的值域、表示、数据元定义、数据元名称和定义来注册。所有与ISO 3166关联的数据元拥有相同的数据元概念(即,国家标识符,定义为"世界某个主要地理政治实体的一个标识符。")和概念域(即,世界各国,定义为"世界主要地理政治实体")。所有ISO 3166的数据元拥有相同的值含义。但是,它们具有与值含义关联的不同的允许值集合,这取决于给定的数据元、它的表示和值域。

6.2.12 元数据属性概要

下列表格和表A.1中第一个元数据栏概括了赋予由ISO 3166:1997标识的数据元国家英文简称的元数据属性。本部分所使用的元数据属性名称和现行的GB/T 18391.3元模型的对照参见附录C。

元数据属性名称		ISO 3166,可枚举
1	数据元定义	
	数据元(DE)定义相关语境	注册系统
	DE定义	ISO认可的国家英文简称。
2	允许值和值域	
	允许值(每个PV)	来自ISO 3166、与值含义匹配的所有国家英文简称。(记录为:Afghanistan,Albania,...,Zimbabwe)
	PV起始日期(每个PV)	19970110

	元数据属性名称	ISO 3166,可枚举
	PV 终止日期(每个 PV)	(不适用)
	值域(VD)相关语境	注册系统
	VD 名称	ISO 国家英文简称
	VD 定义	ISO 认可的国家英文简称。
	VD 描述	(不适用)
	VD 项标识符	{RAI} 5678:1
	数据类型	CHARACTER VARYING
	数据模式/来源	ANSI ISO SQL
	字符最大程度	44
	格式	(不适用)
	度量单位	(不适用)
	精度	(不适用)
	VD 起源	ISO 3166-1:1997
	VD 说明性备注	值域仅包括 ISO 3166 中赋予给国家的名称子集,不包括地区名称
3	表示类项	
	表示类	名称
	表示类限定词	简称
4	数据元名称和标识符	
	DE 名称相关语境	注册系统
	DE 名称	ISO 国家英文简称
	DE 标识符	{RAI} 209033:1
5	其他数据元属性	
	DE 示例	China
	DE 起源	ISO 3166-1:1997
	DE 解释性备注	该数据元包括在邮政地址标准中
	提交组织	信息收集办公室
	主管联系	地理政治数据主管
6	数据元概念和概念域	
	数据元概念(DEC)相关语境	注册系统
	DEC 名称	国家标识符
	DEC 定义	世界主要地理政治实体标识符
	对象类	国家
	对象类限定词	(不适用)
	特征	标识符
	特征限定词	(不适用)

元数据属性名称		ISO 3166,可枚举
	DEC 项标识符	{RAI}12345:1
	概念域(CD)相关语境	注册系统
	CD 名称	世界各国
	CD 定义	世界主要地理政治实体
	CD 项标识符	{RAI} 2468:1
	CD 起源	ISO 3166-1
	值含义(用于每个 VM)	主要地理政治实体如〈China〉
	VM 起始日期(适于每个 VM)	19970110
	VM 终止日期(适于每个 VM)	(不适用)
	VM 标识符(适于每个 VM)	〈由系统赋予,例如 1001…1230:一个对应每个 VM〉
7	分类类型示例	分类类型的分类值
	关键词	国家
	组	地理政治实体,国家标识符
	对象	国家
	抽象类型层次	特化/泛化
8	注册和管理状态	
	DE 注册状态	标准
	DE 管理状态	最终
	VD 注册状态	标准
	VD 管理状态	最终
	DEC 注册状态	标准
	DEC 管理状态	最终
	CD 注册状态	标准
	CD 管理状态	最终

6.3 应用系统数据元开发示例

应用数据元是用于某一特定应用的数据元。例如,本部分中,在计算机系统应用中发现的应用数据元被用作数据注册的一个示例。用于计算机的数据元与实体(例如,表格)关联且可以用标识符来标识。邮政地址实体中的国家名称属性选自包含关于设施数据(例如,设施数据系统)的一个信息管理系统。选择该数据元以表明应用数据元和标准数据元之间具有相同数据值的关系。它也表明定义良好的数据元如何与计算机应用系统标识的数据元相区别。使用的方法与6.1所述相同。应注意的是,许多计算机应用系统包含的元数据是不完备的。通常,一个数据元只有其名称、数据类型和字段长度是可知的。在该数据元能够重复使用是基于标准数据元的域和概念信息的地方,例如在本示例中,该数据元可注册为“已记录”。然而,许多数据元应注册为“未完成”,而且所有在模型中标识为“必选的”元数据属性可能永远都是“未完成”的。

6.3.12 中的表格包含了本部分描述的应用数据元所有元数据的概述。

6.3.1 数据元的理解

使用在邮政地址中的国家代码应用数据元应能够用在邮件上,使邮件送达全世界的任何国家。国家应以易于认读的方式来表示,并符合该国已知的标识符。因此,所有国家的权威名称都应包含在值域中。名称应是地址单元行中的一段。

6.3.2 内容研究

美国邮政局邮寄地址标准要求国家名称包含在邮件的最后一行。在注册邮寄地址国家名称的数据元之前，注册机构的注册系统将检查决定是否有在属性化该数据元时可重复利用的数据元、值域、允许值、或数据元概念和概念域。

注册系统的搜索将发现依据ISO 3166的标准数据元已被注册。该标准数据元不够具体，尚无法描述该数据元针对一个邮寄地址实体的应用。但是，用于邮政地址的国家名称的适当值域应该出于ISO 3166的简称。该应用数据元(即，用于邮寄地址的国家名称)的所有值域与6.2中描述的ISO标准英文国家简称相同，适于该数据元的概念域也相同。因此，该数据元将被注册，重复使用来自该标准数据元的概念域和允许值。

6.3.3 数据元定义

邮寄地址中国家名称属性定义的编写是依据GB/T 18391.4中所给出的规则和指南。本部分的附录B提供的规则和指南以及附加的示例将为编写定义提供帮助。因为该数据元已通过计算机应用系统(即，设施数据系统)提交，应用系统提供的定义将由它的相关语境来保留和标识。在该示例中，根据用于该系统的命名协议，相关语境为系统名称。6.3.6.2描述了该应用数据元名称的相关语境。定义可以与用于该数据元名称的相关语境联合注册在注册系统中。适于设施数据系统这一相关语境的定义为“收件人居住的国家的名称”。注册系统名称相关语境定义包括国家标识符概念、邮寄地址和表示。依据GB/T 18391.4规定的规则和指南编写的该数据元的定义为“邮件可寄送到的国家名称”。

6.3.4 允许值与值域

数据元的允许值由值域确定。应用数据元邮寄地址国家名称使用与ISO 3166所列的国家英文简称标准数据元一致的允许值(即，Afghanistan，Albania，……，Zimbabwe)。该数据元允许值的范围包括所有国家的英文简称。注册机构已确定该数据元由现存的数据元{RAI} 209033:1，ISO国家英文简称的值域来表示。由于值域{RAI}5678:1正在被重复利用，因此没有必要为该数据元记录额外的允许值或其他值域信息。

6.3.5 表示类

表示类“名称”选自表示类管理记录。在本示例中，表示类限定词“简称”也应记录下来，以区别于来自ISO 3166的英文全称。

6.3.6 标识和命名数据元

数据元不由名称标识。GB/T 18391.5要求数据元用唯一的标识符来标识，用一个或多个名称来指定，并在相关语境中进行记录。

6.3.6.1 标识

该例中，用于邮寄地址的国家名称数据元在注册系统中进行注册时，将由计算机应用软件分配唯一的数据标识符(DI)和版本标识符(VI) (5394:1)。该例中数据元的注册机构表示为{RAI}。

6.3.6.2 名称相关语境和命名协议

该例中，数据元被分配了两个名称，每个都有自己的相关语境。第一个是系统名称相关语境，因为该数据元为应用系统的部分，保留该系统中使用的名称对于系统的文档化是有价值的。为系统名称相关语境，即“设施数据系统”相关语境而建立的命名协议遵循：

- 范围：该示例中命名协议的范围是设施数据系统中的应用数据元；
- 机构：该示例中的机构是环境数据注册系统；
- 语义规则：名称应与被应用软件的使用一致，应用软件使用了实体名称属性名称协议(即，表名称、栏名称)；
- 词法规则：数据元名称的最大长度为200个字母数字字符；
- 名称唯一性：一个注册机构内，用于实体/属性关系的名称应是唯一的。

分配给该数据元的第二个名称的相关语境为“注册系统”。它遵循附录B描述的,用于注册系统名称相关语境的命名协议。

- 范围:该示例中命名协议的范围是注册系统名称。
- 机构:该示例中的机构是环境数据注册系统。
- 语义规则:在适当的情况下,名称应包括对象和特性。应使用限定词以区别不同情况下相同的名称。表示类术语通常应作为名称最末尾的术语。
- 词法规则:数据元名称的最大长度为100个字母数字字符。没有命名应用数据元的对照词汇表。
- 名称唯一性:在用于特定注册机构的名称相关语境内,名称应是唯一的。

6.3.6.3 数据元的命名

当文档化一个应用系统时,了解系统的名称和数据元作为属性所存在的实体的名称是很重要的。该数据元被分配一个适合于相关语境“设施数据系统”的名称。了解系统中属性的名称也是有价值的。该例中,系统名称是设施数据系统,它在注册系统中被文档化为一个系统。该系统中属性的名称是Country_Name,实体名称是Mailing_Address。因此,适于相关语境设施数据系统的数据元名称是“Mailing_Address.Country_Name”。

以注册系统作为其相关语境的数据元应标识包含在值域(即,国家)中的数据值以及与数据元关联的实体(即,地址)。它也应包含表示类术语。表示类与ISO标准数据元相同。对于应用数据元(即,邮寄地址实体中的国家名称),实体“Address”由“Mailing”加以限定,使用该限定词是合适的,因为注册系统也可能有应用数据元将国家名称指定为地理(即,自然区域)地址实体。需要限定词来区别邮寄地址和地理地址中的国家名称。应遵循6.1.6中描述的指南。依据GB/T 18391.5的指南,该数据元的注册系统名称是“Mailing Address Country Name”。

6.3.7 其他元数据属性

此时可以记录的其他元数据的属性有:

- 选择该数据元的示例,它应是值域中的允许值之一;
  数据元示例:Denmark。
- 该数据元的来源标识为从中获得允许值的标准;
  数据元来源:设施数据系统。
- 记录不包含在定义中,但提供关于数据元额外信息的注解或备注;
  数据元解释性备注:国家名称通常位于国际邮件的最后一行。
- 注册提交组织的名称,它是提交数据元来注册的机构;
  提交组织:执行和遵从保证办公室。
- 记录作为管理人员联系承担监测和维护数据元的个人姓名或组织名称;
  主管联系:设备数据系统热线。

其他管理元数据,例如创建日期如果可能尽量由系统自动记录或获取。其他管理数据可以手工录入。

6.3.8 数据元概念

该数据元的数据元概念包括地址的对象类(实体)以及作为国家标识符的特性。它不包括限定词“邮寄”。该数据元概念与适于标准的“国家简称”数据元的概念不同,后者仅限于国家标识符的概念。遵循6.1.8描述的指南,该数据元的名称为“地址国家标识符”,数据元概念的定义是“用于地址的世界主要地理政治实体的一个标识符”。该数据元概念可以重复用于其他地址国家标识符,如地理地址国家名称、地理国家代码或其他表示和数据元限定词。这是一个新的数据元概念,它需要为该项记录管理数据。

该应用数据元的概念域是适用于世界所有国家的概念域。它使用与用于国家名称的标准数据元相同的值含义和允许值。因此,它重复使用6.2描述的标准的数据元-ISO英文简称({RAI} 209033:1)制定的概念域(CD ID 2468:1)和值域(5678:1)。

6.3.9 分类

该数据元可由来源或以下一个或多个分类方案来分类:

- 标识一个或多个关键词,关键词是名称或主题的描述符,便于将相近的数据元分组以用于检索;
  关键词:国家,邮寄地址
- 依据翻译的概念或一般主题,用相似数据元对邮寄地址国家名称分组;
  主题组:邮寄地址,它可以包括诸如街道地址名称、城市名称和邮政编码之类的数据元
- 可以在此时标识一个或多个用于标识该数据元的现实世界对象;
  对象类:国家,邮寄地址
- 标识该数据元的抽象层次。
  抽象类型的层次:特化;分解

6.3.10 注册和管理状态信息

当该数据元的所有必选元数据属性被注册时,指定它的注册状态为"已记录",管理状态为"质量审查中"。该数据元来自应用系统,因此其属性经常是不完备的。但是,该特定应用数据元通过重复使用标准数据元的值域、允许值和概念域来被完善,因此其注册状态可指定为"已记录"。如同6.2.10的描述,指定被重复使用的值域和概念域的注册状态为"标准",管理状态为"最终"。

6.3.11 相关数据元

与用于国家名称的应用数据元相关的数据元是用于邮政地址实体的数据元。其中包括这样一些数据元:街道名称或其他邮寄点、城市或其他管辖区域名称、州或者省名称或代码、以及4位邮政编码或其他国际邮政编码。它们都不共用相同的值域、概念域或允许值。但这些数据元可以作为邮寄地址实体的组进行分类。

6.3.12 元数据属性概述

下表包含了赋予上述6.3元数据属性值的概括。在表A.1中元数据的第2栏包含了该元数据。附录C给出了本部分所用元数据属性的名称与GB/T 18391.3元模型的对照。

元数据属性名称		应用系统	
1	数据元定义		
	数据元(DE)定义相关语境	注册系统	设备数据系统
	DE定义	邮件递送的国家名称	收件人所在国家的名称
2	允许值和值域		
	允许值(每个PV)	与值含义匹配的所有来自ISO 3166的国家英文简称。(记录为:Afghanistan,Albania,……,Zimbabwe)	
	PV起始日期(每个PV)	19970110	
	PV终止日期(每个PV)	(不适用)	
	值域(VD)相关语境	注册系统	
	VD名称	ISO国家英文简称	
	VD定义	ISO认可的国家英文简称	
	VD描述	(不适用)	
	VD项标识符	{RAI} 5678:1	

元数据属性名称		应用系统	
	数据类型	字符变化	
	数据类型模式/来源	ANSI ISO SQL	
	最大字符数	44	
	格式	(不适用)	
	计量单位	(不适用)	
	精度	(不适用)	
	VD 出处	ISO 3166:1	
	VD 解释性备注	仅包含赋予国家名称的子集的值域,不包括地区名称	
3	表示类项		
	表示类	名称	
	表示类限定词	简称的	
4	数据元名称和标识符		
	DE 名称相关语境	注册系统	设备数据系统
	DE 名称	Mailing Address Country Name	Mailing_Address. Country_Name
	DE 标识符	{RAI} 5394:1	
5	其他数据元属性		
	DE 示例	Denmark	
	DE 出处	应用系统	
	DE 解释性备注	该数据元在邮件寄出发件国家时需要	
	提交组织	执行和遵从保证办公室	
	工作人员联系	设备数据系统主管	
6	数据元概念和概念域		
	数据元概念(DEC) 相关语境	注册系统	
	DEC 名称	地址国家标识符	
	DEC 定义	表明邮政地址的主要地理政治实体的一个标识符	
	对象类	地址	
	对象类限定词	(不适用)	
	特性	标识符	
	特性限定词	国家	
	DEC 项标识符	{RAI}12468:1	
	概念域(CD)相关语境	注册系统	
	CD 名称	世界各个国家	
	CD 定义	世界主要地理政治实体	
	CD 项标识符	{RAI} 2468:1	
	CD 出处	ISO 3166:1	
	值含义(适于每个 VM)	主要地理政治实体,例如〈中国〉	

元数据属性名称		应用系统
	VM起始日期(适于每个VM)	19970110
	VM终止日期 End Date (适于每个VM)	(不适用)
	VM标识符 (适于每个VM)	〈由系统赋值为1 001…1 230：一个对应一个VM〉
7	分类类型示例	用于分类类型的分类值
	关键字	国家、地址、邮政
	组	邮政地址
	对象	地址、国家
	抽象类型的层	特化
8	注册和管理状态	
	DE注册状态	已记录
	DE管理状态	质量评价中
	VD注册状态	标准
	VD管理状态	最终
	DEC注册状态	已记录
	DEC管理状态	质量评价中
	CD注册状态	标准
	CD管理状态	最终

6.4 具有不可枚举域的标准示例

本条给出了一个国际标准中数据元注册的具体示例，在此，可能的有效值是不可枚举的，但一定是由一个程序确定的。ISO 6709:1983为该示例的出处。

6.4.12中的表格给出了用于记录源于国际标准的不可枚举数据元的所有元数据属性。

6.4.1 数据元的理解

纬度是对赤道南或北子午线的弧度距离的一种度量。该标准提供了一个可变格式和多于一种表示法来记录纬度测量：度数和十进制度数，以及六十进位[即度、分(1/60度)和弧秒]。该标准还包括多于一种的经度表示法和格式，及海拔高度的灵活格式。另外，该标准中还有标准的数据传输格式。

尽管新技术、新工具(例如，全球定位系统GPS)和分析、绘图软件，使得一些地理信息专家喜欢用度和十进制度数度量定位坐标，但许多组织依然使用度、分和弧秒度量纬度和经度。因此，该示例中注册系统的注册机构确定了一种需求，为用度、分和弧秒度量纬度注册一个数据元。根据本标准，小数点的放置表明从度度量向六十进制度量的转化。本标准中数据示例包括用六十进制度量的，弧秒有一、二个小数位这个范围的纬度。但是，本标准不限定精度，仅要求用小数位的个数来表明测量的精度。本示例的注册机构要求纬度记录有5位小数，在此，度量可以达到此水平的精度。

纬度值的度量范围为0(赤道上)～90。分和弧秒的度量范围为60个(0～59)。纬度值在赤道以北的记录为正数；以南为负数。纬度测量为1位数时，记录时前面应加一个0。为了数据转化，纬度度量值前面应有定向符号(＋或－)，度量包括小数弧秒时，它们应有小数点。在数据传递中，纬度在经度之前，经度在高度之前。纬度和经度应以同样的格式风格来表达，且具有相同的精度(由小数位的个数来表明)。在纬度、经度和高度之间没有分隔符；方向符号用作数据元值的一个分隔符。

6.4.2 内容研究

ISO 19111，基于坐标的空间参照，描述了定义一维、二维和三维坐标参考系所要求的数据。坐标参考系应完整、无歧义地定义一个位置。需要用参考系知识来确定坐标点是否是可比的。该标准未提供坐标的表示方面的信息。

对我们示例中注册系统的搜索，发现了40个与纬度度量有关的数据元。其中存在一个以度和十进制度表示的临时标准数据元，与ISO 6709用于度数的数据元相一致。其他数据元都不可能与ISO 6709中六十进制度量的纬度相一致。注册系统中，其他纬度数据元的注册状态为“未完成”，而且许多数据元是经限定的(例如，设施所在地纬度，烟囱纬度)。出于本示例的目的，不可能通过修改已有的数据元来满足ISO 6709标准用度、分和弧秒度量纬度的要求。

因此，在本示例中，选择ISO 6709纬度、六十进制作为一个新数据元。

6.4.3 数据元定义

根据附录B基于GB/T 18391.4中描述的规则和指南编写数据元的定义。规则要求在一个注册机构内，数据元定义应是唯一的，因而度量单位可以用“赤道北或南的经线(子午线)角距离的六十进制度量”包含在定义中。量纲包含在定义中可以使该数据元区别于示例注册系统中用于纬度的现行标准。该标准数据元可以简单定义为“赤道北或南的一条经线(子午线)的角距离度量”。该定义是单数的，因为它仅指数据值的一个示例。ISO 6709并未包含纬度的定义。

6.4.4 允许值和值域

ISO 6709这一国际标准并没有列出该数据元的特定有效值，纬度的度量是一个不可枚举域。注册系统中未存储用于不可枚举域的允许值。需要对不可枚举域的数据的值给出一个描述。适于ISO 6709六十进制纬度数据元所允许的值是这样一些值：它们符合值域描述和数据类型属性、量纲、精度。六十进制纬度的值域名称是“纬度的六十进制度量”，值域定义是“赤道北或南角距离的所有六十进制的度量”。该不可枚举域可以描述为“赤道及以北的纬度度量为正，以南为负。范围为0～90，分为0～59，秒也是0～59”。将量纲包含在该定义中，可以将该值域区别于以度度量的纬度的值域定义。该定义是复数，因为它包含了以该类度量确定的所有可能的纬度度量。

此不可枚举值域记录了值域信息。GB/T 18391.3元模型提供了用于值域的管理数据集合。

该示例其他的值域属性有：

- 项标识符：一个系统为值域生成的标识符和它的版本标识符。
- 名称：纬度的六十进制度量。
- 定义：赤道北或南角距离的所有六十进制的度量。
- 描述：赤道及以北的纬度度量为正，以南为负。度的区间范围为0～90，分为0～59，秒也是0～59。
- 数据类型：纬度度量的数据类型为“字符数字型”，适当时，明确包括方向符号和小数点。
- 数据类型模式/来源：ANSI ISO SQL。
- 最大字符数：六十进制纬度的最大字段长度是13(＋/－DDMMSS.sssss)，容纳了秒小数点后5位。
- 格式：＋/－DDMMSS到＋/－DDMMSS.SSSSS。
- 量纲(度量单位)：该示例中纬度的度量单位为六十进制单位。
- 精度：记录的小数点位数表明度量的精度。

6.4.5 表示类

从用于管理记录表示类中选择“度量”表示类用于该数据元。表示类限定词“六十进制”被赋予该数据元以使该数据元区别于其表示为“度”的其他数据元。

6.4.6 数据元的标识和命名

GB/T 18391.5要求用一个唯一的标识符来标识数据元，赋予其一个或多个名称，并记录在相关语境中。

6.4.6.1 标识符

对于纬度数据元，唯一标识符是必需的。对于该示例中的注册机构，数据元标识符和版本标识符

(DI：VI ＝ 312 345：1)由注册软件自动赋予。该示例数据元的 IRDI 是{RAI} 312345：1。

6.4.6.2 命名相关语境和命名协议

对于该 ISO 标准数据元,其名称被指定的相关语境为“注册系统”,使用附录 B 示例中描述的命名协议,概述如下:

- 范围:该示例命名协议的范围是注册系统名称。
- 机构:该示例的负责机构是环境数据注册系统。
- 语义规则:在适当的情况下,名称应包括一个对象类和一个特性。应使用限定词以区别不同情况下相同的名称。表示类术语通常应作为名称最末尾的术语。
- 词法规则:一个数据元名称最大长度为 100 个字符。
- 名称唯一性:在用于特定注册机构的名称相关语境内,名称应是唯一的。

6.4.6.3 命名数据元

使用上述的命名协议,名称将被注册在相关语境“注册系统”中。协议规定名称宜包括对象“纬度”,以表明数据值存储于该数据元中。在该示例“度量”中,概念的表示包括在名称中。GB/T 18391.5 没有要求注册系统中数据元名称是唯一的。但是,用于该示例的命名协议,规定在特定注册机构的一个相关语境中,名称应是唯一的。在数据元名称中使用限定词以区别可能在其他场合名称相同的数据元是明智的。该名称包括对象类(纬度)和表示(度量)。在该例中,纬度数据元名称将把限定词“六十进制”作为鉴别符。由纬度数据元派生的名称是“纬度六十进制度量”。

6.4.7 其他元数据属性

目前可以记录的其他元数据属性有:

- 提供符合该数据元值域描述、数据类型和其他值域属性的数据值一个示例;
  数据元示例:＋674532 和＋674531.85435
- 记录该数据元来源作为数据元被标识的标准;
  数据元来源:ISO 6709-1983 (E)
- 记录定义中未包含,但可以提供数据元额外信息的解释性备注;
  数据元解释性备注:纬度六十进制转化为纬度度使用下列公式:秒/60＝分,十进制分/60＝十进制度
- 记录提交数据元注册的组织为提交组织;
  提交组织:信息采集办公室
- 记录负责维护和更新数据元的组织或个人为数据元的主管联系。
  主管联系:地理信息系统主管

其他管理元数据,例如创建日期如果可能尽量由系统自动记录或获取。其他管理数据可以手工录入。

6.4.8 数据元概念

本部分的 6.1.8 和附录 B 描述了用于派生数据元概念的方法论。纬度是一个距离度量,在此,度量是它的表示。纬度度量的数据元概念是“纬度距离”,其定义为“赤道以北或以南,地球表面一个点的角距离”。值得注意的是该概念的定义使用了术语“度量”,它是一个表示词。但是,纬度概念是一个距离的度量。因此,在该例中,定义概念时,使用度量这个术语是合适的。数据元概念是不加表示的数据元。

应采集关于数据元概念的管理信息。因此,名称和定义都应记录在相关语境中,在该例中,相关语境是注册系统(即,由注册机构确立的用于该示例注册系统的规则)。

数据元概念可以既有对象类,又有特性。在该例中,纬度被记录为对象类,距离为其特性。没有被记录的限定词。

概念域是数据元概念的可能值含义的集合。但是,该概念域的值含义是不可枚举的。对于不可枚

举域，例如纬度距离度量，值含义没有明确的标识。数据元概念纬度距离的概念域，是标记地球上位置相对于赤道的所有纬度的集合。值含义可以定义为“作为〈值〉的赤道以南或北一个点的距离度量”。对于纬度坐标，没有明确的值含义保存在该注册系统中。

根据元模型，记录关于概念域的管理信息是必需的。被管理概念域的优点是可以用识别其信息源来维护它。这在该域可能被重复利用时，显得尤为合适。赋予概念域名称和定义后，该概念域将被作为管理记录。概念域的名称是“纬度度量”，定义是“赤道以南或北点的所有纬度度量”。

6.4.9 分类

该数据元可以依据来源或下列的一个或多个分类方案来分类：

- 标识一个或多个关键词，关键词是名称或主题的描述符，便于将相近的数据元分组以用于检索；

  关键字：纬度、水平坐标、空间的
- 用适于理解的近似数据元或一般主题对纬度六十进制度量进行分组；

  主题组：地理点位置
- 可以在此时标识一个或多个用于标识该数据元的现实世界对象；

  对象类：纬度
- 标识该数据元的抽象层。

  抽象类型的层次：泛化

6.4.10 注册和管理状态信息

该数据元所有必选元数据属性被注册后，指定它的注册状态为“已记录”，管理状态为“质量审查中”。该数据元在国际标准中得以标识，而且很快会被更新，并在该数据元更高状态上得到反映。但是，并不预先指定该数据元“标准”状态。该数据元并不预先成为纬度度量的首选表示，因为地理信息专家偏好于用度记录纬度和经度。因此，质量审查完成后，该数据元的注册状态为“已记录”，管理状态为“无进一步行动”。

元模型要求数据元概念也要记录注册状态和管理状态。附录B中对注册和管理状态的描述也适用于数据元概念。当该数据元概念的所有必选元数据属性被注册后，指定它的注册状态为“已记录”，管理状态为“质量审查中”。因为该示例中数据元概念及相关的概念域由国际标准来标识，在必要的质量审查完成后，注册状态将更新为“标准”，管理状态为“最终”。六十进制度量的值域基于ISO 6709标准，它将预期成为六十进制纬度的标准值域，因此，指定其注册状态将为“标准”，管理状态为“最终”。

6.4.11 ISO 6709中的其他数据元

ISO 6709标识了5个数据元：六十进制纬度、度纬度、六十进制经度、度经度和高度。纬度度量单位（即度和六十进制）的不同格式表达了表示法（亦即度量单位）。基于它们度量单位的表示法，来自ISO 6709的两个纬度数据元在概念层是可以转化的。它们分享相同的概念域，因为它们隐含的值含义是相同的。同样，（两个）经度数据元分享一个经度数据元概念和概念域，而且根据度量单位转换，经度数据可以转化。

ISO 3166标识的多个数据元分享相同的数据元概念和相同概念域，但是ISO 6709中标识的数据元并不分享相同的数据元概念和概念域。所有三个概念：纬度、经度和高度都是距离度量，但是，纬度是相对于赤道的南/北度量，经度是相对于本初子午线的东/西度量，高度是相对于一个参照点如海平面的垂直度量。每个都具有自己的数据元概念和概念域。

这些数据元共享分类。它们都可归类为“地理点位置”组。

6.4.12 元数据属性概要

下表总结了6.4前面各段落中赋予给纬度六十进制度量的元数据属性。表A.2中的第1栏也包含了这个元数据。附录C提供了本部分中所用元数据的属性名称和GB/T 18391.3元模型的对照。

元数据属性名称		ISO 6709,不可枚举
1	数据元定义	
	数据元（DE）定义相关语境	注册系统
	DE 定义	赤道北或南的经线(子午线)角距离的六十进制度量
2	允许值和值域	
	允许值(每个 PV)	用度、分和秒做出的纬度测量 (仅为资料性的;不为不可枚举域所记录)
	PV 起始日期(每个 PV)	(不适用于不可枚举域)
	PV 终止日期(每个 PV)	(不适用于不可枚举域)
	值域(VD)相关语境	注册系统
	VD 名称	纬度六十进制度量
	VD 定义	赤道以北或以南的角距离的全部六十进制测量值
	VD 描述	赤道上或赤道以北的纬度测量值为正;赤道以南的纬度测量值为负。度的排列限定为 0～90,分的排列限定为 0～59,秒排列限定为 0～59
	VD 项标识符	{RAI} 9876:1
	数据类型	可变长度字符串
	数据类型模式/来源	ANSI ISO SQL
	最大字符数	13
	格式	+/－DDMMSS 至+/－DDMMSS. SSSSS
	计量单位	六十进制数
	精度	已记录地点的十进制数
	VD 出处	ISO 6709
	VD 解释性备注	(不适用)
3	表示类项	
	表示类	测量
	表示类限定词	六十进制数
4	数据元名称和标识符	
	DE 名称相关语境	注册系统
	DE 名称	纬度六十进制度量
	DE 标识符	{RAI} 312345:1
5	其他数据元属性	
	DE 示例	+674532 和+674531.85435
	DE 出处	ISO 6709-1983 (E),地理点位置的纬度、经度和高程的标准表示法
	DE 解释性备注	依据下列公式可将纬度六十进制变换到纬度十进制: 秒/60=分,十进制分/60=十进制度。
	提交组织	信息收集办公室

元数据属性名称		ISO 6709,不可枚举
	工作人员联系	地理信息系统主管
6	数据元概念和概念域	
	数据元概念(DEC)相关语境	注册系统
	DEC 名称	纬度距离
	DEC 定义	基于赤道以北或以南地球表面的某点上的角距离测量。
	对象类	纬度
	对象类限定词	(不适用)
	特性	距离
	特性限定词	(不适用)
	DEC 项标识符	{RAI} 23456:1
	概念域(CD)相关语境	注册系统
	CD 名称	纬度测量
	CD 定义	赤道以北或以南各点的全部纬度测量值
	CD 项标识符	{RAI} 2532:1
	CD 出处	ISO 6709
	值含义(适于每个 VM)	纬度测量
	VM 起始日期 (适于每个 VM)	(不适用于不可枚举域)
	VM 终止日期 End Date(适于每个 VM)	(不适用于不可枚举域)
	VM 标识符(适于每个 VM)	(不适用于不可枚举域)
7	分类类型示例	(不适用于不可枚举域)
	关键字	水平坐标、空间、纬度
	组	地理点位置
	对象	纬度
	抽象类型的层	泛化
8	注册和管理状态	
	DE 注册状态	
	DE 管理状态	已审核
	VD 注册状态	无进一步行动
	VD 管理状态	标准
	DEC 注册状态	最终
	DEC 管理状态	标准
	CD 注册状态	最终
	CD 管理状态	标准
	精度	最终

6.5 使用标准不可枚举域的标准数据元示例

本章提供了对取自国家标准的特定数据元进行注册的一个例子,该数据元使用的表示法来自一个不可枚举的国际标准。ISO 19115《地理信息　元数据》,按照 ISO 6709 中规定的数据表示法为纬度定义了一个数据元。

6.5.12 中的表格列出了这一建立在国家标准和国际标准值域的基础上的不可枚举数据元的元数据属性摘要。表 A.2 的第二栏中也包含了这一元数据。

6.5.1 理解数据元

纬度是地球表面某点所在的子午线距离赤道南北向的角距离。ISO 19115 在其北边界坐标和南边界坐标的数据元中使用了纬度标准表示法。本部分中,用以注册的示例数据元是北边界坐标。边界坐标描述了数据集覆盖范围的经纬度坐标。

6.5.2 内容研究

边界坐标,使用经度和纬度描述区域的范围,在 ISO 19115 中已被定义和描述。这一标准应用数据元适合注册于元数据注册系统。本条给出的表示法是度数表示法。6.4 中描述了 ISO 6709 中的纬度六十分表示法。ISO 6709 是一个空间坐标表示法的国际标准,描述了纬度和经度的度数表示法以及六十分表示法。因此,ISO 6709 的标准概念域适用于北边界坐标这一数据元,这一数据元应以标准格式表示。

6.5.3 数据元定义

数据元定义,"用纬度表示的数据集范围的最北坐标"直接取自 ISO 19115,注册时增加相关环境"ISO 标准"。本示例中这一数据元还在"注册系统"这一相关环境进行了定义,该定义中包含了表示法(例如,用纬度表示的数据集范围的最北坐标)。

6.5.4 允许值和值域

ISO 元数据标准并没有枚举出这一数据元的有效值,纬度是一个不可枚举域。注册系统中不保存不可枚举域的允许值。需要为不可枚举域给出一个值域描述。最北坐标的允许取值是那些符合值域的描述、数据类型的属性、度量单位以及精度的值。北边界坐标的值域的名称是"纬度的度数表示",其值域可以定义为"表示地球一点距离赤道南北角距离的所有度数"。值域的描述为"赤道或以北纬度为正;赤道以南纬度为负,度数的变化范围为－90.0～90.0"。由于定义中包含了度量单位,这一值域就与以六十分法表示的纬度的值域定义区分开来。定义是复数形式,因为它包括了用这种表示法所能表示的纬度的所有可能值。

应记录值域的信息。GB/T 18391 的元模型规定应收集值域的管理数据。这一应用数据元的值域与 6.4 中描述的表示法并不相同,因此需要不同的值域和不同的管理数据。

本示例中数据元的其他值域特征包括:

- 项的标识符:系统为值域生成的标识符及其版本标识符;
- 定义:表示地球一点距离赤道南北角距离的所有度数;
- 描述:赤道或以北纬度为正,赤道以南纬度为负,度数的变化范围为－90.0～90.0;
- 数据类型:纬度的数据类型为"可变长字符串",以便在需要时包含正负号和小数点;
- 数据类型来源:ANSI ISO SQL;
- 格式:输出格式是＋/－DD.D 至＋/－DD.DDDDDD;
- 最大字符长度:字段最大长度定为 10,可使纬度精确到小数点后 6 位;
- 度量单位:本示例中的纬度用度数表示;
- 精度:小数位数代表测量精度。

6.5.5 表示类

从管理记录中选用"度量"作为这一数据元的表示类。其限定词"度数"被分配给这个数据元,以便将这个数据元同使用"六十分表示法"的数据元区分开。

6.5.6 数据元的标识和命名

6.5.6.1 标识符

纬度数据元需要一个唯一的标识符。对于本示例中的注册机构，由注册软件自动分配数据元标识符和版本标识符(DI：VI=20 875：1)。示例数据元的IRDI为{RAI} 20 875：1。

6.5.6.2 命名相关环境和惯例

本示例中，数据元分配了两个名称，分别对应各自的相关环境。第一个是"ISO标准相关环境"，这一数据元来自标准的一部分，保留标准中使用的名称对于文档管理是有价值的。这一相关环境中的命名协议如下：

- 范围：这一命名协议的适用范围是ISO标准。
- 负责机构：本示例的负责机构为ISO TC 212。
- 语义规则：名称中不必包含对象、特性或表示法类别。应当使用限定词区分相同的名称。元数据注册系统中的名称应与ISO标准指定的名称相同。
- 词汇规则：数据元名称最长为100个字母数字。
- 名称的唯一性：特定注册机构中注册的名称应当唯一。

分配给这一数据元的第二个名称的相关环境是"注册系统"。它遵循附录B所述的"注册系统"这一命名相关环境的命名协议：

- 范围：这一命名协议的适用范围是注册系统名称。
- 负责机构：本示例的负责机构是环境数据注册机构。
- 语义规则：名称应当在需要的时候包含一个对象类和一个特性。应当使用限定词来区分相同的名称。名称的最后一个词应为表示类术语。
- 词汇规则：数据元名称最长为100个字母数字。
- 名称的唯一性：在特定的相关环境和注册机构中名称应当唯一。

6.5.6.3 数据元的命名

按照ISO命名协议，名称要加入"ISO标准"这一相关环境。该标准的命名协议规定元数据注册系统中的名称应当与标准列出的名称一致，即"北边界坐标"。注册名称包括对象(纬度)，特性(边界)及特性限定词(北)的变化以及表示法(度量)。纬度数据元的注册名称就是"北边界纬度度量"。

6.5.7 其他元数据属性

此时可以被记录的其他元数据属性是：

- 为此数据元提供一个符合值域的描述、数据类型以及其他值域属性的数据值示例；
  数据元示例：+62.98
- 将数据元被确认的场合作为标准记录数据元的起源；
  数据元起源：ISO FDIS 19115《地理信息　元数据》
- 记录定义中未包含的、但与数据元有关的附加信息的解释性备注；
  数据元解释性备注：最北坐标可以指矩形边界的一点或一线。使用以下公式可以将十进制纬度转换为六十分法表示：十进制度数×60=分，十进制分数×60=秒
- 将提交用于注册的数据元的机构列为提交机构；
  提交机构：信息收集办公室
- 记录负责维护和更新数据元的机构或个人为该数据元的责任者；
  主管联系：地理信息系统管理员
- 其他管理元数据，例如创建日期如果可能尽量由系统自动记录或获取。其他管理数据可以手工录入。

6.5.8 数据元概念

本部分的6.1.8和附录B描述了数据元概念的派生方法。数据元概念是不加任何表示法的数据元。本示例中数据元概念被规定为北边界纬度。这一概念结合了对象(纬度)、特性(边界)及特性限定

词(北)。要注意的是,由于 ISO 标准中包含有另一个用来标识南边界坐标(也是纬度的一种度量)的数据元概念,因此本示例中的特性限定词必不可少。

应收集关于数据元概念的管理信息。从而使得名称和定义都在相关环境中加以记录,本示例中为注册机构相关环境(即,注册机构为这一示例注册处所建立的规则)。

对象类和特性都可以记录在数据元概念中。在本示例中,“纬度”是对象类,“边界”是特性。特性限定词(北)也被记录。

概念域是数据元概念的可能值含义的一个集合。这一概念域的值含义并未枚举。对于不可枚举域,例如边界纬度,值含义没有明确界定。北边界纬度这一数据元概念的概念域是用来标明地球上一点和赤道关系的所有纬度值的一个集合。值含义可以定义为“地球上一点距离赤道南北的距离”。注册系统中并未储存纬度坐标的明确值含义。按照 GB/T 18391.3 元模型的规定,应记录概念域的管理信息。受管理的概念域的优势在于能够由信息来源机构对其进行维护,这对于有可能被重用的概念域就更为有利。这一数据元概念的概念域的名称为“纬度的度量”,定义为“表示地球上一点距离赤道南北距离的所有纬度”。这一概念域与 6.4 中的概念域相同,从而得到了重用。

6.5.9 分类

本示例中的数据元可以按照来源分类,也可以按照以下一个或几个分类方案进行分类:

- 标识一个或多个关键词,关键词是名称或主题的描述符,便于将相近的数据元分组以用于检索;

  关键词:纬度,水平坐标,空间的
- 为了转换,可以将纬度与类似的数据元归在一起,或者按照通用主题分类;

  主题组:地理定点,边界坐标
- 用来标识这一数据元的一个或多个真实世界的对象可以用来分类;

  对象类:纬度
- 确定数据元的抽象层次。

  抽象层次类型:泛化

6.5.10 注册状态和管理状态信息

当所有必选元数据属性都填好时,数据元被分配的注册状态为“已记录”,管理状态为“质量检查中”。这一数据元是由一个国际标准确定的,因此其状态很快会被更新以反映数据元的更高状态。这一应用数据元并不期待成为纬度的首选表示法,因此其状态不会被分配为“标准”。完成质量检查后,数据元的注册状态更新为“合格”,管理状态更新为“无进一步行动”。

GB/T 18391.3 元模型要求数据元概念的注册状态和管理状态都要记录。附录 B 中的数据元注册和管理状态描述也适用于数据元概念和其他管理记录。当所有必选元数据属性都填好时,数据元被分配的注册状态为“已记录”,管理状态为“质量检查中”。由于本示例中的数据元概念是由国家标准确定的,并不期待成为纬度的首选表示法,因此当必要的质量检查完成后,其注册状态更新为“合格”,管理状态更新为“无进一步行动”。

概念域是在一个国际标准中确定的,是 6.4 中描述的概念域的重用。虽然并未为这一概念域记录值含义,但质量检查后,其注册状态更新为“标准”,管理状态更新为“最终”。本示例的值域有望成为纬度值的标准,因此指定其注册状态为“标准”,管理状态为“最终”。

6.5.11 相关数据元

ISO 元数据标准将边界坐标作为建立数据集的空间域的数据元分为一组。这些坐标包括北边界坐标、南边界坐标,两者都是纬度的度量,东边界坐标和西边界坐标,这两者是经度的度量。一个注册机构可以选择注册所有这四个数据元,并将它们分类为边界坐标。

6.5.12 属性摘要

下表总结了 6.5 中分配给北边界坐标的元数据属性。表 A.2 在第一栏元数据中也包含这一数据。

附录C列出了本部分中使用的元数据属性名称与GB/T 18391.3中元模型的对照。

元数据属性名称		国家标准应用	
1	数据元定义		
	数据元定义相关环境	标准	注册系统
	数据元定义	用纬度表示的数据集范围的最北坐标	用纬度表示的数据集范围的最北坐标
2	允许值及值域		
	允许值	以十进制度数表示的纬度 (仅供参考,不可枚举域不记录)	
	允许值开始日期	(不适用于不可枚举域)	
	允许值结束日期	(不适用于不可枚举域)	
	值域相关环境	注册	
	值域名称	纬度的度数表示	
	值域定义	表示地球一点距离赤道南北角距离的所有度数	
	值域描述	赤道或以北纬度为正;赤道以南纬度为负。度数的变化范围为－90.0～＋90.0	
	值域项目标识符	{RAI} 9877:1	
	数据类型	字母数字	
	数据类型模式/来源	ANSI ISO SQL	
	最大字符长度	10	
	格式	＋/－DD.D至＋/－DD.DDDDDD	
	度量单位	度数	
	精度	小数位数	
	值域起源	ISO 6709	
	值域的解释性备注	(不适用)	
3	表示类		
	表示类	度量	
	表示类限定词	度数	
4	数据元名称及标识符		
	数据元名称相关环境	标准	注册
	数据元名称	北边界坐标	最北纬度表示
	数据元标识符	{RAI} 20 875:1	
5	其他数据元属性		
	数据元示例	＋62.98	
	数据元起源	FGDC数字地理空间元数据内容标准	

元数据属性名称		国家标准应用
	数据元解释性备注	最北坐标可以指矩形边界的一点或一线。使用以下公式可以将十进制纬度转换为六十分法表示： 十进制度数×60=分，十进制分数×60=秒
	提交机构	信息收集办公室
	责任者	地理信息系统主管
6	数据元概念和概念域	
	数据元概念相关环境	注册
	数据元概念名称	北边界纬度
	数据元概念定义	数据集范围的最北坐标所在的子午线距离赤道南北向的角距离
	对象类	纬度
	对象类限定词	(不可用)
	特性	边界
	特性限定词	北
	数据元概念项目标识符	{RAI} 23 457:1
	概念域相关环境	注册
	概念域名称	纬度的度量
	概念域定义	表示地球上一点距离赤道南北距离的所有纬度
	概念域项目标识符	{RAI} 2 532:1
	概念域起源	ISO 6709
	值含义	(不适用于不可枚举域)
	值含义开始日期	(不适用于不可枚举域)
	值含义结束日期	(不适用于不可枚举域)
	值含义标识符	(不适用于不可枚举域)
7	分类类型示例	分类类型的分类值
	关键词	水平坐标、空间、纬度
	组	地理点位置，边界坐标
	对象	纬度
	抽象层次	特化
8	注册状态和管理状态信息	
	数据元注册状态	已审核
	数据元管理状态	无进一步行动
	值域注册状态	标准
	值域管理状态	最终
	数据元概念注册状态	已审核
	数据元概念管理状态	无进一步行动
	概念域注册状态	标准
	概念域管理状态	最终

6.6 数据元分类

注册机构可以按照需要将特定的数据元归为一组，分组依据可以是数据元之间某些可观察到的关系，也可以是一个可以感知到的值。这种分组被称为数据元类。数据元可以根据它们起源的文档、系统等进行分类。与来源相关的数据元确定之后，将来源本身进行注册，记录提供来源/分类特定信息的元数据。元数据回答下述问题：来源是如何确定的？为何建立这一组数据元？这一组数据元的负责机构是什么？这一组数据元的可能应用是什么？本章所提供的示例描述了如何明确表达一个文档、系统或者其他数据元类别的属性。首先给出一个数据元分类注册的通用程序，随后是三类数据元类的注册示例，其中的数据元来自：

- 一篇包含数据元列表的文档；
- 一个确定一组标准数据元的标准。

数据元的其他类可以在注册系统中确定，例如下例：

- 计算机系统的一个实体(例如，邮件地址数据元)；
- 一个数据元分类(例如地理政治数据元)；
- 组成信息系统的数据元(例如，危险废弃物管理系统中的数据元)；
- 以数据集合形式使用的数据元。

数据元的这些其他类同样按照以下通用程序进行注册。

6.6.1 数据元类注册的通用程序

将一组数据元注册为数据元类的步骤与单个数据元的注册步骤类似。首先，使用者应理解分组的需要，确定组内包含的数据元，以及这组数据元的来源。

6.6.1.1 理解类组

首先需要确定分组需求。数据元分组后是否有助于信息系统的开发、标准所包含的所有数据元的识别或者信息系统的数据整理？

在注册机构或注册联合会中是否已存在其他的数据元类可以提供类似的数据元分组？这些其他的分组经过修改是否可以满足这些新出现的数据元分组需求？例如，如果一个国际标准中已经存在一组数据元，是否有必要为同样的或类似的数据元新建一个数据元类以满足特定的组织需求？

6.6.1.2 数据元的详细说明

一旦确定要建立一个数据元类，下一步就是确定在这个类中成组出现的特定数据元。这些数据元一起使用的目的是方便数据转换吗(例如将代码转换为名称或者按照度量单位转换数据值)？为了表示特定类型的数据，数据元类内的所有数据元需要全都出现吗(即，必选的)？还是其中一些数据元是可选的？有没有某些数据元的使用限制是条件选的(即当数据元类一起使用时，该数据元的出现与否取决于某些其他数据元的出现情况)？

6.6.1.3 理解数据元分组的来源

注册系统中的一组数据元组成的数据元类要求记录这一组数据元的特定特征以便对其进行准确描述和定义。然后将数据元与数据元组建立关联。分组特征作为组的特性保存。某注册机构定义的组的特有属性如下：

- 来源类型：文档、系统、标准以及要分组的数据元的其他来源。来源类型的名称作为分类方案类型名称；
- 名称/标题：一组数据元组成的数据元类的名称或标题；
- 定义：用来描述一个数据元类的特征、说明其关系，或建立其相关环境的文本；
- 组织：最初为一组数据元提供权威参考的机构；
- 解释性备注：用来解释在建立一组数据元时使用选定来源资料的原因以及描述一组数据元使用方法的文本；
- 项的标识符：系统为数据元类生成的标识符，包括 RAI，分组 ID 以及 VI。当这一数据元类进入注册系统时,可以由系统中记录或获取其他管理信息,例如创建日期。注册状态和管理状态的记录也遵循与其他元数据项相同的原则。6.5 并未记录一个完整分类方案。因此,对于本部分中的示例,指定其注册状态为"未完成",管理状态为"等待通知"。

6.6.2 文档中的数据元

为了唯一标识一项设施而在联邦地理数据委员会文档中记录的数据元可以看作是通过文档而被归为一类的数据元的示例。

6.6.2.1 理解分组

《设施定位与标识数据标准》这一文档正在接受联邦地理数据委员会的检查,该文档被提议用于定位和标识联邦政府及私营部门所感兴趣的设施。这一文档包含了用来唯一标识一个设施的最小信息核心集。其他机构也可以使用这组数据元以确保他们的设施信息管理系统支持基于位置的对象,即设施的标识。

目前尚无其他国家或国际标准包含与 FGDC 的这一提议标准相同的数据元核心集。本示例中的注册机构的标准中包含的数据元多于 FGDC 所要求的数据元。

6.6.2.2 数据元的详细说明

用来定位和标识设施的数据元核心集包括:

- 设施名称:设施的公共名称或商业名称,例如被当地团体公认的名称;
- 设施类型:一个用来指示发生在设施内的活动的类型或者设施的一般用途的描述符;
- 设施标识符:分配给设施的无含义唯一标识符;
- 纬度:地球上一点所在的子午线距离赤道南北的角距离;
- 经度:地球上一点所在的子午线距离本初子午线东西的角距离。

上述核心集中列出的所有数据元都是必选的(即,它们应同时使用以唯一标识一个设施)。

6.6.2.3 理解数据元分组的来源

设施标识数据元组的特征包括:

- 来源类型/分类类型:文档。
- 名称/标题:联邦地理数据委员会设施定位与标识数据标准。
- 定义:这一文档为支持基于位置的对象,即,设施的定位与标识提供了一套标准化的数据元核心集。设施具有为了专门的目的建在特定的位置的特性。
- 组织:联邦地理数据委员会,设施工作组。
- 解释性备注:这一数据元核心集的建立选用了 FGDC 设施标准,因为希望能将其变为美国联邦机构及私营部门的标准。这一文档的目的是促进开发和颁布一个支持设施标识的标准。
- 项的标识符:系统为这一组数据元生成的标识符为{RAI}1 243:1。
- 注册状态:未完成。
- 管理状态:等待通知。

6.6.3 标准中的数据元

本示例中使用的是 ISO 6709 中列出的数据元。

6.6.3.1 理解分组

本示例中使用 ISO 6709 数据元组的目的是方便数据转换以及准确定位地理位置,它规定了地理点位置的纬度、经度和高程的标准表示法。

6.6.3.2 数据元详细说明

按照 ISO 6709,一个地理点位置组的数据元包括:

- 纬度:以度数表示的地球上一点所在的子午线距离赤道南北的角距离;
- 经度:以度数表示的地球上一点所在的子午线距离本初子午线东西的角距离;
- 高度:以米表示的地球上一点距离参照点的上下距离;

- 纬度六十分测量:以六十分法表示的地球上一点所在的子午线距离赤道南北的角距离;
- 经度六十分测量:以六十分法表示的地球上一点所在的子午线距离本初子午线东西的角距离。

纬度和经度数据元提供了度量的格式和单位信息,使得数据可以共享和转换。与此标准相关联的规则为数据元归组提供了指导(例如,当出于数据传输的需要,将纬度和经度作为一组一起处理时,它们应使用相同的单位,而且应先于高度)。

6.6.3.3 理解数据元组的来源

位置表示数据元组的特征包括:

- 来源类型/分类类型:国际数据标准。
- 名称/标题:地理点位置的纬度、经度和高程的标准表示法,ISO 6709。
- 定义:本标准包括用来确定地球上一点位置的水平和垂直坐标。
- 组织:国际标准化组织。
- 解释性备注:为了达到数据表示的一致性以便进行数据共享,国际范围内都在使用 ISO 数据标准。该标准也为格式化空间数据传输文件作了规定。系统开发者可以使用地理位置分组为空间数据开发一个系统实体、转换软件、及数据传输文件。
- 项的标识符:系统为这一分组生成的标识符为{RAI} 1 345:1。
- 注册状态:未完成。
- 管理状态:等待通知。

6.7 数据元的联系

GB/T 18391.3 元模型没有提供数据元的联系。然而,注册机构可能会根据它们的抽象层次对模型进行扩展将数据元联系起来,抽象层次包括特化、泛化,及其他关系。联系既可以发生在垂直关系中(例如从泛指到更特指),也可以发生在水平关系中(例如,特化的同一层)。数据元也可以按照其他关系进行关联(例如,经常一起使用的数据元)。这些关联的定义如下:

- 垂直关系是指为了特定目的而注册的专门数据元,与为了通用目的而注册的通用数据元建立关联。例如,下列数据元可以建立父子关系的垂直关联,这一泛化/特化的关联分 3 个层次,其中第 1 层最为通用。随着层数加深,特化也更层层递进。

1. 州 USPS 代码:表示美国一个州的邮政简称(DI:VI　48:1)
2. 州邮政地址代码:由美国邮政分配的代表邮政局所在州的字母码(DI:VI　5 408:1)
3. 州设施邮政地址代码:代表设施邮政地址所在州的代码(DI:VI　5 680:1)

- 水平关系是指具有不同名称的数据元,它们有相同的含义,位于特化的同一层,具有相同的值域。例如,下列数据元可以作为环境数据,EPA 环境系统数据仓库中的泛化的同一层建立水平关联。

第三层:设施邮政代码水平关联:

3.1　PCS_PERMIT_FACILITY. MAILING_STATE -主要设施邮政地址所在州(DI:VI　24 684:1)

3.2　BRS_SITE_INFORMATION. MAIL_STATE-邮政地址所在州的两字母代码(DI:VI　23 984:1)

3.3　RCR_MAILING_LOCATION. STATE -与设施邮政地址相关的州的两字母邮政代码(DI:VI　24 528:1)

- 通过使用建立关联

数据元值的记录应同时伴随该值的衡量单位的数据元就是一个通过使用建立关联的数据元的示例。这类的数据元如下:

——样品数量:收集的样品的数量。

——样品数量单位代码:表示收集的样品数量的测量单位代码。

7 自上而下的数据元注册示例

自上而下的方法在很多情况下都很有用。这种方法与自下而上的方法相比虽然需要更多的上层支持,但有助于产生更加稳定一致的元数据。当提供给实施者的关于数据元的信息很完善,包括了数据元的特征及相互关系等知识时,可以使用自上而下的方法对数据元进行注册。实施者然后就可以确定和定义对象和特性,以此作为数据元概念的基础。自上而下的方法包括以下步骤:

- 确定要注册的数据元的分类/来源及相关环境。
- 确定数据元概念的基础,即对象类和特性。明确表述数据元概念,包括概念域以及它们代表的值含义。
- 定义和标识需要包含数据值的数据元。
- 确定表示数据值含义的值域及其允许值。
- 记录数据元的其他属性。
- 将数据元分类。
- 记录注册状态与管理状态信息。

下述情境举例说明了数据元注册的自上而下方法。这个例子描述了专业人员机构希望追踪记录专家使用多种语言交流的能力。本示例假定该机构为专业人员联合会。

7.1 分类及相关环境

数据元经常根据其来源分组。分类依据可以是建立数据元注册情境的文档,记录有关数据元数据的信息系统,或者其他分类依据。本示例中,分类依据假定为一个信息系统,其中存储了关于专业人员联合会中的语言专家的技能水平的数据。下面的数据都应记录:

- 分类方案类型名称:本示例为"数据系统";
- 分类方案类型值:本示例为语言技能;
- 项的标识符:本示例为{RAI},元数据注册机构分配的数据版本标识符为{RAI} 991:1;
- 项的名称:本示例为语言技能数据系统;
- 项的定义:本示例中为"收集、存储、报告具有外语交流技能的专家的信息的数据系统";
- 组织名称:本示例为专业人员联合会;
- 提交联系人:本示例为专业人员联合会董事会;
- 创建日期:注册分类方案时由系统记录;
- 分类的注册以及管理状态:本示例中如果所有的必选信息都录入注册系统中,其注册状态为"已记录",管理状态为"质量检查中";
- 其他管理数据:包括解释性备注等可选属性。

数据元及其相关联的元数据项,例如数据元概念,概念域,值域注册的名称和定义的相关环境为语言技能数据系统。

为数据元的名称和定义建立相关环境的协议如下所述:

- 范围:语言技能数据系统。
- 责任机构:本示例的负责机构为专业人员联合会。
- 语义规则:名称应当在适当的位置包含一个对象类和一个特性。名称相同的应当使用限定词加以区分。
- 词汇规则:名称最长 100 个字符,定义最长 240 个字符。
- 唯一性:名称和定义在特定的相关环境和注册机构中应唯一。

7.2 数据元概念的对象和特性

数据元概念可以根据与之相关的对象类来建立。下例描述了多个对象类,包括:

- 组织:为了某目的或者实现某功能而组织起来的一组人员;

- 专家:在特定领域具有特有技能或者知识的一个人;
- 语言:用来作为交流思想工具的语言符号或象征系统;
- 水平:等级中的一点;
- 技能:做好某事的能力。

对象类在 GB/T 18391 元数据注册中属于管理记录。自上而下注册的第一步是确定上述对象类在元数据注册系统中是否存在。如果存在,就使用它们来创建数据元概念。如果注册系统中不存在,那就需要将其名称、定义及相关环境都录入系统。这时还要录入对象类的标识符及其他管理数据。标识符的生成算法与其他数据项目标识符一样。

对象类可以用特性(即一件事物的核心、特色属性或者性质)修饰。如果必要,对象类和特性都可以使用限定词。特性在注册系统中也是管理记录。特性列表见下文。这些特性用来修正第 7 章中描述的例子的对象类。实施者应当确定注册系统中是否存在下列特性。如果存在,应当使用它们创建数据元概念,如果注册系统中不存在,那就需要注册。注册时需要记录名称、定义以及管理信息,包括项目标识符。特性列表如下:

- 类型:一些事物因为共同具备一些特征从而被作为一组、一类或一个范畴;
- 鉴别符:区分事物的词;
- 标识符:语言中确立的字符串,能够在特定相关环境中唯一标识与之关联的事物。

对象类可以作为特性使用(例如,语言作为一个对象类用来表示使用的语言,例如语言名称,语言当用来描述一类专家时就成为特性,例如语言专家)。

使用上面的对象和特性建立起数据元概念。它们的属性,包括概念域、值含义也进行规范说明,详细内容见下表。下表中也包括项的标识符。

数据元概念	对象	对象标识符	对象限定词	特性	特性标识符	特性限定词
专家机构标识符	机构	{RAI} 881:1	专家	标识符	{RAI} 771:1	不可用
语言专家标识符	专家	{RAI} 882:1	语言	标识符	{RAI} 771:1	不可用
语言技能类型	技能	{RAI} 883:1	语言	类型	{RAI} 772:1	不可用
自然语言标识符	语言	{RAI} 884:1	自然的	标识符	{RAI} 771:1	不可用
技能水平鉴别符	水平	{RAI} 885:1	技能	辨别符	{RAI} 773:1	不可用

确定用来表示描述的情境的数据元概念之后(例如,专家机构需要追踪专家用不同语言交流的能力),对每一个数据元概念进行分析,将合适的项目和属性进行规范化,然后在注册系统中注册结果数据元。下一条中,5 个数据元概念的每一个都使用自上而下的程序分别处理。表 A.3 和表 A.4 列出了本示例中的所有属性。

7.3 专家机构标识符示例

7.3.1 数据元概念,概念域及值含义

数据元概念的基础是对象类"机构"、限定词"专家",以及特性"标识符"。根据 GB/T 18391.4,数据元概念"专家机构标识符"被定义为"用来识别或确立专家机构的身份的标识符"。数据元的名称和定义都应在附录 B 所述的相关环境中注册。本示例的自上而下注册,使用的相关环境是第 7 章中描述的"语言技能数据系统"。

这一数据元概念的概念域被指定为"专家机构",定义为"所有属于某专业或与之相关的团体"。专家机构的概念域没有枚举出来,因为机构的可能集合是无限的。因此,注册系统中也没有明确列出值含义。数据元概念的值含义被认为是"专家机构的身份"。概念域的起源是要求在元数据注册系统中对数据元进行注册的机构的名称,本示例中是专业人员联合会。

数据元概念及概念域的标识符在第 6 章及附录 B 中描述。本示例假定标识符由注册软件自动生成。本示例中的数据元概念标识符为{RAI}234:1,概念域标识符为{RAI}345:1。

7.3.2 数据元的定义与标识

7.3.2.1 数据元定义

在自上而下的注册中，此时应当定义数据元。按照 GB/T 18391.4 中描述的数据元定义的规则和指南，该数据元的定义确定为："专家机构的名称"。注意："专家"和"机构"都被定义为对象类和特性。数据元的定义可以超过一个，每一个定义含义相同，分别在特定的相关环境进行注册。上述定义的相关环境是语言技能数据系统。

7.3.2.2 表示类

这个数据元选用的表示类是"名称"，定义为"用来指定、称呼或指代一个人、场所、事物或思想对象的一个单词或词组"。表示类可以使用 GB/T 18391 注册系统进行管理，此时可以为它注册管理数据。注册系统中的表示类可以包括名称、代码以及其他常用的表示类。如果"名称"这一表示类已经存在于注册系统中，应当与这个数据元建立关联，如果不存在，应当在注册系统中记录其名称及含义，并分配一个标识符。注意：表示类在元模型中并不是必选的，注册系统也不要求表示类作为一个管理记录。

7.3.2.3 数据元名称和标识符

此时可以确定一个或多个数据元名称，每一个名称都使用 GB/T 18391.5 中描述的指南在相关环境中注册。对于本示例，数据元名称的基础是数据元概念的表示，即"专家机构名称"。这个名称的相关环境假定为语言技能数据系统。数据元标识符由注册软件根据 GB/T 18391.5 描述的程序进行分配。这一数据元的标识符为{RAI}123:1。

7.3.3 值域和允许值的详细说明

这一数据元的值域没有枚举。对于这一数据元而言，专家机构的名称不存在允许值的特定列表。不可枚举式的值域需要一个名称、定义、标识符，以及适当值的描述。专业机构名称应符合值域描述，本示例中为"可变长字符串组成的机构名称"。其他值域特征包括：

- 标识符：本示例假定系统为值域及版本生成的标识符为{RAI}521:1；
- 项的名称：专业机构名称；
- 定义：所有专业机构的名称；
- 描述：指示机构名称的可变长字符串；
- 数据类型：变长字符串；
- 数据类型模式/来源：ANSI ISO SQL；
- 最大长度：这一数据元的最大字段长度估计为 40 字符。

数据元的值域需要管理数据。本示例中创建日期由系统日期获取。当管理记录的所有必选信息都已录入时，其注册状态和管理状态分别为"已记录"和"质量检查中"。

7.3.4 其他数据元属性

- 为此数据元选择一个例子，要求应符合值域的定义；
  数据元示例：教师联合会
- 确定数据元的起源作为允许值的获取标准；
  数据元起源：专业人员联合会
- 记录定义中未包括，但是可能提供数据元的附加信息的任何说明或解释；
  数据元解释性备注：未提供
- 将提交机构和责任者作为分类方案的一部分加以确定，如 7.1 所述。

其他管理元数据，例如创建日期如果可能尽量由系统自动记录或获取。其他管理数据可以手工录入。

7.3.5 数据元分类

"专业机构名称"这一数据元除了按照 7.1 中描述的数据系统分类，还可以根据下列对象类进行分类：机构。

也可以根据其他分组进行分类。

7.3.6 注册状态和管理状态信息

本示例中的数据元、值域、数据元概念以及概念域所有必选的属性都记录之后，其注册状态为“已记录”，管理状态为“质量检查中”。质量检查之后，注册状态可以更新为“已审核”，管理状态可以更新为“无进一步行动”。它们不会成为标准，因为这一数据元不是由一个标准确认的，不会成为首选数据元。

7.3.7 属性摘要

与数据元相关的元数据项以及属性的摘要参见表 A.3，自上而下的语言专家技能水平数据元注册。

7.4 语言专家标识符示例

7.4.1 数据元概念，概念域及值域

数据元概念的基础是对象类“专家”、对象限定词“语言”以及特性“标识符”。根据 GB/T 18391.4，数据元概念“语言专家标识符”被定义为“用来识别或建立语言专家身份的一个标识符”。数据元的名称和定义都应在相关环境中注册，例如附录 B 所述。本示例的自上而下注册，使用的相关环境是章 7 中描述的“语言技能数据系统”。

这一数据元概念的概念域为“语言专家”，定义为“所有具备语言技能的人员”。语言专家的概念域没有枚举，因为具备语言技能的人员的集合是无限的。因此，没有记录明确的值含义。这一数据元概念的值含义被认为是“语言专家人员”。概念域的起源是要求在元数据注册系统中对数据元进行注册的机构的名称，本示例中是专业人员联合会。

数据元概念及概念域的标识符在第 6 章及附录 B 中描述。本示例假定标识符由注册软件自动生成。本示例中，数据元概念标识符为{RAI} 235:1，概念域标识符为{RAI}346:1。

7.4.2 数据元的定义和标识

7.4.2.1 数据元定义

在自上而下的注册中，此时应当定义数据元。按照 GB/T 18391.4 中描述的数据元定义的规则和指南，该数据元的定义确定为：“具备语言技能的人员的名称”。注意：“语言”和“专家”都被作为对象类定义。本示例中的语言是作为限定词使用的。数据元的定义可以超过一个，每一个定义含义相同，分别在特定的相关环境进行注册。上述定义的相关环境是语言技能数据系统。

7.4.2.2 表示类

这个数据元选用的表示类是“名称”，定义为“用来指定、称呼或指代一个人、场所、事物或思想对象的一个单词或词组”。将名称注册为表示类在 7.3.2.2 中描述。

7.4.2.3 数据元名称和标识符

此时可以确定一个或多个数据元名称，每一个名称都使用 GB/T 18391.5 中描述的指南在相关环境中注册。对于本示例，数据元名称的基础是数据元概念的表示，即“语言专家名称”。这个名称的相关环境假定为语言技能数据系统。数据元标识符由注册软件根据 GB/T 18391.5 描述的程序进行分配。这一数据元的标识符为{RAI}124:1。

7.4.3 值域和允许值的详细说明

这一数据元的值域没有枚举。对于这一数据元而言，语言专家的名称不存在允许值的特定列表。不可枚举式的值域需要一个名称、定义、标识符，以及适当值的描述。取值应符合值域描述，本示例中为“可变长字符串组成的人员名称”。其他值域特征包括：

- 标识符：本示例假定系统为值域及版本生成的标识符为{RAI} 522:1；
- 项的名称：语言专家；
- 定义：所有具备语言技能的人员的名称；
- 描述：表示人名的可变长字符串；
- 数据类型：可变长字符串；
- 数据类型模式/来源：ANSI ISO SQL；

● 最大长度：这一数据元的最大字段长度估计为 40 字符。

数据元的值域需要管理数据。创建日期由系统日期获取。当值域的所有必选信息都已录入时，记录其注册状态和管理状态。

7.4.4 其他数据元属性

● 为此数据元选择一个例子，要求应符合值域的定义；

数据元示例：詹妮特史密斯

● 确定数据元的起源作为允许值的获取标准；

数据元起源：专业人员联合会

● 记录定义中未包括，但是可能提供数据元的附加信息的任何说明或解释；

数据元解释性备注：包括名和姓，不要头衔

● 记录将这一数据元提交注册的提交机构的名称；

提交机构：专业人员联合会

● 记录负责监督和维护数据元的个人或机构的名称。

主管联系：专业人员联合会董事会

其他管理元数据，例如创建日期如果可能尽量由系统自动记录或获取。其他管理数据可以手工录入。

7.4.5 数据元分类

“语言专家名称”这一数据元除了按照 7.1 中描述的数据系统分类，还可以根据下列对象类进行分类：语言，专家。

也可以根据其他分组进行分类。

7.4.6 注册状态和管理状态信息

本示例中的数据元、值域、数据元概念以及概念域的注册状态为“已记录”，管理状态为“质量检查中”。质量检查之后，注册状态可以更新为“已审核”，管理状态可以更新为“无进一步行动”。它们不会成为标准，因为这一数据元不是由标准确认的，不会成为首选数据元。

7.4.7 属性摘要

与数据元相关的元数据项以及属性的摘要参见表 A.3，自上而下的语言专家技能水平数据元注册。

7.5 语言技能类型标识符示例

7.5.1 数据元概念，概念域及值域

数据元概念的基础是对象类“技能”、对象限定词“语言”以及特性“类型”。根据 GB/T 18391.4，数据元概念“语言技能类型”被定义为“一个用来确定一类语言技能的标识符”。数据元的名称和定义都应在附录 B 所述的相关环境中注册。本示例的自上而下注册，使用的相关环境是第 7 章中描述的“语言技能数据系统”。

这一数据元概念的概念域为“语言技能”，定义为“语言使用中的所有技能”。注册系统将语言技能的概念域枚举出来，因为与语言相关的技能集合为读、写和说。系统中也记录了明确的值含义。这一数据元概念的值含义是“使用一种语言阅读的能力”，“使用一种语言写作的能力”，“使用一种语言说话的能力”。每个值含义都要注册其开始日期(即，值含义对于注册系统的生效日期)。每个值含义分配一个标识符，本示例中假定为 977、978、979。

概念域的起源是要求在元数据注册系统中对数据元进行注册的机构的名称，本示例中是专业人员联合会。

数据元概念及概念域的标识符在第 6 章及附录 B 中描述。本示例假定标识符由注册软件自动生成。本示例中，数据元概念标识符为{RAI}236:1，概念域标识符为{RAI}347:1。

7.5.2 数据元的定义和标识

7.5.2.1 数据元定义

在自上而下的注册中，此时应当定义数据元。按照 GB/T 18391.4 中描述的数据元定义的规程和指南，该数据元的定义确定为："语言技能类型的名称"。要注意的是，"语言"和"技能"都被作为对象类定义。数据元的定义可以超过一个，每一个定义的含义相同，分别在特定的相关环境进行注册。上述定义的相关环境是语言技能数据系统。

7.5.2.2 表示类

这个数据元选用的表示类是"名称"，定义为"用来指定、称呼或指代一个人、场所、事物或思想对象的一个单词或词组"。7.3.2.2 中描述了将名称注册为表示类。

7.5.2.3 数据元名称和标识符

此时可以确定一个或多个数据元名称，每一个名称都依据 GB/T 18391.5 中描述的指南在相关环境中注册。对于本示例，数据元名称的基础是数据元概念的表示，即"语言技能类型名称"。这个名称的相关环境假定为语言技能数据系统。数据元标识符由注册软件根据 GB/T 18391.5 描述的程序进行分配。这一数据元的标识符为{RAI}125:1。

7.5.3 值域和允许值的详细说明

这一数据元的值域可以枚举。因为存在一个包含语言技能类型名称的允许值列表。数据值应符合允许值列表。允许值"读"、"写"、"说"被录入为允许值，与值域关联。每个允许值都具有起始日期。

所有的值域都是管理记录。对值域进行管理需要在相关环境中记录其名称和定义。在这里值域的名称确定为"语言技能名称"，定义为"指代语言技能的所有名称"。这一名称和定义使用的相关环境是第 7 章中一直使用的"语言技能数据系统"。

本示例中值域的其他属性包括：

- 标识符：本示例假定系统为值域及版本生成的标识符为{RAI} 523:1；
- 数据类型：字符型；
- 数据类型模式/来源：ANSI ISO SQL；
- 最大长度：值域的字段长度取决于允许值的实际长度；最长 5 个字符；
- 起源：专业人员联合会。

创建日期由系统日期获取。其他管理数据，例如，解释性备注，可以此时记录。

7.5.4 其他数据元属性

- 为此数据元选择一个例子，要求应符合值域的定义；
  数据元示例：写
- 确定数据元的起源作为允许值的获取标准；
  数据元起源：专业人员联合会
- 记录定义中未包括，但是可能提供数据元的附加信息的任何说明或解释；
  数据元解释性备注：未提供
- 记录将这一数据元提交注册的提交机构的名称；
  提交机构：专业人员联合会
- 记录负责监督和维护数据元的个人或机构的名称。
  主管联系：专业人员联合会董事会

其他管理元数据，例如创建日期如果可能尽量由系统自动记录或获取。其他管理数据可以手工录入。

7.5.5 数据元分类

"语言技能类型名称"这一数据元除了按照 7.1 中描述的数据系统分类，还可以根据下列对象类进行分类：语言，技能。

也可以根据其他分组进行分类。

7.5.6 注册状态和管理状态信息

本示例中的数据元、值域、数据元概念以及概念域的注册状态为“已记录”，管理状态为“质量检查中”。质量检查之后，注册状态可以更新为“已审核”，管理状态可以更新为“无进一步行动”。它们不会成为标准，因为这一数据元不是由一个标准确认的，不会成为首选数据元。

7.5.7 属性摘要

与数据元相关的元数据项以及属性的摘要参见表A.3，自上而下的语言专家技能水平数据元注册。

7.6 自然语言标识符示例

对于这个例子，自然语言标识符的基础是ISO 639-2:1998《语种名称代码　第2部分:3字母代码》。本示例没有采用ISO 639-1提供的2字母语言表示法。注意，一些注册机构可能将这种代码表注册为值域，而不是数据元。

7.6.1 数据元概念、概念域及值含义

数据元概念的基础是对象类“语言”，对象限定词“自然的”以及特性“标识符”。根据GB/T 18391.4，数据元概念“自然语言标识符”被定义为“一个用来确定一种自然语言的标识符”。数据元的名称和定义都应在附录B所述的相关环境中注册。本示例的自上而下注册，使用的相关环境是第7章中描述的“语言技能数据系统”。

这一数据元概念的概念域为“自然语言”，定义为“由一群人作为母语使用的所有语言”。注册系统按照ISO 639-2将“自然语言”的概念域枚举出来。系统中也记录了明确的值含义。这一数据元概念的值含义是“自然语言”。每个值含义都要注册其开始日期(即，值含义对于注册系统的生效日期)。每个值含义分配一个标识符，本示例中假定为3001，3002。

这一概念域的起源是ISO 639-2。数据元概念及概念域的标识符在第6章及附录B中描述。本示例假定标识符由注册软件自动生成。本示例中，数据元概念标识符为{RAI} 237:1，概念域标识符为{RAI} 348:1。

7.6.2 数据元的定义和标识

7.6.2.1 数据元定义

在自上而下的注册中，此时应当定义数据元。按照GB/T 18391.4中描述的数据元定义的规则和指南，该数据元的定义确定为:“指代自然语言的3字母代码”。数据元的定义可以超过一个，每一个定义含义相同，分别在特定的相关环境进行注册。上述定义的相关环境是语言技能数据系统。

7.6.2.2 表示类

这个数据元选用的表示类是“代码”，定义为“用来表示或标识某物的一个单词、字母、数字或其他符号”。实施者需要在注册系统中的表示类中查找“代码”这一术语。如果系统中不存在这一术语，此时应当添加。本示例为表示类添加了一个限定词“3字母”。

7.6.2.3 数据元名称和标识符

此时可以确定一个或多个数据元名称，每一个名称都使用GB/T 18391.5中描述的指南在相关环境中注册。对于本示例，数据元名称的基础是数据元概念的表示，即“自然语言3字母代码表”。这个名称的相关环境假定为语言技能数据系统。数据元标识符由注册软件根据GB/T 18391.5描述的程序进行分配。这一数据元的标识符为{RAI}126:1。

7.6.3 值域和允许值的详细说明

这一数据元的值域可以枚举。因为存在一个包含自然语种代码的允许值列表。数据值应符合允许值列表。将GB/T 4880中的3字母代码录入作为允许值，与值域关联。每个允许值都具有起始日期。

所有的值域都是管理记录。对值域进行管理需要在相关环境中记录其名称和定义。在这里值域的名称确定为“自然语种代码”，定义为“ISO 639-2中列出的标识自然语言的3字母代码”。这一名称和定义使用的相关环境是第7章中一直使用的“语言技能数据系统”。

本示例中值域的其他属性包括：

- 项的标识符：本示例假定系统为值域及版本生成的标识符为{RAI} 524:1；
- 数据类型：字符型；
- 数据类型模式/来源：ANSI ISO SQL；
- 最大长度：值域的字段长度取决于允许值的实际长度，最长3个字符；
- 起源：ISO 639-2:1998。

创建日期由系统日期获取。其他管理数据，例如解释性备注，可以此时记录。

7.6.4 其他数据元属性

- 为此数据元选择一个例子，要求应符合值域的定义；
  数据元示例：ENG(英文)
- 确定数据元的起源作为允许值的获取标准；
  数据元起源：ISO 639-2:1998
- 记录定义中未包括，但是可能提供数据元的附加信息的任何说明或解释；
  数据元解释性备注：未提供
- 记录将这一数据元提交注册的提交机构的名称；
  提交机构：专业人员联合会
- 记录负责监督和维护数据元的个人或机构的名称。
  主管联系：专业人员联合会董事会

其他管理元数据，例如创建日期如果可能尽量由系统自动记录或获取。其他管理数据可以手工录入。

7.6.5 数据元分类

“自然语言3字母代码”这一数据元除了按照7.1中描述的数据系统分类，还可以根据下列对象类进行分类：语言。

也可以根据其他分组进行分类。

7.6.6 注册状态和管理状态信息

本示例中的数据元、值域、数据元概念以及概念域所有必选的属性都记录之后，其注册状态为“已记录”，管理状态为“质量检查中”。质量检查之后，注册状态可以更新为“标准”，管理状态可以更新为“最终”，因为它可能成为自然语种代码的首选概念域。如果3字母代码不能成为自然语言的首选表示法，那么质量检查之后，值域的注册状态可以更新为“已审核”，管理状态更新为“无进一步行动”。质量检查之后，数据元和数据元概念的状态也会更新为“已审核”和“无进一步行动”。

7.6.7 属性摘要

与数据元相关的元数据项以及属性的摘要参见表A.4，自上而下的语言专家技能水平数据元注册。

7.7 技能水平鉴别符示例

7.7.1 数据元概念，概念域及值含义

数据元概念的基础是对象类“水平”，对象限定词“技能”以及特性“鉴别符”。根据GB/T 18391.4，数据元概念“技能水平鉴别符”被定义为“一个用来区分技能水平的特征”。数据元的名称和定义都应在附录B所述的相关环境中注册。本示例的自上而下注册，使用的相关环境是第7章中描述的“语言技能数据系统”。

这一数据元概念的概念域为“技能水平”，定义为“完成任务能力的所有水平”。“技能水平”的概念域依据专业人员联合会的规定枚举出来。系统记录明确的值含义。这一数据元概念的值含义是“优秀这一能力水平”。其他能力水平包括：良好、合格、差。每个值含义都要注册其开始日期(即值含义对于注册系统的生效日期)。每个值含义分配一个标识符，本示例中假定为4001，4002，4003和4004。

这一概念域的起源是专业人员联合会。数据元概念及概念域的标识符在第6章及附录B中描述。

本示例假定标识符由注册软件自动生成。本示例中，数据元概念标识符为{RAI}238:1，概念域标识符为{RAI} 349:1。

7.7.2 数据元的定义和标识

7.7.2.1 数据元定义

在自上而下的注册中，此时应当定义数据元。按照GB/T 18391.4中描述的数据元定义的规程和指南，该数据元的定义确定为："完成一项技能的能力水平"。技能和水平都被定义为对象类，鉴别符被定义为特性。数据元的定义可以超过一个，每一个定义含义相同，分别在特定的相关环境进行注册。上述定义的相关环境是语言技能数据系统。

7.7.2.2 表示类

这个数据元选用的表示类是"名称"，定义为"用来指定、称呼或指代一个人、场所、事物或思想对象的一个单词或词组"。将名称注册为表示类在7.3.2.2中描述。

7.7.2.3 数据元名称和标识符

此时可以确定一个或多个数据元名称，每一个名称都使用GB/T 18391.5中描述的指南在相关环境中注册。对于本示例，数据元名称的基础是数据元概念的表示，即"技能水平鉴别符名称"。这个名称的相关环境假定为语言技能数据系统。数据元标识符由注册软件根据GB/T 18391.5描述的程序进行分配。这一数据元的标识符为{RAI} 127:1。

7.7.3 值域和允许值的详细说明

这一数据元的值域可以枚举。因为存在一个包含技能水平名称的允许值列表。名称应符合允许值列表。将专有名称录入作为允许值，与值域关联。每个允许值都具有起始日期。

所有的值域都是管理记录。对值域进行管理需要在相关环境中记录其名称和定义。在这里值域的名称确定为"技能水平鉴别符名称"，定义为"所有用来指代技能水平鉴别符的名称"。这一名称和定义使用的相关环境是第7章中一直使用的"语言技能数据系统"。

本示例中值域的其他属性包括：

- 项的标识符：本示例假定系统为值域及版本生成的标识符为{RAI}524:1；
- 数据类型：可变长字符串；
- 数据类型模式/来源：ANSI ISO SQL；
- 最大长度：值域的字段长度取决于允许值的实际长度，最长9个字符；
- 起源：专业人员联合会。

创建日期由系统日期获取。其他管理数据，例如解释性备注，可以此时记录。

7.7.4 其他数据元属性

- 为此数据元选择一个例子，要求应符合值域的定义；
  数据元示例：良好
- 确定数据元的起源作为允许值的获取标准；
  数据元起源：专业人员联合会
- 记录定义中未包括，但是可能提供数据元的附加信息的任何说明或解释；
  数据元解释性备注：未提供
- 记录将这一数据元提交注册的提交机构的名称；
  提交机构：专业人员联合会
- 记录负责监督和维护数据元的个人或机构的名称。
  主管联系：专业人员联合会董事会

其他管理元数据，例如创建日期如果可能尽量由系统自动记录或获取。其他管理数据可以手工录入。

7.7.5 数据元分类

“技能水平鉴别符”这一数据元除了按照7.1中描述的数据系统分类，还可以根据下列对象类进行分类：语言。

也可以根据其他分组进行分类。

7.7.6 注册状态和管理状态信息

本示例中的数据元、值域、数据元概念以及概念域所有必选的属性都记录之后，其注册状态为“已记录”，管理状态为“质量检查中”。质量检查之后，注册状态可以更新为“已审核”，管理状态可以更新为“无进一步行动”。

7.7.7 属性摘要

与数据元相关的元数据项以及属性的摘要参见表A.4，自上而下的语言专家技能水平数据元注册。

7.8 示例属性摘要列表

第7章中描述的自上而下的数据元注册中的数据元的属性摘要列表参见表A.3和表A.4。

8 复杂数据示例

一些数据元是通过数学变换或规则从其他数据元中派生而来的。派生规则有很多种，例如数学计算（例如，差异估计），统计集合（例如，从分类数据创建表格），或格式集合（例如，住宅邮政地址）。原则上，规则可以用形式逻辑表示，例如一阶逻辑，编程语言（例如，C语言），数学或其他形式化方法。但在实践中，对于非常复杂的转换这一原则既不可行也毫无用处。只要把规则描述的足够清楚，其转换含义能被理解就够了。将规则形式化供计算机使用并不是在任何环境中都可行。

正式来说，派生数据元的允许值由一个或多个原始数据元的允许值的函数的值域范围限定。函数被称为一条规则。规则应描述如何使用原始数据元值来获得派生数据元的允许值。另外，规则一次可以派生出不止一个数据元。例如，通过矩形坐标系计算地球表面一点的纬度和经度。

数据元格式集合，即其他数据元的格式化集合（参见例3），是一个专门的派生类别，注册机构可以选择不把它注册为一个派生数据元。格式集属于一个更大的数据元集合分类，称为组，一个组是任何两个或两个以上数据元的有限集。将格式集注册为派生数据元或者是一个组由具体的注册机构决定。这与注册机构注册值域时要作出的选择类似（参见第1章）。

8.1 示例

下面的示例说明了几种类型的派生。这些例子并未列出所有可能的派生方法。这些派生方法是：

a) 数学计算：根据月家庭收入估计的年家庭收入；

b) 统计集合：根据种族、年龄、性别统计的分种族、分年龄、分性别人口；

c) 形式集合：由楼号、街号、城市、州、邮编、国家名称组成的住宅地址；

d) 重新编码：根据退休类型、职员年龄、职员工作年限及特殊要求得出的美国联邦政府退休资历。

这些示例的详情见下表。表中提供了这些数据元的元数据属性的有限集合。演示派生原理不需要用到所有的属性。

示例使用了原始数据元和派生数据元的名称、定义、允许值（枚举域的允许值以及不可枚举域的域描述）。数据元的名称被用于规则的描述。这样做是为了方便阅读。实践中，要使用数据元标识符。

这些示例表明，规则的描述可以实现两个不同的目的。规则如果以便于阅读的格式表达，可以帮助人们理解派生原理，如果以格式化语言表达，则方便转换为计算机代码。具体如何操作取决于提交机构以及对注册系统以前用户的了解。

有些派生原理过于复杂，用格式化语言表达是不现实的。例如，根据美国劳工部的统计数据计算消费价格指数。这个例子中，提供一个指针指向描述派生原理的文档是表述规则的唯一可行方法。

示例 1		数学派生
1	原始数据元名称、定义与值域	
	名称	月家庭收入
	定义	以美元表示的家庭中每个 16 岁及以上的成员上个月的收入总和
	不可枚举域描述	所有非负整数
2	规则	
	派生规则描述	预计年家庭收入＝月家庭收入×12
3	派生数据元名称，定义，值域	
	称	年家庭收入
	定义	以美元表示的家庭中每个 16 岁及以上的成员上一年的收入总和
	不可枚举域描述	所有非负整数

示例 2		统计集合派生
1	原始数据元名称，定义，值域	
	名称	人种
	定义	人的种族
	允许值	美洲印第安、亚洲、黑、白及其他
2	原始数据元名称，定义，值域	
	名称	年龄
	定义	上次生日的年龄，按类汇总
	允许值	1:0～15 2:16～25 3:26～45 4:46～64 5:65 及以上
3	原始数据元名称，定义，值域	
	名称	性别

示例 2		统计集合派生
	定义	性别
	允许值	女、男、其他、未知
4	规则	
	派生规则描述	对于 100 个人,分别按种族、年龄、性别统计人数
5	派生数据元名称,定义,值域	
	名称	按种族、年龄、性别统计的人数
	定义	按类统计的人数
	不可枚举域描述	所有的非负整数

示例 3		形式集合派生
1	原始数据元名称,定义,值域	
	名称	住宅地址楼号
	定义	由邮局分配为特定街道上的每个居住场所分配的一个唯一号码
	不可枚举域描述	1～5 个数字字母字符串
2	原始数据元名称,定义,值域	
	名称	住宅地址街道名称
	定义	居住场所所在的街道的名称
	不可枚举域描述	字符串
3	原始数据元名称,定义,值域	
	名称	住宅地址城市
	定义	住宅所在的城市的名称
	不可枚举域描述	4 位数字字母字符串
4	原始数据元名称,定义,值域	
	名称	住宅地址州代码

示例 3		形式集合派生
	定义	住宅所在的州
	允许值	美国邮政州号
5	原始数据元名称，定义，值域	
	名称	住宅地址邮政编码
	定义	美国住宅邮政编码
	允许值	美国邮政编码(5 位数字)
6	规则	
	派生规则描述	将原始数据元按下列格式加以组合： 住宅地址楼号/住宅地址街道名称\n住宅地址城市/住宅地址州代码/住宅地址邮政编码\n住宅地址国家名称 其中符号/代表字符串的连接 符号\n代表新起一行
5	派生数据元名称，定义，值域	
	名称	住宅地址
	定义	住宅的完整地址
	不可枚举域描述	符合下列格式的字符串： N+(最大 5 位)C+(无限) C+(无限)，CC，C+(最大 10 位) C+(无限) N 代表数字，C 代表字母，+表示给定类型的至少一个字符

示例 4		重新编码派生
1	原始数据元名称，定义，值域	
	名称	退休类型
	定义	用以确定退休资格的规则的名称
	允许值	任选、特选、提前退休、停止服务及残疾
2	原始数据元名称，定义，值域	
	名称	职员年龄

示例 4		重新编码派生
	定义	上次生日的年龄
	不可枚举域描述	0～125 之间的整数
3	原始数据元名称，定义，值域	
	名称	任职年限
	定义	职员为美国联邦政府工作的年限，包括服兵役
	不可枚举域描述	0～125 之间的整数
4	原始数据元名称，定义，值域	
	名称	特别规定
	定义	每种退休类型生效的必备条件
	不可枚举域描述	文本
5	规则	
	派生规则描述	规则描述见示例 4 这一段长的文本应当放在这里作为描述属性的值
6	派生数据元名称，定义，值域	
	名称	美国联邦政府公职退休系统，职员退休资格
	定义	指明公职系统内的美国联邦政府职员是否具备退休资格的指示符
	允许值	是、否

联邦政府职员达到下表要求的最低任职年限后可以在下表规定的年龄退休，并立刻开始领取退休金。

退休类型	最低年龄	最低年限	特别要求
任选	62	5	无
	60	20	无
	55	30	无
特选	50	20	空中交通管制员、法律实施部门及军火人员的退休应符合特别的要求。空中交通管制员工作任职年满 25 年之后也可以随时退休

示例 4			重新编码派生
提前退休	任何年龄 50	25 20	你所在的机构应正在经历人力管理办公室所决定的重要重组、人员缩减或功能转换。低于 55 岁退休金酌减
停止服务	任何年龄 50	25 20	你的离职是非自愿的,且并非因行为失当被免职
残疾	任何年龄	5	你应丧失在所在职位及所在地区及所在部门同级空缺职位的工作能力。 丧失工作能力应先于退休,或者离职一年内,精神疾病除外

附 录 A
(资料性附录)
示例数据元的属性表

附录A包含两个表,表A.1和表A.2包括了本部分前面提供的数据元属性示例。表A.1提供了用取自ISO 3166枚举型数据标准的英文简称与取自某个应用系统的数据元相关联的元数据示例;表A.2使用关于域信息的ISO 6709提供了与不可枚举型数据元相关联的元数据示例。第一列命名了数据元属性,并且后面的列给出了可被注册的每个数据元示例进行说明的数据。

表A.1 基于ISO 3166用枚举域为数据元所作的自下而上注册

元数据名称		ISO 3166,枚举型	应用系统	
1	数据元定义			
	数据元(DE)定义语境	注册系统	注册系统	简易数据系统
	数据元定义	ISO公认的国家英文简称	邮件可送达的国家名称	地址可定位的国家名称
2	允许值与值域			
	允许值(每一个允许值)	取自ISO 3166配有值含义的国家名称的所有英文简称(记录诸如:阿富汗、阿尔巴尼亚、……津巴布韦)	取自ISO 3166配有值含义的国家名称的所有英文简称(记录诸如:阿富汗、阿尔巴尼亚、……津巴布韦)	
	允许值起始日期(每一个允许值)	19970110	19970110	
	允许值结束日期(每一个允许值)	(不适用)	(不适用)	
	值域(VD)语境	注册系统	注册系统	
	值域名称	ISO国家英文简称	ISO国家英文简称	
	值域定义	ISO公认的全部国家的英文名称的所有简称	ISO公认的全部国家的英文名称的所有简称	
	值域描述	(不适用)	(不适用)	
	值域项标识符	{RAI} 5 678:1	{RAI} 5 678:1	
	数据类型	可变长度字符串	可变长度字符串	
	数据类型模式/来源	ANSI ISO SQL	ANSI ISO SQL	
	最多字符	44	44	
	格式	(不适用)	(不适用)	
	计量单位	(不适用)	(不适用)	
	精度	(不适用)	(不适用)	
	值域起源	ISO 3166-1:1997	ISO 3166-1:1997	
	值域解释性备注	该值域只包括指明的国家名称的子集;不包括领地名称	该值域只包括指明的国家名称的子集;不包括领地名称	

表 A.1（续）

元数据名称		ISO 3166,枚举型	应用系统	
3	表示类项			
	表示类	名称	名称	
	表示类限制符	简称	简称	
4	数据元名称和标识符			
	数据元名称语境	注册系统	注册系统	简易数据系统
	数据元名称	ISO 英文的国家简称	邮寄地址国家名称	Mailing_Address Country_Name
	数据元标识符	{RAI} 209 033:1	{RAI} 5 394:1	
5	其他数据元属性			
	数据元示例	China	Denmark	
	数据元起源	ISO 3166-1:1997《国家及其下属区划名称表示代码　第 1 部分：国家代码》	应用系统	
	数据元解释性备注	该数据元包含在邮寄地址标准之中	该数据元是向本国以外交付邮件所必须的	
	提交机构	信息收集办公室	执行与服从担保办公室	
	管理员联系	地理政治数据管理员	简易数据系统管理员	
6	数据元概念和概念域			
	数据元概念(DEC)语境	注册系统	注册系统	
	数据元概念名称	国家标识符	地址国家标识符	
	数据元概念定义	世界地理政治实体标识符	指明邮寄地址的世界基本地理政治实体标识符	
	对象类	国家	地址	
	对象类限制符	(不适用)	(不适用)	
	性质	标识符	标识符	
	性质限制符	(不适用)	国家	
	数据元概念项标识符	{RAI}12 345:1	{RAI}12 468:1	
	概念域(CD)语境	注册系统	注册系统	
	概念域名称	世界上的国家	世界上的国家	
	概念域定义	世界基本地理政治实体	世界基本地理政治实体	
	概念域项标识符	{RAI} 2 468:1	{RAI} 2 468:1	
	概念域起源	ISO 3166:1	ISO 3166:1	
	值含义(对于每一个值含义)	已知例如〈中国〉这样的基本地理政治实体	已知例如〈中国〉这样的基本地理政治实体	
	值含义起始日期(对于每一个值含义)	19970110	19970110	

表 A.1(续)

	元数据名称	ISO 3166,枚举型	应用系统
	值含义结束日期(对于每一个值含义)	(不适用)	(不适用)
	值含义标识符(对于每一个值含义)	〈由系统分配的例如 1 001…1 230:每个对应各自的值含义〉	〈由系统分配的例如 1 001…1 230:每个对应各自的值含义〉
7	分类类型示例	分类类型的分类值	
	关键字	国家	国家、地址、邮件
	组	地理政治实体、国家标识符	邮寄地址
	对象	国家	地址、国家
	抽象层次类型	泛化	特化
8	注册与管理状态		
	数据元注册状态	标准	已记录
	数据元管理状态	最终	质量检查中
	值域注册状态	标准	标准
	值域管理状态	最终	最终
	数据元概念注册状态	标准	已记录
	数据元概念管理状态	最终	质量检查中
	概念域注册状态	标准	标准
	概念域管理状态	最终	最终

表 A.2 基于 ISO 6709 用不可枚举域为数据元所作的自下而上注册

	元数据名称	ISO 6709,不可枚举型	FGDC 应用	
1	数据元定义			
	数据元(DE)定义语境	注册系统	标准	注册系统
	数据元定义	基于赤道以北或以南子午线上地球位置的角距离的六十进制测量	用纬度表达的覆盖限制的北方最大坐标	数据集限制覆盖的北方最大坐标的纬度测量
2	允许值与值域			
	允许值(每一个允许值)	用度、分和秒做出的纬度测量(仅为资料性的;不为不可枚举域所记录)	用度和十进制度表达的纬度测量(仅为资料性的;不为不可枚举域所记录)	
	允许值起始日期(每一个允许值)	(不适用于不可枚举域)	(不适用于不可枚举域)	
	允许值结束日期(每一个允许值)	(不适用于不可枚举域)	(不适用于不可枚举域)	
	值域(VD)语境	注册系统	注册系统	

表 A.2(续)

	元数据名称	ISO 6709,不可枚举型	FGDC 应用	
	值域名称	纬度的六十进制测量	纬度的十进制测量	
	值域定义	赤道以北或以南的角距离的全部六十进制测量值	赤道以北或以南的角距离的全部十进制测量值	
	值域描述	赤道上或赤道以北的纬度测量值为正;赤道以南的纬度测量值为负。度的排列限定为0～90,分的排列限定为0～59,秒排列限定为0～59	赤道上或赤道以北的纬度测量值为正;赤道以南的纬度测量值为负。度的排列限定为－90.0～＋90.0	
	值域项标识符	{RAI} 9 876:1	{RAI} 9 877:1	
	数据类型	可变长度字符串	可变长度字符串	
	数据类型模式/来源	ANSI ISO SQL	ANSI ISO SQL	
	最多字符	13	10	
	格式	＋/－DDMMSS至＋/－DDMMSS.SSSSS	＋/－DD.D至＋/－DD.DDDDDD	
	计量单位	六十进制数	度数	
	精度	已记录地点的十进制数	已记录地点的十进制数	
	值域起源	ISO 6709	ISO 6709	
	值域解释性备注	(不适用)	(不适用)	
3	表示类			
	表示类	测量	测量	
	表示类限制符	六十进制数	度数	
4	数据元名称和标识符			
	数据元名称语境	注册系统	标准	注册系统
	数据元名称	纬度六十进制度量	北边界坐标	最北纬度度量
	数据元标识符	{RAI} 312 345:1	{RAI} 20 875:1	
5	其他数据元属性			
	数据元示例	＋674 532和＋674 531.854 35	＋62.98	
	数据元起源	ISO 6709:1983 (E),地理点位置的纬度、经度和高程的标准表示法	ISO 19115《地理信息 元数据》	
	数据元解释性备注	依据下列公式可将纬度六十进制变换到纬度十进制: 秒/60＝分,十进制分/60＝十进制度。	北方最大坐标可以归结为一个点或包围一个矩形的一条线。依据下列公式可将纬度度数变换到纬度六十进制数: 十进制度×60＝分,十进制分×60＝秒	
	提交机构	信息收集办公室	信息收集办公室	
	管理员联系	地理信息系统管理员	地理信息系统管理员	

表 A.2（续）

	元数据名称	ISO 6709，不可枚举型	FGDC 应用
6	数据元概念和概念域		
	数据元概念(DEC)语境	注册系统	注册系统
	数据元概念名称	纬度距离	北边界坐标
	数据元概念定义	基于赤道以北或以南地球表面的某点上的角距离测量	基于赤道以北或以南子午线所覆盖的北方最大界限的角距离测量
	对象类	纬度	纬度
	对象类限制符	(不适用)	(不适用)
	性质	距离	范围
	性质限制符	(不适用)	北
	数据元概念项标识符	{RAI} 23 456:1	{RAI} 23 457:1
	概念域(CD)语境	注册系统	注册系统
	概念域名称	纬度测量	纬度测量
	概念域定义	赤道以北或以南各点的全部纬度测量值	赤道以北或以南各点的全部纬度测量值
	概念域项标识符	{RAI} 2 532:1	{RAI} 2 532:1
	概念域起源	ISO 6709	ISO 6709
	值含义(每一个值含义)	(不适用于不可枚举域)	(不适用于不可枚举域)
	值含义起始日期(每一个值含义)	(不适用于不可枚举域)	(不适用于不可枚举域)
	值含义结束日期(每一个值含义)	(不适用于不可枚举域)	(不适用于不可枚举域)
	值含义标识符(每一个值含义)	(不适用于不可枚举域)	(不适用于不可枚举域)
7	分类类型示例	分类类型的分类值	
	关键字	水平坐标、空间、纬度	水平坐标、空间、纬度
	组	地理点位置	地理点位置，范围坐标
	对象	纬度	纬度
	抽象层次类型	泛化	特化
8	注册与管理状态信息		
	数据元注册状态	已审核	已审核
	数据元管理状态	无进一步行动	无进一步行动
	值域注册状态	标准	标准
	值域管理状态	最终	最终
	数据元概念注册状态	标准	已审核
	数据元概念管理状态	最终	无进一步行动
	概念域注册状态	标准	标准
	概念域管理状态	最终	最终

表 A.3 语言专家技能水平的数据元的自上而下注册

	元数据名称	机构	熟练性	技能类型
6	数据元概念和概念域			
	数据元概念(DEC)语境	语种专门技能数据系统	语种专门技能数据系统	语种专门技能数据系统
	数据元概念名称	专业机构标识符	语种熟练性标识符	语言技能类型
	数据元概念定义	公认的或由专业机构确认的标识符	公认的或由语言专家确认的标识符	确定语言技能类型的标识符
	数据元概念项标识符	{RAI} 234:1	{RAI} 235:1	{RAI} 236:1
	对象类	机构	专家	技能
	对象类标识符	{RAI} 881:1	{RAI} 882:1	{RAI} 883:1
	对象类限制符	专门的	语言	语言
	性质	标识符	标识符	类型
	性质标识符	{RAI} 771:1	{RAI} 771:1	{RAI} 772:1
	性质限制符	(不适用)	(不适用)	(不适用)
	概念域(CD)语境	语种专门技能数据系统	语种专门技能数据系统	语种专门技能数据系统
	概念域名称	专业机构	语言专家	语言技能
	概念域定义	适合于或者与某个专业相关联的所有协会	有语言方面造诣的所有个人	语言使用方面的所有技能
	概念域项标识符	{RAI} 345:1	{RAI} 346:1	{RAI} 347:1
	概念域起源	专业人员联合会	专业人员联合会	专业人员联合会
	值含义(每一个值含义)	通称作〈本体〉的专业机构(对于不可枚举域来说仅为资料性的)	通称作〈人〉的语言专家(对于不可枚举域来说仅为资料性的)	能读某种语言 能写某种语言 能说某种语言
	值含义起始日期(每一个值含义)	(不适用于不可枚举域)	(不适用于不可枚举域)	2000-11-20,对于每一个值含义来说
	值含义结束日期(每一个值含义)	(不适用于不可枚举域)	(不适用于不可枚举域)	(此时不适用)
	值含义标识符(每一个值含义)	(不适用于不可枚举域)	(不适用于不可枚举域)	分别为977,978,979
1	数据元定义			
	数据元(DE)定义语境	语种专门技能数据系统	语种专门技能数据系统	语种专门技能数据系统
	数据元定义	专业机构的名称	语言专家的姓名	语言技能类型的名称
3	表示类			
	表示类	名称	名称	名称
	表示类 限制符	(不适用)	(不适用)	(不适用)
4	数据元名称和标识符			
	数据元名称语境	语种专门技能数据系统	语种专门技能数据系统	语种专门技能数据系统

表 A.3（续）

	元数据名称	机构	熟练性	技能类型
	数据元名称	专业机构名称	语言专家姓名	语言技能类型名称
	数据元标识符	{RAI} 123:1	{RAI} 124:1	{RAI} 125:1
2	允许值与值域			
	允许值(每一个允许值)	(不适用于不可枚举域)	(不适用于不可枚举域)	读、写、说
	允许值起始日期(每一个允许值)	(不适用于不可枚举域)	(不适用于不可枚举域)	2000-11-22
	允许值结束日期(每一个允许值)	(不适用于不可枚举域)	(不适用于不可枚举域)	(此时不适用)
	值域(VD)语境	语种专门技能数据系统	语种专门技能数据系统	语种专门技能数据系统
	值域名称	专业机构名称	语言专家	语言技能名称
	值域定义	全部专业机构的名称	全部语言专家个人的姓名	语言技能的全部名称
	值域描述	标明机构名称的可变长字符串	表达专家个人姓名的可变长字符串	(不适用于枚举值域)
	值域项标识符	{RAI} 521:1	{RAI} 522:1	{RAI} 523:1
	数据类型	可变长度字符串	可变长度字符串	字符
	数据类型模式/来源	ANSI ISO SQL	ANSI ISO SQL	ANSI ISO SQL
	最多字符	40	40	5
	格式	(不适用)	(不适用)	(不适用)
	值域起源	(不适用)	(不适用)	(预定无)
	值域解释性备注	(不适用)	(不适用)	(预定无)
5	其他数据元属性			
	数据元示例	教师联合会	珍妮特·史密斯	写
	数据元起源	专业人员联合会	专业人员联合会	专业人员联合会
	数据元解释性备注	(不适用)	包含首名和末名,不包括头衔	(未提供)
	提交机构	专业人员联合会	专业人员联合会	专业人员联合会
	管理员联系	专业人员联合会董事	专业人员联合会董事会	专业人员联合会董事会
7	分类类型示例	分类类型的分类值		
	数据系统	语言专门技术	语言专门技术	语言专门技术
	对象类	机构	语言,专家	语言
	抽象层次类型			
8	注册与管理状态信息			
	数据元注册状态	已记录	已记录	已审核
	数据元管理状态	质量检查中	质量检查中	无进一步行动

表 A.3（续）

	元数据名称	机构	熟练性	技能类型
	值域注册状态	已记录	已记录	已审核
	值域管理状态	质量检查中	质量检查中	无进一步行动
	数据元概念注册状态	已记录	已记录	已审核
	数据元概念管理状态	质量检查中	质量检查中	无进一步行动
	概念域注册状态	已记录	已记录	已审核
	概念域管理状态	质量检查中	质量检查中	无进一步行动

表 A.4 语言专家技能水平的数据元的自上而下注册

	元数据名称	语种标识符	技能水平鉴别符
6	数据元概念和概念域		
	数据元概念(DEC)语境	语种专门技能数据系统	语种专门技能数据系统
	数据元概念名称	自然语言标识符	技能水平鉴别符
	数据元概念定义	确定自然语言的标识符	在技能水平之中作辨别的特征
	数据元概念项标识符	{RAI} 237:1	{RAI} 238:1
	对象类	语言	水平
	对象类标识符	{RAI} 884:1	{RAI} 885:1
	对象类限制符	自然	技能
	性质	标识符	鉴别符
	性质标识符	{RAI} 771:1	{RAI} 773:1
	性质限制符	（不适用）	（不适用）
	概念域(CD)语境	语种专门技能数据系统	语种专门技能数据系统
	概念域名称	自然语言	技能水平
	概念域定义	人群用作本地说话方式的全部语言	在执行任务中的全部能力水平
	概念域项标识符	{RAI} 348:1	{RAI} 349:1
	概念域起源	ISO 639-2	专业协会联盟
	值含义(每一个值含义)	通称作〈语言〉的自然语言	通称作〈杰出〉、〈好〉、〈中等〉或〈差〉的能力水平
	值含义起始日期(每一个值含义)	2000-11-19	2000-11-19
	值含义结束日期(每一个值含义)	（此时不适用）	（此时不适用）
	值含义标识符(每一个值含义)	3001,3002,3003,… 至域的最后一个数	各自为 4001,4002,4003,4004
1	数据元定义		
	数据元(DE)定义语境	语种专门技能数据系统	语种专门技能数据系统
	数据元定义	自然语言的 3 字母代码	执行技能的能力水平

表 A.4(续)

	元数据名称	语种标识符	技能水平鉴别符
3	表示类		
	表示类	代码	名称
	表示类 限制符	3位字母	(不适用)
4	数据元名称和标识符		
	数据元名称语境	语种专门技能数据系统	语种专门技能数据系统
	数据元名称	自然语言3字母代码	技能水平鉴别符名称
	数据元标识符	{RAI}126:1	{RAI}127:1
2	允许值与值域		
	允许值(每一个允许值)	(在 ISO 639-2 中列出的全部3字母代码)	优秀、良好、合格、差
	允许值起始日期(每一个允许值)	2000-11-23	2000-11-20
	允许值结束日期(每一个允许值)	(此时不适用)	(此时不适用)
	值域(VD)语境	语种专门技能数据系统	语种专门技能数据系统
	值域名称	自然语言的代码	技能水平鉴别符的名称
	值域定义	在 ISO 639-2 中列出的表示自然语言的全部3字母代码	标明技能水平鉴别符的全部名称
	值域描述	(不适用于枚举域)	(不适用于枚举域)
	值域项标识符	{RAI} 524:1	{RAI} 525:1
	数据类型	字符	可变长度字符串
	数据类型模式/来源	ANSI ISO SQL	ANSI ISO SQL
	最多字符	3	9
	格式	(不适用)	(不适用)
	值域起源	ISO 639-2	专业协会联盟
	值域解释性备注	(未提供)	(未提供)
5	其他数据元属性		
	数据元示例	ENG(英文)	优秀
	数据元起源	ISO 639-2,1998	专业协会联盟
	数据元解释性备注	(未提供)	(未提供)
	提交机构	专业协会联盟	专业协会联盟
	管理员联系	专业协会联盟理事会	专业人员联合会理事会
7	分类类型示例	分类类型的分类值	
	系统	语言专门技术	语言专门技术
	对象类	语言	语言
	抽象层次类型		

表 A.4（续）

	元数据名称	语种标识符	技能水平鉴别符
8	注册与管理状态信息		
	数据元注册状态	已审核	已审核
	数据元管理状态	无进一步行动	无进一步行动
	值域注册状态	已审核	已审核
	值域管理状态	无进一步行动	无进一步行动
	数据元概念注册状态	已审核	已审核
	数据元概念管理状态	无进一步行动	无进一步行动
	概念域注册状态	标准	已审核
	概念域管理状态	最终	无进一步行动

附 录 B
（资料性附录）
GB/T 18391.2，GB/T 18391.4，GB/T 18391.5 和 GB/T 18391.6 各部分的应用

本附录包含了 GB/T 18391.2，GB/T 18391.4，GB/T 18391.5 和 GB/T 18391.6 各部分为注册数据元而使用的附加元数据详细示例。旨在用于补充本部分 6.1 提供的数据元注册。

B.1 数据元定义

数据元定义的目的在于用字或短语定义数据元，以便描述、解释数据元，或使其含义明确而清晰。准确而不含混的数据元定义是保证数据共享最必要的方面之一。表 B.2 中描述的值域辨别了能被包含在数据元中的值的完整集合。域内的每一个数据值都应与数据元的定义相一致。

GB/T 18391.4 提供了形成数据元定义的标准。其中的规则是所有的数据元定义都应服从的，指南是在形成定义时建议遵守的。标准并不规定语法要求（即，词序和结构），它们可以由注册机构建立。一个注册机构可以选择语境中允许的多重定义，为数据元以同样方式在语境中作多重命名是允许的。在多重定义的情况下，每一定义应传达同样精确的含义以使该数据元具有不含糊的值。参见第 6 章中，语境中命名和定义的示例。

后面是适用于注册定义（即，在注册系统中为注册而分配到数据元的唯一性定义）的规则和指南。已被一个注册机构采用的语法也被包含本附录中。

B.1.1 定义的规则

规则是在形成数据元定义时应遵循的，并且可测试其符合性。在形成数据元定义时应遵守下列规则：

- 具有唯一性（在出现此定义的任何数据字典中）；
- 用单数形式阐述；
- 要阐述其概念是什么，而不是阐述其概念不是什么；
- 用描述性的短语或句子阐述；
- 仅可使用人们普遍理解的缩略语；
- 表述中不要加入不同的数据元定义或引用下层概念。

适合于上述要求的定义的示例在下面的段落中进行了描述。

B.1.1.1 具有唯一性

根据形成数据定义的标准规则，每个定义必须区别于（字典中的）任何其他定义，以保证专一性。定义中所表述的一个或多个特性必须使被定义的概念与其他概念相区别。

注意，注册了“未完成”的应用数据元的注册机构可以在各自数据元来源语境内包含个别定义相同的数据元。这些数据元应与适当的良好阐述含义相同数据值的数据元相连接。参见 6.7 数据元的联系。

例如：

好的：规则有效日期：规则生效期间的日历日期。

样品收集起始日期：样品开始收集时的日历日期。

差的：规则有效日期：事件开始时的日期。

样品收集起始日期：事件开始时的日期。

B.1.1.2 用单数形式阐释

数据定义所表述的概念必须用单数形式表述。

例如：

好的:通常已知,一个国家的简称。

差的:通常已知,国家的简称。

注:差的定义意味着一个名称可以标识一个以上的国家。

B.1.1.3 要阐述其概念是什么,而不仅是阐述其概念不是什么

编写定义时,仅阐述其概念不是什么并不能对概念作出唯一的定义。下面以“国家名称”的定义为例说明好的和不好的定义。

例如:

好的:ISO 公认的一个国家的简称。

差的:ISO 公认的名称,它不是一个国家的长名。

注:在某些示例中,好的定义规定概念是什么,同时可能也规定了概念不是什么,例如:

ISO 公认的,一个国家的简称不是它的长名。

B.1.1.4 用描述性的短语或句子阐述

短语或句子对于描述概念的本质特性来说是必需的。陈述名称如同义词,或者用同样的字来重申是不够的。

例如:

好的:通常已知,标识一个国家的简称。

差的:一个国家的名称。

注:差的定义没有描述出这不是一个展开或长名而是一个简称的概念。

B.1.1.5 仅可使用人们普遍理解的缩略语

对包括简称和首字母在内的缩略语含义的理解,通常受到特定环境的限制。环境不同,同一缩写词也许会引起误解或混淆。因此,为了避免歧义,在定义中应使用全称,而不用缩略语。如果缩略语是人们普遍理解的词,例如“即(i. e.)”和“例如(e. g.)”,或缩略语比合成词的全称更容易理解,而且其本身已被作为一个词采用,例如“雷达(radar)”代表“无线电定位装置(radio detecting and ranging)”,这种缩略语作为例外,可以在定义中使用。当简称词或首字母简略词被包含在一个定义中的时候,它应紧随完整术语并且被附在圆括号中。

例 1:

好的:商业机构标准产业分类(SIC)指定的表示公司经济活动的代码。

差的:公司的 SIC 代码。

例 2:

好的:为测量每单位质量(m. p. u.)体积的表示单位的代码。

差的:为测量 m. p. u. 体积的表示单位的代码。

B.1.1.6 表述中不要加入不同的数据元定义或引用下层概念

次要的数据元定义或相关概念不应出现在主要数据元定义中。

例如:

好的:描述以往校准分析设备方法的文本。

差的:描述以往校准分析设备方法的文本。校准是调整器具刻度以给出定量度量的过程。

注:术语“校准”应在关联术语表或字典中定义。

B.1.2 定义的指南

当形成数据元定义时,建议遵守以下指南。定义宜:

- 陈述概念的本质含义。
- 准确而不含糊;
- 简练;
- 单独成立;
- 表述中不要内嵌基本原理、功能用法、范围信息或程序信息;
- 避免循环论证;

- 相关定义使用相同的术语和一致的逻辑结构。

下面的段落中将会给出这些指南的示例。

B.1.2.1 概念的本质含义

包括概念的所有主要方面,但应避免非本质特性。

例如:

好的:邮件送达国家的名称。

差的:邮件的最终邮路,它指定了发送邮件的国家。

注:差的定义包含量额外信息(即置于邮件上的国家名称的邮路)。这个信息对于那些准备发送邮件的人来说是有价值得,但不用作数据元的定义。这个信息可以包含在数据元的注释中,或包含在应用通信地址的商业规则中。

B.1.2.2 准确而不含糊

数据元的准确含义从定义来看应当明白的。源自不同标准或不同来源赋予标识符的代码应予以区分。

例1:

好的:由国际标准化组织(ISO)3166-1赋予的用于表示国家的2字符字母代码。

差的:表示国家的代码。

注:国家代码由ISO 3166-1:1997,FIPS PUB 10-4,FIPS PUB 104-1以及ANSI Z39.27-1984赋予。某些是字母的(2位和3位字符都有),并且至少有一种是数字的。差的定义不严谨,易造成难于澄清代码的来源并且难于解码的状况。

注:域内标准数据值的来源要根据来源属性在值域内的文档化。不管怎样,来源有时反映在定义中,以便使数据元的数据内容来源无误解。

例2:

其他能明显区分相似数据元的好的定义示例是:

普遍公认的标识一个国家的简称。

标识一个国家的官方名称。

B.1.2.3 简练

定义应当简短而容易理解,避免无关术语。

例如:

好的:一个人的姓氏。

差的:描述一个人姓氏的人名成分。

注:人的姓氏并不描述姓氏——它是一个人的姓氏。它对于说明姓氏为"一个人名的成分"来说是无关的。

B.1.2.4 单独成立

好的定义应能单独成立,对于了解其含义来说无需进一步去定义。

例如:

好的:表示地理区域的水文单位代码(HUC),该地理区域包含了部分或全部的地表水系流域、水系流域的复合或者明显的水文要素。

差的:表示一个编目单位的水文单位代码(HUC)。

注:术语"编目单位"没有为理解代码表示水系流域提供帮助。对于含有字典或辞典数据注册系统,术语"编目单位"应被定义在辞典中。

B.1.2.5 无内嵌信息

好的定义不包含内嵌基本原理、功能用法、范围信息或程序信息。

例如:用米替换英尺的基本原理不应被内嵌在定义之中。

好的:基准面以上或以下的以米计量的距离。

差的:基准面以上或以下的距离,用米替换英尺来测量,因为米是测量距离的国际标准。

例如:功能用法不应包含在定义之中(即,这个数据元是[或不是]用于……)。

好的:一个政府为唯一地标识一个机构而赋予的代码。

差的：一个政府为唯一地标识一个机构而赋予的代码，并且被政府用于针对该机构的所有数据传送之中。

例如：程序上的标签（举例来说：可选性能）不应是数据元定义的成分。

好的：为一个机构服务的组织的身份名称。

差的：为一个机构服务的公司的身份名称。该角色名称是用来使一个组织的名称与一个机构的名称相联系。

注：一个数据元可以具有"注"或"注释"属性，它能被用来获取用法、程序、以及其他不适宜包含在定义属性中的解释性信息。

B.1.2.6 避免循环论证

两条定义不应在相互的术语中去定义。定义不应使用另一个概念的定义来作为自身的定义。循环论证的差的定义是：

例如：

好的：对一个对象赋予的代码数字。

差的：由一个代码数字标识的对象。

B.1.2.7 相关定义的一致性

共同的术语和句法（即一致的逻辑结构）应当用相似或相关的定义以促进理解。如果术语和句法不相同，则用户就可以假定其相关定义之间意思是不同的。

好的一致性示例。下列三个定义表现了关于确定纵向坐标方法的代码和名称的好的一致性，并且也关乎确定纵向与横向坐标方法的名称：

用于确定纵向坐标的方法表示代码；

用于确定纵向坐标的方法名称；

用于确定横向坐标的方法名称。

差的一致性示例。下列两个定义表现了关于确定横向坐标方法的代码和名称的差的一致性：

用于确定横向坐标的方法名称；

用于确定纬度和经度的方法表示代码。

注：因为术语是不同的（横向坐标比对纬度和经度），所以注册用户可能假定不同的术语具有某些不同的含义，尽管它们只不过是相同概念的不同表示而已。

B.1.3 数据元定义句法

在 GB/T 18391.4 只论述了数据元定义语义结构。为了一致性，一个注册机构可以选择建立注册系统的句法规则，就像下面的例子：

- 使用短语，而不是句子。

短语：邮件送达地的国家名称。

句子：邮件地址国家名称是邮件送达地的国家名称。

注：上面的句子不如短语简练。它重复了数据元名称，并且附加了没有价值得阐明或进一步定义数据元的信息。

- 由于数据元总是包含表示，则起始的定义了数据元的短语按规定的表示把数据元及其值域作了分类。定冠词"the"的使用，是因为定义涉及了特定的数据值。

名称：…的名称。

代码：表示…的代码。

文本：描述（或定义）…的文本。

数字：由（敦和布拉德斯特利特；化学抽象服务；州）为标识一个（商业公司、化学物质、立法管区）…而赋予的数字或表示…的数字。

测量：（距离、面积、质量）…的测量。

图像：…的图像。

图形：描绘…的图形。

数量：…的（总和、维数、容量、数目）。

注：关于数量，而不是在定义中重复的术语"数量"，更加明确的术语被用于描述数据元适用的数量类型。这就避免

了诸如“指明…的总和的数量”这样的短语文字。

B.1.4 定义中普遍使用的术语

在定义中普遍使用的动作术语可能被频繁地误用或错误地互换。这些动作术语具有相似但不同的含义使得定义的解释发生微妙变化。这些术语可以包含在用户手册中，以提供形成定义的指南。下面是注册机构可以指定根据其含义在定义中使用的术语示例：

- 定义：阐明字词或短语的含义；
- 刻划：表现，或者好像描绘，或者表现细节鲜明的字词特征；
- 描述：用字词表达某物的外观、本性或属性；
- 指明：根据某种目的挑选或指定；
- 识别：认可或建立作为特定人或事的现状；核实某事物本身；
- 显示：展示（如同测量或记录的那样）、指向、引起注意，或者用一般方式短暂地让人知道。

为使定义准确而不含糊，上述术语应当谨慎使用以使定义反映的概念准确含义更好地被知晓。

B.2 表示类属性

当考虑注册一个数据元时首要事务之一就是如何使数据元在一个实现中得到表达。数据元的有关方面包括允许值（例如：代码集）、值域、表示类以及数据值的示例。值域是允许值的集合，它被存储在数据域和其他表示类属性中。

B.2.1 允许值

允许值是信息管理系统中能够存储在数据字段中的准确的名称、代码和文本。对于可枚举的值域，允许值应被注册到注册系统之中。在“ISO的国家英文简称”中国家标识的允许值将是列在ISO 3166标准中的那些英文简称。

一个可枚举的值域的允许值与值含义相关联（也就是名称和定义被包含在允许值的概念域中）。值含义的注册以及它们与允许值的联系在后面B.5.3中描述。

对于不可枚举域，允许值是由值域描述和规则描述来定义的，见B.2.2。

B.2.2 值域

值域作为允许值的一个集合来定义。它是基于对数据内容的理解而形成的。一个数据元只同一个值域相关联，并且该值域的名称描述了包含在那个域中的全部数据值。值域可能具有下面列出的属性：

- 数据标识符和版本号：标识符和版本号表达了值域中允许值的集合。每个值域应具有一个标识符，为确保唯一性它可由计算机软件生成。
- 名称：根据名称可以知道值域。名称应当是复数的，因为一个值域包括了该域内所含的全部值（例如：国家英文简称）。注意，一个定义也能用于描述值域。
- 定义：一个表达值域基本值的短语。该定义是复数的，因为它包括了那个域的全部值。
- 名称和定义的语境：对应用或产生名称的应用环境或应用规程的指称或描述。一个注册机构应确定名称和定义语境是适合于值域的。语境要求无论何时管理类数据都要为值域所记录。
- 数据类型：为采集字母、数字、和/或符号而使用的格式，以刻划数据元值，并根据可基于数据元而执行的操作来确定。数据类型具有与语言无关的特点。它们不追随任何特定的数据库管理系统（DBMS）或软件语言。标准不规定数据类型为哪个值域所使用。标准要求数据类型模式/来源要被数据类型所记录。ISO 11404规定了基于语言无关的数据类型的指南。该元模型要求数据类型描述应被生成的数据类型所记录，就像ISO 11404中规定的那样。

下表比较了本部分所使用的数据类型示例及其它们的来源：

ANSI ISO SQL 数据类型	DB2 or SQL/DS 数据类型	Oracle 数据类型
字符型(n),CHAR (n)	字符型(n)	CHAR (n)
可变长度字符串 (n),CHAR VARYING (n)	VARCHAR (n)	VARCHAR2 (n)
	LONG VARCHAR	LONG
数字型(p,s),十进制型(p,s),DEC(p,s)	十进制型(p,s)	数字型(p,s)
整型,INT,小整型	整型,小整型	数字型(38)
浮点型 (p)	浮点型(p)	浮点型(p)
实型		浮点型(63)
双精度		浮点型(126)
	日期型	日期型

● 域类型:值域既可以是枚举的也可以是不可枚举的:

枚举域是全部的值都能被明确地表达在一种结构化或非结构化集合中的那些域。结构化集合(例如分类法或主题法)在本部分中不去论及。国家名称是国家的一个固定列表,根据国际标准来维护;因此,域类型是枚举型的。枚举域是根据它们关联的规定允许值来标识的。

不可枚举域具有一个值的集合,它是由某种规则来规定的,被记录在不可枚举值域描述中。纬度测量是不受固定列表限制的。因此,域类型是不可枚举型的。一个不可枚举域应由一个能清晰描述数据元允许值的定义来标识。

域类型不是 GB/T 18391.3 模型中的属性,但它已被发现是有用的属性,用以区分一个注册系统中的枚举域与不可枚举域。

● 不可枚举值域描述:说明性的注释对于描述程序、规则、参照、排列或者其他为不可枚举值域定义全部允许值集合的过程来说是必要的;

——程序。量度和数量是由程序决定的(例如,它们是计算得出的,测量得出的,或者是生产得出的)。

——参照。电话号码和设备名称是根据参照决定的(例如,它们能按照某种目录类型得以确认)。

——排列。百分率和温度是排列决定的例子。最大和最小值被排列决定所要求。例如:1%~100%以及 32~212°B。

● 最大长度:

对于不可枚举域来说,最大长度应是足够适应最大的情况、适合于值域的合理数据数量(例如,文本字段的最大长度可以是 240 个字符)。

对于枚举域来说,实际的允许值决定了最大字段长度。对于 3 位数字代码来说,最大字段长度就是 3。对于国家的英文简称来说,最小字段长度是 4(例如,Peru or Oman)并且最大字段长度是 44(例如,South Georgia and the South Sandwich Islands)。只记录最大字段长度。

● 计量单位:某些值域要求数据元的值只能用一种单位测量(例如,要求用米测量高度)。这个属性包含了适合于值域的全部数据值的计量单位名称;

● 精确度:有时数据元的值应要根据特定精确度级别来测量或记录,这个信息要用精确度属性来记录(例如,要求用两个十进制位来记录化学物质的分子量重量)。为附录 A 所给出的示例分配值域标识符(也就是标签),以说明值域的唯一性和可复用性。

与值域密切相关的是规则和规则描述。规则是逻辑性的、数学化的,或者是指定数据元值的出处的其他操作。规则能够标识数据元,依据它可以对计算或者确定数据元的值使用数学处理。

B.2.3 表示类

表示类是关于表示的值域。类的集合使得区别注册系统中的元素变容易了。例如,一个表示类为"总额(amount)"的数据元不同于表示类为"序号(number)"的数据元。因此,比较这些数据元的内容,或者使用它们来进行计算,可能是没有意义的。

表示类是一种机制,根据它可以对用户传达项的功能和/或表象范畴。GB/T 18391.5 给出了一个表示类术语的信息列表。该表已被本部分扩展成更多规定的全面性示例列表,可以用来描述表示类,包含下列各项:

- 总额——货币数量;
- 平均数——表示算术平均的数字值;
- 计数——计算得出的非货币化数字值;
- 代码——取代较长值的有效符号系统;
- 日期——日历日期;
- 度量——一个对象的维数、容量/总量(非货币化的)的记录;
- 名称——一个对象的指称;
- 序号——与一个对象相关联,作为一个标识符使用的号码;
- 数量——不根据计算得出的非货币化数字值;
- 比率——一个数量或者总额被考虑到另一个相关的数量或者总额之内;
- 文本——一种无格式的叙述字段;
- 时间——日或历时的时间;
- 组——互相关联着的数据元集合的一个指称,例如:雇员地址组;
- 图形——图表、坐标图、数学曲线,或者类似的对象;
- 图标——一个标记或表示,它支持其对象的类同或者类似的优点;
- 图像——一个人、对象或场景的直观表示。

在表示类的任何特定实现中上述列表中的术语都不是必需的。通过使用表示类,增强语义控制,可维护值域的覆盖内容。可以针对表示类制定规则以促进值域内部或值域之间的内容控制。例如:

- "一个序号类数据元不能用于计算。"
- "一个日期类数据元应用 YYYYMMDD 的格式。"
- "一个关系应存在于代码数据元与较长形式的代码可以表达的值含义二者之间。"

限定符能够用于表示类以修饰表示类术语或者在某方面限制它。限定符在元数据注册系统中可用于区分两个或更多具有相同表示的对象或实体,诸如代码和名称。

B.2.4 数据元示例

每个数据元的元数据属性集合都包含了能存储于该数据元内的数据值种类示例。数据元名称和定义总是作为单数来定义的,因而示例也总是单数来的。需要举例说明值域时,可以使用多个示例。示例可以是名称、文本、代码、序号或者描述在值域中的任何数据表示。下列规则适用:

- 对于枚举域,数据元示例应是其值域的允许值之一;

  "国家名称"示例:澳大利亚

当数据元表示是一个代码值时,注册机构可以选择使用代码的允许值之一作为示例,后跟值含义名称,附在圆括号之内。

"国家数字代码"示例:036 (澳大利亚)Australia

- 对于不可枚举域,数据元示例应是与值域定义相符的有代表性的数据。

  "纬度度数测量"示例:+87.123 456

  "地点注释文本"示例:坐标注明在北停车场设施中的旗杆。这个地点位于设施的中心附近。

B.3 标识和命名数据元

数据元名称可以基于值域的值和数据元定义来构造。名称不用作数据元的标识符,但可作为人们查阅数据元的指示器。定义是提供数据元完全理解的属性,注册机构标识符、数据元标识符和版本标识符合在一起唯一地标识一个数据元,正如GB/T 18391.5中描述的那样。

每个数据元应至少具有一个名称,并且每个名称应用一个语境来确定。每个语境(例如,数据元名称来源)可具有自身的命名协议。公式化数据元名称的规则是取决于在其中注册数据元的注册系统。在下面的B.3.3中有一个示例。

基于数据元的预期使用,一个数据元可以有多个名称。名称的语境在B.3.1中加以描述。每个注册系统都建有自身的命名协议。在B.3.2中给出了建立命名协议的建议。

B.3.1 名称语境

语境名称不在标准中列出。可用于注册机构的名称语境的示例包括:

- 遗传——过去已被使用过的名称;
- 标准——在标准中已被使用过的名称(例如,ANSI,ISO,或者其他标准);
- 短的简称词——在计算机系统中使用的名称;
- 〈源系统名称〉——根据提交注册的数据元来源而使用的名称;
- 注册系统——由注册机构为了注册而分配给数据元的唯一性名称。

语种语境的属性也被包含在此模型中。这个属性对于多于一个语种表示的注册系统是有用的。例如,一个注册系统在法语和西班牙语之间有一个标准名称语境。

单一数据元的多名称可以是相同的或者不同的名称,取决于它们的语境。语境的名称经常与使用该语境的定义相联系。定义应陈述数据元作为注册系统定义的严格相同概念,即使使用不同的术语。下面给出的示例是与相同数据元相关联并且陈述相同概念的多个名称和定义的示例:

注册系统:垂向测量。测量点的垂向测量,以米为单位,在参考点以上或者以下。

遗传:垂向测量。海拔测量(也就是高程),以米为单位,在参考基准面以上或者以下。

标准:高程。垂向距离,以米为单位,在参考面以上或者以下。

显然,这三个定义的概念完全相同(即:一个对象的对于某些参考点以上或以下的高度(或深度)测量)。而下面的定义不适用,因为它会传达不同的概念:

装置高度:一个装置相对于海平面的高度或深度。

这个定义包含了概念"装置",它限制了对象测量的适应性;"海平面",它限制了测量参考点;并且它没限定计量单位到米。最后描述的数据元(也就是装置高度)与前面的垂向测量/高程示例不是相同的数据元。

注:GB/T 18391.3在注册系统的值域中包含了"计量单位"属性。对于指明数据值记录的单位来说,这是适当的属性。然而,在美国国家标准院(ANSI)研制的一个标准中,计量单位是包含在定义之中的,因此它被复制在这个示例中。该注册系统模型也包括准确记录数据值所要求的一个属性。

B.3.2 建立命名协议

注册机构应为注册系统中每个名称语境建立命名协议。当数据元名称是由其他来源提供时,命名协议不可能是完全知道的(例如,在一个应用软件系统中分配到数据元上的名称)。命名协议应当依照GB/T 18391.5的命名协议来构造,正如下面的段落中解释的那样。

- 命名协议的范围:命名协议的范围决定了广泛命名协议是如何适用的。例如,本部分中描述的注册系统,其范围由注册系统名称语境所限定。例如,一个数据元可以具有伴随语境注册系统的名称注册抽象文本以及在别的语境中的名称抽象。除了注册系统名称语境之外,语境中的名称使用的约定可以不为注册机构所知,并且命名协议将文档化为"未知"。
- 建立名称的机构:注册机构为一个注册系统建立命名协议以适应注册系统语境。环境数据注册系统(EDR)有一个政府代理作为其注册机构。由该代理指定接触的管理机构是名称赋予的最终机构。其他注册系统将建立它们自己的命名协议。

- 术语来源和内容的语义规则:语义规则能使含义得以传达。如果有的话,每个注册系统都应规定使用指南,以管理名称中使用的字词来源和内容。名称组分可以来自于对象类术语、性质术语、表示术语和限定词术语。这些术语可以是辞典或术语系统的成分。数据元可以模型化的逻辑分组或实体和数据元可以被定义及维护的概念域可以被用作一个数据元名称中的来源术语。某些名称语境的命名协议可以规定数据元名称只不过是数据元在机构中的一般称呼,并且不强迫语义规则。
- 字词顺序的句法规则:句法规则规定了在一个名称中组分的排列。如果有的话,注册系统的特定句法规则应当在命名协议中规定。在本部分的示例中,注册系统名称语境的句法约定是包含表示类术语作为名称中的最后术语,如同调解抽象文本中的那样。表示类术语在本附录B.2.3中进行了定义。
- 词法规则:这些规则涉及首选与非首选术语、同义词、简称词、组分长度、拼写、用例灵活性以及类似的规则。如果有的话,这些题目规则都是命名协议规范中的成分。一个注册机构可以选择为公式化名称建立控制、定义好字词列表。
- 名称唯一性:每个注册机构要决定是否一个语境内部的名称应唯一。因为用户经常依靠名称作为数据值的一个指示,限定词可以用于区别一个注册系统内部的相似数据元(例如,水平采集方法代码与垂直采集方法代码;邮件地址国家名称与地理地址国家名称)。

B.3.3 命名协议示例

本条提供了关于语境"注册系统"及其他所适应的特定注册机构的命名协议示例。对于这个示例,注册系统名称被认为是特定注册系统中注册的数据元的正式名称。

- 范围:这个命名协议示例的范围关乎该示例注册系统的使用。每个数据元应被分配一个"注册系统名称"。它并不意味着是机构或行业的正式或首选名称。
- 机构:这个示例的机构是"环境数据注册系统"。
- 语义规则:名称应当包括要被那个数据元存储的指明值的类型的词。例如,一个表示国家标识符域的数据元,应当在名称中带有"国家"这个词。性质和限制词应当用于区分不限定就会相同名称。表示类词语应当总是作为最后词语被包含在名称当中。
- 词法规则:一个在示例注册系统中的数据元名称应当有100个字母数字字符的最大容量。
- 名称唯一性:名称对于语境注册系统的注册机构内部来说,应当是唯一的。

B.3.4 公式化的数据元名称

本部分中使用的示例是基于名称语境"注册系统"的命名协议的,由一个注册机构建立。这个示例要求数据元名称是结构化的,既能反映逻辑实体(也就是对象),又能反映属性,它标识了包含在该数据元数据值的类型(也就是性质)。虽然实体不总要求是名称中的词语,属性(也就是数据值的类型)是一项要求。对于使用这个示例的注册机构来说,数据元名称将总是包含了表示类的词语,例如名称、测量、总额、序号、代码、数量、文本或其他,正如在B.2.3中所定义的那样。

下表中给出的数据元名称作为在一个带有语境注册系统名称的注册系统中可找到的名称示例。该表的列标识了名称组分。名称的句法规则是相对的。在这个示例中的规则仅仅关乎句法;表示词应当是名称的最后组分。

对象(实体)	性质(数据值)	表示法	限制符	合成数据元名称
初级地理实体	国家名称	名称[1]		国家名称
地址	国家名称	名称[1]	邮件	邮件地址国家名称
地址	国家标识符	代码	地理	地理地址国家代码

对象(实体)	性质(数据值)	表示法	限制符	合成数据元名称
地址	人名	名称[1]	邮件	邮件地址人名
装置	合法名称	名称[1]		装置合法名称
地理坐标[2]	纬度	测量		纬度测量
地点	纬度	测量	装置	装置地点纬度测量
地点	纬度	测量	堆栈	堆栈地点纬度测量
地理坐标[2]	采集方法	代码	水平的	水平采集方法代码
地理坐标[2]	采集方法	代码	垂直的	垂直采集方法代码

[1] “名称名称”是多余的,所以只有一个“名称”被用于数据元名称之中。

[2] “地理坐标”是一个隐含的实体,并不包括在数据元名称之中。

B.4 标识

B.4.1 数据元标识符

GB/T 18391.5 给出了数据元的命名与标识原则。注册机构(即,有权对数据元进行注册的机构)中注册的每一个数据元,都使用一个唯一标识符明确地标识。这一号码采用的格式是 ICD-OI-OPI-OPI_SRC,其中 ICD 为国际代码指示符,OI 为组织机构标识符,OPI 为组织机构部门标识符,OPI_SRC 为 OPI 来源。数据元在一个注册系统注册时,会被分配一个数据元标识符(DI)。一个数据元首次注册时,其版本标识符(VI)被分配为“1”。以后数据元每变化一次,版本标识符的数字就增加“1”。数据元注册时,DI 和 VI 可以由系统软件分配(即,系统中创建了一个新的数据元记录)。注册机构应当建立对数据元及其属性进行版本管理的商业规则。

RAI,DI 和 VI 组合起来就成为国际注册数据标识符(IRDI)。这一标识符为数据元在国际范围内提供了唯一不变的标识。对于附录 A 中列出的例子,记录 DI 和 VI 是为了示范唯一性。

注册机构可能会需要数据元的某些相关管理信息。一些属性已在标准中详细说明(例如,注册状态)。其他属性由注册机构决定。本章描述了注册机构可能会建立的管理属性的例子。本部分文本及附录 A 的表格中描述的例子尚未被分配任何管理数据属性。

B.4.2 版本管理

元数据注册系统中的任何管理记录都可能需要版本管理:值域、数据元、分类方案(模型、系统、消息集、标准、文档、组、格式、术语集及其他)、概念域、数据概念、对象类、特性、表示类以及规则。

B.4.2.1 通用规则

a) 为了保证正确实施,版本管理不能由软件决定,而是需要由数据分析员对商业规则进行解释;

b) 只有发生重要变化才增加版本号。一些情况下,责任者和注册员需要对变化取得一致意见。对于标准,工作组需要对变化进行批准。

B.4.2.2 值域

a) 值含义和允许值须附上生效的起始日期和结束日期。

b) 允许值或值含义变化后,需要在表格中增加新值,并附上有效(或起始)日期。例如,如果比利时刚果的国家名称变为扎伊尔,将扎伊尔附上起始日期加入到文件中,同时为比利时刚果记录该值不再用于表示一个国家的结束日期。

c) 当新的值域集发布时,需要对值域进行审核以备版本管理的需要。例如,如果美国国务院发布了一个新的国家代码集,注册系统中就需要反映这一新的国家代码集。如果可以获取值域中的单个值的改变信息,此时就分别更新允许值和值含义,并附上相应的日期。如果不能获得单个值的改变信息,就在元数据注册系统中发布完整的新值域,并保留原值域。新值域将带有一个新的版本号及其来源信息。每一个值域都可以与相关数据元建立关联,例如,国家代码。

d) 值域变化后,需要对相关的数据元进行审核,以决定它们是否应当进行版本管理。例如,如果国家名称的值域改变,与国家名称相关的数据元也需要审核以备版本管理。

B.4.2.3 数据元

a) 如果定义、表示法、格式或相关值域发生变化,数据元可以进行版本管理。

b) 标准数据元的任何改变都需要授权文件。这一要求可以在标准中用一个文本字段标明。

c) 数据元将会根据相关组、文档、应用及标准中的变化来审核是否需要版本管理。

d) 新的数据元版本将使用与标识符相关的版本号的增加来标明。这是数据元的一个新的物理记录,注册系统将继续记录早期版本(6 125:1 和 6 125:2)。

B.4.2.4 分类方案

a) 分类方案如果有新版本进入注册系统需要版本管理;

b) 术语不需要版本管理,但是如果来源机构提交了修改过的定义,则定义需要版本管理;

c) 分类方案或术语的定义改变后,需要审查现有的数据元分类以及模型中的其他对象。

B.5 概念关系

本条描述数据元概念、概念域以及值含义。

B.5.1 数据元概念

数据元概念是一个可以数据元形式表现的,独立于任何特定表示法的概念。数据元"国家名称"是数据元概念"国家标识符"的一个表示。

下面列出的是数据元概念名称及定义中可能用到的术语的使用指南。不指明任何表示法的术语包括:

- 标识符:表示同一事物的任何事物;
- 标志:一个用来描述人,组,智力活动或者指示某物属于特定范畴或类别的短语;
- 标签:作为标签或标识方法或称号,用于人,组,组织等的一个描述性的单词或短语;
- 指示符:任何可用来指出或指向某物的事物;
- 辨别符:区分事务的不同特性。

下面列出的是在确定数据元概念的名称和定义时为了保证一致性所需要遵循的指南:

- 单数:每个数据元概念仅表示一个概念;
- 不包括表示法:概念的名称及定义中都不包含表示词,例如名称、代码、文本、数字以及其他指明如何表示一个概念的词语;
- 不定冠词:定义使用的是不定冠词"一个",因为概念并没有确指一个特定的数据值或表示法;
- 可与多个数据元相关联,每一个都有自己的表示法和值域;
  例如,ISO 3166 描述的是数据元概念"国家标识符",既可以用名称表示,也可以用代码表示(例如国家名称或国家代码)。与"国家标识符"这一概念相关联的不只一个名称或代码。每一个名称和代码都需要自己的数据元和值域。
- 只能与一个概念域相关联。

最适合数据值交换的层次是概念层,可以通过数据元概念和概念域实现。国家代码和国家名称的值域是可转换的,与概念域相关联的值含义指向的是世界上国家的相同的数据元概念。

系统软件可以创建数据元概念标识符。它为数据元概念提供了唯一不变的标识以及版本记录。这一标识符可以用来表明数据值转化的值域。

B.5.2 概念域

一个可枚举概念域是一个数据元概念所有可能的有效的值含义的一个无表示的集合。数据元概念"国家标识符"的概念域是所有可以用来标识世界上所有国家的值含义的集合。一个不可枚举概念域限定一个数据元概念的含义,描述一个无表示值含义的不可枚举集合的可能有效值。

概念域的特征有:

- 复数:无论是否可枚举或不可枚举,一个概念域包含完整的信息体,信息体可能被用作一个特定概念的特定数据元的数据值的含义。因此,名称和定义通常被描述为复数。
- 面向对象:用来标识项的名称包含在概念域中。它不需要一个性质标识符或一个对象类。例如,“世界各国”包含了对所有国家的标识。
- 缺乏表示:标识一个概念域包含的信息类型的定义,没有使用诸如代码、名称、文本、数字、图片、度量、数量和标识符之类的标识类项。例如,“世界各国”被定义为“世界上主要的地理政治实体”,而不是“世界上主要的地理政治实体的名称”。
- 概念域可以,也经常与多于一个的数据元概念关联。数据元概念“世界各国”可以与下列关联,但不仅限于这些:

  ——地址国家标识符

  ——北美国家标识符

  ——NATO国家标识符

  ——地理国家标识符

概念域可以与任何使用相同值含义的数据元概念关联(例如,美国、加拿大和墨西哥既是地址国家标识符概念,又是北美国家标识符概念的值含义名称)。不同的值含义需要不同的概念域。例如,在关于国家的数据库中,每个包含了国家信息,而不是国家标识信息(例如,政府的规模、政府的类型和经济活动)的数据元,都有自己的概念域。

确定一个数据元概念是否可以与一个概念域关联的规则考虑的是与概念域关联的值含义。诸如寒带、热带或温带可以是一个关于坐落有国家的地理区域的概念域,但是它们不能定义为“世界上名为〈国家名称〉的主要地理政治区域”。它们与概念域“世界各国”没有关联。

当多于一个的数据元/数据元概念/值域,具有相同的值含义内容时,如同本条前述,概念域可以用于多个数据元概念。在附录A,概念域标识符作为示例,用来示范其唯一性和可重复利用性。

B.5.3 值含义

每个可枚举概念域与多于一个的值含义关联。值含义是允许值的含义(描述)。该允许值存在于一个数据元中。值含义可以具有名称和定义。在有“名称”表示的数据元中,值含义的“名称”经常是这个值含义的允许值。值含义名称和定义的特征有:

- 不能是一个表示。名称和定义不包含有诸如名称、数字、文本、代码或其他表示项的表示类的项;
- 应至少与一个概念域关联;
- 可以与多于一个的概念域关联;

  示例1:与概念域“美国各州”关联的值含义名称也与一个注册系统中的概念域“数据收集来源”关联。

  示例2:值含义名称“未知”,表明适于一个特定数据元的值含义是未知的,可能与多个概念域关联。
- 起始和终止日期:注册系统要求记录值含义在概念域中注册的日期和值含义在概念域中失效的日期;
- 唯一标识符:每个值含义在注册系统中具有的一个唯一标识符(VMID)。VMID提供了一个特定数据元项的一次出现的唯一标识。标识符的这种组合对于数据传输是很有价值的。

此外,值含义宜为单数。每个值含义表示在一个数据元中,一个值的含义的一个示例。

B.6 分类

分类有助于附加信息不能容易地包含在定义中的情况,有助于注册系统内容的组织,有助于为支持

更多的含义查询提供访问途径。GB/T 18391.2 描述了分类的综合类别,包括:

- 关键字(也就是受控词表):该法能够适合于对象类、性质、表示、数据元,以及数据元概念;
- 词典术语:该法能够与数据元和数据元概念相关联;
- 分类法和本体论分类:该法可以通过被分类的数据注册项来叙述,这些注册项是:对象类、性质、表示类,以及数据元概念。

GB/T 18391.5 描述了三种被分类的元数据项:对象类、性质、以及表示类。对象类词表示一项活动或者一个语境中的对象。性质词是修改对象词的词。表示类词是描述表示的形式。B.2.3 中描述了表示词。

注册系统也可选择像下面所列的一个或多种方式把数据元分类:

- 分组,例如:数据元按邮件地址的使用来分组,数据元通过化学物质的标识来分组,或者数据元基于地球表面的地点定位来分组;
- 关键字,例如:高程、日期、装置、产业,以及机构;
- 文档,例如:列表在一个文档中的全部数据元;
- 计算机信息系统,例如:一个计算机系统使用的全部数据元;
- 数据标准,例如:定义在数据标准中的数据元;
- 形式,例如:标识特定数据集合的数据元的形式;
- 数据元的其他来源。

注册系统中数据元或值域的起源也可考虑作为分类数据元的来源。

B.7 质量复查

作为数据元的元数据是完整的,通过复查过程数据元朝着标准化的方向发展。注册和管理状况指明了在注册/标准化过程中的数据元的状况。

B.7.1 注册状况

注册状况的标准值如下:

- 不完整:数据元并不拥有所有必需的元数据;
- 已记录:数据元拥有所有必需的元数据,但并不遇见所有的质量需求;
- 已确认:数据元拥有所有必需的元数据且遇见所有的质量需求;
- 标准:数据元拥有所有必需的元数据和遇见所有的质量需求,且已被权威注册机构核准的;
- 失效的:数据元在注册出处中不再使用。

权威注册机构也可能选择使用遗产作为注册状况:

- 遗产:从遗产系统中获取数据元 ,这可能会丢失一些元数据。这并不是标准化所要考虑的。

在所有与数据元相关联的属性完善之前,新的数据元的注册状况通常是作为"不完整的"来列出的当所有的数据元属性被核实完善后,注册状况就变为"已记录的"。权威注册机构决定其他状况的变化。

B.7.2 管理状况

在 GB/T 18391 中关于管理状况并没有值的列表;权威注册机构建立了这些列表。权威注册机构使用下面给出的管理状况的值:

- 等候信息:数据元不是由最小的必需的属性来描述;
- 在质量复查中:数据元属性是在质量的复查之下;
- 过渡期:数据元被指定在最后的复查阶段当作一个标准来使用;
- 终期:数据元是一个标准;
- 停止的:数据元当前不活动;
- 无进一步行动:数据元作为标准将不接受更进一步地复查;
- 关于确认的提议:数据元是完善的,且经历了由数据注册员对确认的质量复查;

- 关于标准的提议:数据元经历了复查,并被提议作为一个标准;
- 关于退役的提议:数据元在权威注册机构内不再被使用,建议退出;
- 关于标准的复查:数据元在复查之下变成标准;
- 取代:数据元被另一个数据元替代。

例如,对于一个新的数据元的管理状况,它有一个“不完整”的注册状况总是“等候信息”。当所有强制属性是完整的且注册状况已经变为“已记录”,管理状况就会更新为“在质量复查中”。权威注册机构决定管理状况中的所有改变。

附　录　C
(资料性附录)
本部分与 GB/T 18391.3 元模型的名称对照

可选性指的是:必选的(M),可选的(O),条件可选的(C)

可选性	本文档中元数据属性名称	元模型中实体/属性名称	元模型实体的相关环境
1	**数据元定义**		
M	数据元定义语境	The Designation. name of the Context	数据元总是一个管理项
M	语境的定义	在 Reference_Document 中标识的文件	为一个管理项描述其命名习惯
M	数据元定义	Definition. definition_text	数据元总是一个管理项
2	**允许值和值域**		
C[1]	允许值	value:value_item	合并 Permissible_Value(s)和 Enumerated_Domain(s)
C[1]	PV 开始日期	Permissible_Value. permissible_value_begin_date	当值域有 Enumerated_Domain 时使用
O	PV 结束日期	Permissible_Value. permissible_value_end_date	当值域有 Enumerated_Domain 时使用
M	值域相关语境	The Designation. name of the Context	
M	值域名称	The Designation. name of the Context	
M	值域定义	Definition. definition_text	
C[3]	VD 描述	Non-enumerated_Domain. nonenumerated_domain_description	关联值域和必需的不可枚举域
C[1]	值域项标识符	Value_Domain. value_domain_administration_record	通过 Administration_Record 关联
M	数据类型	Value_Domain. value_domain_datatype	与数据类型有关
M	数据类型模式/来源	datatype. datatype_scheme_reference	通过数据类型与 Value_Domain 关联
O	最多字符	Value_Domain. maximum_character_quantity	
O	测量单位	Value_Domain. value_domain_unit_of_measure	涉及 Unit_of_Measure. unit_of_measure_name
O	精度	Unit_of_Measure. precision	通过 Unit_of_Measure. unit_of_measure_precision 与 Value_Domain 关联
M	VD 由来	Administration_Record. origin	
M	VD 注释	Administration_Record. explanatory_comment	

可选性	本文档中元数据属性名称	元模型中实体/属性名称	元模型实体的相关环境
3	**表示分类**		
O	表示分类	Representation_Class. representation_class_administration_record	
O	表示分类限定词	Data_Element. representation_class_qualifier	
4	**数据元名称和标识符**		
M	数据元名称语境	语境（对管理项而言）	数据元总是一个管理项
M	数据元名称	The Designation. name of the Context	数据元总是一个管理项
M	数据元标识符	Administration_Record. administe red item_identifier	数据元总是一个管理项
5	**其他数据元属性**		
M	DE 示例	Data_Element_Example. data_element_example_item	数据元应通过数据元示例来表示
O	DE 由来	Administration_Record. origin	数据元总是一个管理项
O	DE 解释性备注	Administration_Record. explanatory_comment	数据元总是一个管理项
M	服从组织	Organization. organization_name	
M	主管联系	Stewardship. stewardship_contact	主管联系通常是由一个组织机构或热线电话来体现的
M	创建日期	Administration_Record. creation_date	通常作为系统日期被捕获
6	**数据元概念和概念上的域**		
M	数据元概念语境	The Designation. name of the Context	
M	数据元概念名称	The Designation. name	数据元概念总是一个管理项
M	数据元概念定义	Definition. definition_text	数据元概念总是一个管理项
O	对象类	Data_Element_Concept. data_element_concept_object_class	涉及 Object_Class. object_class_administration_record
O	对象类限定词	Data_Element_Concept. object_class_qualifier	
O	特性	Data_Element_Concept. data_element_concept_property	涉及特性 Property_administration_record
O	特性限定词	Data_Element_Concept. property_qualifier	
M	数据元概念项标识符	Administration_Record. administe red item_identifier	数据元概念总是一个管理项
O	概念域相关语境	The Designation. name of the Context	当概念域被管理时使用
O	概念域名称	The Designation. name	当概念域被管理时使用

可选性	本文档中元数据属性名称	元模型中实体/属性名称	元模型实体的相关环境
O	概念域定义	Definition. definition_text	当概念域被管理时使用
O	概念域项标识符	Administration_Record. administe red item_identifier	当概念域被管理时使用
C[3]	不可枚举概念域描述	Non_enumerated_Value_Domain. non _enumerated_conceptual_do main_description	关联值域和必需的不可枚举域
C[1]	值含义标识符	Value_Meaning. value_meaning_identifier	被包含在 Conceptual_Domain 中，且通过枚举域的允许值来使用
C[1]	可枚举的值含义相关环境	Value_Meaning. value_meaning_description	被包含在 Conceptual_Domain 中，且通过枚举域的允许值来使用
O	VM 开始	Value_Meaning. value_meaning_begin _date	被包含在枚举域的 Conceptual _ Domain 中
O	VM 结束日期	Value_Meaning. value_meaning_until _date	被包含在枚举域的 Conceptual _ Domain 中
7	**数据元分类**		
O	分类类型	Classification_Scheme_Item. csi_type _name	分类方案
C[4]	分类类型示例	Classification_Scheme_Item. csi_value	分类方案
8	**注册和管理状况信息**		
M	注册状况	Administration _ Record. registration _status	对所有的管理项是必需的 对数据元和数据元概念总是必需的
M	管理状况	Administration _ Record. administrative_status	对所有的管理项是必需的 对数据元和数据元概念总是必需的
9	**关于组的分类方案**		
C[4]	来源类型/分类方案类型	Classification_Scheme. classification_scheme_type_name	
C[4]	名称/标题	Designation. designation_name	分类方案是一个管理项
C[4]	定义	Definition. definition_text	分类方案是一个管理项
M	组织	Organization. organization_name	
O	解释性备注	Administration _ Record. explanatory _comment	关于分类方案的管理记录
M	项标识符	Administration_Record. item_identifier	通过 Administration_Item 发生关系。Item_Identifier

可选性	本文档中元数据属性名称	元模型中实体/属性名称	元模型实体的相关环境
M	注册状况	Administration _ Record. registration _status	关于分类方案的管理记录
M	管理状况	Administration _ Record. administrative_status	关于分类方案的管理记录

1 对枚举域而言是必选的。
2 可供选择的域之一是必选的。
3 对不可枚举域而言是必选的。
4 当分类方案被记录时是必选的。

附 录 D
（资料性附录）
应用自上而下的方法进行数据元完整属性描述注册的示例

本部分的重点是数据元。然而，本附录说明的是具有所有关联元数据项的数据模型元素的开发。自上而下的方法来进行数据元注册已经被用于主题范围的数据模型上，很有代表性。

D.1 数据模型示例

图 D.1 展示了一个简单的数据模型，它阐明了如何用自上而下的方法来进行数据元注册。此模型表示了一个特定的情形：某个组织希望追踪特殊行业的专家情况，特别是这些专家对各种语言的运用能力。（在实际生活当中，专家们和特殊专业之间的关系是很复杂的，我们这里仅仅是为了说明问题而将示例简单化了。）

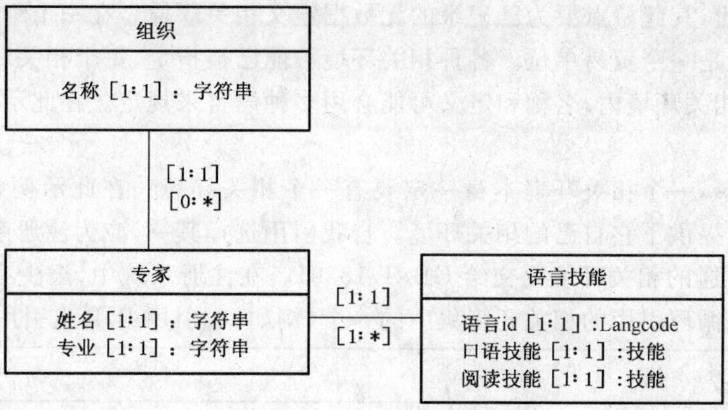

图 D.1 数据模型示例

D.2 信息表示

与每个项相关联的属性都被记录在注册系统中，它们都以表格的形式被列出来，好像它们是被引进的。这些属性来自于 GB/T 18391.3 元模型中的几个地方：

1. 公共属性：
   a. 来自管理记录：
      i. 项标识符
      ii. 注册状态
      iii. 管理状态
      iv. 创建日期
   b. 来自对每个相关环境的指定：
      i. 指定名称
      ii. 语言标识符
   c. 来自对每个相关环境的定义：
      i. 定义相关环境
      ii. 语言标识符
2. 对个别对象类的专有属性。
3. 项标识符表示对象类之间的关系。
   a. 来自相关环境：

i. 相关环境项标识符

D.2.1 项标识符的格式

任意的项标识符已被赋值给每个项，使得它们能够从其他的项中被引用。GB/T 18391.3 定义了一个多部分项标识符，其结构是：

- 注册机构标识符
- 数据标识符
- 版本

在这个示例中，为了简洁，我们省略了注册机构标识符和版本，用 6 个字符来表示数据标识符，前 3 个字符是对象类的简称，而后 3 个字符是数字的后缀。在对象之间，我们宁愿使用这些标识符而不用它们的名称来引用，因为，在注册系统中，在不同的相关环境中，元数据项可能会有不同的名称。而标识符却是唯一和明确的。

D.3 相关环境

对于自上而下注册，其起始点要为已记录的元数据定义相关环境。在一个组织中，相关环境也许是一个特殊功能，也许就是一个贸易单位。各种相关环境可能已被指定，每个相关环境都有各自的名称和定义。在一个单一的相关环境内，名称和定义可能会用多种语言来规定。在此示例中，相关环境已被指定为此部分的第 6 章。

作为一个管理记录，一个相关环境本身一定要有一个相关环境。在此示例中，我们进行了自我引用，这样此相关环境就提供了它自己的相关环境。自我引用选择其一，应为注册系统定义一个普通的相关环境，或作为一个普通的相关环境提交给 GB/T 18391。在注册系统中，至少有一个相关环境既是自我引用，也是那些提供循环引用的相关环境集中的一个(例如，A 引用 B，B 也引用 A)

相关环境——ISO/IEC 20943 第 7 章	
公共属性	
项标识符	CXT001
注册状况	已记录
管理状况	(R.A.已定义的)
创建日期	(系统发生)
CXT001.指定.名称	ISO/IEC 20943 第 7 章
CXT001.语言.标识符	EN
CXT001.定义.定义正文	在 ISO/IEC 20943 第 7 章中相关环境指定自上而下注册的示例。
CXT001. 语言.标识符	EN
特殊属性	
相关语境描述	参见定义
关系	
相关语境	CXT001

D.4 对象类和特性

对象类和相关特性在数据模型中是明确的。对象类特性的名称可能从模型中获得。相关联的定义应被提供，且相关环境应被指定，在其内部这些名称和定义都适用。

对象类——组织	
公共属性	
项标识符	OCL001
注册状况	已记录
管理状况	(R.A.已定义的)
创建日期	(系统发生)
CXT001.指定.名称	组织
CXT001.语言.标识符	EN
CXT001.定义.定义正文	合法的实体
CXT001.语言.标识符	EN
关系	
相关语境	CXT001

对象类——专家	
公共属性	
项标识符	OCL002
注册状况	已记录
管理状况	(R.A.已定义的)
创建日期	(系统发生)
CXT001.指定.名称	专家
CXT001.语言.标识符	EN
CXT001.定义.定义正文	作为某专业的专家个别命名
CXT001.语言.标识符	EN
关系	
相关语境	CXT001

对象类——语言技能	
公共属性	
项标识符	OCL003
注册状况	已记录
管理状况	(R.A.已定义的)
创建日期	(系统发生)
CXT001.指定.名称	语言技能
CXT001.语言.标识符	EN
CXT001.定义.定义正文	专家使用特定语言表述其专业内容的能力等级
CXT001.语言.标识符	EN
关系	
相关语境	CXT001

当标识特性时，若一个特性出现在两个或两个以上的对象类中，则它只被记录一次。

特性——名称	
公共属性	
项标识符	PRP001（系统发生）
注册状况	已记录
管理状况	（R.A.已定义的）
创建日期	（系统发生）
CXT001.指定.名称	名称
CXT001.语言.标识符	EN
CXT001.定义.定义正文	指定通常用于引用一个概念或一个对象
CXT001.语言.标识符	EN
关系	
相关语境	CXT001

特性——专业	
公共属性	
项标识符	PRP002
注册状况	已记录
管理状况	（R.A.已定义的）
创建日期	（系统发生）
CXT001.指定.名称	专业
CXT001.语言.标识符	EN
CXT001.定义.定义正文	专家意见范围
CXT001.语言.标识符	EN
关系	
相关语境	CXT001

特性——语言 Id	
公共属性	
项标识符	PRP003
注册状况	已记录
管理状况	（R.A.已定义的）
创建日期	（系统发生）
CXT001.指定.名称	语言 id
CXT001.语言.标识符	EN
CXT001.定义.定义正文	对一种自然语言的标识符
CXT001.语言.标识符	EN
关系	
相关环境	CXT001

特性——口语技能	
公共属性	
项标识符	PRP004
注册状况	已记录
管理状况	(R.A.已定义的)
创建日期	(系统发生)
CXT001.指定.名称	口语技能
CXT001.语言.标识符	EN
CXT001.定义.定义正文	专家使用特定语言口语表述的能力等级
CXT001.语言.标识符	EN
关系	
相关语境	CXT001

特性——阅读技能	
公共属性	
项标识符	PRP005
注册状况	已记录
管理状况	(R.A.已定义的)
创建日期	(系统发生)
CXT001.指定.名称	阅读技能
CXT001.语言.标识符	EN
CXT001.定义.定义正文	专家领会理解特定书写语言的能力等级
CXT001.语言.标识符	EN
关系	
相关语境	CXT001

特性——写作技能	
公共属性	
项标识符	PRP006
注册状况	已记录
管理状况	(R.A.已定义的)
创建日期	(系统发生)
CXT001.指定.名称	写作技能
CXT001.语言.标识符	EN
CXT001.定义.定义正文	专家使用特定语言进行写作的能力等级
CXT001.语言.标识符	EN
关系	
相关语境	CXT001

D.5 数据元概念和概念域

在对象类的相关语境中,数据元概念是一个特性。简单连接对象类的名称和特性可提供数据元概念的名称的初始格式。多余的字删去。(例,参见 DEC005,DEC006 和 DEC007。)一般地,表示类的术语是作为数据元名称的一部分来使用的,这将充分地区分它是否从相应数据元概念而来。无论真实与否,都应附加前缀或后缀(DEC 或 DE),以区分他们的由来。

每个数据元概念应与一个概念域相关联。在这个域中,所有的数据元概念分享一个关联值含义的公共集,它们应被定义在一个公共概念域上。在此示例中,因为组织名称和个体名称具有典型的不同形式,所以它们被分配到不同的域中,但三种技能类型被分配到一个域中。

首先,我们列出概念域,因为它们是从数据元概念中被引用的。

概念域——CD 组织名称	
公共属性	
项标识符	CDM001
注册状况	已记录
管理状况	(R.A.已定义的)
创建日期	(系统发生)
CXT001.指定.名称	CD 组织名称
CXT001.语言.标识符	EN
CXT001.定义.定义正文	对于一个组织名称可能的值含义的域
CXT001.语言.标识符	EN
特殊属性	
维度	(不适用)
关系	
相关语境	CXT001

概念域——CD 个体名称	
公共属性	
项标识符	CDM002
注册状况	已记录
管理状况	(R.A.已定义的)
创建日期	(系统发生)
CXT001.指定.名称	CD 个体名称
CXT001.语言.标识符	EN
CXT001.定义.定义正文	对于一个个体名称可能的值含义的域
CXT001.语言.标识符	EN
特殊属性	
维度	(不适用)
关系	
相关语境	CXT001

概念域——CD 专业	
公共属性	
项标识符	CDM003
注册状况	已记录
管理状况	(R.A.已定义的)
创建日期	(系统发生)
CXT001.指定.名称	CD 专业
CXT001.语言.标识符	EN
CXT001.定义.定义正文	对于一个专业可能的值含义的域
CXT001.语言.标识符	EN
特殊属性	
维度	(不适用)
关系	
相关语境	CXT001

概念域——CD 语言 Id	
公共属性	
项标识符	CDM004
注册状况	已记录
管理状况	(R.A.已定义的)
创建日期	(系统发生)
CXT001.指定.名称	CD 语言 id
CXT001.语言.标识符	EN
CXT001.定义.定义正文	从 ISO 639 英文名称中获取的可能的语言标识符含义的域
CXT001.语言.标识符	EN
特殊属性	
维度	(不适用)
关系	
相关语境	CXT001

概念域——CD 技能水平	
公共属性	
项标识符	CDM005
注册状况	已记录
管理状况	(R.A.已定义的)
创建日期	(系统发生)
CXT001.指定.名称	CD 技能水平
CXT001.语言.标识符	EN

概念域——CD 技能水平	
CXT001.定义.定义正文	对于一个技能水平可能的值含义的域
CXT001.语言.标识符	EN
特殊属性	
维度	(不适用)
关系	
相关语境	CXT001

数据元概念——组织名称	
公共属性	
项标识符	DEC001
注册状况	已记录
管理状况	(R.A.已定义的)
创建日期	(系统发生)
CXT001.指定.名称	组织名称
CXT001.语言.标识符	EN
CXT001.定义.定义正文	用于提交给组织的一个指定
CXT001.语言.标识符	EN
特殊属性	
对象类限定词	(不适用)
特性限定词	(不适用)
关系	
概念域	CDM001
相关语境	CXT001
对象类	OCL001
特性	PRP001

数据元概念——专家名称	
公共属性	
项标识符	DEC002
注册状况	已记录
管理状况	(R.A.已定义的)
创建日期	(系统发生)
CXT001.指定.名称	专家名称 (DEC)
CXT001.语言.标识符	EN
CXT001.定义.定义正文	用于提供给专家的指定
CXT001.语言.标识符	EN
特殊属性	

数据元概念——专家名称	
对象类限定词	(不适用)
特性限定词	(不适用)
关系	
概念域	CDM002
相关语境	CXT001
对象类	OCL002
特性	PRP001

数据元概念——专家专业	
公共属性	
项标识符	DEC003
注册状况	已记录
管理状况	(R.A.已定义的)
创建日期	(系统发生)
CXT001.指定.名称	专家专业(DEC)
CXT001.语言.标识符	EN
CXT001.定义.定义正文	专家的专门技术领域
CXT001.语言.标识符	EN
特殊属性	
对象类限定词	(不适用)
特性限定词	(不适用)
关系	
概念域	CDM003
相关语境	CXT001
对象类	OCL002
特性	PRP002

数据元概念——语言技能语言 Id	
公共属性	
项标识符	DEC004
注册状况	已记录
管理状况	(R.A.已定义的)
创建日期	(系统发生)
CXT001.指定.名称	语言技能语言 id
CXT001.语言.标识符	EN
CXT001.定义.定义正文	关于自然语言的标识符,使用该语言的技能将被鉴定等级
CXT001.语言.标识符	EN

数据元概念——语言技能语言 Id	
特殊属性	
对象类限定词	(不适用)
特性限定词	(不适用)
关系	
概念域	CDM004
相关语境	CXT001
对象类	OCL003
特性	PRP003

数据元概念——语言口语技能	
公共属性	
项标识符	DEC005
注册状况	已记录
管理状况	(R.A.已定义的)
创建日期	(系统发生)
CXT001.指定.名称	语言口语技能
CXT001.语言.标识符	EN
CXT001.定义.定义正文	专家使用特定语言口语表述的能力等级
CXT001.语言.标识符	EN
特殊属性	
对象类限定词	(不适用)
特性限定词	(不适用)
关系	
概念域	CDM005
相关语境	CXT001
对象类	OCL003
特性	PRP004

数据元概念——语言阅读技能	
公共属性	
项标识符	DEC006
注册状况	已记录
管理状况	(R.A.已定义的)
创建日期	(系统发生)
CXT001.指定.名称	语言阅读技能
CXT001.语言.标识符	EN
CXT001.定义.定义正文	专家领会理解特定书写语言的能力等级

数据元概念——语言阅读技能	
CXT001.语言.标识符	EN
特殊属性	
对象类限定词	(不适用)
特性限定词	(不适用)
关系	
概念域	CDM005
相关语境	CXT001
对象类	OCL003
特性	PRP005

数据元概念——语言写作技能	
公共属性	
项标识符	DEC007
注册状况	已记录
管理状况	(R.A.已定义的)
创建日期	(系统发生)
CXT001.指定.名称	语言技能——写作(DEC)
CXT001.语言.标识符	EN
CXT001.定义.定义正文	专家使用特定语言进行写作的能力等级
CXT001.语言.标识符	EN
特殊属性	
对象类限定词	(不适用)
特性限定词	(不适用)
关系	
概念域	CDM005
相关语境	CXT001
对象类	OCL003
特性	PRP006

D.6 值含义

对于一个枚举概念域,值含义需要列表。在我们给出的示例中,"语言 id 概念域"和"技能水平概念域"都是枚举的。单独的值含义不是管理记录。

值含义不是管理记录,所以它们没有公共属性。

关于概念域 CDM004(来自 ISO 639)的值含义	
特殊属性	
值含义标识符	VLM001
值含义描述	英文

关于概念域 CDM004(来自 ISO 639)的值含义	
值含义有效期	2000-10-10
值含义无效日期	
关系	
概念域	CDM004
特殊属性	
值含义标识符	VLM002
值含义描述	法语
值含义有效日期	2000-10-10
值含义无效日期	
关系	
概念域	CDM004
等等	

关于概念域 CDM005 的值含义	
特殊属性	
值含义标识符	VLM003
值含义描述	不好的
值含义有效期	2000-10-10
值含义无效日期	
关系	
概念域	CDM005
特殊属性	
值含义标识符	VLM004
值含义描述	公平的
值含义有效期	2000-10-10
值含义无效日期	
关系	
概念域	CDM005
特殊属性	
值含义标识符	VLM005
值含义描述	好的
值含义有效期	2000-10-10
值含义无效日期	
关系	
概念域	CDM005
特殊属性	

关于概念域 CDM005 的值含义	
值含义标识符	VLM006
值含义描述	极好的
值含义有效期	2000-10-10
值含义无效日期	
关系	
概念域	CDM005

D.7 值域和表示法分类

值域定义了一组允许值(通过规则明确地列出是否他们被枚举或指定)。每个值域与一个概念域是关联的。在这个示例中,我们对于大部分的概念域定义了单一的值域,但是对于“语言标识符概念域”(CDM004)表示法定义了两个值域,即,“2 字符语种代码”(VDM004)和“3 字符语种代码”(VDM005)。

表示法分类是一种支持相似表示法类型的值域和关联数据元分类的可选的方法。我们把“名称”和“代码”看作表示法分类的两个示例。

表示法分类——名称	
通用属性	
项目标识符	RCL001
注册状态	已记录
管理状态	(注册机构定义)
建立日期	(系统产生)
CXT001.指定.名称	名称(表示法分类)
CXT001.语言.标识符	EN
CXT001.定义.定义正文	名称可用的表示法的类型分类
CXT001.语言.标识符	EN
关系	
上下文/相关语境	CXT001

表示法分类——代码	
通用属性	
项目标识符	RCL002
注册状态	已记录
管理状态	(注册机构定义)
建立日期	(系统产生)
CXT001.指定.名称	代码(表示法分类)
CXT001.语言.标识符	EN
CXT001.定义.定义正文	代码可用的表示法的类型分类
CXT001.语言.标识符	EN
关系	
上下文/相关语境	CXT001

值域——VD组织名称	
通用属性	
项目标识符	VDM001
注册状态	已记录
管理状态	(注册机构定义)
建立日期	(系统产生)
CXT001.指定.名称	VD组织名称
CXT001.语言.标识符	EN
CXT001.定义.定义正文	对组织名称可允许的值域
CXT001.语言.标识符	EN
特殊属性	
数据类型	字符串 String
计量单位	(非可用的)
关系	
概念域	CDM001
上下文/相关语境	CXT001
表示法分类	RCL001

值域——VD个人名称	
通用属性	
项目标识符	VDM002
注册状态	已记录
管理状态	(注册机构定义)
建立日期	(系统产生)
CXT001.指定.名称	VD个人名称
CXT001.语言.标识符	EN
CXT001.定义.定义正文	对个人名称可允许的值域
CXT001.语言.标识符	EN
特殊属性	
数据类型	字符串
计量单位	(非可用的)
关系	
概念域	CDM002
上下文/相关语境	CXT001
表示法分类	RCL001

值域——VD 专业	
通用属性	
项目标识符	VDM003
注册状态	已记录
管理状态	（注册机构定义）
建立日期	（系统产生）
CXT001.指定.名称	VD 专业
CXT001.语言.标识符	EN
CXT001.定义.定义正文	对专业可允许的值域
CXT001.语言.标识符	EN
特殊属性	
数据类型	字符串
计量单位	（非可用的）
关系	
概念域	CDM003
上下文/相关语境	CXT001
表示法分类	RCL001

值域——语种代码(2 字符)	
通用属性	
项目标识符	VDM004
注册状态	已记录
管理状态	（注册机构定义）
建立日期	（系统产生）
CXT001.指定.名称	语种代码（2 字符）
CXT001.语言.标识符	EN
CXT001.定义.定义正文	从 ISO 639 2 字符代码获取可允许的语言标识符的范围
CXT001.语言.标识符	EN
特殊属性	
数据类型	字符串
计量单位	（非可用的）
关系	
概念域	CDM004
上下文/相关语境	CXT001
表示法分类	RCL002

值域——语种代码(3 字符)	
通用属性	
项目标识符	VDM005
注册状态	已记录
管理状态	(注册机构定义)
建立日期	(系统产生)
CXT001.指定.名称	语种代码(3 字符)
CXT001.语言.标识符	EN
CXT001.定义.定义正文	从 ISO 639 3 字符代码获取可允许的语言标识符的范围
CXT001.语言.标识符	EN
特殊属性	
数据类型	字符串
计量单位	(非可用的)
关系	
概念域	CDM004
上下文/相关语境	CXT001
表示法分类	RCL002

值域——VD 技能水平	
通用属性	
项目标识符	VDM006
注册状态	已记录
管理状态	(注册机构定义)
建立日期	(系统产生)
CXT001.指定.名称	VD 技能水平
CXT001.语言.标识符	EN
CXT001.定义.定义正文	对技能水平可允许的值域
CXT001.语言.标识符	EN
特殊属性	
数据类型	字符串
计量单位	(非可用的)
关系	
概念域	CDM005
上下文/相关语境	CXT001
表示法分类	RCL002

D.8 允许值

对于每一个枚举值域,应当列出允许值。

允许值无管理记录,因此它们无通用属性。

关于值域 VDM004(来自 ISO 639)的允许值	
特殊属性	
值项目	EN
允许值的有效日期	2000-10-10
允许值的截止日期	
关系	
值域	VDM004
概念域	CDM004
值含义标识符	VLM001
特殊属性	
值项目	FR
允许值的有效日期	2000-10-10
允许值的截止日期	
关系	
值域	VDM004
概念域	CDM004
值含义标识符	VLM002
等等	
关于值域 VDM005 (来自 ISO 639)的允许值	
特殊属性	
值项目	ENG
允许值的有效日期	2000-10-10
允许值的截止日期	
关系	
值域	VDM005
概念域	CDM004
值含义标识符	VLM001
特殊属性	
值项目	FRA
允许值的有效日期	2000-10-10
允许值的截止日期	
关系	
值域	VDM005
概念域	CDM004
值含义标识符	VLM002
等等	

关于值域 VDM006 的允许值	
特殊属性	
值项目	0
允许值的有效日期	2000-10-10
允许值的截止日期	
关系	
值域	VDM006
概念域	CDM005
值含义标识符	VLM001
特殊属性	
值项目	1
允许值的有效日期	2000-10-10
允许值的截止日期	
关系	
值域	VDM006
概念域	CDM005
值含义标识符	VLM002
特殊属性	
值项目	2
允许值的有效日期	2000-10-10
允许值的截止日期	
关系	
值域	VDM006
概念域	CDM005
值含义标识符	VLM003
特殊属性	
值项目	3
允许值的有效日期	2000-10-10
允许值的截止日期	
关系	
值域	VDM006
概念域	CDM005
值含义标识符	VLM004

D.9 数据元

数据元表示数据元概念和特殊值域的结合。表示法分类是值域和使用相似表示法类型的关联数据元分类的可选的方法。当文件利用上下接近发展时，数据元可能被分配一个预先分配特殊值域的通用的表示法分类。通过数据元达到已记录状态，对于数据元任何指定的表示法分类应当与相应领域指定的表示法分类一致。

数据元——组织名称	
通用属性	
项目标识符	DEL001
注册状态	已记录
管理状态	(注册机构定义)
建立日期	(系统产生)
CXT001.指定.名称	组织名称
CXT001.语言.标识符	EN
CXT001.定义.定义正文	组织惯用的名称
CXT001.语言.标识符	EN
关系	
上下文/相关语境	CXT001
数据元概念	DEC001
表示法种类	RCL001
值域	VDM001

数据元——专家姓名	
通用属性	
项目标识符	DEL002
注册状态	已记录
管理状态	(注册机构定义)
建立日期	(系统产生)
CXT001.指定.名称	专家姓名
CXT001.语言.标识符	EN
CXT001.定义.定义正文	专家惯用的姓名
CXT001.语言.标识符	EN
关系	
上下文/相关语境	CXT001
数据元概念	DEC002
表示法种类	RCL001
值域	VDM002

数据元——专家专业	
通用属性	
项目标识符	DEL003
注册状态	已记录
管理状态	(注册机构定义)
建立日期	(系统产生)
CXT001.指定.名称	专家专业
CXT001.语言.标识符	EN
CXT001.定义.定义正文	专家的业务领域
CXT001.语言.标识符	EN
关系	
上下文/相关语境	CXT001
数据元概念	DEC003
表示法种类	RCL001
值域	VDM003
数据元——语言技能语言标识符	
通用属性	
项目标识符	DEL004
注册状态	已记录
管理状态	(注册机构定义)
建立日期	(系统产生)
CXT001.指定.名称	语言技能标识符
CXT001.语言.标识符	EN
CXT001.定义.定义正文	对于自然语言技能鉴定等级的标识符
CXT001.语言.标识符	EN
关系	
上下文/相关语境	CXT001
数据元概念	DEC004
表示法种类	RCL002
值域	VDM004

数据元——口语技能代码	
通用属性	
项目标识符	DEL005
注册状态	已记录
管理状态	(注册机构定义)
建立日期	(系统产生)

数据元——口语技能代码	
CXT001.指定.名称	口语机能代码
CXT001.语言.标识符	EN
CXT001.定义.定义正文	在一种特殊语言中专家的专业口语沟通能力的等级级别
CXT001.语言.标识符	EN
关系	
上下文/相关语境	CXT001
数据元概念	DEC005
表示法种类	RCL002
值域	VDM006

数据元——阅读技能代码	
通用属性	
项目标识符	DEL006
注册状态	已记录
管理状态	(注册机构定义)
建立日期	(系统产生)
CXT001.指定.名称	阅读技能代码
CXT001.语言.标识符	EN
CXT001.定义.定义正文	在一种特殊的书写语言中专家的专业理解能力的等级级别
CXT001.语言.标识符	EN
关系	
上下文/相关语境	CXT001
数据元概念	DEC006
表示法种类	RCL002
值域	VDM006

数据元——写作技能代码	
通用属性	
项目标识符	DEL007
注册状态	已记录
管理状态	(注册机构定义)
建立日期	(系统产生)
CXT001.指定.名称	写作技能代码
CXT001.语言.标识符	EN
CXT001.定义.定义正文	在一种特殊的语言中专家著述他的/她的专业的沟通能力的等级级别
CXT001.语言.标识符	EN

数据元——写作技能代码	
关系	
上下文/相关语境	CXT001
数据元概念	DEC007
表示法种类	RCL002
值域	VDM006

参考文献

[1] ISO 639-2:1998 语种名称代码 第2部分:字母3代码(Codes for the representation of names of languages Part 2:Alpha-3 code)

[2] ISO 3166-1:2006 国家和他们的地区名的代码 第1部分:国家代码(Codes for the representation of names of countries and their subdivisions Part 1:Country codes)

[3] ISO 6709:2008 使用坐标系的地理位置定位的标准表示法(Standard representation of geographic point location by coordinates)

[4] ISO 11180:1993 邮递地址(Postal addressing)

[5] ISO/IEC 11404:2007 信息技术 通用数据类型(Information technology General-Purpose Datatypes)

[6] ISO 19111:2007 地理信息 坐标系的空间参考(Geographic information Spacial referencing by coordinates)

[7] ISO 19115:2003 地理信息 元数据(Geographic information Metadata)

[8] ANSI X3.285:1998 信息技术 可剪切数据的管理 Metamodel(Information Technology Metamodel for the Management of Sharable Data)

[9] FGDC-STD-001:1998 数字地理空间元数据内容标准(Content Standard for Digital Geospatial Metadata)

ICS 35.040
A 24

中华人民共和国国家标准

GB/T 23824.3—2009/ISO/IEC TR 20943-3:2004

信息技术 实现元数据注册系统(MDR)内容一致性的规程 第3部分:值域

Information technology—Procedures for achieving metadata registry content consistency—Part 3:Value domains

(ISO/IEC TR 20943-3:2004,IDT)

2009-05-06 发布 2009-11-01 实施

中华人民共和国国家质量监督检验检疫总局
中国国家标准化管理委员会 发布

前　言

GB/T 23824《信息技术　实现元数据注册系统(MDR)内容一致性的规程》分为四个部分:

——第 1 部分:数据元;

——第 2 部分:XML 结构化数据;

——第 3 部分:值域;

——第 4 部分:综述。

本部分为 GB/T 23824 的第 3 部分,等同采用 ISO/IEC TR 20943-3:2004《信息技术　实现元数据注册系统(MDR)内容一致性规程　第 3 部分:值域》。

本部分的附录 A 是规范性附录。

本部分由中国标准化研究院提出。

本部分由全国电子业务标准化技术委员会归口。

本部分起草单位:中国标准化研究院。

本部分主要起草人:张艳琦,邢立强,陈琳,孙广芝,史立武,岳高峰,娄晓琳,张茵芬,刘植婷。

引　言

基于GB/T 18391《信息技术　元数据注册系统(MDR)》的元数据注册系统之间的元数据交换，不仅有赖于注册系统软件符合该标准，而且还取决于注册系统之间的元数据内容的可比性。尽管该标准规定了数据的规范和注册，但关于如何将内容注册到系统中还有一些实际问题。基于实施该标准的组织的经验，探究内容问题的技术报告将有助于目前和将来的用户。

元数据注册系统可用于注册多种组织的数据资源集的数据元、值域、其他对象和相关属性。值域用于规定数据元的允许值，元数据注册系统可存储描述值域的信息、标准列表的代码和分类方案。

本部分的依据是GB/T 18391.3，该系列标准描述了用于管理数据语义学的注册系统的组织方式。该标准以概念模型的形式规定了注册系统的结构。概念模型目的不在于成为计算机系统的一个逻辑或物理数据模型。

GB/T 18391.3规定了值域和关联的概念域。在生成概念域和值域的过程中，需要规则和关系的概念化和联结。应使值域能够得以再利用，并使之规则化。元素等价域的值之间所具有的关系需要保存在元数据注册系统中。一些概念等价域的值之间也具有关系，它们也需要保存。本部分将描述如何完成该任务。

尽管元数据注册系统可以用来存贮多种元数据项的信息，但本部分只针对值域、概念域、相关属性和关系。本部分的目的在于确保对值域属性的内容有共同的理解，以便元数据可以在不同的注册系统之间得以共享。

信息技术　实现元数据注册系统(MDR)内容一致性的规程　第3部分:值域

1　范围

1.1　背景

GB/T 18391 的元数据注册系统(MDR)是管理可共享数据的一种工具,是关于数据参考信息的一个全面的、权威的来源。MDR 通过记录和分发数据描述来支持标准化和协同化过程,这有利于数据在组织及用户间的共享。MDR 提供了与涉及特定数据元、值域和分类方案的文件的联系,以及与那些对象所应用的信息系统的联系。当与数据库联合使用时,注册系统能够使用户更好地理解来自该数据库的信息。

注册系统不包含数据本身。它包含了对数据进行清晰描述、编目、分析和分类时所必需的元数据。它给出了关于数据单元含义、表示和标识的理解。该标准标识用于确定系统之间共享数据含义时所需的信息元素。

1.2　目的

GB/T 23824 的本部分旨在描述一组在注册系统中获得值域及其属性一致性注册的规程。本部分不是数据手册,而是用户指南,用于概念化值域和它的组成部分,以便始终建立质量良好的元数据。必要时,组织可以采纳或增加规程。

1.3　限用范围

本部分的范围限定于值域、概念域以及它们的相关属性和关系。整个部分用示例说明所描述的概念。

1.4　注册方法——值域和数据元

在元数据注册系统中,注册值域是可以选择的。一些注册机构将这些集合作为值域,其他机构将这些集合作为数据元。本部分除了明确的说明外,总是将这些集合作为值域。这种选择有助于说明注册许多不同类型值域的方法。

2　规范性引用文件

下列文件中的条款通过本部分的引用而成为 GB/T 23824 的本部分的条款。凡是注日期的引用文件,其随后所有的修改单(不包括勘误的内容)或修订版均不适用于本部分,然而,鼓励根据本部分达成协议的各方研究是否可使用这些文件的最新版本。凡是不注日期的引用文件,其最新版本适用于本部分。

GB/T 5271.4　信息技术　词汇　第4部分:数据的组织(GB/T 5271.4—2000,eqv ISO/IEC 2382-4:1999)

GB/T 10112　术语工作　原则与方法(GB/T 10112—1999,neq ISO/DIS 704:1997)

GB/T 18391.1　信息技术　元数据注册系统(MDR)　第1部分:框架(GB/T 18391.1—2009,ISO/IEC 11179-1:2004,IDT)

GB/T 18391.2　信息技术　元数据注册系统(MDR)　第2部分:分类(GB/T 18391.2—2009,ISO/IEC 11179-2:2005,IDT)

GB/T 18391.3 信息技术 元数据注册系统(MDR) 第3部分:注册系统元模型与基本属性(GB/T 18391.3—2009,ISO/IEC 11179-3:2003,IDT)

GB/T 18391.4 信息技术 元数据注册系统(MDR) 第4部分:数据定义的形成(GB/T 18391.4—2009,ISO/IEC 11179-4:2004,IDT)

GB/T 18391.5 信息技术 元数据注册系统(MDR) 第5部分:命名和标识原则(GB/T 18391.5—2009,ISO/IEC 11179-5:2005,IDT)

GB/T 18391.6 信息技术 元数据注册系统(MDR) 第6部分:注册(GB/T 18391.6—2009,ISO/IEC 11179-6:2005,IDT)

GB/T 23824.1—2009 信息技术 实现元数据注册系统(MDR)内容一致性的规程 第1部分:数据元(ISO/IEC TR 20943-1:2003,IDT)

3 术语和定义

GB/T 18391 中确立的及其下列术语和定义适用于 GB/T 23824 的本部分。

3.1

概念等价域 conceptually equivalent domains

表示相同概念域的若干值域。

3.2

元素等价域 elementarily equivalent domains

两个可枚举值域的允许值之间如果存在一一对应的关系,则为元素等价,这样,给定的任何一对对应允许值,它们的值含义是等价的。

注1:参见4.2.5的示例。

注2:所有元素等价域概念上也是等价的。这是根据这样的事实得出的:元素等价域具有相同的值含义集,因此,它们表示相同的概念域。

注3:元素等价是所有可枚举值域的一种等价关系。因此,任何数量的可枚举值域彼此间可以是元素等价的。参见示例5.4.1。

4 值域的理解

4.1 导言

本章主要描述值域的若干方面:

a) 关于值域的总则;

b) 值域中存在的结构或关系;

c) 作为值域的代码集;

d) 作为值域的分类方案;

e) 数据类型和值域的关系;

f) 计量单位的应用;

g) 维度的重要性;

h) 值域分类。

本部分始终用示例来说明所描述的概念。表明所有构件之间关系的详细模型参见附录A。

4.2 总则

4.2.1 导言

值域是一组允许值的集合。*允许值*是某个值和该值含义的组合。相关含义称为*值含义*。本部分中,允许值可表示为用尖括号界定的一个有序对:〈*值,值含义*〉。值域是一个或多个数据元有效值的集合,它用于验证信息系统和数据交换中数据的有效性,同样也用于描述数据元的元数据的一个不可或缺的部分。特别是，值域可以帮助理解数据元所表示的数据的内容、形式和结构。

值域分为两大类：可枚举和不可枚举。*可枚举值域*是其所有允许值可以明确列出的值域。可枚举值域类型的示例有：代码集、标准分级和分类。*不可枚举值域*是其允许值由规则表示的值域，该规则称为*不可枚举值域描述*。因此，没有明确列出允许值。该规则准确规定了哪些值属于该值域，哪些不属于。不可枚举值域类型的示例包括数字区间、字符串和位图。

*概念域*是值含义的一个集合。它是其外延是值域的一个汇集的一个概念。概念域也分为两大类：可枚举和不可枚举。*可枚举概念域*的值含义可以明确列出。这类概念域对应于值域中的可枚举类。*不可枚举概念域*的值含义由称之为*不可枚举概念域描述*的规则来表达。因此，值含义不是明确列出的。该规则描述了一个不可枚举值域中允许值的含义。这类概念域对应于值域中不可枚举类。

每个值域表示两类概念：数据元概念（间接的）和概念域（直接的）。*数据元概念*是与一个数据元关联的概念。值域是数据元的表示，因此，也间接表示了数据元概念。然而，值域是与一个概念域直接关联的，因此，表示了该概念，独立于任何数据元。

示例可以有助于表明讨论中的区别，示例如下：

示例：

数据元名称：	雇员性别-代码
数据元概念名称：	雇员性别
数据元概念定义：	一个组织雇员的性别
概念域名称：	人的性别种类
概念域定义：	人的性别列举
值域名称：	人的性别代码(1)
值域定义：	用于人的性别的代码
允许值：	〈1,男〉
	〈2,女〉
	〈0,未知〉

上述值域的代码采自 GB/T 2261.1—2003。标准代码的使用可以确保元数据注册系统和应用系统之间的互操作。但是，一般来说，一个值域代码的选择可以是任意的。在这种情况下，MDR 是获得非标准值域的值及其含义的来源。

此处需要给出关于值域的若干要点。

4.2.2　代码的选择

用于上述值域的代码的选择是任意的。另一个代码集可以这样使用，但该集合是一个不同的值域。使用哪个值域由应用和组织的需要确定。下面的示例是人的性别代码的另一个代码集：

示例：

值域名称：	人的性别代码(2)
值域定义：	用于人的性别的代码
允许值：	〈M,男〉
	〈F,女〉
	〈U,未知〉

4.2.3　允许值的数量

允许值的数量（示例中是 3）也可能是不同的。我们可能需要一个代码表示两性人或一个代码表示变性人。每增加一次新允许值，或减少允许值，将产生一个新值域或值域的新版本。值域的一次改变是否应生成一个新值域还是仅仅产生一个现存值域的新版本由注册机构各自来决定。下例的扩展值域视为一个新值域，而不是 4.2.2 中示例值域的一个版本。

示例：

值域名称：	人的性别代码(3)
值域定义：	用于人的性别的代码
允许值：	〈M,男〉
	〈F,女〉
	〈H,两性人〉
	〈T,变性人〉
	〈U,未知〉

4.2.4 概念域的层次

人的性别代码的所有值域可以看作是概念上等价的。概念域中的每个值含义并不要求与一个值关联。然而，一些注册机构可能需要以便更好地区别概念，例如，把人的性别代码划分为5个种类，而不是3个种类，这样必然产生了不同的概念域。下例中，在最高层，所有值域(4.2.1、4.2.2和4.2.3中的示例)表示了人的性别分类这个思想，所以，上位概念域给出了在一个注册系统中需要的、由值域的一个类(例如，人的性别代码)表示的概念。下位概念域提供了将值含义映射到对应值域的列举。

示例：

<u>上位概念域</u>：	(不可枚举的)
概念域名称：	人的性别种类
概念域定义：	人的性别分类类别
<u>下位概念域(1)</u>：	(可枚举的)
概念域名称：	人的性别种类:3个值
概念域定义：	用3个种类的人的性别种类的枚举
<u>下位概念域(2)</u>：	(可枚举的)
概念域名称：	人的性别种类:5个值
概念域定义：	用5个种类的人的性别种类的枚举

4.2.5 不同允许值之间共享值含义

值含义可以用来连接概念等价域的等价允许值。在元素等价域中，每个值含义连接一个唯一的一对允许值之间的等价代码，每个值域中一个，如下例所示：

示例：

概念域名称：	人的性别种类
概念域定义：	人的性别列举
值域名称：	人的性别代码(1)(见4.2.1的示例)
	人的性别代码(2)(见4.2.2的示例)
值域定义：	用于人的性别的代码

保持这两个可枚举值域之间值含义的一一对应关系定义如下：

HSC(1)	⊢	HSC(2)
〈1,男〉	↔	〈M,男〉
〈2,女〉	↔	〈F,女〉
〈0,未知〉	↔	〈U,未知〉

每对对应允许值具有相同的值含义。所以，这两个可枚举值域是元素等价的，因而，也是概念等价的。

上述两个值域中一个值域中的每个允许值和另一个值域的某个允许值共享它的值含义。因此，通过使用值含义便可获得值域之间的值等价。例如，值1和M指男性，或值2和F指女性。这两个值域是元素等价域。

4.2.6 数据元之间的值域共享

雇员性别(雇员按性别分类或区分特征的观念)和*学生性别*(学生按性别的分类或性别特征的观念)是不同的数据元概念,但它们可以使用同样的值域表示。这样,一个值域[例如,人的性别代码(1)]可以与多个数据元概念关联,从而也和数据元关联。

4.2.7 值域与概念的关联(数据元概念和概念域)

描述相似、而不相同的数据元需要将一个数据元概念与不同的值域联系起来,这些值域被同一个概念域概念化[如示例中,人的性别代码(1)、人的性别代码(2)、人的性别代码(3)]。然而,反之则不成立:同一概念域下的两个值域不需要与同一个数据元概念关联,见下面的示例1和示例2。

示例1:

概念域名称:	人的性别种类
概念域定义:	人的性别列举
值域名称:	人的性别代码(1)(见4.2.1中的示例)
值域定义:	用于人的性别的代码
数据元概念名称:	雇员性别
数据元概念定义:	一个组织雇员的生理性别

示例2:

概念域名称:	人的性别种类
概念域定义:	人的性别列举
值域名称:	人的性别代码(2)(见4.2.2中的示例)
值域定义:	用于人的性别的代码
数据元概念名称:	学生性别
数据元概念定义:	一个教育机构学生的生理性别

4.2.8 未与数据元关联的值域

值域完全不必与一个数据元概念关联。它们可以被独立管理,诸如代码集有时就是如此。例如,作为维护一个标准代码集中代码值的维护机构,即使它不发布使用该值域的数据,代码集是免费提供的。

4.2.9 概念域和数据元概念比较

有两类语义和数据关联:符号语义和语境语义。符号语义指符号也就是值的含义。概念域获得此类语义,因为它是值含义的一个集合。

语境语义解决有关数据的疑问(谁、是什么、何时、何处、为什么和怎么样)。根本上,数据表示某个对象集或对象类的一个成员的一个特性的某个观察记录。观察这个术语通常隐含了人的行为,但机电仪器也可以产生或记录观察结果。

对象类描述谁被观察,特性是被观察对象的显著或描述性特征,而工具(包括人)是如何产生观察。对象类和特性是概念,它们形成与数据关联的基本语境含义。没有它们,就没有数据存在的原因。数据元概念捕捉此含义。

关于仪器(怎么样)和为什么做观察(实验设计)不在MDR的范围之内。对各个观察而言何时、何处做观察是具体的。这种个案层面的元数据经常可以在数据库中成套数据元的数据记录中找到。

4.2.10 不可枚举值域

不可枚举值域通过一个规则而不是可枚举的允许值列表来表示或限定数据的。下例是一个不可枚举值域及关联的数据元和数据元概念:

示例：

概念域名称：	行业描述
概念域定义：	描述一个行业的文本
不可枚举概念域描述：	描述一个行业的有限长度的文本
值域名称：	英文文本行业描述
值域定义：	一个行业的文本描述
不可枚举值域描述：	最多可达60字符的英文文本
数据元名称：	个人工作行业描述-文本
数据元概念名称：	个人工作的行业描述
数据元概念定义：	个人工作所在行业的描述

4.2.11 具有可枚举和不可枚举组分的值域

一个域既有可枚举也有不可枚举组分的情况尽管很少，但也有可能。这种情况可能发生在值落在一个确定范围，具有一个最小（或最大）值，在最小值以下（或最大值以上）还有一些离散值用于特定的情况。下面的示例1说明这种情况：

示例1：

数据元名称：	家庭每月用水量-加仑
数据元概念名称：	家庭每月用水量
数据元概念定义：	一个家庭每月所使用的水量
概念域名称：	容积（液体）
概念域定义：	用附加特定值对液体容积的计量
不可枚举概念域描述：	液体容积计量
值域名称：	以加仑（美国、液体）×1 000表示的容积
值域定义：	以千记的美国加仑液体容积
不可枚举值域描述：	大于或等于0的整数以及特定值－1和－2
允许值：	〈－1，没报告〉
	〈－2，不可计量（例如，用井水或河流）〉

另一种具有可枚举和不可枚举部分的值域的情形由示例2说明。在此，特定含义附属于一定范围内有限个值。

示例2：

数据元名称：	下次投票的可能性，数值范围为0～1
数据元概念名称：	下次投票的可能性
数据元概念定义：	个人在下次投票中可能性的一个计量
概念域名称：	等级测量
概念域定义：	成就、态度、偏好、难度等一个计量
不可枚举概念域描述：	用数量表达的等级测量
值域名称：	偏好等级，0到1
值域定义：	用0到1间数值计量的偏好
不可枚举值域描述：	0到1之间的所有实数
允许值：	〈0，绝对不〉
	〈0.5，没有偏好〉
	〈1，确定的〉

注：该示例需要进一步的说明。该数据可以通过读取回答者记号在一个表格中的刻度来获得。值可以通过找到记号到“0”的距离除以整个尺度长度的比率来内插。另外，可枚举和不可枚举品质的使用是这个值域的基础。用相反的偏好尺度表示相同的数据元概念是可能的，那就是，“0”意味着“将参与”，“1”意味着“将不参与”。因此需要用与具体允许值关联的值含义来全面地描述这些值域。

4.2.12 值域应用的语义约束

上述示例中使用的值域中的允许值,特别是它们的值含义在目前为止都限定了可能与它们联系的数据元的数量。人的性别代码(1)是一个可枚举值域,仅可用作表示有生命事物的性别的数据元的有效值,因为允许值描述了性别种类。同样,4.2.11 中示例 2(偏好尺度,0 到 1),仅可用作表示偏好的数据元的有效值,因为一些允许值的值含义描述了偏好的级别。这两个示例表明,一些值域,通过它们的结构,限定了它们语义的应用。它们仅可表示某些类型的数据元概念。

特别是,可枚举值域,似乎与它们作为有效值的数据元尤其关联,并且所有值域限定在某个方面。例如,下例中的值域不能用来表示数据元*雇员性别-代码*。但是,该示例表明一些值域在许多情形下是适用的:

示例:

数据元名称:	上次选举投票者,是或否
数据元概念名称:	上次选举投票者
数据元概念定义:	指明某人是否在上次选举中投票
概念域名称:	是或否的表示
概念域定义:	是和否的值(for 值为是和否)
值域名称:	是或否代码
值域定义:	回答为是和否的代码
允许值:	〈0,否〉
	〈1,是〉

4.2.13 快速变化的可枚举值域(UPC 示例)

以上描述的所有可枚举值域在本质上是固定的。在头脑中它们都被赋予给一个固定的允许值集合,尽管它们可能在某些场合会变化。如果一个可枚举值域要求有更多的允许值,那么一个具有额外允许值的新值域就会产生(参见 4.2.1、4.2.2 和 4.2.3 中的示例)。

一些可枚举值域改变(或增长)的很快。一个示例是通用产品代码(UPC)。UPC 是一个赋予产品的 12 位数字码,UPC 能唯一地标识产品及其制造商。该代码在数字上表现为 12 个阿拉伯数字,图形上的形式表现为 55 个黑白交替的条形。这些条形有 4 个标准宽度,每组 4 个连续条形决定一个阿拉伯数字。开始是 3 个条形,中间是 5 个条形,这 5 个条形在 6 个阿拉伯数字之后,末尾有 3 个条形。前 6 个阿拉伯数字标识制造商,接下来的 5 个阿拉伯数字标识产品,最后一位阿拉伯数字是一个校验码。零售商用这些代码管理存货、确定价格和加快销售点。制造商通过在统一编码委员会(UCC)注册并支付会费。接下来,UPC 的厂商协调员管理其所有产品的标识符,退出不再被供给的产品代码,并确保所有产品都被唯一标识。

可能在一个 MDR 中管理一个快速变化的值域是无意义的。许多变化需要构成、注册管理太多的值域。管理值域可供选择的办法是,定期加以更新,或维护注册系统中值域的参照或指示词。当然,如何管理快速变化的值域取决于注册机构的决策。

另一个选择是,可以将一个快速变化的可枚举值域作为一个不可枚举值域来管理。这样便于维护注册系统中所有元数据。但是,UPC 示例表明,这样也有一些明显的缺陷。关于一个有效 CPU 代码的完整描述是存在的,并且该描述满足不可枚举值域描述的标准。但是,决不可能知道一个特定的 UPC 代码是否在使用中,知道这类信息具有明显便利。尽管可能有困难,但是,按照可枚举值域维护快速变化值域是了解目前使用那些代码的唯一途径。

4.3 值域的结构

4.3.1 导言

值域间通常具有关联,它们有多种途径来表现。值域之间以及(可能)不同值域的单个值之间具有关联。任何时候,不同值域的单个值之间具有某种关联,那么值域之间也具有某种关联。

值域和允许值之间可以有关联。概念域可以互相关联，因而两个关联值域的共享概念域可能不是单独值域的概念域。一个概念域不必由 MDR 中一个值域来表示。

需要描述的主要关联有两类:值域之间的关系，一个或多个值域间的值的关联。这两类关系由下子条(款)中的实际来详尽阐明。

4.3.2 国际标准行业分类(ISIC)

由联合国统计署维护的国际标准行业分类(ISIC，第三次修订)，是用于对国家和国际经济进行分析的行业分类，共 4 层(又见 4.5)。4 层都有其名称，它们表示层级的细目。层的名称和每层中项数如下：

第一层:门类　17 项

第二层:大类　60 项

第三层:中类　159 项

第四层:小类　259 项

前三层中各层的每个项有一个或多个下一层的项。示例如下：

示例 1:

层级:	国际标准行业分类
门类:	G——批发和零售业;汽车、摩托车和个人、家庭用品维修
大类:	51——批发和代理贸易，汽车和摩托车除外
中类:	513——家庭用品批发
小类:	5131——纺织品、衣服和鞋类批发

批发和零售行业门类内有四层。每层有若干选择和解释性备注帮助用户理解概念。

该示例表明 ISIC 实际上由四个相关值域构成，每层一个。它们关联的原因有两个:1) 每个值域(层)是一个行业的范畴;2) 每个域中的值是该层下属项的一个概括，或者，每个域中的项是其上层项的一个具体化。例如，在上例中，项 51 概括了项 513(和项 511、512、514、515 以及 519)。中类层的项是大类层项(51)的具体化。

下例指出了注册 ISIC 所必需的概念域和值域：

示例 2:

概念域(通用)名称:	行业分类体系
概念域定义:	表示行业范畴的嵌套层级代码
概念域名称:	行业分类体系，第一层
概念域定义:	表示行业范畴的第一层代码
概念域关系:	(行业分类体系的)特化
值域名称:	ISIC 的门类
值域定义:	ISIC 门类(第一)层代码
允许值:	〈A，农业、狩猎业和林业〉
	〈B，渔业〉
	…
	〈Q，地区外组织和团体〉
概念域名称:	行业分类体系，第二层
概念域定义:	表示行业范畴的第二层代码
概念域关系:	(行业分类体系的)特化
值域名称:	ISIC 大类
值域定义:	ISIC 大类(第二)层代码
允许值:	〈01，农业、狩猎业及相关服务活动〉

	〈02,林业、采伐业及相关服务活动〉
	〈05,渔业、鱼孵化和鱼养殖业务;附属渔业的服务活动〉
	…
	〈99,地区外组织和团体〉
概念域名称:	行业分类体系,第三层
概念域定义:	表示行业范畴的第三层代码
概念域关系:	(行业分类体系的)特化
值域名称:	ISIC 中类
值域定义:	ISIC 中类(第三)层代码
允许值:	〈011,谷物种植;市场园林;园艺〉
	…
	〈020,林业,伐木业和相关服务活动〉
	…
	〈050,渔业、鱼孵化和鱼养殖业务;附属渔业的服务活动〉
	…
	〈990,地区外组织和团体〉
概念域名称:	行业分类体系,第四层
概念域定义:	表示行业范畴的第四层代码
概念域关系:	(行业分类体系的)特化
值域名称:	ISIC 小类
值域定义:	ISIC 小类(第四)层代码
允许值:	〈0111,谷物及其他作物的种植〉
	〈0112,蔬菜、园艺作物的种植〉
	…
	〈0200,林业、伐木业和相关服务活动〉
	…
	〈0500,渔业、鱼孵化和鱼养殖业务;附属渔业的服务活动〉
	…
	〈9900,地区外组织和团体〉

该例中,值域之间的关系通过值域与其概念域之间的关系得以维持,事实上,每个概念域与相同的泛化概念域关联。不同域之间的值的关系通过代码(值)本身来维持。代码的字符数目决定层级。最左边字符是第一层代码,最左边的两个代码是第二层代码,等等。

GB/T 18391 用于元数据注册系统的元模型不支持两个值域值之间的关系的类型。如果注册机构确定这是注册系统功能所必需的,则有需要增加对元模型的必要扩展。

4.3.3 逻辑观察标识符名称和代码(LOINC)

需要关系的域集合的另一个示例是 LOINC[1)]。逻辑观察标识符名称和代码(LOINC)提供了用于标识健康领域个体实验室结果、临床观察和诊断研究观察的通用名称和代码的一个标准集。

LOINC 在*LOINC 用户指南*中定义了如下一个基本结构:

一个实验结果或临床观察的完整规范的名称包括以下五个或六个主要部分:

——测量成分或(被)分析物的名称(例如,葡萄糖、消炎药如布洛芬)

——观察特性(例如,物品浓度、质量、体积);测量时间安排(例如,时期的或瞬间的)

1) LOINC 见 URL 网 http://www.regenstrief.org/loinc/loinc.htm.

——样品类型(例如,尿、血清)、计量程度(例如,定性的 vs. 定量的)

——测量方法(例如,放射免疫化验、免疫污渍)

这些可以通过下述语法得到形式上的描述:

〈被分析物/成分〉:〈观察属性的种类或计量〉:〈时间方面〉:〈系统(样本)〉:〈尺度〉:〈方法〉

冒号是代码的一部分,用作分隔符。

名称的第一部分可以进一步细分为三个子部分,由^分隔。第一个子部分可以包括多至三层的递增分类指明,由圆点分隔。名称的第三、第四部分(时间方面和系统/样本)也可以用另一个子部分来修饰,用一个 carat 使之与第一部分分开。假如有时间方面,修饰语可以表明观察是一个基于名称规范(最大、最小、平均等等)的选择;假如有系统,如果不是患者(例如,捐血者、胎儿、血液生成物单位),则修饰语标识样本的来源。

给出 LOINC 的详细资料是没有意义的。LOINC 的完整描述是非常复杂的,而且超出了本部分的范围。通过上述的简短描述,很清楚的是,多重代码集和层次用来规定一个 LOINC 的记录。在捕捉不同值域间的所有关系时,一个概念域关系是必要的。下例给出了如何注册 LOINC 结构化值域。时间和衡量维度未予考虑。

示例:

概念域(通用)名称:	逻辑观察标识符名称和代码(LOINC)
概念域定义:	标识健康保健领域个体实验室结果、临床观察和诊断研究观察的内部关联集合
概念域名称:	(被)分析物
概念域定义:	被测量分析物或成分的指明
概念域关系:	{LOINC}的特化
值域名称:	分析物
值域定义:	被测量分析物或成分的名称
允许值:	参见 LOINC 网址
概念域名称:	特性
概念域定义:	被观察或被测量特性的指明
概念域关系:	{LOINC}的特化
值域名称:	特性
值域定义:	被观察或被测量特性的名称
允许值:	参见 LOINC 网址
概念域名称:	样品类型
概念域定义:	样品类型(例如,尿、血清)的指明
概念域关系:	{LOINC}的特化
值域名称:	样品类型
值域定义:	样品类型(例如,尿、血清)的名称
允许值:	参见 LOINC 网址
概念域名称:	方法
概念域定义:	测量方法的指明
概念域关系:	{LOINC}的特化
值域名称:	方法
值域定义:	测量(例如,放射免疫化验、免疫污渍)方法的名称
允许值:	参见 LOINC 网址

4.4 作为值域的代码集

代码集是值域,因为每个代码是一个值,每个代码的含义是一个值含义。如同在性别代码示例中,用代码指定众所周知的含义是一个有用的技术。当人们需要存储关于一个感兴趣对象的一个特征的数据,并用最少的字节这么做时,信息技术领域就开始使用该技术了。代码的使用使得编程变得容易了,因为固定长度的数据比可变长度的数据更易于处理。而且,在一个数据库中,代码比描述性文字更易于维护。

在许多主题领域和标准中,代码集被用作值域。在美国健康保健界,下列引用描述代码集得应用:在 HIPAA(健康保险便携性和可靠性法案)中,一个“代码集”是用于对数据元,诸如术语表格、医学概念、医学诊断代码或医学疗程代码,进行编码的代码的任何集合。用于健康保健业的医学数据代码集包括疾病、缺陷、其他健康相关问题及其症状;导致伤害、疾病、缺陷或其他相关健康问题起因;阻止、诊断、治疗或管理疾病、缺陷或其他相关健康问题所采取的行为;进行这些行为所使用的物品、仪器、设施或其他事物的编码体系。HIPAA 采纳的用于诊断、疗程和药物的管理和财务健康保健业务标准中的数据元需要医学数据的代码集。

在制造业标准化领域(ISO/TC 184/SC 4),标准 ISO 10303《工业自动化系统与集成　产品数据表达与交换》包含了许多将代码集用作数据元值域的示例。依据 21.3.19-si_prefix,该例几乎全文取自 ISO 10303-41:2000。

示例:

一个 si_prefix 是可能与一个 si_单位关联的一个前缀的名称。SI 前缀的定义(值含义)由 ISO 1000:1992《SI 单位及其倍数单位和一些其他单位的应用推荐》来确定。一些示例允许值有:

允许值:
〈exa,10 to the 18th power〉
〈peta,10 to the 15th power〉
〈tera,10 to the 12th power〉
〈pico,10 to the -12th power〉
〈femto,10 to the -15th power〉
〈atto,10 to the -18th power〉

国际标准会定义代码集,一些国际标准文件包括多个代码集。例如,ISO 3166-1 中定义的 3 个代码集和其他 4 个可枚举值域基本上是等价的。每个集合中值的含义不必为每个单独的可枚举值域重复。

代码集不必是可枚举值域。代码可以由一个规则生成,这样,由一个规则规定来确定代码的一个代码集是不可枚举值域。另一个事实是,大多数可枚举值域的典型示例是代码集。这可能导致人们错误地认为每个可枚举值域是一个代码集。男婴的名字列表(以及他们名字的含义)是一个值域,但不是一个代码集。

4.5 作为值域的分类体系

一些代码集有置于其中的结构。每个具有结构(例如上述 4.3 的描述)的代码集既是一个分类体系,又是值域。一些人认为每个代码集,甚至每个可枚举值域,就是一个分类体系。这个特性似乎不值得讨论,但是认识到许多分类体系(特别那些也是代码集的)也是值域这一点是很重要的。

美国健康保健界在他们工作中,采用了许多国际分类作为代码集。下面的列表给出一些正在使用的分类法:

国际疾病分类法,第 9 版,临床修改部分(ICD-9-CM),第 1、2 卷,用于下列情况:

a) 疾病
b) 损伤
c) 缺陷
d) 其他健康相关问题和症状
e) 损伤、疾病、缺陷或其他健康问题的原因国际疾病分类法，第 9 版，临床修改(ICD-9-CM)，第 3 卷，用于下列规程或医院报告对住院患者的疾病、损伤和缺陷采取的行为：

a) 预防

b) 诊断

c) 治疗

d) 管理

国际统计界已经采纳若干个分类法作为代码集，例如：

国际标准行业分类(ISIC)被统计机构和国际统计组织用来对商业团体进行分类并报告经济统计。在组织内，维护商业团体的注册，它是用于表示每个团体所属行业范畴的数据元的一个代码集。

许多国家和国家集团也有它们自己的标准行业分类(SIC)。ISIC 是一个四层体系的 SIC。在北美(加拿大、墨西哥和美国)，1997 年第一次发布了北美行业分类体系(NAICS)。它是一个五层体系的行业分类和代码的 SIC。如同 ISIC，NAICS 也在不同的国家使用，但是每个北美国家为了满足它们组成的需要，增加更多的层级。其他国家也有更加详尽的行业分类。

为了从一个 SIC 映射到另一个 SIC，创立了对照表。一个 SIC 新版本与它的上一个旧版本之间的映射是特别重要的。这些对照表被分析者用来维护用于跨越由于 SIC 更新而导致的序列中断的时间序列表格。对照表不限于用于多个 SIC。它们被用于所有标准分类或相似分类集合。一个 MDR 的 GB/T 18391 元模型不包括一个对照表类。如果一个注册机构认为有必要在其注册系统中包含对照表，那么应对原模型进行本地化的扩展。

除了行业分类外，标准职业分类(SOC)也在应用。许多国家在报告统计数据时采用 SOC 体系。企业雇用员工的职业是通过使用 SOCs 来分类、汇总和报告的。人们职位的单个描述也通过 SOC 和 SIC 一起使用来分类。

上述示例不会穷尽。它们只是给出了一个分类在跨越主题范围的应用以及用作数据元代码集的广度上的观念。

4.6 数据类型和值域

4.6.1 基础

GB/T 18221 定义了由一个值空间(亦即值域)以及描述运算和特性的集合构成的数据类型。一个值空间本身不足以规定一个数据类型。

GB/T 18931 仅仅针对值域，但是，用一个值域标识一个数据类型，对于共享和理解数据是很重要的。数据类型是在编程语言中声明变量(数据元)的基础，在数据建模的实体和类架构中是隐含的。

示例表明在含义上是相同数据，如何具有不同的数据类型。

示例：

#1

值域名称：	容积(整加仑)
值域定义：	以整加仑表示的容积量
不可枚举值域描述：	非负整数
数据类型：	整数

#2

值域名称：	容积(整加仑)
值域定义：	以整加仑表示的容积量
不可枚举值域描述：	非负整数
数据类型：	字符

属于这些值域的数据在计算机屏幕或打印在纸上时，看起来是相同的，但是在计算机程序中则是完全不同的。传送属于整数值域的数据需要编写一个不同于适于属于字符数据值域的程序接收它。数据类型并不给出完成传送所必需的所有信息，一些其他机器所决定的参数应是已知，但是，它们超出了GB/T 18391的范围。

因此，在数据传送层面，数据类型是一个问题。差异对于正确应用是如此的重要，上例中值域应被视作是不同的。那么，将每个值域与同一个数据元概念关联起来时，需要构成各自不同的数据元。这样，对此数据的正确理解将得到保证。

在GB/T 18391MDR的元模型中，数据类型有4个属性：名称、描述、方案和注解。提供数据类型的名称、它的派生(如果适用)描述、它的本原或派生来源的方案(即GB/T 18221)和其他适当的描述注解就足够了。这样，MDR的用户可以理解所列数据类型的含义，但是MDR不必支持机器来派生数据类型。这一点显得尤为重要，是因为存在不少方案支持数据类型，新的都是定期生成的，而且建立一个模型支持所有这些是不现实的。

4.6.2 具有多于一种数据类型的值域——值含义的限定

有时，一个值域可能有多于一种与之关联的数据类型。在某种意义上，这意味着与允许值关联的值含义是受限定的。在当前的MDR规范(GB/T 18391.3)中，这还意味着值域应分别注册给每种数据类型。

依照GB/T 18221框架，一个值域是值含义与每个值关联的值空间。因此，如果描述的运算或特性随着每个示例而改变，将给这个值域赋予一个以上的数据类型。下例表明这个观念。ISO 3166-1中，两字符字母数字代码和它们的值含义在每种情况下，被认为是允许值。GB/T 18221中定义了数据类型"国家"。

示例：	
#1	
值域名称：	2字母国家代码
值域定义：	用于世界各国的2字母数字代码
允许值：	"字母数字2字符国家代码及含义"
数据类型：	国家(具有国家有形国界法律定义的其他属性)
#2	
值域名称：	2字母国家代码
值域定义：	用于世界各国的2字母数字代码
允许值：	"字母数字2字符国家代码及含义"
数据类型：	国家(具有空间法律定义的其他属性)

在这个示例中，值域和允许值都没有改变，与允许值关联的特性发生了变化。因为允许值没有改变，那么值含义也保持了一致。因此，该示例表明，在其结构之外，数据类型与一个值域的应用有关联。这里的应用意味着，在一种情况下，国家被认为是地面上有形国界的意思，在另一种情况下，被认为是地面以上的空间的意思。

在该例中为理解应用差别，数据元概念的定义与值域关联是必要的。空间和地面边界是作为一些对象类的一个特性而与国家关联的概念。这意味着数据类型确实是与一个数据元关联的。下一版本的GB/T 18391.3将阐明这个。

4.7 计量单位

值域所许可的值反映了人类如何量化世界。一个量具有一个与之关联的计量单位。存在多种计量，每种具有多个计量单位的选择(又见4.8)，如下所列：

收入　　　美元，欧元

红血球数量　百万个/立方毫米

质量	克
高度	英寸,厘米
速度	海里/时,米/秒
波长	埃
浓度	百万分浓度
沉淀速度	毫升/时

通常,我们在分析由一个数据元表示的数据时遇到计量单位。但是,在一个 MDR 中使管理的值域之间的计量单位从不同的角度发生联系是有意义的。GB/T 18391.3 描述的 MDR 元模型使计量单位与值域联系了起来。ISO 1000:1992 包含了一个更加详尽的 SI 和其他计量单位的描述。又见 G. Schadow 和 C. McDonald 的《计量单位统一代码》(1999)[2]。

以下列示例考虑可枚举值域:

示例 1:

概念域名称:	年龄序列归类
概念域定义:	表示年龄序列的种类
维度:	时间
值域名称:	年龄种类
值域定义:	由不等范围长度定义的年龄序列。
计量单位:	年
允许值:	〈1,0～15 岁〉
	〈2,16～29 岁〉
	〈3,30～64 岁〉
	〈4,65 岁及以上〉

上面的可枚举值域使用计量单位年来帮助标记定义组成域的范畴的范围。注意,包含在值含义中的计量单位的使用是理解每个范围的基础。另一个具有相同范围值,但不同值含义的可枚举值域是一个不同的域,因为一个可枚举值域包含的允许值——被定义为值/值含义对。

示例表明一些可枚举值域需要附于其上的计量单位。不需要知道任何关联数据元来决定是否需要计量单位将含义赋予这个域允许值中的值。但是,4.2 中性别代码的示例表明,计量单位是不适于每个可枚举值域的。

对于不可枚举值域,选择是同样的。与许可值关联的计量单位有助于确定域的"值含义"。与相同范围关联的不同计量单位决定了不同的值域。下例中的两个值域阐明了这一点:

示例 2:

#1

概念域名称:	容积
概念域定义:	容积的计量
不可枚举概念域描述:	容积计量
维度:	容积
值域名称:	容积(整数的美国加仑表示)
值域定义:	以整数的美国加仑表示的容积量
不可枚举值域描述:	非负整数
计量单位:	美国加仑

2) G. Schadow 和 C. McDonald(1999)的《计量单位统一代码》,见 URL 网站 http://aurora.rg.iupui.edu/UCUM/.

#2	
概念域名称：	容积
概念域定义：	容积的计量
不可枚举概念域描述：	容积计量
维度：	容积
值域名称：	容积(整数的升表示)
值域定义：	以整数升表示的容积量
不可枚举值域描述：	非负整数
计量单位：	升

上例值域在概念上是等价的，并共享同一个不可枚举值域描述。但是，每个域中的相同数字(0除外)并意味着相同的事物。一升容积不等同于一加仑。基于这个原因，计量单位的变化将改变域。

4.8 维度

维度是应用计量单位概念部分的名称。诸如米/秒、海里/时、弗隆/两星期等都是计量速度的量度标准。诸如磅、牛顿是计量力的量度标准。上面每个集合中的每个成员属于同一个类，或称之为具有相同的维度。

在数学语言中，维度形成了所有计量单位集合的一个等价类。两个计量单位之间的等价由一个单位集合到另一个集合间存在的可逆变换决定。这意味着，如果存在一种函数使一个*计量单位*中的值可以映射到另一个计量单位中的值，同时，函数的可逆也能将第二个*计量单位*中的值映射回为第一个*计量单位*中的值，那么两个*计量单位*是同维的。认知这些函数什么时候存在和不存在，是维护一个注册系统很重要的一个方面。下列两个示例说明了这点：

示例1：华氏—摄氏温度转换

$$F^\circ=(9/5)C^\circ+32 \text{ 和 } C^\circ=(5/9)(F^\circ-32)$$

这里定义的函数相互间是可逆转换的。

示例2：英寸—厘米长度转换

$$in=(2.54)cm \text{ 和 } cm=in/(2.54)$$

这里定义的函数相互间是可逆转换的。

详细内容参见F. Olken and J. McCarthy的《XML数据类型的计量单位》(1999)[3]。又见G. Schadow and C. McDonald的《计量单位统一代码》(1999)[4]。

了解维度，对于管理一个MDR中值域的注册人员和主题专家来说，是非常重要的。注册系统用户需要知道一个计量单位集合提供的数据是否可以转换成另一个计量单位集合中的数据。用于等价概念域的计量单位应具有相同的维度。接下来的两个等价概念不可枚举值域的示例表明了这点：

---

3) F. Olken and J. McCarthy的《XML数据类型的度量单位》(1999)在URL的网页 http://pueblo.lbl.gov/~olken/mendel/w3c/xml.schema.wg/units/syntax.htm.

4) G. Schadow and C. McDonald的《计量单位统一代码》on the Web at the URL http://pueblo.lbl.gov/~olken/mendel/w3c/xml.schema.wg/units/syntax.htm.

示例 3:

概念域名称:	货币单位表示的数量
概念域定义:	表示货币价值的数量(整数单位)
不可枚举概念域描述:	整数单位表示的货币
维度:	货币单位
值域名称(1):	整数美元的数量
值域定义:	整数美元的货币数量
不可枚举值域描述(1):	非负整数表示的整数美元
计量单位:	美元
值域名称(2):	整数欧元的数量
值域定义:	整数欧元的货币数量。
不可枚举值域描述(2):	非负整数表示的整数欧元
计量单位:	欧元

存在将美元转为欧元及转换回美元的途径,显然,这些是概念等价域。二者表示同样观念,即"货币的数量"。但是,示例也显示出一个问题。为了有些应用,货币转换需要一个函数,对于有些应用,它几乎是连续变化的,例如银行业,因为汇率波动是如此频繁的。如果它们对于注册系统功能很重要,此类问题就需要大量的监控。

下面是(部分)维度方面可能存在的问题,以及管理员和用户在转换单位时面临的困难:

a) 货币单位的转换(见上);

b) 在给定时间和地点转换温度与转换温度间隔的差异;

c) 一个特定事件日期和时间的转换与日期或时间间隔转换的差异;

d) 认识到什么时候一些 SI 和英制(或一些其他体系的)单位具有相同的维度。

4.9 对值域的分类

值域由两种主要途径的任意一种来分类,要么通过一个分类方案中项之间的关联,或通过表示类的应用。表示类是一个专用分类方案,表现为一个 MDR 的元模型,用于对值域进行分类。值域、它的属性以及它与数据类型和计量单位的关联构成了一个数据元的表示。因此,表示类是表示的一个分类。它在结构上是非常简单的,本质上是关键字的一个列表。这些关键字是用于描述表示的类的概念的名称。这里,上面若干示例现在将包含一个表示类项:

示例 1:

概念域名称:	人的性别分类
概念域定义:	人的性别概念的列举
值域名称:	人的性别代码(1)
值域定义:	用于人的性别的代码
允许值:	〈1,男〉
	〈2,女〉
	〈3,未知〉
表示类项:	类别

示例 2:

概念域名称:	文本描述
概念域定义:	描述一项行为或事物的文本
不可枚举概念域描述:	有限长度的文本
值域名称:	文本的英文描述
值域定义:	一项行为或事物的文本描述
不可枚举值域描述:	最多可达60个字符的英文文本
表示类项:	文本

示例 3:

概念域名称:	容积
概念域定义:	以不同计量单位表示的容积
不可枚举概念域描述:	容积的计量
维度:	容积
值域名称:	(整数升)容积
值域定义:	用整数升计量的容积量
不可枚举值域描述:	非负整数
计量单位:	升
表示类项:	具有计量单位的数量

5 对值域的注册

5.1 导言

本条是对在 MDR 中注册一个值域所需的细节的描述。给出了两个示例,一个是可枚举值域的,另一个是不可枚举值域的。本章的描述将集中在注册值域的特定要求上。

——5.2 说明注册概念域和值域的规则;

——5.3 说明注册概念域和值域的策略;

——5.4 提供基于规则和策略的详细示例。

5.2 注册值域的规则

总体上,模型中的下列类与值域和概念域相关。在一个 MDR 中注册值域和概念域,它们得到繁增:

概念域

概念域关系(如果必要)

可枚举概念域,或不可枚举概念域(可能二者皆有)

如果是可枚举——

　　值含义

如果是不可枚举——

　　描述

值域

值域关系(如果必要)

可枚举值域,或不可枚举值域(可能二者皆有)

如果是可枚举——

　　值

允许值(值和值含义的结合)

如果是不可枚举——

描述

计量单位(如果必要)

数据类型

表示类

附录A提供了用于元数据注册系统的元模型中概念域——值域部分的一个UML模型。该模型显示了类、它们的名称、属性和关系,并给出了每个属性和关系的要求和基数性。

该模型包含了在一个MDR中注册值域和概念域的一些基本规则。这些规则中有的已经在前面的章节中叙述过。其他的在这里讨论。另外,规则的一些基本原理没有在模型的注释中。

a) 一个概念域自身可以存在,亦即它不需要一个联合的值域用于它的存在,但是,一个值域应有一个关联的概念域。

一些概念域并不直接与值域连接在一起。这样,4.3.2示例2中概念域的单独存在表明了这一点。

b) 应仔细地维护值含义。

值含义是将不同可枚举值域中不同值与相同的含义连结起来的方法;是跟踪一个值的含义随着时间而改变的方法;是在分类法之间建立对应表的方法。相似的概念经常在分类法间交叉表示;这些概念相互间的映射,对那些需要比较不同数据被分类为相似但不相同的分类体系中的用户来说,是很重要的。

c) 值域的子类,可枚举和不可枚举不是排他的。这意味着一些值域可以有一个可枚举部分和一个不可枚举部分。参见4.2.11中的示例1和示例2。

很容易认为子类是排他的,也就是非此即彼,二者不同时存在。几乎所有示例都是如此。但是,特殊情形使得不寻常值域的产生成为必要。

d) 数据类型是很重要的组分,应认真地文档化,如同4.6的描述。

数据类型是数据成功传输所必需的。问题是规定一个数据类型有多个机制。有程序语言、数据库查询语言、数据传输语言、抽象数据定义语言和其他标准。每种都有自己描述和命名其允许数据类型的方法。不是所有这些规范都分配了相同种类的数据类型。不同规范中相同的名称并不意味着相同的事情(名称相同,但实质不同)。不是所有的规范具有相同的初始的数据类型。在不同的规范中,从初始的数据类型生成新的数据类型的方法是不同的。

GB/T 18391.3并不要求用户使用一个规范来命名和描述数据类型。但它要求用户提供规范名称和数据类型的名称或出处,这样用户可以确定数据类型的内涵。

e) 计量单位描述数据值,并有助于确定不同来源数据之间的相似性。它们是任何计量文档的所必需的一部分,不论是试验或是一个统计处理。参见4.7和4.8。

计量单位由维度而聚合成类。维度是计量单位的一个概念,和概念域关联。用于概念等价域的计量单位应有相同的维度。

f) 一个值含义不必与一个允许值关联。一个允许值应有一个相关的值含义。

g) 一个概念域是值含义的一个集合。(上面的)第6条意味着值含义集合不必与用于表示概念域的任何可枚举值域中的允许值一一对应。另外,概念等价可枚举值域不必是基本等价的。非初等等价,但概念等价的域甚至可能有相同数量的允许值。

关于概念等价可枚举值域应有多少允许值是公用的问题尚无定论。一个值域与一个概念域的关联,是主题专家自己的抉择。两个理性的人可能有不同的选择。组织的需求、内部用户的需求、外部用户的需求和标准规定的需求都会有一种影响。

下面的示例给出了三个概念等价、但非基本等价可枚举值域;两个具有相同数量的允许值。

示例：

概念域名称：学校课程分类
概念域定义：学校课程概念的列举

值域名称：学校课程代码（1）
值域定义：用于学校研习课程的代码
允许值：〈0，其他〉
〈1,数学〉
〈2,语言〉
〈3,外语〉
〈4,历史〉
值域名称：学校课程代码（2）
值域定义：用于学校研习课程的代码
允许值：〈0，其他〉
〈1,数学〉
〈2,语言〉
〈3,外语〉
〈4,欧洲历史〉
〈5,泛美洲历史〉
值域名称：学校课程代码（3）
值域定义：用于学校研习课程的代码
允许值：〈0，其他〉
〈1,数学〉
〈2,语言〉
〈3,外语〉
〈4,非洲历史〉
〈5,亚洲历史〉

5.3 策略

注册值域的策略和步骤可以分为两大类，可枚举值域的和不可枚举值域的。主要的策略由一系列的步骤给出。步骤不必遵循给定的顺序。给定的步骤并不是详尽的。

每个域执行以下步骤：

a) 理解什么值是允许的。对于一个不可枚举值域，要求完整理解定义允许值的规则，对于一个可枚举域，要求理解值的结构和含义。起初，不可能知道所有的允许值，但理解典型例子的内容、含义和形式是必要的。
b) 确定用于值域的注册系统是否存在一个相配的概念域。如果没有，那么应生成一个新的概念域，并登录在注册系统中。从已存在的若干个概念域中为一个给定的值域确定一个合适的可能是困难的。最好是由一个小组来确定，包括注册员和相关的领域专家。
c) 如果一个适当的概念域已经存在，然后确定值域本身是否存在。检验所有表示了选定概念域的概念等价值域。如果给定值域是新的，就应创建并将其登录在注册系统中。
d) 如果值域是不可枚举的，应确定规则、计量单位和维度。
e) 如果值域是可枚举的，应确定每个允许值的值和值含义。
f) 如果概念域事先已经存在，用于概念域的值含义应与用于新的可枚举值域的每个值含义进行对照检查。登录任何事先不存在的值含义。对注册系统中已存在值含义的允许值进行标记。
g) 登录允许值，应用连结以前存在的值含义。不必管理值集合。注册系统可能会重复值。

h) 确认该概念域是否与其他概念域相关。当将值域的一个集合注册为一个分类时(参见 4.5),则该概念域与其他概念域相关。分类经常表示为一个层级,这样,就会生成一个概念域层级,以获得每层(值域)表示的概念。

i) 确认该值域是否与其他值域相关。当将值域的一个集合注册为一个分类(参见 4.5)时,则该值域与其他值域相关。分类经常表示为一个层级,这样,各层间的关系就表示为值域间的关系。

j) 当前,元数据注册系统的元模型并不处理允许值之间的关系。关系仅存在于值含义在跨越值域时也是相同的情况下,而且关系通过连结到一个公共值含义上来实现。关系也存在于层次代码结构中,如一个分类(参见 4.5),而且关系通过值的结构,亦即,代码本身来实现。

5.4 示例

下列各条中每条都用示例阐明一个值域的完整注册:一个用于基本等价域的集合;另一个用于不可枚举值域。两个示例都基于国际标准。示例中所列出的属性都在 GB/T 18391.3 包含和描述的范围内。

5.4.1 可枚举值域

第一个示例适合于包含在 ISO 3166-1 中可枚举值域的一个关联集合。该部分演示了在一个 MDR 中如何注册可枚举值域(该例中是代码集)。ISO 3166-1 中包含了四个要注册的代码集:缩写英文名称、2 字符字母码、3 字符字母码和 3 字符数字码。每个代码集中的每个允许值都与相应的定义这些值的值含义关联。这些关联建立了跨越每个值域的元素—元素基础上的一个对应。值含义的集合和一个概念域一起注册。

概念域的注册		
1	概念域	
	概念域语境	ISO 3166-1
	概念域名称	世界上各个国家
	概念域定义	世界上主要的地理政治实体
	概念域类型	可枚举的
	CD 标识符/版本号(DI:VI)	(93-273-8065)1234:1
	维度	代码
2	值含义	
	值含义 ID	10001
	值含义描述	名称为〈阿富汗民主共和国〉的主要地理政治实体
	VM 起始日期	19971001
	VM 终止日期	(不适用)
	值含义 ID	10002
	值含义描述	名称为〈阿尔巴尼亚社会主义人民共和国〉的主要地理政治实体
	VM 起始日期	19971001
	VM 终止日期	(不适用)
	……	
	值含义 ID	10220

概念域的注册		
	值含义描述	名称为〈津巴布韦共和国〉的主要地理政治实体
	VM 起始日期	19971001
	VM 终止日期	(不适用)
5	其他元数据属性	
	来源	ISO 3166-1:1997
	备注	(不适用)
	提交组织	劳工统计局
	数据管理员	Dan Gillman
6	分类	
	关键字	国家、世界
	群	地理实体、国家标识符
	对象	国家
	提取层	概念域
7	质量控制	
	注册状态	标准的
	管理状态	最终的

#1 值域的注册		
3	值域	
	值域语境	ISO 3166-1:1997
	值域(VD)名称	英文缩写国家名称
	值域名称语境	注册系统
	值域定义	所有国家英文缩写名称
	VD 标识符/版本号 (DI:VI)	(93-273-8065)9876:1
	该值域概念域的 ID	51.41736111
	值域类型	可枚举的
	数据类型	字符串
	数据类型模式	C 编程语言
	最小字符数	4
	最大字符数	44
	格式	%s
	计量单位	(不适用)

#1 值域的注册		
	精度	(不适用)
	VD 来源(可枚举)	ISO 3166-1:1997
	VD 解释性备注	(不适用)
4	允许值	
	值	阿富汗
	PV 起始日期	19971001
	PV 终止日期	(不适用)
	值含义 ID	10001
	值	阿尔巴尼亚
	PV 起始日期	19971001
	PV 终止日期	(不适用)
	值含义 ID	10002
	……	
	值	津巴布韦
	PV 起始日期	19971001
	PV 终止日期	(不适用)
	值含义 ID	10220
5	其他元数据属性	
	来源	ISO 3166-1:1997
	备注	(不适用)
	提交组织	劳工统计局
	数据管理员	Dan Gillman
7	质量控制	
	注册状态	标准的
	管理状态	最终的

#2 值域的注册		
3	值域	
	值域语境	ISO 3166-1:1997
	值域(VD)名称	2 字符的字母数字混合型国家代码
	值域名称语境	Registry 注册系统
	值域定义	所有国家的 2 字符的字母数字混合型国家代码

#2 值域的注册		
	VD 标识符/版本号 (DI:VI)	(93-273-8065)9877:1
	该值域概念域的 ID	51.41736111
	值域类型	可枚举的
	数据类型	长度为 2 的字符串
	数据类型模式	C 编程语言
	最小字符数	(不适用)
	最大字符数	(不适用)
	格式	%2c
	计量单位	(不适用)
	精度	(不适用)
	VD 来源(可枚举)	ISO 3166-1:1997
	VD 解释性备注	(不适用)
4	允许值	
	值	AF
	PV 起始日期	19971001
	PV 终止日期	(不适用)
	值含义 ID	10001
	值	AL
	PV 起始日期	19971001
	PV 终止日期	(不适用)
	值含义 ID	10002
	……	
	值	ZW
	PV 起始日期	19971001
	PV 终止日期	(不适用)
	值含义 ID	10220
5	其他元数据属性	
	来源	ISO 3166-1:1997
	备注	(不适用)
	提交组织	劳工统计局
	数据管理员	Dan Gillman
7	质量控制	
	注册状态	标准的
	管理状态	最终的

♯3 值域的注册		
3	值域	
	值域语境	ISO 3166-1:1997
	值域(VD)名称	3 字符字母数字混合型国家代码
	值域名称语境	注册系统
	值域定义	所有国家 3 字符字母数字混合型代码
	VD 标识符/版本号 (DI:VI)	(93-273-8065) 9878:1
	该值域概念域的 ID	51.41736111
	值域类型	可枚举的
	数据类型	长度为 3 的字符串
	数据类型模式	C 编程语言
	最小字符数	(不适用)
	最大字符数	(不适用)
	格式	%3c
	计量单位	(不适用)
	精度	(不适用)
	VD 来源(可枚举)	ISO 3166-1:1997
	VD 解释性备注	(不适用)
4	允许值	
	值	AFG
	PV 起始日期	19971001
	PV 终止日期	(不适用)
	值含义 ID	10001
	值	ALB
	PV 起始日期	19971001
	PV 终止日期	(不适用)
	值含义 ID	10002
	……	
	值	ZWE
	PV 起始日期	19971001
	PV 终止日期	(不适用)
	值含义 ID	10220
5	其他元数据属性	
	来源	ISO 3166-1:1997

#3 值域的注册		
	备注	(不适用)
	提交组织	劳工统计局
	数据管理员	Dan Gillman
7	质量控制	
	注册状态	标准的
	管理状态	最终的

#4 值域的注册		
3	值域	
	值域语境	ISO 3166-1:1997
	值域(VD)名称	3字符数字型国家代码
	值域名称语境	注册系统
	值域定义	所有国家的3字符数字代码
	VD标识符/版本号(DI:VI)	(93-273-8065)9879:1
	该值域概念域的ID	51.41736111
	值域类型	可枚举的
	数据类型	长度为3的数字型字符
	数据类型模式	C编程语言
	最小字符数	(不适用)
	最大字符数	(不适用)
	格式	%3c
	计量单位	(不适用)
	精度	(不适用)
	VD来源(可枚举)	ISO 3166-1:1997
	VD解释性备注	(不适用)
4	允许值	
	值	4
	PV起始日期	19971001
	PV终止日期	(不适用)
	值含义ID	10001
	值	8
	PV起始日期	19971001
	PV终止日期	(不适用)

#4 值域的注册		
	值含义 ID	10002
	……	
	值	716
	PV 起始日期	19971001
	PV 终止日期	(不适用)
	值含义 ID	10220
5	其他元数据属性	
	来源	ISO 3166-1:1997
	备注	(不适用)
	提交组织	劳工统计局
	数据管理员	Dan Gillman
7	质量控制	
	注册状态	标准的
	管理状态	最终的

5.4.2 不可枚举值域

该条提供一个来自 ISO 6709:1983 的具体的关于不可枚举值域的注册。纬度是赤道以北或以南一条子午线的角度距离的计量。该标准给出了纬度计量记录的可变格式,及多于一种的表示法:度和十进制度、六十进制(亦即,度、分和弧秒)。该标准还包括关于经度的多于一种的表示法和格式,及高程的一个柔性格式。另外,用于数据转换的一个标准格式也包括在该标准中。

地理信息专家日益喜欢用度和十进制度来计量位置坐标,而不少组织仍继续用度、分、弧秒计量纬度和经度。因此,我们选用度、分和弧秒计量的纬度来注册该值域。

概念域的注册		
1	概念域	
	概念域名称	纬度的量度
	概念域名称语境	ISO 6709:1983
	概念域定义	赤道南北点的纬度计量
	概念域定义语境	注册系统
	概念域类型	不可枚举
	不可枚举概念域 描述	纬度计量
	CD 标识符/版本号(DI:VI)	(93-273-8065)2345:1
	维度	角计量
2	值含义	
	值含义 ID	(不适用)

概念域的注册		
	值含义描述	(不适用)
	VM 起始日期	(不适用)
	VM 终止日期	(不适用)
5	其他元数据属性	
	来源	ISO 6709:1983
	备注	(不适用)
	提交组织	劳工统计局
	Data Steward	Dan Gillman
6	分类	
	关键字	平面坐标、空间的、纬度
	群	地理点位置
	对象	纬度
	提取的层	概念域
7	质量控制	
	注册状态	标准的
	管理状态	最终的

值域的注册		
3	值域	
	值域(VD)名称	纬度的六十进制计量
	值域名称语境	注册系统
	值域定义	地球表面上一个点、地球中点和给定点赤道正北或正南的一个点所形成的角度的六十进制计量。
	值域定义语境	Registry
	VD 标识符/版本号(DI:VI)	(93-273-8065)8765:1
	该值域概念域 ID	97.70902778
	值域类型	不可枚举
	不可枚举值域描述	赤道及赤道以北纬度为正值;赤道以南纬度为负值。度数的取值范围为(DD 格式)0～90;分的取值范围(MM 格式)为 0～59;弧秒的取值范围(SS 或 SS.SSSSS 格式)是 0～59 或 0～59.99999
	数据类型	自由字符

值域的注册		
	数据类型模式	ANSI/ISO SQL
	最小字符数	7
	最大字符数	13
	格式	+/−DDMMSS 到+/−DDMMSS.SSSSS
	计量单位	度、分、弧秒
	精度	(不适用)
	VD 来源	ISO 6709:1983
	VD 解释性备注	(不适用)
4	允许值	
	值	(不适用)
	PV 起始日期	(不适用)
	PV 终止日期	(不适用)
	值含义 ID	(不适用)
5	其他元数据属性	
	来源	ISO 6709:1983
	备注	(不适用)
	提交组织	劳工统计局
	数据管理员	Dan Gillman
7	质量控制	
	注册状态	标准的
	管理状态	最终的

附 录 A
（规范性附录）
用于值域和概念域的元模型

该附录 A 包括 GB/T 18391.3 中描述值域、概念域、它们的属性和它们之间关系的元模型部分（见图 A.1）。这里的元模型为了便于参考。完整的元模型描述和用于描述元模型的 UML 包含在 GB/T 18391.3 中。

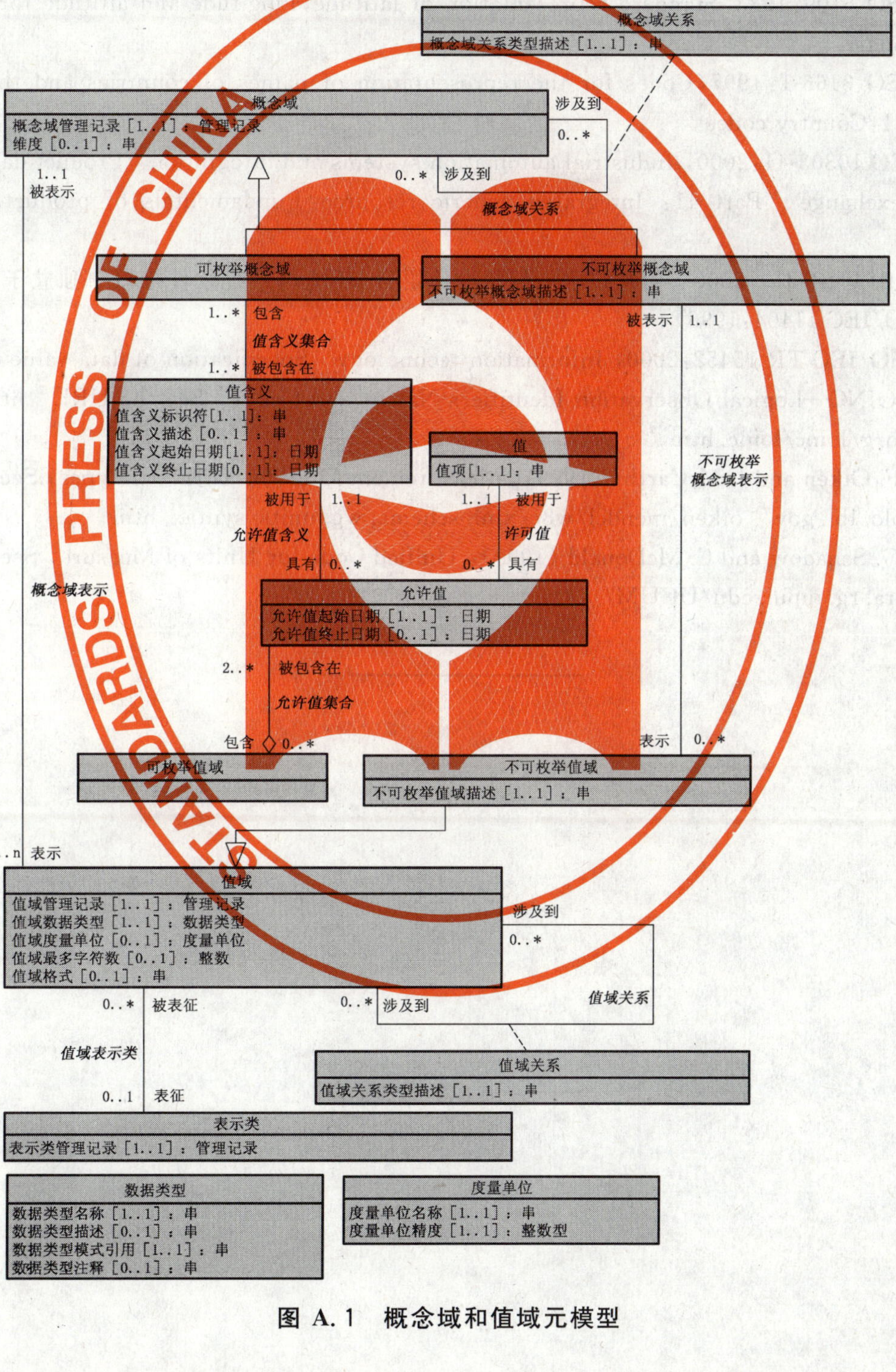

图 A.1 概念域和值域元模型

参 考 文 献

[1] ISIC—International Standard Industrial Classification—See the URL http://esa.un.org/unsd/cr/registry/regcst.asp? Cl=2&Lg=1)

[2] ISO 1000:1992,SI units and recommendations for the use of their multiples and of certain other units

[3] GB/T 2261.1—2003 个人基本信息分类与代码 第1部分:人的性别代码

[4] ISO 6709:1983,Standard representation of latitude,longitude and altitude for geographic point locations

[5] ISO 3166-1:1997,Codes for the representation of names of countries and their subdivisions Part 1:Country codes

[6] ISO 10303-41:2000, Industrial automation systems and integration Product data representation and exchange Part 41: Integrated generic resource: Fundamentals of product description and support

[7] GB/T 18221—2000 信息技术 程序设计语言、环境与系统软件接口 独立于语言的数据类型(idt ISO/IEC 11404:1996)

[8] ISO/IEC TR 15452:2000, Information technology Specification of data value domains

[9] LOINC—Logical Observation Identifiers Names and Codes See the URL http://www.regenstrief.org/loinc/loinc.htm

[10] F. Olken and J. McCarthy (1999), Measurement Units in XML Datatypes, See the URL http://pueblo.lbl.gov/~olken/mendel/w3c/xml.schema.wg/units/syntax.htm

[11] G. Schadow and C. McDonald (1999), Unified Code for Units of Measure, See the URL http://aurora.rg.iupui.edu/UCUM/

ICS 79.060.01
B 70

中华人民共和国国家标准

GB/T 23825—2009

人造板及其制品中甲醛释放量测定
气体分析法

Wood-based panels—Determination of formaldehyde release—Gas analysis method

(ISO/FDIS 12460-3:2008, Wood-based panels—Determination of formaldehyde release—Part 3:Gas analysis method, MOD)

2009-05-12 发布　　2009-11-01 实施

中华人民共和国国家质量监督检验检疫总局
中国国家标准化管理委员会　发布

前言

本标准修改采用 ISO/FDIS 12460-3:2008《人造板甲醛释放量测定　第 3 部分:气体分析法》(英文版)。

本标准根据 ISO/FDIS 12460-3:2008 重新起草。为了便于比较,在附录 A 中给出了本国家标准条款和国际标准条款的对照一览表。在附录 B 中给出了技术性差异及原因的一览表以供参考。

本标准在修改采用国际标准时,技术性差异用垂直单线标识在它们所涉及条款的页边空白处,勘误性修改用双垂线标识在它们所涉及条款的页边空白处。

为了便于使用,本标准还做了下列编辑性修改:

a)　用小数点“.”代替作为小数点的逗号“,”;

b)　删除国际标准的前言、摘要。

本标准的附录 A、附录 B 均为资料性附录。

本标准由国家林业局提出。

本标准由全国人造板标准化技术委员会(SAC/TC 198)归口。

本标准负责起草单位:中华人民共和国江苏出入境检验检疫局。

本标准参加起草单位:中国林业科学研究院木材工业研究所、中华人民共和国广东出入境检验检疫局、上海市纺织科学研究院、南京林业大学、上海市建筑科学研究院(集团)有限公司、四川升达林业产业股份有限公司。

本标准主要起草人:卢志刚、杨帆、张剑、李翔、朱海欧、周明辉、黄河浪、夏志明、张治宇、向中华。

人造板及其制品中甲醛释放量测定 气体分析法

1 范围

本标准规定了人造板及其制品中甲醛释放量的气体分析测定方法。

本标准适用于人造板及其制品中甲醛释放量的测定。

2 规范性引用文件

下列文件中的条款通过本标准的引用而成为本标准的条款。凡是注日期的引用文件，其随后所有的修改单(不包括勘误的内容)或修订版均不适用于本标准，然而，鼓励根据本标准达成协议的各方研究是否可使用这些文件的最新版本。凡是不注日期的引用文件，其最新版本适用于本标准。

GB/T 601 化学试剂 标准滴定溶液的制备

GB/T 6682 分析实验室用水规格和试验方法(GB/T 6682—2008，ISO 3696：1987，MOD)

GB/T 17657 人造板及饰面人造板理化性能试验方法

ISO 16999 人造板 取样和制样

3 原理

将已知表面积的试件放入规定温度、湿度、压力和空气流量的测试室中，试件在测试室中释放的甲醛气体与空气充分混合，并被与测试室相连接的吸收瓶中的吸收液充分吸收。以分光光度法测定吸收液中甲醛浓度。根据吸收液中甲醛浓度、吸收时间和试件的暴露面积计算甲醛释放量，单位用 $mg/(m^2 \cdot h)$表示。

4 试验材料

除非另有说明，所用试剂均为分析纯，所用水至少达到 GB/T 6682 规定的三级纯度蒸馏水或去离子水的要求。标准溶液的制备按 GB/T 601 执行。

4.1 乙酰丙酮溶液：量取 4 mL 乙酰丙酮(戊烷-2，4-二酮，$C_5H_8O_2$)加入到 1 000 mL 容量瓶中，用水稀释并定容至刻度线。

4.2 乙酸铵溶液：称取 200 g 乙酸铵($C_2H_3O_2NH_4$)，水溶解后移入 1 000 mL 容量瓶中，以水稀释并定容至刻度线。

注：市场上购买的溶液只要具备相同的结果也可以采用。

4.3 碘(I_2)标准溶液：0.05 mol/L。

注：用前标定。

4.4 硫代硫酸钠($Na_2S_2O_3$)标准溶液：0.1 mol/L。

注：用前标定。

4.5 氢氧化钠(NaOH)标准溶液：1 mol/L。

注：用前标定。

4.6 硫酸(H_2SO_4)标准溶液：1 mol/L。

注：用前标定。

4.7 可溶性淀粉溶液：质量浓度 10 kg/m^3。

4.8 甲醛(CH_2O)：浓度 35%～40%。

5 仪器设备

5.1 测试装置

测试装置由以下部分组成，见图1。

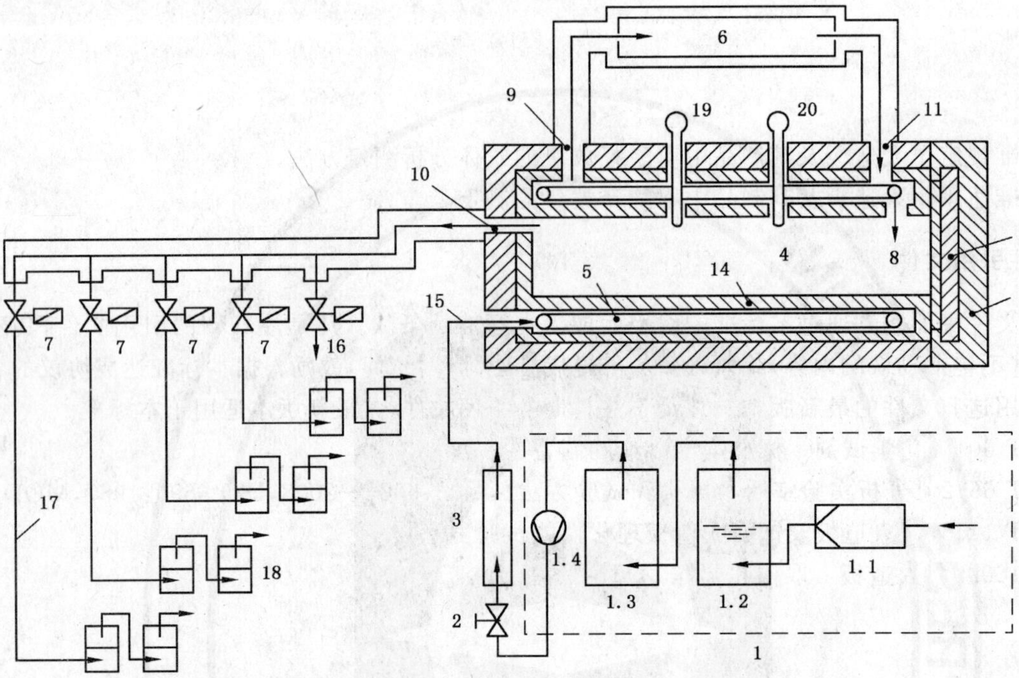

1——供气系统：带有减压阀的空气钢瓶，或由1.1空气过滤装置、1.2洗瓶、1.3干燥瓶、1.4空气泵组成；
2——针阀；
3——转子流量计；
4——测试室；
5——加热装置；
6——温控装置；
7——电磁阀；
8——测试室空气进口；
9——加热介质出口；
10——测试室空气出口；
11——加热介质进口；
12——绝缘部分；
13——测试舱门；
14——双层护套；
15——空气进口加热环；
16——净化的电磁阀；
17——连接管；
18——成对吸收瓶；
19——压力显示器；
20——温度监视器。

图1 测试装置

5.1.1 供气系统：可选用以下两种方式的一种。

5.1.1.1 带有减压阀的空气钢瓶。

5.1.1.2 由空气过滤装置、装有400 mL水的500 mL洗瓶、内装硅胶的500 mL干燥瓶和空气泵组成。

5.1.2 针阀。

5.1.3 转子流量计。

5.1.4 不锈钢或玻璃测试室：直径90 mm～100 mm，有效容积(4 000±200)mL，含双层套管。

5.1.5 加热装置。

5.1.6 温控装置。

5.1.7 电磁阀。

5.1.8 100 mL吸收瓶4对。

5.1.9 压力监视器。

5.1.10 温度监视器。

5.2 实验仪器

5.2.1 空气对流干燥箱：恒温灵敏度±1 ℃，温度范围40 ℃～200 ℃。

5.2.2 分光光度计：吸收池光程长度50 mm，可在波长412 nm处测量。

5.2.3 恒温水浴：控温精度(60±1)℃。

5.2.4 100 mL容量瓶6只。

5.2.5 250 mL容量瓶4只。

5.2.6 1 000 mL容量瓶2只。

5.2.7 100 mL吸收瓶8只。

5.2.8 5 mL、10 mL、15 mL、20 mL、25 mL、50 mL、100 mL移液管。

5.2.9 50 mL带磨口塞烧瓶8只。

5.2.10 微量滴定管。

5.2.11 50 mL滴定管。

5.2.12 天平：感量为0.001 g。

6 试样准备

6.1 试样制备

6.1.1 按照ISO 16999采样和切割试样。将冷却至室温后的人造板去边50 mm，按下列尺寸要求制取试件，立即密封于乙烯树脂袋中室温保存。

a) 甲醛释放量测定：三块试件，400 mm×50 mm×板厚；

b) 含水率测定：五块或六块试件，25 mm×25 mm×板厚。

6.1.2 对于无法按照上述要求制样的人造板(如已经安装的人造板)，可在距样板边缘10 mm～20 mm处切割，试样尺寸和数量应符合6.1的要求，并在检测报告中说明。

6.2 试件准备

采用不含甲醛的铝箔胶带或聚氨酯涂料涂布三层对试件封边。

7 试验步骤

7.1 试验次数

对任一样品，应进行两次平行试验。如果两份试件的测定结果差值大于0.5 mg/(m² · h)，则需要对第三份试件进行测定。

7.2 含水率测定

按GB/T 17657规定进行。

7.3 甲醛的释放与收集

7.3.1 按6.2对试件封边。

7.3.2 用软管将每组2只串联并装有20 mL～30 mL吸收液（水）的吸收瓶连接到每一个电磁阀的出口处。

7.3.3 关闭测试室舱门并预热至(60±0.5)℃，调整其室内空气流量为(60±3)L/h，表压力为1 000 Pa～1 200 Pa，空气相对湿度≤3%。

7.3.4 将已经封边的试件放入测试室中开始采样，每组吸收瓶吸收采样时间为1 h，4组串联吸收瓶吸收采样连续自动切换。吸收采样结束时，将每组吸收瓶的吸收液分别移至250 mL容量瓶中，用水洗涤吸收瓶和连接管，将洗涤液收集至容量瓶中并定容至刻度，作为测试液。

7.3.5 背景试验时流出测试室空气的甲醛浓度应≤0.006 mg/m³。

注：测试室内不放置样品的试验过程为背景试验或本底试验。

7.4 测试液甲醛浓度的测定

7.4.1 总则

用分光光度法测定每小时吸收液中甲醛浓度。

7.4.2 测定原理

在乙酰丙酮和乙酸铵混合溶液中，甲醛和乙酰丙酮将反应生成二乙酰基二氢二甲基吡啶(DDL)，DDL在412 nm处吸收最强(参见参考文献[4])。

注：也可以使用其他适合的分光光度法。

7.4.3 测定程序

用移液管(5.2.8)移取10 mL测试液(7.3.4)加入到50 mL烧瓶(5.2.9)中，加入10 mL乙酰丙酮溶液(4.1)、10 mL乙酸铵溶液(4.2)，塞上瓶塞，摇匀，放入60 ℃恒温水浴(5.2.3)中加热10 min。避光保存，冷却至室温(约1 h)。以50 mm吸收池，在412 nm波长处用分光光度计(5.2.2)测定吸光度。随样用水做空白试验。

7.4.4 标准曲线

7.4.4.1 用预先配制的甲醛标准溶液制定标准曲线，以碘量法测定甲醛标准溶液浓度。一周至少检查一次标准曲线。

7.4.4.2 甲醛储备液的配制

取约1 mL甲醛(4.8)溶液移入到1 000 mL容量瓶中，用水稀释并定容至刻度线。用下述方法标定甲醛浓度：

取上述待标定甲醛溶液20 mL；加入25 mL碘标准溶液(4.3)和10 mL氢氧化钠标准溶液(4.5)，摇匀，避光保存15 min。然后加入15 mL硫酸标准溶液(4.6)，用硫代硫酸钠标准溶液(4.4)滴定其中多余的碘。在接近滴定终点时加入数滴淀粉溶液(4.7)作指示剂。用20 mL水作为空白样，以相同步骤做空白试验，按式(1)计算甲醛浓度。

$$c(\mathrm{HCHO}) = (V_0 - V) \times 15 \times c(\mathrm{Na_2S_2O_3}) \times 1\,000/20 \quad \cdots\cdots(1)$$

式中：

$c(\mathrm{HCHO})$——甲醛浓度，单位为毫克每升(mg/L)；

$c(\mathrm{Na_2S_2O_3})$——硫代硫酸钠浓度，单位为摩尔每升(mol/L)；

V——滴定甲醛溶液所用的硫代硫酸钠标准溶液的体积，单位为毫升(mL)；

V_0——滴定空白液所用的硫代硫酸钠标准溶液的体积，单位为毫升(mL)。

7.4.4.3 甲醛标准溶液配制

移取一定体积的甲醛储备液(7.4.4.2)于1 000 mL容量瓶(5.2.6)中，用水稀释并定容至刻度线，使甲醛标准溶液的甲醛浓度为3 μg/mL。

7.4.4.4 标准曲线的绘制

用移液管分别移取 0 mL、5 mL、10 mL、20 mL、50 mL、100 mL 的甲醛标准溶液(7.4.4.3)加入到 100 mL 容量瓶(5.2.4)中,用水稀释定容至刻度线。吸取 10 mL 上述稀释液按 7.4.3 测定吸光度,绘制吸光度-甲醛浓度(c)标准曲线。曲线斜率(f)通过图 2 计算获得。

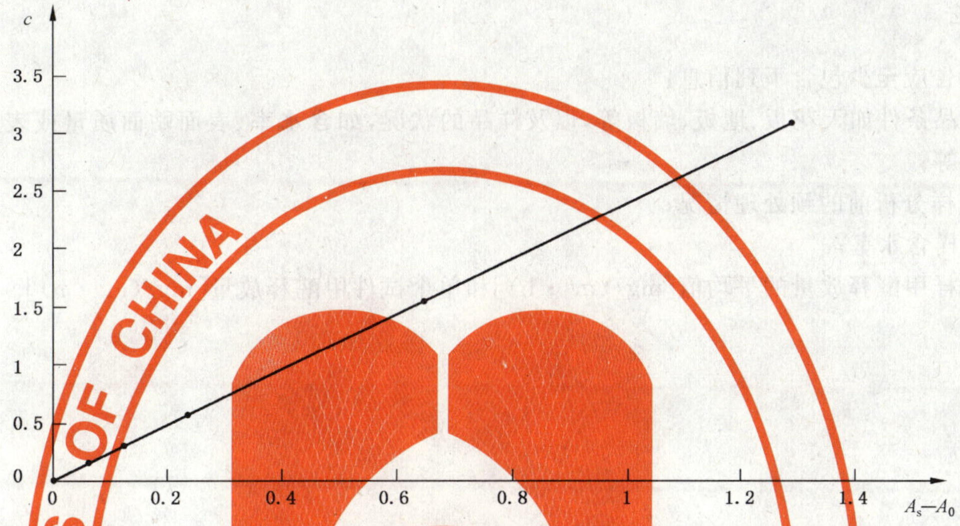

$$f=\frac{c}{A_s-A_0}$$

式中:

(A_s-A_0)——吸光度;

c——标准溶液甲醛浓度,单位为微克每毫升(μg/mL)。

图 2 乙酰丙酮法测量甲醛浓度的标准曲线范例(光程长度:50 mm)

7.5 每小时吸收液甲醛浓度的测定

用移液管(5.2.8)分别移取 10 mL 测试液(7.3.4),按 7.4.3 测定上述测试液(7.3.4)吸光度。

8 结果表示

8.1 试件每小时甲醛释放量

试件每小时甲醛释放量 G_i 由式(2)计算。

$$G_i=\frac{(A_s-A_0)\times f\times V}{F} \qquad \cdots\cdots(2)$$

式中:

G_i——试件分别在第 1、2、3、4 小时甲醛释放量,单位为毫克每平方米小时[mg/(m²·h)];

A_s——测试液的吸光度;

A_0——空白液吸光度;

f——甲醛溶液标准曲线的斜率,单位为毫克每毫升(mg/mL);

V——测试液体积,单位为毫升(mL);

F——封边后试件的暴露面积,单位为平方米(m²)。

8.2 甲醛释放量的表示

因试件温度不能迅速达到 60 ℃,试件第 1 小时甲醛释放量可能低于第 2 小时甲醛释放量。当第 1 小时甲醛释放量低于第 2 小时甲醛释放量时,甲醛释放量按式(3)计算;当试件第 1 小时甲醛释放量高于或等于第 2 小时甲醛释放量时,甲醛释放量按式(4)计算。

$$\overline{G}=\frac{G_2+G_3+G_4}{3} \qquad \cdots\cdots(3)$$

$$\overline{G} = \frac{G_1 + G_2 + G_3 + G_4}{4} \quad \cdots\cdots (4)$$

式中：

$\overline{G}$——试件甲醛释放量，单位为毫克每平方米小时[mg/(m²·h)]。

9 检测报告

检测报告应至少包含下列信息：

a) 样品条件如天花板、地板、墙板等，以及样品的状况，如含水率、表面贴面质量或表层的稳定情况等；

b) 试样分析前的预处理情况；

c) 试样含水率；

d) 试样甲醛释放量的平均值[mg/(m²·h)]和单个试件甲醛释放量[mg/(m²·h)]。

附 录 A
（资料性附录）
本标准章条编号与ISO/FDIS 12460-3:2008章条编号对照

表A.1给出了本标准章条编号与ISO/FDIS 12460-3:2008章条编号对照。

表A.1 本标准章条编号与ISO/FDIS 12460-3:2008章条编号对照一览表

本标准章条编号	对应国际标准章条编号
1	1
2	2
3	3
4	4
4.1	4.1
4.2	4.2
4.3	4.3
4.4	4.4
4.5	4.5
4.6	4.6
4.7	4.7
4.8	7.4.2第一段部分内容
5	5
图1	图1
5.1	5.1～5.1.4
5.1.2	5.1.5
5.1.3	5.1.6
5.1.4	5.1.7
5.1.5	5.1.8
5.1.6	5.1.9
5.1.7	5.1.10
5.1.8	5.1.11
5.1.9	5.1.12
5.1.10	5.1.13
5.2	5.2
5.2.1～5.2.12	5.2.1～5.2.12
6	6
6.1	6.1、6.2
6.2	6.3和6.3注
7	7

表 A.1（续）

本标准章条编号	对应国际标准章条编号
7.1	7.1
7.2	7.2
7.3	7.3
7.3.1	7.3 第一段
7.3.2	7.3 第三、四段内容
7.3.3	7.3 第二、七段内容和第五段部分内容
7.3.4	7.3 第五段部分内容，第六、八、九段内容和第十段部分内容
7.3.5	—
7.4	7.4
7.4.1	7.4.1
7.4.2	7.4.2
7.4.3	7.4.3 内容和 5.2.2 部分内容
7.4.4	7.4.4
7.4.4.1～7.4.4.3	7.4.4.1～7.4.4.3
7.4.4.4	7.4.4.4 大部分内容
图 2	图 2
7.5	7.3 第十段部分内容和 7.4.4 部分内容
8	8
8.1	8.1
8.2	8.2
9	9
9a)	9a)
9b)	9b)
9c)	8.3 和 9c)
9d)	9d)
参考文献	参考文献

附 录 B
（资料性附录）
本标准与 ISO/FDIS 12460-3:2008 的技术性差异以及原因

表 B.1 给出了本标准与 ISO/FDIS 12460-3:2008 的技术性差异以及原因。

表 B.1 本标准与 ISO/FDIS 12460-3:2008 的技术性差异以及原因一览表

本标准章条编号	技术性差异	原 因
1	增加了“本标准适用人造板及其制品中甲醛释放量的测定。”	适合我国标准版式
2	(1) 增加了“GB/T 6682 分析实验室用水规格和试验方法”； (2) 增加了“GB/T 601 化学试剂 标准滴定溶液的制备”； (3) 增加了“GB/T 17657 人造板及饰面人造板理化性能试验方法”，删除了“ISO 16979 Wood-based panels—Determination of moisture content”	适合我国情况
4	(1) 用“GB/T 6682 规定的三级纯度蒸馏水或去离子水”代替 ISO/FDIS 12460-3 中“水为去离子水或蒸馏水”； (2) 增加了“标准溶液的制备按 GB/T 601 执行”	适合我国情况
图 1	用“带有减压阀的空气钢瓶，或由 1.1 空气过滤装置、1.2洗瓶、1.3 干燥瓶、1.4 空气泵组成”的供气系统代替 ISO/FDIS 12460-3 中 5.1 中“图 1 中 1 空气过滤装置、2 洗瓶、3 干燥瓶、4 空气泵”	增加了一种供空气方式
5.1.1	用“供气系统：可选用以下两种方式的一种。5.1.1.1 带有减压阀的空气钢瓶。5.1.1.2 由空气过滤装置、装有 400 mL水的 500 mL 洗瓶、内装硅胶的 500 mL 干燥瓶和空气泵组成。”代替 ISO/FDIS 12460-3 中“5.1.1 空气过滤装置。5.1.2 500 mL 洗瓶，装有 400 mL 水。5.1.3 500 mL 干燥瓶，内装硅胶。5.1.4 空气泵。”	增加了一种供空气方式
5.2.1	用“恒温灵敏度 ±1 ℃，温度范围 40 ℃～200 ℃”代替 ISO/FDIS 12460-3 中 5.2.1 中“如 ISO 16979 所述”	采用 GB/T 17657 中含水率测定方法
6.1	将 ISO/FDIS 12460-3 中 6.1、6.2 标题“生产控制目的制样”、“其他目的制样”合并为“试样制备”	适合我国人造板存在窄幅面规格情况
6.1.1	用“去边 50 mm”代替 ISO/FDIS 12460-3 中 6.1 中“去边 500 mm”	
6.1.2	增加了“可在距样板边缘 10 mm～20 mm 处切割”内容	有利于样品制备的一致性
6.2	用“采用不含甲醛的铝箔胶带”代替 ISO/FDIS 12460-3 中 6.3 中“铝箔胶带”	含甲醛的铝箔胶带影响实验结论
7.1	删除 ISO/FDIS 12460-3 中 7.1 中“注：如内部测定，可进行一次。”	无必要规定内部控制的测定次数
7.2	用“按 GB/T 17657 规定进行”代替 ISO/FDIS 12460-3 中 7.2 中“含水率测定按 ISO 16979 规定。”	采用 GB/T 17657 中含水率测定方法

表 B.1（续）

本标准章条编号	技术性差异	原　　因
7.3	以标题“甲醛的释放与收集”代替 ISO/FDIS 12460-3 中 7.3标题“甲醛释放量测定”	忠实于实际过程
7.3.2	删除 ISO/FDIS 12460-3 中 7.3 中测试装置部件编号	测试装置已经自动化
	删除 ISO/FDIS 12460-3 中 7.3 中“注：吸收瓶中水体积应使测试舱内压力为 1 000 Pa～12 000 Pa。”	标准正文注中不应包含数字，正文中已经有规定
7.3.3	删除 ISO/FDIS 12460-3 中 7.3 中测试装置部件编号	测试装置已经自动化
7.3.4	删除 ISO/FDIS 12460-3 中 7.3 中测试装置部件编号	测试装置已经自动化
	删除 ISO/FDIS 12460-3 中 7.3 中“注：应保持吸收液和洗涤液总体积不超过 250 mL。”	标准正文注中不应包含数字，且正文中已经明确使用 250 mL 容量瓶
7.3.5	增加了“背景试验时流出测试室空气的甲醛浓度应≤0.006 mg/m^3。”	背景试验结果大于 0.006 mg/m^{3}时，影响试验结论
图 2	以纵坐标表示浓度、横坐标表示吸光度	原图有误
8.1	以标题“试件每小时甲醛释放量”代替 ISO/FDIS 12460-3 中 8.1 标题“气体分析值”	表述更准确

参考文献

[1] ISO 12460-1 人造板 甲醛释放量测定 第1部分:1 m^3 气候箱法测定甲醛释放量
[2] ISO 12460-2 人造板 甲醛释放量测定 第2部分:小室法
[3] ISO 12460-4 人造板 甲醛释放量测定 第4部分:干燥器法
[4] Belman S.荧光法测定甲醛量.Analytica Chimica Acta 29 (1963),120-126.

ICS 03.220.20;93.080.30
R 85

中华人民共和国国家标准

GB 23826—2009

高速公路LED可变限速标志

Light-emitting diode changeable speed limit signs of expressway

2009-05-25 发布 2009-12-21 实施

中华人民共和国国家质量监督检验检疫总局
中国国家标准化管理委员会 发布

前　言

本标准的4.1、4.3和第5章内容为强制性,其余为推荐性。

本标准的附录A、附录B为规范性附录。

本标准由全国交通工程设施(公路)标准化技术委员会(SAC/TC 223)提出并归口。

本标准负责起草单位:交通部公路科学研究院、北京中交华安科技有限公司。

本标准参加起草单位:深圳市健隆新光电技术有限公司、深圳市显科科技有限公司。

本标准主要起草人:韩文元、丁伟智、杨勇、杨丰艳、蒋海峰、李文彬、陈旺松、王磊、崔晓飞。

高速公路LED可变限速标志

1 范围

本标准规定了发光二级管(LED)可变限速标志的分类与组成、技术要求、试验方法、检验规则和标识、包装、运输、贮存。

本标准适用于高速公路以LED为发光单元的可变限速标志,其他道路可参照使用。

2 规范性引用文件

下列文件中的条款通过本标准的引用而成为本标准的条款。凡是注日期的引用文件,其随后所有的修改单(不包括勘误的内容)或修订版均不适用于本标准,然而,鼓励根据本标准达成协议的各方研究是否可使用这些文件的最新版本。凡是不注日期的引用文件,其最新版本适用于本标准。

GB/T 191 包装储运图示标志(GB/T 191—2008,ISO 780:1997,MOD)

GB/T 2423.1 电工电子产品环境试验 第2部分:试验方法 试验A:低温(GB/T 2423.1—2001,idt IEC 60068-2-1:1990)

GB/T 2423.2 电工电子产品环境试验 第2部分:试验方法 试验B:高温(GB/T 2423.2—2001,idt IEC 60068-2-2:1974)

GB/T 2423.3 电工电子产品环境试验 第2部分:试验方法 试验Cab:恒定湿热试验(GB/T 2423.3—2006,IEC 60068-2-78:2001,IDT)

GB/T 2423.10 电工电子产品环境试验 第2部分:试验方法 试验Fc:振动(正弦)(GB/T 2423.10—2008,IEC 60068-2-6:1995,IDT)

GB/T 2423.17 电工电子产品环境试验 第2部分:试验方法 试验Ka:盐雾(GB/T 2423.17—2008,IEC 60068-2-11:1981,IDT)

GB/T 2423.22 电工电子产品环境试验 第2部分:试验方法 试验N:温度变化(GB/T 2423.22—2002,IEC 60068-2-14:1984,IDT)

GB/T 5080.7 设备可靠性试验 恒定失效率假设下的失效率与平均无故障时间的验证试验方案(GB/T 5080.7—1986,idt IEC 60605-7:1978)

GB 5768.2 道路交通标志和标线 第2部分:道路交通标志

GB 7000.1 灯具 第1部分:一般要求与试验(GB 7000.1—2007,IEC 60598-1:2003,IDT)

GB/T 7922—2008 照明光源颜色的测量方法

GB/T 18226 高速公路交通工程钢构件防腐技术条件(GB/T 18226—2000,neq ASTM A428:1995)

GB/T 23828—2009 高速公路LED可变信息标志

JT/T 606.1 高速公路监控设施通信规程 第1部分:通用规程

JT/T 606.3 高速公路监控设施通信规程 第3部分:LED可变信息标志

3 术语和定义

GB/T 23828—2009确定的术语和定义适用于本标准。

4 分类与组成

4.1 分类

LED可变限速标志按外形分为圆形和方形两种，按图形外圈有效直径尺寸分为 ϕ1 200 mm、ϕ1 400 mm、ϕ1 600 mm三种，按环境温度适用等级分为A型、B型、C型三种。

4.2 组成

LED可变限速标志由标志板、控制箱、安装连接件等组成。标志板由显示屏、机壳组成，其中显示屏由图形外圈、数字字符及其支撑底板构成。

4.3 型号

4.3.1 高速公路LED可变限速标志产品型号应包括产品代号、图形外圈有效直径、产品分类、环境温度适应等级、设计顺序号等内容。

4.3.2 生产企业可将本企业注册商标或企业代号冠于产品型号之前。

4.3.3 高速公路LED可变限速标志产品型号表示如下：

KXS-□□ □-□ □

- 设计顺序号用一位阿拉伯数字表示
- 环境温度适应等级：A(或B、C)
- 分类：Y—— 圆形，F—— 方形
- 图形外圈有效直径：用两位阿拉伯数字表示，单位0.1 m，例如12代表1.2 m
- 产品代号：可变限速标志汉语拼音首写字母大写

示例：有效直径1.2 m、环境温度适应等级为－55 ℃～＋45 ℃的圆形可变限速标志其型号表示为KXS-12Y-C1。

5 技术要求

5.1 适用条件

5.1.1 安装环境：户外。

5.1.2 相对湿度：不大于98%。

5.1.3 环境温度：

——A型：－20 ℃～＋55 ℃；

——B型：－40 ℃～＋50 ℃；

——C型：－55 ℃～＋45 ℃。

5.2 材料要求

5.2.1 产品的外壳、机架等结构件在保证结构稳定的条件下，宜采用符合国家相关标准的轻质材料，以减少产品自身的重量。

5.2.2 显示屏组合发光像素由发光二极管组成，单粒发光二极管在额定电流时的法向发光强度应：

a) 红色不小于3 000 mcd；

b) 黄色不小于5 500 mcd。

5.2.3 图形外圈有效直径小于和等于1 400 mm的发光二极管的半强角 $\theta_{1/2}$ 不小于7.5°，大于1 400 mm的为不小于11.5°。

5.2.4 发光二极管的平均无故障时间 MTBF 不小于 50 000 h，其他电子元器件的 MTBF 不小于 30 000 h。

5.3 结构尺寸

5.3.1 产品显示屏的图形外圈和数字字符的结构尺寸以及组成数字字符的点阵和字模应符合附录 A 和附录 B 的要求。当采用全屏可控的点阵时，图形外圈及数字字符形状可与 GB 5768.2 规定的数字字符相似，但颜色应符合本标准要求。机壳边框与显示屏图形外圈外缘的距离应符合视觉美学要求。

5.3.2 显示屏的显示模块内各像素之间及各显示模块之间，像素应排列均匀、平整，各像素点间距允许误差±1 mm，不平整度不大于 2 mm/m^2。

5.4 外观质量

5.4.1 产品构件应完整、装配牢固、结构稳定，边角过渡圆滑，无飞边、无毛刺。

5.4.2 安装连接件应设置可调节标志视认角度的机构，以便于安装施工。其活动零件应灵活、无卡滞现象，机壳及安装连接件应无明显变形、凹凸等缺陷。

5.4.3 外壳、包括控制箱及连接件的防护层色泽应均匀，无划伤、裂痕、基体裸露等缺陷，防护层性能指标应符合 GB/T 18226 的规定。

5.4.4 控制箱一般附着安装在显示屏的支撑柱或显示屏箱体内，要求：

a) 部件齐全、安装牢固端正；

b) 箱体出线孔开口合适、切口整齐；

c) 出线管与箱体连接密封良好；

d) 箱内接线回路编号清楚，走线整齐，横平竖直，符合工艺要求；

e) 箱锁应采取防水、防锈措施；

f) 箱门开闭灵活轻便，密封良好；

g) 箱体内外清洁。

5.5 色度性能

5.5.1 机壳

机壳的颜色应符合国家标准油漆色卡的 510 号蓝灰色。

5.5.2 显示屏基底

显示屏基底应为亚光黑色，色品坐标应在图 1 规定的色品区域内，亮度因数不大于 0.03。

5.5.3 显示屏的图形外圈和数字字符

图形外圈发光时为红色，不发光时为黑色或无色。数字字符发光时为黄色，不发光时为黑色或无色。发光时图形外圈和数字字符的色品坐标应符合图 1 和表 1 的规定。

5.6 视认性能

5.6.1 视认角

标志产品的视认角应不小于 30°。

5.6.2 视认距离

可变限速标志的视认距离分为静态视认距离和动态视认距离，要求如下：

a) 静态视认距离应不小于 250 m；

b) 动态视认距离应不小于 210 m。

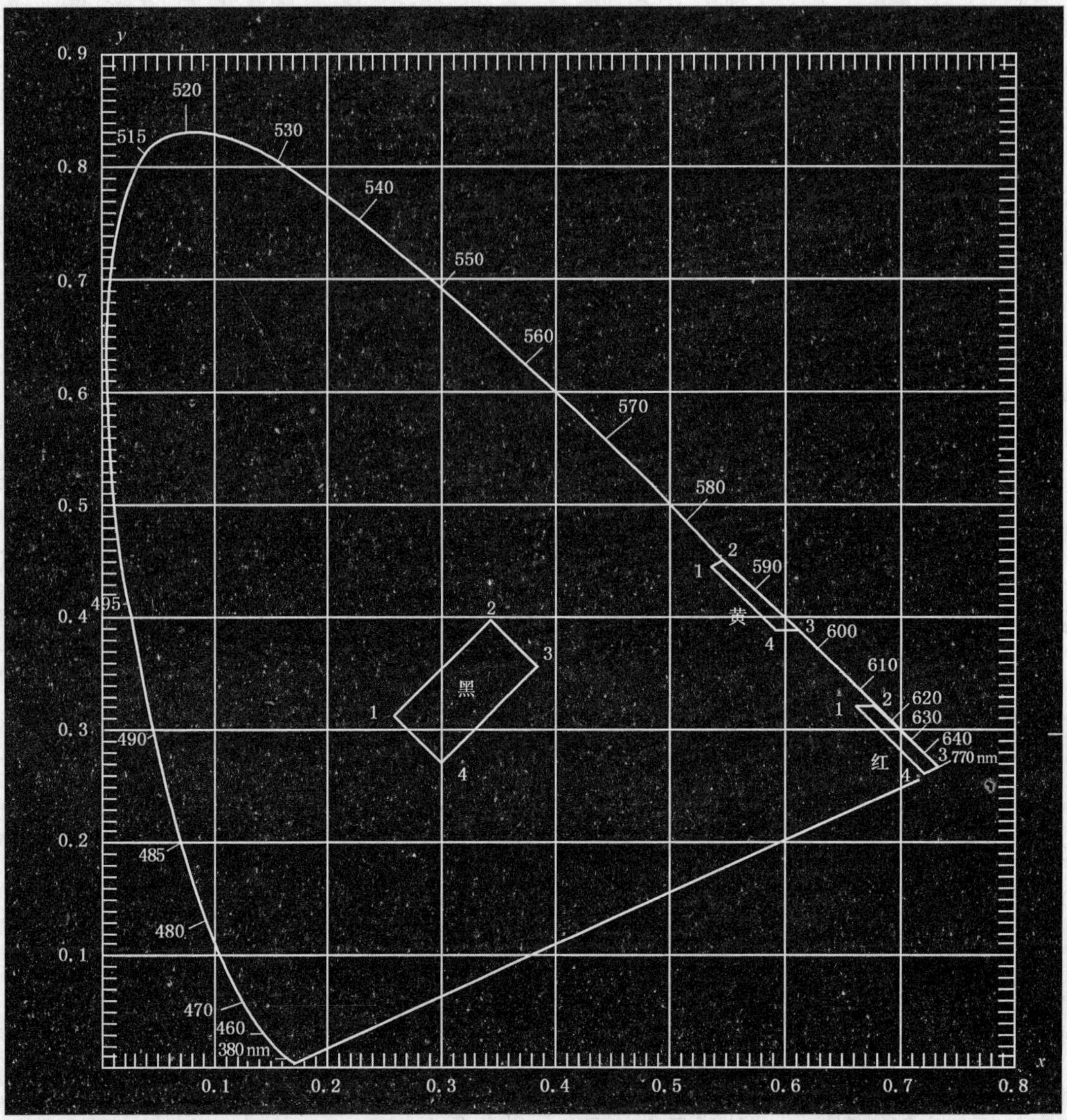

图 1 LED 可变限速标志像素发光颜色 CIE1931 色品区域图

表 1 LED 可变限速标志颜色在 CIE1931 色度图上的色品区域顶点坐标

颜色	边界线交点色品坐标							
	1		2		3		4	
	x	y	x	y	x	y	x	y
红色	0.660	0.320	0.680	0.320	0.735	0.265	0.721	0.259
黄色	0.536	0.444	0.547	0.452	0.613	0.387	0.593	0.387
黑色	0.260	0.310	0.345	0.395	0.385	0.355	0.300	0.270

5.6.3 发光均匀性

显示屏各像素应发光均匀，必要时应剔除性能差异较大的发光单元。在额定工作电流时整屏范围内像素与像素之间的法向发光强度的不均匀度应不大于 5%，像素内 LED 之间的不均匀度应不大于 10%。

5.6.4 显示屏像素的驱动方式宜采用静态驱动方式，在保证视认性能的前提下，可采用动态扫描驱动方式，但是每屏刷新频率应不小于 100 Hz。在汽车高速行驶时，标志的显示内容应清晰、稳定。

5.7 **电气安全性能**

5.7.1 绝缘电阻：产品的电源接线端子与机壳的绝缘电阻应不小于 100 MΩ。

5.7.2 电气强度：在产品的电源接线端子与机壳之间施加频率 50 Hz、有效值 1 500 V 正弦交流电压，历时 1 min，应无闪络或击穿现象。

5.7.3 安全接地：产品应设安全保护接地端子，接地端子与机壳(包括带电部件的金属外壳)连接可靠，接地端子与机壳的连接电阻应小于 0.1 Ω。

5.7.4 产品应适应电网波动要求，在以下条件下应可靠工作：

——电压：交流 220(1±15%)V；

——频率：50 Hz±2 Hz。

5.7.5 产品应采取必要的防雷和过电压保护措施，采用的接口、元器件和防护措施应符合有关标准要求。

5.7.6 产品应采取防雨、防尘措施，外壳和控制箱的防护等级按 GB 7000.1 的规定应不低于 IP56 级。

注：可变限速标志的电气安全性能至少满足以上要求，其他安全性能可参照 GB 4943 协商确定。

5.8 **机械力学性能**

5.8.1 标志板结构应稳定，承受由 40 m/s 的风速产生的风压后，不影响标志板的使用性能，由此产生的几何变形量应不大于 2 mm。

5.8.2 生产厂商应给出标志板的受力体系图和安装连接图，以供设计单位在设计基础和支撑时参考。

5.9 **通信接口与规程**

5.9.1 接口：机械接口应使用 25 针 RS-232C 阴性插座和四针 RS-485 阳性插座，该两种接口的电气性能应符合相应标准的要求。接口与外部的连接应便于安装和维护，并采取防水、防尘等措施。

5.9.2 通信规程：按 JT/T 606.1 和 JT/T 606.3 执行。

5.9.3 通信方式：异步，全双工。

5.9.4 通信速率：600 bit/s ～19 200 bit/s。

5.9.5 在满足 5.9.1～5.9.4 的条件下，生产企业可以提供其他接口和规程，但应向需方提供详细的接口参数和通信规程，以便与系统连接。

5.10 **环境适应性能**

5.10.1 耐低温性能：将产品在不通电状态，在－20 ℃(或－40 ℃、－55 ℃)条件下，试验 8 h，产品应起动正常，逻辑正确。

5.10.2 耐高温性能：将产品在不通电状态，在＋55 ℃(或＋50 ℃、＋45 ℃)条件下，试验 8 h，产品应起动正常，逻辑正确。

5.10.3 耐湿热性能：将产品在不通电状态，在温度＋40 ℃，相对湿度(98±2)%条件下，试验 48 h，产品应起动正常，逻辑正确。

5.10.4 耐温度交变性能：将产品(条件受限时可用代表产品质量特性的模块)在通电工作状态下放入温度交变试验箱中，在高温＋70 ℃保持2 h，在 3 min 内转移到低温－40 ℃保持 2 h，在 3 min 内再转移到高温，如此共循环五次。试验期间和试验结束后，产品应起动正常，逻辑正确；产品的结构件包括像素、印刷电路板、显示模块、机架、显示屏等不应产生变形和其他损伤。

5.10.5 耐机械振动性能：将产品在通电工作状态下进行扫频振动试验，频率范围为 2 Hz～150 Hz。在 2 Hz～9 Hz 时按定位移控制，位移幅值 3.5 mm；9 Hz～150 Hz 时按定加速度控制，加速度幅值为 10 m/s^2。2 Hz→9 Hz→150 Hz→9 Hz→2 Hz 为一个循环，共经历 20 个循环后，产品功能正常，结构不受影响，零部件无松动。

5.10.6 耐盐雾腐蚀性能：产品的印刷电路板、外壳防腐层和像素及其支撑底板(其他部件由供需双方协定)经 168 h 的盐雾试验后，应无明显锈蚀现象，金属构件应无红色锈点，印刷电路板经过 24 h 自然晾干后功能正常。

5.10.7 耐候性能：产品的外壳防腐层、像素及其支撑底板(其他部件由供需双方协定)经过两年自然曝晒试验或经过人工加速老化试验累积能量达到 3.5×10^{6} kJ/m^{2} 后，产品外观应无明显褪色、粉化、龟裂、溶解、锈蚀等老化现象，非金属材料的机械力学性能保留率应大于90%，色品坐标符合5.5的要求。

5.11 可靠性

在正常工作条件下，像素的年失控率应不大于1‰；整体产品的平均无故障时间 MTBF 不小于10 000 h。

5.12 功能要求

5.12.1 显示内容

应至少显示5、10、15、20、30、40、50、60、80、90、100、110、120等内容，并且能控制全亮与全灭。像素在关闭状态时，不应产生微光。

5.12.2 手动功能

在脱离系统控制时，通过人工方式亦能显示5.12.1的内容。

5.12.3 自动功能

经通信接口接入系统后，应能接受系统或主控单元的控制，按系统或主控单元的命令正确显示相应的内容并将工作状况上传给系统或主控单元。

5.12.4 自检功能

产品应设置自检功能和工作状态指示灯。通过自检功能，将发光像素、通信接口以及其他单元的工作状态正确检测出来，在工作状态指示灯上显示并上传给主控单元。

5.12.5 调光功能

可变限速标志应设置环境照度检测装置，根据环境照度调整像素的发光强度，以避免夜间照度较低时形成眩光，影响信息的视读。夜间亮度应符合表2要求。

表2 夜间亮度

单位为坎德拉每平方米

黄　色	红　色
150±10	105±10

6 试验方法

6.1 试验条件

6.1.1 对LED的光电性能试验条件如下：

——环境温度：(25±1)℃；

——相对湿度：(50±5)%。

6.1.2 对于其他项目，除特殊规定外，一般试验条件如下：

——环境温度：+15 ℃～+35 ℃；

——相对湿度：35%～75%；

——大气压力：85 kPa～106 kPa。

6.2 测试结果的处理

除特殊规定，一般对可重复的客观测试项目进行三次测试，取算术平均值为测试结果。根据需方要求，可给出测试结果的不确定度。对于主观测试项目，测试人员应不少于三人，测试结果分为合格、不合格两级。

6.3 材料检验

6.3.1 主要核查原材料的材质证明单是否齐全有效，必要时可对原材料的主要性能指标(如物理力学性能)进行检验。

6.3.2 发光二极管和发光像素的发光强度、半强角，可按图2所示原理进行测量，张角 γ 不大于 $12'$，像素的观测距离 d 不小于1 m，单粒发光二极管的观测距离 d 不小于0.3 m，光探测器精度误差应小于5%；也可用LED综合测试仪进行测试，综合测试仪应溯源到国家基准并经法定计量检定部门检定合格，其精度误差应小于5%。

6.3.3 对于像素失效率和整体设备平均无故障时间MTBF，采用序贯试验方案4：2，按GB/T 5080.7的规定进行。

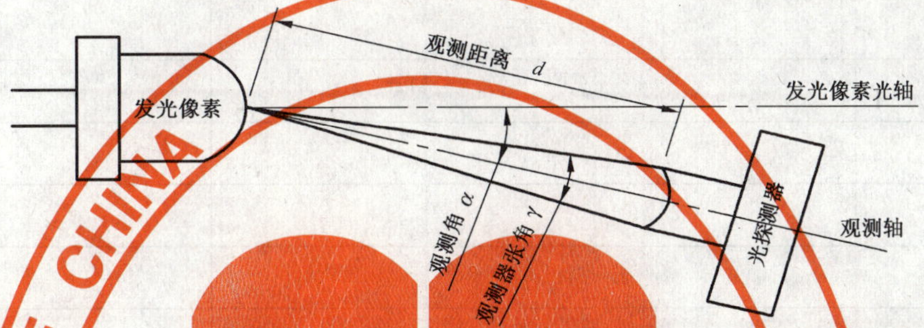

图2 发光强度测试原理图

6.4 结构尺寸

6.4.1 产品的结构尺寸，用分辨力0.5 mm、精度A级的钢板尺和卷尺，分辨力0.02 mm、精度0.02 mm的游标卡尺测量。

6.4.2 显示屏图形外圈和数字字符与GB 5768.2的相似性，用目测法。

6.5 外观质量

主观评定项目用目测和手感法，涉及涂层厚度等客观指标的按GB/T 18226规定执行。

6.6 色度性能

6.6.1 标志的外壳、发光像素不发光时的颜色等主观评定项目，用目测法。

6.6.2 像素发光时的颜色按GB/T 7922—2008用光谱辐射法测得，也可在暗室中用色测量仪器直接读取色品坐标。当读取外圈的测量结果时，宜将字符置于关闭状态。同样，当读取字符的测量结果时，也将外圈置于关闭状态。将测试结果表示在图1上看其是否在规定的界限内。本标准规定在边界点上的测量结果也应判为合格。

6.6.3 显示屏基底色测量方法：关闭被测标志电源，用 D_{65} 光源、45/0观测条件的色差计直接读取显示屏基底的色品坐标和亮度因数，取五个点的算数平均值为测量结果。

6.7 视认性能

本标准的视认性能是对标志整体产品而言的，以主观评定为主。

6.7.1 测试条件：将产品安装完毕通电后，置于手动测试状态。

6.7.2 测试图案：5、15、30、40、50、60、80、100、110、120。

6.7.3 测试人员：分为两组。一组为发显示6.7.2图案的控制者，一般为两人；另一组为认读图案的视认者，一般为三人或五人。

6.7.4 视认角测试方案：控制者将6.7.2规定的图案按任意顺序组合编成10个图案后，按每30 s间隔显示，编程顺序和内容不得事先通知视认者。视认者在规定的视认角，视读标志板的显示内容，按表3格式记录评定。

6.7.5 静态视认距离测试方案：控制者将6.7.2规定的图案按任意顺序组合编成10个图案后，按每30 s间隔显示，编程顺序和内容不得事先通知视认者。视认者在规定的视认角和视认距离内，视读标志板的显示内容，按表3格式记录评定。

表 3　LED 可变限速标志视认性能主观评定表

序号	标志内容	很清楚	清楚	不清楚	备注
1					
2					
3					
4					
5					
6					
7					
8					
9					
10					
正确率					
结论					

6.7.6　动态视认距离测试方案：从 6.7.2 中任选三个图案，在视认者通过最大视认距离 210 m 之前显示在标志上，保证视认者在 210 m 之前有足够的时间认读标志上的内容；在测试车辆通过 210 m 后 2 s 内立即关闭显示。每次显示一个图案，共进行三次，按表 3 的格式进行评定。

6.7.7　视认角测试方案：控制者将 6.7.2 规定的图案按任意顺序组合编成 10 个图案后，按每 30 s 间隔显示，编程顺序和内容不得事先通知视认者。视认者在白天顺光环境条件下，在可变限速标志正前方 10 m 处认读标志的显示内容，按表 3 格式记录评定。

6.8　电气安全性能

6.8.1　绝缘电阻：用精度 1.0 级的兆欧表在电源接线端子与机壳之间施加 500 V 直流电压 1 min 后读取测量结果。

6.8.2　电气强度：用精度 1.0 级的耐电压测试仪在电源接线端子与机壳之间测量。

6.8.3　连接电阻：用精度 0.5 级、分辨力 0.01 Ω 的电阻表在机壳顶部金属部位与安全保护接地端子之间测量。

6.8.4　电压波动适应性：用自耦变压器或可调交流电源给标志供电，测试电压分别为 180 V→200 V→220 V→240 V→255 V→230 V→210 V→180 V。每调整到一档电压并稳定后，分别开启和关闭标志电源开关，检查逻辑和功能是否正常。

6.8.5　频率波动适应性：用可调频交流电源给标志供电，电源电压为交流 220 V，测试频率分别为 48 Hz→49 Hz→50 Hz→51 Hz→52 Hz。每调整到一档并稳定后，分别开启和关闭标志电源开关，检查逻辑和功能是否正常。

6.8.6　标志产品的防雨、防尘及安全防护，按 GB 7000.1 的试验方法进行。

6.8.7　其他安全性能试验由供需双方协商确定。

6.9　产品结构稳定性

按 GB/T 23828—2009 中 6.9 的规定。

6.10　通信接口与规程

本标准通信接口与规程的测试方法为主观评定和客观测试两部分。客观测试按 JT/T 606.1 和

JT/T 606.3逐项验证;主观评定方法是在把可变限速标志连接到系统中后,评定该产品与系统的通信情况,可用24 h通信失败次数来评价产品通信接口的性能。

6.11 环境适应性能

6.11.1 耐低温性能试验方法,按GB/T 2423.1规定进行。

6.11.2 耐高温性能试验方法,按GB/T 2423.2规定进行。

6.11.3 耐湿热性能试验方法,按GB/T 2423.3规定进行。

6.11.4 耐温度交变性能试验方法,按GB/T 2423.22试验Na的规定进行。

6.11.5 耐机械振动性能试验方法,按GB/T 2423.10规定进行。

6.11.6 耐盐雾腐蚀性能试验方法,按GB/T 2423.17规定进行。

6.11.7 耐候性能试验方法,按GB/T 23828—2009中6.11.7的规定。

6.12 可靠性试验

采用序贯试验方案4:2,按GB/T 5080.7的规定进行。

6.13 功能测试

显示内容、手动功能、自动功能、自检功能为主观评定项目,按功能要求的内容逐项验证,亮度调节功能应模拟环境光的照度,逐级验证调光功能。对于夜间亮度,控制显示屏所有像素发光,使用亮度计在距离标志100 m处,沿标志法线方向分别读取标志外圈的四个项点和字符区域的上中下五个点,取算数平均值为测量结果。

注:亮度计应配置视场角调整装置,在测量前调整该装置,使发光单元尽可能多地落在视场内,避免视场角内只含一个发光单元或不含发光单元,通常使用0.2°视场角被证明是有效的。

7 检验规则

7.1 一般规则

产品检验分为型式检验和出厂检验,产品型式检验合格后,才能批量生产。

7.2 型式检验

7.2.1 产品的型式检验一般由国家法定的质量监督机构组织进行。

7.2.2 凡有下列情况之一时,应进行型式检验:

a) 新产品试制定型鉴定或老产品转厂生产;

b) 正式生产后,如结构、材料、工艺有较大改变,可能影响产品性能时;

c) 产品停产半年以上,恢复生产时;

d) 正常批量生产时,每年一次;

e) 国家质量监督机构提出要求时。

7.2.3 型式检验的样品应随机抽取一个完整的标志产品。

7.2.4 型式检验的项目及顺序按表4规定执行。

7.2.5 型式检验中,电气安全性能不合格时,该次型式检验为不合格;若其他项目出现不合格,应在同一批产品中加倍抽取样品,对不合格项进行检验,若仍出现不合格,则该次型式检验不合格。

7.3 出厂检验

7.3.1 对于批量不大于三台的产品,由产品生产企业质量检验部门按表4规定,逐台进行检验,检验合格后签发合格证,方可出厂。

7.3.2 对于批量大于三台的产品,出厂检验的样品应从生产线终端随机抽取不少于30%的样品,但不少于三台。若三台全部合格则整个检验批合格,签发合格证,允许出厂;若有一台不合格,则需对整个批进行逐台检验,剔除不合格品。

7.3.3 出厂检验中,剔除的不合格品允许返修,返修后重新对不合格项进行检验,但返修次数不应超过两次。

表 4 LED 可变限速标志检验规则

序号	项目名称	技术要求	试验方法	型式检验	出厂检验
1	材料要求	5.2	6.3	√	√
2	结构尺寸	5.3	6.4	√	√
3	外观质量	5.4	6.5	√	√
4	色度性能	5.5	6.6	√	√
5	视认性能	5.6	6.7	√	√
6	功能要求	5.12	6.13	√	√
7	通信接口与规程	5.9	6.10	√	√
8	绝缘电阻	5.7.1	6.8.1	√	√
9	电气强度	5.7.2	6.8.2	√	√
10	连接电阻	5.7.3	6.8.3	√	√
11	电源适应性	5.7.4	6.8.4	√	√
12	防护性能	5.7.5	6.8.5	√	×
13	结构稳定性	5.8.1	6.9	√	×
14	耐低温性能	5.10.1	6.11.1	√	×
15	耐高温性能	5.10.2	6.11.2	√	×
16	耐湿热性能	5.10.3	6.11.3	√	×
17	耐温度交变性能	5.10.4	6.11.4	√	×
18	耐机械振动性能	5.10.5	6.11.5	√	○
19	耐盐雾腐蚀性能	5.10.6	6.11.6	√	×
20	耐候性能	5.10.7	6.11.7	√	×
21	可靠性	5.11	6.12	√	×
注：√为检验项目，×为非检验项目，○为可选项。					

8 标识、包装、运输与贮存

8.1 标识

8.1.1 产品标识

产品标识可采用铭牌或直接喷刷、印字等形式，标识应清晰，易于识别且不易随自然环境的变化而褪色、脱落。产品标识上应注明以下内容：

a) 生产企业名称、地址及商标；

b) 产品名称、型号规格及产地；

c) 输入额定电压、频率；

d) 功耗；

e) 质量；

f) 产品编号；

g） 制造日期；

h） 生产标准。

8.1.2 包装标识

可变限速标志产品包装标识应符合 GB/T 191 的有关规定，在外包装箱上应标有“注意防潮”、“小心轻放”、“易碎”、“防倾倒”等图案，在产品内包装箱上应印刷以下内容：

a） 生产企业名称、地址及商标；

b） 产品名称及型号规格；

c） 质量：×××kg；

d） 外形尺寸：长 mm×宽 mm×高 mm；

e） 包装储运图示标志；

f） 本产品标准编号。

8.2 包装

8.2.1 产品包装由内外两部分组成，外包装箱宜用硬质材料，内部用防潮瓦楞纸箱加聚氨酯泡沫塑料或其他软性材料充填缓冲。包装应牢固可靠，能适应常用运输工具运送。

8.2.2 产品包装箱内应随带如下文件：

a） 产品合格证；

b） 产品使用说明书；

c） 装箱单；

d） 随机备用附件清单；

e） 接线图、安装图、支撑架结构图、基础设计示意图；

f） 其他有关技术资料。

8.3 运输

包装好的产品可用常规运输工具运输，运输过程应避免剧烈振动、雨雪淋袭、太阳曝晒、接触腐蚀性气体及机械损伤。

8.4 贮存

产品应贮存于通风、干燥、无酸碱及腐蚀性气体的仓库中，周围应无强烈的机械振动及强磁场作用。

附　录　A
（规范性附录）
外形结构尺寸及示例图

A.1　外形及结构尺寸代号

外形和结构尺寸代号见图 A.1～图 A.8。

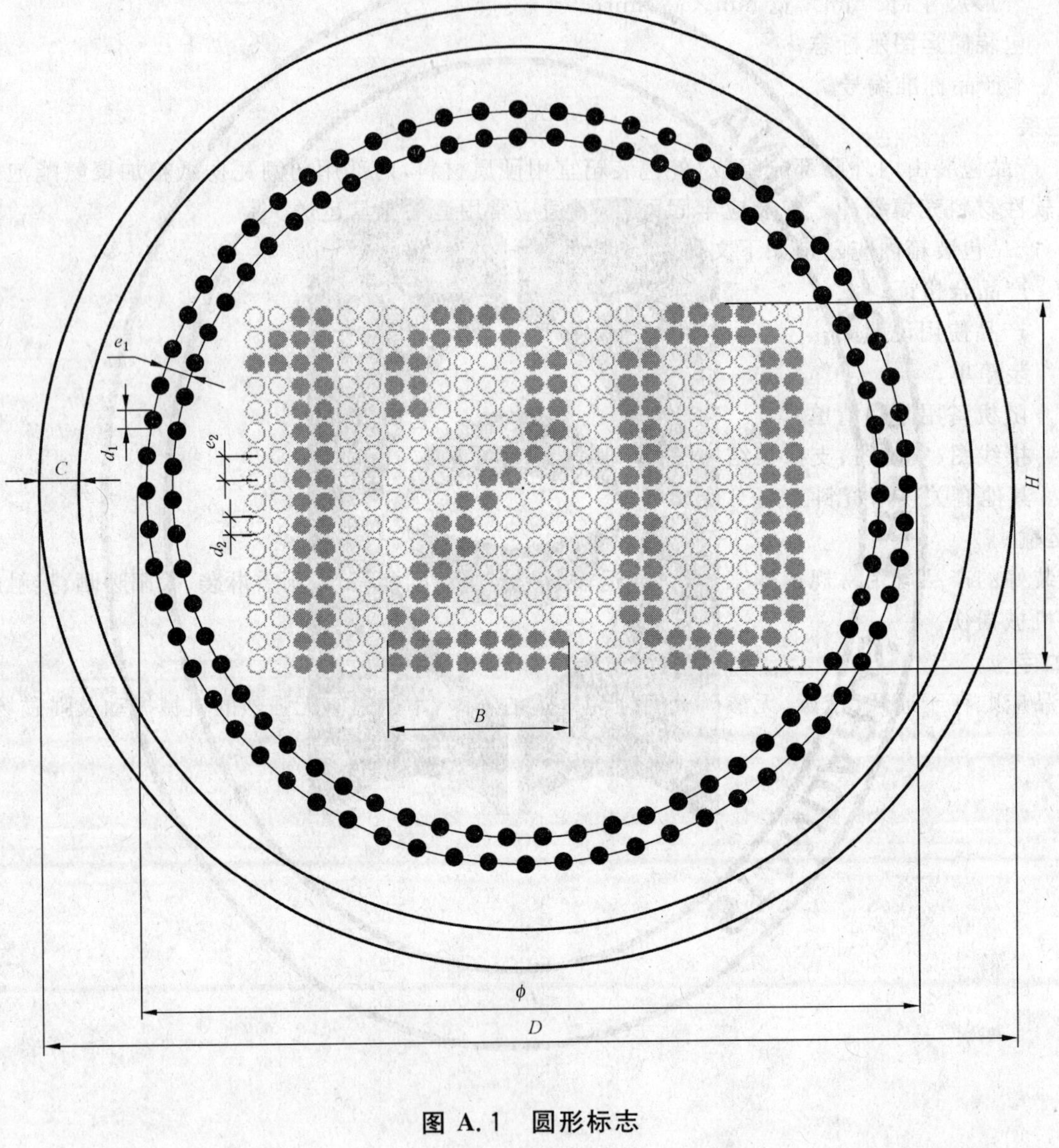

图 A.1　圆形标志

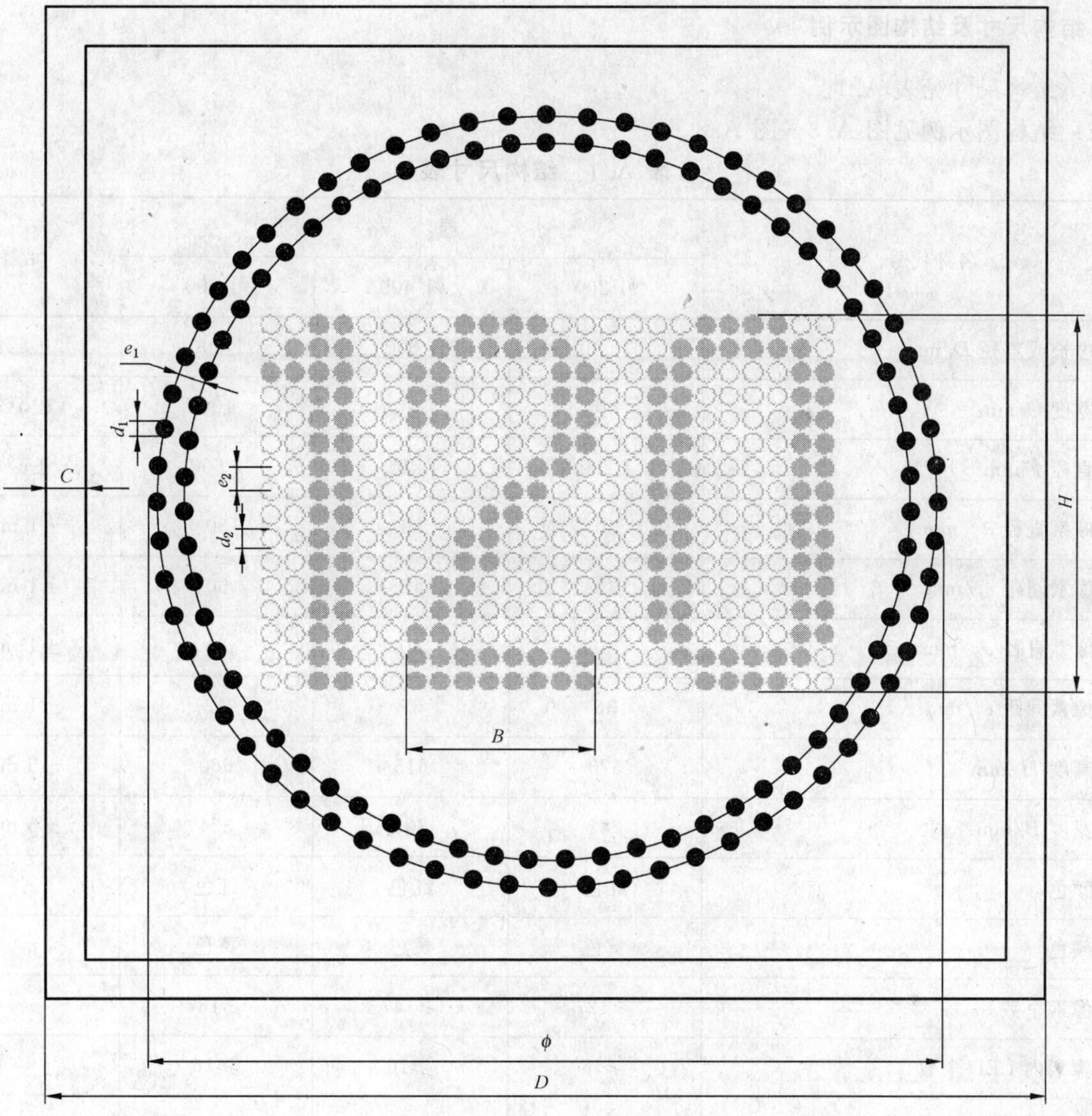

图 A.2 方形标志

A.2 结构尺寸及结构图示例

A.2.1 结构尺寸见表 A.1。

A.2.2 结构图示例见图 A.3～图 A.8。

表 A.1 结构尺寸表

名称代号	规格			允差
	ϕ1 200	ϕ1 400	ϕ1 600	
标志边长或直径 D/mm	1 500	1 600	1 800	±5%
边框宽度 C/mm	60	80	100	±5%
外圈直径 ϕ/mm	1 200	1 400	1 600	±5%
外圈像素直径 d_1/mm	30	30	30	±1 mm
外圈像素间距 e_1/mm	40	45	50	±1 mm
字符像素直径 d_2/mm	30	30	30	±1 mm
字符像素间距 e_2/mm	36	39	42	±1 mm
字符高度 H/mm	570	615	660	±5 mm
字符宽度 B/mm	282	303	324	±5 mm
外圈颜色	红色	红色	红色	
字符颜色	黄色	黄色	黄色	
外圈像素个数	≥127	≥147	≥167	
外圈像素内 LED 个数	≥16	≥16	≥16	
外圈像素内单个 LED 发光强度/mcd	≥3 000	≥3 000	≥3 000	
字符矩阵像素个数	16×24=384	16×24=384	16×24=384	
字符像素内 LED 个数	≥10	≥10	≥12	
字符像素内单个 LED 发光强度/mcd	≥5 500	≥5 500	≥5 500	
半强角 $\theta_{1/2}$/(°)	7.5	7.5	11.5	

单位为毫米

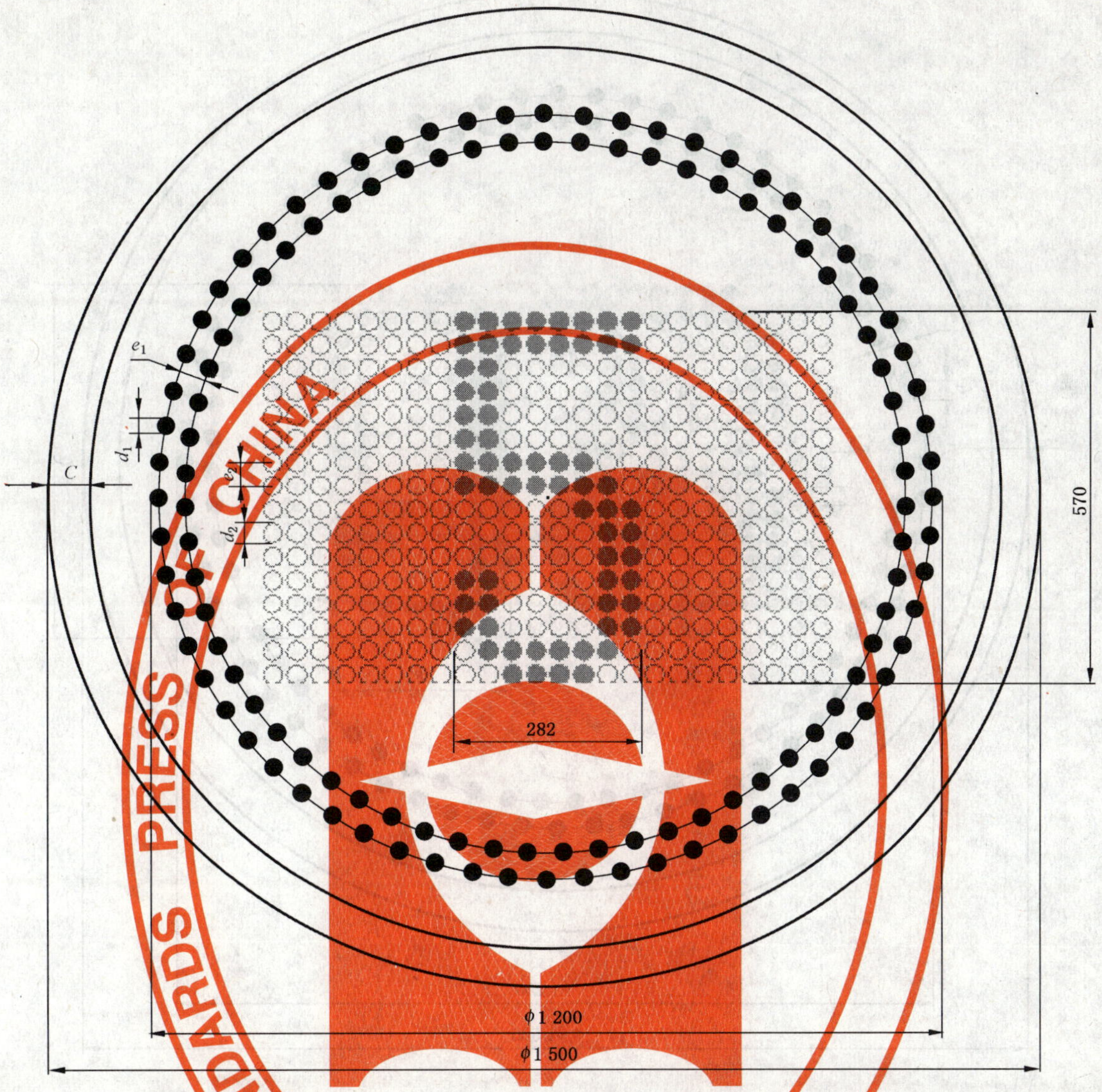

外圈(红色)	数字字符(黄色)
$d_1=30$ mm	$d_2=30$ mm
$e_1=40$ mm	$e_2=36$ mm
像素个数:内环≥63,外环≥64, 总数≥127	字宽=282 mm(数字1除外,为138 mm) 像素个数=384
单个LED发光强度≥3 000 mcd	单个LED发光强度≥5 500 mcd
像素内LED个数≥16	像素内LED个数≥10

图 A.3 φ1 200 圆形一位数字

单位为毫米

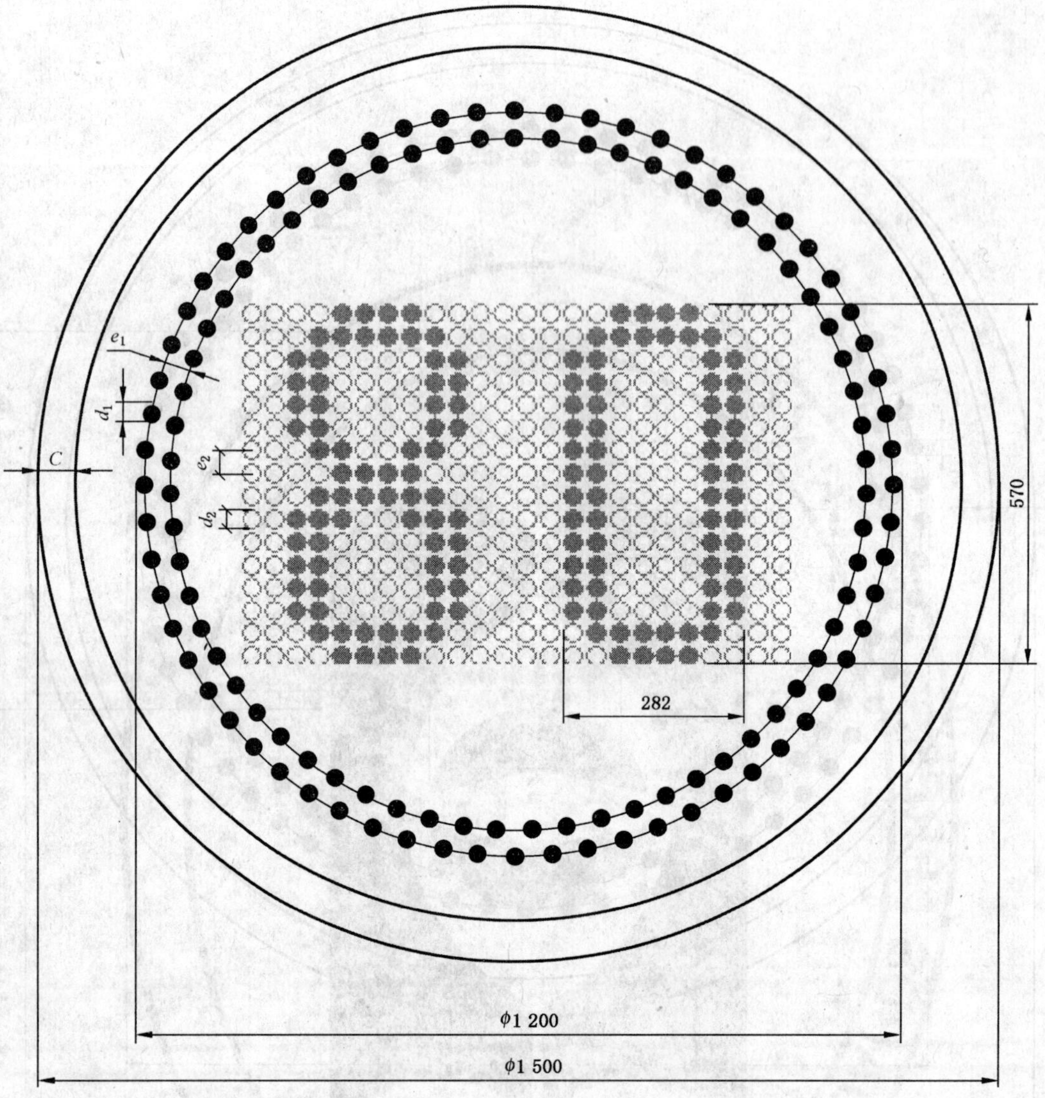

外圈(红色)	数字字符(黄色)
d_1=30 mm	d_2=30 mm
e_1=40 mm	e_2=36 mm
像素个数:内环≥63,外环≥64, 总数≥127	字宽=282 mm(数字 1 除外,为 138 mm) 像素个数=384
单个 LED 发光强度≥3 000 mcd	单个 LED 发光强度≥5 500 mcd
像素内 LED 个数≥16	像素内 LED 个数≥10

图 A.4　ϕ1 200 圆形两位数字

单位为毫米

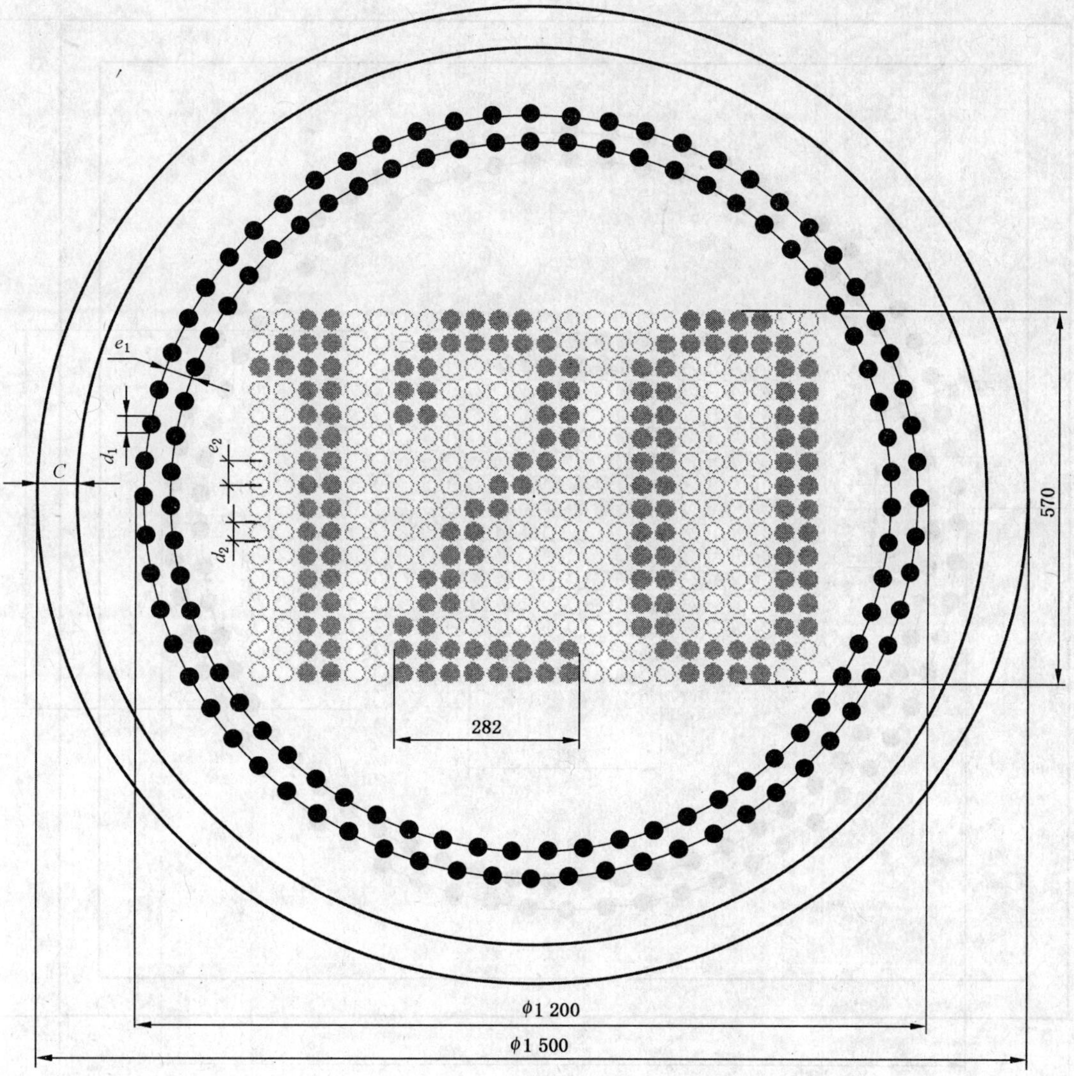

外圈(红色)	数字字符(黄色)
d_1=30 mm	d_2=30 mm
e_1=40 mm	e_2=36 mm
像素个数:内环≥63,外环≥64, 总数≥127	字宽=282 mm(数字 1 除外,为 138 mm) 像素个数=384
单个 LED 发光强度≥3 000 mcd	单个 LED 发光强度≥5 500 mcd
像素内 LED 个数≥16	像素内 LED 个数≥10

图 A.5 φ1 200 圆形三位数字

单位为毫米

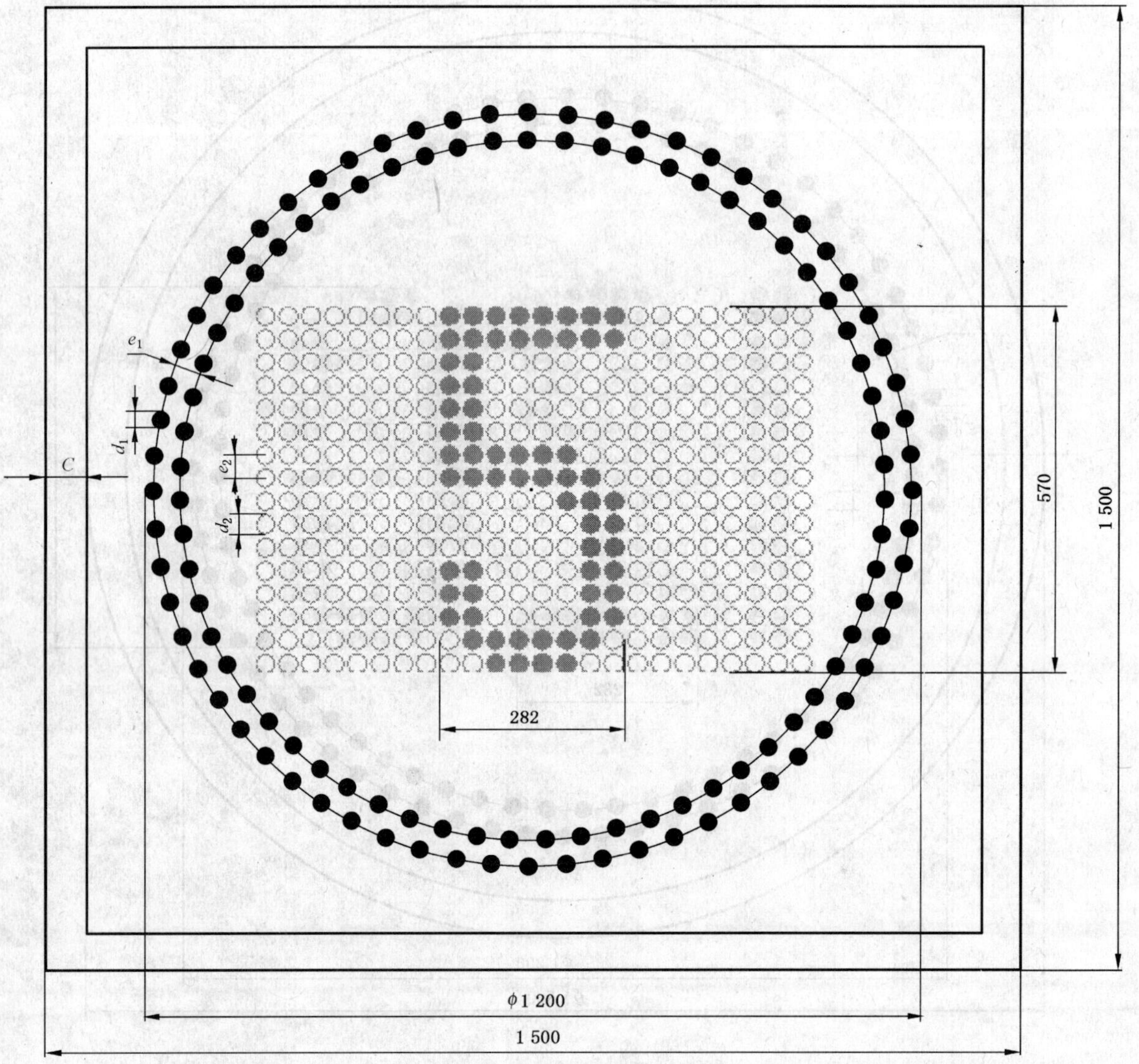

外圈(红色)

d_1=30 mm

e_1=40 mm

像素个数:内环≥63,外环≥64,

总数≥127

单个 LED 发光强度≥3 000 mcd

像素内 LED 个数≥16

数字字符(黄色)

d_2=30 mm

e_2=36 mm

字宽=282 mm(数字 1 除外,为 138 mm)

像素个数=384

单个 LED 发光强度≥5 500 mcd

像素内 LED 个数≥10

图 A.6 φ1 200 方形一位数字

单位为毫米

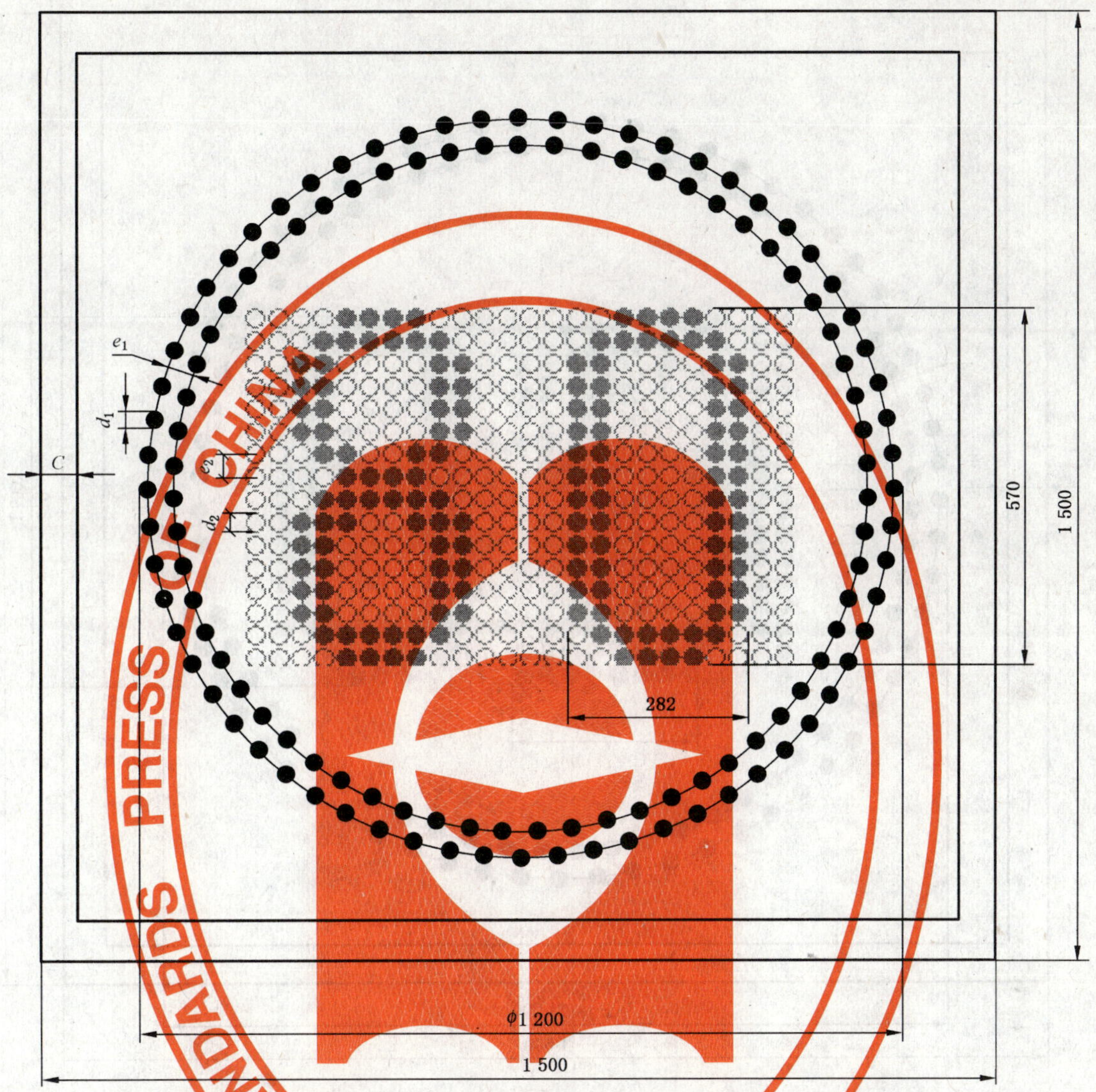

外圈(红色)	数字字符(黄色)
d_1=30 mm	d_2=30 mm
e_1=40 mm	e_2=36 mm
像素个数:内环≥63,外环≥64, 总数≥127	字宽=282 mm(数字1除外,为138 mm) 像素个数=384
单个LED发光强度≥3 000 mcd	单个LED发光强度≥5 500 mcd
像素内LED个数≥16	像素内LED个数≥10

图 A.7 Φ1 200 方形两位数字

单位为毫米

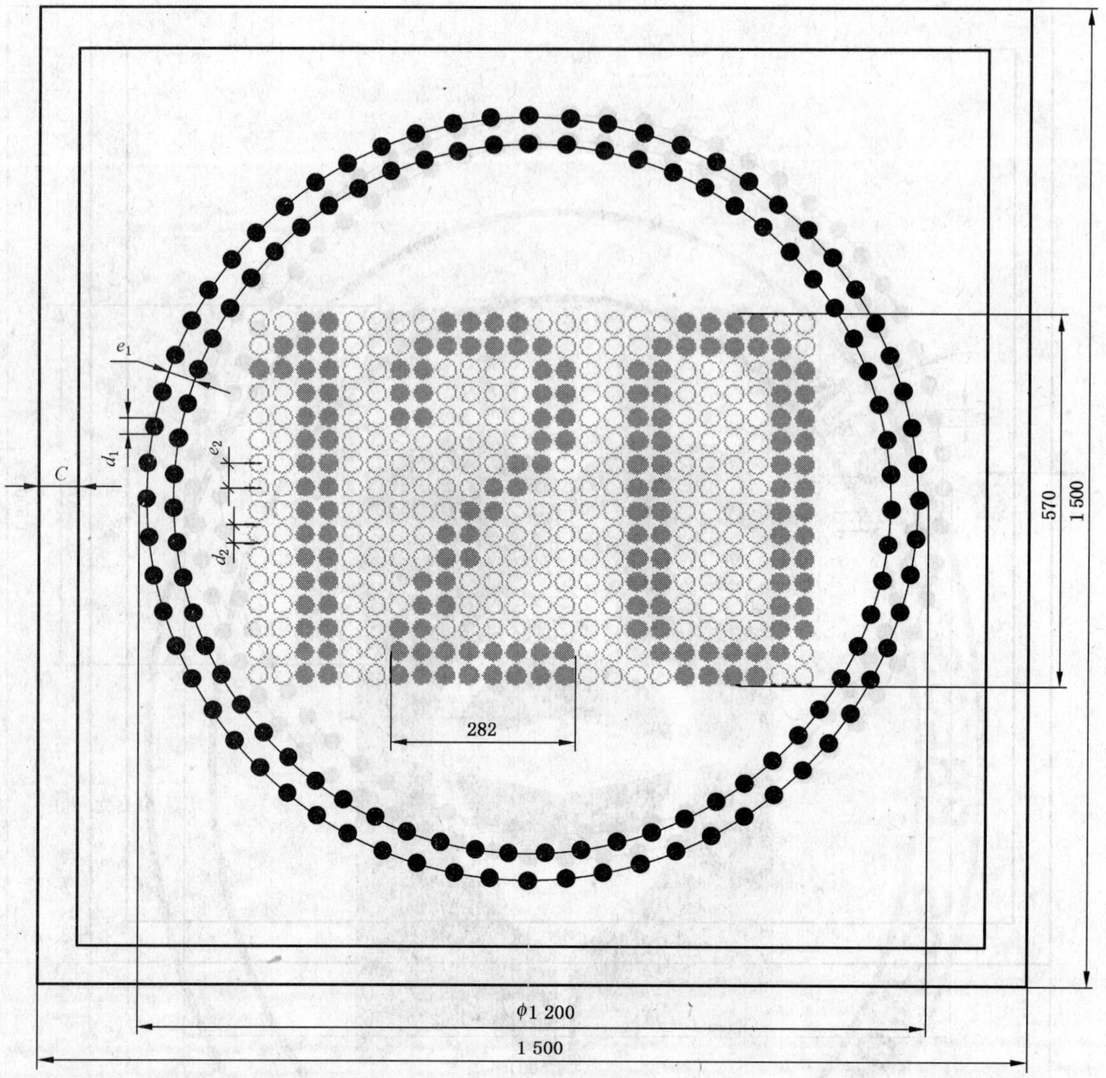

外圈(红色)	数字字符(黄色)
$d_1=30$ mm	$d_2=30$ mm
$e_1=40$ mm	$e_2=36$ mm
像素个数:内环≥63,外环≥64, 总数≥127	字宽=282 mm(数字1除外,为138 mm) 像素个数=384
单个LED发光强度≥3 000 mcd	单个LED发光强度≥5 500 mcd
像素内LED个数≥16	像素内LED个数≥10

图 A.8 φ1 200 方形三位数字

附 录 B
（规范性附录）
16 点阵字符字模图

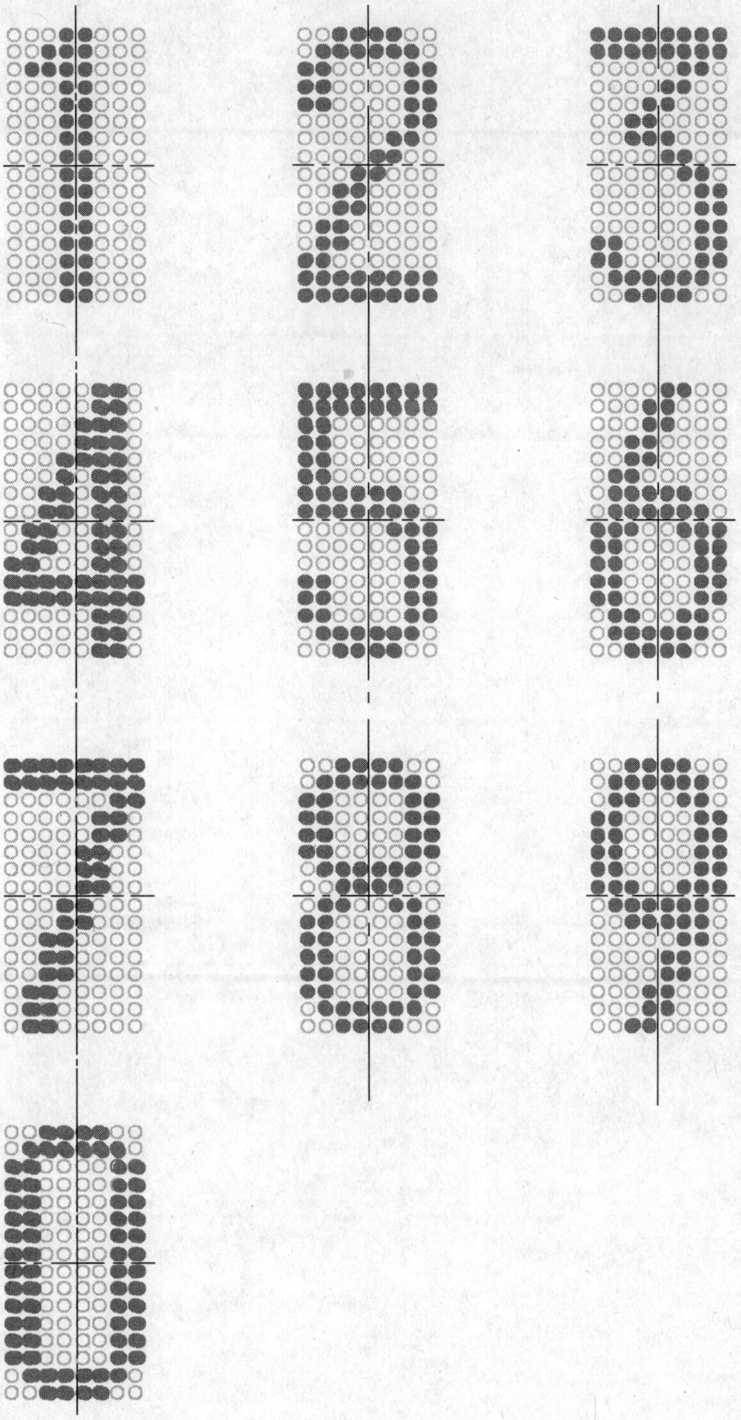

参 考 文 献

[1] GB 4943—2001 信息技术设备的安全(idt IEC 60950:1999).

ICS 03.220.20;93.080.30
P 66

GB

中华人民共和国国家标准

GB/T 23827—2009

道路交通标志板及支撑件

Road traffic sign plate and support

2009-05-25 发布 2009-07-01 实施

中华人民共和国国家质量监督检验检疫总局
中国国家标准化管理委员会 发布

前　言

本标准由全国交通工程设施(公路)标准化技术委员会(SAC/TC 223)提出并归口。

本标准起草单位:交通部公路科学研究院、国家交通安全设施质量监督检验中心、北京中交华安科技有限公司。

本标准主要起草人:苏文英、王玮、王蕊、李丹、马骏、张帆。

道路交通标志板及支撑件

1 范围

本标准规定了道路交通标志板及支撑件的产品分类、技术要求、试验方法、检验规则以及标志、包装、运输和贮存。

本标准适用于我国各级道路上的交通标志。机场、港口、铁路、厂矿、住宅区等处设置的交通标志可参照使用。

2 规范性引用文件

下列文件中的条款通过本标准的引用而成为本标准的条款。凡是注日期的引用文件，其随后所有的修改单(不包括勘误的内容)或修订版均不适用于本标准，然而，鼓励根据本标准达成协议的各方研究是否可使用这些文件的最新版本。凡是不注日期的引用文件，其最新版本适用于本标准。

GB/T 116 铆钉技术条件

GB/T 228 金属材料 室温拉伸试验方法(GB/T 228—2002,eqv ISO 6892:1998)

GB/T 700 碳素结构钢(GB/T 700—2006,ISO 630:1995,NEQ)

GB/T 708 冷轧钢板和钢带的尺寸、外形、重量及允许偏差(GB/T 708—2006,ISO 16162:2000,NEQ)

GB/T 869 沉头铆钉

GB/T 1040.1 塑料 拉伸性能的测定 第1部分:总则(GB/T 1040.1—2006,ISO 527-1:1993,IDT)

GB/T 1446 纤维增强塑料性能试验方法总则

GB/T 1720 漆膜附着力测定法

GB/T 2518 连续热镀锌钢板及钢带

GB/T 2651 焊接接头拉伸试验方法(GB/T 2651—2008,ISO 4136:2001,IDT)

GB 2893 安全色(GB 2893—2001,ISO 3864:1984,NEQ)

GB/T 3098.1 紧固件机械性能 螺栓、螺钉和螺柱(GB/T 3098.1—2000,idt ISO 898-1:1999)

GB/T 3250 铝及铝合金铆钉线与铆钉剪切试验方法及铆钉线铆接试验方法

GB/T 3681 塑料大气暴露试验方法(GB/T 3681—2000,neq ISO 877:1994)

GB/T 3880.2 一般工业用铝及铝合金板、带材 第2部分:力学性能

GB/T 3880.3 一般工业用铝及铝合金板、带材 第3部分:尺寸偏差

GB 5768.2 道路交通标志和标线 第2部分:道路交通标志

GB/T 6892 一般工业用铝及铝合金挤压型材

GB/T 8162 结构用无缝钢管(GB/T 8162—2008,EN 10297-1:2003,NEQ)

GB/T 10125 人造气氛腐蚀试验 盐雾试验(GB/T 10125—1997,eqv ISO 9227:1990)

GB/T 11253 碳素结构钢冷轧薄钢板及钢带(GB/T 11253—2007,ISO 4997:1999,NEQ)

GB/T 13217.7 凹版塑料油墨检验方法 附着牢度检验

GB/T 13793 直缝电焊钢管

GB/T 16422.2 塑料实验室光源暴露试验方法 第2部分:氙弧灯(GB/T 16422.2—1999,idt ISO 4892-2:1994)

GB/T 18226 高速公路交通工程钢构件防腐技术条件(GB/T 18226—2000,neq ASTM A428:1995)

GB/T 18833 公路交通标志反光膜

JT/T 495 公路交通安全设施质量检验抽样及判定

JT/T 688 逆反射术语

3 术语和定义

JT/T 688 确立的以及下列术语和定义适用于本标准。

3.1

标志板 sign plate

由标志底板、板面以及滑槽、铆钉等构成的组件。

3.2

支撑件 support

支撑和连接紧固标志板的构件，包括立柱、横梁、法兰盘、抱箍和紧固件等。

4 产品分类

根据标志板面是否具备逆反射性能，标志板分为反光型和非反光型。

5 技术要求

5.1 结构尺寸

5.1.1 道路交通标志由标志板及支撑件组成，其形状、尺寸应符合 GB 5768.2 的要求或设计要求。

5.1.2 标志板的外形尺寸允许偏差为±5 mm。若外形尺寸大于 1.2 m 时，允许偏差为其外形尺寸的±0.5%。

5.1.3 反光型标志板面应粘贴符合 GB/T 18833 要求的反光膜以及耐久性与反光膜相匹配的黑膜为面膜，也可在反光膜上印刷油墨形成板面信息；非反光型标志板面应采用各类户外耐候型涂料涂敷制作。

5.1.4 标志底板可采用铝合金板、铝合金型材、钢板、合成树脂类板材等制作，并应满足以下要求：

a) 采用铝合金板制作标志底板时，其厚度不应小于 1.5 mm，大型标志板的厚度应根据设计要求制定。在规定的宽度内，厚度允许偏差应按 GB/T 3880.3，在表 1 规定的范围内。

b) 采用挤压成型的铝合金型材制作标志底板时，型材宽度一般不小于 30 cm。

c) 使用薄钢板制作标志底板时，其厚度不应小于 1.0 mm，允许偏差应执行 GB/T 708。

d) 采用合成树脂类板材制作标志底板时，其厚度不应小于 3.0 mm，允许偏差应符合相关标准规定。

e) 标志底板尽可能使用最大尺寸制作，减少接缝。

f) 标志底板边缘应进行卷边加固，卷边型式可按照图 1。

g) 对标志底板的边缘和尖角应适当倒棱，使之呈圆滑状。

表 1 铝合金标志底板厚度允许偏差

单位为毫米

厚度 H	规定的宽度 W		
	$W \leqslant 1\,000$	$1\,000 < W \leqslant 1\,600$	$1\,600 < W \leqslant 2\,500$
$1.2 < H \leqslant 2.0$	±0.10	±0.13	±0.15
$2.0 < H \leqslant 2.5$	±0.13	±0.15	±0.16
$2.5 < H \leqslant 3.0$	±0.15	±0.17	±0.18

单位为毫米

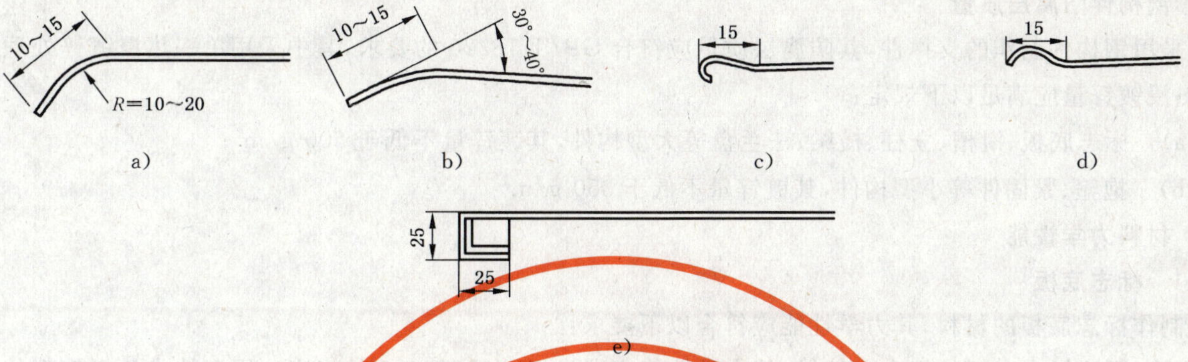

图 1　标志板卷边型式

5.1.5　可选用型铝、型钢等滑槽对标志底板进行加固，加固方式和滑槽尺寸应符合设计要求。标志底板与滑槽的加固连接可采用铆接、焊接或其他工艺方法，且满足下列要求：

a)　使用铝合金板制作标志底板时，应使用沉头铆钉连接。铆接间距应均匀一致，一般应为 150 mm±50 mm，且滑槽端部应加强铆接以分散应力。铆钉形状应符合 GB/T 869 的要求，直径不应小于 4 mm，并与标志底板及滑槽相匹配。

b)　标志底板与滑槽的焊接工艺质量应稳定可靠，无漏焊、虚焊等现象，焊接强度应均匀，焊接强度值不低于同类材料采用铆钉连接时的强度要求；其他工艺连接方法应经证实安全可行，并提供相应的检测报告方可使用。

5.1.6　标志立柱一般为钢管、型钢或八角形钢柱，也可根据需要采用铝合金型材、钢筋混凝土柱或木柱。标志立柱的形状和尺寸应符合设计要求。无缝钢管的外径、厚度、弯曲度应符合 GB/T 8162 的要求，直缝电焊钢管的外径、厚度、椭圆度应符合 GB/T 13793 的要求。

5.1.7　标志立柱为钢构件时，顶部应加盖柱帽。柱帽结构尺寸应符合设计要求。

5.1.8　标志板与立柱的连接可采用抱箍夹紧式或钢带捆扎式，其结构尺寸应符合材料和设计要求。

5.2　外观质量

5.2.1　标志板的字符、图形等应符合 GB 5768.2 的规定。在同一块标志板上，标志底板和标志板面所采用的各种材料应具有相容性，不应因电化学作用、不同的热膨胀系数或其他化学反应等造成标志板的锈蚀或其他损坏。

5.2.2　标志板面不应存在以下缺陷：

a)　裂纹、起皱、边缘剥离；

b)　明显的气泡、划痕以及各种损伤；

c)　颜色不均匀；

d)　逆反射性能不均匀。

5.2.3　标志板应平整，表面无明显凹痕或变形，板面不平度不应大于 7 mm/m。

5.2.4　反光型标志板的面膜拼接应符合以下要求：

a)　面膜应尽可能减少拼接，当标志板的长度或宽度、直径小于面膜产品最大宽度时，不应有拼接缝。

b)　当粘贴面膜无法避免接缝时，应使用面膜产品的最大宽度进行拼接。接缝以搭接为主，且应为上搭下，重叠部分不应小于 5 mm。当需要丝网印刷时，可采用平接，其间隙不应超过1 mm。距标志板边缘 5 cm 之内，不得有贯通的拼接缝。

5.2.5 支撑件应表面光洁，颜色均匀一致，不应有破损、变形、锈蚀、漏镀及各种焊缝缺陷。

5.3 钢构件防腐层质量

采用钢构件制作的支撑件，其防腐层质量应符合 GB/T 18226 的要求，其中采用单一热浸镀锌处理时，热浸镀锌量应满足以下规定：

a) 标志底板、滑槽、立柱、横梁、法兰盘等大型构件，其镀锌量不低于 600 g/m^2；

b) 抱箍、紧固件等小型构件，其镀锌量不低于 350 g/m^2。

5.4 材料力学性能

5.4.1 标志底板

制作标志底板的材料，其力学性能应符合以下要求：

a) 用于标志底板的铝合金板材，其力学性能应满足 GB/T 3880.2 的规定。用于技术等级较高的道路时，标志底板应采用牌号为 3003 的铝合金板材；大型标志板或用于沿海及多风地区的标志板，应采用牌号为 3004 或 3104 的铝合金板材。

b) 制作标志底板及滑槽的挤压成型铝合金型材，应满足 GB/T 6892 的规定，同时应具有轻质、高强、耐蚀、耐磨、刚度大等特点，经拼装后能满足大型标志板的性能要求。应采用综合性能等于或优于牌号 2024 的铝合金型材。

c) 碳素结构钢冷轧薄钢板、连续热镀锌钢板应满足 GB/T 11253、GB/T 2518 等有关标准的规定。

d) 合成树脂类板材用于标志底板时，其力学性能应符合相关标准要求。

5.4.2 支撑件

立柱、横梁、法兰盘、抱箍、紧固件等支撑件的力学性能，应符合 GB/T 8162、GB/T 13793、GB/T 700及有关设计要求。

5.5 标志板面色度性能

非反光型标志板面的普通材料色应符合 GB 2893 的要求，即其色品坐标和亮度因数在表 2 和图 2 规定的范围内；反光型标志板面的逆反射材料色（包括丝网印刷后），应符合 GB/T 18833 中表面色或逆反射色的要求。

表 2 标志板面的普通材料色

颜色	色品坐标（光源为标准照明体 D_{65}，观测条件为 45/0）								亮度因数
	1		2		3		4		
	x	y	x	y	x	y	x	y	
白	0.350	0.360	0.300	0.310	0.290	0.320	0.340	0.370	≥0.75
黄	0.519	0.480	0.468	0.442	0.427	0.483	0.465	0.534	≥0.45
红	0.690	0.310	0.595	0.315	0.569	0.341	0.655	0.345	≥0.07
绿	0.230	0.754	0.291	0.438	0.248	0.409	0.007	0.703	≥0.12
蓝	0.078	0.171	0.150	0.220	0.210	0.160	0.137	0.038	≥0.05
黑	0.385	0.355	0.300	0.270	0.260	0.310	0.345	0.395	≤0.03

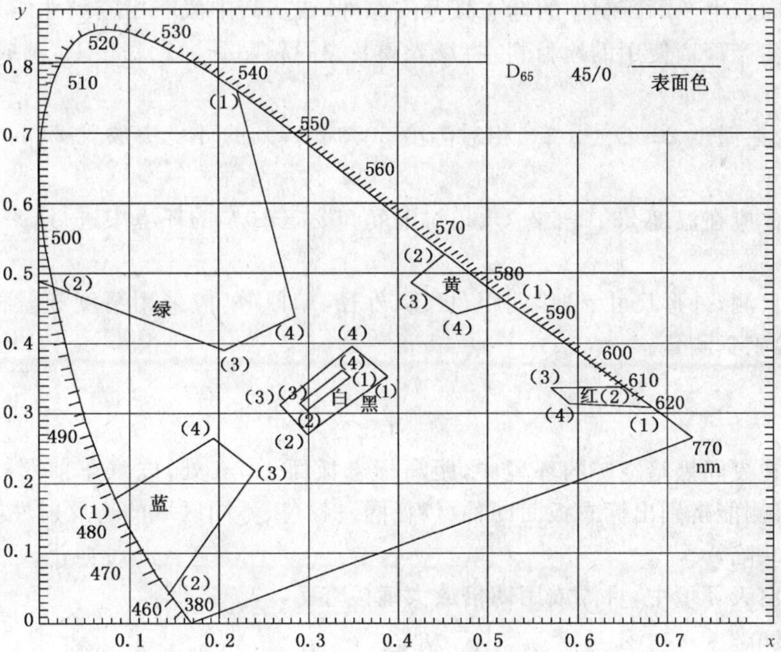

图 2 普通材料色各种颜色范围图

5.6 反光型标志板面光度性能

标志板面为反光膜时，其板面逆反射系数值不应低于 GB/T 18833 中的相应规定。

5.7 标志板抗冲击性能

抗冲击试验后，标志板在冲击点以外，不应出现裂缝、层间脱落或其他损坏。

5.8 耐盐雾腐蚀性能

耐盐雾腐蚀试验后，标志板及支撑构件不应有变色或被侵蚀等破坏痕迹。

5.9 标志板耐高低温性能

耐高低温试验后，标志板不应出现裂缝、软化、剥落、皱纹、起泡、翘曲或外观不均匀等痕迹。

5.10 标志板耐候性能

连续自然暴露或人工加速老化试验后：

a) 标志板应无裂缝、刻痕、凹陷、气泡、侵蚀、剥离、粉化、变形等破坏，从任何一边不应出现超过 0.8 mm 的收缩，也不应出现反光膜从标志底板边缘翘曲或脱离的现象；

b) 标志板各种颜色的色品坐标及亮度因数应保持在表 2 规定的范围内或满足 GB/T 18833 的规定；

c) 标志板面为反光膜时，在观测角为 0.2°、入射角为 −4°的条件下，其逆反射系数值应符合 GB/T 18833的要求。

5.11 标志板面与标志底板的附着性能

5.11.1 反光膜及黑膜在 5 min 后的剥离长度不应大于 20 mm。

5.11.2 涂料对标志底板的附着性能应达到 GB/T 1720 中三级以上的要求。

5.12 标志板面油墨与反光膜的附着性能

标志板面上油墨与反光膜的附着牢度应大于或等于 95%。

6 试验方法

6.1 测试准备

6.1.1 试样的制备

根据不同情况按下列办法之一制备试样：

a) 随机抽取标志生产厂商制作的标志板及支撑件，或从其中截取相应尺寸作为试样；

b) 随机抽取生产厂商使用的原材料，将反光膜及黑膜粘贴到标志底板上，制成标志板试样。

6.1.2 测试环境

试样测试前，应在温度 23 ℃±2 ℃、相对湿度 50%±10%的环境中放置 24 h，然后进行各种测试工作。

一般的测试工作应在温度 23 ℃±2 ℃、相对湿度 50%±10%的环境中进行。

6.2 结构尺寸

结构组成采用目测，外形尺寸、铆接间距、板厚、外径、壁厚等，应采用精度和量程满足要求的直尺、卷尺、板厚千分尺等工具测量。

6.3 外观质量

6.3.1 缺陷检查

逆反射性能应在夜间黑暗空旷的环境中，距离标志板面 10 m 处，以汽车前照灯远光为光源，垂直照射标志板面，用目测能辨别出标志板面同种材料、同一颜色、不同区域的逆反射性能有明显差异者，为逆反射性能不均匀缺陷。

其余缺陷应在白天环境中，目测或用四倍放大镜检查。

6.3.2 板面不平度

标志板面朝上自由放置于一平台上，用 1 m 的直尺测量板面任意处与直尺之间的最大间隙。

6.3.3 板面拼接缝

在白天环境中，面对标志板面，目测并用直尺测量检查。

6.4 钢构件防腐层质量

按 GB/T 18226 的方法进行测试。

6.5 材料力学性能

按 GB/T 228、GB/T 1040.1、GB/T 1446、GB/T 2651、GB/T 3250 等有关标准的要求进行测试。

6.6 标志板面色度性能

制取 150 mm×150 mm 的单色标志板面试样，或直接在需进行测试的标志板面上，按 GB/T 18833 的方法进行测试。

6.7 反光型标志板面光度性能

制取 150 mm×150 mm 的单色标志板面试样，或直接在需进行测试的标志板面上，按照 GB/T 18833 的方法进行测试。

6.8 标志板抗冲击性能

将 150 mm×150 mm 的试样标志板面朝上，或直接在需进行测试的标志板面上，按照 GB/T 18833 的方法进行测试。

6.9 耐盐雾腐蚀性能

按照 GB/T 10125，把化学纯的氯化钠溶于蒸馏水，配制成质量比 5%±0.1%的盐溶液。使该盐溶液在盐雾箱内连续雾化，箱内温度保持 35 ℃±2 ℃。

将 150 mm×150 mm 的试样放入盐雾箱内，其受试面与垂直方向成 30°角，相邻两样板保持一定的间隙，行间距不少于 75 mm。试样在盐雾箱内连续暴露 120 h 后取出，用流动水轻轻洗掉试样表面的盐沉积物，再用蒸馏水漂洗，然后置于标准环境条件下恢复 2 h，对试样进行全面检查。

6.10 标志板耐高低温性能

将 150 mm×150 mm 的试样放入试验箱内，开动冷源，使箱内温度逐渐降至−40 ℃±3 ℃，并在该温度下保持 72 h；关闭电源，使试验箱自然升至室温；约 12 h 后，再将试验箱升温至 70 ℃±3 ℃，并在该温度下保持 24 h；最后关闭电源，使试验箱自然冷却至室温；取出试样，在标准测试条件下放置 2 h，检查其表面的变化。

6.11 标志板耐候性能

6.11.1 自然暴露试验

按照 GB/T 3681,试样尺寸取 150 mm×250 mm,面朝正南方,与水平面呈当地的纬度角或 45°±1°进行暴晒。

试样开始暴晒后,每一个月作一次表面检查,半年后,每三个月检查一次。反光膜达到 GB/T 18833 规定的暴晒期限,合成树脂类板材的标志底板暴晒两年后,作最终检查,并进行有关性能测试。

6.11.2 人工加速老化试验

按照 GB/T 16422.2,试样的尺寸取 65 mm×142 mm。反光膜达到 GB/T 18833 规定的试验时间,合成树脂类板材经过 1 200 h 试验后,用清水彻底冲洗,用软布擦干后进行各种检查及有关性能测试。

6.12 标志板面与标志底板的附着性能

6.12.1 反光膜及黑膜与标志底板的附着性能

裁取 200 mm×25 mm 的反光膜及黑膜,将反光膜及黑膜粘贴到标志底板上制成附着性能试样,标志底板尺寸为 200 mm×50 mm,按照 GB/T 18833 的方法进行测试。

6.12.2 涂料对标志底板的附着性能

由涂料涂敷到标志底板上制成试样,按 GB/T 1720 的方法进行测试。

6.13 标志板面油墨与反光膜的附着性能

用丝网印刷的方法,将不同颜色的油墨分别印刷在面积不小于 200 mm×300 mm 的标志板面反光膜上,按 GB/T 13217.7 中的方法进行测试。

7 检验规则

7.1 出厂检验

产品出厂前,应随机抽样,对本标准要求的 5.1、5.2、5.5、5.6、5.7 各项性能进行自检,合格者附合格证才可出厂。

7.2 型式检验

有下列情况发生时,应按本标准要求,对产品 5.1～5.12 的全项性能进行型式检验:

a) 老产品转厂生产时;

b) 停产一年或一年以上的产品再生产时;

c) 正常生产的产品经历两年生产时;

d) 产品结构、材料、工艺有较大改变时;

e) 合同规定时;

f) 国家授权的质量监督部门提出质量抽查时。

7.3 抽样方法

对每批产品进行随机抽样或依据 JT/T 495 进行抽样检测。本标准要求的各项试验,应抽样三个或以上。

7.4 判定规则

本标准中的各项试验,其检测频率及结果判定应符合如下规定:

a) 每项试验至少检测三个数据(应在不同试样上进行),取其平均值为检测结果。

b) 检测数据全部符合标准要求,则判定该批产品合格。

c) 检测数据有一项不符合标准要求,抽取双倍数量的产品对该项指标进行复检。若复检合格,则判定该批产品合格;若复检不合格,则判定该批产品不合格。

8 标志、包装、运输和贮存

8.1 标志板在适当位置,应清晰、耐久地做出如下标志(标识):

a） 生产厂商的名称、商标或其他有关信息；

b） 应用的标准号；

c） 标志板的类别；

d） 生产日期及批号等。

8.2 对于每批标志板及支撑件产品，厂方应提供使用说明，内容包括：

a） 装配和安装说明；

b） 使用和维修说明；

c） 使用地点限制的说明等。

8.3 包装、运输和贮存应符合以下要求：

a） 标志板在装箱前应逐件包装，或形状尺寸相同的标志板每两块一起包装，标志板面应有软衬垫材料加以保护，以免搬运中受到刻划或其他损伤。

b） 标志板及支撑件装箱时，应随箱附有产品使用说明及产品质量等级检验合格证，包括各种材质、牌号、状态及反光膜等级等内容。

c） 标志板应存放在室内干燥通风的地方，贮存期不应超过一年。

ICS 03.220.20;93.080.30
R 85

中华人民共和国国家标准

GB/T 23828—2009

高速公路LED可变信息标志

Light-emitting diode changeable message signs of expressway

2009-05-25 发布　　　　2009-07-01 实施

中华人民共和国国家质量监督检验检疫总局
中国国家标准化管理委员会　发布

前言

本标准由全国交通工程设施(公路)标准化技术委员会(SAC/TC 223)提出并归口。

本标准负责起草单位:交通部公路科学研究院、北京中交华安科技有限公司。

本标准参加起草单位:上海三思科技发展有限公司、深圳市同洲电子股份有限公司、深圳市显科科技有限公司。

本标准主要起草人:韩文元、蒋海峰、王磊、崔晓飞、路依蒙、金春辉、陈旺松、杨丰艳、杨勇、唐新洲、王鹰华。

高速公路 LED 可变信息标志

1 范围

本标准规定了发光二极管(LED)可变信息标志的分类与组成、技术要求、试验方法、检验规则和标识、包装、运输、贮存。

本标准适用于高速公路以 LED 为发光单元的可变信息标志,其他道路可参照使用。

2 规范性引用文件

下列文件中的条款通过本标准的引用而成为本标准的条款。凡是注日期的引用文件,其随后所有的修改单(不包括勘误的内容)或修订版均不适用于本标准,然而,鼓励根据本标准达成协议的各方研究是否可使用这些文件的最新版本。凡是不注日期的引用文件,其最新版本适用于本标准。

GB/T 191 包装储运图示标志(GB/T 191—2008,ISO 780:1997,MOD)

GB 2312 信息交换用汉字编码字符集 基本集

GB/T 2423.1 电工电子产品环境试验 第2部分:试验方法 试验A:低温(GB/T 2423.1—2001,idt IEC 60068-2-1:1990)

GB/T 2423.2 电工电子产品环境试验 第2部分:试验方法 试验B:高温(GB/T 2423.2—2001,idt IEC 60068-2-2:1974)

GB/T 2423.3 电工电子产品环境试验 第2部分:试验方法 试验Cab:恒定湿热试验(GB/T 2423.3—2006,IEC 60068-2-78:2001,IDT)

GB/T 2423.10 电工电子产品环境试验 第2部分:试验方法 试验Fc:振动(正弦)(GB/T 2423.10—2008,IEC 60068-2-6:1995,IDT)

GB/T 2423.17 电工电子产品环境试验 第2部分:试验方法 试验Ka:盐雾(GB/T 2423.17—2008,IEC 60068-2-11:1981,IDT)

GB/T 2423.22 电工电子产品环境试验 第2部分:试验方法 试验N:温度变化(GB/T 2423.22—2002,IEC 60068-2-14:1984,IDT)

GB/T 3681 塑料大气暴露试验方法(GB/T 3681—2000,neq ISO 877:1994)

GB 5007.1 信息技术 汉字编码字符集(基本集)24点阵字型

GB 5007.2 信息技术 汉字编码字符集(辅助集)24点阵字型 宋体

GB/T 5080.7 设备可靠性试验 恒定失效率假设下的失效率与平均无故障时间的验证试验方案(GB/T 5080.7—1986,idt IEC 60605-7:1978)

GB 5768.2 道路交通标志和标线 第2部分:道路交通标志

GB 7000.1 灯具 第1部分:一般要求与试验(GB 7000.1—2007,IEC 60598-1:2003,IDT)

GB/T 7922 照明光源颜色的测量方法

GB/T 11460 信息技术 汉字字型数据的检测方法

GB/T 18226 高速公路交通工程钢构件防腐技术条件(GB/T 18226—2000,neq ASTM A428:1995)

JT/T 606.1 高速公路监控设施通信规程 第1部分:通用规程

JT/T 606.3 高速公路监控设施通信规程 第3部分:LED可变信息标志

3 术语和定义

下列术语和定义适用于本标准。

3.1

像素 pixel

由单只或多只 LED 组成的可控制其发光或熄灭状态的基本显示单元。

3.2

像素点间距 dot pitch

相邻像素间的中心距。

3.3

法线光轴 optical on-axis

像素发出光束的中心线，通常指通过像素几何中心的法线。

3.4

半强角 half-intensity angle

单粒 LED 的发光强度为其最大发光强度一半时的测量轴与最大发光强度光轴的夹角。

3.5

视认角 viewing angle

观察者（正常人，矫正视力 1.0 以上）在环境照度大于 50 000 lx 的晴天、太阳光正面照射标志面的条件下，偏离标志面法线方向后，在规定距离内仍能正确认读标志内容的最大偏离角度。

3.6

静态视认距离 static distinguishing distance

观察者（正常人，矫正视力 1.0 以上）在环境照度大于 50 000 lx 的晴天、太阳光正面照射标志面的条件下，在规定的视认角内，能够正确认读标志内容的最大距离。

3.7

动态视认距离 dynamic distinguishing distance

观察者（正常人，矫正视力 1.0 以上）在环境照度大于 50 000 lx 的晴天、太阳光正面照射标志面的条件下，当车速 120 km/h 时，在规定的视认角内，能够正确认读标志内容的最大距离。

3.8

设计亮度 design luminance

表征可变信息标志在白天太阳光正面照射标志面的条件下视认性的一个控制指标，在数值上用单位面积上的平均计算发光强度表示。

4 分类与组成

4.1 分类

LED 可变信息标志按用途分为图形和文字两种；按支撑方式分为门架式、悬臂式和柱式三种；按环境温度适用等级分为 A 型、B 型、C 型三种。图形标志用图案或图形方式指示出前方路段或匝道出入口的交通状况，如阻塞长度、匝道开闭等信息；文字标志为只显示汉字和字符信息的标志。

4.2 组成

LED 可变信息标志由显示屏、控制器、机架、外壳、控制箱、安装连接件等组成，其中显示屏由发光矩阵及其支撑底板构成。

4.3 型号

4.3.1 高速公路 LED 可变信息标志产品型号应包括产品代号、显示屏有效高度、产品分类、环境温度适应等级、设计顺序号等内容。

4.3.2 生产企业可将本企业注册商标或企业代号冠于产品型号之前。

4.3.3 高速公路 LED 可变信息标志产品型号表示如下：

KXB-□□ □-□ □

- □（末位）——设计顺序号，用一位阿拉伯数字表示
- □——环境温度适应等级：A(或 B、C)
- □——分类：P—— 图形，T—— 文字
- □□——显示屏有效高度：用两位阿拉伯数字表示，单位 0.1 m，例如 12 代表 1.2 m
- KXB——产品代号：可变信息标志汉语拼音首写字母大写

示例：有效高度 1.2 m、环境温度适应等级为－55 ℃～＋45 ℃的图形可变信息标志，其型号表示为 KXB-12P-C1。

5 技术要求

5.1 适用条件

5.1.1 安装环境：户外。

5.1.2 相对湿度：不大于 98%。

5.1.3 环境温度：

——A 型：－20 ℃～＋55 ℃；

——B 型：－40 ℃～＋50 ℃；

——C 型：－55 ℃～＋45 ℃。

5.2 材料要求

5.2.1 产品的外壳、机架等结构件在保证结构稳定的条件下，宜采用符合国家相关标准的轻质材料，以减少产品自身的重量。

5.2.2 显示屏组合发光像素由发光二极管组成，单粒发光二极管在额定电流时的法向发光强度应：

a) 红色不小于 3 000 mcd；

b) 绿色不小于 6 000 mcd；

c) 蓝色不小于 2 000 mcd；

d) 黄色不小于 5 500 mcd。

5.2.3 发光二极管的半强角 $\theta_{1/2}$ 不小于 11.5°。

5.2.4 发光二极管的平均无故障时间 MTBF 不小于 50 000 h，其他电子元器件的 MTBF 不小于 30 000 h。

5.3 结构尺寸

5.3.1 显示屏应为可拆装式模块化结构，显示屏上的文字、图案的结构尺寸应符合 GB 5768.2 的要求。汉字宜采用 24×24 或 32×32 点阵字符，形状应与 GB 5768.2 的要求一致或者显示字模符合 GB 5007.1和 GB 5007.2 中对字符的要求。

5.3.2 像素的结构排列间距可根据设计亮度调整，图形标志达到白平衡时的设计亮度或文字标志的最大设计亮度应不小于 8 000 cd/m^2。

5.3.3 显示屏的显示模块内各像素之间及各显示模块之间，像素应排列均匀、平整，各像素点间距允许误差±1 mm，不平整度不大于 2 mm/m^2。

5.3.4 大型文字标志一般为 8 个～12 个汉字，小型的一般为 4 个汉字。

5.4 外观质量

5.4.1 产品构件应完整、装配牢固、结构稳定，边角过渡圆滑，无飞边、无毛刺。

5.4.2 安装连接件应设置可调节标志视认角度的机构，以便于安装施工。其活动零件应灵活、无卡滞现象，机壳及安装连接件应无明显变形、凹凸等缺陷。

5.4.3 外壳、包括控制箱及连接件的防护层色泽应均匀，无划伤、裂痕、基体裸露等缺陷，其性能指标应符合 GB/T 18226 的规定。

5.4.4 控制箱一般附着安装在显示屏的支撑柱或显示屏箱体内，要求：

a) 部件齐全、安装牢固端正；

b) 箱体出线孔开口合适、切口整齐；

c) 出线管与箱体连接密封良好；

d) 箱内接线回路编号清楚，走线整齐，横平竖直，符合工艺要求；

e) 箱锁应采取防水、防锈措施；

f) 箱门开闭灵活轻便，密封良好；

g) 箱体内外清洁。

5.5 色度性能

5.5.1 机壳

机壳的颜色宜采用符合国家标准油漆色卡的 510 号蓝灰色。

5.5.2 显示屏基底

显示屏基底应为亚光黑色，色品坐标应在图 1 规定的色品区域内，亮度因数不大于 0.03。

5.5.3 文字标志显示屏的前景字符

文字标志发光时前景字符为红色、绿色或黄色，不发光时为黑色或无色。红色为禁令性信息，绿色为提示性信息，黄色为警告性信息。发光时字符的色品坐标应符合图 1 和表 1 的规定。

5.5.4 彩色图形标志

彩色图形标志可用红、绿、蓝、LED 组合成三基色发光像素。彩色图形标志对三基色发光像素的亮度等级控制不少于 16 级，通过控制三基色的亮度配比，至少能显示红、绿、蓝、黄、白等五种颜色，这些颜色的色品坐标应在图 1 规定的色品区域内。

5.6 视认性能

5.6.1 视认角

标志产品的视认角应不小于 30°。

5.6.2 视认距离

可变信息标志的视认距离分为静态视认距离和动态视认距离，要求如下：

a) 静态视认距离不小于 250 m；

b) 动态视认距离不小于 210 m。

5.6.3 发光均匀性

显示屏各像素应发光均匀，必要时应剔除性能差异较大的发光单元。在额定工作电流时整屏范围内像素与像素之间的法向发光强度的不均匀度应不大于 5%，像素内 LED 之间的不均匀度应不大于 10%。

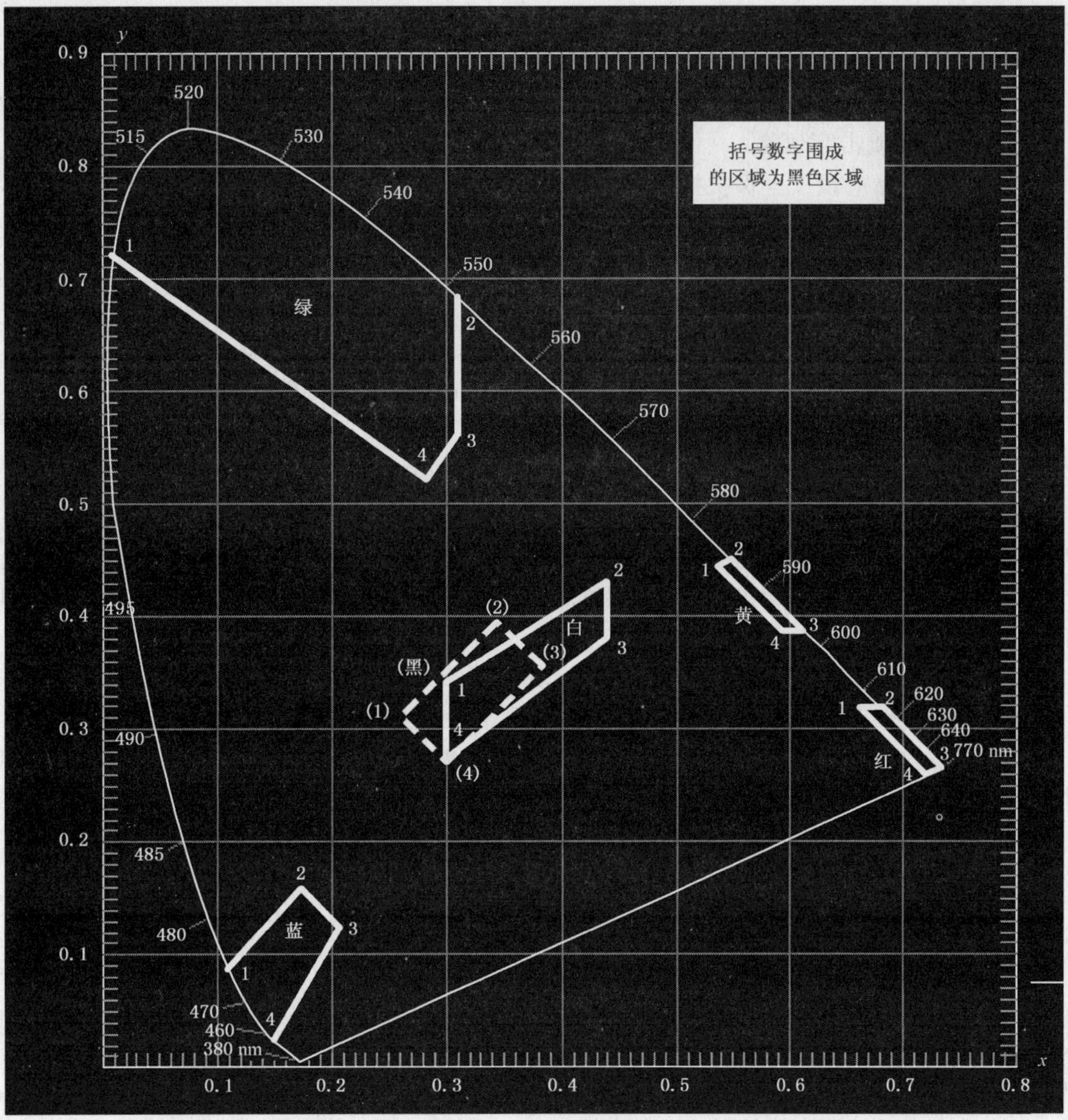

图 1 LED 可变信息标志像素发光颜色 CIE1931 色品区域图

表 1 LED 可变信息标志颜色在 CIE1931 色度图上的色品区域顶点坐标

颜色	边界线交点色品坐标							
	1		2		3		4	
	x	y	x	y	x	y	x	y
红色	0.660	0.320	0.680	0.320	0.735	0.265	0.721	0.259
绿色	0.009	0.720	0.310	0.684	0.310	0.562	0.284	0.520
蓝色	0.109	0.087	0.173	0.160	0.208	0.125	0.149	0.025
黄色	0.536	0.444	0.547	0.452	0.613	0.387	0.593	0.387
白色	0.300	0.342	0.440	0.432	0.440	0.382	0.300	0.276
黑色	0.260	0.310	0.345	0.395	0.385	0.355	0.300	0.270

5.6.4 采用动态扫描驱动显示方式的显示屏，每屏刷新频率应不小于 100 Hz。在汽车高速行驶时，标志的显示内容应清晰、稳定。

5.7 电气安全性能

5.7.1 绝缘电阻:产品的电源接线端子与机壳的绝缘电阻应不小于 100 MΩ。

5.7.2 电气强度:在产品的电源接线端子与机壳之间施加频率 50 Hz、有效值 1 500 V 正弦交流电压,历时 1 min,应无闪络或击穿现象。

5.7.3 安全接地:产品应设安全保护接地端子,接地端子与机壳(包括带电部件的金属外壳)连接可靠,接地端子与机壳的连接电阻应小于 0.1 Ω。

5.7.4 产品应适应电网波动要求,在以下条件下应可靠工作:

——电压:交流 220(1±15%)V;

——频率:50 Hz±2 Hz。

5.7.5 产品应采取必要的防雷和过电压保护措施,采用的接口、元器件和防护措施应符合有关标准要求。

5.7.6 产品应采取防雨、防尘措施,外壳的防护等级按 GB 7000.1 的规定应不低于 IP56 级。

注:可变信息标志的电气安全性能至少满足以上要求,其他安全性能可参照 GB 4943 协商确定。

5.8 机械力学性能

5.8.1 标志板结构应稳定,承受由 40 m/s 的风速产生的风压后,不影响标志板的使用性能,由此产生的几何变形量应不大于 2 mm。

5.8.2 生产厂商应给出标志板的受力体系图和安装连接图,以供设计单位在设计基础和支撑时参考。

5.9 通信接口与规程

5.9.1 接口:机械接口应使用 25 针 RS-232C 阴性插座和四针 RS-485 阳性插座,该两种接口的电气性能应符合相应标准的要求。接口与外部的连接应便于安装和维护,并采取防水、防尘等措施。

5.9.2 通信规程:按 JT/T 606.1 和 JT/T 606.3 执行。

5.9.3 通信方式:异步,全双工。

5.9.4 通信速率:1 200 bit/s~19 200 bit/s。

5.9.5 在满足 5.9.1~5.9.4 的条件下,生产企业可以提供其他接口和规程,但应向需方提供详细的接口参数和通信规程,以便与系统连接。

5.10 环境适应性能

5.10.1 耐低温性能:将产品在不通电状态,在−20 ℃(或−40 ℃、−55 ℃)条件下,试验 8 h,产品应起动正常,逻辑正确。

5.10.2 耐高温性能:将产品在不通电状态,在+55 ℃(或+50 ℃、+45 ℃)条件下,试验 8 h,产品应起动正常,逻辑正确。

5.10.3 耐湿热性能:将产品在不通电状态,在温度+40 ℃,相对湿度(98±2)%条件下,试验 48 h,产品应起动正常,逻辑正确。

5.10.4 耐温度交变性能:将产品(条件受限时可用代表产品质量特性的模块)在通电工作状态下放入温度交变试验箱中,在高温+70 ℃保持2 h,在 3 min 内转移到低温−40 ℃保持 2 h,在 3 min 内再转移到高温,如此共循环五次。试验期间和试验结束后,产品应起动正常,逻辑正确;产品的结构件包括像素、印刷电路板、显示模块、机架、显示屏等不应产生变形和其他损伤。

5.10.5 耐机械振动性能:将产品在通电工作状态下进行扫频振动试验,频率范围为 2 Hz~150 Hz。在 2 Hz~9 Hz 时按定位移控制,位移幅值 3.5 mm;9 Hz~150 Hz 时按定加速度控制,加速度幅值为 10 m/s^2。2 Hz→9 Hz→150 Hz→9 Hz→2 Hz 为一个循环,共经历 20 个循环后,产品功能正常,结构不受影响,零部件无松动。

5.10.6 耐盐雾腐蚀性能:产品的印刷电路板、外壳防腐层和像素及其支撑底板(其他部件由供需双方协定)经 168 h 的盐雾试验后,应无明显锈蚀现象,金属构件应无红色锈点,印刷电路板经过 24 h 自然晾干后功能正常。

5.10.7 耐候性能:产品的外壳防腐层、像素及其支撑底板(其他部件由供需双方协定)按 6.11.7 经过两年自然曝晒试验或经过人工加速老化试验累积能量达到 3.5×10^6 kJ/m^2 后,产品外观应无明显褪色、粉化、龟裂、溶解、锈蚀等老化现象,非金属材料的机械力学性能保留率应大于 90%,色品坐标符合 5.5 的要求。

5.11 可靠性

在正常工作条件下,像素的年失控率应不大于 1‰;整体产品的平均无故障时间 MTBF 不小于 10 000 h。

5.12 功能要求

5.12.1 显示内容

应至少显示 GB 2312 指定的全部汉字和数字及字符,并且能控制全亮与全灭。像素在关闭状态时,不应产生微光。

5.12.2 手动功能

在脱离系统控制时,通过人工方式亦能任意显示 5.12.1 的内容。

5.12.3 自动功能

经通信接口接入系统后,应能接受系统或主控单元的控制,按系统或主控单元的命令正确显示相应的内容并将工作状况上传给系统或主控单元。

5.12.4 自检功能

产品应设置自检功能和工作状态指示灯。通过自检功能,将发光像素、通信接口以及其他单元的工作状态正确检测出来,在工作状态指示灯上显示并上传给主控单元。

5.12.5 调光功能

可变信息标志应设置环境照度检测装置,根据环境照度调整发光像素的发光强度,以避免夜间照度较低时形成眩光,影响信息的视读。夜间亮度应符合表 2 要求。

表 2 夜间亮度

单位为坎德拉每平方米

黄 色	红 色	绿 色	蓝 色
150±10	105±10	180±10	70±10

6 试验方法

6.1 试验条件

6.1.1 对发光二极管的光电性能试验条件如下:

——环境温度:(25±1)℃;

——相对湿度:(50±5)%。

6.1.2 对于其他项目,除特殊规定外,一般试验条件如下:

——环境温度:+15 ℃～+35 ℃;

——相对湿度:35%～75%;

——大气压力:85 kPa～106 kPa。

6.2 测试结果的处理

除特殊规定,一般对可重复的客观测试项目进行三次测试,取算术平均值为测试结果,根据需方要求,可给出测试结果的不确定度。对于主观测试项目,测试人员应不少于三人,测试结果分为合格、不合格两级。

6.3 材料检验

6.3.1 主要核查原材料的材质证明单是否齐全有效,必要时可对原材料的主要性能指标(如物理力学性能)进行检验。

6.3.2 发光二极管和发光像素的发光强度、半强角，可按图2所示原理进行测量，张角γ不大于12′，像素的观测距离d不小于1 m，单粒发光二极管的观测距离d不小于0.3 m，光探测器精度误差应小于5%；也可用LED综合测试仪进行测试，综合测试仪应溯源到国家基准并经法定计量检定部门检定合格，其精度误差应小于5%。

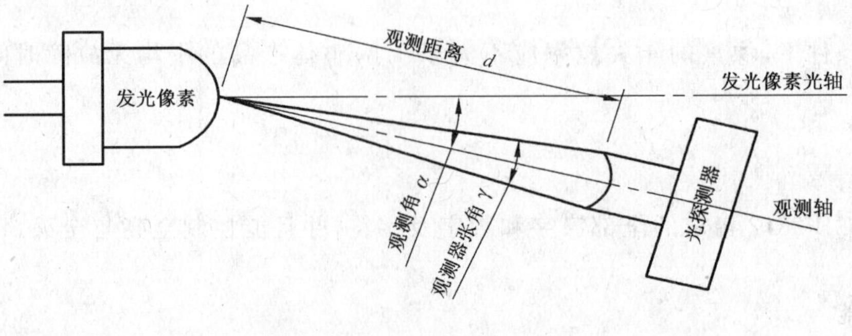

图2 发光强度测试原理图

6.3.3 对于像素失效率和整体设备平均无故障时间MTBF，采用序贯试验方案4∶2，按GB/T 5080.7的规定进行。

6.4 结构尺寸

6.4.1 标志产品的结构尺寸，用分辨力0.5 mm、精度A级的钢板尺和卷尺，分辨力0.02 mm、精度0.02 mm的游标卡尺进行测量。

6.4.2 标志字符和图形图案与GB 5768.2的符合性，用目测法。

6.4.3 字模的检测可按GB/T 11460的规定进行。

6.4.4 设计亮度，按照6.3.2得到单粒LED在额定电流时的法向发光强度，依据式(1)计算设计亮度。

$$L_a = \frac{\sum_{k=1}^{n} i_k}{S} \qquad \cdots\cdots(1)$$

式中：

L_a——设计亮度，单位为坎德拉每平方米(cd/m^2)；

n——测量区域内单粒LED的数量；

i_k——单粒LED在额定电流时的法向发光强度，单位为坎德拉(cd)；

S——测量区域的有效面积，单位为平方米(m^2)。

6.5 外观质量

主观评定项目用目测和手感法，涉及涂层厚度等客观指标的按GB/T 18226规定执行。

6.6 色度性能

6.6.1 标志的外壳、发光像素不发光时的颜色为主观评定项目，用目测法。

6.6.2 对于发光像素发光时颜色的测量按GB/T 7922用光谱辐射法测得，也可在暗室中用色测量仪器直接读取色品坐标，当读取整个版面的色品坐标时观测距离应不小于30 m，测量仪视场角的覆盖范围应不小于显示屏的80%，但不应超出显示屏的有效范围。将测试结果表示在图1上看其是否在规定的界限内。本标准规定在边界点上的测量结果也应判为合格。

6.6.3 显示屏基底色测量方法：关闭被测标志电源，用D_{65}光源、45/0观测条件的色差计直接读取显示屏基底的色品坐标和亮度因数，取五个点的算数平均值为测量结果。

6.7 视认性能

本标准的视认性能是对标志整体产品而言的，以主观评定为主。

6.7.1 测试条件：将标志安装完毕通电后，置于手动测试状态。

6.7.2 测试图案：前方阻塞，请绕行×××国道；
下雨路滑，注意交通安全；
欢迎使用××××高速公路；
大雾，限速 20 km/h；
交通量大，限速 80 km/h。

6.7.3 测试人员：分为两组。一组为发显示 6.7.2 图案的控制者，一般为两人；另一组为认读图案的视认者，一般为三人或五人。

6.7.4 测试结果：测试结果分为合格、不合格，以多数视认者的结论为最终结果。对于每一个视认者，标志内容正确率不低于 90%并且不清楚率不大于 50%为合格；标志内容正确率低于 90%或不清楚率大于 50%为不合格。

6.7.5 静态视认距离测试方案：控制者将 6.7.2 规定的图案按任意顺序组合编成 10 个图案后，按每 30 s 间隔全屏显示，编程顺序和内容不得事先通知视认者。视认者在规定的视认角和视认距离内，认读标志的显示内容，按表 3 格式记录评定。

表 3 LED 可变信息标志视认性能主观评定表

序 号	标志内容	很清楚	清 楚	不清楚	备 注
1					
2					
3					
4					
5					
6					
7					
8					
9					
10					
正确率					
结论					

6.7.6 动态视认距离测试方案：从 6.7.2 中任选三个图案，在视认者通过最大视认距离 210 m 之前显示在标志上，保证视认者在 210 m 之前有足够的时间认读标志上的内容；在测试车辆通过 210 m 后 2 s 内立即关闭显示。每次显示一个图案，共进行三次，按表 3 的格式进行评定。

6.7.7 视认角测试方案：控制者将 6.7.2 规定的图案按任意顺序组合编成 10 个图案后，按每 30 s 间隔全屏显示，编程顺序和内容不得事先通知视认者。视认者在白天顺光环境条件下，在可变信息标志正前方 10 m 处认读标志的显示内容，按表 3 格式记录评定。

6.7.8 像素不均匀度：测量像素不均匀度时，被测像素的数量不少于总量的 10%。按 6.3.2 的方法对抽取像素的发光强度分别进行测量，得到一个测量列，分别求出测量列的平均值、最小值和最大值，按式(2)计算不均匀度。

$$P_u = \max\left\{\frac{|I_{min} - I_a|}{I_a}, \frac{|I_{max} - I_{min}|}{I_a}\right\} \times 100\% \quad \cdots\cdots(2)$$

式中：

P_u——像素不均匀度，取最大不均匀度为测量结果；

I_{min}——像素发光强度测量列的最小值，单位为坎德拉(cd)；

I_{max}——像素发光强度测量列的最大值，单位为坎德拉(cd)；

I_a——像素发光强度测量列的平均值，单位为坎德拉(cd)。

6.8 电气安全性能

6.8.1 绝缘电阻：用精度1.0级的兆欧表在电源接线端子与机壳之间施加500 V直流电压1 min后读取测量结果。

6.8.2 电气强度：用精度1.0级的耐电压测试仪在接线端子与机壳之间测量。

6.8.3 连接电阻：用精度0.5级、分辨力0.01 Ω的电阻表在机壳顶部金属部位与安全保护接地端子之间测量。

6.8.4 电压波动适应性：用自耦变压器或可调交流电源给标志供电，测试电压分别为180 V→200 V→220 V→240 V→255 V→230 V→210 V→180 V。每调整到一档电压并稳定后，分别开启和关闭标志电源开关，检查逻辑和功能是否正常。

6.8.5 频率波动适应性：用可调频交流电源给标志供电，电源电压为交流220 V，测试频率分别为48 Hz→49 Hz→50 Hz→51 Hz→52 Hz。每调整到一档并稳定后，分别开启和关闭标志电源开关，检查逻辑和功能是否正常。

6.8.6 标志产品的防雨、防尘及安全防护，按GB 7000.1的试验方法进行。

6.8.7 其他安全性能试验由供需双方协定。

6.9 产品结构稳定性试验

6.9.1 一般规定

条件许可时，应用风洞模拟5.8.1规定的风速，对标志产品进行结构稳定性试验；无风洞试验条件时，按6.9.2用沙袋进行模拟试验。

6.9.2 沙袋试验方法

6.9.2.1 试验装置

试验装置由基座和支撑臂构成，需有足够的稳定性和灵活性用以方便支撑标志的平放和侧放。

6.9.2.2 试验步骤

可变信息标志产品结构稳定性沙袋法试验步骤如下：

a) 将标志板显示面向下水平安装在支撑臂上，稳定10 min，用6.4.1规定的量具对标志的结构尺寸进行测量；

b) 把沙袋均匀地加在标志板背面上，沙袋对标志背面投影面产生的正压力为1.5 kN/m^2，加载完毕后，持续10 min卸去沙袋，立即对受试标志进行测量；

c) 将标志板显示面向上水平安装在支撑臂上，稳定10 min，用6.4.1规定的量具对标志的结构尺寸进行测量；

d) 把沙袋均匀地加在标志显示面上，沙袋对标志显示面产生的正压力为1.5 kN/m^2，加载完毕后，持续10 min卸去沙袋，立即对受试标志进行测量。

6.10 通信接口与规程

本标准通信接口与规程的测试方法为主观评定和客观测试两部分。客观测试按JT/T 606.1和JT/T 606.3逐项验证；主观评定方法是在把可变信息标志连接到系统中后，评定该产品与系统的通信情况，可用24 h通信失败次数来评价产品的通信性能。

6.11 环境适应性能

6.11.1 耐低温性能试验方法

按GB/T 2423.1规定进行。

6.11.2 耐高温性能试验方法

按GB/T 2423.2规定进行。

6.11.3 耐湿热性能试验方法

按 GB/T 2423.3 规定进行。

6.11.4 耐温度交变性能试验方法

按 GB/T 2423.22 试验 Na 的规定进行。

6.11.5 耐机械振动性能试验方法

按 GB/T 2423.10 规定进行。

6.11.6 耐盐雾腐蚀性能试验方法

按 GB/T 2423.17 规定进行。

6.11.7 耐候性能试验

耐候性能可用自然曝晒试验和人工加速老化试验两种方法。

6.11.7.1 自然曝晒试验按照 GB/T 3681 的规定进行。

6.11.7.2 人工加速老化试验按如下方法进行：

a) 试样的取位和准备条件：做老化试验的试样原则上应从产品上截取，取样困难时，经质检部门同意可用小样替代，但小样的处理工艺应与整体产品相同。

b) 试样的数量：外壳及支撑底板取 9 块，其中 6 块用于试验，3 块用于作参比样，放于暗室保存；像素 12 只，6 只用于试验，6 只用作参比样，放于暗室保存。

c) 试样的大小(像素除外)：65 mm×142 mm(见图 3)。

单位为毫米

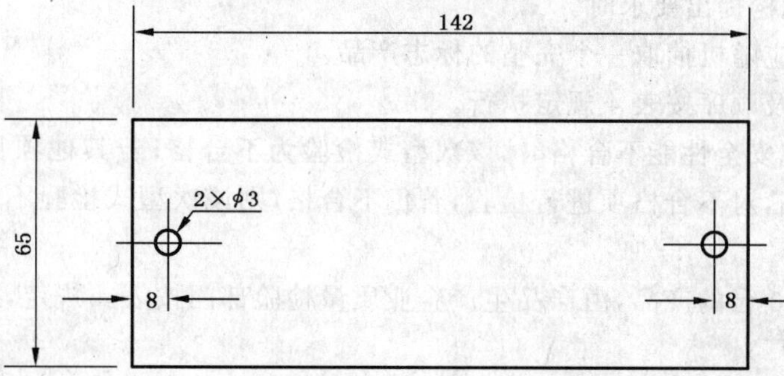

图 3 人工加速老化试验试样

d) 试验设备：水冷氙弧灯人工加速耐候性试验箱。

e) 试验条件：试样受到的光谱波长为 290 nm～800 nm 之间的辐射照度 550 W/m²，低于 300 nm 的辐射照度不得大于 1 W/m²，试样受到的辐射照度的不均匀性不得大于 10%；试验过程中采用连续照射，周期性喷水，喷水周期为 18 min/102 min(喷水时间/不喷水时间)，即每 120 min，喷水 18 min；黑板温度 65 ℃±3 ℃，喷淋和氙灯冷却用水为导电电阻大于 1 MΩ·cm 的纯净水。

f) 累积辐射能量：累积辐射总能量按式(3)计算。

$$Q = ET \times 10^{-3} \qquad (3)$$

式中：

Q——累积辐射能量，单位为千焦每平方米(kJ/m²)；

E——平均辐射照度，单位为瓦平方米(W/m²)；

T——总的照射时间，单位为秒(s)。

6.12 可靠性试验

采用序贯试验方案 4∶2，按 GB/T 5080.7 的规定进行。

6.13 功能测试

显示内容、手动功能、自动功能、自检功能为主观评定项目，按功能要求的内容逐项验证。亮度调节功能应模拟环境光的照度，逐级验证调光功能。对于夜间亮度，控制显示屏所有像素显示单一颜色，使用亮度计在距离标志 100 m 处，沿标志法线方向读取标志发光屏或显示模组的上中下五个点，取算数平均值为测量结果。

注：亮度计应配置视场角调整装置，在测量前调整该装置，使发光单元尽可能多地落在视场内，避免视场角内只含一个发光单元或不含发光单元，通常使用 0.2°视场角被证明是有效的。

7 检验规则

7.1 一般规则

产品的检验分为型式检验和出厂检验，产品型式检验合格后，才能批量生产。

7.2 型式检验

7.2.1 产品的型式检验一般由国家法定的质量监督机构组织进行。

7.2.2 凡有下列情况之一时，应进行型式检验：

a) 新产品试制定型鉴定或老产品转厂生产；

b) 正式生产后，如结构、材料、工艺有较大改变，可能影响产品性能时；

c) 产品停产半年以上，恢复生产时；

d) 正常批量生产时，每年一次；

e) 国家质量监督机构提出要求时。

7.2.3 型式检验的样品应随机抽取一个完整的标志产品。

7.2.4 型式检验的项目及顺序按表 4 规定执行。

7.2.5 型式检验中，电气安全性能不合格时，该次型式检验为不合格；若其他项目出现不合格，应在同一批产品中加倍抽取样品，对不合格项进行检验，若仍不合格，则该次型式检验不合格。

7.3 出厂检验

7.3.1 对于批量不大于 3 台的产品，由产品生产企业质量检验部门按表 4 规定，逐台进行检验，检验合格后签发合格证，方可出厂。

7.3.2 对于批量大于 3 台的产品，出厂检验的样品应从生产线终端随机抽取不少于 30% 的样品，但不少于 3 台。若 3 台全部合格则整个检验批合格，签发合格证，允许出厂；若有一台不合格，则需对整个批进行逐台检验，剔除不合格品。

7.3.3 出厂检验中，剔除的不合格品允许返修，返修后重新对不合格项进行检验，但返修次数不应超过两次。

表 4 LED 可变信息标志检验项目表

序号	项目名称	技术要求	试验方法	型式检验	出厂检验
1	材料要求	5.2	6.3	√	√
2	结构尺寸	5.3	6.4	√	√
3	外观质量	5.4	6.5	√	√
4	色度性能	5.5	6.6	√	√
5	视认性能	5.6	6.7	√	√
6	功能要求	5.12	6.13	√	√
7	通信接口与规程	5.9	6.10	√	√
8	绝缘电阻	5.7.1	6.8.1	√	√

表 4（续）

序 号	项目名称	技术要求	试验方法	型式检验	出厂检验
9	电气强度	5.7.2	6.8.2	√	√
10	连接电阻	5.7.3	6.8.3	√	√
11	电源适应性	5.7.4	6.8.4	√	√
12	防护性能	5.7.5	6.8.5	√	×
13	结构稳定性	5.8.1	6.9	√	×
14	耐低温性能	5.10.1	6.11.1	√	×
15	耐高温性能	5.10.2	6.11.2	√	×
16	耐湿热性能	5.10.3	6.11.3	√	×
17	耐温度交变性能	5.10.4	6.11.4	√	×
18	耐机械振动性能	5.10.5	6.11.5	√	○
19	耐盐雾腐蚀性能	5.10.6	6.11.6	√	×
20	耐候性能	5.10.7	6.11.7	√	×
21	可靠性	5.11	6.12	√	×

注：√为检验项目，×为非检验项目，○为可选项。

8 标识、包装、运输与贮存

8.1 标识

8.1.1 产品标识

产品标识可采用铭牌或直接喷刷、印字等形式，标识应清晰，易于识别且不易随自然环境的变化而褪色、脱落。产品标识上应注明以下内容：

a) 生产企业名称、地址及商标；

b) 产品名称、型号规格及产地；

c) 输入额定电压、频率；

d) 功耗；

e) 质量；

f) 产品编号；

g) 制造日期；

h) 生产标准。

8.1.2 包装标识

可变信息标志产品包装标识应符合 GB/T 191 的有关规定，在外包装箱上应标有“注意防潮”、“小心轻放”、“易碎”、“防倾倒”等图案，在产品内包装箱上应印刷以下内容：

a) 生产企业名称、地址及商标；

b) 产品名称及型号规格；

c) 质量：××× kg；

d) 外形尺寸：长 mm×宽 mm×高 mm；

e) 包装储运图示标志；

f) 本产品标准编号。

8.2 包装

8.2.1 产品包装由内外两部分组成，外包装箱宜用硬质材料，内部用防潮瓦楞纸箱加聚氨酯泡沫塑料或其他软性材料充填缓冲，包装应牢固可靠，能适应常用运输工具运送。

8.2.2 产品包装箱内应随带如下文件：

a) 产品合格证；

b) 产品使用说明书；

c) 装箱单；

d) 随机备用附件清单；

e) 接线图、安装图、支撑架结构图、基础设计示意图；

f) 其他有关技术资料。

8.3 运输

包装好的产品可用常规运输工具运输，运输过程应避免剧烈振动、雨雪淋袭、太阳曝晒、接触腐蚀性气体及机械损伤。

8.4 贮存

产品应贮存于通风、干燥、无酸碱及腐蚀性气体的仓库中，周围应无强烈的机械振动及强磁场作用。

参 考 文 献

[1] GB 4943—2001 信息技术设备的安全(idt IEC 60950:1999).

ICS 01.020
A 22

GB

中华人民共和国国家标准

GB/T 23829—2009/ISO 1951:2007

辞书条目 XML 格式

XML Representation of dictionary entries

(ISO 1951:2007 Presentation/representation of entries in dictionaries—Requirements, recommendations and information, IDT)

2009-05-06 发布　　　　2009-11-01 实施

中华人民共和国国家质量监督检验检疫总局
中国国家标准化管理委员会　发布

前　言

本标准等同采用 ISO 1951:2007 *Presentation/representation of entries in dictionaries—Requirements, recommendations and information*。

本标准在制定过程中,除对 ISO 1951:2007 中附录 A(资料性附录)和附录 B(资料性附录)的内容未予考虑外,其余内容均等同采用。ISO 1951:2007 中附录 A(资料性附录)和附录 B(资料性附录)的内容属于 GB/T 11617—2000《辞书编纂符号》(ISO 1951:1997,NEQ)。GB/T 11617—2000 非等效采用 ISO 1951:1997,而 ISO 1951:1997 不包含目前本标准所采用的 ISO 1951:2007 的内容。

本标准由全国术语标准化技术委员会提出。

本标准由全国术语标准化技术委员会归口。

本标准由中国标准化研究院、上海辞书出版社、中国大百科全书出版社、人民教育出版社、南京大学辞书研究中心、商务印书馆、中国社科院语言所等单位起草。

本标准主要起草人:周长青、程永红、肖玉敬、高莹、王海涛等。

辞书条目 XML 格式

1 范围

本标准涉及各种辞书的编纂，提出了一个通用规范数据结构，适用于辞书内容信息，且不受出版媒介限制。该数据结构和辞书中实际条目呈现形式之间的关系，在本标准资料性附录中以实例的形式予以描述。该数据结构采用了 XML(即可扩展标记语言)的描述形式。

本标准充分考虑了辞书的各种使用方式，特别是电子文档的超链接功能，以及建立单一的、充分结构化的辞书信息数据源或数据存储系统，使辞书的信息内容能够以不同的印制形式或电子格式得以开发利用。

本标准有助于辞书信息数据的制作、合并、比较、抽取、交换、发布和查询。

2 规范性引用文件

下列文件中的条款通过本标准的引用而成为本标准的条款。凡是注日期的引用文件，其随后所有的修改单(不包括勘误的内容)或修订版均不适用于本标准，然而，鼓励根据本标准达成协议的各方研究是否可使用这些文件的最新版本。凡是不注日期的引用文件，其最新版本适用于本标准。

ISO 1087-1:2000 术语工作 词汇 第1部分:理论与应用

ISO 704:2000 术语工作 原则与方法

3 术语和定义

ISO 1087-1:2000、ISO 704:2000 中确立的以及下列术语和定义适用于本标准。

3.1

[解释]说明 comment

用辞书编纂所需的**数据元素**(3.3)或**复合元素**(3.2)，对**词汇单位**(3.8)予以描述的基本语言学信息。

3.2

复合[数据]元素 compositional element

由多个元素组成的复合信息单位。

注：有三种复合元素族:块[元素](3.2.1)、容器[元素](3.2.2)和组[元素](3.2.3)。

3.2.1

块[元素]，分解结构 block

一种**复合元素**(3.2)，用来列举其他一些元素，这些元素是起详细描述限定作用的功能单位，在另外某个特定元素的多个实例间共享。

3.2.2

容器[元素]，细化修饰结构 container

一种**复合元素**(3.2)，通过所包含的一些其他**元素**(3.5)来为单个特定数据元素(3.3)提供补充信息。

示例：条头需要的容器元素或细化修饰结构一般给出条头的发音、词性等细节信息。条头本身此时则是被细化修饰的数据元素。

3.2.3

组[元素]　group

一种复合元素(3.2),用来把几个独立元素(3.5)结合在一起。

示例:一个义项由诸如定义、学科领域等一些元素构成的"组"来描述。

3.3

数据元素,数据类目　data element,data category

信息数据单位,其定义、标识、表现形式以及可允许的信息数据值等是通过使用一组属性特征来规定的。

3.4

条目,词条　dictionary entry,lexicographical entry,entry

辞书中由作为标题或开始标志的字、词或短语及其各种变体形式,以及针对该字、词或短语的全部释文两部分组成的内容单位。

3.5

元素　element

信息数据单位,既可以是数据元素(3.3)也可以是复合元素(3.2)。

3.6

条头　headword,entry word

辞书中条目(3.4)的标题,标志条目开始位置或引出条目内容的字、词或短语。

3.7

词目,主词　lemma,base word

根据辞书学传统选择出来,标志条目开始位置或引出条目内容的词汇单位(3.8)。

注:主词是其所在各种词形变化形式列表的代表。例如"sell"是"sells,sold,selling"等词形的代表。

3.8

词汇单位　lexical unit

属于特定语言的字、词或短语。

3.9

辞书编纂符号　lexicographical symbol

在单独或以组合的形式显示或输出辞书信息时,用来表述某些辞书信息数据或术语学信息数据的字母、标点符号、其他排版符号或图形符号。

3.10

主副条结构　nested entry

用于表现具有共同词目的多个相关条目的组合结构。

4　基于 XML 的辞书条目描述方法

4.1　概述

以下阐述的描述方法模式叫做"XmLex 模式"。在本标准的附录 A 中还通过示例对其进行了详细说明。

4.2　辞书条目中的数据元素和复合数据元素

词条可以被看成是对作为标题的词汇单位(3.8)进行的[解释]说明(3.1)。每个词条都有一个主要标题,即条头(3.6),以及其他一些相关标题内容。诸如西文中词的屈折变化形式、条头在其他语言中的对应形式等内容,都应属于这种"相关标题内容"。各种标题内容和各类解释说明都是构成词条的数据元素。每个元素都有自己的内容模型。多个数据元素组合形成各种复合元素,进而构成无歧义的、可以完全进行计算处理的辞书条目。本章提供了相关数据元素和复合数据元素的清单。清单的内容是开放的，允许用户根据特定的目的进行扩展。

印刷辞书通常利用印刷排版体例（正体/黑体/斜体）、空间位置设定（在前/在后）和标点符号（逗号或分号）来表明词条标题与其解释说明之间的关系。但是在"XmLex 模式"中，

——不会通过元素的位置来表示两个元素之间的关系；

——不会有与排版印刷符号和体例一样的标记。

复合数据元素(3.2)有**块元素**(3.2.1)、**容器元素**(3.2.2)和**组元素**(3.2.3)三种类型，一般用来对条头与其各种解释说明之间的逻辑关系进行编码。这样做的结果，一方面是能够自动生成印刷式的表现形式；另一方面是可以对所有元素间的各种关系进行自动计算处理，用于数据的转换或者把相同的数据再次用于其他场合。如双语辞书中语种顺序的置换、将辞书数据用于翻译软件或词汇数据库等。本标准的这部分内容将：

——描述编制常见词条形式时所需要的数据元素，以及由这些元素组合形成的各种复合元素；对数据元素的描述最大限度地遵循了 ISO 12620:1999 中的规定。一些不在 ISO 12620 之列的"自由数据元素"用户可自行定义，这样允许了对本方法模式的扩展，以便进行有条件的数据交换。

——详细说明一种适用于辞书的形式模型。该形式模型将用"扩展巴克斯-诺尔范式(BNF:Backus-Naur form)"来表述。巴克斯-诺尔范式经常用作对给定语言的句法进行规范描述，且该描述与上下文无关。

——给出通过使用 XML、Xpointer、XSL 和 XHTML 规范技术来实现该形式模型，并对之进行有效性验证的方法。

4.2.1 数据元素

4.2.1.1 词汇单位

表 1 给出了一个典型的辞书条目中应该使用的各种词汇单位类型。第一栏包括信息要素的名称。第二栏给出了该形式模型中所使用的通用标识符。第三栏给出了一个简要的说明；第四栏的内容（如果存在）指示的是附录 A 中第一个有关该信息元素的示例，其中第一个数字是示例编号，第二个数字是代码行号。

表 1 词汇单位类型

名　称	类型标识符	说　明	示例
缩略形式	AbbreviatedForm	通过省略较长形式中的字、词或者字母得到的词汇单位。[根据 ISO 1087-1:2000，定义 3.4.9 改写]	A 7 3
近义词	Analogy	有着与目前的词汇单位的意义有近似之处的词汇单位。[根据 ISO 1087-1:2000，定义 3.4.20 改写]	A 10 4
反义词	Antonym	其概念与目前的词汇单位所代表的概念相反的词汇单位。[根据 ISO 12620:1999，A.10.18.6 改写]	A 5 45
复合短语	CompositionalPhrase	经常重复出现并形成定式的任何词语并置形式，比如搭配、谚语、格言等等	A 4 15
派生	Derivation	词汇单位的形式变化，通常是对词根的修饰或增加词缀，这些改变常意味着词性的变化	A 5 9

表 1（续）

名　称	类型标识符	说　明	示例
例证	Example	代表词汇单位某一意义的用例	A 4 10
假同义词	FalseFriend	一种语言中的一个词汇单位，仅仅与另外一种语言中的一个词汇单位在形式或意义上有相似之处，但是并不代表同一概念	A 15 6
自由内容	FreeTopic	其类型在本标准中没有界定的词汇单位	A 18 5
完整形式	FullForm	一个词汇单位的完整形式，它有一个缩略形式。 [根据 ISO 12620:1999,A.2.1.7 改写]	A 20 3
词目	Headword	引领词条的标题	A 1 4
屈折变化	Inflection	词语形式的变化，以表达不同的语法意义和语法关系	A 22 5
国际科学术语	InternationalScientific-Term	所采纳的符合国际科学命名法的术语。 [根据 ISO 12620:1999.A.2.1.4 改写]	A 39 12
多词单位	MultiWordUnit	由两个或更多的字、词组成，且具有单一个含义的词汇单位	A 1 42
符号	Symbol	用字母、数字、图画文字或其任意组成指明一个概念的名称。 [根据 ISO 12620:1999.A.2.1.13 改写]	A 23 7
同义词	Synonym	与词条的词目代表相同或非常相似概念的词汇单位。 [根据 ISO 12620:1999,A.2.1.2 改写]	A 5 27
翻译对应词	Translation	翻译对应词目的语中的相等的词汇单位	A 1 15
变体	Variant	变体词汇单位的可替换形式之一。 [根据 ISO 12620:1999,A.2.1.9 改写]	A 32 5

4.2.1.2 解释说明

表 2 给出了一个典型的辞书条目中应该使用的各种解释说明类型。第一栏包括信息要素的名称。第二栏给出了该形式模型中所使用的通用标识符。第三栏给出了一个简要的说明；第四栏的内容（如果存在）指示的是附录 A 中第一个有关该信息元素的示例，其中第一个数字是示例编号，第二个数字是代码行号。

表 2　解释说明类型

名　称	类型标识符	说　明	示例
证明	Attestation	证明观察到一个词汇单位的年份或时期	A 11 8
格	Case	表明一个词汇单位与从句或句子中其他词语的语法关系的形式(名词、代词或修饰词)	A 24 7
引文	Citation	引自书籍、文章或文件的词语	A 4 25
补足语	Complement	词汇单位的附属部分(比如英语动词后的介词"to") [根据 ISO 16642:2003,C.4.10.2 改写]	
规范程度	NormativeStatus	具有管理职能的诸如标准机构或政府团体等权威机构所分配地位限定语。 [根据 ISO 12620:1999,A.2.9.1 改写]	A 26 4
注释	Note	与信息集里面的任何其他要素有关的补充信息。 [根据 ISO 12620:1999,A.8 改写]	A 3 24
词性	PartOfSpeech	在语法和语义特征基础上分配给词汇单位的类别。 [根据 ISO 12620:1999,A.2.2.1 改写]	A 1 11
人称	Person	与特定的屈折变化的词汇单位有关的人称(第一人称、第二人称、第三人称)的标示。	A 25 7
发音	Pronunciation	一个词汇单位的发音方式的呈现。 [根据 ISO 12620:1999,A.2.5 改写] 可以用音韵学或音系学的方式呈现出来	A 11 3
应用范围	RangeOfApplication	某一意义的正确范围	A 1 14
语域	Register	分配给词汇单位的、表明其对语言水平的分类。 [根据 ISO 12620:1999,A.2.3.3 改写]	A 24 9
搜索形式	SearchForm	为检索目的而登陆进词条的词汇单位。 [根据 ISO 12620:1999,A.10.6.3 改写]	A 1 16
参见	See	指向一个词目的符号,该词目是当前词目的同义词	A 3 5
参考	SeeAlso	指向相关词目的参见	A 6 19

表 2(续)

名　称	类型标识符	说　明	示例
意义限定语	SenseQualifier	任何关于意义的标示(比喻、文学,旧…)	A 1 45
排序键	SortKey	当词条的顺序没有按字符集指定的顺序时,为了便于排序而加到词条中的词汇单位。	
原语	SourceLanguage	将被翻译成另外一种语言的词汇单位的语言。	A 1 1
亚分类	Subcategorisation	将词汇单位指派为其词性的小类,尤其是跟与其结合的句法要素有关。 注:这种元素仅出现于描述语法信息的容器元素中。	A 21 4
学科领域	SubjectField	人类知识的领域。 [根据 ISO 12620:1999,A.4 改写]	A 2 11
音节划分	Syllabification	反映词语发音的按照音节的划分。 [根据 ISO 12620:1999,A.2.6 改写]	A 34 4
目的语	TargetLanguage	词汇单位翻译成的语言。	A 1 1
时态	Tense	动词的形式的区分,用来表达时间或动作持续或其所指代的状态的区别。	A 31 5

4.2.2 层级结构:辞书和词条

辞书内容是由词条或者嵌套的主副条结构词条所组成。

表 3　高层结构

名　称	类型标识符	说　明	示例
辞书	Dictionary	词条或内词条的集合	A 1 1
词条	Dictionaryentry	见定义 3.4	A 1 2
主副条结构	NestEntry	见定义 3.10	D 1 8

辞书中的词条由一些独立的或者是结合在一些复合元素之中的数据元素组成。

4.2.3 复合元素

4.2.3.1 容器元素

按照 ISO 16642:2003 Annex C.4.5 中给出的定义，容器元素是一种结构，当某个元素须用其他元素来进一步修饰时使用。如一个条头需要有词性、一段引语需要有作者信息、一个符号需要有来源信息等。

示例：

在某德-英对照辞书中有如下内容(选自附录 A——例 23)

F <phys> (unit of capacity : As/V) ● Farad n (F) DIN 1301

虽然其中“Farad”、“n”、“F”和“DIN 1301”等内容在印刷形式上呈线性排列，但是他们之间存在着相互依存关系，即

——Farad 是名词词性

——Farad 的符号是“F”

——符号 F 的文献来源是“DIN 1301”

对这个内容进行编码的结果如下：(选自附录 A——例 23)

```
<TranslationCtn>
  <Translation>Farad</Translation>
  <PartOfSpeech value = 'noun'/>
  <SymbolCtn>
    <Symbol>F</Symbol>
    <Source>DIN 1301</Source>
  </SymbolCtn>
</TranslationCtn>
```

示例中容器元素“<TranslationCtn>……</TranslationCtn>”用来进一步详细说明条头在另一种语言中的对应词目“Farad”；容器元素“<SymbolCtn>……</SymbolCtn>”用来进一步详细说明符号“F”。后者嵌套于前者之中。

4.2.3.2 块元素

印刷辞书通常使用标点符号(逗号或分号)来指明词条中信息元素之间的关系。

示例：用于核心成分的块元素

在某辞书在“dam”条下有如下内容(选自附录 A——例 1)

dam ... *figurative* [*feelings*] refouler, ravaler; [*words*] endiguer

“feelings(感情)”被方括号限定并且出现在两个由一个逗号分开的对应词之前，表示的是“dam”这两个对应词的“适用范围”。最后的分号标示了在“feelings”这个“适用范围”内对应词系列的终止。“[*words*]”表示了另一个“适用范围”描述的开始。

块元素便是用来对这种逻辑关系进行编码的。这种关系使用有核心成分的块元素关系图形表示如下：

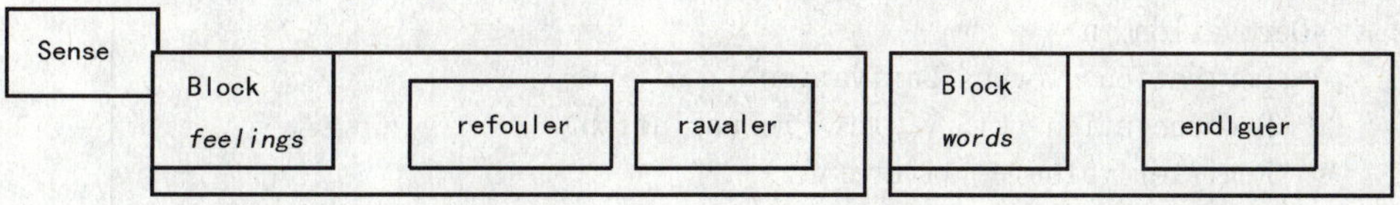

对这个内容进行编码的结果如下：(选自附录 A——例 1)

```
<SenseGroup>
 <SenseQualifier>figurative</SenseQualifier>
   <TranslationBlock>
      <RangeOfApplication>feeling</RangeOfApplication>
         <Translation>refouler</Translation>
         <Translation>ravaler</Translation>
   </TranslationBlock>
   <TranslationBlock>
      <RangeOfApplication>words</RangeOfApplication>
         <Translation>endiguer</Translation>
   </TranslationBlock>
</SenseGroup>
```

在上例中有三个同级的"〈Translation〉"结点，组元素 TranslationBlock 用来把两个具有相同〈RangeOfApplication〉特征的元素组合在一起。

示例：含有容器元素的块元素

cleave [kliv:] *v* (*pt* **cleaved** , **cleft** [kleft], *Lit* **clove** [kl..v]; *pp* **cleaved, cleft**, *Lit* **cloven** ['kl..v(.)n])

上面是原始的辞书词条信息。"cleave"的过去式和过去分词各有三种衍变形式。每种形式都有其发音或语域信息进一步说明。

这种词条信息内容用含有容器元素的块元素关系图表示如下：

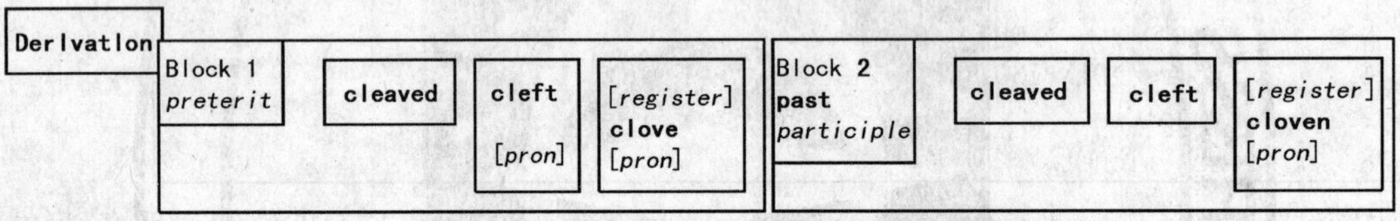

用含有容器元素的块元素对这种词条信息内容进行编码的结果如下：

```
<DerivationBlock>
   <Tense value = 'preterit'/>
   <Derivation>cleaved</Derivation>
   <DerivationCtn>
     <Derivation>cleft</Derivation>
     <Pronunciation>cleft</Pronunciation>
   </DerivationCtn>
   <DerivationCtn>
     <Derivation>clove</Derivation>
     <Pronunciation>[kl..v]</Pronunciation>
     <Register value = 'literary'/>
   </DerivationCtn>
</DerivationBlock>
<DerivationBlock>
   <Tense value = 'pastParticiple'/>
   <Derivation>cleaved</Derivation>
   <Derivation>cleft</Derivation>
   <DerivationCtn>
     <Derivation>cloven</Derivation>
     <Pronunciation>'kl..v(.)n</Pronunciation>
     <Register value = 'literary'/>
   </DerivationCtn>
</DerivationBlock>
```

示例：用于主副条结构信息的块元素

有如下内容：

— **atÈtestable** *adj.*
— **at'testant, at'tester** *or esp. in legal usage* **at'testor, at'testator** *n.*
— **attestation** (Çæt ε ÈsteIS«n) *n.*

这种词条信息内容块元素关系图表示如下：

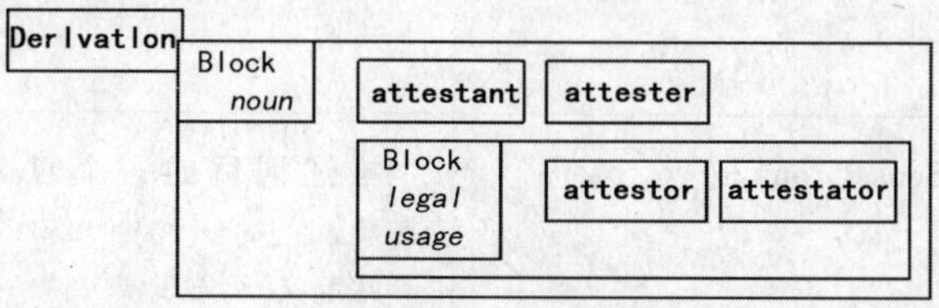

块元素〈DerivationBlock〉用来把元素〈PartOfSpeech〉和四个〈Derivation〉元素联系在一起。另一个嵌套的块元素〈DerivationBlock〉把最后两个〈Derivation〉元素和其公用的一个〈RangeOfApplication〉元素组成一组。

对上述词条信息内容进行编码的结果如下：

```
<DerivationBlock>
  <PartOfSpeech value = 'noun'/>
  <Derivation>at<Stress/>testant</Derivation>
  <Derivation>at<Stress/>tester</Derivation>
  <DerivationBlock>
   <RangeOfApplication>esp. in legal usage</RangeOfApplication>
     <Derivation>at<Stress/>testor</Derivation>
     <Derivation>at<Stress/>testator</Derivation>
  </DerivationBlock>
</DerivationBlock>
```

XmLex 模式中，为短语、主副条内容、词目、屈折变化等几项内容定义了块元素。

4.2.3.3 组元素

一个组元素可以由若干独立的数据元素、容器元素和块元素集合而成。

组元素是复合元素，用来表示有鲜明重复性特征信息内容集合。如一个词条的多个义项。

示例：

有如下内容：(来自附录 A——节自例 3)

pneumatophore 1. *(Bot)* Pneumatophor *n,* Atemwurzel *f;* 2. *(Zoo)* Pneumatophor *n,* Schwimmglocke *f,* Gasflasche *f (der Siphonophoren)*

对上述词条信息内容进行编码的结果如下：

```
<SenseGroup>
  <SubjectField>Bot</SubjectField>
  <TranslationCtn>
     <Translation>Pneumatophor</Translation>
     <PartOfSpeech value = 'noun'/>
  </TranslationCtn>
</SenseGroup>
<SenseGroup>
  <SubjectField>Zoo</SubjectField>
  <TranslationCtn>
     <Translation>Pneumatophor</Translation>
     <PartOfSpeech value = 'noun'/>
  </TranslationCtn>
</SenseGroup>
```

示例中根据学科领域，该词目有两个义项。每个义项都使用一个义项组元素〈SenseGroup〉来描述。

表 4 组元素一览表

名 称	类型标识符	说 明	示例
同形异义词语组	HomographGroup	描述同形异义词的分组要素	A 1 10
描述同形词异义词的分组要素。	SenseGroup	描述词目的一个意义的分组要素。 见定义 3.2.3	A 1 12

4.3 词条的形式结构

4.3.1 高层结构的形式语法

一个词条一般由以下内容构成：

——一个或多个主要词汇单位(即词目)及其相关词汇单位(词性、发音、拼写变体、派生词,等等)；

——对词目的每个意义的描述,以及与该意义相关的词汇单位的描述(短语、多词单位、对应词、同义词等等)。

当一个词目有彼此差异很大的多个义项时,该词条可以为每个同形异义词分出一个次一级的词条,或者就每个义项产生一个新词条(带有同形异义词编号)。

也可以把几个词条组织在某种特殊的嵌套形式中,从而把相关的词目汇编形成压缩版辞书。

这种词条形式模型的描述方式是根据 eBNF 范式来建立的：

——端位描述符是不带限制符的名称,要在其使用前定义；

——各种端位描述符均被“〈〉”限定；

——“{}”表示 0 个、1 个或多个；

——“[]”表示 0 个或 1 个；

——“+”表示 1 个或多个。

以下内容应予以重视：

——某项规则的描述中,数据元素的顺序并没有什么意义,如在容器元素中那些可替换的起进一步修饰作用的元素,可以出现在被修饰元素之前或之后；

——以“Value(值)”结尾的端位描述符如〈GrammaticalGenderValue〉,或者以“Type(类型)”结尾的端位描述符如〈HeadwordType〉,没有在本标准中予以定义；这类元素的允许值内容应参见 ISO 12620:1999 或 ISO/TC37/ Data Category Registry；这里所说的 Value(值)是指某数据元素允许值的清单。如〈GrammaticalGenderValue〉的值会包括“masculine”“feminine”“neuter”等；“Type(类型)”给出的是关于某元素特性的附加信息,如〈HeadwordType〉元素会列举出条头所属的各种可能类型,比如普通名词、专名、前缀、后缀、地名等等；本模型在具体实现时,用户应允许添加使用适合自己需要的一些类型或允许值；

——描述引文的元素(CitationCtn)也没有在这里进行定义,该元素的各种组成要素应符合 ISO 15836 或 ISO 12615 中的规定。

1	〈Dictionary〉::= 〈generalQualifiers〉 [sourceLanguage] [targetLanguage] {〈DictionaryEntry〉|〈NestEntry〉|〈Insert〉}

2	〈NestEntry〉::= 〈generalQualifiers〉 [sourceLanguage] [targetLanguage] {〈DictionaryEntry〉}
3	〈DictionaryEntry〉::= [sortKey] [sourceLanguage] [targetLanguage] [homographNumber] 〈generalQualifiers〉 (Headword|HeadwordCtn|HeadwordBlock)+ {HomographGroup}|{SenseGroup} {MultiWordUnitCtn|CompositionalPhraseCtn| {〈AdministrativeInformation〉}
4	〈HomographGroup〉::= 〈generalQualifiers〉 [Headword|HeadwordCtn|HeadwordBlock] {〈CoreComments〉|〈SenseGroup〉} {〈RelatedTopics〉}
5	〈SenseGroup〉::= 〈generalQualifiers〉 [senseNumber] [targetLanguage] {〈CoreComments〉| 〈RelatedTopics〉| 〈SenseGroup〉} (See|SeeCtn)
6	〈RelatedTopic〉::= {AbbreviatedForm|〈AbbreviatedFormCtn〉Analogy|〈AnalogyCtn〉|〈AnalogyBlock〉|Antonym|〈AntonymCtn〉 Citation|〈CitationCtn〉| CompanySpecificUsage|CompanySpecificUsageCtn| CompositionalPhrase|〈CompositionalPhraseCtn〉|〈CompositionalPhraseBlock〉| Derivation|〈DerivationCtn〉|〈DerivationBlock〉| Example|〈ExampleCtn〉|FalseFriend|〈FalseFriendCtn〉|FreeTopic|〈FreeTopicCtn〉|FullForm|〈FullForm-Ctn〉|Homonym|HomonymCtn| Inflection|〈InflectionCtn〉|〈InflectionBlock〉|InternationalScientificTerm|〈InternationalScientificTermCtn〉| MultiWordUnit|〈MultiWordUnitCtn〉|〈MultiWordUnitBlock〉|ProprietaryRestriction|ProprietaryRestric-tionCtn| Synonym|〈SynonymCtn〉|〈SynonymBlock〉|Translation|〈TranslationCtn〉|〈TranslationBlock〉|Variant| 〈VariantCtn〉}

7	〈HeadwordCtn〉∷=〈generalQualifiers〉Headword {〈CoreComments〉|〈RelatedTopics〉}
8	〈HeadwordBlock〉∷=〈generalQualifiers〉(Headword|HeadwordCtn)+ {〈CoreComments〉}
9	〈MultiWordUnitCtn〉∷=〈generalQualifiers〉MultiWordUnit+{〈CoreComments〉|〈RelatedTopics〉}{〈SenseGroup〉}
10	〈CompositionalPhraseCtn〉∷=〈generalQualifiers〉CompositionalPhrase+ {〈CoreComments〉|〈RelatedTopics〉}{〈SenseGroup〉}
11	〈LinguisticComment〉∷=Attestation|〈AttestationCtn〉|Case|〈CaseCtn〉|Complement|〈ComplementCtn〉|Display| Etymology|〈EtymologyCtn〉|Formation|〈FormationCtn〉|Formula|〈FormulaCtn〉|Frequency|〈FrequencyCtn〉| GeographicalUsage|〈GeographicalUsageCtn〉|GrammaticalGender|〈GrammaticalGenderCtn〉| GrammaticalNumber|〈GrammaticalNumberCtn〉|GrammaticalPattern|GrammaticalPatternCtn| GuidePhrase|〈GuidePhraseCtn〉|Mood|〈MoodCtn〉|NormativeStatus|〈NormativeStatusCtn〉| PartOfSpeech|〈PartOfSpeechCtn〉|Person|〈PersonCtn〉|Pronunciation|〈PronunciationCtn〉| RangeOfApplication|〈RangeOfApplicationCtn〉|Register|〈RegisterCtn〉|SearchForm|〈SearchFormCtn〉| Syllabification|〈SyllabificationCtn〉|Symbol|〈SymbolCtn〉| TypicalComplement|TypicalComplementCtn|Tense|〈TenseCtn〉|UsageNote|〈UsageNoteCtn〉
12	〈SemanticComment〉∷=Definition|〈DefinitionCtn〉|SenseIndicator|SenseIndicatorCtn|SenseQualifier|〈SenseQualifierCtn〉|SubjectField|〈SubjectFieldCtn〉
13	〈CoreComments〉∷={〈LinguisticComments〉|〈SemanticComments〉|〈CrossReferences〉|〈FreeElements〉|〈GeneralElements〉|〈AdministrativeInformations〉}
14	〈CrossReferences〉∷=SeeAlso
15	〈AdministrativeInformation〉∷=Origination|Modification
16	〈FreeElements〉∷=FreeComment|〈FreeCommentCtn〉
17	〈GeneralElements〉∷=Note|〈NoteCtn〉|Source|〈SourceCtn〉
18	〈ContainerComplement〉∷=〈FreeElements〉|〈GeneralElements〉
19	〈generalQualifiers〉∷=[id] [class] [style] [xml:lang] [documentSize] [display]

4.3.2 用于其他词汇单位的容器元素的形式语法

20	〈AbbreviatedFormCtn〉∷=〈generalQualifiers〉AbbreviatedForm {〈CoreComments〉|〈RelatedTopics〉}

21	〈AnalogyCtn〉∷=〈generalQualifiers〉Analogy{〈CoreComments〉|〈RelatedTopics〉}
22	〈AntonymCtn〉∷=〈generalQualifiers〉Antonym{〈CoreComments〉|〈RelatedTopics〉}
23	〈DerivationCtn〉∷=〈generalQualifiers〉Derivation{〈CoreComments〉|〈RelatedTopics〉}
24	〈ExampleCtn〉∷=〈generalQualifiers〉Example{〈CoreComments〉|〈RelatedTopics〉}
25	〈FalseFriendCtn〉∷=〈generalQualifiers〉FalseFriend{〈CoreComments〉|〈RelatedTopics〉}
26	〈FreeTopicCtn〉∷=〈generalQualifiers〉FreeTopic{〈CoreComments〉|〈RelatedTopics〉}
27	〈FullFormCtn〉∷=〈generalQualifiers〉FullForm{〈CoreComments〉|〈RelatedTopics〉}
28	〈InflectionCtn〉∷=〈generalQualifiers〉Inflection{〈CoreComments〉|〈RelatedTopics〉}
29	〈InternationalScientificTermCtn〉∷=〈generalQualifiers〉InternationalScientificTerm{〈CoreComments〉|〈RelatedTopics〉}
30	〈SearchFormCtn〉∷=〈generalQualifiers〉SearchForm{〈CoreComments〉|〈RelatedTopics〉}
31	〈SynonymCtn〉∷=〈generalQualifiers〉Synonym{〈CoreComments〉|〈RelatedTopics〉}
32	〈TranslationCtn〉∷=〈generalQualifiers〉Translation{〈CoreComments〉|〈RelatedTopics〉}
33	〈VariantCtn〉∷=〈generalQualifiers〉Variant{〈CoreComments〉|〈RelatedTopics〉}

4.3.3 块元素的形式语法

34	〈AnalogyBlock〉∷=〈generalQualifiers〉(Analogy|AnalogyCtn〉|〈AnalogyBlock〉)+{〈CoreComments〉}
35	〈CompositionalPhraseBlock〉∷=〈generalQualifiers〉(CompositionalPhrase|〈CompositionalPhraseCtn〉|〈CompositionalPhraseBlock〉)+{〈CoreComments〉}
36	〈DerivationBlock〉∷=〈generalQualifiers〉(Derivation|〈DerivationCtn〉|〈DerivationBlock〉)+{〈CoreComments〉}

37	〈HeadwordBlock〉∷=〈generalQualifiers〉(Headword|〈HeadwordCtn〉|〈HeadwordBlock〉)+{〈CoreComments〉}
38	〈InflectionBlock〉∷=〈generalQualifiers〉(Inflection|〈InflectionCtn〉|〈InflectionBlock〉)+{〈CoreComments〉}
39	〈MultiWordUnitBlock〉∷=〈generalQualifiers〉(MultiWordUnit|〈MultiWordUnitCtn〉|〈MultiWordUnitBlock〉)+{〈CoreComments〉}
40	〈SynonymBlock〉∷=〈generalQualifiers〉(Synonym|〈SynonymCtn〉|〈SynonymBlock〉)+{〈CoreComments〉}
41	〈TranslationBlock〉∷=〈generalQualifiers〉(Translation|〈TranslationCtn〉|〈TranslationBlock〉)+{〈CoreComments〉}
42	〈VariantBlock〉∷=〈generalQualifiers〉(Variant|〈VariantCtn〉|〈VariantBlock〉)+{〈CoreComments〉}

4.3.4 用于其他解释说明的容器元素的形式语法

43	〈AttestationCtn〉∷=〈generalQualifiers〉Attestation{〈ContainerComplement〉}
44	〈CaseCtn〉∷=〈generalQualifiers〉Case{Example|ExampleCtn|〈ContainerComplement〉}
45	〈DefinitionCtn〉∷=〈generalQualifiers〉Definition{〈ContainerComplement〉}
46	〈EtymologyCtn〉∷=〈generalQualifiers〉Etymology{〈ContainerComplement〉}
47	〈FormulaCtn〉∷=〈generalQualifiers〉Formula [Source]〈InflectionCtn〉∷=Inflection{〈LinguisticComment〉}
48	〈FreeCommentCtn〉∷=〈generalQualifiers〉FreeComment{〈CoreComments〉}
49	〈FrequencyCtn〉∷=〈generalQualifiers〉Frequency{〈ContainerComplement〉}
50	〈GeographicalUsageCtn〉∷=〈generalQualifiers〉GeographicalUsage{〈ContainerComplement〉}
51	〈GuidePhraseCtn〉∷=〈generalQualifiers〉GuidePhrase{〈ContainerComplement〉}
52	〈GrammaticalGenderCtn〉∷=〈generalQualifiers〉GrammaticalGender{〈ContainerComplement〉}
53	〈GrammaticalNumberCtn〉∷=〈generalQualifiers〉GrammaticalNumber{〈ContainerComplement〉}
54	〈GrammaticalPatternCtn〉∷=〈generalQualifiers〉GrammaticalPattern{〈ContainerComplement〉}
55	〈InsertCtn〉∷=〈generalQualifiers〉Insert{〈ContainerComplement〉}

56	〈MoodCtn〉∷=〈generalQualifiers〉Mood{Example|ExampleCtn|〈ContainerComplement〉}
57	〈NormativeStatusCtn〉∷=〈generalQualifiers〉NormativeStatus {〈ContainerComplement〉}
58	〈NoteCtn〉∷=〈generalQualifiers〉Note{〈ContainerComplement〉}
59	〈PartOfSpeechCtn〉∷=〈generalQualifiers〉PartOfSpeech [Subcategorisation|SubcategorisationCtn] [GrammaticalGender] [GrammaticalNumber] {〈ContainerComplement〉}
60	〈PersonCtn〉∷=〈generalQualifiers〉Person{Example|ExampleCtn|〈ContainerComplement〉}
61	〈PronunciationCtn〉∷=〈generalQualifiers〉Pronunciation {〈ContainerComplement〉}
62	〈RegisterCtn〉∷=〈generalQualifiers〉Register{〈ContainerComplement〉}
63	〈RangeOfApplicationCtn〉∷=〈generalQualifiers〉RangeOfApplication {〈ContainerComplement〉}
64	〈SeeCtn〉∷=〈generalQualifiers〉See{Corecomments}(HomographNumber)(SenseNumber){〈ContainerComplement〉}
65	〈SenseIndicatorCtn〉∷=〈generalQualifiers〉SenseIndicator {〈ContainerComplement〉}
66	〈SenseQualifierCtn〉∷=〈generalQualifiers〉SenseQualifier {〈ContainerComplement〉}
67	〈SourceCtn〉∷=〈generalQualifiers〉Source{〈ContainerComplement〉}
68	〈SubcategorisationCtn〉∷=〈generalQualifiers〉Subcategorisation {〈ContainerComplement〉[SubcategorisationCtn]}
69	〈SubjectFieldCtn〉∷=〈generalQualifiers〉SubjectField {〈ContainerComplement〉}
70	〈SyllabificationCtn〉∷=〈generalQualifiers〉Syllabification {〈ContainerComplement〉}
71	〈SymbolCtn〉∷=〈generalQualifiers〉Symbol{Source } {〈ContainerComplement〉}
72	〈TenseCtn〉∷=〈generalQualifiers〉Tense{Example|ExampleCtn|〈ContainerComplement〉}
73	〈TypicalComplementCtn〉∷=〈generalQualifiers〉TypicalComplement {〈ContainerComplement〉}
74	〈UsageNoteCtn〉∷=〈generalQualifiers〉UsageNote{〈CoreComments〉}

4.3.5 用于词汇单位的形式语法

75	〈AbbreviatedForm〉::=〈generalQualifiers〉[AbbreviatedFormType]〈CoreComponentContent〉
76	〈Analogy〉::=〈generalQualifiers〉〈CoreComponentContent〉
77	〈Antonym〉::=〈generalQualifiers〉[AntonymType]〈CoreComponentContent〉
78	〈Citation〉::=〈generalQualifiers〉[CitationType]〈CoreComponentContent〉
79	〈CompositionalPhrase〉::=〈generalQualifiers〉〈CompositionalPhraseType〉〈CoreComponentContent〉
80	〈Derivation〉::=〈generalQualifiers〉[DerivationType]〈CoreComponentContent〉
81	〈Example〉::=〈generalQualifiers〉[ExampleType] [correctness] [CollocatorType]〈CoreComponentContent〉
82	〈FalseFriend〉::=〈generalQualifiers〉[FalseFriendType] [targetLanguage]〈CoreComponentContent〉
83	〈FreeTopic〉::=〈generalQualifiers〉FreeTopicType〈CoreComponentContent〉
84	〈FullForm〉::=〈generalQualifiers〉[FullFormType]〈CoreComponentContent〉
85	〈Headword〉::=〈generalQualifiers〉[HeadwordType]〈CoreComponentContent〉
86	〈Inflection〉::=〈generalQualifiers〉[InflectionType]〈CoreComponentContent〉
87	〈MultiWordUnit〉::=〈generalQualifiers〉〈MultiWordUnitType〉〈CoreComponentContent〉
88	〈SearchForm〉::=〈generalQualifiers〉[SearchFormType]〈CoreComponentContent〉
89	〈Synonym〉::=〈generalQualifiers〉[SynonymType]〈CoreComponentContent〉
90	〈Translation〉::=〈generalQualifiers〉〈TranslationType〉| [targetLanguage]〈CoreComponentContent〉
91	〈Variant〉::=〈generalQualifiers〉[VariantType]〈CoreComponentContent〉

4.3.6 用于解释说明内容的形式语法

92	〈Attestation〉::=〈generalQualifiers〉〈CoreComponentContent〉
93	〈Case〉::=〈generalQualifiers〉〈CaseValue〉
94	〈CompanySpecificUsage〉::=〈generalQualifiers〉〈CoreComponentContent〉
95	〈Definition〉::=〈generalQualifiers〉[DefinitionType]〈CoreComponentContent〉
96	〈Display〉::=〈generalQualifiers〉〈CoreComponentContent〉
97	〈Etymology〉::=〈generalQualifiers〉〈CoreComponentContent〉
98	〈Formation〉::=〈generalQualifiers〉〈CoreComponentContent〉
99	〈Formula〉::=〈generalQualifiers〉〈CoreComponentContent〉

100	〈FreeComment〉∷=〈generalQualifiers〉FreeCommentType〈CoreComponentContent〉
101	〈Frequency〉∷=〈generalQualifiers〉〈FrequencyValue〉
102	〈GeographicalUsage〉∷=〈generalQualifiers〉〈GeographicalUsageType〉〈CoreComponentContent〉
103	〈GuidePhrase〉∷=〈generalQualifiers〉〈CoreComponentContent〉
104	〈GrammaticalGender〉∷=〈generalQualifiers〉〈GrammaticalGenderValue〉
105	〈GrammaticalNumber〉∷=〈generalQualifiers〉〈GrammaticalNumberValue〉
106	〈GrammaticalPattern〉∷=〈generalQualifiers〉〈CoreComponentContent〉
107	〈Insert〉∷=〈generalQualifiers〉[InsertType]〈CoreComponentContent〉
108	〈Mood〉∷=〈generalQualifiers〉〈MoodValue〉
109	〈NormativeStatus〉∷=〈generalQualifiers〉〈NormativeStatusValue〉
110	〈Note〉∷=〈generalQualifiers〉〈CoreComponentContent〉
111	〈PartOfSpeech〉∷=〈generalQualifiers〉〈PartOfSpeechValue〉
112	〈Person〉∷=〈generalQualifiers〉〈PersonValue〉
113	〈Pronunciation〉∷=〈generalQualifiers〉[scheme]〈CoreComponentContent〉
114	〈ProprietaryRestriction〉∷=〈generalQualifiers〉〈ProprietaryRestrictionValue〉
115	〈Register〉∷=〈generalQualifiers〉〈RegisterValue〉
116	〈RangeOfApplication〉∷=〈generalQualifiers〉[RangeOfApplicationType]〈CoreComponentContent〉
117	〈See〉∷=〈generalQualifiers〉〈CoreComponentContent〉
118	〈SeeAlso〉∷=〈generalQualifiers〉〈CoreComponentContent〉
119	〈SenseIndicator〉∷=〈generalQualifiers〉〈CoreComponentContent〉
120	〈SenseQualifier〉∷=〈generalQualifiers〉〈CoreComponentContent〉
121	〈Source〉∷=〈generalQualifiers〉〈CoreComponentContent〉
122	〈Subcategorisation〉∷=〈generalQualifiers〉〈CoreComponentContent〉
123	〈SubjectField〉∷=〈generalQualifiers〉[scheme]〈CoreComponentContent〉
124	〈Syllabification〉∷=〈generalQualifiers〉〈CoreComponentContent〉
125	〈Symbol〉∷=〈generalQualifiers〉〈CoreComponentContent〉
126	〈Tense〉∷=〈generalQualifiers〉〈TenseValue〉
127	〈TypicalComplement〉∷=[typicalComplementType]〈generalQualifiers〉〈CoreComponentContent〉
128	〈UsageNote〉∷=〈generalQualifiers〉[UsageNoteType]〈CoreComponentContent〉
129	〈Voice〉∷=〈generalQualifiers〉〈VoiceValue〉

4.4 内容模式

4.4.1 内容元素

一个数据元素的内容是一个混合体，包括：

——简单的文本；

——"内嵌元素"(见4.4.2)。内嵌元素可以是内容中出现的数据元素(比如〈Example〉元素)，也可以是该内容专有的数据元素(如〈HiddenEntry〉)；

——"基本元素"(见4.4.3)。基本元素是通用的，如〈Unit〉、〈Quantity〉等元素；

——表现形式元素。如来自XHTML的b、br、div、h1、h2、……、img、ol、p、span、sub、sup、table、ul、……；

——指针元素(见4.4.4)。

4.4.2 内嵌元素

表5 内嵌元素类型

名　称	类型标识符	说　明	示例
增补	Addendum	为其易于理解而附加在熟语(引文、格言等等)上的文本	
可选项	Alternative	词目的组成部分，表明在两个或更多组成部分之间选择的可能性	A 9 2
搭配	Collocator	词目的补充性组成部分，是短语的组成部分	A 12 2
被承担的术语	EntailedTerm	定义出现在另一个词条中的词汇单位	A 27 3
外语文本	ForeignText	与周围文本语言不同的语言中的词语、短语或者扩展的文本[引自ISO 12620:1999,A.10.8.]	A 5 6
片段	Fragment	嵌入元语篇的词汇单位的小部分	A 1 5
自由内容	FreeContent	用在信息要素内容中的自由要素	
注释	Gloss	任何评述	A 4 13
隐含词条	HiddenEntry	描述性要素中的上下文的(非词目的)词	A 18 13
同词异义词编号	HomographNumber	一个与同词异义词的描述单位有关的数字	A 30 3
可选部分	Optional	词汇单位的可选部分	A 1 15

表 5（续）

名　称	类型标识符	说　明	示例
前缀	Prefix	加在词语前面以产生派生词或屈折变化形式的词缀	A 8 3
重复符号	RepeatSymbol	代替词条中最后一个词汇单位的替代性成分	A 12 2
义项数码	SenseNumber	给予意义的描述单位的一个数码	A 30 4
词干	Stem	词语的附加词缀的主要部分	
后缀	Suffix	加在词尾的词缀，用来形成新词或用作屈折变化的词尾	A 8 3
URI	URI	统一资源标示符 Uniform Resource Identifiers（URIs, also known as URLs) are short strings that identify resources in the web: documents, images, downloadable files, services, electronic mailboxes and other resources	
url	Url	统一资源定位地址 Physical address of an object which is retrievable using protocols already deployed on the net	

4.4.3　基本元素

基本元素相当于传统的量和单位那样的信息片段，可以普遍使用并且能出现在一个文本或内嵌元素中的任何地方。

表 6　基本元素类型

名　称	类型标识符	说　明	示例
连字符	Hyphen	连字符(Hyphen)用来分开一些复合词、用来连接短语中的词语、并且存在于书写或印刷中两行之间分开的一个单词中	A 4 4
量	Quantity	一种现象、一个实体或一种物质的特征，可以在数量上进行区别并在数量上得以确定	A 33 4
范围	Range	在其中可以测量一个数量的一组限量之间的关系，可以通过说明较低或较高范围值来表达	A 29 1
重音	Stress	表明通过发出比其前后音节更大声音加以强调的一个要素	A 4 4

表 6（续）

名　　称	类型标识符	说　　明	示例
单位	Unit	传统界定和采纳的特定量，其他同类的量用来进行比较，以便表达其相对于那一量的量值	
word	Word	词汇单位的固定图形单元（Autonomous graphical unit part of a lexical unit.）	

表 7　内嵌和基本容器元素类型

名　　称	类型标识符	说　　明	示例
隐含词条容器	HiddenEntryCtn	进一步说明〈HiddenEntry〉元素的容器	A 13 4
词语容器	WordCtn	详细描述〈Word〉元素的容器	

4.4.4　指针元素

“指针元素”用来在辞书中两个位置之间建立联系的一种元素。它需要至少两部分信息：

1）　展示给用户的提示信息；

2）　被指示的指定目标位置的地址。

表 8　指针元素类型

名　　称	类型标识符	说　　明	示例
指针元素	Ptr	在信息搜集过程中用来指引用户到另外一个相关位置的领域或记录，比如另外一个记录。 [根据 ISO 12620:1999，A.10.18 改写]	A 3 5

示例：词条参见信息的处理（附录 A——例 3）

```
1. <DictionaryEntry id ='LEX_ex.9-1'>
2.     <Headword>aerating root</Headword>
3.     <See>
4.     <Ptr xlink:href = 'LEX_ex.9-4'> pneumatophore<SenseNumber>2</SenseNumber>
5.     </Ptr>
6.     </See>
7. </DictionaryEntry>
8.
9. <DictionaryEntry identifier ='LEX_ex.9-4'>
10.    <Headword>pneumatophore</Headword>
11.    <SenseGroup targetLanguage = 'de' identifier = 'pneumatophoreSense1'>
```

第一个词条“LEX ex. 9-1”中的指针元素〈Ptr〉……〈/Ptr〉指向另一个词条“LEX ex. 9-4”。

4.4.5　隐含词条的形式语法

130	〈HiddenEntryCtn〉::=〈generalQualifiers〉{〈CoreComments〉|〈RelatedTopics〉}
131	〈WordCtn〉::=〈generalQualifiers〉{〈CoreComments〉|〈RelatedTopics〉}

4.4.6　数据类目内容的形式语法

132	〈CoreComponentContent〉::=〈inline〉|〈flow〉

133	〈inline〉∷=
	{
	text|Ptr|
	〈embeddedElement〉|
	〈basicElement〉|
	〈presentationalInlineElement〉|
	a
	}

134	〈Ptr〉∷=〈xlinkAttributes〉〈Prompt〉
135	〈xlinkAttributes〉∷=type href [role] [arcrole] [title] [show]

136	〈Prompt〉∷=
	{
	text|
	〈embeddedElement〉|
	〈basicElement〉|
	〈presentationalInlineElement〉
	}

137	〈flow〉∷=
	{
	〈inline〉|
	〈presentationalBlockElement〉
	}

138	〈basicElement〉∷=Hyphen|Quantity|Range|Stress|Unit|Word|WordCtn
139	〈embeddedElement〉∷=AbbreviatedForm|AlternativeScripting|Case|CitationCtn|CompanySpecificUsage|Example|Formula|Frequency|FullForm|GeographicalUsage|GrammaticalGender|GrammaticalNumber|GrammaticalPattern|Inflection|InternationalScientificTerm|Mood| NormativeStatusCtn|PartOfSpeech|Person|Pronunciation|PronunciationCtn|ProprietaryRestriction|RangeOfApplication|Register|SeeAlso| SenseNumber|Symbol|SymbolCtn|TemporalRestriction|TemporalUsage|Tense|UsageNote|Voice|
140	〈EntailedTermCtn〉∷EntailedTerm{SenseNumber}
141	〈HiddenEntryCtn〉∷=HiddenEntry{〈LinguisticComment〉|〈SemanticComment〉|〈CrossReference〉}
142	〈WordCtn〉∷=Word{〈LinguisticComment〉|〈SemanticComment〉|〈CrossReference〉}
143	〈presentationalBlockElement〉∷=ol|p|table|ul
144	〈presentationalInlineElement〉∷=a|img|span

145	〈embeddedElementContent〉∷=
	{
	text|
	〈presentationalInlineElement〉|
	〈basicElement〉
	}

146	〈basicElementContent〉∷=
	{
	text|
	〈basicElement〉|
	〈presentationalInlineElement〉
	}

4.5 通用限定修饰符

各种结构元素、数据元素、和其他类型的元素，都有相应的 XHTML(class，style，xml：lang)和 documentSize 限定修饰符。这些限定修饰符的作用是指明元素所属辞典的规模类型(大型、中型、缩编版等)以及控制元素所携带的信息内容表现形式的现实特征。

5 词条的排版

5.1 版面格式

5.1.1 概述

需要使用一种或多种版面格式将取决于词条的载体媒介种类。文本格式编排方法(见 5.1.2)和印刷体例方法(见 5.1.2)，可以在使用各种媒介的情况下用于区别词条要素。对双语或多语辞书(见 5.1.2.3)特别推荐使用表单形式。对电子媒介来说，信息库模板可以作为一种特定呈现形式使用。

5.1.2 辞书版面格式方法

5.1.2.1 文本格式编排方法

表 9 文本格式编排方法

格式特征	格式编排选择示例
字型(Type family)	使用不同的字型(如 serif typefaces 和 sans-serif typefaces)
字号(Point size)	字的大小
字体(Point size)	light Roman type，light italic，semibold Roman type，semibold italic (正体、斜体等)
颜色(colour)	用不同颜色突出显示
样式(style)	上、下脚标，大、小写

5.1.2.2 印刷符号

表 24 种所列出的印刷符号，只对其符号功能进行了描述，并没有涉及符号的形态写法。

不同的文字有着不同的符号形态写法。如拉丁语“；”表示的是“分号”。但是，在希腊语中他表示的是“问号”。换言之，拉丁语中的“分号”应印成“；”而希腊语中则应印成“·”。

表 10 印刷符号

印刷符号	印 刷 特 征
逗号	分开词条要素
分号	分开词条要素
冒号	联系词条要素
斜线	联系词条要素 表明可选项
编号	划分较大的信息段
各种括号	用来标出词条的各种信息元素(包括圆括号、方括号、尖括号和花括号等)

表 10（续）

印刷符号	印　刷　特　征
符号	标出词条元素(labelling of entry elements)
右上角标	区分等同的词条元素

5.1.2.3　**表单形式**

可以使用表格对词条中的各种数据元素进行结构化，例如双语或多语辞典中不同语言的信息数据按不同的列排列，每列应有明显的标题等……

列在表格单元格中的词条数据元素，应按照此前两节描述的内容作进一步的形式处理。

5.2　缩简方式

5.2.1　通用缩写形式

在一部辞书中通用的缩写形式应清晰可辨、意义明确（一般在用法说明或辞书凡例中予以说明）。缩写形式应尽可能直观地反映出其所代表的含义，避免让读者反复查找其用法说明。

应尽量使用标准文件中定义的并与辞书的目标读者相适应的缩写形式。

5.2.2　重复条头的简化

印刷版辞书中，词目需要多次重复出现时可以对其进行简化。在辞书信息库中，特别是对需要用于排序检索的数据类目，则应避免简化。

词条词目的简化，可以对词目的部分内容进行，多词构成的术语可以简化其中的一些词。对于多词构成的术语，词之间的界限应很清晰，并且应避免使简化的形式和词目通用的缩写形式混淆。

5.2.3　省略替代符号

省略替代符号，通常是波浪号"～"或全身线"－"可以在印刷版辞书中使用，以节省版面。在辞书信息库中，特别是对需要用于排序检索的数据类目，则应避免使用省略替代符号。

省略替代符号可以替代词目的部分内容，多词构成的术语中可以替代其中的一些词。对于多词构成的术语，词之间的界线应很清晰，并且应避免因使用省略替代符号而产生的歧义。使简化的形式和词目通用的缩写形式混淆。

有时，符号"~̊"用来表示首字符的大小写改变。

5.2.4　副词条和派生词条

在印刷辞书中，可以构建副词条和派生词条：几个词条可以组合成一个段落，以便节省空间。这样，词目就不一定在新一行的起始处印刷，而是可以出现在同一个段落中。

在使用电子模式时可能应避免构建副词条和派生词条的做法。

附　录　A
（资料性附录）
词条编码实例

本标准中作为示例使用的词条，仅仅是为了说明使用可扩展置标语言XML来表现词条数据元素的原理和方法，其内容的准确程度、编排上的问题等均与本标准无关。这里所使用的文件形式定义（DTD）只是本标准第四章中所描述的形式模型在具体实现完成时的可能方案之一，完全是资料性参考内容。有关该文件形式定义（DTD）更多的内容以及相关测试文件可以到 http://www.genetrix.org/common/XmLex/readme.html获取。

A.1　完整词条

例 1　双语通用辞书中的词条

dam [dæm], (past tense & past participle **dammed**, continuous form **damming**)

dam noun

* [barrier] barrage *m* (de retenue)

* [reservoir] réservoir *m*

* [animal] mère *f*

dam transitive verb

construire un barrage sur

dam up

separable transitive verb

* *literal* construire un barrage sur

* *figurative* [feelings] refouler, ravaler;

[words] endiguer

编码

1. 〈Dictionary sourceLanguage='en' targetLanguage='fr'〉
2. 〈DictionaryEntry identifier='LEX_ex.1'〉
3. 〈HeadwordCtn〉
4. 〈Headword〉dam〈/Headword〉
5. 〈GrammaticalNote〉past tense & past participle〈Fragment〉dammed〈/Fragment〉, continuous form〈Fragment〉damming〈/Fragment〉〈/GrammaticalNote〉
6. 〈PronunciationCtn〉
7. 〈Pronunciation〉d＄ph40;m〈/Pronunciation〉
8. 〈/PronunciationCtn〉
9. 〈/HeadwordCtn〉
10. 〈HomographGroup〉
11. 〈PartOfSpeech value='noun'/〉
12. 〈SenseGroup〉
13. 〈TranslationCtn〉

14. <SenseIndicator>barrier</SenseIndicator>
15. <Translation>barrage<GrammaticalGender value='masculine'/><Optional>de retenue</Optional></Translation>
16. <SearchForm>barrage</SearchForm>
17. <SearchForm>barrage de retenue</SearchForm>
18. </TranslationCtn>
19. </SenseGroup>
20. <SenseGroup>
21. <TranslationCtn>
22. <SenseIndicator>reservoir</SenseIndicator>
23. <Translation>réservoir<GrammaticalGender value='masculine'/></Translation>
24. </TranslationCtn>
25. </SenseGroup>
26. <SenseGroup>
27. <TranslationCtn>
28. <SenseIndicator>animal</SenseIndicator>
29. <Translation>mère<GrammaticalGender value='feminine'/></Translation>
30. </TranslationCtn>
31. </SenseGroup>
32. </HomographGroup>
33. <HomographGroup>
34. <PartOfSpeech freeValue='transitive verb'/>
35. <SenseGroup targetLanguage='fr'>
36. <TranslationCtn>
37. <Translation>construire un barrage sur</Translation>
38. </TranslationCtn>
39. </SenseGroup>
40. </HomographGroup>
41. <MultiWordUnitCtn>
42. <MultiWordUnit>dam up</MultiWordUnit>
43. <PartOfSpeech freeValue='separable verb'/>
44. <SenseGroup>
45. <SenseQualifier>figurative</SenseQualifier>
46. <TranslationBlock>
47. <RangeOfApplication>feeling</RangeOfApplication>
48. <Translation>refouler</Translation>
49. <Translation>ravaler</Translation>
50. </TranslationBlock>
51. <TranslationCtn>
52. <RangeOfApplication>words</RangeOfApplication>
53. <Translation>endiguer</Translation>
54. </TranslationCtn>
55. </SenseGroup>

56. </MultiWordUnitCtn>
57. </DictionaryEntry>
58. </Dictionary>

例 2 双语通用辞书中的词条

jumper ['dʒʌmpə] noun ***a*** (garment) (Brit) pull(over) *m* (US: dress) robe-chasuble *f* *b* (one who jumps: person, animal) sauteur *m*, -euse *f* jumper cables (US Aut) câbles *mpl* de démarrage *(pour batterie)* ***c*** (Comput) cavalier *m*

编码

01. <DictionaryEntry identifier='i6' sourceLanguage='en' targetLanguage='fr'>
02. <HeadwordCtn>
03. <Headword>jumper</Headword>
04. <PartOfSpeech value='noun'/>
05. <PronunciationCtn>
06. <Pronunciation>'dʒʌmpə</Pronunciation>
07. </PronunciationCtn>
08. </HeadwordCtn>
09. <HomographGroup>
10. <SenseGroup targetLanguage='fr'>
11. <SubjectField>garment</SubjectField>
12. <SenseGroup>
13. <TranslationCtn>
14. <GeographicalUsage>Brit</GeographicalUsage>
15. <Translation>pull(over)</Translation>
16. <GrammaticalGender value='masculine'/>
17. <SearchForm>pull</SearchForm>
18. <SearchForm>pullover</SearchForm>
19. </TranslationCtn>
20. </SenseGroup>
21. <SenseGroup>
22. <SubjectField>dress</SubjectField>
23. <TranslationCtn>
24. <GeographicalUsage>US</GeographicalUsage>
25. <Translation>robe-chasuble</Translation>
26. <GrammaticalGender value='feminine'/>
27. </TranslationCtn>
28. </SenseGroup>
29. <SenseGroup>

30. 〈TranslationCtn〉
31. 〈Translation〉sauteur〈/Translation〉
32. 〈Display〉
33. sauteur〈GrammaticalGender value='masculine'/〉,
34. -euse〈GrammaticalGender value='feminine'/〉
35. 〈/Display〉
36. 〈InflectionCtn〉
37. 〈Inflection〉sauteuse〈/Inflection〉
38. 〈/InflectionCtn〉
39. 〈Explanation〉one who jumps-person,animal〈/Explanation〉
40. 〈/TranslationCtn〉
41. 〈MultiWordUnitCtn〉
42. 〈MultiWordUnit〉jumper cables〈/MultiWordUnit〉
43. 〈GeographicalUsage〉US〈/GeographicalUsage〉
44. 〈SubjectField〉Aut〈/SubjectField〉
45. 〈SenseGroup〉
46. 〈TranslationCtn〉
47. 〈Translation〉câbles〈GrammaticalGender value='masculine'/〉
48. 〈GrammaticalNumber value='plural'/〉de démarrage
49. 〈/Translation〉
50. 〈GuidePhrase〉pour batterie〈/GuidePhrase〉
51. 〈/TranslationCtn〉
52. 〈/SenseGroup〉
53. 〈/MultiWordUnitCtn〉
54. 〈/SenseGroup〉
55. 〈SenseGroup〉
56. 〈TranslationCtn〉
57. 〈Translation〉cavalier〈/Translation〉
58. 〈GrammaticalGender value='masculine'/〉
59. 〈RangeOfApplication〉Comput〈/RangeOfApplication〉
60. 〈/TranslationCtn〉
61. 〈/SenseGroup〉
62. 〈/HomographGroup〉
63. 〈/DictionaryEntry〉

例 3　科技双语辞书中的词条

aerating root ↑pneumatophore 1.
aerophore ↑pneumatophore 1.
pneumatocyst 1. *(Bot)* Pneumatozyste *f*, Luftkammer *f (in einem Pneumatophor)*; 2. ↑pneumatophore[2].
pneumatophore 1. *(Bot)* Pneumatophor *n*, Atemwurzel *f*; 2. *(Zoo)* Pneumatophor *n*, Schwimmglocke *f*, Gasflasche *f (der Siphonophoren)*

编码

1. 〈DictionaryEntry identifier='LEX_ex. 9-1' sourceLanguage='en'〉
2. 〈Headword〉aerating root〈/Headword〉
3. 〈SenseGroup〉

```
<SeeCtn>
<See><Ptr xlink-href='LEX_ex. 9-4'>pneumatophore</Ptr></See>
</SeeCtn>
</SenseGroup>
</DictionaryEntry>

<DictionaryEntry identifier='LEX_ex. 9-2' sourceLanguage='en'>
<Headword>aerophore</Headword>
<SenseGroup>
<SeeCtn>
<See><Ptr xlink-href='LEX_ex. 9-4'>pneumatophore</Ptr></See>
</SeeCtn>
</SenseGroup>
</DictionaryEntry>

<DictionaryEntry identifier='LEX_ex. 9-3' sourceLanguage='en' targetLanguage='de'>
<Headword>pneumatocyst</Headword>
<SenseGroup targetLanguage='de' identifier='LEX_ex. 9-3-s1'>
<SubjectField>Bot</SubjectField>
<TranslationBlock>
<Note>in einem Pneumatophor</Note>
<TranslationCtn>
<Translation>Pneumatozyste</Translation>
<GrammaticalGender value='feminine'/>
</TranslationCtn>
</TranslationBlock>
<TranslationBlock>
<TranslationCtn>
<Translation>Luftkammer</Translation>
<GrammaticalGender value='feminine'/>
</TranslationCtn>
</TranslationBlock>
</SenseGroup>
<SenseGroup identifier='LEX_ex. 9-3-s2'>
<SeeCtn>
<See><Ptr xlink-href='LEX_ex. 9-4'>pneumatophore
<SenseNumber>2</SenseNumber></Ptr></See>
</SeeCtn>
</SenseGroup>
</DictionaryEntry>

<DictionaryEntry identifier='LEX_ex. 9-4' sourceLanguage='en' targetLanguage='de'>
<Headword>pneumatophore</Headword>
```

47. 〈SenseGroup targetLanguage='de' identifier='pneumatophoreSense1'〉
48. 〈SubjectField〉Bot〈/SubjectField〉
49. 〈TranslationCtn〉
50. 〈Translation〉Pneumatophor〈/Translation〉
51. 〈PartOfSpeech value='noun'/〉
52. 〈/TranslationCtn〉
53. 〈TranslationCtn〉
54. 〈Translation〉Atemwurzel〈/Translation〉
55. 〈GrammaticalGender value='feminine'/〉
56. 〈/TranslationCtn〉
57. 〈/SenseGroup〉
58. 〈SenseGroup identifier='pneumatophoreSense2'〉
59. 〈SubjectField〉Zoo〈/SubjectField〉
60. 〈TranslationBlock〉
61. 〈Note〉der Siphonophoren〈/Note〉
62. 〈TranslationCtn〉
63. 〈Translation〉Pneumatophor〈/Translation〉
64. 〈PartOfSpeech value='noun'/〉
65. 〈/TranslationCtn〉
66. 〈TranslationCtn〉
67. 〈Translation〉Schwimmglocke〈/Translation〉
68. 〈GrammaticalGender value='feminine'/〉
69. 〈/TranslationCtn〉
70. 〈TranslationCtn〉
71. 〈Translation〉Gasflasche〈/Translation〉
72. 〈GrammaticalGender value='feminine'/〉
73. 〈/TranslationCtn〉
74. 〈/TranslationBlock〉
75. 〈/SenseGroup〉
76. 〈/DictionaryEntry〉

例 4　单语通用辞书中的词条

Flie|ge, die; -, -n [1: mhd. vliege, ahd. fliege, eigtl. = die Fliegende; 3: für frz. mouche]: **1.** *(in zahlreichen Arten vorkommendes) gedrungenes, kleines Insekt mit zwei Flügeln u. kurzen Fühlern:* eine dicke,zudringliche, lästige F.; die –n summen, schwirren, setzen sich auf das Fleisch; eine F. fangen, verjagen,totschlagen; mit der [künstlichen] F. *(einer Nachbildung der Fliege)* angeln; ***zwei –n mit einer Klappe schlagen** (ugs.; *einen doppelten Zweck auf einmal erreichen*); **eine, die F. machen** (salopp; *[schnell] wegggehen;* nach dem raschen Davonfliegen der Fliegen): Da wird ... ein Hochschullehrer in jeder Vorlesung oder Übung ... unter Druck gesetzt und „madig" gemacht – „bis er ... an der Uni ne F. macht" (Spiegel 43, 1977, 226); **sich über die F. an der Wand ärgern** *(sich über jede Kleinigkeit ärgern);* **jmdn.stört die F. an der Wand** *(jmdn. stört jede Kleinigkeit);* **umfallen wie die –n** (ugs.; *in großer Zahl sterben*);
matt sein wie eine F. (ugs.; *sehr erschöpft sein*); **keiner F. etw. zuleide tun [können]** (ugs.; *sehr gutmütig sein u. niemandem etwas zuleide tun [können]*). **2.** *als Querschleife gebundene Krawatte:* er trägt gern karierte od. gestreifte –n; eine F. umbinden. **3.** *schmales, gestutztes Bärtchen auf der Oberlippe od. zwischen Unterlippe u. Kinn.* **4.** (Schneiderei) *gesticktes Dreieck zur Befestigung von Falten, Nähten od.Tascheneinschnitten.*

编码

1. 〈DictionaryEntry identifier='A050672' sourceLanguage='de'〉

2. 〈HeadwordCtn〉
3. 〈Headword〉Fliege〈/Headword〉
4. 〈Display〉Fl〈Stress type='long'〉ie〈/Stress〉〈Hyphen/〉ge〈/Display〉
5. 〈GrammaticalNote〉die;-,-n〈/GrammaticalNote〉
6. 〈Etymology〉1-mhd. vliege, ahd. fliege, eigtl. =die Fliegende; 3-für frz. mouche〈/Etymology〉
7. 〈/HeadwordCtn〉
8. 〈SenseGroup identifier='A050672-s1'〉
9. 〈Definition〉〈Optional〉in zahlreichen Arten vorkommendes〈/Optional〉gedrungenes, kleines Insekt mit zwei Flügeln u. kurzen Fühlern. 〈/Definition〉
10. 〈Example〉eine〈span documentSize='5'〉dicke, zudringliche, 〈/span〉lästige F. ;〈/Example〉
11. 〈Example〉die〈Inflection type='plural'〉〈RepeatSymbol〉〈/RepeatSymbol〉n〈/Inflection〉summen〈span documentSize='5'〉, schwirren, setzen sich auf das Fleisch; 〈/span〉〈/Example〉
12. 〈Example〉eine F. fangen〈span documentSize='5'〉, verjagen, totschlagen; 〈/span〉〈/Example〉
13. 〈Example〉mit der [künstlichen]F. 〈Gloss〉einer Nachbildung der Fliege)〈/Gloss〉angeln〈/Example〉
14. 〈CompositionalPhraseCtn〉
15. 〈CompositionalPhrase〉〈Inflection type='plural'〉zwei〈RepeatSymbol〉〈/RepeatSymbol〉n〈/Inflection〉mit einer Klappe schlagen〈/CompositionalPhrase〉
16. 〈Register freeValue='ugs. '/〉
17. 〈Definition〉einen doppelten Zweck auf einmal erreichen〈/Definition〉
18. 〈/CompositionalPhraseCtn〉
19. 〈CompositionalPhraseCtn〉
20. 〈CompositionalPhrase〉eine, die F. machen〈/CompositionalPhrase〉
21. 〈Etymology〉nach dem raschen Davonfliegen der Fliegen〈/Etymology〉
22. 〈Register freeValue='salopp'/〉
23. 〈Definition〉[schnell]weggehen;〈/Definition〉
24. 〈CitationCtn〉
25. 〈Citation〉Da wird ... ein Hochschullehrer in jeder Vorlesung oder Übung ... unter Druck gesetzt und 'madig' gemacht -'bis er ... an der Uni 'ne F. macht'〈/Citation〉
26. 〈title〉Spiegel〈/title〉
27. 〈LocationWithinHost〉43, 226〈/LocationWithinHost〉
28. 〈date〉1977〈/date〉
29. 〈/CitationCtn〉
30. 〈/CompositionalPhraseCtn〉
31. 〈CompositionalPhraseCtn〉
32. 〈CompositionalPhrase〉sich über die F. an der Wand ärgern〈/CompositionalPhrase〉
33. 〈Definition〉(sich über jede Kleinigkeit ärgern);〈/Definition〉
34. 〈/CompositionalPhraseCtn〉
35. 〈CompositionalPhraseCtn〉
36. 〈CompositionalPhrase〉jmdn. stört die F. an der Wand〈/CompositionalPhrase〉

37. 〈Definition〉(jmdn. stört jede Kleinigkeit);〈/Definition〉
38. 〈/CompositionalPhraseCtn〉
39. 〈CompositionalPhraseCtn〉
40. 〈CompositionalPhrase〉umfallen wie die-n〈/CompositionalPhrase〉
41. 〈Register freeValue='ugs.'/〉
42. 〈Definition〉in grosser Zahl sterben;〈/Definition〉
43. 〈/CompositionalPhraseCtn〉
44. 〈CompositionalPhraseCtn〉
45. 〈CompositionalPhrase〉matt sein wie eine F.〈/CompositionalPhrase〉
46. 〈Register freeValue='ugs.'/〉
47. 〈Definition〉sehr erschöpft sein〈/Definition〉
48. 〈/CompositionalPhraseCtn〉
49. 〈CompositionalPhraseCtn〉
50. 〈CompositionalPhrase〉keiner F. etw. zuleide tun [kön-nen]〈/CompositionalPhrase〉
51. 〈Register freeValue='ugs.'/〉
52. 〈Definition〉sehr gutmütig sein u. niemandem etwas zuleide tun [kön-nen]〈/Definition〉
53. 〈/CompositionalPhraseCtn〉
54. 〈/SenseGroup〉
55. 〈SenseGroup identifier='A050672-s2'〉
56. 〈Definition〉als Querschleife gebundene Krawatte-〈/Definition〉
57. 〈Example documentSize='5'〉er trägt gern karierte od. gestreifte-n;〈/Example〉
58. 〈Example〉eine F. umbinden.〈/Example〉
59. 〈/SenseGroup〉
60. 〈SenseGroup identifier='A050672-s3'〉
61. 〈Definition〉schmales, gestutztes Bärtchen auf der Oberlippe od. zwis-chen Unterlippe u. Kinn.〈/Definition〉
62. 〈/SenseGroup〉
63. 〈SenseGroup identifier='A050672-s4' documentSize='5'〉
64. 〈Register freeValue='Schneiderei'/〉
65. 〈Definition〉gesticktes Dreieck zur Befestigung von Falten, Nähten od. Tascheneinschnitten.〈/Definition〉
66. 〈/SenseGroup〉
67. 〈/DictionaryEntry〉

例 5　单语通用辞书中的词条

> **plausible** (plô′z∂-b∂l) adj. **1**. Seemingly or apparently valid, likely, or acceptable; credible: a *plausible excuse.* **2.** Giving a deceptive impression of truth, acceptability, or reliability; specious: *the plausible talk of a crafty salesperson.* [Latin plausibilis, deserving applause, from plausus, past participle of plaudere, to applaud.]
>
> – **plau′si.bil′i.ty, plau′si.ble.ness** n.　**plau′si.bly** *adv*
>
> ***SYNONYMS.*** plausible, belie vable, colorable, credible. The central meaning shared by these adjectives is"appearing to merit belief or acceptance": a *plausible pretext,- a believable excuse; a* colorable explanation,-a *credible assertion.*
>
> ***ANTONYM:*** implausible.

编码

1. 〈DictionaryEntry identifier='i27' sourceLanguage='en'〉

2. 〈HeadwordCtn〉
3. 〈Headword〉plausible〈/Headword〉
4. 〈PartOfSpeech value='adjective'/〉
5. 〈Pronunciation〉plô'z(-b(l〈/Pronunciation〉
6. 〈Etymology〉Latin〈ForeignText xml-lang='la'〉plausibilis〈/ForeignText〉, deserving applause, from plausus, past participle of plaudere, to applaud〈/Etymology〉
7. 〈DerivationBlock〉
8. 〈PartOfSpeech value='noun'/〉
9. 〈Derivation〉
10. plau〈Stress〉〈/Stress〉si〈Hyphen/〉bil〈Stress〉〈/Stress〉i
11. 〈Hyphen/〉ty〈/Derivation〉
12. 〈Derivation〉plau〈Stress〉〈/Stress〉si〈Hyphen/〉ble〈Stress〉
13. 〈/Stress〉ness〈/Derivation〉
14. 〈/DerivationBlock〉
15. 〈DerivationCtn〉
16. 〈Derivation〉plau〈Stress〉〈/Stress〉si〈Hyphen/〉ble〈Stress〉
17. 〈/Stress〉ness〈/Derivation〉
18. 〈PartOfSpeech value='adverb'/〉
19. 〈/DerivationCtn〉
20. 〈/HeadwordCtn〉
21. 〈SenseGroup〉
22. 〈Definition〉Seemingly or apparently valid, likely, or acceptable; credible〈/Definition〉
24. 〈Example〉a plausible excuse〈/Example〉
25. 〈SynonymBlock〉
26. 〈SynonymCtn〉
27. 〈Synonym〉plausible〈/Synonym〉
28. 〈Example〉a plausible pretext〈/Example〉
29. 〈/SynonymCtn〉
30. 〈SynonymCtn〉
31. 〈Synonym〉believable〈/Synonym〉
32. 〈Example〉a believable excuse〈/Example〉
33. 〈/SynonymCtn〉
34. 〈SynonymCtn〉
35. 〈Synonym〉colorable〈/Synonym〉
36. 〈Example〉a colorable explanation〈/Example〉
37. 〈/SynonymCtn〉
38. 〈SynonymCtn〉
39. 〈Synonym〉credible〈/Synonym〉
40. 〈Example〉a credible assertion〈/Example〉
41. 〈/SynonymCtn〉
42. 〈Note〉The central meaning shared by these adjectives is 'appearing to merit belief or acceptance'〈/Note〉

44. </SynonymBlock>
45. <Antonym>implausible</Antonym>
46. </SenseGroup>
47. <SenseGroup>
48. <Definition>Giving a deceptive impression of truth, acceptability,
49. or reliability; specious</Definition>
50. <Example>the plausible talk of a crafty salesperson</Example>
51. </SenseGroup>
52. </DictionaryEntry>

例 6　单语专科辞书中的词条

address1
n. **1.** A number specifying a location in memory where data is stored. *See also* absolute address, address space, physical address, virtual address. **2.** A name or token specifying a particular site on the Internet or other network. **3.** A code used to specify an e-mail destination.

address2
vb. To reference a particular storage location. *See also* absolute address, address space, physical address,virtual address.
address mask
n. A number that, when compared by the computer with a network address number, will block out all but the necessary information. For example, in a network that uses XXX.XXX.XXX.YYY and where all computers within the network use the same first address numbers, the mask will block out XXX.XXX.XXX and use only the significant numbers in the address, YYY. *See also* address1 (definition 2).

编码

1. <DictionaryEntry identifier='i22' sourceLanguage='en'>
2. <Headword>address</Headword>
3. <HomographGroup>
4. <PartOfSpeech value='noun'/>
5. <SenseGroup>
6. <Definition>A number specifying a location in memory where data is stored. See also absolute address, address space, physical address, virtual address. </Definition>
7. </SenseGroup>
8. <SenseGroup>
9. <Definition>A name or token specifying a particular site on the Internet or other network. </Definition>
10. </SenseGroup>
11. <SenseGroup>
12. <Definition>A code used to specify an e-mail destination. </Definition>
13. </SenseGroup>
14. </HomographGroup>
15. <HomographGroup identifier='address1-2'>
16. <PartOfSpeech value='verb'/>
17. <SenseGroup>
18. <Definition>To reference a particular storage location. </Definition>
19. <SeeAlso>absolute address</SeeAlso>
20. <SeeAlso>address space</SeeAlso>

21. 〈SeeAlso〉physical address〈/SeeAlso〉
22. 〈SeeAlso〉virtual address〈/SeeAlso〉
23. 〈/SenseGroup〉
24. 〈/HomographGroup〉
25. 〈/DictionaryEntry〉
26.
27. 〈DictionaryEntry identifier='i22bis' sourceLanguage='en'〉
28. 〈HeadwordCtn〉
29. 〈Headword〉address mask〈/Headword〉
30. 〈PartOfSpeech value='noun'/〉
31. 〈/HeadwordCtn〉
32. 〈SenseGroup〉
33. 〈Definition〉A number that, when compared by the computer with a network address number, will block out all but the necessary information. For example, in a network that uses XXX. XXX. XXX. YYY an where all computers within the network use the same first address numbers, the mask will Block out XXX. XXX. XXX and use only the significant numbers in the address, YYY. 〈/Definition〉
34. 〈SeeAlso〉〈Ptr xlink-href='address1-2'〉address〈/Ptr〉〈/SeeAlso〉
35. 〈/SenseGroup〉
36. 〈/DictionaryEntry〉

A.2 特殊数据元素示例

例 7 缩略形式

Japan Midi Standards Committee (JMSC) <edp.mus> • Japan Midi Standards Committee *n* (JMSC)

编码

1. 〈HeadwordCtn〉
2. 〈Headword〉Japan Midi Standards Committee〈/Headword〉
3. 〈AbbreviatedForm〉JMSC〈/AbbreviatedForm〉
4. 〈/HeadwordCtn〉

例 8 词缀

编码

1. 〈DictionaryEntry identifier='affixes' sourceLanguage='en'〉
2. 〈Headword〉
3. 〈Prefix〉un〈/Prefix〉〈Stem〉believe〈/Stem〉〈Suffix〉able〈/Suffix〉
4. 〈/Headword〉
5. 〈/DictionaryEntry〉

例 9 可选项

Brake verb [I] When it's icy brake gently. [I] He would zoom up to junctions and brake fiercely/hard/sharply at the last minute. [I]

编码

1. 〈ExampleCtn〉

2. 〈Example〉He would zoom up to junctions and brake〈Alternative〉〈Choice〉fiercely〈/Choice〉〈Choice〉hard〈/Choice〉〈Choice〉sharply〈/Choice〉〈/Alternative〉at the last minute. 〈/Example〉
3. 〈GrammaticalNote〉I〈/GrammaticalNote〉
4. 〈/ExampleCtn〉

例 10　类比

编码

1. 〈DictionaryEntry identifier='analogy'〉
2. 〈Headword〉kill〈/Headword〉
3. 〈SenseGroup〉
4. 〈Analogy〉eradicate〈/Analogy〉
5. 〈Analogy〉erase〈/Analogy〉
6. 〈Analogy〉exterminate〈/Analogy〉
7. 〈Analogy〉extinguish〈/Analogy〉
8. 〈Analogy〉extirpate〈/Analogy〉
9. 〈Analogy〉liquidate〈/Analogy〉
10. 〈/SenseGroup〉
11. 〈/DictionaryEntry〉

例 11　印证说明

in.fi.nite
Pronunciation: 'in-f&-n&t
Function: adjective
Etymology: Middle English infinit, from Middle French or Latin; Middle French, from Latin infinitus, from in- +finitus finite
Date: 14th century
1: extending indefinitely: ENDLESS
2: immeasurably or inconceivably great or extensive : INEXHAUSTIBLE
3: subject to no limitation or external determination
4 a: extending beyond, lying beyond, or being greater than any preassigned finite value however large **b:**extending to infinity **c:** characterized by an infinite number of elements or terms
- **in.fi.nite.ly** adverb
- **in.fi.nite.ness** noun

编码

1. 〈HeadwordCtn〉
2. 〈Headword〉in〈Hyphen/〉fi〈Hyphen/〉nite〈/Headword〉
3. 〈Pronunciation〉
4. 〈Stress/〉in〈Hyphen/〉f&〈Hyphen/〉n&t〈Hyphen/〉
5. 〈/Pronunciation〉
6. 〈PartOfSpeech value='adjective'/〉
7. 〈Etymology〉Middle English, from Middle French or Latin, from Latin〈ForeignText xml-lang='la'〉infinitus〈/ForeignText〉, from in-+ finitus finite〈/Etymology〉
8. 〈Attestation〉14th century〈/Attestation〉
9. 〈DerivationCtn〉
10. 〈Derivation〉in〈Hyphen/〉fi〈Hyphen/〉nite〈Hyphen/〉ly
11. 〈/Derivation〉
12. 〈PartOfSpeech value='adverb'/〉

13. 〈/DerivationCtn〉
14. 〈DerivationCtn〉
15. 〈Derivation〉in〈Hyphen/〉fi〈Hyphen/〉nite〈Hyphen/〉ness
16. 〈/Derivation〉
17. 〈PartOfSpeech value='noun'/〉
18. 〈/DerivationCtn〉
19. 〈/HeadwordCtn〉

例 12　搭配词

(to) **answer** ['a:nse°] <v.> **0.1 rispondere** →*ribattere* **0.2 pagare lo scotto** → *pagare di persona* **0.3 rispondere a uno scopo** → *esser utile, servire* ♦ **1.1** to ~the bell, the door, a letter, the phone *rispondere alcampanello, alla porta, a una lettera, al telefono*; to ~ a blow with a blow *ribattere colpo su colpo*; to ~ (to) the helm *ubbidire al timone, sentire al timone*; this ship wouldn't ~ her rudder *la nave non rispondeva al timone*;answering machine *segreteria telephonica* **1.3** to ~a purpose *rispondere a uno scopo*; this instrument does not ~ my purpose *questo strumento non rispondere al mio scopo* **1.** to ~ (to) one's hopes, a description *rispondere, corrispondere alle proprie speranze, a una descrizione* **5.1** to ~ back *rispondere (in modo impertinente e sgarbato), ribattere, rimbeccare* **5.3** that won't ~ at all *ciò non servirà affatto* **6.1** to ~ **to** *rispondere a, reagire a*; to ~ to the name of *rispondere al nome di, chiamarsi* **6.2** to ~ **for** *rispondere di,essere responsabile di, farsi garante di*; the guilt was mine and I answered **for** it *la colpa fu mia e pagai loscotto*

编码

1. 〈CompositionalPhraseCtn〉
2. 〈CompositionalPhrase〉to〈RepeatSymbol〉answer〈/RepeatSymbol〉〈Collocator〉to〈/Collocator〉〈/CompositionalPhrase〉
3. 〈SenseGroup〉
4. 〈Translation〉rispondere a〈/Translation〉
5. 〈Translation〉reagire a〈/Translation〉
6. 〈ExampleCtn〉
7. 〈Example〉to〈RepeatSymbol〉answer〈/RepeatSymbol〉to the name of
8. 〈/Example〉
9. 〈SenseGroup〉
10. 〈Translation〉rispondere al nome di〈/Translation〉
11. 〈/SenseGroup〉
12. 〈/ExampleCtn〉
13. 〈Translation〉chiamarsi〈/Translation〉
14. 〈/SenseGroup〉
15. 〈/CompositionalPhraseCtn〉

例 13　隐含词条,标引词

flood /fled/ also **floods** *pl.- n* **1** the covering with water of a place that is usu. dry; a great overflow of water:*The town was destroyed by the floods after the storm.* | *The water rose to flood level.* | *The river was* **in flood**.(=overflowing) **2** a large quantity or flow: *there was a flood of complaints about the bad language after the show.* | *She was in floods of tears.* **3 before the Flood** *infml* a very long time ago

编码

1. 〈SenseGroup〉
2. 〈Definition〉the covering with water of a place that is usu. dry; a great overflow of water〈/Definition〉
3. 〈Example〉The town was destroyed by the floods after the storm〈/Example〉
4. 〈Example〉The river was〈HiddenEntryCtn〉〈HiddenEntry〉in flood〈/HiddenEntry〉〈Guide-

Phrase〉=overflowing〈/GuidePhrase〉〈/HiddenEntryCtn〉

例 14　解释

flood /fled/ also **floods** *pl.- n* **1** the covering with water of a place that is usu. dry; a great overflow of water:*The town was destroyed by the floods after the storm.* | *The water rose to flood level.* | *The river was* **in flood**.(=overflowing) **2** a large quantity or flow: *there was a flood of complaints about the bad language after the show.* | *She was in floods of tears.* **3 before the Flood** *infml* a very long time ago

编码

1. 〈SenseGroup〉
2. 〈MultiWordUnitCtn〉
3. 〈MultiWordUnit〉before the flood〈/MultiWordUnit〉
4. 〈Explanation〉a very long time ago〈/Explanation〉
5. 〈/MultiWordUnitCtn〉
6. 〈/SenseGroup〉

例 15　假同义词

编码

1. 〈DictionaryEntry identifier='falseFriend' sourceLanguage='en' targetLanguage='fr'〉
2. 〈Headword〉library〈/Headword〉
3. 〈SenseGroup〉
4. 〈TranslationCtn〉
5. 〈Translation〉bibliothèque〈/Translation〉
6. 〈FalseFriend〉librairie〈/FalseFriend〉
7. 〈/TranslationCtn〉
8. 〈/SenseGroup〉
9. 〈/DictionaryEntry〉

例 16　公式

carbon dioxide (CO_2) <chem> *(colorless, odorless, non-toxic gas)* •Kohlendioxid *n* (CO_2)

编码

1. 〈HeadwordCtn〉
2. 〈Headword〉carbon dioxide〈/Headword〉
3. 〈Formula〉CO〈span class='sub'〉2〈/span〉〈/Formula〉
4. 〈SubjectField〉CHEM〈/SubjectField〉
5. 〈/HeadwordCtn〉

例 17　自由解释说明

VÉSANIE [vezani] n.f. – 1795; h. 1480 ; lat *vesania*, de *vesanus* « insensé » -> 1.sain* (encadré) ♦LITTÉR. Aliénation, folie (au sens large). « *La guerre, cette monstrueuse vésanie* » (Duhamel). – **Adj.** VÉSANIQUE

The "h." means "vésanie" is a hapax, it is followed by its date of attestation.

编码

〈FreeComment type='hapax'/〉

"Hapax"并不是标准的解释说明形式,因此〈FreeComment〉在使用时带有类型属性说明。

例 18　自由内容、隐含词条

编码

1. 〈DictionaryEntry identifier='slogan' sourceLanguage='en'〉
2. 〈Headword〉diamond〈/Headword〉

3. 〈SenseGroup〉
4. 〈FreeTopicCtn〉
5. 〈FreeTopic type='slogan'〉A diamond is for ever
6. 〈/FreeTopic〉
7. 〈FreeCommentCtn〉
8. 〈FreeComment type='sloganOriginator'〉De Beers
9. 〈/FreeComment〉
10. 〈/FreeCommentCtn〉
11. 〈CitationCtn〉
12. 〈Citation〉He gives me a De Beers brochure.'
13. '〈HiddenEntry type='slogan'〉A diamond is for ever
14. 〈/HiddenEntry〉'
15. is the greatest advertisement of the 20th century,'
16. he says. 'It works in every language of the world.'
17. 〈/Citation〉
18. 〈dc-source〉
19. 〈Url〉http-//www.findarticles.com/cf_dls/m0FQP/n4312_v125/
20. 19087261p2/article.jhtml?term〈/Url〉
21. 〈/dc-source〉
22. 〈/CitationCtn〉
23. 〈/FreeTopicCtn〉
24. 〈/SenseGroup〉
25. 〈/DictionaryEntry〉

例 19 词频

> **pastures new◄◄**
> **fresh pastures**
> If someone moves on to **pastures new**, he leaves his current situation and enters a new one.
> This expression is used in British English.
> *Michael decided he wanted to move on to pastures new for financial reasons.*
> *I found myself packing a suitcase and heading for pastures new.*
> *...I'll be off to pastures new. I want to go to the top.*
> You can also talk about moving on to new pastures or fresh pastures.
> *No matter how much we long for new pastures, when we reach them they can seem like a bad idea.*

编码

1. 〈HeadwordCtn〉
2. 〈Headword〉pastures new〈/Headword〉
3. 〈Frequency〉2〈/Frequency〉
4. 〈/HeadwordCtn〉

例 20 完整形式

> **Abk.** *abr (Abkürzung)* abrév. (abréviation)

编码

1. 〈HeadwordCtn〉
2. 〈Headword〉Abk.〈/Headword〉
3. 〈FullForm〉Abkürzung〈/FullForm〉
4. 〈/HeadwordCtn〉

例 21　不同地理区域的用法

baden I *v/i* **1**. have (od take) a bath **2**. swim: ~ gehen **a)** go swimming, **b)** ‹ *fig* come a cropper, Sache: go phut **II** *v/t* **3**. bath, Am bathe **III v/refl** sich ~ **4**. ˜1 **5**. *fig* bask (in Dat in)

编码

1. 〈HomographGroup identifier='baden6'〉
2. 〈PartOfSpeechCtn〉
3. 〈PartOfSpeech value='verb'/〉
4. 〈Subcategorisation〉t〈/Subcategorisation〉
5. 〈/PartOfSpeechCtn〉
6. 〈SenseGroup identifier='baden7'〉
7. 〈Translation〉bath〈/Translation〉
8. 〈TranslationCtn〉
9. 〈Translation〉bathe〈/Translation〉
10. 〈GeographicalUsage〉Am〈/GeographicalUsage〉
11. 〈/TranslationCtn〉
12. 〈/SenseGroup〉
13. 〈/HomographGroup〉

例 22　屈折变化形式

flood /fled/ also **floods** *pl.-n* **1** the covering with water of a place that is usu. dry; a great overflow of water: *The town was destroyed by the floods after the storm.* | *The water rose to flood level.* | *The river was* **in flood**. (=overflowing) **2** a large quantity or flow: *there was a flood of complaints about the bad language after the show.* | *She was in floods of tears.* **3 before the Flood** *infml* a very long time ago

编码

1. 〈HeadwordCtn〉
2. 〈Headword〉flood〈/Headword〉
3. 〈PartOfSpeech value='noun'/〉
4. 〈InflectionCtn〉
5. 〈Inflection〉floods〈/Inflection〉
6. 〈GrammaticalNumber value='plural'/〉
7. 〈/InflectionCtn〉
8. 〈/HeadwordCtn〉

例 23　公式,符号

F <phys> (*unit of capacity : As/V*) • Farad *n* (F) DIN 1301

编码

1. 〈Definition〉unit of capacity :〈Formula〉As/V〈/Formula〉
2. 〈/Definition〉
3. 〈TranslationCtn〉
4. 〈Translation〉Farad〈/Translation〉
5. 〈PartOfSpeech value='noun'/〉
6. 〈SymbolCtn〉
7. 〈Symbol〉F〈/Symbol〉
8. 〈Source〉DIN 1301〈/Source〉
9. 〈/SymbolCtn〉
10. 〈/TranslationCtn〉

例 24　语言学注释，格

\`abbrechen <*irr, sép*, -ge-> **I** *v/t* <h> **1.** détacher; *Spitze e-s Gegenstandes, Zweiges etc* casser; ***ein Stück von etw ~*** détacher un bout, un morceau de qc; **2.** *Haus etc* démolir; raser; *Gerüst, Zelt, Lager etc* démonter; **3.** *Beziehungen, Verhandlungen* rompre; *Sitzung, Proben, Reise, Spiel etc* arrêter; *Studium* abandonner; *Arbeit, Streik* cesser; *Rede, Unterhaltung* interrompre; **II** *v/i* **4.** <sein> se détacher; *Bleistiftspitze, Zahn etc* se casser; se briser; **5.** <h> *(aufhören) Person, Erzählung etc* cesser; s'arrêter; ***mitten im Satz ~*** s'arrêter au milieu de sa *od* d'une phrase; ***brechen wir hier für heute ab!*** restons-en là, arrêtons-nous ici pour aujourd'hui; **6.** <sein> ***die Verbindung zwischen ihnen brach ab*** ils ont perdu contact; **III** *v/réfl* <h> **7.** ***sich*** *(dat)* ***e-n Fingernagel ~*** se casser un ongle; **8.** ‹ ***sich*** *(dat)* ***e-n ~, um*** (+*inf*) ‹ se décarcasser, se démener pour (+*inf*); ***sich*** *(dat)* ***keinen ~*** ‹ ne pas en faire lourd; ‹ ne pas en ficher une rame

编码

1. 〈HeadwordCtn〉
2. 〈Headword〉\`abbrechen〈/Headword〉
3. 〈GrammaticalNote〉irr，sép，-ge-〈/GrammaticalNote〉
4. 〈/HeadwordCtn〉
5. 〈SenseGroup senseNumber='8.'〉
6. 〈MultiWordUnitCtn〉
7. 〈MultiWordUnit〉sich〈Case type='dat'/〉e-n abbrechen，um
8. 〈/MultiWordUnit〉
9. 〈Register value='familiar'/〉
10. GrammaticalNote type='syntacticBehaviour'〉+inf
11. 〈/GrammaticalNote〉
12. 〈TranslationBlock〉
13. 〈Translation〉se décarcasser〈/Translation〉
14. 〈Translation〉se démener pour〈/Translation〉
15. 〈Register value='familiar'/〉
16. 〈GrammaticalNote type='syntacticBehaviour'〉+inf
17. 〈/GrammaticalNote〉
18. 〈/TranslationBlock〉
19. 〈/MultiWordUnitCtn〉
20. 〈CompositionalPhraseCtn〉
21. 〈CompositionalPhrase〉sich〈Case freeType='dat'/〉keinen abbrechen
22. 〈/CompositionalPhrase〉
23. 〈TranslationCtn〉
24. 〈Translation〉ne pas en faire lourd〈/Translation〉
25. 〈Register value='familiar'/〉
26. 〈/TranslationCtn〉
27. 〈/CompositionalPhraseCtn〉
28. 〈TranslationCtn〉
29. 〈Translation〉ne pas en ficher une rame〈/Translation〉
30. 〈Register value='familiar'/〉
31. 〈/TranslationCtn〉
32. 〈/SenseGroup〉

例 25　语气

be … **were** (*past subj., 2d pers.*), If he were sorry, he'd have apologized by now

编码

1. 〈DictionaryEntry identifier='mood' sourceLanguage='en'〉
2. 〈HeadwordCtn〉
3. 〈Headword〉be〈/Headword〉
4. 〈InflectionCtn〉
5. 〈Inflection〉were〈/Inflection〉
6. 〈Mood freeType='past subjunctive'/〉
7. 〈Person freeType='second person'/〉
8. 〈Example〉If he〈EntailedTerm〉were〈/EntailedTerm〉sorry,he'd have apologized by now〈/Example〉
9. 〈/InflectionCtn〉
10. 〈/HeadwordCtn〉
11. 〈/DictionaryEntry〉

例 26　规范性程度

galvanic corrosion *ISO 8044* <srfc> • galvanische Korrosion *f DIN EN ISO 8044*; Kontaktkorrosion *f*

编码

1. 〈HeadwordCtn〉
2. 〈Headword〉galvanic corrosion〈/Headword〉
3. 〈NormativeStatusCtn〉
4. 〈NormativeStatus value='standardizedTerm'/〉
5. 〈Source〉ISO 8044〈/Source〉
6. 〈/NormativeStatusCtn〉
7. 〈SubjectField〉srfc〈/SubjectField〉
8. 〈/HeadwordCtn〉

例 27　注释

pastures
greener pastures
If someone seeks **greener pastures**, he tries to leave a situation which he does not like, in order to find a new and better one.
There are drawbacks for nurses seeking greener pastures overseas, and many are put off by the lengthy process involved in going to work in the US.
They moved around for years, sometimes even leaving the state for what they thought would be greener pastures.
Instead of "greener", you can use an adjective which describes the new situation.
***A defeatist** might retreat to quieter pastures.*

编码

1. 〈CompositionalPhraseCtn〉
2. 〈CompositionalPhrase〉greener pastures〈/CompositionalPhrase〉
3. 〈Explanation〉If someone seeks〈EntailedTerm〉greener pastures〈/EntailedTerm〉,he tries to leave a situation which he does not like,in order to find a new and better one. 〈/Explanation〉
4. 〈Example〉There are drawbacks for nurses seeking〈EntailedTerm〉greener pastures〈/EntailedTerm〉overseas,and many are put off by the lengthy process involved in going to work in the US. 〈/Example〉
5. 〈ExampleCtn〉

6. 〈Example〉They moved around for years, sometimes even leaving the state for what they thought would be〈EntailedTerm〉greener pastures〈/EntailedTerm〉. 〈/Example〉
7. 〈Note〉Instead of "greener", you can use an adjective which describes the new situation. 〈HiddenEntry〉A defeatist might retreat to quieter pastures. 〈/HiddenEntry〉〈/Note〉
8. 〈/ExampleCtn〉
9. 〈/CompositionalPhraseCtn〉

例 28　人称

编码

1. 〈DictionaryEntry identifier='person' sourceLanguage='en'〉
2. 〈HeadwordCtn〉
3. 〈Headword〉me〈/Headword〉
4. 〈PartOfSpeechCtn〉
5. 〈PartOfSpeech value='pronoun'/〉
6. 〈Subcategorisation〉personal〈/Subcategorisation〉
7. 〈/PartOfSpeechCtn〉
8. 〈Person freeType='second person'/〉
9. 〈GrammaticalNumber value='singular'/〉
10. 〈Example〉Your mother is just as proud as〈EntailedTerm〉me〈/EntailedTerm〉. 〈/Example〉
11. 〈/HeadwordCtn〉
12. 〈/DictionaryEntry〉

例 29　范围

Jet A-1 <aerospace> ● *(boiling range 180...280˚C)* Jet Fuel A-1 *m* ; Flugturbinenkraftstoff Jet A-1 *m form*; Jet A-1 *m prakt*

编码

1. 〈SenseIndicator〉boiling〈Range min='180' max='280' unit='Celsius'/〉〈/SenseIndicator〉

例 30　义项号码,同形异义号码

magstripe A *n.* A magnetic strip as a medium in which data may be stored, esp. as used on some swipe cards and cinema films; the medium itself. Cf. Stripe *n.* 3 1e A proprietary name (with capital initial) in U.S. [1972 T. MILLER *'Cut! Print ' 99 MagStripe*, the application of magnetic particles to one edge of a strip of film so that a magnetic recording can be made on it.] 1973 *Banking* Feb. 18/1 This 'trigger' is located on a magstripe, a strip of magnetic material on a plastic card. 1982 T. BARR *Acting foe Camera* IV XXVI. 170 The sound, which was recorded on tape in conjunction with the film, is transferred to magstripe, which is nothing more than blank film with a strip of one-quarter inch magnetic tape on it. 1993 M. CRICHTON *Disclosure* i. 84 By design, the passcards were featureless: just the blue DigiCom logo, a stamped serial number, and a magstripe on the back. B. *adj.* Relating to or containing a magnetic strip; (also) designating electronic devices involved in theencoding or reading of swipe cards with such a strip. 1986 *Today's Computers* 8 Aug. 38/1. It takes only days after the installation of a magstripe system for 'travel hackers' to equip themselves with magnetic update devices. 1990 *Supermarket News* 23 Apr. 85/5. We're a small independent and we do data capture at our registers. It's a magstripe reader that we're running credit cards through.

编码

1. 〈SeeAlso〉
2. 〈Ptr xlink:href='Stripe-III-1-e'〉Stripe n.

3. 〈HomographNumber〉3〈/HomographNumber〉
4. 〈SenseNumber〉1〈/SenseNumber〉
5. 〈/Ptr〉
6. 〈/SeeAlso〉

例 31 时态

编码

1. 〈DictionaryEntry identifier=′tense′ sourceLanguage=′en′〉
2. 〈HeadwordCtn〉
3. 〈Headword〉fall〈/Headword〉
4. 〈TenseCtn〉
5. 〈Tense freeType=′past′〉fell〈/Tense〉
6. 〈Example〉The book〈EntailedTerm〉fell〈/EntailedTerm〉on the floor〈/Example〉
7. 〈/TenseCtn〉
8. 〈/HeadwordCtn〉
9. 〈/DictionaryEntry〉

例 32 变体

colour *n.* (US) **color**

编码

1. 〈HeadwordCtn〉
2. 〈Headword〉color〈/Headword〉
3. 〈PartOfSpeech〉noun〈/PartOfSpeech〉
4. 〈VariantCtn〉
5. 〈Variant〉colour〈/Variant〉
6. 〈〈GeographicalUsage〉US〈/GeographicalUsage〉
7. 〈/VariantCtn〉
8. 〈/HeadwordCtn〉

例 33 数量

FDD <edp> *(e.g.5")* • Diskettenlaufwerk *n* ;Floppy-Disk-Laufwerk *n* ; Laufwerk für Disketten *n* ; FD-Laufwerk *n*

编码

1. 〈HeadwordCtn〉
2. 〈Headword〉FDD〈/Headword〉
3. 〈SubjectField〉edp〈/SubjectField〉
4. 〈Note〉e. g. 〈Quantity value=′5′ unit=′inch′/〉〈/Note〉
5. 〈/HeadwordCtn〉

例 34 语法模式

abbreviate (ab-bre-viate) V (v n to n)

编码

1. 〈HeadwordCtn〉
2. 〈Headword〉abbreviate〈/Headword〉
3. 〈PartOfSpeech value=′verb′/〉
4. 〈Syllabification〉ab-bre-viate〈Syllabification〉
5. 〈GrammaticalPattern〉V N〈Collocator〉to〈/Collocator〉N〈/GrammaticalPattern〉

6. 〈/HeadwordCtn〉

例 35　意义标识，典型补足语

double *(copie, duplicata) [facture, acte]* copy ; *[timbre]* duplicate, double, swap ; *personne]* double ; *[objet d'art]* replica, exact copy

编码

1. 〈SenseGroup〉
2. 〈SenseIndicator〉copie〈/SenseIndicator〉
3. 〈SenseIndicator〉duplicata〈/SenseIndicator〉
4. 〈TranslationBlock〉
5. 〈TypicalComplement〉facture〈/TypicalComplement〉
6. 〈TypicalComplement〉acte〈/TypicalComplement〉
7. 〈Translation〉copy〈/Translation〉
8. 〈/TranslationBlock〉
9. 〈TranslationBlock〉
10. 〈TypicalComplement〉timbre〈/TypicalComplement〉
11. 〈Translation〉duplicate〈/Translation〉
12. 〈Translation〉double〈/Translation〉
13. 〈Translation〉swap〈/Translation〉
14. 〈/TranslationBlock〉
15. 〈TranslationBlock〉
16. 〈TypicalComplement〉personne〈/TypicalComplement〉
17. 〈Translation〉double〈/Translation〉
18. 〈/TranslationBlock〉
19. 〈TranslationBlock〉
20. 〈TypicalComplement〉objet d'art〈/TypicalComplement〉
21. 〈Translation〉replica〈/Translation〉
22. 〈Translation〉exact copy〈/Translation〉
23. 〈/TranslationBlock〉
24. 〈/SenseGroup〉

例 36　完整形式

PW 1 (Mil.) (US) *prisoner of war*　prisonnier *(m.)* de guerre **2** (brit.) *policewoman*　see **police**

编码

1. HeadwordCtn〉
2. 〈Headword〉PW〈/Headword〉
3. 〈PartOfSpeech value='noun'/〉
4. /HeadwordCtn〉
5. 〈SenseGroup〉
6. 〈SubjectField〉Mil.〈/SubjectField〉
7. 〈FullForm〉prisoner of war〈/FullForm〉
8. 〈SenseQualifier〉US〈/SenseQualifier〉
9. 〈Translation〉prisonnier
10. 〈GrammaticalGender value='masculine'/〉
11. de guerre〈/Translation〉

12. 〈/SenseGroup〉
13. 〈SenseGroup〉
14. 〈SeeCtn〉
15. 〈FullForm〉policewoman〈/FullForm〉
16. 〈SenseQualifier〉Brit〈SenseQualifier〉
17. 〈See〉Police〈/See〉
18. 〈/SeeCtn〉
19. 〈/SenseGroup〉

例 37 特定用法

Saugrohr *(motor)* induction pipe, intake pipe *(US)*, inlet pipe *(GB)*, intake runner *(US Chrysler)*

编码

1. 〈HeadwordCtn〉
2. 〈Headword〉Saugrohr〈/Headword〉
3. 〈/HeadwordCtn〉
4. 〈SenseGroup〉
5. 〈SubjectField〉motor〈/SubjectField〉
6. 〈TranslationCtn〉
7. 〈Translation〉induction pipe〈/Translation〉
8. 〈/TranslationCtn〉
9. 〈TranslationCtn〉
10. 〈Translation〉intake pipe〈/Translation〉
11. 〈GeographicalUsage〉US〈/GeographicalUsage〉
12. 〈/TranslationCtn〉
13. 〈TranslationCtn〉
14. 〈Translation〉inlet pipe〈/Translation〉
15. 〈GeographicalUsage〉GB〈/GeographicalUsage〉
16. 〈/TranslationCtn〉
17. 〈TranslationCtn〉
18. 〈Translation〉intake runner〈/Translation〉
19. 〈CompanySpecificUsage〉US Chrysler〈/CompanySpecificUsage〉
20. 〈/TranslationCtn〉
21. 〈/SenseGroup〉

例 38 产权保护限制说明

Barbie *n.* **~ doll**® poupée *(f.)* Barbie®

编码

1. 〈DictionaryEntry identifier='Barbie' sourceLanguage='en'〉
2. 〈HeadwordCtn〉
3. 〈Headword〉Barbie〈/Headword〉
4. 〈PartOfSpeech value='noun'/〉
5. 〈/HeadwordCtn〉
6. 〈MultiWordUnitCtn〉
7. 〈MultiWordUnit〉〈RepeatSymbol/〉doll〈/MultiWordUnit〉

8. 〈ProprietaryRestriction value='registeredMark'/〉
9. 〈TranslationCtn〉
10. 〈Translation targetLanguage='fr'〉poupée〈GrammaticalGender value='feminine'/〉Barbie〈/Translation〉
11. 〈ProprietaryRestriction value='registeredMark'/〉
12. 〈/TranslationCtn〉
13. 〈/MultiWordUnitCtn〉
14. 〈/DictionaryEntry〉

例 39 国际科学术语

aspirin
Main entry : **as-pi-rin**
Function : *noun*
Inflected Form(s) : *plural* **aspirin** *or* **aspirins**
Eymology : International Scientific Vocabulary, from *a*cetyl + *spir*aeic acid (former name of salicylic acid, from New Latin *Spiraea* , genus of shrubs – more at SPIREA
1 : a white crystalline derivative $C_9H_8O_4$ of salicylic acid used for relief of pain and fever
2 : a tablet of aspirin

编码

1. 〈DictionaryEntry identifier='aspirin' sourceLanguage='en'〉
2. 〈HeadwordCtn〉
3. 〈Headword〉aspirin〈/Headword〉
4. 〈Pronunciation〉'as-p(&-)r&n'〈/Pronunciation〉
5. 〈PartOfSpeech value='noun'/〉
6. 〈InflectionBlock〉
7. 〈GrammaticalNumber value='plural'/〉
8. 〈Inflection〉aspirin〈/Inflection〉
9. 〈Inflection〉aspirins〈/Inflection〉
10. 〈/InflectionBlock〉
11. 〈Syllabification〉as〈Hyphen/〉pi〈Hyphen/〉rin〈/Syllabification〉
12. 〈Etymology〉International Scientific Term Vocabulary, from〈i〉a〈/i〉cetyl +〈InternationalScientificTerm〉〈i〉spir〈/i〉aeic acid〈/InternationalScientificTerm〉(former name of〈InternationalScientificTerm〉salicylic acid〈/InternationalScientificTerm〉), from New Latin〈ForeignText xml-lang =' latin'〉 Spiraea 〈/ForeignText〉, genus of shrubs-more at 〈Ptr xlink: href = 'SPIREA'〉SPIREA〈/Ptr〉〈/Etymology〉
13. 〈/HeadwordCtn〉
14. 〈SenseGroup〉
15. 〈Definition〉
16. a white crystalline derivative C〈sub〉9〈/sub〉H〈sub〉2〈/sub〉O〈sub〉4〈/sub〉of〈InternationalScientificTerm〉salicylic acid〈/InternationalScientificTerm〉used for relief of pain and fever
17. 〈/Definition〉
18. 〈/SenseGroup〉
19. 〈/DictionaryEntry〉

附 录 B
（资料性附录）
词条版式与省略形式的辅助置标

> 本标准中作为示例使用的词条，仅仅是为了说明用可扩展置标语言XML来表现词条数据元素的原理和方法，其内容的准确程度、编排上的问题等均与本标准无关。

B.1 词条版式辅助置标

对于辞书内容的每一种构成元素，都应让辞典的读者对其在结构上的意义有所认识。通过版式上的差别或不同的文本结构标识符号，便可以达到这一目的。

下面的例子说明了使用 XSL“扩展样式表语言”到 HTML 的转换，来编写某英-法双语词条的情况。对 XSL 的不同转换形式，可以让相同的词条内容具有不同的表现形式。

例 1 英-法双语词条框架

```
〈?xml version='1.0' encoding='ISO-8859-1'?〉
〈! --DOCTYPE Dictionary SYSTEM 'XmLexV09.dtd'--〉
〈Dictionary version='XmLex_V00'〉
〈NestEntry identifier='NE1'〉
〈DictionaryEntry identifier='pocketdict-en-fr-administer'〉
〈HeadwordCtn〉
〈Headword〉administer〈/Headword〉
〈/HeadwordCtn〉
〈SenseGroup〉
〈TranslationCtn〉
〈Translation〉administer〈/Translation〉
〈RangeOfApplication〉a country,affairs,a remedy〈/RangeOfApplication〉
〈/TranslationCtn〉
〈CompositionalPhraseCtn〉
〈CompositionalPhrase〉administer justice〈/CompositionalPhrase〉
〈TranslationCtn〉
〈Translation〉rendre la justice〈/Translation〉
〈/TranslationCtn〉
〈/CompositionalPhraseCtn〉
〈/SenseGroup〉
〈/DictionaryEntry〉
〈DictionaryEntry identifier='pocketdict-en-fr-administration'〉
```

```
<HeadwordCtn>
<Headword>administration</Headword>
</HeadwordCtn>
<SenseGroup>
<TranslationCtn>
<Translation>administration<GrammaticalGender value='feminine'/></Translation>
</TranslationCtn>
<TranslationCtn>
<Translation>gestion<GrammaticalGender value='feminine'/></Translation>
</TranslationCtn>
<TranslationCtn>
<Translation>gouvernement<GrammaticalGender value='masculine'/></Translation>
<GeographicalUsage>esp. Am. </GeographicalUsage>
</TranslationCtn>
</SenseGroup>
</DictionaryEntry>

<DictionaryEntry identifier='pocketdict-en-fr-administrative'>
<HeadwordCtn>
<Headword>administrative</Headword>
</HeadwordCtn>
<SenseGroup>
<TranslationCtn>
<Translation>administratif</Translation>
</TranslationCtn>
</SenseGroup>
</DictionaryEntry>

<DictionaryEntry identifier='pocketdict-en-fr-administrator'>
<HeadwordCtn>
<Headword>administrator</Headword>
</HeadwordCtn>
<SenseGroup>
<TranslationCtn>
<Translation>administrateur(<Suffix>-trice<GrammaticalGender value='feminine'/></Suffix>)<GrammaticalGender value='masculine'/></Translation>
</TranslationCtn>
</SenseGroup>
</DictionaryEntry>

</NestEntry>
```

```
</Dictionary>
```

例2 XSL样式表单

```
<?xml version='1.0' encoding='iso-8859-1'?>

<xsl:stylesheet version='1.0' xmlns:xsl='http://www.w3.org/1999/XSL/Transform'>

<xsl:strip-space elements='*' />

<xsl:output method='html'
doctype-system='http://www.w3.org/TR/REC-html40/loose.dtd'
doctype-public='-//W3C//DTD HTML 4.0 Transitional//EN'
indent='no' />


<xsl:template match='/'>
<html>
<head>
<style>
.Arial_b{font-family:Arial,sans-serif; font-weight:bold; color:black}
.Arial_b_blue{font-family:Arial,sans-serif; font-weight:bold; color:blue}
.Arial_bo{font-family:Arial,sans-serif; font-weight:bold; font-style:italic; color:black}
.Times{font-family:'Times New Roman',serif; font-weight:normal; color:black}
.Times_o{font-family:'Times New Roman',serif; font-weight:normal; font-style:italic; color:black}
.Times_b{font-family:'Times New Roman',serif; font-weight:bold; color:black}
.Times_SC{font-family:'Times New Roman',serif; font-weight:normal; font-variant:small-caps;color:black}
.IPA{font-family:'Times PhoneticIPA'; font-weight:normal; color:black}
.i{font-weight:normal; font-style:italic}
.b{font-weight:normal; font-weight:bold}
</style>
</head>
<body style='color:red; padding-left:0.5cm; padding-right:0.5cm; text-indent:-0.5cm'>
<xsl:apply-templates />
</body>
</html>
</xsl:template>


<xsl:template match='NestEntry'>
<xsl:apply-templates />
</xsl:template>

```

```
<xsl:template match='DictionaryEntry'>
<p>
<xsl:apply-templates />
</p>
</xsl:template>
<xsl:template match='SenseGroup'>
<xsl:apply-templates />
</xsl:template>
<xsl:template match='HeadwordCtn'>
<xsl:apply-templates />
<br/>
</xsl:template>
<xsl:template match='CompositionalPhraseBlock'>
<xsl:apply-templates />
</xsl:template>
<xsl:template match='CompositionalPhraseCtn'>
<xsl:choose>
<xsl:when test='position()=1'>
<span class='Times'><xsl:text></xsl:text></span>
</xsl:when>
<xsl:otherwise>
<span class='Times'><xsl:text>;</xsl:text></span>
</xsl:otherwise>
</xsl:choose>
<xsl:apply-templates />
</xsl:template>
<xsl:template match='TranslationCtn'>
<xsl:choose>
<xsl:when test='preceding-sibling::TranslationCtn'>
<span class='Times'><xsl:text>;</xsl:text></span>
</xsl:when>
<xsl:otherwise>
<span class='Times'><xsl:text></xsl:text></span>
</xsl:otherwise>
</xsl:choose>
<xsl:choose>
<xsl:when test='child::Register'>
```

```
〈span class='Times_o'〉
〈xsl:text〉〈/xsl:text〉
〈xsl:value-of select='Register' /〉
〈/span〉
〈/xsl:when〉
〈xsl:when test='child::GeographicalUsage'〉
〈span class='Times_o'〉
〈xsl:text〉〈/xsl:text〉
〈xsl:value-of select='GeographicalUsage' /〉
〈/span〉
〈/xsl:when〉
〈/xsl:choose〉
〈xsl:apply-templates /〉
〈/xsl:template〉

〈xsl:template match='Headword'〉
〈span class='Arial_b_blue'〉
〈xsl:apply-templates /〉
〈/span〉
〈/xsl:template〉

〈xsl:template match='CompositionalPhrase'〉
〈span class='Arial_bo'〉
〈xsl:apply-templates /〉
〈/span〉
〈/xsl:template〉

〈xsl:template name='insertCompositionalPhraseText'〉
〈xsl:choose〉
〈xsl:when test='preceding-sibling::CompositionalPhrase'〉
〈span class='Times'〉〈xsl:text〉;〈/xsl:text〉〈/span〉
〈/xsl:when〉
〈xsl:otherwise〉
〈span class='Times'〉〈xsl:text〉〈/xsl:text〉〈/span〉
〈/xsl:otherwise〉
〈/xsl:choose〉
〈span class='Arial_bo'〉
〈xsl:apply-templates /〉
〈/span〉
〈/xsl:template〉
```

```
<xsl:template match='Translation'>
<span class='Times'>
<xsl:text></xsl:text>
<xsl:apply-templates />
</span>
</xsl:template>

<xsl:template match='GrammaticalGender'>
<span class='Times_o'>
<xsl:text></xsl:text>
<xsl:choose>
<xsl:when test='@value='masculine''>
<xsl:text>m</xsl:text>
</xsl:when>
<xsl:when test='@value='feminine''>
<xsl:text>f</xsl:text>
</xsl:when>
<xsl:when test='@value='neuter''>
<xsl:text>n</xsl:text>
</xsl:when>
</xsl:choose>
</span>
</xsl:template>

<xsl:template match='Note'>
<span class='Times'><xsl:text>&lt;</xsl:text></span>
<span class='Times_o'>
<xsl:apply-templates />
</span>
<span class='Times'><xsl:text>&gt;</xsl:text></span>
</xsl:template>

<xsl:template match='RangeOfApplication'>
<span class='Times'><xsl:text>(</xsl:text></span>
<span class='Times_o'>
<xsl:apply-templates />
</span>
<span class='Times'><xsl:text>)</xsl:text></span>
</xsl:template>

<xsl:template match='GeographicalUsage'>
<xsl:choose>
<xsl:when test='not(parent::TranslationCtn)'>
```

```
<span class='Times_o'>
<xsl:text>(</xsl:text>
<xsl:value-of select='@value' />
<xsl:text>)</xsl:text>
</span>
</xsl:when>
</xsl:choose>
</xsl:template>

<xsl:template match='Pronunciation'>
<span class='IPA'>
<xsl:text>[</xsl:text>
<xsl:apply-templates />
<xsl:text>]</xsl:text>
</span>
</xsl:template>

<xsl:template match='Register'>
<xsl:choose>
<xsl:when test='not(parent::TranslationCtn)'>
<span class='Times_o'>
<xsl:text> </xsl:text>
<xsl:value-of select='@value' />
</span>
</xsl:when>
</xsl:choose>
</xsl:template>

<xsl:template match='Definition'>
<xsl:choose>
<xsl:when test='parent::CompositionalPhraseCtn'>
<span class='Times'>
<xsl:text> </xsl:text>
<xsl:apply-templates />
</span>
</xsl:when>
<xsl:when test='not(parent::CompositionalPhraseCtn)'>
<span class='Times_o'>
<xsl:text> </xsl:text>
<xsl:apply-templates />
<xsl:if test='(position()=not(last()))'>
<xsl:text>:</xsl:text>
```

```
</xsl:if>
</span>
</xsl:when>
</xsl:choose>
</xsl:template>
<xsl:template match='i'>
<span class='i'><xsl:value-of select='.' /></span>
</xsl:template>
<xsl:template match='b'>
<span class='b'><xsl:value-of select='.' /></span>
</xsl:template>
<xsl:template match='sup'>
<sup><xsl:value-of select='.' /></sup>
</xsl:template>
<xsl:template match='sub'>
<sub><xsl:value-of select='.' /></sub>
</xsl:template>
<xsl:template match='Stress'>
<xsl:choose>
<xsl:when test='(@type) and(@type='long')'>
<u><xsl:value-of select='.' /></u>
</xsl:when>
</xsl:choose>
</xsl:template>
<xsl:template match='processing-instruction()' />
</xsl:stylesheet>
```

需要使用 XSL 语言转换处理程序(XSLT-processor)来应用所定义的 XSL 转换方式从而实现到版式的转换。例如,如果使用 Xalan 工具,其命令是:

java org. apache. xalan. xslt. Process-IN pocketdict-en-fr. xml-XSL XmLex. xsl-OUT pocketdict-en-fr. html

所获得的结果如图所示。

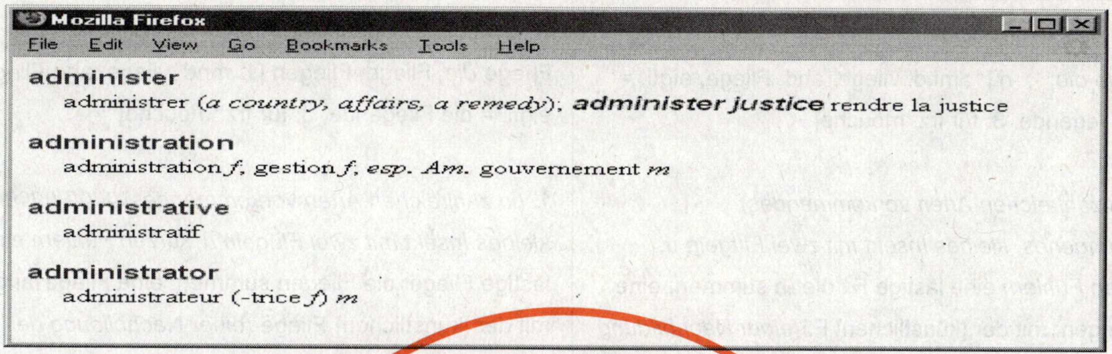

B.2 词条中省略形式的辅助置标

省略形式	完整形式
Access 1. Zugang *m*; 2. *(EDV)* Zugriff *m*; 3. *(Raumf)* Luke *f (spacecraft)*; 4. *(Tele)* Anschluss *m*, Zugang *m* **~ channel** *(Tele)* Zugangskanal *m* **~ circuit** *(Tele)* Zugangsleitung *f* **~ exchange** *(Tele)* Teilnahmevermittlungsstelle	**access** 1. Zugang *m*; 2. *(EDV)* Zugriff *m*; 3. *(Raumf)* Luke *f (spacecraft)*; 4. *(Tele)* Anschluss *m*, Zugang *m* **access channel** *(Tele)* Zugangskanal *m* **access circuit** *(Tele)* Zugangsleitung *f* **access exchange** *(Tele)* Teilnahmevermittlungsstelle
accelerating chamber *(Nukl)* Beschleunigungskammer *f* **~ pump** *(Kfz)* Beschleunigungspumpe *f* **~ voltage** *(El)* Beschleunigungsspannung *f*	**accelerating chamber** *(Nukl)* Beschleunigungskammer *f* **accelerating pump** *(Kfz)* Beschleunigungspumpe *f* **accelerating voltage** *(El)* Beschleunigungsspannung *f*
administ|er administrer (*a country, affairs, a remedy*); **~ *justice*** rendre la justice; **~ration** administration *f*; gestion *f*; *esp. Am.* gouvernement *m*; **~rative** administratif; **~rator** administrateur (-trice *f*) *m*	**administ|er** administrer (*a country, affairs, a remedy*); ***administer justice*** rendre la justice **administration** administration *f*; gestion *f*; *esp. Am.* gouvernement *m* **administrative** administratif **administrator** administrateur (-trice *f*) *m*
abbey *s.* **1.** Abtei *f*: ***the*** *Brit.* die Westminsterabtei; **2.** *Brit.* Herrschaftlicher Wohnsitz (*frühere Abtei*).	**abbey** *s.* **1.** Abtei *f*: ***the Abbey*** *Brit.* die Westminsterabtei; **2.** *Brit.* herrschaftlicher Wohnsitz (*frühere Abtei*).

省略形式	完整形式
Fliege *die*; -, -n [1: mhd. vliege, ahd. Fliege, eigtl. = die Fliegende; 3: für frz. mouche]	**Fliege** *die*; Fliege, Fliegen [1: mhd. vliege, ahd. Fliege, eigtl. = die Fliegende; 3: für frz. mouche]
1. *(in zahlreichen Arten vorkommendes) gedrungenes, kleines Insekt mit zwei Flügeln u. kurzen Fühlern* eine lästige F.; die -n summen; eine F. fangen; mit der [künstlichen] F. *(einer Nachbildung der Fliege)* angeln; ***zwei -n mit einer Klappe schlagen*** *ugs.* einen doppelten Zweck auf einmal erreichen; ***eine, die F. machen*** *salopp* [schnell] weggehen [nach dem raschen Davonfliegen der Fliegen]: Da wird ... ein Hochschullehrer in jeder Vorlesung oder Übung ... unter Druck gesetzt und "madig" gemacht – "bis er ... an der Uni 'ne F. macht" (Spiegel 43, 1977, 226); ***sich über die F. an der Wand ärgern*** (sich über jede Kleinigkeit ärgern); ***jmdn. stört die F. an der Wand*** (jmdn. stört jede Kleinigkeit); **umfallen wie die -n** *ugs.* in großer Zahl sterben; ***matt sein wie eine F.*** *ugs.* sehr erschöpft sein; ***keiner F. etw. zuleide tun [können]*** *ugs.* sehr gutmütig sein u. niemandem etwas zuleide tun [können];	**1.** *(in zahlreichen Arten vorkommendes) gedrungenes, kleines Insekt mit zwei Flügeln u. kurzen Fühlern* eine lästige Fliege; die Fliegen summen; eine Fliege fangen; mit der [künstlichen] Fliege *(einer Nachbildung der Fliege)* angeln; ***zwei Fliegen mit einer Klappe schlagen*** *ugs.* einen doppelten Zweck auf einmal erreichen; ***eine, die Fliege machen*** *salopp* [schnell] weggehen [nach dem raschen DavonFliegen der Fliegen]: Da wird ... ein Hochschullehrer in jeder Vorlesung oder Übung .. unter Druck gesetzt und "madig" gemacht – "bis er ... an der Uni 'ne Fliege macht" (Spiegel 43, 1977, 226); ***sich über die Fliege an der Wand ärgern*** (sich über jede Kleinigkeit ärgern); ***jmdn. stört die Fliege an der Wand*** (jmdn.stört jede Kleinigkeit); **umfallen wie die Fliegen** *ugs.* in großer Zahl sterben; ***matt sein wie eine Fliege*** *ugs.* sehr erschöpft sein; ***keiner Fliege etw. zuleide tun [können]*** *ugs.* sehr gutmütig sein u. niemandem etwas zuleide tun [können];
2. *als Querschleife gebundene Krawatte*; eine F. umbinden;	**2.** *als Querschleife gebundene Krawatte*; eine Fliege umbinden;
3. *schmales, gestutztes Bärtchen auf der Oberlippe od. zwischen Unterlippe u. Kinn*	**3.** *schmales, gestutztes Bärtchen auf der Oberlippe od. zwischen Unterlippe u. Kinn*

参 考 文 献

[1] GB/T 15237.1—2000《术语工作　词汇　第1部分:理论与应用(eqv ISO 1087-1:2000)》

[2] GB/T 15238—2000 《术语工作　辞书编纂基本术语》

[3] GB/T 19103—2008 《辞书编纂的一般原则与方法》

[4] ISO 31:1992,Quantities and Units

[5] ISO 31-0:1992,Quantities and units—Part 0:General principles

[6] ISO 639-2:1998,Codes for the representation of names of languages—Part 2:Alpha-3 code

[7] ISO 690:1987,Documentation—Bibliographic references—Content,form and structure

[8] ISO 690-2:1997,Information and documentation—Bibliographic references—Part 2: Electronic documents or parts thereof

[9] ISO 999:1975,Documentation—Index of a publication

[10] ISO 3166-1:1997,Codes for the representation of names of countries and their subdivisions—Part 1:Country codes

[11] ISO 3166-2:1998,Codes for the representation of names of countries and their subdivisions—Part 2:Country subdivision code

[12] ISO 3166-3:1999,Codes for the representation of names of countries and their subdivisions—Part 3:Code for formerly used names of countries

[13] ISO/IEC 6937:1994,Information technology—Coded graphic character set for text communication—Latin alphabet

[14] ISO 8879:1986,Information processing—Text and office systems—Standard Generalized Markup Language(SGML)

[15] ISO 10241:1992,International terminology standards—Preparation and layout

[16] ISO/IEC 10646:2003,Information technology—Universal Multiple-Octet Coded Character Set(UCS)

[17] ISO/IEC 11179-1:2004,Information technology—Metadata registries (MDR)—Part 1: Framework(available in English only)

[18] ISO/DIS 12199,Terminology—Alphabetical ordering of multilingual terminological and lexicographical data represented in the Latin alphabet

[19] ISO 12615,Bibliographic references and source identifiers for terminology work

[20] ISO 12620:1999,Computer applications in terminology—Data categories

[21] ISO 15836,Information and documentation—The Dublin Core metadata element set

[22] ISO 16642:2003,Computer applications in terminology—Terminological markup framework

[23] A Preliminary Study of the Structure of Lexicon Entries
http://www.ldc.upenn.edu/exploration/expl2000/papers/bell/bell.html

[24] International vocabulary of basic and general terms in metrology(VIM). BIPM,IEC,IFCC,ISO,IUPAC,IUPAP,OIML,2nd edn.,1993

[25] Metadata Elements for Lexicon Descriptions
http://www.mpi.nl/ISLE/documents/draft/ISLE_Lexicon_1.0.pdf

[26] Open eBook at http://www.idpf.org/(International Digital Publishing Forum)

[27] Open Lexicon Interchange Format:http://www.olif.net

[28] Survey of Major Approaches Towards Bilingual/Multilingual Lexicons:
http://www.ilc.cnr.it/EAGLES96/isle/clwg_doc/ISLE_D2.1-D3.1.zip

[29] TEI P4-http://www.tei-c.org/P4X/DTD/teidict2.dtd

[30] The TermBridge project: http://www.genetrix.org(under construction)

[31] The Papillon project: http://jibiki.univ-savoie.fr/jibiki/Home.po

[32] Theory of Bilingual and Multilingual Lexicography: Principles and Components. In: Wörterbücher—An International Encyclopedia of Lexicography(ed. Hausmann F. J. et al.), T3, deGruyter, Chapter XXXIII

[33] Theory of Monolingual Lexicography: Components and Structures of Dictionaries. In: Wörterbücher—An International Encyclopedia of Lexicography(ed. Hausmann F. J. et al.), T1, deGruyter, pp. 328-360

ICS 35.040
A 24

中华人民共和国国家标准

GB/T 23830—2009

物流管理信息系统应用开发指南

Applied guide of logistics management information system

2009-05-06 发布　　　　2009-11-01 实施

中华人民共和国国家质量监督检验检疫总局
中国国家标准化管理委员会　发布

前 言

本标准由交通部公路科学研究所提出。

本标准由全国物流信息管理标准化技术委员会归口。

本标准起草单位：交通部公路科学研究所、中国物流信息中心、中软冠群软件技术有限公司、北京天衡智业咨询科技有限公司、北京亚普世纪科技发展有限公司。

本标准主要起草人：江志强、袁智敏、韩忠亚、王辉、张怀清、秦俊峰、唐辉。

物流管理信息系统应用开发指南

1 范围

本标准给出了物流管理信息系统的应用原则、功能、技术架构、系统集成和开发方法。

本标准适用于物流管理信息系统的规划、开发和应用,可供各种类型的物流企业和信息系统供应商参考使用。

2 规范性引用文件

下列文件中的条款通过本标准的引用而成为本标准的条款。凡是注日期的引用文件,其随后所有的修改单(不包括勘误的内容)或修订版均不适用于本标准,然而,鼓励根据本标准达成协议的各方研究是否可使用这些文件的最新版本。凡是不注日期的引用文件,其最新版本适用于本标准。

GB/T 7027 信息分类和编码的基本原则与方法

GB/T 8567 计算机软件文档编制规范

GB 17859 计算机信息系统 安全保护等级划分准则

GA 163 计算机信息系统安全专用产品分类原则

3 术语和定义

下列术语和定义适用于本标准。

3.1

物流 logistics

物品从供应地向接收地的实体流动过程。根据实际需要,将运输、储存、装卸、搬运、包装、流通加工、配送、信息处理等基本功能实施有机结合。

[GB/T 18354—2006,2.2]

3.2

物流活动 logistics activity

物流过程中的运输、储存、装卸、搬运、包装、流通加工、配送等功能的具体运作。

[GB/T 18354—2006,2.3]

3.3

物流企业 logistics enterprise

从事物流基本功能范围内的物流业务设计及系统运作,具有与自身业务相适应的信息管理系统,实行独立核算、独立承担民事责任的经济组织。

[GB/T 18354—2006,2.16]

3.4

物流管理 logistics management

为达到既定的目标,对物流的全过程进行计划、组织、协调与控制。

[GB/T 18354—2006,2.4]

3.5

物流信息 logistics information

反映物流各种活动内容的知识、资料、图像、数据、文件的总称。

[GB/T 18354—2006,2.23]

3.6

供应物流　supply logistics

提供原材料、零部件或其他物料时所发生的物流活动。

[GB/T 18354—2006,2.26]

3.7

生产物流　production logistics

企业生产过程中发生的涉及原材料、在制品、半成品、产成品等所进行的物流活动。

[GB/T 18354—2006,2.27]

3.8

企业物流　enterprise logistics

生产和流通企业围绕其经营活动所发生的物流活动。

[GB/T 18354—2006,2.25]

3.9

社会物流　social logistics

企业外部的物流活动的总称。

3.10

第三方物流　third party logistics

独立于供需双方,为客户提供专项或全面的物流系统设计或系统运营的物流服务模式。

[GB/T 18354—2006,2.9]

3.11

电子数据交换　electronic data interchange

采用标准化的格式,利用计算机网络进行业务数据的传输和处理。

[GB/T 18354—2006,5.22]

3.12

供应链　supply chain

生产及流通过程中,涉及将产品或服务提供给最终用户所形成的网链结构。

[GB/T 18354—2006,2.5]

3.13

供应链管理　supply chain management

对供应链涉及的全部活动进行计划、组织、协调与控制。

[GB/T 18354—2006,2.6]

4　物流管理信息系统

4.1　概述

物流管理信息系统是灵活地运用信息技术,结合管理思想和决策方法,系统化地采集、加工、传送、存储、交换企业内外部的物流信息,从而达到对商流、物流、信息流和资金流的有效管理与控制。

广义上说,物流管理信息系统应包括物流过程的各个领域(行业)的信息系统,由计算机、应用软件以及图文传输、全球定位(GPS)等高科技通讯设备,通过全球通讯网络连接起来纵横交错的、立体的动态互动的系统。

狭义上说,物流管理信息系统只是管理信息系统在某一涉及物流的企业中的应用,即某一企业(物流企业或非物流企业)用于管理物流的系统。

4.2 物流管理信息系统应用原则

4.2.1 可得性

物流管理信息系统应具有容易而且始终如一的信息可得性。

4.2.2 准确性

物流管理信息系统应准确地反映当前状况和定期活动。

4.2.3 及时性

系统应及时提供物流管理信息。信息数据处理的及时性要求在规定的时间内,完成数据的录入、加工、存储和传输,让信息在有效时间内得到充分利用。

4.2.4 完整性

系统功能应完整覆盖所涉及到的物流管理需要。

4.2.5 可靠性

系统运行在设计要求的范围内,应保证输出可靠结果。

4.2.6 安全性

系统应在安全的环境下运行,可根据需要设定安全保护等级,安全等级设定参照 GB 17859。

4.2.7 开放性

实现物流企业管理一体化和资源共享。系统不仅要在企业内部实现数据的整合和顺畅流通,还应与企业外部供应链的各个环节进行数据交换,实现无缝连接。

4.2.8 可扩展性

物流管理信息系统应随着企业不断发展和变化而灵活升级和同步扩展。

4.3 物流管理信息系统建设策略

物流管理信息系统的应用一般是从单一到完整、简单到复杂、低级到高级的建设过程,可划分三个阶段:

第一阶段:物流企业只解决信息的采集、传输、加工和共享。系统可不涉及或少涉及流程改造和优化,信息系统的任务就是提供及时、准确的信息。

第二阶段:企业将系统论和优化技术用于物流的流程设计和改造,融入新的管理制度,并在系统中体现。信息系统既是固化新的流程或新的管理制度,使其得以规范地贯彻执行,又是在规定的流程中提供优化的操作方案。

第三阶段:将物流管理向供应链的形成和供应链管理方向上提升。系统要提高物流企业整个供应链的效率和竞争力,通过对上下游企业的信息交互来提高供应链的协调性和整体效益。

这三个阶段由浅入深逐渐展开,后一阶段以前一阶段的基础为起点。但是,如果企业有应用的基础条件,系统构建时可结合前两个阶段或者三个阶段一并考虑。

4.4 物流管理信息系统的分类

物流管理信息系统的设计和应用遵循物流类型的特殊性,本标准从企业物流和信息系统服务对象的角度,把物流管理信息系统划分为制造业物流、商贸业物流和第三方物流等三种主要类型。

4.4.1 制造业物流管理信息系统

制造业物流管理信息系统适用于生产制造企业的物流作业管理。系统根据企业涉及供应链的长短可分为两类:一类以生产制造为主的短链管理,系统功能涵盖原材料采购、材料存储、生产配送、半成品和成品存储、包装、销售等;另一类则包括从生产制造到销售完整过程的管理,系统功能除短链管理的业务外,还包括产品的销售、存储、运输、跟踪、报关等相关业务管理。

制造业物流的特征是最终输出物流的品种相对少,但采购和生产过程中物流管理的作业量大。

4.4.2 商贸业物流管理信息系统

商贸业物流管理信息系统适用于商业行业等流通企业的物流作业管理,其供应链中不含物品生产和原材料采购环节,管理从供应企业采购物品(商品或半成品)到销售的过程。主要功能包括物品采购、存储、流通加工、包装、配送、销售等。

商贸业的典型企业是商业零售集团(大型商场和超市、药业连锁企业等),特征是品种多,物流管理的作业量大。

4.4.3 第三方物流管理信息系统

第三方物流管理是现代物流管理的主体形式。由供方与需方以外的物流企业提供物流服务,对供应企业物品的保管和配送等过程进行组织和协调。系统功能主要包括订单、运输(国际、国内)、仓储、包装、流通加工、配送、进出口、物流设施和资源管理等基本功能。

第三方物流管理的特征是强调整个过程的服务及物品送达的准时性。

4.5 物流管理信息系统构造模型

物流管理信息系统可从三个层次辅助企业管理人员对物流的活动进行操作管理,它们由基本到深入可分为:作业层、管理层和决策层。每层都由若干功能模块组成。

物流管理信息系统构造模型如图 1 所示。

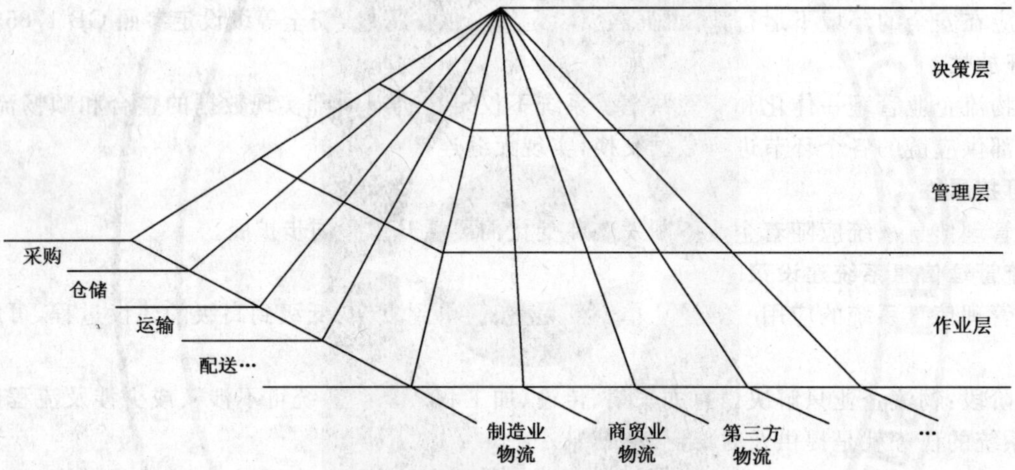

图 1 物流管理信息系统构造模型

4.5.1 作业层

该层面是组成管理信息系统最基本的功能模块层,由完成基础物流活动的功能模块组成,也是管理层和决策层的基础信息资源。

4.5.2 管理层

该层面管理作业层各单项功能模块的执行情况,管理信息系统维护和更新操作,并对企业管理层的经营活动进行管理。

4.5.3 决策层

根据作业层和管理层提供的信息以及独立收集的信息,利用统计、决策等技术手段产生企业进一步操作的决策参考信息。

4.5.4 物流管理信息系统构造要点

构建一个物流管理信息系统应考虑特定应用下物流活动的特点、物流类型与构造模型的关系,将物流活动中有共性的业务封装在信息系统底层功能模块中,再根据物流管理信息系统的类型特点,从作业、管理和决策三个层次上来实现对整个物流活动的计划、组织、协调与控制管理。

参照本标准需注意以下三点:

a) 上述物流管理信息系统构造模型是一个通用的物流管理信息系统的构造模型,具体的应用设计可对此结构和内容做相应的变动,即可把三个层次缩为两个层次或扩为更多的层次,也可减少或增加功能模块。

b) 本标准所列的功能模块，是通用物流活动所涉及的普遍业务功能，具体的应用设计应根据每个功能模块的强弱进行切合实际的判定和取舍。

c) 不同的物流类型企业在构建自己的管理信息系统时，应突出每种类型的物流管理信息系统自身的特点和使用范围。如同样是运输管理模块，在商贸业物流及第三方物流的信息系统中，强调的是运输的准确和时效性，而在回收物流阶段或系统中，系统更强调物流运输的成本。

4.6 物流管理信息系统开发特征

在物流管理信息系统的开发过程中要充分考虑与物流相关的特性，并将它们融入到相关的功能模块中，主要特征有：

a) 标准化。标准化是供应链管理最佳效果的基础，应从系统角度出发，充分考虑各子系统与系统、本系统和外系统之间衔接过程中的标准化，特别是不同系统间的信息交换要遵循 EDI、XML 等信息交换的标准。

b) 自动化。自动化体现在物流作业的各个阶段，如运输、包装、分拣等过程。因此，在管理信息子系统中要有自动跟踪、自动分拣、自动识别和检测等功能对相应的作业过程进行管理。

c) 最优化。信息系统设计中应追求企业运营或供应链整体的最优化，包括设施利用最优、物品配置最优、业务流程最优、运输路线最优以及供应链整体最优等，因此，在相应的管理功能模块，如企业资源管理、物品配送管理、运输调度管理以及客户服务管理功能中要充分考虑这些特征。

d) 准时化。上游物品在规定的时间内，准确、及时地送达下游企业，是物流配送和运输合理与否的主要指标之一。这里强调的是时间，既不要提前，也不要滞后。因此，在物品配置、运输计划、意外情况的补救及客户服务等方面要有相应的处理功能以满足准时化物流的要求。

在系统的开发设计中，还要考虑一些其他的物流管理特征要求，如满足企业快速应变能力的敏捷化要求，适应多种企业特殊服务的个性化要求，集中企业优势资源经营运行的集约化要求以及适应企业间优势互补、合作共赢的协同化要求等。应在管理信息系统功能中体现这些特征要求。

下面以物流管理信息系统构造模型为基础，分作业、管理和决策三个层次对物流管理信息系统的建设进行描述。

4.7 作业层构造

作业层是物流管理信息系统构造的基础层，由可独立运行的功能子系统按需搭建而成。任何一个物流管理信息系统都会包括下述功能子系统的一部分甚至全部。

4.7.1 采购管理

采购流程涵盖采购申请、供应商选择、询价、采购订单签发、订单执行跟踪、物品接受和确认支付过程。

采购管理子系统包括采购计划管理、供应商信息管理、供应商评价管理、询价谈判管理、采购订单管理、采购执行管理、采购到货检验管理、采购退货管理和查询管理等模块。

采购管理子系统更多地应用于制造业物流和商贸业物流管理信息系统，一般来说，制造业物流采购的对象是原材料的供应商，商贸业物流采购的对象是商品生产企业。对于第三方物流公司，采购管理子系统则应用于运作供应商的选择和管理。

4.7.2 仓储管理

仓储管理以合理配置仓储资源、优化仓库内部布局、提高仓储作业水平和改善仓储管理决策为目的。仓储管理的作业流程涵盖物品入库（验收货、记账登入）、存货保管（分配库位、堆码、养护、盘点）和发货出库（配验货、核账清点）过程。

仓储管理子系统主要包括基础信息管理（货主信息、物品信息、仓期信息、仓租信息等，平面和立体仓库信息、储位信息、托盘信息、作业设备信息、出入库规则定义等）、出入库计划管理（入库预约、入库库位安排、入库响应、出库计划、出库库位更新调整等）、入库管理（仓单、理货、存仓、货仓图形模拟）、存储管理(物品调拨、物品盘点、货主变更等)、出库管理(提货、提货对账管理等)、结算管理(仓租费、过户费、拣货费、装/卸费、运输费计算以及对账单、账龄分析等管理)和查询模块。

仓储管理子系统采用条码、电子标签、射频识别等物流技术,帮助管理者顺利获取出入仓物品联机信息、存量检索、容积计算、仓位分配、盘点报告、租期报警和自动仓租计算等仓储信息,实现对仓库全方位管理。

仓储管理子系统除了仓储管理的通用功能外,商贸业物流系统更强调仓储物品的期效、库存数量的合理性指标。第三方物流系统更关心仓储物品的完好保管、库容的合理利用。制造业物流系统更注重合理库存物料需要、零部件供应商状况等信息。

零库存是物流仓储管理的特点和目标之一,需要从订单、采购、生产调度、仓储和销售的各个管理环节中统一协调安排并体现在各自的管理模块中。

4.7.3 运输管理

运输管理是对不同运输方式承运不同客户的物品进行实时控制管理的主要手段,目的在于优化运输资源配置,降低运输费用,提高服务水平。

运输管理的作业流程涵盖提单和货运清单制作、物品跟踪、运费清单制作过程。

运输管理子系统主要包括工具信息管理(如自有和协同车辆、船只、飞机等运输工具的状况、种类、承载能力等)、运输调度管理(制定调度计划,对司机、运输工具进行调度,对多种运输工具实行综合调度等)、运输作业管理(提供对物品的分析、配载的计算以及最佳运输路线的选择)、运输费用管理(成本控制和单车核算等)以及运输跟踪管理和查询模块。对于联运,还要考虑水陆空分工、公铁分工等在联运中的衔接转换能力、枢纽通过能力等因素。

运输跟踪管理模块是由全球定位系统(GPS)、地理信息系统(GIS)、无线通信系统和定位信息处理系统构成,实现对司机、运输工具和物品的实时监控和在途信息查询。跟踪系统定位的准确性和及时性主要取决于通信系统的工作频率和地理信息系统处理能力。工作频率高、电子地图伸展性好,其定位相对快速和准确,但费用高,企业需要根据自身情况综合考虑。

由于运输工具(如车辆、船舶、飞机等)的有序运行明显地受天气、道路等不可控因素的影响,因此,在作业流程和模块功能设计时应充分考虑由此引起的意外补救措施。

4.7.4 货运代理管理

货运代理管理的目的是有效整合各种物流资源,对于不同途径(公路、铁路、航空和水运等)和不同地域间(国际和国内的)的运输采用多式联运,实现门对门,一票到底的物流服务。

货运代理管理的基本作业流程涵盖了从下委托单到订舱、装箱进港、出港、报关、装载、结算这个整体统一的业务过程,同时由于对不同运输工具的选择,其具体作业流程差异也较大。

货运代理管理子系统主要包括基础信息管理(运输条款、币种、付款方式、包装类型、费用代码、货物类型、航线以及集装箱信息等)、报价管理(折扣定义、报价栏目维护、报价单生成以及查询维护等)、业务接单管理(货运委托书、提单、整箱装箱单、拼箱装箱单、报关单、海关单据、客户装箱单、客户发票、代理提单、费用单等的生成与维护)、报关报检、结算管理(对每笔业务进行财务核算,并管理费用台账,收、付款操作以及发票管理等)、客户管理(客户信息、联系人信息、发货人信息、收货人信息、通知人信息、签章信息等)和查询模块。

货运代理管理子系统多应用于第三方物流类型的信息系统中,它是发挥自己运储设施布局广、业务协调能力强的优势来完成客户物品多式联运服务。

4.7.5 配送管理

配送的主要目的是降低企业库存、方便客户和提高供应的保证度,但对不同类型的物流企业的配送策略不尽相同,如对生产企业多按"零库存原则"实行原材料配送,对商业零售企业则多实行小批量多品种的配送,有时考虑到综合效益等因素,也可采用定时配送与加急快送的混合策略等。总的来说,配送应遵守JIT(准时配送)的原则,应支持多供应商和多购买商之间的精确、快捷、高效的配送。

配送的流程包括配送计划制定、拣选、组配、送货(有时还包括加工、包装、分割)等作业,按时送达指定地点并作相应的回单处理。

配送管理子系统主要包括配送计划录入(将客户通过各种方式发来的配送请求,确认后录到系统中)、制定配送计划(根据库存情况,配送要求,物品的送达地,物品的种类、体积、保养条件、数量,车辆的运载能力等制定配送的计划)、选货组配(根据物品的货位制定选货计划,并将选出的物品按不同属性、客户、体积等进行组配)、验货出库装车(对组配的物品进行验货装车)、制作路单和送货(根据物品送达地,确定运输的最佳路径,以送货路单的形式交送货司机)、回单管理(客户收到物品后签收回单,对回单进行管理)和查询模块。

配送管理子系统应用于三种类型的物流管理信息系统中,但特点略有不同。商贸业系统配送的物品,数量大是一个明显的特征,但是无论是配送的目的地还是物品的类型都相对比较固定,所以配送系统比较稳定;第三方物流系统服务对象的流动性大,因而配送物品的稳定性弱;生产企业配送的地点和物品比较固定,但对准时性的要求很高。

4.7.6 销售管理

销售管理是现代企业管理体系中最重要的组成部分,它是对销售过程中各个环节进行计划、组织和控制,并与库存管理、财务结算、生产计划管理等紧密相连,组成现代企业管理的完整体系。

销售业务流程涵盖制定销售计划和产品报价、处理和跟踪客户订单以及对客户进行管理。

销售管理子系统主要包括销售计划管理、销售报价管理(商品销售报价、调价及促销管理)、销售合同管理、客户订单管理(建立客户订单资料、订单接收、订单执行调度管理、订单跟踪管理、订单查询管理)、销售退货管理(处理客户退货事务)、销售查询管理(与销售相关的系列单据的查询)、销售终端管理(POS 系统)、客户管理、呼叫中心、数据交换(EDI、XML)模块。

销售管理子系统主要应用于制造业物流管理信息系统和商贸业物流管理信息系统中。

4.7.7 报关报检管理

报关报检管理子系统是集报关、商检、卫检、动植物检验检疫等功能管理于一体的信息管理子系统,与海关、商检、卫检、动植物检验检疫系统无缝链接。

报关报检管理子系统主要由进/出口报关/报检管理(对进/出口报关的委托信息、报关单和核销单、报关类型、操作状态、费用等进行管理)、报关作业管理(对保函保金的自动预警、每笔业务与商检/征税/退税环节计划工作流的执行、状态监控、单证校对等功能)、费用管理、账务管理、单证管理、客户关系管理、数据交换(EDI、XML)和查询模块。

报关报检管理子系统主要用于具备进出口资格的三种类型物流管理信息系统中。

4.7.8 回收物流管理

回收物流始于客户对物品的接收端,一旦这些物品由于各种原因需要回收,是利用前向物流系统完成问题物品的回收,还是单独建立一个回收物流系统,或者两者兼之,这要取决于:

- 与委托方签署的合同中关于回收物品的条款规定;
- 被回收物品的种类、大小、数量;
- 物品回收的距离和密度等多种因素。

这里涉及人工、仓储、运输、检修、包装等作业以及之中发生的各种费用,总成本是衡量回收物流管理优劣的根本标准。

回收物流管理涉及仓储、运输、包装、财务、查询等多个模块。可单独构成一个子系统或在相应模块中增加有关功能予以实现。

回收物流管理子系统适用于制造业、商贸业和第三方物流类型的物流管理信息系统,特别是前两行业的企业遇到物品回收的要求更加频繁。

4.7.9 资源管理

资源管理以提高企业内、外部各种资源(如基地、仓库、货场、码头港口、车辆、人员、作业工具等)的有效监控和充分利用为目的，从而使企业降低运营成本，提高竞争力，对企业闲置的资源进行合理的优化调整。

资源管理子系统主要包括基础信息管理（物流基地各项信息和指标、仓储面积、加工使用的作业工具和场地数量、仓库和基地操作人员数量、月台数量、运输工具数量、供应商信息等）、物流基地使用管理（加工场地使用管理、加工作业工具使用管理、月台使用管理、数据识别设备等使用管理）、仓储资源使用管理（仓储储位利用管理、配置人员管理、作业工具使用管理）、车辆资源使用管理（车辆运营成本管理、GPS 设备配置管理等）和查询模块。

资源管理最注重对现有资源的优化调整，因此，需要对基本资源的变动和使用维护情况经常进行统计分析。

4.8 管理层构造

管理层处于物流管理信息系统构造模型的中部，该层模块的特点一是应用于企业管理机构，二是管理的内容涉及企业的核心信息。因此，其重要程度和机密保障要求是信息系统设计人员首要考虑的因素。

由于管理层所有的管理子系统都是企业运营的核心模块，所以它们将应用于包括制造业、商贸业和第三方物流的所有类型的物流管理信息系统中。

4.8.1 合同管理

合同是业务开展和费用结算的依据，规范合同管理可减少出错和提高效率。

合同管理过程包括合同谈判、合同签署、合同执行监督和统计。

合同管理子系统主要包括合同信息管理（如合同号、合同名、项目名、客户信息、起止时间、完成状态、结算方式、金额以及合同内容信息等）、合同执行（项目信息及进展、合同的分期管理及合同结算、合同关键点事件提醒等）、客户管理（与合同有关的客户信息）和合同查询管理模块。为了操作方便，还应支持其他常用格式（如 Word 或. txt 格式）的合同文件顺利导入和编辑。

4.8.2 客户关系管理

客户关系管理是物流企业售后服务重要的体现形式，其目的是维系现有客户、开发新客户，提高对现有客户的服务水平，扩大现有客户的物流业务作业量等。

客户管理的过程通过各种方式与客户进行联系，包括项目意向接触、项目进展交流、客户访问、特殊事件提醒以及对客户物品购置的分析等。

客户关系管理子系统主要包括通讯录（客户编号、联系方法、地址等）、历史记录（在每次交易或联系的时候输入有关资料，以备日后查询）、重要日期提醒（可提醒客户的有关事件日等重要日期的到来）、客户状况（客户产品生产销售状况、客户运作业务状况或客户的购买意向和事件等）、分析（客户分析评估报告、客户的分布、行业、类型、来源，为决策提供关键信息等）、查询以及便易操作（邮件群发功能等）等模块。

4.8.3 客户服务管理

客户服务管理的目的是努力提高服务质量，解答客户关心的问题和向客户开放有关信息查询。

客户服务主要提供网站信息查询、电子邮件、网上信息交互和商品交易等服务功能。

客户服务管理子系统包括方案咨询（提供适宜的物流服务方案）、订单查询、费用生成（模拟服务费用自动生成）、物品查询（仓储状态查询、运输途中状况查询、物品的地理位置查询等）、账单查询（各种服务账单的查询）和客户投诉及意见反馈等模块。在有网站交易服务的环境下，还应提供网上报价、网上下单和网上交易等一系列电子商务功能模块。

若有条件，可建立一个集语音、通信、计算机网络、数据库技术于一体的呼叫中心通用平台，支持传统电话、传真、语音邮件、IP 电话等多种接入方式；对客户提供人工和自动等多种实时交流手段，以查询诸如价格、订单状态等信息。

4.8.4 结算管理

结算管理是计算和管理物流服务各环节所产生费用,其目是为财务核算和对账提供依据。

结算管理子系统主要包括费率管理(各种单项服务费率的设定和维护,如采购和销售货品中的费率管理、物流服务过程的费率管理等)、费用统计和分摊(单票服务费用的统计和分摊)、费用计算(单票和多票各项费用包括多种模式的仓租费用、运输费用、装卸费用、包装加工费用、配送费用、货代费用、报关费用、检验检疫费用、行政费用、办公费用等每一项物流活动所发生的费用计算)和查询等模块。

运输费用的统计和分摊还要考虑多对多的情况(此情况在第三方物流企业常遇到),即多个客户的订单由多个供应商的车队(或其他运输工具)来完成的物流作业方式。因此,需要制定收入及费用的分摊原则和方法,按照规范的财务核算要求自动产生结算凭证。

结算子系统应考虑与标准财务核算软件的接口,为其提供相关的财务凭证。标准的财务核算软件可采纳国内通用的财务软件。

4.8.5 统计报表

统计报表是物流管理信息系统中最主要的信息输出手段,是企业领导和客户了解业务状况的依据。统计报表在本标准中作为物流管理信息系统建设的一个独立子系统单独列出,本身并不具备独立的运行功能,需要基于其他业务子系统的实施而产生的相关业务数据。

统计报表子系统主要包括涉及相关物流业务的日报、周报、月报以及年报等各种统计报表,涵盖作业层、管理层和决策层各个层面。主要包括:采购管理(供应商存货及销售报表、采购订单审核情况列表、每日/周/月采购订单汇总报表、采购订单执行情况反馈表、退货供应商报表等)、仓储管理(盘点损益(CO)月报表/季度报表/年报表、类别库存汇总报表、库存明细表等)、运输管理(货运清单周报表/月报表、运费清单等)、货运代理管理(客户装箱单列表、代理费用清单列表等)、配送管理(配送路单明细表、配送装车清单等)、销售管理(客户订单统计表、销售退货统计报表等)、报关报检管理(报关清单、核销清单等)、回收物流管理(回收物品明细单、回收成本统计表等)、合同管理(合同签订清单月报表/季度报表/年报表、合同履行金额和进度情况表等)、客户关系管理(客户基本信息统计表、客户历史交易统计表等)、客户服务管理(客户投诉及意见反馈统计表、信息咨询记录统计表等)、结算管理(费用分类统计表、费率设定清单等)。

统计报表子系统应该既可以提供多种固定的统计报表,也能够提供动态的统计报表功能。

4.8.6 系统管理

系统管理主要用于物流企业的系统管理员对物流管理信息系统的内部管理。它是物流管理信息系统核心子系统之一,关系到整个系统运行的安全。

系统管理子系统主要包括初始设置(系统环境设置、数据库初始表设置和应用系统初始运行设置等)、数据编码维护、安全管理(如客户登录管理、数据访问授权管理)、数据备份和恢复模块等,对于网站服务,还应提供客户访问统计、广告管理、信息发布、下载管理等功能模块。

4.9 决策层构造

4.9.1 统计分析

企业根据物流行业标准、企业的统计报表和自身要求,对物流活动各环节情况进行统计分析。本子系统主要包括:

采购分析模块。从内部和外部两方面进行统计分析。内部包括原材料需求、生产计划和生产控制、销售计划和预测、财务预算和控制以及库存量分析等功能。外部包括供应商供货的能力、质量、物品价格、供货的准确率、及时和准时服务能力、运输工具和费用、产品发展趋势分析等功能。

仓储分析模块。从仓储设施的利用率和管理是否精确的角度分析,包括仓储的利用率(库容、货架等)、物品的周转率(不同物品的进出频率及库龄等)、仓储费用(订货费、保管费,缺货费等)、存货增长率、存货结构明细、存货汇总、仓储预警管理以及仓储设施维护统计分析等功能。

运输分析模块。从运输成本和运输完成情况两方面进行分析。运输成本分析包括对运输变动成本

(劳动成本、燃料费和维修保养费等)、固定成本(信息系统成本、车辆成本、车辆保险等)、联合成本(回程成本等)和公共成本(路桥费及管理收费等)的分析等功能。运输完成情况包括对运输的货运量、运输的费用、运输送达率、运输适时率、运输故障率、运输送达完好率、运输按时送达率等的分析等功能,以便企业了解运输成本结构,加强运输管理。

销售分析模块。从对客户服务质量的角度进行分析,包括按不同的订单客户进行分析:如本企业订单处理的自动化程度、订单供货的准确率、供货的完备率、送货频率以及对客户抱怨处理结果等方面进行的统计分析。从对企业效率角度进行分析,包括产品产销率、产品存销率等多项指标。

财务分析模块。基于会计信息加以统计和分析,包括应收应付款统计、票据开具情况统计、财务预算、计划和执行情况、资金使用情况分析、财务绩效评估分析等。

配送分析模块。主要是在配送管理方面的统计和分析。例如配送的物品数量分类统计和分析,配送的批次、批量和效益统计分析,缺货率和缺货费统计分析等。由于配送往往涉及仓储、运输甚至加工、包装等其他物流环节,所以仓储管理和运输管理子系统的统计分析指标也可用于配送分析模块。

资源分析模块。主要是对资源的使用情况进行统计分析,例如仓储储位利用率统计和分析、基地加工场地利用率统计分析、月台利用率统计分析、作业工具使用率统计分析、车辆运营和空载率统计分析以及人员产值分析等。

4.9.2 决策支持

决策支持信息子系统作为决策层提供决策支持的有效工具。它通过采集应用系统的各种有效信息,运用数据仓库技术、运筹学模型、线性规划等分析法对历史数据进行多角度、立体的综合分析,为决策层提供有效准确的信息资料。主要包括:

仓储决策模块。包括基于出/入库原则生成上架/拣货计划、物品库存控制、采购和调拨计划、分品种库存量决策、补货系统决策、仓储服务水平与仓储服务成本的权衡决策、仓储设备利用率与设备添加平衡决策等功能。

运输决策模块。包括车辆调度和线路优化决策(分单点到单点、单点到多点以及多点到多点三种车辆路线的计划决策)、货品运量及线路优化综合决策等功能。

财务决策模块。主要包括资金筹集、投放决策等功能。

除物流各环节的决策模块外,系统还应从企业整体和供应链效益最优角度为管理人员提供可参考的决策信息:如企业流程调整或改造(关注整个业务流程的改造,如物流作业环节的增减、物流和信息流流向的变动等)的信息;企业网点(仓库、门点等)增减及布局调整的信息;物流信息技术(条码和自动识别、空间定位技术、电子标签及相应软件应用系统等)是否采用的信息,是否要对供应链上的合作伙伴做出调整、协调或密切合作的信息等。这种涉及企业决策建议的信息,视企业存在问题的不同内容也不同。做出决策信息的基础是依据企业积累的业务分析数据和管理者的经验和来自于外界较成熟的物流管理理论、物流技术和企业成功实施的经验。

4.10 公共物流信息平台

公共物流信息平台是基于因特网,以先进的物流管理思想和信息技术为支撑,可跨部门、跨行业、跨地域的综合性物流服务平台。通过公共物流信息平台,物流相关企业可按统一的数据交换格式和标准,进行系统升级、信息发布、查询、交易等;也可与企业内部应用系统集成,实现物流信息资源合理配置有效使用;政府相关部门利用公共物流信息平台,可进行科学预测、分析和规划,制定产业政策;也可获得行业市场需求总量、供给能力、运输方式等运营状况,及时进行行业调控和政府部门间协调。

4.10.1 公共物流信息平台的构成要素

a) 计算机网络设施

公共物流信息平台需要计算机和网络设施的集成作为基础技术条件,包括数据交换主机系统、网络系统(交换机、路由器等)、安全体系(认证系统、防火墙设备、数据传输安全等)、机房运行环境(空调、UPS 等)、因特网接入线路等一系列软硬件的系统集成。

b) 物流管理应用系统

主要包括物流企业独立或综合作业过程中使用的各类应用系统(如仓储、运输、配送、货代等应用系统或具有综合管理功能的应用系统),面向监管部门的监管应用系统,与平台相关的功能集合应用系统(如企业资源信息交流和交易应用系统等)。

c) 物流信息交换流转的环境

主要包括在不同组织(政府、企业)的异构系统间进行的数据交换(如 EDI、XML)以及相关政策法规、业务流程、技术标准等信息流转和应用所需的软环境和信息共享必备的基础设备。

4.10.2 公共物流信息平台的功能

公共物流信息平台的核心是公共信息服务系统和数据交换处理系统。它可以与不同行业的数据中心、相关职能部门的信息中心以及相关物流企业应用信息系统实现无缝衔接。

a) 公共信息服务系统

公共信息服务系统是物流信息资源的汇集中心,也是国内外了解区域物流信息资源的窗口。其功能主要包括法律法规信息查询、技术标准支持、公共物流信息汇集和服务(汇集国家、地方和企业物流信息和面向企业的开放服务)、公共物流作业服务(对企业提供开放性物流,如支持海关、商检、卫检、动植物检验检疫、工商、税务等职能部门与物流企业的数据、报表或单证的传递和交流)以及公共物流信息交换、交易服务(物流企业的信息交流、发布、业务交易、结算等信息管理功能)。

b) 数据交换处理系统

数据交换处理系统是物流公共信息平台的重要组成部分,负责处理平台与其他信息系统、物理网络接口间的数据交换和接口。其主要功能为支持常用的网络连接(支持局域网、因特网、移动网等网络连接)和数据格式(支持 EDI、XML 格式)交换。

c) 公共物流信息技术服务

在公共物流信息平台上提供相关的物流信息技术服务是充分、有效地利用物流技术设施的途径之一。主要的公共物流信息技术服务是运输工具和物品的空间定位技术[包括卫星定位系统(GPS)、地理信息系统(GIS)、无线通信技术和应用软件系统]服务,随着各种物流信息技术和应用的成熟,公共物流信息平台还应在开放性系统的物品编码应用及维护等方面提供相关服务。

5 物流管理信息系统技术架构

在建设物流管理信息系统时,采用的计算机网络、数据信息分布和信息交换模型等技术,在许多地方与建设通用管理信息系统类似,作为一个完整的物流管理信息系统的构造,本标准给出相应简述。

5.1 物流管理信息系统技术架构特点

5.1.1 支持分布式应用,以适用多机构多层级的分布应用、核算和个性化要求。

5.1.2 支持因特网,以降低分布式应用环境下的运行费用。

5.1.3 可以采用企业门户技术和中间件等技术,有利于物流系统的开发和实施。

5.1.4 可以采用将功能组件化的实现方式,有利于物流系统的构造和升级。

5.2 物流管理信息系统几种主要的网络结构

5.2.1 集中式网络结构

集中式网络结构是由一台主计算机带若干台终端构成。终端通过信息网络与主计算机相连,系统所有数据存放和处理由主计算机完成。

集中式结构的数据处理集中,便于控制管理,但主机负荷重,扩充能力差。

这种主机/终端式的网络结构主要存在于大企业的应用中,它们与外界的互通往往采取连接其他与因特网沟通的网络和计算机设备。

5.2.2 客户/服务器网络结构

客户/服务器结构是一种基于局域网的C/S网络结构。在该结构中,界面处理及业务逻辑处理应用系统程序放在客户机上运行,并通过网络获得服务器的服务,服务器中存放数据并承担数据库的管理。

在该结构下,应用系统的表达能力强,应用系统界面对用户的操作响应也比B/S结构的响应速度快,但在局域网环境中应用程序的维护、升级、分发等工作较繁琐。

为克服应用系统程序维护、分发不便的弱点,可采用服务器端升级应用系统程序并提示客户端,由客户端下载并更新本机应用系统程序的技术。

此结构经过改造也可以应用于广域网。

5.2.3 三层(多层)网络结构

三层(多层)式结构是一种基于因特网的B/S网络结构,包括界面层、逻辑层和数据层。其中界面层位于终端客户,逻辑层和数据层由服务器端承担。

界面层:提供给客户端用户的界面,用于输入数据和获取数据。客户端程序为通用的浏览器软件。

逻辑层(也称中间层):是界面层和数据层的桥梁,它响应界面层的用户请求,执行任务并从数据层抓取数据,并将必要的数据传送给界面层。

数据层:定义、维护数据的完整性和安全性,它响应逻辑层的请求和访问,由数据库服务器协助有关应用程序实现。

多层结构系统的安全性、可扩展性很好,因为客户端和服务端的应用系统软件都在服务器端运行,所以不存在应用系统程序的分发问题,但对服务器端的软硬件和网络环境要求相对较高。该模式多用于广域网。

图2所示是三种技术的网络结构图。

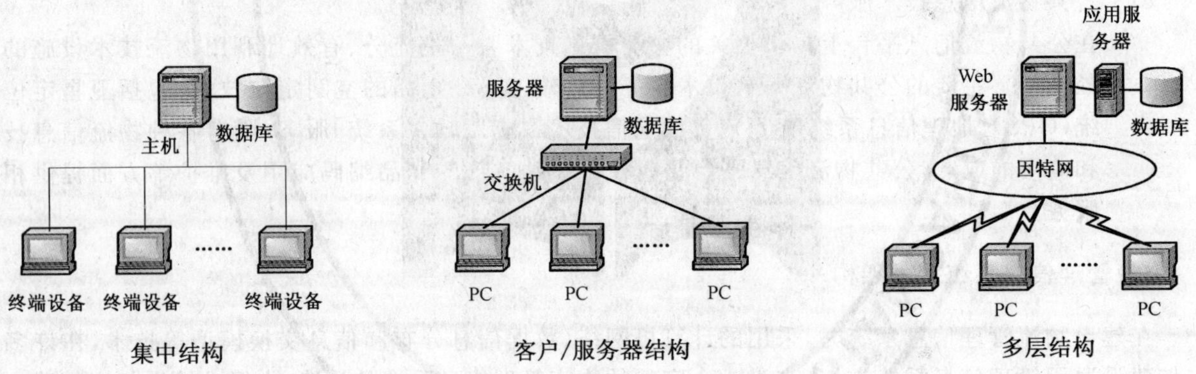

图2 物流管理信息系统的网络结构

5.3 数据的集中式与分布式管理

企业在构建物流管理信息系统时,应根据实际应用情况,综合考虑性能、价格等各方面的因素,选择适合自己的数据管理模式。在实际应用中,因为各种模式各有优劣,经常会出现多种数据存储模式组合应用的情况。

5.3.1 集中式管理

数据集中式管理的运行结构和方式是应用软件和数据都集中存储在总部,各分部(如分布式仓库等)通过远程网络系统实时操作总部的软件和数据,总部可对各分部的业务操作进行实时监控管理。从技术角度看,集中式管理的软件和数据易于管理和维护,系统安全性能高。不足的是,对总部服务器的性能有较高的要求,在通信线路不稳定或远程分点较多的时候,系统运行效率低,同时通信费用较高。

5.3.2 分布/集中式管理

数据分布/集中式管理的运行结构和方式是系统、数据分别存储在总部和分部,平时分部(如各连锁店、超市等)系统可以独立运行、管理自己的数据,必要时按约定时间与总部联网并传送数据到总部以更新总部的数据库。由于数据分布存储和程序分布运行,分部的应用可更多地满足客户的个性化要求,这种非实时的数据传送,也可减少远程通信费用。不足的是总部不能及时掌握全面的信息,各分部也需要相对多的系统维护和管理人员。

图 3 所示是两种数据管理模式图。

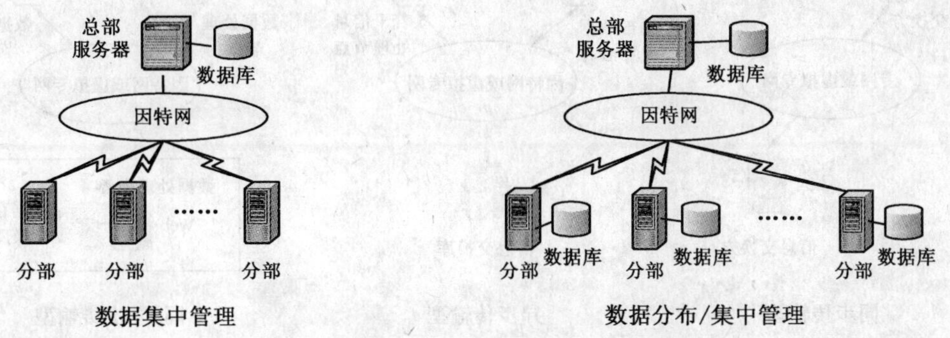

图 3　数据的集中式与分布式管理

5.4　信息交换模型

供应链的上下游企业在一个业务相关的系统中经常交换数据,基于广域网的信息交换环境,目前常用的信息交换模型有三种,它们是同步交换模型,异步交换模型和同/异步交换模型。

5.4.1　同步交换模型

是一种实时但信息不集中存放的信息交换模型,它依赖于专网或虚拟专网连接的网络结构。通常参与信息交换的企业都有自己的物流管理信息系统,需要交换的数据在信息发生方产生时,按照统一制定的格式(如按 EDI 或 XML 等格式)生成交换的数据,并交本方的发送/接收服务器实时发送,而接收方则实时接收数据并予连线处理。这一切都是由专用软件借助计算机和网络自动完成的。

这种信息交换模型适用于业务量大、信息交换的类型变化小且信息共享实时性要求高的应用。独立运营的若干物流企业间进行信息交换常采用这种模型。

5.4.2　异步交换模型

是一种交换信息集中存放但不实时传输的信息交换模型,它依托于一个总部数据中心、一个信息交换库(物理上这两个点可集中也可分开建设)和若干信息处理节点构成的网络系统。通常,总部数据中心和信息处理节点把要交换给对方的信息按约定的数据格式构造完毕后,通过广域网送到信息交换库,同样,也从交换库中取回需要的信息。

这种信息交换模型常用于统一财务核算、分散物流作业的物流企业,也可用于供应链上物流核心企业与其他物流企业之间进行信息交换。其应用特点是,系统各部分数据的交换频度不高,更不要求系统运行时数据交换的实时在线。此信息交换模型有利于充分发挥各信息处理节点设备的能力,节省网络运行开销;另外各系统独立闭合运行,安全性好。

5.4.3　同/异步交换模型

是一种集中的,既可实时也可随时交换信息的模型。它借助的是因特网资源,依托于数据处理中心和数据节点上下二层的网络结构。下层为数据处理中心,由程序、数据存储服务器以及信息交换平台构成,对外的界面是一个网站。上层为数据节点群体,每个节点通常由单台 PC 或局域网络承担。

本模型适用于管理集中、具体物流作业分散的大中型物流企业。日常运营时,数据节点负责业务信息的采集、实时或非实时地传输数据到网站的信息平台并由数据处理中心接收处理。作为信息反馈,数据中心以网页或可下载的文件形式构造数据供数据节点使用。

本模型的优点是企业管理机构容易掌握全企业物流作业和管理中产生的实时数据,便于统揽全局,快速决策。

网站平台信息交换也有非实时信息交换形式，如由数据节点用户通过文件传输或远程连接协议的相关软件把交换数据送到网站信息平台，或从网站信息平台中获取交换数据。

图4所示是三种信息交换模型的结构。

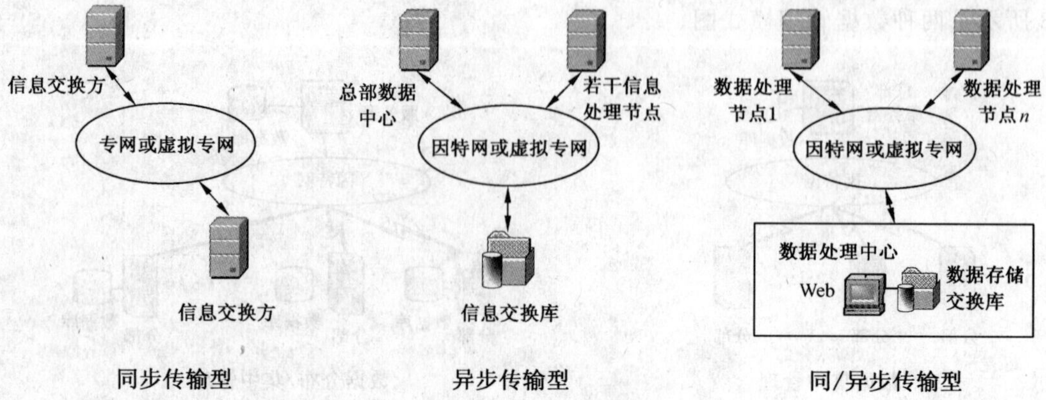

图4　信息交换模型

上述三种信息交换模型各有优势和不足，另外，经过变形还可整理出第四种、第五种甚至更多种模型。采用哪一种或哪几种的混合模型来构造一个新的物流管理信息系统，应综合考虑企业的物流业务类型、数据共享实时性的紧迫程度、使用单位的个性化要求、周边其他相关系统对新构系统的制约、系统今后的可维护性以及企业对系统构造和维护的资金支持力度等多种因素之后再定。

6　物流管理信息系统集成

物流管理信息系统是企业信息化建设的一个部分，在系统集成和构造时一般要考虑以下问题。

6.1　网络、计算机设备及系统软件集成

根据系统需要，选择性能可靠的网络、计算机及系统软件设备。这些是物流管理信息系统运行的基础，由于它们的集成技术和所用的设备相对成熟，可以参考有关标准和规范。

6.2　物流管理信息系统编码技术

物流管理信息系统开发和应用过程中，有一些对象（如物品、地区、单位等）需要明显加以标识后才可进行信息查询，才可在交易多方之间进行透明的数据交换。编码是信息交换的基础。

在系统开发设计时，对于需要制定的代码，应掌握如下原则：如果有国家或相关行业标准，应严格按照标准执行，如果没有现成的标准或标准不足，则应按照科学、规范的方法进行编码。

关于物流信息的编码方法，可以参考 GB/T 7027。

6.3　物流管理信息系统的安全

在物流管理信息系统的设计开发过程中，应该充分考虑系统的网络安全和数据安全等安全体系建设。关于安全体系的建设，可以参考 GA 163。

6.3.1　实体安全

要建立保护计算机设备、设施（含网络）以及其他媒体免遭地震、水灾、火灾、有害气体和其他环境事故（如电磁污染等）破坏的措施和过程。

6.3.2　运行安全

为保障系统功能的安全实现，提供一套安全措施（如风险分析、审计跟踪、备份与恢复、应急等）来保护信息处理过程的安全。

6.3.3　信息安全

防止信息财产被故意的或偶然的非授权泄露、更改、破坏或使信息被非法的系统辨识、控制，即确保信息的完整性、保密性、可用性和可控性。

6.4 物流信息技术集成

6.4.1 条码技术

条码技术是一种计算机自动识别技术，通过对物品上的条码进行自动扫描实现对物品信息的自动输入，这种方法快速、准确、可靠、有效。

6.4.2 射频技术

射频技术可用于物流系统的物料跟踪、运载工具和物品的识别和信息采集等。例如高速公路使用射频技术，可实现不停车收费。射频技术还可用于对客户的物品清单、发票、发运标签、产品代码等的识别。

6.4.3 全球卫星定位系统(GPS)

全球卫星定位系统(GPS)、地理信息系统(GIS)、无线通信技术和应用软件系统四者结合后构成了卫星空间定位系统。在现代物流中主要用于汽车定位、汽车跟踪调度、铁路列车、机车车辆、集装箱及所运物品跟踪等运输管理；在军事物流方面，卫星空间定位系统在后勤装备供应保障方面也有着重要的作用。

6.4.4 地理信息技术

地理信息技术主要用于物流系统中涉及的车辆路线模型、最短路径模型、网络物流模型、分配集合模型和站场设施定位模型等，地理信息技术也用于卫星空间定位系统。

6.4.5 可视化与计算机仿真技术

通过可视化与计算机仿真技术对物流管理的方案进行模拟和仿真，例如对仓储管理的库位图形模拟仿真等，可节约经费，提高效率。

6.4.6 专家系统、人工智能技术

专家系统、人工智能技术是一种用计算机模拟人类的思维方式进行推理的技术，在物流管理的应用中，专家系统、人工智能技术用于对物流系统进行合理规划、布局、评价和智能化管理。

7 物流管理信息系统应用开发方法

应采用软件工程的科学方法进行物流管理信息系统的开发，规范开发应用过程中每一阶段的工作目标、主要工作内容、工作标准和要完成的文档，同时将物流的基本元素和基本流程加以定义，并简单阐述软件对于这些基本元素和基本流程的实现方式。

物流管理信息系统的开发是一个复杂的系统工程，开发方法主要有结构化生命周期开发方法、原型法、面向对象的开发方法等，企业应根据具体情况选择适当的开发方法。

7.1 结构化生命周期开发方法

7.1.1 概述

结构化开发方法遵循用户至上的原则，将整个信息系统划分出相对独立的阶段，采用结构化、工程化的系统开发方法与生命周期方法相结合的方法，自顶向下对系统进行分析和设计。

7.1.2 特点

强调系统开发过程的整体性和全局性。区分开发阶段，分步骤进行系统分析和设计，每一步工作都及时总结，及时纠正发现问题，避免开发过程的混乱状态。

缺点是开发过程过于繁琐，周期过长，工作量大，同时需要系统开发人员在调查中充分掌握用户需求、管理状况以及可预见未来可能发生的变化，系统开发风险较大。

7.1.3 开发流程

a) 系统规划阶段

根据用户需求，进行初步调查，明确问题，确定系统目标和总体结构。分析实施阶段，给出系统的功能、性能、可靠性，以及所需的接口等方面的设想。对可供使用的资源(如计算机硬、软件，人力等)、成本、可取得的效益和开发的进度做出估计，制定完成开发任务的实施计划。

b) 系统分析阶段

需求分析主要是对开发的应用进行详细的调查和分析，充分理解用户的需求，确定哪些需求是可满足的，明确这些需求的逻辑结构，并确切地加以描述。提交软件需求说明书或功能规格说明书。

c) 系统设计阶段

设计是软件工程的技术核心。基本任务是将软件需求说明书或功能说明书转换成一个具体的软件系统的设计方案。包括概要设计(或称总体设计)、详细设计等步骤。概要设计是在软件需求说明书的基础上建立软件的系统结构，包括数据结构和模块结构。模块结构中的每个模块意义明确且和某些用户需求相对应，进而进行详细设计，对每个模块进行具体的描述，确定模块的功能、接口和实现方法，为程序编写打下基础。

所有设计中的考虑都应以设计说明书的形式加以详细描述。

d) 系统实施阶段

根据系统设计阶段的设计报告，进行软件编程、调试和检测，以及用户培训和系统试运行。

e) 系统运行维护阶段

已交付的软件投入正式使用便进入运行阶段。在运行阶段，需要对软件系统进行修改，其原因可能有：运行中发现了错误需要修正；为了适应变化了的软件工作环境，需作适当变更；为了增强软件功能需作变更。每一项维护活动都应准确记录下来，作为正式的文档资料加以保存。

7.2 面向对象的开发方法

7.2.1 概述

面向对象法是系统开发人员根据用户的需求，找出确定问题领域对象和类，对其进行静态的结构描述和动态的行为描述，建立解决问题领域的模型，用问题领域对象和类、接口对象和类、运行对象和类以及基础与实用对象和类区构成一个体系结构，通过不断地反复与累增，尽可能直接描述现实世界，实现模块化、可重用，完全而准确地满足用户的所有需求。

7.2.2 特点

面向对象法的优点是以对象为中心，利用特定的软件工具直接完成从对象客体的描述到软件结构间的转换，缩短了开发的周期。

7.2.3 开发流程

以下为系统开发流程：

a) 系统分析阶段

根据用户对系统开发的需求进行调查研究，在繁杂的问题领域中抽象地识别出对象及其行为、结构和属性等。

b) 系统设计阶段

根据系统分析阶段的文档资料，作进一步的抽象、归类、整理，运用雏形法构造出系统的雏形。

c) 系统实施阶段

根据系统设计阶段的设计文档，运用面向对象的程序设计语言进行编程实现。

d) 系统运行维护阶段

进行系统的日常运行管理、维护与评价工作。

7.3 文档要求

物流管理信息系统的文档编写工作应贯穿于整个系统的开发应用过程，应有计划地建立和及时更新文档，文件内容及编写要求应参照 GB/T 8567 的各项规定。

7.4 物流管理信息系统的开发趋势

随着网络技术的快速发展，面向服务的体系架构将成为未来发展趋势。面向服务的体系架构，是根据应用服务请求，通过分布式网络将单独的软件资产(应用群件)作为构造单元，用开放的标准将软件资产(应用群件)进行部署、组合和使用。

在面向服务体系架构趋势下,物流信息系统的开发应向着适应复杂IT环境和灵活多变需求的方向发展。信息系统开发可采用灵活的CB/S网络结构,使用专用网络组件、Web服务、XML等标准化技术,进行企业数据集中与分布的柔性布置以及应用软件、数据、参数等自动布置和升级,通过标准商用数据交换协议完成企业内部、企业与交易成员间以及成员与成员之间的商业数据交换、订单传输和报表呈报。总之,物流信息系统的开发应用将朝着系统构件化、终端资源化、网络套件化、信息标准化、发布统一化的方向发展。

参 考 文 献

GB/T 18354—2006 物流术语

ICS 35.040
A 24

中华人民共和国国家标准

GB/T 23831—2009

物流信息分类与代码

Classification and code of logistics information

2009-05-06 发布 2009-11-01 实施

中华人民共和国国家质量监督检验检疫总局
中国国家标准化管理委员会 发布

前言

本标准由全国物流信息管理标准化技术委员会提出并归口。

本标准起草单位:交通部公路科学研究院、宁波电子口岸物流信息有限公司、青岛港(集团)有限公司、北京中交国科物流技术发展有限公司。

本标准主要起草人:唐辉、陈琪明、丁冬聚、张蕾、崔建明、叶静。

物流信息分类与代码

1 范围

本标准规定了物流信息的分类、编码及分类代码。

本标准适用于各级管理部门、物流企业以及相关单位对于物流信息的管理及应用。

2 规范性引用文件

下列文件中的条款通过本标准的引用而成为本标准的条款。凡是注日期的引用文件，其随后所有的修改单(不包括勘误的内容)或修订版均不适用于本标准，然而，鼓励根据本标准达成协议的各方研究是否可使用这些文件的最新版本。凡是不注日期的引用文件，其最新版本适用于本标准。

GB/T 10113—2003 分类与编码通用术语

3 术语和定义

下列术语和定义适用于本标准。

3.1

类 category

具有某种共同属性(或特征)的事物或概念的集合。

[引自 GB/T 10113—2003，2.1.1]

3.2

分类 classification

按照选定的属性(或特征)区分**分类对象**(3.4)，将具有某种共同属性(或特征)的**分类对象**(3.4)集合在一起的过程。

[引自 GB/T 10113—2003，2.1.2]

3.3

信息分类 information classifying

把具有某种共同属性或特征的信息归并在一起，把具有不同属性或特征的信息区别开来的过程。

[引自 GB/T 10113—2003，2.1.3]

3.4

分类对象 objects of classification

被**分类**(3.2)的事物或概念。

[引自 GB/T 10113—2003，2.1.4]

3.5

线分类法 method of linear classification

将**分类对象**(3.4)按选定的若干属性(或特征)，逐次地分为若干层级，每个层级又分为若干类目。同一分支的同层级类目之间构成并列关系，不同层级类目之间构成隶属关系。

[引自 GB/T 10113—2003，2.1.5]

3.6

层次码 layer code

能反映编码对象为隶属关系的代码。

[引自 GB/T 10113—2003，2.2.22]

4 分类

4.1 原则

本标准按物流信息的业务管理及应用所反映的属性分类，遵循以下原则：

a) 科学性

选择物流信息最稳定的本质属性或特征作为分类的基础和依据。

b) 系统性

将选定的物流信息的属性或特征按一定的排列顺序予以系统化，形成一个科学合理的分类体系。

c) 可扩延性

设置收容类目，并且在建立物流信息分类体系和代码编码中充分考虑今后的信息分类与代码的扩充、延拓和细化。

d) 兼容性

与相关标准的相关内容相兼容。

e) 实用性

物流信息分类与代码适应物流信息管理与应用的实际需求。

4.2 方法

物流信息分类采用线分类法。

4.3 结构

按照物流管理与业务的属性或特征逐次地分成相应的四个层级类目，即大类、中类、小类和细类。其中，第一层级设6个大类目，第二层级有58个中类目。物流信息分类的6个大类如下：

——物流综合管理信息；

——物流业务信息；

——物流作业信息；

——物流设施设备信息；

——物流技术信息；

——物流安全信息。

物流信息分类结构示意图见图1。

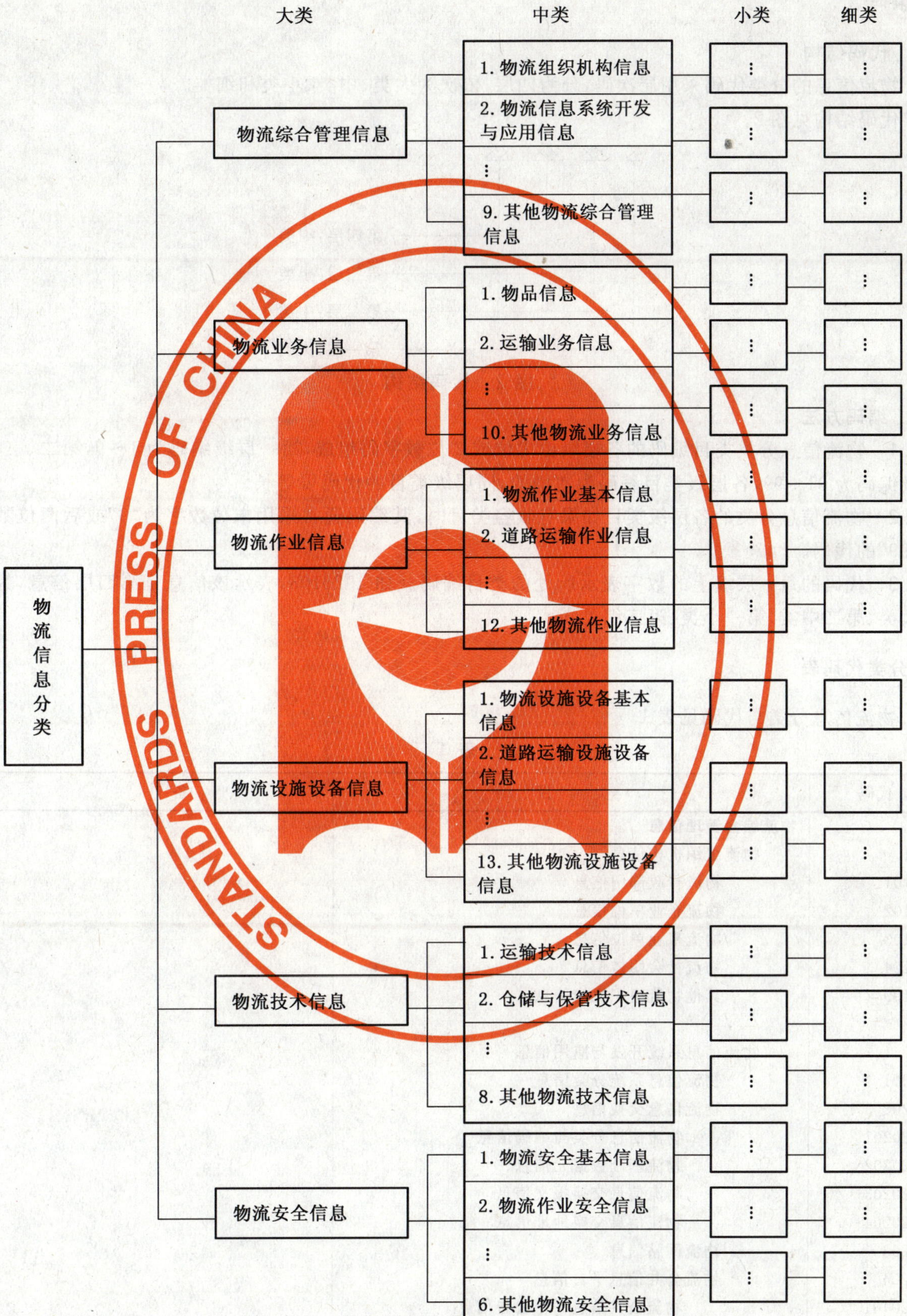

图 1　物流信息分类结构示意图

5 编码

5.1 代码结构

物流信息的分类代码采用层次码，分为四层，依次为大类、中类、小类和细类。

代码结构见图 2。

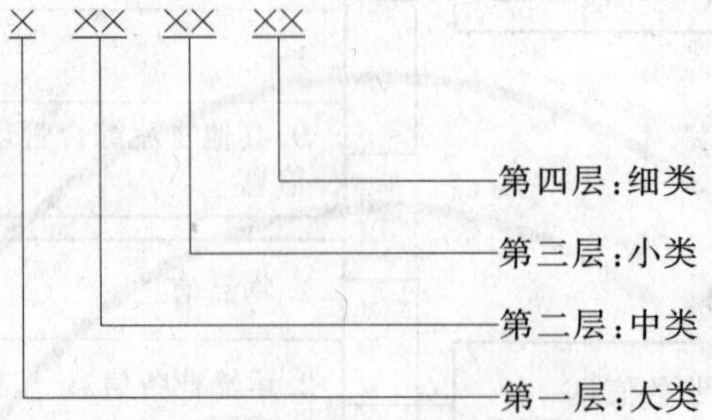

图 2 代码结构

5.2 编码方法

5.2.1 物流信息分类类目编码的各层级由 1 位或 2 位数字码组成，第一层级编码为 1～9，第二、三、四层级编码为 01～99，各层级类目编码为递增的，同层级类目的代码要等长。

5.2.2 物流信息分类的各层级类目如果有收容类目时，其编码通常采用末位数字为"9"或后两位数字为"99"的代码。

5.2.3 代码的每一层级上的数字表示所处的类目编码。如 4020103，表示该信息是第四层信息，为第四大类、第二中类、第一小类、第三细类。

6 分类代码表

物流信息分类与代码见表 1。

表 1

代码	类 目	备 注
1	**物流综合管理信息**	
101	物流组织机构信息	
10101	物流行政部门信息	
10102	物流企业单位信息	
10103	物流事业单位信息	
10104	物流社会团体信息	
10199	其他物流组织机构信息	
102	物流信息系统开发与应用信息	
10201	物流信息系统分类信息	
10202	物流信息交换信息	
1020201	物流信息分类与编码信息	
1020202	物流基础数据元信息	
1020203	物流信息交换报文信息	
1020204	物流信息交换地址信息	
10203	物流网站信息	
10204	物流公共信息平台信息	
1020401	物流公共信息平台公告信息	
1020402	物流公共信息平台交互信息	包括交易信息
1020403	物流公共信息平台服务信息	

表 1（续）

代码	类　目	备　注
1020404	物流公共信息平台动态信息	
1020405	物流公共信息平台广告信息	
103	物流科教、法规、标准及情报信息	
10301	物流科技信息	
10302	物流教育信息	
10303	物流法律与法规信息	
10304	物流标准信息	
10305	物流质量与技术监督信息	
10306	物流情报、文献与档案信息	
104	物流财务与金融信息	
10401	物流企事业单位财务信息	
10402	物流财务流程信息	
10403	物流产权、经营及转让信息	
10404	物流企事业单位融资信息	
10499	其他物流财务与金融信息	
105	物流行政管理信息	
10501	物流政务信息	
10502	物流人事信息	
10503	物流劳资信息	
10504	物流管理规章制度信息	
106	国际与国内物流综合信息	
10601	国际物流综合信息	
10602	国内物流综合信息	
107	物流统计信息	
10701	国家物流统计信息	
10702	区域物流统计信息	
10703	行业物流统计信息	
10704	城市物流统计信息	
10705	宏观物流统计信息	
10706	微观物流统计信息	
10707	社会物流统计信息	
10708	企业物流统计信息	
10709	物流规模统计信息	
10710	物流资源统计信息	
10711	物流需求统计信息	
10712	物流效率统计信息	
10713	物流投入统计信息	
10714	物流产出统计信息	
10715	物流成本统计信息	
10716	物流人力资源统计信息	
10799	其他物流统计信息	

表 1（续）

代码	类　　目	备　　注
108	物流规划与设计信息	
10801	国家物流规划与设计信息	
10802	区域物流规划与设计信息	
10803	行业物流规划与设计信息	
10804	城市物流规划与设计信息	
10805	企业物流规划与设计信息	
199	其他物流综合管理信息	
2	**物流业务信息**	
201	物品信息	
20101	物品基本信息	
20102	物品分类与编码信息	
20103	物品包装信息	
20104	物品计量信息	
20105	物品产地信息	
20106	物品技术参数信息	
20107	物品储存保管要求信息	
20108	物品特殊信息	
2010801	危险品特殊信息	
2010802	易腐食品特殊信息	包括鲜活食品
2010803	贵重品特殊信息	
2010804	特殊物资运输物品信息	
2010899	其他物品特殊信息	
20109	物品附加信息	
20199	其他物品信息	
202	运输业务信息	
20201	运输合同条款及服务要求信息	
20202	预订货运服务信息	
20203	运输阶段及方式信息	
20204	运输路线、地点及位置信息	物流过程、作业中相关信息在 3 中
20205	运输运价、费规、费目及费用信息	
20206	多式联运业务信息	
20299	其他运输业务信息	
203	仓储业务信息	
20301	仓储合同及服务要求信息	
20302	仓储保管方式信息	
20303	仓储保管费用费目信息	
20304	仓储地点及货位信息	
20399	其他仓储业务信息	
204	配送业务信息	
20401	配送合同及服务要求信息	
20402	配送方式方法信息	

表 1（续）

代码	类目	备注
20403	配送路线、地点及位置信息	
20404	配送费用费目信息	
20405	配送流程信息	
20499	其他配送业务信息	
205	流通加工业务信息	
20501	流通加工合同及要求信息	
20502	流通加工方式方法信息	
20503	流通加工场所信息	
20504	流通加工流程信息	
20505	流通加工费用费目信息	
20599	其他流通加工业务信息	
206	包装业务信息	
20601	包装单元信息	
20602	包装容器与器具信息	包括包装容器类型等信息
20603	包装材料信息	
20604	包装要求信息	
20699	其他包装业务信息	
207	报关与其他监管信息	
20701	报关信息	
20702	检验检疫信息	
20799	其他监管信息	
208	物流单证信息	
20801	运输单证信息	
20802	仓储单证信息	
20803	配送单证信息	
20804	流通加工单证信息	
20899	其他物流单证信息	
209	物流参与方信息	
20901	参与方分类与编码信息	
20902	参与方基本信息	包括联系信息
2090201	物流客户基本信息	
2090202	提供物流服务方基本信息	
299	其他物流业务信息	
3	**物流作业信息**	
301	物流作业基本信息	
30101	物流作业人员信息	
30102	物流作业统计信息	
302	道路运输作业信息	

表 1（续）

代码	类　目	备　注
30201	道路运输计划调度信息	
30202	道路货运路线班期信息	
30203	装车作业信息	
30204	卸车作业信息	
30205	货运车辆作业动态信息	包括:时间、地点、位置信息等
30299	其他道路运输作业信息	
303	铁路运输作业信息	
30301	铁路运输计划调度信息	
30302	铁路货运编组信息	
30303	铁路装车作业信息	
30304	铁路卸车作业信息	
30305	铁路货运转场作业信息	
30306	铁路运输作业动态信息	
30399	其他铁路运输作业信息	
304	水路运输作业信息	
30401	水路运输计划调度信息	
30402	运输船舶配载信息	
30403	运输船舶船期及在航动态信息	
30404	运输船舶燃油及能耗信息	
30405	港口作业信息	
3040501	港口作业计划调度信息	
3040502	船舶引航作业信息	
3040503	装船作业信息	
3040504	卸船作业信息	
3040505	码头堆场作业动态信息	包括进场、出场、搬移等
3040506	码头堆场盘存信息	
3040507	船舶在港作业动态信息	
3040599	其他港口作业信息	
30499	其他水路运输作业信息	
305	航空运输作业信息	
30501	航空运输计划调度信息	
30502	航空货运线路班期信息	
30503	航空货运信息	
30504	航空装货作业信息	
30505	航空卸货作业信息	
30506	航空运输作业动态信息	
30599	其他航空运输作业信息	
306	多式联运作业信息	
307	管道运输作业信息	
308	仓储作业信息	

表 1（续）

代码	类目	备注
30801	仓储计划调度信息	
30802	收货信息	
30803	验收信息	
30804	定位信息	
30805	受理信息	
30806	备货信息	
30807	发货信息	
30808	仓储堆场作业信息	
30899	其他仓储作业信息	
309	配送作业信息	
30901	配送计划调度信息	
30902	进货信息	包括备货信息
30903	储存信息	
30904	分拣信息	
30905	配货与配装信息	
30906	送货信息	
30999	其他配送作业信息	
310	集装箱场站作业信息	
31001	集装箱进场信息	
31002	集装箱出场信息	
31003	集装箱移动信息	
31004	集装箱装箱信息	
31005	集装箱拆箱信息	
31006	集装箱堆存与盘存信息	
31099	其他集装箱场站作业信息	
311	物流作业相关环境信息	
399	其他物流作业信息	
4	**物流设施设备信息**	
401	物流设施设备基本信息	
40101	物流设施设备拥有情况信息	
40102	物流固定资产及评估信息	
40103	物流设施设备保养维修信息	
402	道路运输设施设备信息	
40201	货运车辆信息	
4020101	货运车辆基本信息	
4020102	货运车辆结构信息	
4020103	货运车辆设备信息	
4020104	货运车辆动力信息	
4020105	货运车辆型号与性能信息	
40202	道路构造物及设施信息	

表 1（续）

代码	类　目	备　注
4020201	道路基本信息	包括道路标识、等级、通行能力等
4020202	道路桥梁、隧道与涵洞信息	
4020203	道路收费站信息	
4020204	道路通信设施信息	
4020205	道路信号和标志信息	
40203	站场设施设备信息	
4020301	集运站信息	
4020302	分装站信息	
4020303	中继站信息	
4020304	集装箱货运站信息	
4020305	零担货运站信息	
4020306	整车货运站信息	
40299	其他道路设施设备信息	
403	铁路运输设施设备信息	
40301	铁路机车信息	
4030101	铁路机车基本信息	
4030102	铁路机车分类及编码信息	
4030103	铁路机车动力信息	
40302	铁路车辆信息	
4030201	铁路车辆基本信息	
4030202	铁路车辆分类及编码信息	
4030203	铁路车辆设备信息	
40303	铁路线路信息	
4030301	铁路线路基本信息	
4030302	铁路桥梁、隧道与涵洞信息	
4030303	铁路信号和标志信息	
40304	铁路车站信息	
4030401	铁路车站基本信息	
4030402	客运站信息	
4030403	货运站信息	
4030404	客货运站信息	
4030405	编组站信息	
4030406	区段站信息	
4030407	中间站信息	
4030408	铁路机修站信息	
4030409	车站货场信息	
40399	其他铁路运输设施设备信息	
404	水路运输设施设备信息	
40401	船舶信息	
4040101	船舶基本信息	
4040102	船舶结构信息	
4040103	船舶设备信息	
4040104	船舶动力信息	
4040105	船舶性能信息	

表 1（续）

代码	类 目	备 注
4040106	船舶维修信息	
40402	港口设施设备信息	
4040201	港口基本信息	
4040202	港口码头、锚地及泊位信息	
4040203	港区货运站、堆场及仓库信息	
4040204	港口装卸机械基本信息	
4040205	港作船舶信息	
40403	航道设施信息	
4040301	航道基本信息	
4040302	船闸、升船机等通航建筑物信息	
4040303	航道枢纽信息	
4040304	航道信号和标志信息	
40499	其他水路设施设备信息	
405	航空运输设施设备信息	
40501	航空器(飞机)信息	
4050101	航空器基本信息	
4050102	航空器结构信息	
4050103	航空器设备信息	
4050104	航空器动力信息	
40502	航空港(机场)信息	
4050201	航空港基本信息	
4050202	航空港货场信息	
40503	航空运输网信息	
40599	其他航空运输设施设备信息	
406	管道运输设施设备信息	
40601	管道站信息	
40602	管道设施信息	
40603	管道设备信息	
40604	管道运输辅助系统信息	
40699	其他管道运输设施设备信息	
407	仓储设施信息	
40701	普通仓库信息	
40702	立体仓库信息	
40703	筒仓信息	
40704	储罐信息	
40705	货场信息	
40706	货架信息	
40707	仓储堆场信息	
40799	其他仓储设施信息	
408	配送设备信息	
40801	分拣机分类与编码信息	
40802	分拣机主要技术性能参数信息	

表 1（续）

代码	类　目	备　注
40899	其他配送设备信息	
409	包装设备信息	
40901	填充机械信息	
40902	灌装机械信息	
40903	封口机械信息	
40904	裹包机械信息	
40905	贴标机械信息	
40906	捆扎机械信息	
40907	集装机械信息	
40999	其他包装设备信息	
410	物流装卸搬运设备信息	
41001	起重机设备信息	
4100101	电动葫芦和单梁起重机信息	
4100102	桥式起重机信息	
4100103	门式起重机信息	
4100104	门座式起重机信息	
4100105	汽车起重机和轮胎起重机信息	
4100199	其他起重机信息	
41002	连续输送设备信息	
4100201	带式输送机信息	
4100202	斗式提升机信息	
4100203	螺旋输送机信息	
4100204	辊子输送机信息	
4100205	气力输送机信息	
4100299	其他连续输送机信息	
41003	装卸搬运车辆信息	
4100301	叉车信息	
4100302	跨运车与牵引车信息	
4100303	自动导引搬运车信息	
4100399	其他装卸搬运车辆信息	
41004	专用装卸机械信息	
4100401	装车机与卸车机信息	
4100402	翻车机信息	
4100403	斗轮堆取料机信息	
4100404	装船机和卸船机信息	
4100499	其他专用装卸机械信息	
41005	集装箱装卸搬运机械信息	
4100501	岸边集装箱起重机信息	
4100502	轮胎式集装箱门式起重机信息	
4100503	轨道式集装箱门式起重机信息	
4100504	集装箱正面吊运机信息	
4100505	集装箱跨运车信息	
4100599	其他集装箱装卸搬运机信息	
41099	其他装卸搬运设施设备信息	

表 1（续）

代码	类目	备注
411	集装设备信息	
41101	集装箱信息	
4110101	集装箱基本信息	
4110102	集装箱分类与编码信息	
4110103	集装箱技术参数信息	
4110104	集装箱残损信息	
4110105	冷藏集装箱信息	
41102	托盘信息	
4110201	托盘基本信息	
4110202	托盘分类与编码信息	
41199	其他集装设备信息	
412	计量设备信息	
41201	计量设备基本信息	
41202	计量设备分类与编码信息	
41203	计量设备技术参数信息	
499	其他物流设施设备信息	
5	**物流技术信息**	
501	运输技术信息	
50101	基本运输技术信息	
5010101	道路运输技术信息	
5010102	铁路运输技术信息	
5010103	水路运输技术信息	
5010104	航空运输技术信息	
50102	特殊运输方式技术信息	
5010201	多式联运技术信息	
5010202	集装箱运输技术信息	
5010203	冷藏运输技术信息	
5010204	危险品运输技术信息	
5010299	其他特殊运输方式技术信息	
50103	运输规划技术信息	
5010301	路线优化技术信息	
5010302	车辆调度技术信息	
5010303	船舶与车辆配载技术信息	
5010399	其他运输规划技术信息	
50199	其他运输技术信息	
502	仓储与保管技术信息	
50201	库存控制技术信息	
50202	库存管理技术信息	
50203	商品养护技术信息	
5020301	商品防霉防腐防虫害技术信息	
5020302	易腐食品储存技术信息	包括鲜活食品的储存技术
5020303	金属防锈技术信息	

表 1（续）

代码	类　目	备　注
5020304	高分子商品防老化技术信息	
5020305	仓库温湿度控制与调节技术信息	
5020399	其他商品养护技术信息	
50299	其他仓储与保管技术信息	
503	配送技术信息	
50301	自动分拣系统技术信息	
50302	配送需求计划技术信息	
50399	其他配送技术信息	
504	包装技术信息	
50401	防震包装技术信息	
50402	防锈蚀包装技术信息	
50403	耐低温包装技术信息	
50404	防湿包装技术信息	
50405	防虫害包装技术信息	
50406	真空与充气包装技术信息	
50407	收缩与拉伸包装技术信息	
50408	集合包装信息	
50499	其他包装技术信息	
505	装卸搬运技术信息	
50501	自动化物料搬运信息	
50502	集成化物料搬运信息	
50503	智能型物料搬运信息	
50599	其他装卸搬运技术信息	
506	信息采集处理与监控技术信息	
50601	自动识别和数据采集技术信息	
5060101	射频识别(RFID)技术信息	
5060102	条码技术信息	
5060199	其他自动识别数据采集技术信息	
50602	自动跟踪与监控技术信息	
5060201	地理信息系统信息	
5060202	GPS 定位技术信息	
5060203	无线通信技术信息	
5060299	其他自动跟踪与监控技术信息	
50603	电子数据交换(EDI)与处理技术信息	
5060301	基于 UN/EDIFACT 的 EDI 技术信息	
5060302	基于 XML 的 EDI 技术信息	
5060399	其他 EDI 技术信息	
50699	其他信息采集处理与监控技术信息	
507	物流仿真技术信息	
599	其他物流技术信息	

表 1（续）

代码	类　目	备　注
6	**物流安全信息**	
601	物流安全基本信息	
60101	安全管理人员信息	
60102	物流安全管理规范与规章制度信息	
602	物流作业安全信息	包括物流作业事故与事故处理信息
60201	运输作业安全信息	
60202	储存保管作业安全信息	
60203	配送作业安全信息	
60204	流通加工作业安全信息	
60205	包装作业安全信息	
60206	装卸搬运作业安全信息	
60207	集装箱作业安全信息	
60299	其他物流作业安全信息	
603	物流设施设备安全信息	包括设施设备事故与事故处理信息
60301	货运车辆安全信息	
60302	船舶安全信息	
60303	铁路机车车辆安全信息	
60304	飞机安全信息	
60305	管道安全信息	
60306	消防设施设备信息	
60307	防盗设施设备信息	
60308	集装箱安全信息	
60399	其他物流设施设备安全信息	
604	物流突发事件信息	
605	物流应急预案信息	
699	其他物流安全信息	

ICS 35.040
A 24

中华人民共和国国家标准

GB/T 23832—2009

商品条码　服务关系编码与条码表示

Bar code for commodity—Numbering and symbol marking of service relationship

2009-05-06 发布　　2009-11-01 实施

中华人民共和国国家质量监督检验检疫总局
中国国家标准化管理委员会　发布

前言

本标准参照国际物品编码协会(GS1)《GS1 通用规范》(8.0 版)第 2 章第 5 节“服务关系编码与符号表示”,并结合我国实际情况制定。本标准在技术内容上与国际规范的技术要求一致。

本标准的附录 A 为规范性附录,附录 B 为资料性附录。

本标准由全国物流信息管理标准化技术委员会提出并归口。

本标准起草单位:中国物品编码中心。

本标准主要起草人:张靖渊、杜景荣、郭卫华、王佩亮、刘媛、李素彩、黄燕滨。

商品条码　服务关系编码与条码表示

1　范围

本标准规定了服务关系中服务对象的编码、条码表示及条码符号技术要求。

本标准适用于服务对象的标识、数据自动采集及服务关系的信息化管理。

2　规范性引用文件

下列文件中的条款通过本标准的引用而成为本标准的条款。凡是注日期的引用文件，其随后所有的修改单(不包括勘误的内容)或修订版均不适用于本标准，然而，鼓励根据本标准达成协议的各方研究是否可使用这些文件的最新版本。凡是不注日期的引用文件，其最新版本适用于本标准。

GB 12904　商品条码　零售商品编码与条码表示(GB 12904—2008，ISO/IEC 15420:2000，NEQ)

GB/T 12905　条码术语

GB/T 15425　EAN·UCC 系统　128 条码

GB/T 16986　商品条码　应用标识符(GB/T 16986—2009，ISO/IEC 15418:1999，NEQ)

GB/T 18348　商品条码　条码符号印制质量的检验

3　术语和定义

GB/T 12905 中确立的以及下列术语和定义适用于本标准。

3.1

全球服务关系代码　global service relationship number

GSRN

商品条码系统中，标识服务关系中服务对象的全球统一的代码。

4　编码

4.1　代码结构

全球服务关系代码由厂商识别代码、服务对象代码和校验码三部分组成，为 18 位数字代码，分为四种结构，见表 1。其中，厂商识别代码由 7～10 位数字组成；服务对象代码由 10～7 位数字组成；校验码为 1 位数字。

表 1　服务关系代码结构

结构种类	厂商识别代码	服务对象代码	校验码
结构一	$X_1X_2X_3X_4X_5X_6X_7$	$X_8X_9X_{10}\ X_{11}X_{12}X_{13}X_{14}X_{15}X_{16}X_{17}$	X_{18}
结构二	$X_1X_2X_3X_4X_5X_6X_7X_8$	$X_9X_{10}\ X_{11}X_{12}X_{13}X_{14}X_{15}X_{16}X_{17}$	X_{18}
结构三	$X_1X_2X_3X_4X_5X_6X_7X_8X_9$	$X_{10}X_{11}X_{12}X_{13}X_{14}X_{15}X_{16}X_{17}$	X_{18}
结构四	$X_1X_2X_3X_4X_5X_6X_7\ X_8X_9\ X_{10}$	$X_{11}X_{12}X_{13}X_{14}X_{15}X_{16}X_{17}$	X_{18}

4.2　编制规则

4.2.1　厂商识别代码

厂商识别代码的编制规则见 GB 12904。由中国物品编码中心统一分配。

4.2.2　服务对象代码

服务对象代码由获得厂商识别代码的服务提供方负责编制并保证唯一性。

4.2.3 校验码

校验码根据服务关系代码的前17位数字计算得出，计算方法见附录A。

5 条码表示

全球服务关系代码应与应用标识符AI(8018)一起使用，采用EAN·UCC系统128条码表示，见GB/T 15425。应用标识符见GB/T 16986。

6 条码符号技术要求

6.1 尺寸与等级要求

——X尺寸范围为0.250 mm～0.495 mm；

——条高宜大于或等于12.7 mm，如果可供条码印刷的面积太小，可适当截短条高，但不应小于5.08 mm；

——符号等级大于或等于1.5/10/670。

6.2 检测和质量评价

条码的检测和质量评价见GB/T 18348。

7 应用

服务关系标识可应用于服务业中管理服务对象的证卡等载体上。应用示例参见附录B。

附 录 A
（规范性附录）
校验码的计算方法

A.1 代码位置序号

代码位置序号是指包括校验码在内的，由右至左的顺序号（校验码的代码位置序号为1）。

A.2 计算步骤

校验码的计算步骤如下：

a) 从代码位置序号2开始，所有偶数位的数字代码求和。

b) 将步骤a)的和乘以3。

c) 从代码位置序号3开始，所有奇数位的数字代码求和。

d) 将步骤b)与步骤c)的结果相加。

e) 用10减去步骤d)所得结果的个位数作为校验码（如个位数为0，则校验码为0）。

示例：代码69012345678912345C的校验码C的值计算见表A.1。

表A.1 18位代码校验码计算方法

<table>
<tr><th>步骤</th><th>举例说明</th></tr>
<tr><td>1.自右向左顺序编号</td><td>
<table>
<tr><td>位置序号</td><td>18</td><td>17</td><td>16</td><td>15</td><td>14</td><td>13</td><td>12</td><td>11</td><td>10</td><td>9</td><td>8</td><td>7</td><td>6</td><td>5</td><td>4</td><td>3</td><td>2</td><td>1</td></tr>
<tr><td>代码</td><td>6</td><td>9</td><td>0</td><td>1</td><td>2</td><td>3</td><td>4</td><td>5</td><td>6</td><td>7</td><td>8</td><td>9</td><td>1</td><td>2</td><td>3</td><td>4</td><td>5</td><td>C</td></tr>
</table>
</td></tr>
<tr><td>2.从序号2开始求出偶数位上数字之和①</td><td>5+3+1+8+6+4+2+0+6=35 ①</td></tr>
<tr><td>3.①×3=②</td><td>35×3=105 ②</td></tr>
<tr><td>4.从序号3开始求出奇数位上数字之和③</td><td>4+2+9+7+5+3+1+9=40 ③</td></tr>
<tr><td>5.②+③=④</td><td>105+40=145 ④</td></tr>
<tr><td>6.用10减去结果④所得结果的个位数作为校验码（如个位数为0，则校验码为0）</td><td>10−5=5
校验码C=5</td></tr>
</table>

附 录 B
（资料性附录）
全球服务关系代码应用示例

B.1 银行信用评估中的应用

某评估咨询公司在评估与银行有业务往来的企业的信贷信用等级证书上采用了全球服务关系标识。某评估咨询公司（服务提供方）申请的厂商识别代码为6901234，被评估企业（服务对象）的代码为5000000011，按附录A规定的计算方法得出校验码为2。被评估企业证书见图B.1。

图 B.1 企业资信等级证书示意图

B.2 图书馆中的应用

本示例为全球服务关系标识在图书馆中的应用。名称为“XYZ”图书馆的厂商识别代码为6901234，“XYZ”分配给借阅者（即服务对象）“ABC”先生的服务对象代码为5678912345，按附录A规定的计算方法得出校验码为5，则“ABC”先生的全球服务关系代码为690123456789123455。“ABC”先生的借阅证见图B.2。

图 B.2 图书借阅证示意图

ICS 35.040
A 24

中华人民共和国国家标准

GB/T 23833—2009

商品条码 资产编码与条码表示

Bar code for commodity—Numbering and symbol marking of assets

2009-05-06 发布　　2009-11-01 实施

中华人民共和国国家质量监督检验检疫总局
中国国家标准化管理委员会　发布

前　言

本标准参照国际物品编码协会(GS1)《GS1 通用规范》(8.0 版)第 2 章第 3 节“资产的编码与符号标记”,并结合我国实际情况制定。本标准在技术内容上与国际规范的技术要求一致。

本标准的附录 A、附录 B 为规范性附录,附录 C 为资料性附录。

本标准由全国物流信息管理标准化技术委员会提出并归口。

本标准起草单位:中国物品编码中心。

本标准主要起草人:李颖、张楠、王佩亮、韩树文、杜景荣、刘媛、李素彩、黄燕滨。

商品条码　资产编码与条码表示

1　范围

本标准规定了资产的编码、条码表示及条码符号技术要求。

本标准适用于可回收资产和单个资产的标识、数据自动采集及其信息管理。

2　规范性引用文件

下列文件中的条款通过本标准的引用而成为本标准的条款。凡是注日期的引用文件，其随后所有的修改单(不包括勘误的内容)或修订版均不适用于本标准，然而，鼓励根据本标准达成协议的各方研究是否可使用这些文件的最新版本。凡是不注日期的引用文件，其最新版本适用于本标准。

GB/T 1988　信息技术　信息交换用七位编码字符集(GB/T 1988—1998，eqv ISO/IEC 646：1991)

GB 12904　商品条码　零售商品编码与条码表示(GB 12904—2008，ISO/IEC 15420：2000，NEQ)

GB/T 12905　条码术语

GB/T 15425　EAN·UCC 系统　128 条码

GB/T 16986　商品条码　应用标识符(GB/T 16986—2009，ISO/IEC 15418：1999，NEQ)

GB/T 18348　商品条码　条码符号印制质量的检验

3　术语和定义

GB/T 12905 中确立的以及下列术语和定义适用于本标准。

3.1

可回收资产　returnable asset

具有一定价值，可重复使用的包装、容器或运输设备等。

注：如啤酒桶、高压气瓶、塑料托盘或板条箱等。

3.2

单个资产　individual asset

具有特定属性的物理实体。

注：如飞机零件、机车车辆、牵引车等。

3.3

全球可回收资产代码　global returnable asset identifier

GRAI

商品条码系统中，用于在全球范围内惟一标识可回收资产项目的代码。

3.4

全球单个资产代码　global individual asset identifier

GIAI

商品条码系统中，用于在全球范围内惟一标识单个资产的代码。

4　资产的编码

4.1　全球可回收资产的编码

4.1.1　代码结构

全球可回收资产的编码由必备的 GRAI 和可选择的系列号构成，其中 GRAI 由填充位、厂商识别代码、资产类型代码、校验码组成，为14位数字代码，分为四种结构，见表1。其中，填充位为1位数字“0”(为保证全球可回收资产代码的14位数据结构，在厂商识别代码前补充的一位数字)；厂商识别代码由7～10位数字组成；资产类型代码由5～2位数字组成；校验码为1位数字。

当惟一标识特定资产类型中的单个资产时，在GRAI后加系列号，见表1。系列号由1～16位可变长度的数字字母型代码构成。数字字母型代码字符集见附录A。

表1 全球可回收资产代码及系列号的结构

结构种类	全球可回收资产代码(GRAI)				系列号(可选择)
	填充位	厂商识别代码	资产类型代码	校验码	
结构一	0	$N_1 N_2 N_3 N_4 N_5 N_6 N_7$	$N_8 N_9 N_{10} N_{11} N_{12}$	N_{13}	$X_1 \cdots X_j (j \leqslant 16)$
结构二	0	$N_1 N_2 N_3 N_4 N_5 N_6 N_7 N_8$	$N_9 N_{10} N_{11} N_{12}$	N_{13}	$X_1 \cdots X_j (j \leqslant 16)$
结构三	0	$N_1 N_2 N_3 N_4 N_5 N_6 N_7 N_8 N_9$	$N_{10} N_{11} N_{12}$	N_{13}	$X_1 \cdots X_j (j \leqslant 16)$
结构四	0	$N_1 N_2 N_3 N_4 N_5 N_6 N_7 N_8 N_9 N_{10}$	$N_{11} N_{12}$	N_{13}	$X_1 \cdots X_j (j \leqslant 16)$

4.1.2 编制规则

4.1.2.1 厂商识别代码

厂商识别代码的编制规则见GB 12904。由中国物品编码中心统一分配。

4.1.2.2 资产类型代码

资产类型代码由获得厂商识别代码的资产所有者负责编制并保证惟一性。

4.1.2.3 校验码

校验码根据GRAI的前13位数字计算得出，计算方法见附录B。

4.1.2.4 系列号

系列号由获得厂商识别代码的资产所有者负责编制。

4.2 全球单个资产的编码

4.2.1 代码结构

全球单个资产代码由厂商识别代码、单个资产参考代码两部分组成，为小于或等于30位的数字字母代码，分为四种结构，见表2。其中，厂商识别代码由7～10位数字组成；单个资产参考代码由1～23位数字字母组成。数字字母型代码字符集见附录A。

表2 全球单个资产代码结构

结构种类	厂商识别代码	单个资产参考代码
结构一	$N_1 N_2 N_3 N_4 N_5 N_6 N_7$	$X_8 \cdots X_j (j \leqslant 30)$
结构二	$N_1 N_2 N_3 N_4 N_5 N_6 N_7 N_8$	$X_9 \cdots X_j (j \leqslant 30)$
结构三	$N_1 N_2 N_3 N_4 N_5 N_6 N_7 N_8 N_9$	$X_{10} \cdots X_j (j \leqslant 30)$
结构四	$N_1 N_2 N_3 N_4 N_5 N_6 N_7 N_8 N_9 N_{10}$	$X_{11} \cdots X_j (j \leqslant 30)$

4.2.2 编制规则

4.2.2.1 厂商识别代码

同4.1.2.1。

4.2.2.2 单个资产参考代码

单个资产参考代码由获得厂商识别代码的资产所有者负责编制。

注：全球单个资产代码可用于各参与方对资产的追溯，不用于贸易项目或物流单元的标识。

5 条码表示

全球可回收资产代码应与应用标识符AI(8003)一起使用，全球单个资产代码应与应用标识符AI(8004)一起使用，采用UCC/EAN-128条码符号表示。应用标识符见GB/T 16986，UCC/EAN-128

条码符号见 GB/T 15425。

6 条码符号技术要求

6.1 尺寸与等级要求

——X 尺寸最小为 0.495 mm，最大为 1.016 mm。为提高扫描可靠性，宜在指定范围内选择较大的 X 尺寸。

——条码符号的高度应大于或等于 32 mm。

——条码的符号等级不得低于 1.5/10/670。

6.2 检测和质量评价

条码的检测和质量评价见 GB/T 18348。

7 应用

资产标识代码应用示例参见附录 C。

附 录 A
（规范性附录）
数字字母型代码字符集

数字字母型代码字符集见表A.1。编码表示见GB/T 1988。

表 A.1 数字字母型代码字符集

序号	字符	编码表示	序号	字符	编码表示	序号	字符	编码表示
1	!	2/1	29	?	3/15	57	a	6/1
2	"	2/2	30	A	4/1	58	b	6/2
3	%	2/5	31	B	4/2	59	c	6/3
4	&	2/6	32	C	4/3	60	d	6/4
5	'	2/7	33	D	4/4	61	e	6/5
6	(	2/8	34	E	4/5	62	f	6/6
7	)	2/9	35	F	4/6	63	g	6/7
8	*	2/10	36	G	4/7	64	h	6/8
9	＋	2/11	37	H	4/8	65	i	6/9
10	,	2/12	38	I	4/9	66	j	6/10
11	-	2/13	39	J	4/10	67	k	6/11
12	.	2/14	40	K	4/11	68	l	6/12
13	/	2/15	41	L	4/12	69	m	6/13
14	0	3/0	42	M	4/13	70	n	6/14
15	1	3/1	43	N	4/14	71	o	6/15
16	2	3/2	44	O	4/15	72	p	7/0
17	3	3/3	45	P	5/0	73	q	7/1
18	4	3/4	46	Q	5/1	74	r	7/2
19	5	3/5	47	R	5/2	75	s	7/3
20	6	3/6	48	S	5/3	76	t	7/4
21	7	3/7	49	T	5/4	77	u	7/5
22	8	3/8	50	U	5/5	78	v	7/6
23	9	3/9	51	V	5/6	79	w	7/7
24	:	3/10	52	W	5/7	80	x	7/8
25	;	3/11	53	X	5/8	81	y	7/9
26	＜	3/12	54	Y	5/9	82	z	7/10
27	＝	3/13	55	Z	5/10			
28	＞	3/14	56	_	5/15			

附 录 B
（规范性附录）
校验码的计算方法

B.1 代码位置序号

代码位置序号是指包括校验码在内的，由右至左的顺序号（校验码的代码位置序号为1）。

B.2 计算步骤

校验码的计算步骤如下：

a） 从代码位置序号2开始，所有偶数位的数字代码求和。

b） 将步骤a)的和乘以3。

c） 从代码位置序号3开始，所有奇数位的数字代码求和。

d） 将步骤b)与步骤c)的结果相加。

e） 用10减去步骤d)所得结果的个位数作为校验码（如个位数为0，则校验码为0）。

示例：14位代码 0690123456789X_1 校验码的计算见表B.1。

表 B.1 14位代码校验码的计算方法示例

步 骤	举 例 说 明														
自右向左顺序编号	位置序号	14	13	12	11	10	9	8	7	6	5	4	3	2	
	代　码	0	6	9	0	1	2	3	4	5	6	7	8	9	
a）从序号2开始求出偶数位上数字之和①	9+7+5+3+1+9+0=34														①
b）①×3=②	34×3=102														②
c）从序号3开始求出奇数位上数字之和③	8+6+4+2+0+6=26														③
d）②+③=④	102+26=128														④
e）用10减去结果④所得结果的个位数作为校验码（如个位数为0，则校验码为0）	10−8=2 校验码 X_1=2														

附 录 C
（资料性附录）
资产标识代码应用示例

C.1 可回收资产应用示例

本例为可回收资产标识代码在啤酒桶回收过程的应用示例。数据结构采用表1规定的结构一，“×××”啤酒集团公司的厂商识别代码为6901234，该集团公司分配给可回收啤酒桶的资产类型代码为56789（同样类型或规格的啤酒桶的资产类型代码相同），按附录B规定的计算方法得出校验码为2，本啤酒桶采用可选择的系列号是000008。如图C.1所示。该代码与AI(8003)一起使用。

图 C.1 ×××啤酒集团公司可回收啤酒桶资产标识代码应用示例

C.2 单个资产应用示例

本示例为单个资产标识代码在飞机零部件追溯过程的应用示例。数据结构采用表2规定的结构一，该飞机制造厂的厂商识别代码为6901234，该飞机制造厂分配给某飞机零部件的单个资产参考代码为001S1A1C1008。如图C.2所示。该代码与AI(8004)一起使用，用于记录飞机零部件的生命周期。应用可回收资产代码，飞机工作人员能够自动更新其库存数据库，从该部件开始使用直到退役进行跟踪。

图 C.2 某飞机制造厂飞机零部件资产标识代码应用示例

ICS 71.060.01
G 10

中华人民共和国国家标准

GB/T 23834.1—2009

硫酸亚锡化学分析方法 第1部分:硫酸亚锡含量的测定 重铬酸钾滴定法

Chemical analysis method for stannous sulfate—
Part 1:Determination of stannous sulfate content—
Volumetric method of potassium dichromate

2009-05-18 发布　　2010-02-01 实施

中华人民共和国国家质量监督检验检疫总局
中国国家标准化管理委员会　发布

前言

GB/T 23834—2009《硫酸亚锡化学分析方法》分为六个部分：

——第1部分：硫酸亚锡含量的测定 重铬酸钾滴定法

——第2部分：盐酸不溶物的测定 重量法

——第3部分：碱金属和碱土金属硫酸盐总量的测定 重量法

——第4部分：铅、铜含量的测定 火焰原子吸收光谱法

——第5部分：砷含量的测定 二乙基二硫代氨基甲酸银分光光度法

——第6部分：铁含量的测定 邻菲啰啉分光光度法

本部分为GB/T 23834的第1部分。

本部分由中国石油和化学工业协会提出。

本部分由全国化学标准化技术委员会无机化工分会(SAC/TC 63/SC 1)归口。

本部分负责起草单位：云南锡业集团有限责任公司、精细化学品集团有限公司、中海油天津化工研究设计院。

本部分主要起草人：丁锡波、徐登琼、王宙晖、刘幽若。

本部分为首次发布。

硫酸亚锡化学分析方法
第1部分：硫酸亚锡含量的测定
重铬酸钾滴定法

1 范围

本部分规定了硫酸亚锡中主含量的测定方法重铬酸钾滴定法的分析方法提要、安全提示、一般规定、分析步骤、结果计算。

本部分适用于硫酸亚锡中主含量的测定，该方法的测定范围：$w(SnSO_4)>95\%$。

2 规范性引用文件

下列文件中的条款通过GB/T 23834的本部分的引用而成为本部分的条款。凡是注日期的引用文件，其随后所有的修改单(不包括勘误的内容)或修订版均不适用于本部分，然而，鼓励根据本部分达成协议的各方研究是否可使用这些文件的最新版本。凡是不注日期的引用文件，其最新版本适用于本部分。

GB/T 601 化学试剂 标准滴定溶液的制备

GB/T 603 化学试剂 试验方法中所用制剂及制品的制备(GB/T 603—2002,ISO 6353-1:1982,NEQ)

GB/T 6682—2008 分析实验室用水规格和试验方法(ISO 3696:1987,MOD)

HG/T 3696.1 无机化工产品化学分析用标准滴定溶液的制备

HG/T 3696.3 无机化工产品化学分析用制剂及制品的制备

3 方法提要

在酸性介质中，二价锡与硫酸铁铵反应使三价铁还原为二价铁。在硫-磷混酸条件下，以二苯胺磺酸钠作指示剂，用重铬酸钾标准滴定液滴定二价铁，从而计算出硫酸亚锡的含量。

4 安全提示

本试验方法中使用的部分试剂具有毒性或腐蚀性，操作时须小心谨慎！如溅到皮肤或眼睛上应立即用水冲洗，严重者应立即治疗。

5 一般规定

本标准所用试剂和水，在没有注明其他要求时，均指分析纯试剂和GB/T 6682—2008中规定的三级水。试验中所用标准滴定溶液、制剂及制品，在没有注明其他要求时，均按GB/T 601、GB/T 603或HG/T 3696.1、HG/T 3696.3之规定制备。

6 试剂

6.1 硫-磷混合酸

取150 mL硫酸加入500 mL水中，再加150 mL磷酸，稀释至1 000 mL。

6.2 硫酸铁铵溶液：100 g/L

称取100 g硫酸铁铵，溶于250 mL盐酸中，加水稀释至1 000 mL。

6.3 重铬酸钾标准滴定溶液：$c(1/6K_2Cr_2O_7)\approx 0.1$ mol/L。

6.4 二苯胺磺酸钠指示液：5 g/L。

7 分析步骤

7.1 测定

称取约 0.4 g 试样，准确至 0.000 1 g，迅速置于盛有 25 mL 硫酸铁铵溶液的锥形瓶中，摇动至试样溶解完全后，加水约 100 mL。加入 10 mL 硫-磷混合酸，加 2 滴二苯胺磺酸钠指示剂，用重铬酸钾标准滴定液滴定溶液由无色变为紫色为终点。同时做空白试验。

7.2 空白试验

空白试验是在制备试验溶液的同时，除不加试样外，其他操作和加入的试剂量（标准滴定溶液除外）与试验溶液相同。

8 结果计算

硫酸亚锡含量以硫酸亚锡（$SnSO_4$）的质量分数 w 计，数值以％表示，按式（1）计算：

$$w=\frac{[(V-V_0)/1\ 000]cM}{m}\times 100 \qquad (1)$$

式中：

V_0——空白试验消耗重铬酸钾标准滴定溶液的体积的数值，单位为毫升（mL）；

V——滴定试验溶液消耗重铬酸钾标准滴定溶液的体积的数值，单位为毫升（mL）；

c——重铬酸钾标准滴定溶液浓度的准确数值，单位为摩尔每升（mol/L）；

m——试样的质量的数值，单位为克（g）；

M——硫酸亚锡（$1/2SnSO_4$）的摩尔质量的数值，单位为克每摩尔（g/mol）（$M=107.37$）。

取平行测定结果的算术平均值为测定结果，平行测定结果的绝对差值不大于 0.2％。

ICS 71.060.01
G 10

中华人民共和国国家标准

GB/T 23834.2—2009

硫酸亚锡化学分析方法 第2部分:盐酸不溶物的测定 重量法

Chemical analysis method for stannous sulfate—
Part 2:Determination of insoluble substance in hydrochloric acid—
Gravimetric method

2009-05-18 发布　　2010-02-01 实施

中华人民共和国国家质量监督检验检疫总局
中国国家标准化管理委员会　发布

前　言

GB/T 23834—2009《硫酸亚锡化学分析方法》分为六个部分：

——第1部分：硫酸亚锡含量的测定　重铬酸钾滴定法

——第2部分：盐酸不溶物的测定　重量法

——第3部分：碱金属和碱土金属硫酸盐总量的测定　重量法

——第4部分：铅铜含量的测定　火焰原子吸收光谱法

——第5部分：砷含量的测定法　二乙基二硫代氨基甲酸银分光光度法

——第6部分：铁含量的测定　邻菲啰啉分光光度法

本部分为GB/T 23834的第2部分。

本部分由中国石油和化学工业协会提出。

本部分由全国化学标准化技术委员会无机化工分会(SAC/TC 63/SC 1)归口。

本部分负责起草单位：精细化学品集团有限公司、云南锡业集团有限责任公司、中海油天津化工研究设计院。

本部分主要起草人：王宙晖、何莹莹、海兰、郭凤鑫、刘幽若。

本部分为首次发布。

硫酸亚锡化学分析方法
第2部分:盐酸不溶物的测定　重量法

1　范围

本部分规定了硫酸亚锡中盐酸不溶物含量的测定分析方法原理、安全提示、一般规定、试剂、仪器、分析步骤和结果计算。

本部分适用于硫酸亚锡中盐酸不溶物含量的测定。测定范围:0.001%～0.05%。

2　规范性引用文件

下列文件中的条款通过GB/T 23834的本部分的引用而成为本部分的条款。凡是注日期的引用文件,其随后所有的修改单(不包括勘误的内容)或修订版本均不适用于本部分,然而,鼓励根据本部分达成协议的各方研究是否可使用这些文件的最新版本。凡是不注日期的引用文件,其最新版本适用于本部分。

GB/T 603　化学试剂　试验方法中所用制剂及制品的制备(GB/T 603—2002,ISO 6353-1:1982,NEQ)

GB/T 6682—2008　分析实验室用水规格和试验方法(ISO 3696:1987,MOD)

HG/T 3696.3　无机化工产品化学分析用制剂及制品的制备

3　方法原理

硫酸亚锡是可溶性盐,但是二价锡离子极易水解生成氢氧化亚锡[$Sn(OH)_2$ $K_{sp}=1.4\times10^{-28}$],因而用盐酸溶解,经过滤,洗涤,烘干,获得盐酸不溶物的含量。

4　安全提示

本试验方法中使用的部分试剂具有腐蚀性,操作时须小心谨慎!如溅到皮肤或眼睛上应立即用水冲洗,严重者应立即治疗。

5　一般规定

本标准所用试剂和水,在没有注明其他要求时,均指分析纯试剂和GB/T 6682—2008中规定的三级水。试验中所用制剂及制品,在没有注明其他要求时,均按GB/T 603或HG/T 3696.3之规定制备。

6　试剂

6.1　盐酸;

6.2　盐酸溶液:2+1;

6.3　硝酸银溶液:10 g/L。

7　仪器、设备

7.1　玻璃砂坩埚:砂芯孔径为5 μm～15 μm。

玻璃砂坩埚应经常用1+1盐酸煮沸15 min～30 min,再用自来水冲洗干净,用三级水冲洗三遍后,再浸在三级水中煮沸15 min后,趁热抽滤,于105 ℃±2 ℃下干燥至恒重。

7.2 电热恒温干燥箱：控制温度 105 ℃±2 ℃。

8 分析步骤

称取约 20 g 试样，精确至 0.01 g，置于盛有 20 mL 盐酸(6.1)的 250 mL 烧杯中溶解，加水稀释至 50 mL，加热煮沸。趁热用已在 105 ℃±2 ℃下干燥至质量恒定的玻璃砂坩埚过滤，残渣分别以 5 mL 盐酸溶液(6.2)洗涤 5 次，再用约 200 mL 热水洗至无氯离子为止(用硝酸银溶液检查)。将盛有盐酸不溶物的玻璃砂坩埚于 105 ℃±2 ℃下干燥至质量恒定。

9 分析结果的表述

盐酸不溶物的质量分数用 w 表示，数值以%表示，按式(1)计算：

$$w=\frac{m_1-m_2}{m}\times 100 \qquad \cdots\cdots(1)$$

式中：

m_1——玻璃砂坩埚及盐酸不溶物的质量的数值，单位为克(g)；

m_2——玻璃砂坩埚的质量的数值，单位为克(g)；

m——试样的质量的数值，单位为克(g)。

所得结果表示至 3 位小数。若盐酸不溶物含量(质量分数)小于 0.010%时，表示至 4 位小数。

取两次平行测定算术平均值为测定结果，两次测定结果的绝对差值应不大于 0.001%。

ICS 71.060.01
G 10

中华人民共和国国家标准

GB/T 23834.3—2009

硫酸亚锡化学分析方法 第3部分：碱金属和碱土金属硫酸盐总量的测定 重量法

Chemical analysis method for stannous sulfate—Part 3: Determination of alkali metals sulfate and alkaline-earth metals sulfate—Gravimetric method

2009-05-18 发布　　　　2010-02-01 实施

中华人民共和国国家质量监督检验检疫总局
中国国家标准化管理委员会　发布

前言

GB/T 23834—2009《硫酸亚锡化学分析方法》分为六个部分：

——第1部分：硫酸亚锡含量的测定　重铬酸钾滴定法

——第2部分：盐酸不溶物的测定　重量法

——第3部分：碱金属和碱土金属硫酸盐总量的测定　重量法

——第4部分：铅、铜含量的测定　火焰原子吸收光谱法

——第5部分：砷含量的测定　二乙基二硫代氨基甲酸银分光光度法

——第6部分：铁含量的测定　邻菲啰啉分光光度法

本部分为GB/T 23834的第3部分。

本部分由中国石油和化学工业协会提出。

本部分由全国化学标准化技术委员会无机化工分会(SAC/TC 63/SC 1)归口。

本部分负责起草单位：精细化学品集团有限公司、云南锡业集团有限责任公司、中海油天津化工研究设计院。

本部分主要起草人：金洪海、何莹莹、杨自华、刘幽若、郭凤鑫。

本部分为首次发布。

硫酸亚锡化学分析方法 第3部分:碱金属和碱土金属硫酸盐总量的测定 重量法

1 范围

本部分规定了硫酸亚锡中碱金属和碱土金属硫酸盐总量的测定分析方法原理、安全提示、一般规定、分析步骤、结果计算。

本部分适用于硫酸亚锡中碱金属和碱土金属硫酸盐含量的测定。测定范围:0.02%~0.20%。

2 规范性引用文件

下列文件中的条款通过GB/T 23834的本部分的引用而成为本部分的条款。凡是注日期的引用文件,其随后所有的修改单(不包括勘误的内容)或修订版均不适用于本部分,然而,鼓励根据本部分达成协议的各方研究是否可使用这些文件的最新版本。凡是不注日期的引用文件,其最新版本适用于本部分。

GB/T 603 化学试剂 试验方法中所用制剂及制品的制备(GB/T 603—2002,ISO 6353-1:1982,NEQ)

GB/T 6682—2008 分析实验室用水规格和试验方法(ISO 3696:1987,MOD)

HG/T 3696.3 无机化工产品化学分析用制剂及制品的制备

3 方法原理

试样用盐酸-氢溴酸、过氧化氢溶解,盐酸-氢溴酸挥发排锡,用硫代乙酰胺沉淀分离重金属,灼烧为硫酸盐进行称量,测定碱金属及碱土金属硫酸盐总量。

4 安全提示

本试验方法中使用的部分试剂具有毒性或腐蚀性,操作时须小心谨慎!如溅到皮肤或眼睛上应立即用水冲洗,严重者应立即治疗。

5 一般规定

本标准所用试剂和水,在没有注明其他要求时,均指分析纯试剂和GB/T 6682—2008中规定的三级水。试验中所用杂质标准溶液、制剂及制品,在没有注明其他要求时,均按GB/T 603或HG/T 3696.3之规定制备。

6 试剂

6.1 过氧化氢(30%);

6.2 硫酸溶液:1+1;

6.3 盐酸-氢溴酸:市售试剂等体积混合;

6.4 硫代乙酰胺:50 g/L。

7 仪器、设备

高温炉:750 ℃~800 ℃。

8 分析步骤

8.1 试料处理

称取约2.0 g试样，精确至0.000 1 g。将试料置于200 mL烧杯中，在通风橱内，加入10 mL盐酸-氢溴酸，边摇动边滴加过氧化氢至产生棕红色溴并过量2滴，小火加热蒸发至干。稍冷，加入5 mL盐酸-氢溴酸，小火加热蒸发至干。如此重复加入盐酸-氢溴酸处理5次。

8.2 沉淀分离

加入15 mL水，盖表皿，低温加热煮沸使盐类溶解，保持微沸并蒸发至5 mL，冷却至室温，加入5 mL硫代乙酰胺，摇匀。放置10 min，用慢速定量滤纸过滤，滤液用已于750 ℃～800 ℃高温炉中灼烧至恒重的瓷坩埚收集，用少量水洗烧杯1次、洗滤纸3次。

8.3 蒸发、灼烧

加入2滴硫酸于滤液中，低温加热蒸发至冒尽硫酸烟，将坩埚置于750 ℃～800 ℃高温炉中灼烧30 min(准确计时)。取出，置于干燥器中冷却至室温(与空坩埚灼烧后冷却时间基本一致)，称量。同时做空白试验。

8.4 空白试验

空白试验除不加试样外，其他操作和加入试剂的种类和量与测定试验相同。

9 结果计算

碱金属和碱土金属硫酸盐含量以碱金属和碱土金属硫酸盐的质量分数 w 计，数值以%表示，按式(1)计算：

$$w = \frac{m_2 - m_1 - m_0}{m} \times 100 \qquad \cdots\cdots(1)$$

式中：

m_1——空坩埚的质量的数值，单位为克(g)；

m_2——残渣和坩埚的质量的数值，单位为克(g)；

m_0——空白试验的残渣质量的数值，单位为克(g)；

m——试样的质量的数值，单位为克(g)。

取平行测定结果的算术平均值为测定结果，两次平行测定结果的绝对差值不大于0.01%。

实验室之间分析结果的绝对差值应不大于表1所列。

表1 实验室之间分析结果的差值 %

碱金属及碱土金属硫酸盐含量	绝对差值
0.02～0.10	0.02
0.10～0.20	0.03

ICS 71.060.01
G 10

中华人民共和国国家标准

GB/T 23834.4—2009

硫酸亚锡化学分析方法 第4部分:铅、铜含量的测定 火焰原子吸收光谱法

Chemical analysis method for stannous sulfate—Part 4:Determination of lead and copper content—Flame atomic absorption spectrometry

2009-05-18 发布 2010-02-01 实施

中华人民共和国国家质量监督检验检疫总局
中国国家标准化管理委员会 发布

前言

GB/T 23834—2009《硫酸亚锡化学分析方法》分为六个部分：

——第1部分：硫酸亚锡含量的测定　重铬酸钾滴定法

——第2部分：盐酸不溶物的测定　重量法

——第3部分：碱金属和碱土金属硫酸盐总量的测定　重量法

——第4部分：铅、铜含量的测定　火焰原子吸收光谱法

——第5部分：砷含量的测定　二乙基二硫代氨基甲酸银分光光度法

——第6部分：铁含量的测定　邻菲啰啉分光光度法

本部分为GB/T 23834的第4部分。

本部分由中国石油和化学工业协会提出。

本部分由全国化学标准化技术委员会无机化工分会(SAC/TC 63/SC 1)归口。

本部分负责起草单位：云南锡业集团有限责任公司、精细化学品集团有限公司、中海油天津化工研究设计院。

本部分主要起草人：丁锡波、达刘生、金洪海、刘幽若、杨裴。

本部分为首次发布。

硫酸亚锡化学分析方法
第4部分：铅、铜含量的测定
火焰原子吸收光谱法

1 范围

本部分规定了硫酸亚锡中铅、铜含量的测定方法 火焰原子吸收分光光度法的分析方法原理、安全提示、一般规定、铅含量的测定、铜含量的测定。

本部分适用于硫酸亚锡中铅、铜含量的测定。测定范围：铅 0.003%～0.05%；铜 0.001%～0.05%。

2 规范性引用文件

下列文件中的条款通过GB/T 23834的本部分的引用而成为本部分的条款。凡是注日期的引用文件，其随后所有的修改单(不包括勘误的内容)或修订版均不适用于本部分，然而，鼓励根据本部分达成协议的各方研究是否可使用这些文件的最新版本。凡是不注日期的引用文件，其最新版本适用于本部分。

GB/T 602 化学试剂 杂质测定用标准溶液的制备(GB/T 602—2002,ISO 6353-1:1982,NEQ)

GB/T 603 化学试剂 试验方法中所用制剂及制品的制备(GB/T 603—2002,ISO 6353-1:1982,NEQ)

GB/T 6682—2008 分析实验室用水规格和试验方法(ISO 3696:1987,MOD)

HG/T 3696.2 无机化工产品化学分析用杂质标准溶液的制备

HG/T 3696.3 无机化工产品化学分析用制剂及制品的制备

3 方法原理

在酸性条件下将样品溶解，通过火焰将试样中的待测离子转化为原子蒸气，处于基态的原子蒸气吸收从光源发出的部分共振光，其透过光的强度与原子蒸气的宽度遵循朗伯比尔定律。以此测定样品中的待测离子的浓度。

4 安全提示

本试验方法中使用的部分试剂具有毒性或腐蚀性，操作时须小心谨慎！如溅到皮肤或眼睛上应立即用水冲洗，严重者应立即治疗。

5 一般规定

本标准所用试剂和水，在没有注明其他要求时，均指分析纯试剂和GB/T 6682—2008中规定的二级水。试验中所用杂质标准溶液、制剂及制品，在没有注明其他要求时，均按GB/T 602、GB/T 603或HG/T 3696.2、HG/T 3696.3之规定制备。

6 铅含量的测定

6.1 试剂

6.1.1 王水；

6.1.2 盐酸溶液：1+1；

6.1.3 铅标准溶液：1 mL 溶液含铅(Pb)0.050 mg；

用移液管移取 50 mL 按 GB/T 602 配制的或 5 mL 按 HG/T 3696.2 配制的铅标准溶液置于 100 mL 容量瓶中，用水稀释至刻度，摇匀。该溶液有效期为一星期。

6.2 仪器、设备

原子吸收分光光度计：配有铅空心阴极灯。

6.3 分析步骤

6.3.1 工作曲线的绘制

取 5 个 100 mL 的容量瓶，按表 1 选定一条工作曲线，用移液管分别移入铅标准溶液。加 4 mL 盐酸溶液，用水稀释至刻度，摇匀。

表 1 铅工作曲线表

序号	1	2	3	4
铅标准溶液	0.00 mL	2.00 mL	4.00 mL	6.00 mL
	0.00 mL	1.00 mL	2.00 mL	3.00 mL
	0.00 mL	0.50 mL	1.00 mL	1.50 mL

使用乙炔-空气火焰，选用铅空心阴极灯，在波长 283.3 nm 处将原子吸收分光光度计调至最佳工作状态，以水为参比，测量吸光度。从每个标准溶液的吸光度中减去试剂空白试验的吸光度，以铅的质量为横坐标，对应的吸光度为纵坐标，绘制工作曲线。

6.3.2 试验溶液的制备

称取约 1.0 g～2.0 g 试样，精确至 0.01 g。置于 100 mL 烧杯中，加入 10 mL 王水，盖上表面皿，在电炉上温热溶解完全。微沸，驱除氮的氧化物。取下稍冷，用水冲洗表面皿及杯壁，冷至室温。全部移入 100 mL 容量瓶中，用水稀释至刻度，摇匀。此溶液为试验溶液 A，用于铅、铜含量的测定。

6.3.3 空白试验溶液的配制

在制备试验溶液的同时，除不加试样外，其他操作和加入的试剂量与试验溶液相同。此溶液为空白试验溶液 B，用于铅、铜含量的测定。

6.3.4 测定

在绘制工作曲线的同时测定试验溶液 A 和空白试验溶液 B 的吸光度，从工作曲线上查出铅的质量。

6.4 结果计算

铅含量以铅(Pb)的质量分数 w_1 计，数值以%表示，按式(1)计算：

$$w_1=\frac{(m_1-m_0)/1\,000}{m}\times 100 \qquad \cdots\cdots(1)$$

式中：

m_1——从工作曲线上查出的试验溶液中铅的质量的数值，单位为毫克(mg)；

m_0——从工作曲线上查出的空白试验溶液中铅的质量的数值，单位为毫克(mg)；

m——试料的质量的数值，单位为克(g)。

取平行测定结果的算术平均值为测定结果，两次平行测定结果的绝对差值不大于 0.001%。

7 铜含量的测定

7.1 试剂

铜标准溶液：1 mL 溶液含铜(Cu)0.010 mg。

用移液管移取 1 mL 按 HG/T 3696.2 配制的铜标准溶液置于 100 mL 容量瓶中，用水稀释至刻度，摇匀。该溶液现用现配。

7.2 仪器、设备

原子吸收分光光度计：配有铜空心阴极灯。

7.3 分析步骤

7.3.1 工作曲线的绘制

取 4 个 100 mL 的容量瓶，按表 2 选定一条工作曲线，用移液管分别移入铜标准溶液。加 4 mL 盐酸溶液，用水稀释至刻度，摇匀。

表 2 铜工作曲线表

铜标准溶液	0.00 mL	1.00 mL	3.00 mL	5.00 mL
	0.00 mL	0.5 mL	1.0 mL	1.5 mL

使用乙炔-空气火焰，选用铜空心阴极灯，在波长 324.7 nm 处将原子吸收分光光度计调至最佳工作状态，以水为参比，测量吸光度。从每个标准溶液的吸光度中减去试剂空白试验的吸光度，以铜的质量为横坐标，对应的吸光度为纵坐标，绘制工作曲线。

7.3.2 测定

在绘制工作曲线的同时测定试验溶液 A(6.3.2)和空白试验溶液 B(6.3.3)的吸光度，从工作曲线上查出铜的质量。

7.4 结果计算

铜含量以铜(Cu)的质量分数 w_2 计，数值以%表示，按式(2)计算：

$$w_2 = \frac{(m_1 - m_0)/1\,000}{m} \times 100 \qquad \cdots\cdots(2)$$

式中：

m_1——从工作曲线上查出的试验溶液中铜的质量的数值，单位为毫克(mg)；

m_0——从工作曲线上查出的空白试验溶液中铜的质量的数值，单位为毫克(mg)；

m——6.3.2 条中所称试料的质量的数值，单位为克(g)。

取平行测定结果的算术平均值为测定结果，两次平行测定结果的绝对差值不大于 0.000 5%。

ICS 71.060.01
G 10

中华人民共和国国家标准

GB/T 23834.5—2009

硫酸亚锡化学分析方法 第5部分:砷含量的测定 二乙基二硫代氨基甲酸银分光光度法

Chemical analysis method for stannous sulfate—
Part 5: Determination of arsenic content—
Silver diethyldithiocarbamate spectrophotometry

2009-05-18 发布　　2010-02-01 实施

中华人民共和国国家质量监督检验检疫总局
中国国家标准化管理委员会　发布

前言

GB/T 23834—2009《硫酸亚锡化学分析方法》分为六个部分：

——第 1 部分：硫酸亚锡含量的测定　重铬酸钾滴定法

——第 2 部分：盐酸不溶物的测定　重量法

——第 3 部分：碱金属及碱土金属硫酸盐总量的测定　重量法

——第 4 部分：铅、铜含量的测定　火焰原子吸收光谱法

——第 5 部分：砷含量的测定　二乙基二硫代氨基甲酸银分光光度法

——第 6 部分：铁含量的测定　邻菲啰啉分光光度法

本部分为 GB/T 23834 的第 5 部分。

本部分由中国石油和化学工业协会提出。

本部分由全国化学标准化技术委员会无机化工分会(SAC/TC 63/SC 1)归口。

本部分负责起草单位：柳州华锡集团有限责任公司、云南锡业集团有限责任公司、精细化学品集团有限公司、中海油天津化工研究设计院。

本部分主要起草人：林文霜、叶素娟、解惠芳、王宙晖、刘幽若、郭凤鑫。

本部分为首次发布。

硫酸亚锡化学分析方法 第5部分:砷含量的测定 二乙基二硫代氨基甲酸银分光光度法

1 范围

本部分规定了二乙基二硫代氨基甲酸银分光光度法测定硫酸亚锡中砷含量的方法原理、安全提示、一般规定、分析步骤、结果计算。

本部分适用于硫酸亚锡中砷含量的测定。测定范围:0.001%～0.050%。

2 规范性引用文件

下列文件中的条款通过GB/T 23834的本部分的引用而成为本部分的条款。凡是注日期的引用文件,其随后所有的修改单(不包括勘误的内容)或修订版均不适用于本部分,然而,鼓励根据本部分达成协议的各方研究是否可使用这些文件的最新版本。凡是不注日期的引用文件,其最新版本适用于本部分。

GB/T 602　化学试剂　杂质测定用标准溶液的制备(GB/T 602—2002, ISO 6353-1:1982,NEQ)

GB/T 603　化学试剂　试验方法中所用制剂及制品的制备(GB/T 603—2002,ISO 6353-1:1982,NEQ)

GB/T 6682—2008　分析实验室用水规格和试验方法(ISO 3696:1987,MOD)

HG/T 3696.2　无机化工产品化学分析用杂质标准溶液的制备

HG/T 3696.3　无机化工产品化学分析用制剂及制品的制备

3 方法原理

在酸性介质中,用氯化亚锡还原砷,同时与锌与盐酸反应生成的新生态氢反应形成砷化氢气体,导入二乙基二硫代氨基甲酸银[Ag(DDTC)]吸收溶液中,形成黄色或棕红色银溶胶,其颜色深浅与砷含量成正比,符合朗伯-比尔定律,用分光光度计测定其吸光度,通过工作曲线获得硫酸亚锡中的砷含量。

4 安全提示

本试验方法中使用的部分试剂具有毒性或腐蚀性,操作时须小心谨慎!如溅到皮肤或眼睛上应立即用水冲洗,严重者应立即治疗。

5 一般规定

本标准所用试剂和水,在没有注明其他要求时,均指分析纯试剂和GB/T 6682—2008中规定的三级水。试验中所用杂质标准溶液、制剂及制品,在没有注明其他要求时,均按GB/T 602、GB/T 603或HG/T 3696.2、HG/T 3696.3之规定制备。

6 试剂和材料

6.1　无砷锌粒:粒径3.0 mm±0.2 mm;

6.2 硫酸溶液：1＋4；

6.3 酒石酸溶液：200 g/L；

6.4 碘化钾溶液：150 g/L；

6.5 二乙基二硫代氨基甲酸银(Ag-DDTC)-三乙胺-三氯甲烷溶液：2.5 g/L；

6.6 氯化亚锡盐酸溶液：溶解 40 g 氯化亚锡($SnCl_2 \cdot 2H_2O$)于 50 mL 盐酸溶液(1＋1)后用水稀释至 100 mL。

6.7 砷标准溶液：1 mL 溶液含砷(As)0.001 mg；

用移液管移取 50.0 mL 按 GB/T 602 配置或 5.00 mL 按 HG/T 3696.2 配置的砷标准溶液，置于 100 mL 容量瓶中，稀释至刻度，摇匀。此溶液一星期内使用。

用移液管移取上述砷标准溶液 2.00 mL 置于 100 mL 容量瓶中，加 1 mL 盐酸，稀释至刻度后摇匀。此溶液现用现配。

6.8 乙酸铅脱脂棉。

7 仪器、设备

分光光度计：带 1 cm 吸收池。

8 分析步骤

8.1 试验溶液的制备

称取约 0.5 g 试样，精确至 0.001 g，置于 50 mL 烧杯中，加入 5 mL 硫酸溶液，加热，微沸 2 min。冷却后完全转移至定砷瓶中，加入 25 mL 酒石酸溶液，摇匀，加水至 40 mL。

8.2 空白试验溶液的制备

空白试验溶液除不加试样外，其他操作和加入试剂的种类和量与测定试验相同。

8.3 工作曲线绘制

准确吸取砷标准溶液：0.00 mL、2.00 mL、4.00 mL、6.00 mL、8.00 mL、10.00 mL 分别置于六个砷发生瓶中，各加入硫酸溶液 10 mL，加水稀释至 40 mL，摇匀。按 8.4 操作后测其吸光度，求出回归方程，并以吸光度为纵坐标、砷的质量(mg)为横坐标绘制工作曲线。

8.4 还原反应与比色测定

于试样溶液和工作曲线溶液中分别加入 2 mL 碘化钾溶液，摇匀，再加入 2 mL 氯化亚锡盐酸溶液，摇匀，静置 15 min。

移取 5.00 mL Ag-DDTC-三乙胺-三氯甲烷溶液置于干燥的吸收瓶中，连接好发生吸收装置(密闭，导管塞有蓬松的乙酸铅棉花)(见图 1)。向发生瓶中迅速加入 3 g 无砷锌粒，反应 45 min(当室温低于 15 ℃时，反应延长至 1 h)。反应中轻摇发生瓶 2 次，反应结束后，取下吸收瓶，用三氯甲烷定容至 5 mL，摇匀。立即用 1 cm 吸收池进行测定，以原吸收液为参比，在 520 nm 处，测定吸光度。用试验溶液吸光度减去空白试验的吸光度，再从工作曲线上查出试验溶液中砷的质量。

单位为毫米

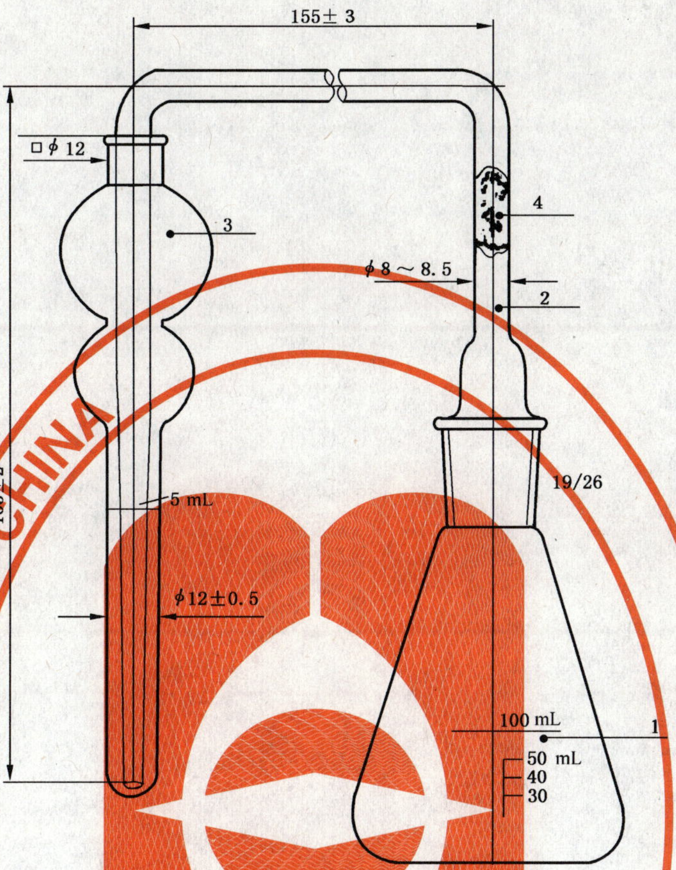

1——砷化氢发生器；
2——导气管；
3——吸收瓶；
4——乙酸铅棉花。

图 1　砷化氢发生及吸收装置

9　结果计算

砷含量以砷(As)的质量分数 w 计，数值以%表示，按式(1)计算：

$$w = \frac{m_1 \times 10^{-3}}{m} \times 100 = \frac{m_1}{10m} \quad \cdots\cdots (1)$$

式中：

m_1——由工作曲线查得的被测试样溶液的砷质量的数值，单位为毫克(mg)；

m——试样的质量的数值，单位为克(g)。

取平行测定结果的算术平均值为测定结果，两次平行测定结果的绝对差值不大于 0.000 2%。

ICS 71.060.01
G 10

中华人民共和国国家标准

GB/T 23834.6—2009

硫酸亚锡化学分析方法
第6部分:铁含量的测定
邻菲啰啉分光光度法

Chemical analysis method for stannous sulfate—
Part 6: Determination of iron content—
1,10-Phenanthroline spectrophotometry

2009-05-18 发布　　　　2010-02-01 实施

中华人民共和国国家质量监督检验检疫总局
中国国家标准化管理委员会　发布

前　言

GB/T 23834—2009《硫酸亚锡化学分析方法》分为六个部分：

——第1部分：硫酸亚锡含量的测定　重铬酸钾滴定法

——第2部分：盐酸不溶物的测定　重量法

——第3部分：碱金属及碱土金属硫酸盐总量的测定　重量法

——第4部分：铅、铜含量的测定　火焰原子吸收光谱法

——第5部分：砷含量的测定　二乙基二硫代氨基甲酸银分光光度法

——第6部分：铁含量的测定　邻菲啰啉分光光度法

本部分为GB/T 23834的第6部分。

本部分由中国石油和化学工业协会提出。

本部分由全国化学标准化技术委员会无机化工分会(SAC/TC 63/SC 1)归口。

本部分负责起草单位：柳州华锡集团有限责任公司、中海油天津化工研究设计院、云南锡业集团有限责任公司、精细化学品集团有限公司。

本部分主要起草人：林文霜、叶素娟、刘幽若、夏俊玲、张红玲、何莹莹。

本部分为首次发布。

硫酸亚锡化学分析方法
第6部分:铁含量的测定
邻菲啰啉分光光度法

1 范围

本部分规定了邻菲啰啉(1,10-菲啰啉,二氮杂菲)分光光度法测定硫酸亚锡中铁含量测定的分析方法原理、分析步骤和结果计算。

本部分适用于硫酸亚锡中铁含量的测定。测定范围:0.001%～0.050%。

2 规范性引用文件

下列文件中的条款通过GB/T 23834的本部分的引用而成为本部分的条款。凡是注日期的引用文件,其随后所有的修改单(不包括勘误的内容)或修订版均不适用于本部分,然而,鼓励根据本部分达成协议的各方研究是否可使用这些文件的最新版本。凡是不注日期的引用文件,其最新版本适用于本部分。

GB/T 602 化学试剂 杂质测定用标准溶液的制备(GB/T 602—2002,ISO 6353-1:1982,NEQ)

GB/T 603 化学试剂 试验方法中所用制剂及制品的制备(GB/T 603—2002,ISO 6353-1:1982,NEQ)

GB/T 6682—2008 分析实验室用水规格和试验方法(ISO 3696:1987,MOD)

HG/T 3696.2 无机化工产品化学分析用杂质标准溶液的制备

HG/T 3696.3 无机化工产品化学分析用制剂及制品的制备

3 方法原理

试料以盐酸、过氧化氢溶解,试料中的铁离子在酸性条件下用盐酸羟胺还原成亚铁离子,加入酒石酸、乙二胺四乙酸二钠消除锡等离子的干扰;于pH5～6介质中,铁(Ⅱ)与1,10-菲啰啉生成红色络合物,此络合物符合朗伯-比尔定律;于分光光度计波长510 nm处测量其吸光度,计算获得铁含量。

4 安全提示

本试验方法中使用的部分试剂具有毒性或腐蚀性,操作时须小心谨慎!如溅到皮肤或眼睛上应立即用水冲洗,严重者应立即治疗。

5 一般规定

本标准所用试剂和水,在没有注明其他要求时,均指分析纯试剂和GB/T 6682—2008中规定的三级水。试验中所用杂质标准溶液、制剂及制品,在没有注明其他要求时,均按GB/T 602、GB/T 603或HG/T 3696.2、HG/T 3696.3之规定制备。

6 试剂

6.1 盐酸;

6.2 过氧化氢(30%);

6.3 盐酸溶液:1+19;

6.4　氨水溶液：2+1；

6.5　酒石酸溶液：400 g/L；

6.6　乙二胺四乙酸二钠（EDTA）溶液：25 g/L；

6.7　盐酸羟胺溶液：100 g/L；

6.8　对硝基酚溶液：0.5 g/L；

6.9　邻菲啰啉溶液（1,10-菲啰啉，二氮杂菲）：2.5 g/L；

称取 0.25 g 邻菲啰啉（1,10-菲啰啉，二氮杂菲），用 10 mL 无水乙醇溶解后，用水稀释至 100 mL，摇匀。

6.10　铁标准溶液：1 mL 溶液含铁（Fe）0.010 mg；

用移液管移取 10.00 mL 按 HG/T 3696.2 要求配制的铁标准溶液或按 GB/T 602 的方法直接配制的铁标准溶液，置于 100 mL 容量瓶中，用水稀释至刻度，摇匀。[1 mL 溶液含铁（Fe）0.10 mg]。该溶液不限使用期。

用移液管移取上述铁标准溶液 10.00 mL 置于 100 mL 容量瓶中，加入 2 mL 盐酸（6.1），用水稀释至刻度，摇匀。该溶液现用现配。

7　仪器、设备

分光光度计：带有 3 cm 比色皿。

8　分析步骤

8.1　工作曲线的绘制

8.1.1　移取 0.00 mL，2.00 mL，4.00 mL，6.00 mL，8.00 mL，10.00 mL 铁标准溶液，分别置于一组 100 mL 烧杯中。

8.1.2　加入 5 mL 酒石酸溶液，2 mL 乙二胺四乙酸二钠溶液。每加入一种试剂均需摇匀。

8.1.3　加 2 滴对硝基酚溶液，用氨水中和至试液呈微黄色，再加盐酸溶液（6.3）至使黄色消失，加入 2 mL 盐酸羟胺溶液、5 mL 邻菲啰啉溶液，摇匀，将溶液全部转移至 50 mL 容量瓶中，用水稀释至刻度，摇匀。放置 15 min。

8.1.4　用分光光度计中的 3 cm 比色皿，以水作为参比，于波长 510 nm 处测量其吸光度，以铁的质量为横坐标，相应的吸光度为纵坐标，绘制工作曲线。

8.2　试验溶液的制备

8.2.1　称取约 2.00 g 试样，精确至 0.001 g，置于 100 mL 烧杯中，加入 6 mL 盐酸（6.1）溶解完全后，全部转移至 100 mL 容量瓶中，用水稀释至刻度，摇匀（必要时干过滤）。

8.2.2　用移液管移取 20 mL 上述试验溶液，置于 100 mL 烧杯中。滴加过氧化氢至有小气泡，在电炉上小心蒸发至溶液剩约 3 mL，冷却。加入 5 mL 酒石酸溶液，2 mL 乙二胺四乙酸二钠溶液。每加入一种试剂均需摇匀。

8.3　空白试验溶液的制备

在 100 mL 烧杯中，加入 20 mL 水、1.2 mL 盐酸（6.1），以下操作按 8.2.2 从“滴加过氧化氢至有小气泡，……”开始进行操作。

8.4　测定

分别将试验溶液和空白试验溶液全部转移置于 50 mL 容量瓶中，加 2 滴对硝基酚溶液，用氨水中和至试液呈微黄色，再滴加盐酸溶液（6.3）至黄色消失，加入 2 mL 盐酸羟胺溶液、5 mL 邻菲啰啉溶液，用水稀释至刻度，摇匀。放置 15 min。

将上述试验溶液移入 3 cm 比色皿中，以水作为参比，用分光光度计于波长 510 nm 处测量其吸光度，从工作曲线上查出相应的铁的质量。

9 分析结果的计算

铁含量以铁(Fe)的质量分数 w 计，数值以%表示，按式(1)计算：

$$w = \frac{m_1 - m_0}{m \times 20/100 \times 1\,000} \times 100 \quad \cdots\cdots(1)$$

式中：

m_1——从工作曲线上查得的试验溶液中铁的质量的数值，单位为毫克(mg)；

m_0——从工作曲线上查得的空白试验溶液中铁的质量的数值，单位为毫克(mg)；

m——试料的质量的数值，单位为克(g)。

取两次平行测定算术平均值为测定结果，两次平行测定结果得绝对差值应不大于0.000 5%。

ICS 71.060.50
G 12

中华人民共和国国家标准

GB/T 23835.1—2009

无水高氯酸锂
第1部分:无水高氯酸锂技术要求

Lithium perchlorate anhydrous—
Part 1: Technical specification

2009-05-18 发布   2010-02-01 实施

中华人民共和国国家质量监督检验检疫总局
中国国家标准化管理委员会 发布

前 言

GB/T 23835《无水高氯酸锂》分为13个部分：

——第1部分：无水高氯酸锂技术要求；

——第2部分：高氯酸锂含量的测定；

——第3部分：水分的测定；

——第4部分：水不溶物含量的测定；

——第5部分：氯化物含量的测定；

——第6部分：氯酸盐含量的测定；

——第7部分：硫酸盐含量的测定；

——第8部分：钾和钠含量的测定；

——第9部分：钙含量的测定；

——第10部分：铁含量的测定；

——第11部分：铅含量的测定；

——第12部分：总氮含量的测定；

——第13部分：澄清度的测定。

本部分为GB/T 23835的第1部分。

本部分由中国石油和化学工业协会提出。

本部分由全国化学标准化技术委员会无机化工分会(SAC/TC 63/SC 1)归口。

本部分主要起草单位：新疆有色金属研究所、中海油天津化工研究设计院。

本部分主要起草人：支红军、封国富、关玉珍、陆思伟、王宏川。

本部分为首次发布。

无水高氯酸锂
第1部分:无水高氯酸锂技术要求

1 范围

本部分规定了无水高氯酸锂的要求、试验方法、检验规则以及标志、标签、包装、运输、贮存和安全。

本部分适用于无水高氯酸锂。该产品主要用作火箭燃料的氧化剂,在电池行业用于生产锂电池电解液,在高温化学中用来提供氧气。

2 规范性引用文件

下列文件中的条款通过GB/T 23835的本部分的引用而成为本部分的条款。凡是注日期的引用文件,其随后所有的修改单(不包括勘误的内容)或修订版均不适用于本部分,然而,鼓励根据本部分达成协议的各方研究是否可使用这些文件的最新版本。凡是不注日期的引用文件,其最新版本适用于本部分。

GB 190—1990 危险货物包装标志

GB/T 191—2008 包装储运图示标志(ISO 780:1979,MOD)

GB/T 1250 极限数值的表示方法和判定方法

GB/T 6678 化工产品采样总则

GB 12463 危险货物运输包装通用技术条件

GB/T 23835.2—2009 无水高氯酸锂 第2部分:高氯酸锂含量的测定

GB/T 23835.3—2009 无水高氯酸锂 第3部分:水分的测定

GB/T 23835.4—2009 无水高氯酸锂 第4部分:水不溶物含量的测定

GB/T 23835.5—2009 无水高氯酸锂 第5部分:氯化物含量的测定

GB/T 23835.6—2009 无水高氯酸锂 第6部分:氯酸盐含量的测定

GB/T 23835.7—2009 无水高氯酸锂 第7部分:硫酸盐含量的测定

GB/T 23835.8—2009 无水高氯酸锂 第8部分:钾和钠含量的测定

GB/T 23835.9—2009 无水高氯酸锂 第9部分:钙含量的测定

GB/T 23835.10—2009 无水高氯酸锂 第10部分:铁含量的测定

GB/T 23835.11—2009 无水高氯酸锂 第11部分:铅含量的测定

GB/T 23835.12—2009 无水高氯酸锂 第12部分:总氮含量的测定

GB/T 23835.13—2009 无水高氯酸锂 第13部分:澄清度的测定

3 分子式和相对分子质量

分子式:$LiClO_4$

相对分子质量:106.39(按2007年国际相对原子质量)

4 要求

4.1 外观:白色结晶粉末。

4.2 无水高氯酸锂应符合表1要求。

表1 要 求

项 目		指 标
高氯酸锂($LiClO_4$)w/%	≥	99.5
水分 w/%	≤	0.3
水不溶物 w/%	≤	0.008
氯化物(以 Cl 计)w/%	≤	0.002
氯酸盐(以 ClO_3 计)w/%	≤	0.01
硫酸盐(以 SO_4 计)w/%	≤	0.005
钾(K)w/%	≤	0.002
钠(Na)w/%	≤	0.002
钙(Ca)w/%	≤	0.003
铁(Fe)w/%	≤	0.000 5
铅(Pb)w/%	≤	0.000 2
总氮(N)w/%	≤	0.003
澄清度,透光率/%	≥	90

5 试验方法

5.1 外观的判别

在自然光下用目视法判别。

5.2 高氯酸锂含量的测定

按 GB/T 23835.2—2009 规定的方法进行测定。

5.3 水分的测定

按 GB/T 23835.3—2009 规定的方法进行测定。

5.4 水不溶物含量的测定

按 GB/T 23835.4—2009 规定的方法进行测定。

5.5 氯化物含量的测定

按 GB/T 23835.5—2009 规定的方法进行测定。

5.6 氯酸盐含量的测定

按 GB/T 23835.6—2009 规定的方法进行测定。

5.7 硫酸盐含量的测定

按 GB/T 23835.7—2009 规定的方法进行测定。

5.8 钾含量的测定

按 GB/T 23835.8—2009 规定的方法进行测定。

5.9 钠含量的测定

按 GB/T 23835.8—2009 规定的方法进行测定。

5.10 钙含量的测定

按 GB/T 23835.9—2009 规定的方法进行测定。

5.11 铁含量的测定

按 GB/T 23835.10—2009 规定的方法进行测定。

5.12 铅含量的测定

按 GB/T 23835.11—2009 规定的方法进行测定。

5.13 总氮含量的测定

按 GB/T 23835.12—2009 规定的方法进行测定。

5.14 澄清度的测定

按 GB/T 23835.13—2009 规定的方法进行测定。

6 检验规则

6.1 本部分要求中规定的所有项目均为出厂检验项目,应逐批进行检验。

6.2 生产企业用相同材料,基本相同的生产条件,连续生产的无水高氯酸锂为一批,每批产品不超过 1 t。

6.3 按照 GB/T 6678 的规定确定采样单元数。每一包装为一包装单元。采样时,用采样器将产品表面拨开,在 10 cm 深处采样,从每个选取的包装单元中,取出不少于 50 g 的样品,将所采的样品混匀后按四分法缩分至约 500 g,立即装入两个清洁干燥带磨口塞的广口瓶中,密封。瓶上粘贴标签,注明:生产厂名、产品名称、批号、采样日期和采样者姓名。一瓶作为实验室样品,另一瓶保存备查,保留时间由生产厂根据实际需要确定。

6.4 生产厂应保证每批出厂的无水高氯酸锂产品都符合本标准的要求。

6.5 检验结果如有一项指标不符合本部分要求时,应重新自两倍量的采样单元数的包装中采样复验,复验结果即使只有一项指标不符合本部分要求时,则整批产品为不合格品。

6.6 采用 GB/T 1250 规定的修约值比较法判定试验结果是否符合标准。

7 标志、标签

7.1 无水高氯酸锂包装上应有牢固清晰的标志,内容包括:生产厂名、厂址、产品名称、净含量、批号或生产日期和本标准编号,以及 GB 190—1990 中规定的“氧化剂”标志和 GB/T 191—2008 中规定的“怕晒”、“怕雨”标志和安全标签。

7.2 每批出厂的无水高氯酸锂都应附有安全技术说明书和质量证明书。质量证明书内容包括:生产厂名、厂址、产品名称、净含量、批号或生产日期、产品质量符合本部分的证明和本部分的标准编号。

8 包装、运输、贮存

8.1 无水高氯酸锂产品采用双层包装。外包装采用符合相关安全运输规定的包装材料。内包装采用聚丙烯塑料瓶压盖封装,每瓶净重 5 kg±0.05 kg。

无水高氯酸锂产品的包装质量应符合 GB 12463 规定的性能试验和检验,包装应坚固完好,能抗御运输、储存和装卸过程中正常的冲击、振动和挤压,并便于装卸和搬运。每件净含量为 20 kg。

8.2 无水高氯酸锂的运输应符合相关安全运输有关规定,运输过程中应有遮盖物,防止曝晒和雨淋,防止猛烈撞击。避免包装破损,一旦包装破损,应防止内容物撒落。禁止与还原剂、有机物、易燃物或金属粉末等混运。装卸时要轻拿轻放,防止摩擦和撞击。

8.3 无水高氯酸锂为强氧化剂,产品应贮存在通风良好,阴凉、干燥的库房内,防止曝晒,受潮,防止猛烈撞击,远离易燃易爆物品,禁止与还原剂、有机物、易燃物或金属粉末等同仓共贮。

8.4 在符合本部分贮存运输条件下,无水高氯酸锂产品保质期为五年。保质期满后,使用前应检验是否符合本部分的要求。

9 安全

无水高氯酸锂为强氧化剂,受热分解,放出氧气。当它与还原剂、有机物、易燃物或金属粉末等混合时可形成爆炸性混合物,受热、摩擦或撞击时,会发生爆炸和火灾。在生产、运输、贮存和使用中需严格执行安全规程,防止事故发生。

ICS 71.060.01
G 10

中华人民共和国国家标准

GB/T 23835.2—2009

无水高氯酸锂
第2部分:高氯酸锂含量的测定

Lithium perchlorate anhydrous—
Part 2:Determination of lithium perchlorate anhydrous content

2009-05-18 发布 2010-02-01 实施

中华人民共和国国家质量监督检验检疫总局
中国国家标准化管理委员会 发布

前言

GB/T 23835《无水高氯酸锂》分为13个部分：

——第1部分：无水高氯酸锂技术要求；

——第2部分：高氯酸锂含量的测定；

——第3部分：水分的测定；

——第4部分：水不溶物含量的测定；

——第5部分：氯化物含量的测定；

——第6部分：氯酸盐含量的测定；

——第7部分：硫酸盐含量的测定；

——第8部分：钾和钠含量的测定；

——第9部分：钙含量的测定；

——第10部分：铁含量的测定；

——第11部分：铅含量的测定；

——第12部分：总氮含量的测定；

——第13部分：澄清度的测定。

本部分为GB/T 23835的第2部分。

本部分由中国石油和化学工业协会提出。

本部分由全国化学标准化技术委员会无机化工分会(SAC/TC 63/SC 1)归口。

本部分主要起草单位：新疆有色金属研究所、中海油天津化工研究设计院。

本部分主要起草人：关玉珍、王宏川、支红军、陆思伟。

本部分为首次发布。

无水高氯酸锂
第2部分:高氯酸锂含量的测定

1 范围

本部分规定了高氯酸锂含量的测定方法的方法提要、安全提示、一般规定、试剂、仪器、设备、分析步骤和结果计算。

本部分适用于无水高氯酸锂中高氯酸锂含量的测定。

2 规范性引用文件

下列文件中的条款通过GB/T 23835的本部分的引用而成为本部分的条款。凡是注日期的引用文件,其随后所有的修改单(不包括勘误的内容)或修订版均不适用于本部分,然而,鼓励根据本部分达成协议的各方研究是否可使用这些文件的最新版本。凡是不注日期的引用文件,其最新版本适用于本部分。

GB/T 6682—2008 分析实验室用水规格和试验方法(ISO 3696:1987,MOD)

3 方法提要

试样用水溶解,加入氯化四苯膦,高氯酸根与氯化四苯膦生成不溶于水的沉淀,用玻璃砂坩埚过滤出沉淀,于100 ℃烘干后称重,以求得高氯酸锂的含量。

4 安全提示

本试验方法中使用的试剂和溶液具有毒性,操作者须小心谨慎!如溅到皮肤上应立即用水冲洗,严重者应立即治疗。

5 一般规定

本部分所用试剂和水,在没有注明其他要求时,均指分析纯试剂和GB/T 6682—2008规定的三级水。

6 试剂

氯化四苯膦(TPPCl):0.1 mol/L溶液。

称取氯化四苯膦3.748 4 g,置于100 mL烧杯中,用水溶解。移入100 mL容量瓶中,水稀释至刻度,摇匀。

7 仪器、设备

7.1 玻璃砂坩埚:滤板孔径5 μm~15 μm;

7.2 电热恒温干燥箱:温度能控制在100 ℃±2 ℃;

7.3 减压过滤装置(见图1)。

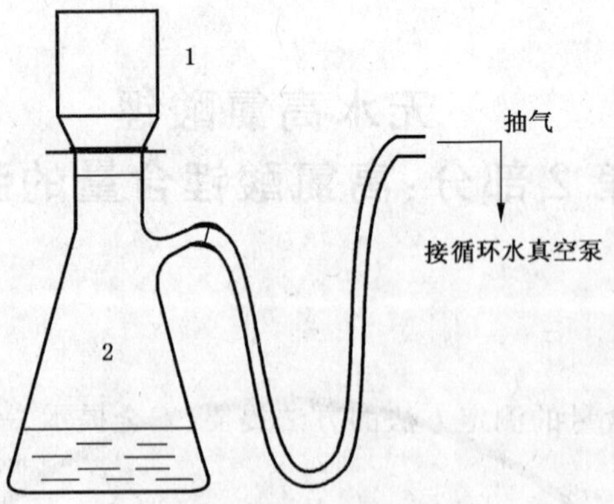

1——玻璃砂坩埚；

2——抽滤瓶。

图 1　减压过滤装置

8　分析步骤

8.1　试验溶液的制备

迅速称取约 1 g 试样，精确至 0.000 1 g。置于 200 mL 烧杯中，用 50 mL 水溶解，全部转移至 500 mL容量瓶中，用水稀释至刻度，摇匀。

8.2　测定

用移液管移取 25.00 mL 试验溶液，置于 100 mL 烧杯中，加 10 mL 水。在搅拌下慢慢加入 10 mL 氯化四苯膦溶液，加完后继续搅拌几分钟。在室温下放置 2 h 以上。用预先在 100 ℃±2 ℃下烘至质量恒定的玻璃砂坩埚过滤。先将上层清液过滤，然后将沉淀全部移入玻璃砂坩埚中。减压过滤后，用约 5 mL 水洗涤烧杯和沉淀 6 次，滤干。将玻璃砂坩埚连同沉淀置于电热恒温干燥箱中，从温度稳定至 100 ℃±2 ℃时开始计时，干燥 1.5 h。取出玻璃砂坩埚，放入干燥器中冷却 50 min 后，称量。然后再将玻璃砂坩埚重新放入 100 ℃±2 ℃的电热恒温干燥箱中，再干燥 1 h，取出，放入干燥器中冷却 50 min，称量，直至质量恒定。

9　结果计算

高氯酸锂含量以高氯酸锂（$LiClO_4$）的质量分数 w_1 计，数值以%表示，按式(1)计算：

$$w_1=\frac{(m_1-m_2)\times 0.2427}{m}\times 100 \quad (1)$$

式中：

m_1——玻璃砂坩埚及四苯基膦高氯酸盐沉淀的质量的数值，单位为克(g)；

m_2——玻璃砂坩埚的质量的数值，单位为克(g)；

m——试料的质量的数值，单位为克(g)。

0.242 7——四苯基膦高氯酸盐换算为高氯酸锂的换算系数。

取平行测定结果的算术平均值为测定结果，两次平行测定结果的绝对差值不大于 0.3%。

ICS 71.060.01
G 10

中华人民共和国国家标准

GB/T 23835.3—2009

无水高氯酸锂 第3部分:水分的测定

Lithium perchlorate anhydrous—
Part 3: Determination of moisture content

2009-05-18 发布

2010-02-01 实施

中华人民共和国国家质量监督检验检疫总局
中国国家标准化管理委员会 发布

前　言

GB/T 23835《无水高氯酸锂》分为13个部分：

——第1部分：无水高氯酸锂技术要求；

——第2部分：高氯酸锂含量的测定；

——第3部分：水分的测定；

——第4部分：水不溶物含量的测定；

——第5部分：氯化物含量的测定；

——第6部分：氯酸盐含量的测定；

——第7部分：硫酸盐含量的测定；

——第8部分：钾和钠含量的测定；

——第9部分：钙含量的测定；

——第10部分：铁含量的测定；

——第11部分：铅含量的测定；

——第12部分：总氮含量的测定；

——第13部分：澄清度的测定。

本部分为GB/T 23835的第3部分。

本部分由中国石油和化学工业协会提出。

本部分由全国化学标准化技术委员会无机化工分会(SAC/TC 63/SC 1)归口。

本部分主要起草单位：新疆有色金属研究所、中海油天津化工研究设计院。

本部分主要起草人：关玉珍、王宏川、支红军、陆思伟。

本部分为首次发布。

无水高氯酸锂
第3部分：水分的测定

1 范围

本部分规定了无水高氯酸锂中水分的测定方法的方法提要、一般规定、仪器、设备、分析步骤和结果计算。

本部分适用于无水高氯酸锂中水分的测定。

2 规范性引用文件

下列文件中的条款通过 GB/T 23835 的本部分的引用而成为本部分的条款。凡是注日期的引用文件，其随后所有的修改单（不包括勘误的内容）或修订版均不适用于本部分，然而，鼓励根据本部分达成协议的各方研究是否可使用这些文件的最新版本。凡是不注日期的引用文件，其最新版本适用于本部分。

GB/T 6682—2008 分析实验室用水规格和试验方法(ISO 3696:1987,MOD)

3 方法提要

试样置于称量瓶中，在 180 ℃±5 ℃电热恒温干燥箱中干燥至质量恒定，以减少的质量计算试样中水分含量。

4 一般规定

本部分所用试剂和水在没有注明其他要求时，均指分析纯试剂和 GB/T 6682—2008 中规定的三级水。

5 仪器、设备

5.1 电热恒温干燥箱：温度能控制在 180 ℃±5 ℃；

5.2 称量瓶：直径为 50 mm，高为 30 mm。

6 分析步骤

称取约 2.0 g 试样，精确至 0.000 1 g。置于已在 180 ℃±5 ℃下烘至质量恒定的称量瓶中，立即盖上称量瓶盖，将称量瓶置于电热恒温干燥箱中，称量瓶盖斜放在称量瓶上。将电热恒温干燥箱的温度由低温逐渐升至 180 ℃±5 ℃，并保温 2 h。打开电热恒温干燥箱，立即盖上称量瓶盖，将称量瓶移入干燥器中，放置 40 min 后称量。重新将称量瓶放入电热恒温干燥箱中，将称量瓶盖斜放在称量瓶上，在 180 ℃±5 ℃烘 1 h，立即盖上称量瓶盖，取出，置于干燥器中放置 40 min 后称量。重复此步骤直至质量恒定。

7 结果计算

水分的以质量分数 w_1 计，数值以%表示，按式(1)计算：

$$w_1 = \frac{m - m_1}{m} \times 100 \qquad \cdots\cdots(1)$$

式中：

m——试样的质量的数值，单位为克(g)；

m_1——烘干后试样的质量的数值，单位为克(g)。

取平行测定结果的算术平均值为测定结果，两次平行测定结果的绝对差值不大于 0.005%。

ICS 71.060.01
G 10

中华人民共和国国家标准

GB/T 23835.4—2009

无水高氯酸锂 第4部分：水不溶物含量的测定

**Lithium perchlorate anhydrous—
Part 4: Determination of water insoluble matter content**

2009-05-18 发布 2010-02-01 实施

中华人民共和国国家质量监督检验检疫总局
中国国家标准化管理委员会 发布

前　言

GB/T 23835《无水高氯酸锂》分为13个部分：

——第1部分：无水高氯酸锂技术要求；

——第2部分：高氯酸锂含量的测定；

——第3部分：水分的测定；

——第4部分：水不溶物含量的测定；

——第5部分：氯化物含量的测定；

——第6部分：氯酸盐含量的测定；

——第7部分：硫酸盐含量的测定；

——第8部分：钾和钠含量的测定；

——第9部分：钙含量的测定；

——第10部分：铁含量的测定；

——第11部分：铅含量的测定；

——第12部分：总氮含量的测定；

——第13部分：澄清度的测定。

本部分为GB/T 23835《无水高氯酸锂》的第4部分。

本部分由中国石油和化学工业协会提出。

本部分由全国化学标准化技术委员会无机化工分会（SAC/TC 63/SC 1）归口。

本部分主要起草单位：新疆有色金属研究所、中海油天津化工研究设计院。

本部分主要起草人：关玉珍、王宏川、支红军、陆思伟。

本部分为首次发布。

无水高氯酸锂
第4部分:水不溶物含量的测定

1 范围

本部分规定了无水高氯酸锂中水不溶物含量测定方法的方法提要、一般规定、试剂、仪器、设备、分析步骤和结果计算。

本标准适用于无水高氯酸锂中水不溶物含量的测定。

2 规范性引用文件

下列文件中的条款通过GB/T 23835的本部分的引用而成为本部分的条款。凡是注日期的引用文件,其随后所有的修改单(不包括勘误的内容)或修订版均不适用于本部分,然而,鼓励根据本部分达成协议的各方研究是否可使用这些文件的最新版本。凡是不注日期的引用文件,其最新版本适用于本部分。

GB/T 6682—2008 分析实验室用水规格和试验方法(ISO 3696:1987,MOD)

3 方法提要

试料以水溶解,减压过滤后在105 ℃±2 ℃烘干至质量恒定。称量水不溶物质量,计算水不溶物含量。

4 一般规定

本部分所用试剂和水在没有注明其他要求时,均指分析纯试剂和GB/T 6682—2008中规定的三级水。

5 仪器、设备

5.1 玻璃砂坩埚:滤板孔径5 μm~15 μm;

5.2 电热恒温干燥箱:温度能控制在105 ℃±2 ℃;

5.3 减压过滤装置(见图1)。

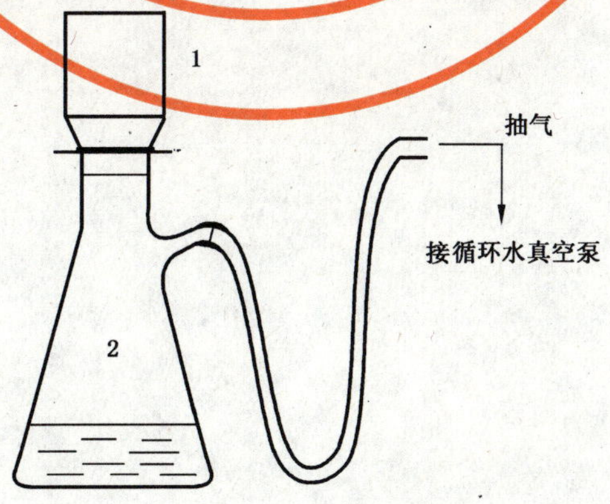

1——玻璃砂坩埚;

2——抽滤瓶。

图1 减压过滤装置

6 分析步骤

称取约 20 g 试样，精确至 0.01 g。置于 400 mL 烧杯中，加 200 mL 水，加热溶解。用已于105 ℃±2 ℃条件下干燥至质量恒定的玻璃砂坩埚减压过滤，用热水洗涤滤渣 10 次，将玻璃砂坩埚置于 105 ℃±2 ℃条件下的电热恒温干燥箱中干燥至质量恒定。

7 结果计算

水不溶物含量以质量分数 w_1 计，数值以%表示，按式(1)计算：

$$w_1 = \frac{m_1}{m} \times 100 \qquad \cdots\cdots(1)$$

式中：

m_1——水不溶物的质量的数值，单位为克(g)；

m——试料的质量的数值，单位为克(g)。

取平行测定结果的算术平均值为测定结果，两次平行测定结果的绝对差值不大于 0.005%。

ICS 71.060.01
G 10

中华人民共和国国家标准

GB/T 23835.5—2009

无水高氯酸锂
第5部分:氯化物含量的测定

Lithium perchlorate anhydrous—
Part 5:Determination of chloride content

2009-05-18 发布 2010-02-01 实施

中华人民共和国国家质量监督检验检疫总局
中国国家标准化管理委员会 发布

前　言

GB/T 23835《无水高氯酸锂》分为13个部分：

——第1部分：无水高氯酸锂技术要求；

——第2部分：高氯酸锂含量的测定；

——第3部分：水分的测定；

——第4部分：水不溶物含量的测定；

——第5部分：氯化物含量的测定；

——第6部分：氯酸盐含量的测定；

——第7部分：硫酸盐含量的测定；

——第8部分：钾和钠含量的测定；

——第9部分：钙含量的测定；

——第10部分：铁含量的测定；

——第11部分：铅含量的测定；

——第12部分：总氮含量的测定；

——第13部分：澄清度的测定。

本部分为GB/T 23835的第5部分。

本部分由中国石油和化学工业协会提出。

本部分由全国化学标准化技术委员会无机化工分会(SAC/TC 63/SC 1)归口。

本部分主要起草单位：新疆有色金属研究所、中海油天津化工研究设计院。

本部分主要起草人：关玉珍、王宏川、支红军、陆思伟。

本部分为首次发布。

无水高氯酸锂
第5部分：氯化物含量的测定

1 范围

本部分规定了无水高氯酸锂中氯化物含量测定方法的原理、安全提示、一般规定、试剂、仪器、设备、分析步骤和结果计算。

本部分适用于无水高氯酸锂中氯化物含量的测定，测定范围：0.2 μg/mL～4 μg/mL(以 Cl 计)。

2 规范性引用文件

下列文件中的条款通过 GB/T 23835 的本部分的引用而成为本部分的条款。凡是注日期的引用文件，其随后所有的修改单(不包括勘误的内容)或修订版均不适用于本部分，然而，鼓励根据本部分达成协议的各方研究是否可使用这些文件的最新版本。凡是不注日期的引用文件，其最新版本适用于本部分。

GB/T 6682—2008 分析实验室用水规格和试验方法(ISO 3696:1987,MOD)

HG/T 3696.2 无机化工产品化学分析用杂质标准溶液的制备

HG/T 3696.3 无机化工产品化学分析用制剂及制品的制备

3 原理

在硝酸介质中，氯离子与银离子生成乳白色胶状沉淀，当氯离子含量低时，所生成的沉淀粒度细小或胶状物悬浮在溶液中，造成溶液混浊，可依其浊度的大小，判定氯离子的量。

4 安全提示

本试验方法中使用的部分试剂具有腐蚀性，操作者须小心谨慎！如溅到皮肤上应立即用水冲洗，严重者应立即治疗。

5 一般规定

本部分所用试剂和水在没有注明其他要求时，均指分析纯试剂和 GB/T 6682—2008 中规定的三级水。试验中所用杂质标准溶液、制剂及制品，在没有注明其他要求时，均按 HG/T 3696.2、HG/T 3696.3 之规定制备。

6 试剂

6.1 硝酸溶液：1+2。

6.2 甘油溶液：1+4。

6.3 硝酸银溶液：17 g/L。

6.4 氯化物标准溶液：1 mL 溶液含有氯(Cl)0.010 mg。

用移液管移取 1 mL 按 HG/T 3696.2 配制的氯化物标准溶液，置于 100 mL 容量瓶中，用水稀释至刻度，摇匀。该溶液现用现配。

7 仪器、设备

分光光度计：带有厚度为 3 cm 吸收池。

8 分析步骤

8.1 试验溶液的制备

迅速称取约 5 g 试样，精确到 0.000 1 g。置于 100 mL 烧杯中，用少量水溶解。移入 50 mL 容量瓶中，水稀释至刻度，摇匀。

8.2 工作曲线的绘制

在 5 支 25 mL 比色管中用移液管分别加入 0 mL、0.50 mL、1.00 mL、1.50 mL、2.00 mL 氯化物标准溶液，加水至 10 mL，加 2.5 mL 硝酸溶液，加 2.5 mL 甘油溶液，摇匀，加 1.0 mL 硝酸银溶液，用水稀释至刻度，摇匀。放置 15 min，用 3 cm 吸收池，以试剂空白为参比，在分光光度计 440 nm 处测量吸光度。以氯化物含量为横坐标，相应的吸光度为纵坐标，绘制工作曲线。

8.3 样品测定

用移液管移取 10.00 mL 试验溶液，置于 25 mL 比色管中，以下操作按 8.2 从"加 2.5 mL 硝酸溶液，……"开始进行操作，测量其吸光度。以测出的吸光度在工作曲线上查出试验溶液中的氯化物含量。

9 结果计算

氯化物含量以氯(Cl)的质量分数 w_1 计，数值以%表示，按式(1)计算：

$$w_1 = \frac{m_1 \times 10^{-3}}{m(10/50)} \times 100 \qquad (1)$$

式中：

m_1——从工作曲线上查出的试验溶液中氯化物的质量的数值，单位为毫克(mg)；

m——试料的质量的数值，单位为克(g)。

取平行测定结果的算术平均值为测定结果，两次平行测定结果绝对差值不大于 0.001%。

ICS 71.060.01
G 10

中华人民共和国国家标准

GB/T 23835.6—2009

无水高氯酸锂
第6部分:氯酸盐含量的测定

Lithium perchlorate anhydrous—
Part 6:Determination of chlorate content

2009-05-18 发布　　　　2010-02-01 实施

中华人民共和国国家质量监督检验检疫总局
中国国家标准化管理委员会　发布

前　言

GB/T 23835《无水高氯酸锂》分为13个部分：

——第1部分：无水高氯酸锂技术要求；

——第2部分：高氯酸锂含量的测定；

——第3部分：水分的测定；

——第4部分：水不溶物含量的测定；

——第5部分：氯化物含量的测定；

——第6部分：氯酸盐含量的测定；

——第7部分：硫酸盐含量的测定；

——第8部分：钾和钠含量的测定；

——第9部分：钙含量的测定；

——第10部分：铁含量的测定；

——第11部分：铅含量的测定；

——第12部分：总氮含量的测定；

——第13部分：澄清度的测定。

本部分为GB/T 23835的第6部分。

本部分由中国石油和化学工业协会提出。

本部分由全国化学标准化技术委员会无机化工分会(SAC/TC 63/SC 1)归口。

本部分主要起草单位：新疆有色金属研究所、中海油天津化工研究设计院。

本部分主要起草人：关玉珍、王宏川、支红军、陆思伟。

本部分为首次发布。

无水高氯酸锂
第 6 部分：氯酸盐含量的测定

1 范围

本部分规定了无水高氯酸锂中氯酸盐含量测定方法的方法提要、安全提示、一般规定、试剂、仪器、设备、分析步骤和结果计算。

本部分适用于无水高氯酸锂中氯酸盐含量的测定，测定范围：0.2 μg/mL～4 μg/mL(以 Cl 计)。

2 规范性引用文件

下列文件中的条款通过 GB/T 23835 的本部分的引用而成为本部分的条款。凡是注日期的引用文件，其随后所有的修改单(不包括勘误的内容)或修订版均不适用于本部分，然而，鼓励根据本部分达成协议的各方研究是否可使用这些文件的最新版本。凡是不注日期的引用文件，其最新版本适用于本部分。

GB/T 6682—2008 分析实验室用水规格和试验方法(ISO 3696:1987,MOD)

HG/T 3696.2 无机化工产品化学分析用杂质标准溶液的制备

HG/T 3696.3 无机化工产品化学分析用制剂及制品的制备

3 安全提示

本试验方法中使用的部分试剂具有腐蚀性，操作者须小心谨慎！如溅到皮肤上应立即用水冲洗，严重者应立即治疗。

4 一般规定

本部分所用试剂和水在没有注明其他要求时，均指分析纯试剂和 GB/T 6682—2008 中规定的三级水。试验中所用杂质标准溶液、制剂及制品，在没有注明其他要求时，均按 HG/T 3696.2、HG/T 3696.3 之规定制备。

5 方法提要

试样中的氯酸根在酸性介质中，被硫酸亚铁还原为氯离子，用硝酸银比浊法测定氯离子总量，由氯离子总量中减去以氯化物型态存在的氯，将其差值换算为氯酸根的含量。

6 试剂

6.1 硝酸溶液：1+2。

6.2 硝酸银溶液：17 g/L。

6.3 甘油溶液：1+4。

6.4 硫酸亚铁溶液：100 g/L。

称取 10 g 硫酸亚铁($FeSO_4 \cdot 7H_2O$)溶于适量水中，加 10 mL 浓硫酸，1 mL 硝酸银溶液，用水稀释至 100 mL，摇匀，过滤。该溶液现用现配。

6.5 氯化物标准溶液：1 mL 溶液含有氯(Cl)0.010 mg。

用移液管移取 1 mL 按 HG/T 3696.2 配制的氯化物标准溶液，置于 100 mL 容量瓶中，用水稀释至刻度，摇匀。该溶液现用现配。

7 仪器、设备

7.1 分光光度计:带有厚度为 3 cm 吸收池。

7.2 恒温水浴箱。

8 分析步骤

8.1 试验溶液的制备

迅速称取约 2 g～5 g 试样,精确到 0.000 1 g。置于 100 mL 烧杯中,用少量水溶解,移入 50 mL 容量瓶中,用水稀释至刻度,摇匀。

8.2 工作曲线的绘制

在 4 支 25 mL 比色管中用移液管分别加入 0 mL、1.00 mL、3.00 mL、5.00 mL 氯化物标准溶液,加水至 10 mL,加 2.5 mL 硝酸溶液,加 2.5 mL 甘油溶液,摇匀,加 1.0 mL 硝酸银溶液,用水稀释至 25.0 mL,摇匀。放置 15 min,用 3 cm 吸收池,以水为参比,在分光光度计 440 nm 处测量吸光度。以氯化物含量为横坐标,相应的吸光度为纵坐标,绘制工作曲线。同时同样处理空白试验溶液。

8.3 样品测定

用移液管移取 10.00 mL 试验溶液,置于 25 mL 比色管中。加 1.0 mL 硫酸亚铁溶液,于温热的水浴中放置 3 min,以下操作按 8.2 条从"加 2.5 mL 硝酸溶液,……"开始进行操作,测量其吸光度。以测出的吸光度在工作曲线上查出试验溶液中的氯化物含量。

9 结果计算

氯酸盐含量以氯酸根(ClO_3^-)的质量分数 w_1 计,数值以%表示,按式(1)计算:

$$w_1 = \frac{(m_1 - m_0) \times 2.354 \times 10^{-3}}{m(10/50)} \times 100 - 2.354 \times m_2 \qquad \cdots\cdots(1)$$

式中:

m_2——测得的产品中氯化物的质量分数,%;

m_1——从工作曲线上查出的试验溶液中氯化物的质量的数值,单位为毫克(mg);

m_0——从工作曲线上查出的空白试验溶液中氯化物的质量的数值,单位为毫克(mg);

m——试料的质量的数值,单位为克(g);

2.354——氯换算为氯酸根的系数。

取平行测定结果的算术平均值为测定结果,两次平行测定结果绝对差值不大于 0.001%。

ICS 71.060.01
G 10

中华人民共和国国家标准

GB/T 23835.7—2009

无水高氯酸锂
第7部分：硫酸盐含量的测定

Lithium perchlorate anhydrous—
Part 7: Determination of sulfate content

2009-05-18 发布　　　　2010-02-01 实施

中华人民共和国国家质量监督检验检疫总局
中国国家标准化管理委员会　发布

前言

GB/T 23835《无水高氯酸锂》分为13个部分：

——第1部分：无水高氯酸锂技术要求；

——第2部分：高氯酸锂含量的测定；

——第3部分：水分的测定；

——第4部分：水不溶物含量的测定；

——第5部分：氯化物含量的测定；

——第6部分：氯酸盐含量的测定；

——第7部分：硫酸盐含量的测定；

——第8部分：钾和钠含量的测定；

——第9部分：钙含量的测定；

——第10部分：铁含量的测定；

——第11部分：铅含量的测定；

——第12部分：总氮含量的测定；

——第13部分：澄清度的测定。

本部分为GB/T 23835的第7部分。

本部分由中国石油和化学工业协会提出。

本部分由全国化学标准化技术委员会无机化工分会(SAC/TC 63/SC 1)归口。

本部分主要起草单位：新疆有色金属研究所、中海油天津化工研究设计院。

本部分主要起草人：关玉珍、王宏川、支红军、陆思伟。

本部分为首次发布。

无水高氯酸锂
第7部分：硫酸盐含量的测定

1 范围

本部分规定了无水高氯酸锂中硫酸盐含量测定方法的原理、安全提示、一般规定、试剂、仪器、设备、分析步骤和结果计算。

本部分适用于无水高氯酸锂中硫酸盐含量的测定。

2 规范性引用文件

下列文件中的条款通过GB/T 23835的本部分的引用而成为本部分的条款。凡是注日期的引用文件，其随后所有的修改单(不包括勘误的内容)或修订版均不适用于本部分，然而，鼓励根据本部分达成协议的各方研究是否可使用这些文件的最新版本。凡是不注日期的引用文件，其最新版本适用于本部分。

GB/T 6682—2008 分析实验室用水规格和试验方法(ISO 3696:1987,MOD)

HG/T 3696.2 无机化工产品化学分析用杂质标准溶液的制备

HG/T 3696.3 无机化工产品化学分析用制剂及制品的制备

3 原理

在酸性溶液中，硫酸根离子与钡离子生成难溶的硫酸钡，当硫酸根离子含量较低时，在一定时间内硫酸钡呈悬浮体，使溶液浑浊，可用于硫酸盐含量的测定。

4 安全提示

本试验方法中使用的部分试剂具有毒害性和腐蚀性，操作者须小心谨慎！如溅到皮肤上应立即用水冲洗，严重者应立即治疗。

5 一般规定

本部分所用试剂和水在没有注明其他要求时，均指分析纯试剂和GB/T 6682—2008中规定的三级水。试验中所用杂质标准溶液、制剂及制品，在没有注明其他要求时，均按HG/T 3696.2、HG/T 3696.3之规定制备。

6 试剂

6.1 无水乙醇。

6.2 盐酸溶液：1+3。

6.3 氨水溶液：1+1。

6.4 氯化钡溶液：20 g/L。

6.5 硫酸盐标准溶液：1 mL溶液含硫酸根(SO_4^{2-})0.05 mg。

用移液管移取5 mL按HG/T 3696.2配制的硫酸盐标准溶液，置于100 mL容量瓶中，用水稀释至刻度，摇匀。该溶液现用现配。

6.6 对硝基酚指示液：1 g/L。

7 仪器、设备

分光光度计:带有厚度为 3 cm 吸收池。

8 分析步骤

8.1 试验溶液的制备

迅速称取约 5 g 试样,精确到 0.01 g。置于 100 mL 烧杯中,用少量水溶解,移入 50 mL 容量瓶中,水稀释至刻度,摇匀。

8.2 工作曲线的绘制

在 4 支 25 mL 比色管中用移液管分别加入 0 mL、0.50 mL、1.00 mL、2.00 mL 硫酸盐标准溶液,加 5 mL 水,1.0 mL 盐酸溶液,加入 10.0 mL 氯化钡,2.0 mL 无水乙醇,用水稀释至刻度。摇匀。放置 30 s。用 3 cm 吸收池,以试剂空白为参比,在分光光度计 440 nm 处测量吸光度。以硫酸盐含量为横坐标,相应的吸光度为纵坐标,绘制工作曲线。

8.3 样品测定

用移液管移取 10.00 mL 试验溶液,置于 25 mL 比色管中,加 1 滴对硝基酚指示液,滴加氨水溶液到溶液出现黄色,再滴加盐酸溶液到黄色刚好消失,以下操作按 8.2 条从"加入 1.00 mL 盐酸溶液……"开始进行操作,测量其吸光度。以测出的吸光度在工作曲线上查出试验溶液中的硫酸盐含量。

9 结果计算

硫酸盐含量以硫酸根(SO_4^{2-})的质量分数 w_1 计,数值以%表示,按式(1)计算:

$$w_1 = \frac{m_1 \times 10^{-3}}{m(10/50)} \times 100 \qquad \cdots\cdots(1)$$

式中:

m_1——从工作曲线上查出的试验溶液中硫酸盐的质量的数值,单位为毫克(mg);

m——试料的质量的数值,单位为克(g)。

取平行测定结果的算术平均值为测定结果,两次平行测定结果绝对差值不大于 0.001%。

ICS 71.060.01
G 10

中华人民共和国国家标准

GB/T 23835.8—2009

无水高氯酸锂 第8部分：钾和钠含量的测定

Lithium perchlorate anhydrous—Part 8：Determination of potassium and sodium content

2009-05-18 发布　　2010-02-01 实施

中华人民共和国国家质量监督检验检疫总局
中国国家标准化管理委员会　发布

前　言

GB/T 23835《无水高氯酸锂》分为13个部分：

——第1部分：无水高氯酸锂技术要求；

——第2部分：高氯酸锂含量的测定；

——第3部分：水分的测定；

——第4部分：水不溶物含量的测定；

——第5部分：氯化物含量的测定；

——第6部分：氯酸盐含量的测定；

——第7部分：硫酸盐含量的测定；

——第8部分：钾和钠含量的测定；

——第9部分：钙含量的测定；

——第10部分：铁含量的测定；

——第11部分：铅含量的测定；

——第12部分：总氮含量的测定；

——第13部分：澄清度的测定。

本部分为GB/T 23835的第8部分。

本部分由中国石油和化学工业协会提出。

本部分由全国化学标准化技术委员会无机化工分会(SAC/TC 63/SC 1)归口。

本部分主要起草单位：新疆有色金属研究所、中海油天津化工研究设计院。

本部分主要起草人：关玉珍、王宏川、支红军、陆思伟。

本部分为首次发布。

无水高氯酸锂
第8部分：钾和钠含量的测定

1 范围

本部分规定了无水高氯酸锂中钾和钠含量的测定方法的方法提要、安全提示、一般规定、试剂、仪器、设备、分析步骤和结果计算。

本部分适用于无水高氯酸锂中钾和钠含量的测定，线性范围：0.006 μg/mL～0.4 μg/mL（钾），0.008 μg/mL～1.5 μg/mL（钠）。

2 规范性引用文件

下列文件中的条款通过GB/T 23835的本部分的引用而成为本部分的条款。凡是注日期的引用文件，其随后所有的修改单（不包括勘误的内容）或修订版均不适用于本部分，然而，鼓励根据本部分达成协议的各方研究是否可使用这些文件的最新版本。凡是不注日期的引用文件，其最新版本适用于本部分。

GB/T 6682—2008 分析实验室用水规格和试验方法（ISO 3696:1987，MOD）

HG/T 3696.2 无机化工产品化学分析用杂质标准溶液的制备

HG/T 3696.3 无机化工产品化学分析用制剂及制品的制备

3 方法提要

试料以水溶解，用原子吸收光谱仪在波长766.5 nm（钾）和589.0 nm（钠）处，以空气-乙炔火焰，用标准加入法进行测定。

4 安全提示

本试验方法中使用的部分试剂具有毒害性和腐蚀性，操作者须小心谨慎！如溅到皮肤上应立即用水冲洗，严重者应立即治疗。

5 一般规定

本部分所用试剂和水在没有注明其他要求时，均指分析纯试剂和GB/T 6682—2008中规定的二级水。试验中所用杂质标准溶液、制剂及制品，在没有注明其他要求时，均按HG/T 3696.2、HG/T 3696.3之规定制备。

6 试剂

6.1 硝酸溶液：1+4；

6.2 钾标准溶液：1 mL溶液含有钾（K）0.010 mg；

用移液管移取1.00 mL按HG/T 3696.2配制的钾标准溶液，置于100 mL容量瓶中，用水稀释至刻度，摇匀。该溶液现用现配。

6.3 钠标准溶液：1 mL溶液含有钠（Na）0.010 mg；

用移液管移取1.00 mL按HG/T 3696.2配制的钠标准溶液，置于100 mL容量瓶中，用水稀释至刻度，摇匀。该溶液现用现配。

7 仪器、设备

原子吸收光谱仪。附钠、钾空心阴极灯。

在仪器最佳工作条件下，凡能达到下列指标者，均能使用。

灵敏度：在与测定试液的基体相一致的溶液中，钾钠的特征浓度应不大于 0.1(μg/mL)/(1%)。

精密度：用最高浓度的标准溶液测定 10 次吸光度，其标准偏差应不超过平均发射强度的 1.0%；用最低浓度的标准溶液（不是“零”标准溶液）测量 10 次吸光度，其标准偏差应不超过最高浓度标准溶液平均发射强度的 0.5%。

工作曲线线性：将工作曲线按浓度等分成 5 段，最高段的发射强度差值与最低段的发射强度差值之比，应不小于 0.7。

仪器工作条件参见附录 A（仪器工作条件）。

8 分析步骤

8.1 试验溶液的制备

迅速称取约 5 g 试样，精确到 0.01 g。置于 100 mL 烧杯中，加 20 mL 水溶解。移入 50 mL 容量瓶中，水稀释至刻度，摇匀。

8.2 测定

在四个 50 mL 容量瓶中用移液管分别移入 5 mL 试验溶液，再加入 1 mL 硝酸溶液。其中一个容量瓶中不加钾和钠标准溶液，另外三个容量瓶中分别移入 1.00 mL、2.00 mL、3.00 mL 钾和钠标准溶液。用水稀释至刻度，摇匀。以水调零点，用空气-乙炔火焰，在波长 766.5 nm 和 589.0 nm 处，分别测定其吸光度。以钾或钠的质量为横坐标，相应的吸光度为纵坐标，绘制曲线，将曲线反向延长线与横轴相交。查出被测溶液中钾和钠的质量的数值。

9 结果计算

钾含量以钾(K)的质量分数 w_1 计，数值以%表示，按式(1)计算：

$$w_1=\frac{m_1\times 10^{-3}}{m\times(5/50)}\times 100 \qquad \cdots\cdots(1)$$

式中：

m_1——从曲线上查得的钾的质量的数值，单位为毫克(mg)；

m——试料的质量的数值，单位为克(g)。

取平行测定结果的算术平均值为测定结果，两次平行测定结果的绝对差值不大于 0.000 2%。

钠含量以钠(Na)的质量分数 w_2 计，数值以%表示，按式(2)计算：

$$w_2=\frac{m_1\times 10^{-3}}{m\times(5/50)}\times 100 \qquad \cdots\cdots(2)$$

式中：

m_1——从曲线上查得的钠的质量的数值，单位为毫克(mg)；

m——试料的质量的数值，单位为克(g)。

取平行测定结果的算术平均值为测定结果，两次平行测定结果的绝对差值不大于 0.000 2%。

附　录　A
（资料性附录）
仪器工作条件

测定钾和钠含量时原子吸收光谱仪的工作条件如表 A.1。

表 A.1

测定元素	波长 nm	提吸速率 mL/min	光谱通带 nm	观测高度 mm	乙炔流量 L/min	空气流量 L/min
Na	589.0	7～8	0.4	12	1.5	7.0
K	766.5	7～8	0.4	12	1.5	7.0

ICS 71.060.01
G 10

GB

中华人民共和国国家标准

GB/T 23835.9—2009

无水高氯酸锂
第9部分:钙含量的测定

Lithium perchlorate anhydrous—
Part 9:Determination of calcium content

2009-05-18 发布　　2010-02-01 实施

中华人民共和国国家质量监督检验检疫总局
中国国家标准化管理委员会　发布

前　言

GB/T 23835《无水高氯酸锂》分为13个部分：

——第1部分：无水高氯酸锂技术要求；

——第2部分：高氯酸锂含量的测定；

——第3部分：水分的测定；

——第4部分：水不溶物含量的测定；

——第5部分：氯化物含量的测定；

——第6部分：氯酸盐含量的测定；

——第7部分：硫酸盐含量的测定；

——第8部分：钾和钠含量的测定；

——第9部分：钙含量的测定；

——第10部分：铁含量的测定；

——第11部分：铅含量的测定；

——第12部分：总氮含量的测定；

——第13部分：澄清度的测定。

本部分为GB/T 23835的第9部分。

本部分的附录A为资料性附录。

本部分由中国石油和化学工业协会提出。

本部分由全国化学标准化技术委员会无机化工分会(SAC/TC 63/SC 1)归口。

本部分主要起草单位：新疆有色金属研究所、中海油天津化工研究设计院。

本部分主要起草人：关玉珍、王宏川、支红军、陆思伟。

本部分为首次发布。

无水高氯酸锂
第9部分：钙含量的测定

1 范围

本部分规定了无水高氯酸锂中钙含量的测定方法的方法提要、安全提示、一般规定、试剂、仪器、设备、分析步骤和结果计算。

本部分适用于无水高氯酸锂中钙含量的测定，线性范围：0.006 μg/mL～0.4 μg/mL。

2 规范性引用文件

下列文件中的条款通过GB/T 23835的本部分的引用而成为本部分的条款。凡是注日期的引用文件，其随后所有的修改单(不包括勘误的内容)或修订版均不适用于本部分，然而，鼓励根据本部分达成协议的各方研究是否可使用这些文件的最新版本。凡是不注日期的引用文件，其最新版本适用于本部分。

GB/T 6682—2008 分析实验室用水规格和试验方法(ISO 3696:1987,MOD)

HG/T 3696.2 无机化工产品化学分析用杂质标准溶液的制备

HG/T 3696.3 无机化工产品化学分析用制剂及制品的制备

3 方法提要

试料以水溶解，加入柠檬酸溶液，于原子吸收光谱仪波长422.71 nm处，以空气-乙炔火焰，标准加入法进行测定。

4 安全提示

本试验方法中使用的部分试剂具有毒害性和腐蚀性，操作者须小心谨慎！如溅到皮肤上应立即用水冲洗，严重者应立即治疗。

5 一般规定

本部分所用试剂和水在没有注明其他要求时，均指分析纯试剂和GB/T 6682—2008中规定的二级水。试验中所用杂质标准溶液、制剂及制品，在没有注明其他要求时，均按HG/T 3696.2、HG/T 3696.3之规定制备。

6 试剂

6.1 柠檬酸溶液：200 g/L

称取100 g柠檬酸，置于1 000 mL烧杯中。加200 mL水溶解，稀释至500 mL，用氢型阳离子交换树脂提纯。

6.2 钙标准溶液：1 mL溶液含钙(Ca)0.010 mg

用移液管移取1.00 mL按HG/T 3696.2配制的钙标准溶液，置于100 mL容量瓶中，用水稀释至刻度，摇匀。该溶液现用现配。

7 仪器、设备

原子吸收光谱仪：配有钙空心阴极灯。

在仪器最佳条件下，凡能达到下列指标者均可使用。

灵敏度：在与测定试液的基体相一致的溶液中，钙的特征浓度应不大于 0.1 μg/mL；

精密度：用最高浓度的标准溶液测量 10 次吸光度，其标准偏差应不超过平均吸光度的 1.0%；用最低浓度的标准溶液（不是“零”标准溶液）测量 10 次吸光度，其标准偏差不超过最高浓度标准溶液平均吸光度的 0.5%；

工作曲线线性：将工作曲线按浓度等分成五段，最高段的吸光度差值与最低段的吸光度差值之比，应不小于 0.7。

仪器工作条件见附录 A。

8 分析步骤

8.1 试验溶液的制备

迅速称取约 5 g 试样，精确到 0.000 1 g。置于 100 mL 烧杯中，加 20 mL 水溶解。移入 50 mL 容量瓶中，水稀释至刻度，摇匀。

8.2 测定

在四个 50 mL 容量瓶中用移液管分别移入 5 mL 试验溶液，各 1 mL 柠檬酸溶液。其中一个容量瓶中不加钙标准溶液，另外三个容量瓶中分别移入 0.50 mL、1.00 mL、1.50 mL 钙标准溶液。用水稀释至刻度，摇匀。以水调零点，用空气-乙炔火焰，在波长 422.7 nm 处，分别测定其吸光度。以钙的质量为横坐标，相应的吸光度为纵坐标，绘制曲线，将曲线反向延长线与横轴相交。查出被测溶液中钙的质量的数值。

9 结果计算

钙含量以钙（Ca）的质量分数 w_1 计，数值以%表示，按式（1）计算：

$$w_1 = \frac{m_1 \times 10^{-3}}{m \times (5/50)} \times 100 \qquad \cdots\cdots(1)$$

式中：

m_1——从曲线上查得的钙的质量的数值，单位为毫克（mg）；

m——试料的质量的数值，单位为克（g）。

取平行测定结果的算术平均值为测定结果，两次平行测定结果的绝对差值不大于 0.000 2%。

附 录 A
（资料性附录）
仪器工作条件

测定钙含量时原子吸收光谱仪的工作条件如表 A.1。

表 A.1

测量元素	波长 nm	灯电流 mA	光谱通带 nm	观测高度 mm	乙炔流量 L/min	空气流量 L/min
Ca	422.7	1.5～2	0.2	12	1.8	6.0

ICS 71.060.01
G 10

中华人民共和国国家标准

GB/T 23835.10—2009

无水高氯酸锂 第10部分:铁含量的测定

Lithium perchlorate anhydrous— Part 10: Determination of iron content

2009-05-18 发布 2010-02-01 实施

中华人民共和国国家质量监督检验检疫总局
中国国家标准化管理委员会 发布

前　言

GB/T 23835《无水高氯酸锂》分为13个部分：

——第1部分：无水高氯酸锂技术要求；

——第2部分：高氯酸锂含量的测定；

——第3部分：水分的测定；

——第4部分：水不溶物含量的测定；

——第5部分：氯化物含量的测定；

——第6部分：氯酸盐含量的测定；

——第7部分：硫酸盐含量的测定；

——第8部分：钾和钠含量的测定；

——第9部分：钙含量的测定；

——第10部分：铁含量的测定；

——第11部分：铅含量的测定；

——第12部分：总氮含量的测定；

——第13部分：澄清度的测定。

本部分为GB/T 23835的第10部分。

本部分由中国石油和化学工业协会提出。

本部分由全国化学标准化技术委员会无机化工分会(SAC/TC 63/SC 1)归口。

本部分主要起草单位：新疆有色金属研究所、中海油天津化工研究设计院。

本部分主要起草人：关玉珍、王宏川、支红军、陆思伟。

本部分为首次发布。

无水高氯酸锂
第10部分:铁含量的测定

1 范围

本部分规定了无水高氯酸锂中铁含量测定方法的方法提要、安全提示、一般规定、试剂、仪器、设备、分析步骤和结果计算。

本部分适用于无水高氯酸锂中铁含量的测定,最低检测浓度为0.08 mg/L。

2 规范性引用文件

下列文件中的条款通过GB/T 23835的本部分的引用而成为本部分的条款。凡是注日期的引用文件,其随后所有的修改单(不包括勘误的内容)或修订版均不适用于本部分,然而,鼓励根据本部分达成协议的各方研究是否可使用这些文件的最新版本。凡是不注日期的引用文件,其最新版本适用于本部分。

GB/T 6682—2008 分析实验室用水规格和试验方法(ISO 3696:1987,MOD)

HG/T 3696.2 无机化工产品化学分析用杂质标准溶液的制备

HG/T 3696.3 无机化工产品化学分析用制剂及制品的制备

3 方法提要

试样溶解后,在酸性介质中,试样中的铁离子与加入的硫氰酸盐显色,用磷酸三丁酯萃取,所呈颜色进行比色测定。

4 安全提示

本试验方法中使用的部分试剂具有毒害性和腐蚀性,操作者须小心谨慎!如溅到皮肤上应立即用水冲洗,严重者应立即治疗。

5 一般规定

本部分所用试剂和水在没有注明其他要求时,均指分析纯试剂和GB/T 6682—2008中规定的二级水。试验中所用杂质标准溶液、制剂及制品,在没有注明其他要求时,均按HG/T 3696.2、HG/T 3696.3之规定制备。

6 试剂

6.1 盐酸;

6.2 磷酸三丁酯;

6.3 硫氰酸铵:200 g/L;

6.4 铁标准溶液Ⅰ:1 mL溶液含铁(Fe)0.10 mg;

用移液管移取10 mL按HG/T 3696.2配制的钙标准溶液,置于100 mL容量瓶中,用水稀释至刻度,摇匀。

6.5 铁标准溶液Ⅱ:1 mL溶液含铁(Fe)0.002 mg;

用移液管移取2.00 mL铁标准溶液Ⅰ,置于100 mL容量瓶中,用水稀释至刻度,摇匀。该溶液现用现配。

7 仪器、设备

分光光度计：带有厚度为 3 cm 吸收池。

8 分析步骤

8.1 试验溶液的制备

称取约 5.0 g 试样，精确至 0.000 1 g。置于 150 mL 烧杯中，加水溶解。移入 50 mL 容量瓶中，用水稀释至刻度，摇匀。

8.2 工作曲线的绘制

用移液管移取 0.00 mL、2.00 mL、4.00 mL、6.00 mL 铁标准溶液Ⅱ，分别置于一系列 125 mL 分液漏斗中，加水至约 10 mL。加 1 mL 盐酸，摇匀。加 2 mL 硫氰酸铵溶液，摇匀。加入 10 mL 磷酸三丁酯，萃取 1 min，静置分层。在分光光度计上，以试剂空白作参比，用 3 cm 吸收池，于 500 nm 处测量有机相的吸光度。以铁的质量为横坐标，以吸光度为纵坐标，绘制工作曲线。

8.3 测定

用移液管移取 10.00 mL 试验溶液，置于 125 mL 分液漏斗中，加盐酸 1 mL，摇匀。再加 2 mL 硫氰酸铵溶液，摇匀。加 10 mL 磷酸三丁酯，萃取 1 min，放置分层。在分光光度计上，以试剂空白作参比，用 3 cm 比色皿，于 500 nm 处测量有机相的吸光度，从标准曲线上查出相应铁的质量。

9 结果计算

铁含量以铁(Fe)的质量分数 w_1 计，数值以%表示，按式(1)计算：

$$w_1 = \frac{m_1 \times 10^{-3}}{m \times 10/50} \times 100 \qquad \cdots\cdots(1)$$

式中：

m_1——从工作曲线上查出的试验溶液中铁的质量的数值，单位为毫克(mg)；

m——测定时所取试料的质量的数值，单位为克(g)。

取平行测定结果的算术平均值为测定结果，两次平行测定结果绝对差值不大于 0.000 1%。

ICS 71.060.01
G 10

中华人民共和国国家标准

GB/T 23835.11—2009

无水高氯酸锂
第11部分：铅含量的测定

Lithium perchlorate anhydrous—
Part 11: Determination of lead content

2009-05-18 发布　　2010-02-01 实施

中华人民共和国国家质量监督检验检疫总局
中国国家标准化管理委员会　发布

前　言

GB/T 23835《无水高氯酸锂》分为13个部分：

——第1部分：无水高氯酸锂技术要求；

——第2部分：高氯酸锂含量的测定；

——第3部分：水分的测定；

——第4部分：水不溶物含量的测定；

——第5部分：氯化物含量的测定；

——第6部分：氯酸盐含量的测定；

——第7部分：硫酸盐含量的测定；

——第8部分：钾和钠含量的测定；

——第9部分：钙含量的测定；

——第10部分：铁含量的测定；

——第11部分：铅含量的测定；

——第12部分：总氮含量的测定；

——第13部分：澄清度的测定。

本部分为GB/T 23835的第11部分。

本部分由中国石油和化学工业协会提出。

本部分由全国化学标准化技术委员会无机化工分会(SAC/TC 63/SC 1)归口。

本部分主要起草单位：新疆有色金属研究所、中海油天津化工研究设计院。

本部分主要起草人：关玉珍、王宏川、支红军、陆思伟。

本部分为首次发布。

无水高氯酸锂
第11部分：铅含量的测定

1 范围

本部分规定了无水高氯酸锂中铅含量测定方法的方法提要、安全提示、一般规定、试剂、仪器、设备、分析步骤和结果计算。

本部分适用于无水高氯酸锂中铅含量的测定，最低检出浓度为0.1 μg/mL。

2 规范性引用文件

下列文件中的条款通过GB/T 23835的本部分的引用而成为本部分的条款。凡是注日期的引用文件，其随后所有的修改单（不包括勘误的内容）或修订版均不适用于本部分，然而，鼓励根据本部分达成协议的各方研究是否可使用这些文件的最新版本。凡是不注日期的引用文件，其最新版本适用于本部分。

GB/T 6682—2008 分析实验室用水规格和试验方法（ISO 3696:1987，MOD）

HG/T 3696.2 无机化工产品化学分析用杂质标准溶液的制备

HG/T 3696.3 无机化工产品化学分析用制剂及制品的制备

3 方法提要

在水溶液中，用空气-乙炔火焰原子吸收法测定铅，大多数元素不干扰，基体干扰用标准加入法、氘灯消除。

4 安全提示

本试验方法中使用的部分试剂具有毒害性和腐蚀性，操作者须小心谨慎！如溅到皮肤上应立即用水冲洗，严重者应立即治疗。

5 一般规定

本部分所用试剂和水在没有注明其他要求时，均指分析纯试剂和GB/T 6682—2008中规定的二级水。试验中所用杂质标准溶液、制剂及制品，在没有注明其他要求时，均按HG/T 3696.2、HG/T 3696.3之规定制备。

6 试剂

6.1 盐酸（高纯）溶液：1+1；

6.2 氨水溶液：1+3，等温扩散提纯后配制；

6.3 二乙基二硫代氨基甲酸钠（DDTC）溶液：2%；

称取2 g（DDTC），置于100 mL烧杯中，加水90 mL，搅拌溶解。过滤到100 mL容量瓶中，用水稀释至刻度，摇匀。

6.4 吡咯烷二硫代氨基甲酸铵（APDC）：2%；

称取2 g（APDC），置于100 mL烧杯中，加水100 mL，搅拌溶解。过滤到100 mL容量瓶中，用水稀释至刻度，摇匀。

6.5 8-羟基喹啉-氯仿溶液:2%;

称取 2 g 8-羟基喹啉,置于 100 mL 烧杯中,加少量氯仿溶解。转入 100 mL 容量瓶中,用氯仿稀释至刻度,摇匀。

6.6 铅标准溶液Ⅰ:1 mL 溶液含铅(Pb)0.10 mg;

用移液管移取 10.00 mL 按 HG/T 3696.2 配制的铅标准溶液,置于 100 mL 容量瓶中,用水稀释至刻度,摇匀。

6.7 铅标准溶液Ⅱ:1 mL 溶液含铅(Pb)0.002 mg;

用移液管移取 2.00 mL 铅标准溶液Ⅰ,置于 100 mL 容量瓶中,用水稀释至刻度,摇匀。该溶液现用现配。

6.8 甲基橙指示液:1 g/L。

7 仪器、设备

原子吸收光谱仪,附铅空心阴极灯。

在仪器最佳工作条件下,凡能达到下列指标者,均能使用。

灵敏度:在与测定试液的基体相一致的溶液中,铅的特征浓度应不大于 0.17 μg/mL。

精密度:用最高浓度的标准溶液测定 10 次吸光度,其标准偏差应不超过平均吸光度的 1.0%;用最低浓度的标准溶液(不是"零"标准溶液)测量 10 次吸光度,其标准偏差应不超过最高浓度标准溶液平均吸光度的 0.5%。

工作曲线线性:将工作曲线按浓度等分成 5 段,最高段的吸光度差值与最低段的吸光度差值之比,应不小于 0.7。

仪器工作条件参见附录 A(仪器工作条件)。

8 分析步骤

8.1 试验溶液的制备

迅速称取约 10 g 试样,精确到 0.000 1 g。置于 150 mL 烧杯中,用少量水溶解。移入 250 mL 容量瓶中,水稀释至刻度,摇匀。

8.2 测定

在四个 125 mL 分液漏斗中用移液管分别移入 50 mL 试验溶液,其中一个分液漏斗中不加铅标准溶液,另外三个分液漏斗中移入 0.50 mL、1.00 mL、1.50 mL 铅标准溶液Ⅱ。加 1 滴甲基橙指示液,用氨水溶液和盐酸溶液,调整溶液由红变黄,在四个分液漏斗中分别加入 2.0 mL(APDC)、加入 2.0 mL(PDTC),摇匀,加入 2.0 mL 8-羟基喹啉氯仿溶液,振荡 2 min,静置分层后。有机相转入另一个分液漏斗中,连续萃取三次,合并有机相。用 20 mL 水轻轻洗涤有机相,静置分层后,将有机相放入石英坩埚中。在沸水浴上加热,使氯仿挥发,再移至低温电炉上烘干。用 5.0 mL 盐酸浸取,摇匀。以水调零点,在规定的仪器条件下,分别测定其吸光度。以铅的质量为横坐标,相应的吸光度为纵坐标,绘制曲线,将曲线反向延长线与横轴相交。查出被测溶液中铅的质量的数值。

注:为保护原子吸收光谱仪,可用有机相直接进行测定。

9 结果计算

铅含量以铅(Pb)的质量分数 w_1 计,数值以%表示,按式(1)计算:

$$w_1 = \frac{m_1 \times 10^{-3}}{m \times (50/250)} \times 100 \qquad \cdots\cdots(1)$$

式中:

m_1——从曲线上查得的铅的质量的数值,单位为毫克(mg);

m——试料的质量的数值,单位为克(g)。

取平行测定结果的算术平均值为测定结果,两次平行测定结果的绝对差值不大于 0.000 05%。

附　录　A
（资料性附录）
仪器工作条件

测定铅含量时原子吸收光谱仪的工作条件如表 A.1。

表 A.1

波长 nm	狭缝 Å	灯电流 mA	空气流量 L/mm	乙炔流量 L/mm	燃烧器高度 mm
217.0	7	5	10	2.6	5

ICS 71.060.01
G 10

中华人民共和国国家标准

GB/T 23835.12—2009

无水高氯酸锂 第12部分:总氮含量的测定

Lithium perchlorate anhydrous—
Part 12:Determination of total nitrogen content

2009-05-18 发布　　2010-02-01 实施

中华人民共和国国家质量监督检验检疫总局
中国国家标准化管理委员会　发布

前言

GB/T 23835《无水高氯酸锂》分为13个部分：

——第1部分：无水高氯酸钾技术要求；

——第2部分：高氯酸锂含量的测定；

——第3部分：水分的测定；

——第4部分：水不溶物含量的测定；

——第5部分：氯化物含量的测定；

——第6部分：氯酸盐含量的测定；

——第7部分：硫酸盐含量的测定；

——第8部分：钾和钠含量的测定；

——第9部分：钙含量的测定；

——第10部分：铁含量的测定；

——第11部分：铅含量的测定；

——第12部分：总氮含量的测定；

——第13部分：澄清度的测定。

本部分为GB/T 23835的第12部分。

本部分由中国石油和化学工业协会提出。

本部分由全国化学标准化技术委员会无机化工分会(SAC/TC 63/SC 1)归口。

本部分主要起草单位：新疆有色金属研究所、中海油天津化工研究设计院。

本部分主要起草人：关玉珍、王宏川、支红军、陆思伟。

本部分为首次发布。

无水高氯酸锂
第12部分:总氮含量的测定

1 范围

本部分规定了无水高氯酸锂中总氮测定方法的原理、安全提示、一般规定、试剂、仪器、设备、分析步骤和结果计算。

本部分适用于无水高氯酸锂中氮(包括硝酸盐、亚硝酸盐及铵盐)总量的测定。检测范围为0.05 μg/mL~0.8 μg/mL(以N计)。

2 规范性引用文件

下列文件中的条款通过GB/T 23835的本部分的引用而成为本部分的条款。凡是注日期的引用文件,其随后所有的修改单(不包括勘误的内容)或修订版均不适用于本部分,然而,鼓励根据本部分达成协议的各方研究是否可使用这些文件的最新版本。凡是不注日期的引用文件,其最新版本适用于本部分。

GB/T 6682—2008 分析实验室用水规格和试验方法(ISO 3696:1987,MOD)

HG/T 3696.2 无机化工产品化学分析用杂质标准溶液的制备

HG/T 3696.3 无机化工产品化学分析用制剂及制品的制备

3 原理

在碱性溶液中,定氮合金可将试样中的硝酸盐、亚硝酸盐还原为氨或铵。将氨从碱性溶液中蒸出后,可用纳氏试剂比色法测定总氮量。

4 安全提示

本试验方法中使用的部分试剂具有毒性或腐蚀性,操作者须小心谨慎!如溅到皮肤上应立即用水冲洗,严重者应立即治疗。

5 一般规定

本部分所用试剂和水,在没有注明其他要求时,均指分析纯试剂和GB/T 6682—2008规定的二级水。试验中所需标准滴定溶液、制剂和制品,在没有注明其他要求时均按HG/T 3696.2、HG/T 3696.3之规定制备。

6 试剂

6.1 无氨水;

6.2 定氮合金(Cu:50%、Al:45%、Zn:5%):细度不大于0.85 mm;

6.3 硫酸溶液:0.5%;

6.4 氢氧化钠溶液:320 g/L;

6.5 氮标准贮备溶液:1 mL溶液含氮(N)0.10 mg;

用移液管移取10 mL按HG/T 3696.2配制的氮标准溶液,置于100 mL容量瓶中,用水稀释至刻度,摇匀。

6.6 氮标准溶液:1 mL 溶液含氮(N)0.010 mg;

用移液管移取 10 mL 氮标准溶液Ⅰ,置于 100 mL 容量瓶中,用水稀释至刻度,摇匀。该溶液现用现配。

6.7 纳氏试剂。

7 仪器、设备

7.1 分光光度计:带有厚度为 3 cm 比色皿;

7.2 比色管:100 mL;

7.3 蒸馏仪器:如图 1 或其他具有相同蒸馏能力的定氮蒸馏仪器;

7.4 蒸馏加热装置:1 000 W～1 500 W 电炉,置于升降台架上,可自由调节高度。也可使用调温电炉或电热套或能够调节供热强度的其他形式热源。

8 分析步骤

8.1 试验溶液的制备

迅速称取约 1 g 试样,精确至 0.000 1 g。转移至蒸馏烧瓶中并稀释至约 140 mL。加入定氮合金 1 g和防暴沸颗粒,将蒸馏烧瓶连接于蒸馏装置上。在比色管中加入 5 mL 硫酸溶液,按图 1 将蒸馏装置连接好。

通过蒸馏装置的分液漏斗加入 5 mL 氢氧化钠溶液,在溶液将流尽时分次加入 10 mL～15 mL 水冲洗漏斗,剩 3 mL～5 mL 水时关闭活塞。静置 1 min 后,开通冷却水,同时开启加热装置,沸腾时根据泡沫产生程度调节供热强度,避免泡沫溢出或液滴带出。蒸馏出 75 mL 馏出液后结束蒸馏,将比色管中馏出液全部转移至 100 mL 容量瓶中,并调节试验溶液 pH 值约为 7,用水稀释至刻度,摇匀。

注:调节试验溶液 pH 值时,不能使用含硝酸根、亚硝酸根和铵离子的溶液。

8.2 空白试验溶液的制备

制备试验溶液的同时,除不加试样外,以同样试剂、同样用量和同一方法制备空白试验溶液,稀释至同体积。

8.3 工作曲线的绘制

8.3.1 系列氮标准工作溶液的配制

在每一次测定之前,在 5 个 100 mL 容量瓶中分别移入 0 mL、0.50 mL、1.00 mL、1.50 mL、2.00 mL氮标准溶液,配制氮标准工作溶液。

8.3.2 吸光度测量

在氮标准溶液中加水至约 75 mL,加 3 mL 氢氧化钠溶液及 2 mL 纳氏试剂,用水稀释至刻度,摇匀。放置 10 min 后,在 420 nm 波长处,选用 1 cm 或 3 cm 的比色皿。以水做参比,测量吸光度。

8.3.3 曲线绘制

从每个标准参比液的吸光度值中减去试剂空白溶液的吸光度值,以氮质量为横坐标,吸收值为纵坐标,绘制工作曲线。

8.4 测定

用移液管移取适量试验溶液(含氮少于 200 μg)和空白试验溶液,以下按 8.3.2,从"加水至约 75 mL,……"开始进行操作,测得其吸收值。从试验溶液的吸光度减去空白试验溶液的吸光度后,在工作曲线上查出试验溶液中氮的质量。

单位为毫米

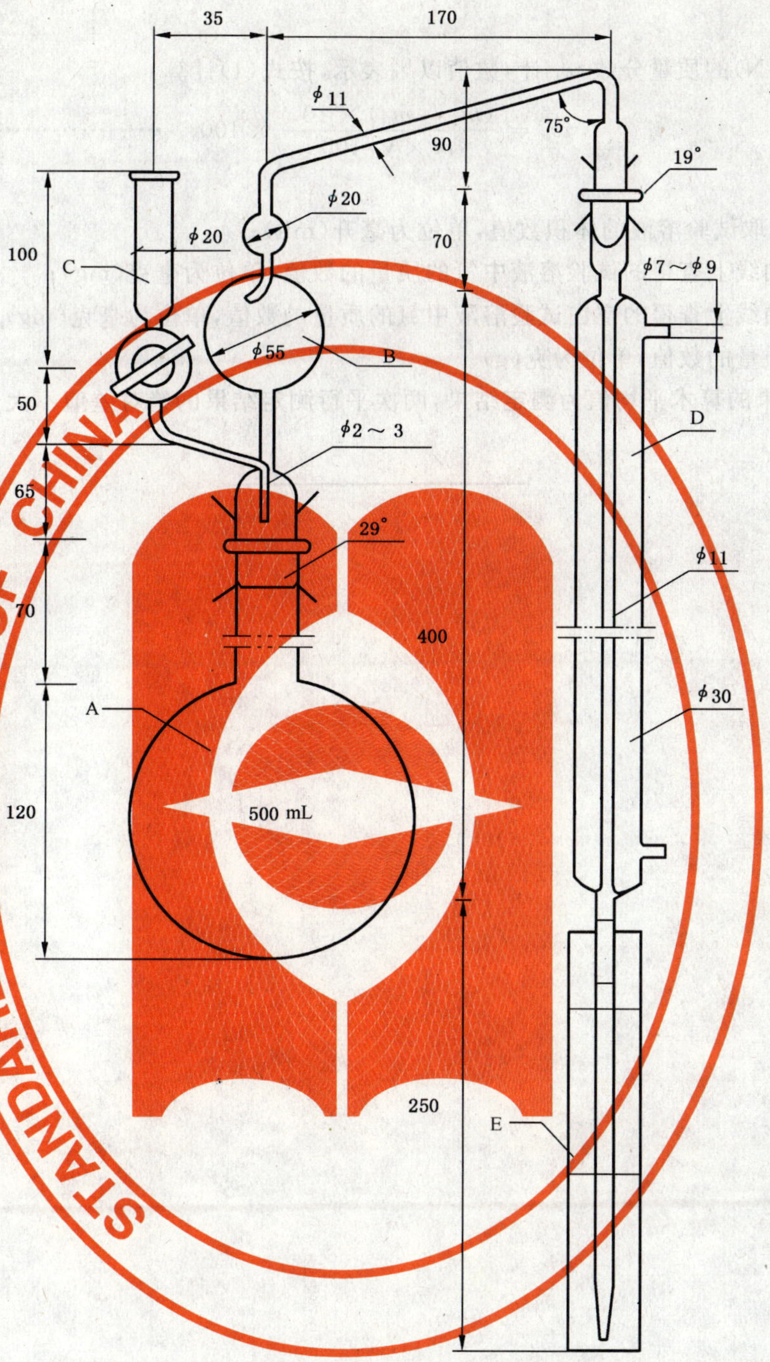

A——蒸馏瓶；

B——防溅球管；

C——滴液漏斗；

D——冷凝管；

E——100 mL 比色管。

图 1　蒸馏仪器图

9 结果计算

总氮含量以氮(N)的质量分数 w_1 计，数值以%表示，按式(1)计算：

$$w_1 = \frac{(m_1 - m_0) \times 10^{-3}}{m \times V/100} \times 100 \quad \cdots\cdots(1)$$

式中：

V——8.4 中移取试验溶液的体积数值，单位为毫升(mL)；

m_1——从工作曲线上查得的试验溶液中氮的质量的数值，单位为毫克(mg)；

m_0——从工作曲线上查得的空白试验溶液中氮的质量的数值，单位为毫克(mg)；

m——试料的质量的数值，单位为克(g)。

取平行测定结果的算术平均值为测定结果，两次平行测定结果的绝对差值不大于 0.000 5%。

ICS 71.060.01
G 10

中华人民共和国国家标准

GB/T 23835.13—2009

无水高氯酸锂 第13部分:澄清度的测定

Lithium perchlorate anhydrous—
Part 13:Determination of transparency

2009-05-18 发布

2010-02-01 实施

中华人民共和国国家质量监督检验检疫总局
中国国家标准化管理委员会 发布

前　言

GB/T 23835《无水高氯酸锂》分为13个部分：

——第1部分：无水高氯酸锂技术要求；

——第2部分：高氯酸锂含量的测定；

——第3部分：水分的测定；

——第4部分：水不溶物含量的测定；

——第5部分：氯化物含量的测定；

——第6部分：氯酸盐含量的测定；

——第7部分：硫酸盐含量的测定；

——第8部分：钾和钠含量的测定；

——第9部分：钙含量的测定；

——第10部分：铁含量的测定；

——第11部分：铅含量的测定；

——第12部分：总氮含量的测定；

——第13部分：澄清度的测定。

本部分为GB/T 23835的第13部分。

本部分由中国石油和化学工业协会提出。

本部分由全国化学标准化技术委员会无机化工分会(SAC/TC 63/SC 1)归口。

本部分主要起草单位：新疆有色金属研究所、中海油天津化工研究设计院。

本部分主要起草人：关玉珍、王宏川、支红军、陆思伟。

本部分为首次发布。

无水高氯酸锂
第13部分：澄清度的测定

1 范围

本部分规定了无水高氯酸锂澄清度的测定方法的方法提要、一般规定、分析步骤和结果判定。

本部分适用于无水高氯酸锂澄清度的测定。

2 规范性引用文件

下列文件中的条款通过GB/T 23835的本部分的引用而成为本部分的条款。凡是注日期的引用文件，其随后所有的修改单(不包括勘误的内容)或修订版均不适用于本部分，然而，鼓励根据本部分达成协议的各方研究是否可使用这些文件的最新版本。凡是不注日期的引用文件，其最新版本适用于本部分。

GB/T 6682—2008　分析实验室用水规格和试验方法(ISO 3696:1987,MOD)

3 方法提要

试样经无水乙醇溶解，用分光光度计在440 nm波长测定透光率。

4 一般规定

本部分所用试剂和水在没有注明其他要求时，均指分析纯试剂和GB/T 6682—2008中规定的三级水。

5 试剂

无水乙醇。

6 仪器、设备

6.1　比色管：100 mL；

6.2　分光光度计：配有5 cm比色皿。

7 分析步骤

称取约10 g试料，精确至0.1 g。置于50 mL烧杯中，加入40 mL无水乙醇溶解，全部转移至100 mL比色管中，用无水乙醇稀释刻度，摇匀。以无水乙醇为参比溶液，与分光光度计波长440 nm处，5 cm比色皿进行测定。

8 结果判定

透光率大于90%为合格。

ICS 71.040.40
G 76

中华人民共和国国家标准

GB/T 23836—2009

工业循环冷却水中钼酸盐含量的测定 硫氰酸盐分光光度法

Determination of molybdate in industrial circulating cooling water—Spectrometric method using thiocyanate

2009-05-18 发布

2010-02-01 实施

中华人民共和国国家质量监督检验检疫总局
中国国家标准化管理委员会 发布

前 言

本标准由中国石油和化学工业协会提出。

本标准由全国化学标准化技术委员会水处理剂分会(SAC/TC 63/SC 5)归口。

本标准负责起草单位:南京御水科技有限公司、中海油天津化工研究设计院。

本标准主要起草人:陈伟、白莹、李琳、邵宏谦、朱传俊。

工业循环冷却水中钼酸盐含量的测定 硫氰酸盐分光光度法

1 范围

本标准规定了工业循环冷却水中钼酸盐含量的测定方法。

本标准适用于钼酸盐含量在 2 mg/L～100 mg/L 范围内的测定。

2 规范性引用文件

下列文件中的条款通过本标准的引用而成为本标准的条款。凡是注日期的引用文件，其随后所有的修改单(不包括勘误的内容)或修订版均不适用于本标准，然而，鼓励根据本标准达成协议的各方研究是否可使用这些文件的最新版本。凡是不注日期的引用文件，其最新版本适用于本标准。

GB/T 6682 分析实验室用水规格和试验方法(GB/T 6682—2008，ISO 3696:1987，MOD)

3 原理

还原剂抗坏血酸可将钼酸盐还原成 Mo^{5+}，酸性条件下，Mo^{5+} 与硫氰酸盐形成橙色络合物。于 460 nm 最大吸收波长处测定其吸光度。

4 试剂和材料

本标准所用试剂和水，除非另有规定，应使用分析纯试剂和符合 GB/T 6682 三级水的规定。

安全提示：本标准所使用的强酸具有腐蚀性，使用时应注意。溅到身上时，用大量水冲洗，避免吸入或接触皮肤。

4.1 硫酸溶液：1+1。

4.2 亚铁离子溶液：5 g/L。

称取 3.51 g 硫酸亚铁铵[$(NH_4)_2Fe(SO_4)_2 \cdot 6H_2O$]于 100 mL 烧杯中，加 50 mL 水，缓慢加入 4.5 mL 硫酸，搅拌使其溶解，冷却后用水稀释至 100 mL，混匀。

4.3 抗坏血酸溶液：100 g/L。

溶解 10 g 抗坏血酸于 100 mL 水中，摇匀，贮存于棕色瓶中，在冰箱中可稳定放置 15 天。

4.4 硫氰酸铵溶液：100 g/L。

4.5 钼酸盐标准贮备溶液：1 mL 含有 1 mg MoO_4^{2-}。

称取 0.756 5 g 钼酸钠($Na_2MoO_4 \cdot 2H_2O$)，精确至 0.2 mg，溶于约 200 mL 水中，定量转移至 500 mL 容量瓶中，用水稀释至刻度，摇匀。

4.6 钼酸盐标准溶液：1 mL 含有 0.1 mg MoO_4^{2-}。

取 50.00 mL 钼酸盐标准贮备溶液于 500 mL 容量瓶中，用水稀释至刻度，摇匀。

5 仪器、设备

分光光度计：带有厚度为 10 mm 光程的吸收池。

6 分析步骤

6.1 校准曲线的绘制

分别移取 0(空白)、0.50、1.00、2.00、3.00、4.00、5.00 mL 钼酸盐标准溶液于 7 个 50 mL 容量瓶

中。依次加入6.0 mL硫酸溶液、1.0 mL硫酸亚铁铵溶液、10.0 mL硫氰酸铵溶液、少量水、1.0 mL抗坏血酸溶液，用水稀释至刻度，摇匀，于室温下放置15 min。使用分光光度计在460 nm波长处，用10 mm吸收池，以空白作参比进行吸光度的测定。以测得的吸光度为纵坐标，相对应的MoO_4^{2-}的含量(μg)为横坐标绘制校准曲线。

6.2 钼酸盐含量的测定

移取适量体积的试样于50 mL容量瓶中，依次加入6.0 mL硫酸溶液、1.0 mL硫酸亚铁铵溶液、10.0 mL硫氰酸铵溶液、少量水、5.0 mL抗坏血酸溶液，用水稀释至刻度，摇匀，于室温下放置15 min。使用分光光度计在460 nm波长处，用10 mm吸收池，以试剂空白为参比进行吸光度的测定。

7 结果计算

钼酸盐含量(以MoO_4^{2-}计)以质量浓度ρ_1计，数值以mg/L表示，按式(1)计算：

$$\rho=\frac{m}{V} \qquad \cdots\cdots(1)$$

式中：

m——从校准曲线上查得的钼酸盐(以MoO_4^{2-}计)的质量的数值，单位为微克(μg)；

V——移取试样溶液体积的数值，单位为毫升(mL)。

8 允许差

取平行测定结果的算术平均值为测定结果，平行测定结果的绝对差值应符合表1之规定。

表 1

钼酸盐含量 ρ/(mg/L)	允许差/(mg/L)
$\rho\leqslant 10$	<0.10
$10<\rho\leqslant 100$	<0.50
$\rho>100$	<1.00

ICS 71.040.40
G 76

中华人民共和国国家标准

GB/T 23837—2009

工业循环冷却水中铝离子的测定 原子吸收光谱法

Industrial circulating cooling water—Determination of aluminium—Atomic absorption spectrometric methods

(ISO 12020:1997, Water quality—Determination of aluminium—Atomic absorption spectrometric methods, MOD)

2009-05-18 发布　　2010-02-01 实施

中华人民共和国国家质量监督检验检疫总局
中国国家标准化管理委员会　发布

前言

本标准修改采用国际标准ISO 12020:1997《水质　铝的测定　原子吸收光谱法》(英文版)。

本标准根据ISO 12020:1997重新起草。为了方便比较,在资料性附录A中列出了本国家标准条款和国际标准条款的对照一览表。

与ISO 12020:1997相比,本标准做了下列技术性修改:

——为适合我国国情,强调与GB/T 1.1的一致性,增加了规范性引用文件;

——取消了精密度。

为便于使用,对于ISO 12020:1997本标准还做了下列编辑性修改:

——将标准的名称改为"工业循环冷却水中铝离子的测定　原子吸收光谱法";

——用小数点符号"."代替小数点符号逗号",";

——删除国际标准的前言;

——删除国际标准的附录A和附录B;

——将一些适用于国际标准的表述改为适用于我国标准的表述。

本标准的附录A为资料性附录。

本标准由中国石油和化学工业协会提出。

本标准由全国化学标准化技术委员会水处理剂分会(SAC/TC 63/SC 5)归口。

本标准负责起草单位:中海油天津化工研究设计院、天津正达科技有限责任公司。

本标准主要起草人:李琳、朱传俊、白莹、邵宏谦。

工业循环冷却水中铝离子的测定 原子吸收光谱法

1 范围

本标准规定了工业循环冷却水中铝离子的测定方法原子吸收光谱法。

本标准中火焰原子吸收光谱法适用于工业循环冷却水中铝含量为5 mg/L～100 mg/L范围内的测定；石墨炉原子吸收光谱法适用于工业循环冷却水中铝含量为10 μg/L～100 μg/L范围内的测定，样品体积为20 μL。可以通过适当地稀释样品或较小的样品体积来测定较高的浓度。

本标准还适用于水和废水中铝离子的测定。

2 规范性引用文件

下列文件中的条款通过本标准的引用而成为本标准的条款。凡是注日期的引用文件，其随后所有的修改单(不包括勘误的内容)或修订版均不适用于本标准，然而，鼓励根据本标准达成协议的各方研究是否可使用这些文件的最新版本。凡是不注日期的引用文件，其最新版本适用于本标准。

GB/T 6682 分析实验室用水规格和试验方法(GB/T 6682—2008，ISO 3696:1987，MOD)

3 火焰原子吸收光谱法

3.1 原理

在水样中加入酸，然后吸入原子吸收光谱仪的一氧化二氮/乙炔火焰中，在309.3 nm波长下测量吸光度并计算铝的含量。测定总铝时，应按3.5.3对样品进行消解。

3.2 干扰

3.2.1 下列离子超过表1所示浓度，会干扰火焰原子吸收光谱法。

表1 干扰离子及浓度

干扰离子	浓度/(mg/L)
硫酸盐	10 000
氯化物	10 000
磷酸盐	10 000
钠	10 000
钾	10 000
镁	10 000
钙	10 000
铁	10 000
镍	10 000
钴	10 000
镉	3 000
铅	10 000
硅酸盐	200

表 1（续）

干扰离子	浓度/(mg/L)
氟硼酸盐	2 000
钛	1 000
氟化物	3 000[a]

[a] 此浓度适用于强酸性样品或 pH<1 的试验溶液。在弱酸性溶液中可能发生沉淀。

3.2.2 试验溶液的总含盐量不应超过 15 g/L，或者其电导率不应大于 2 000 mS/m。对于未知影响因素的样品，应研究并补偿电导率，如果可能，例如用稀释样品的方法或采用标准添加法。

3.3 试剂和材料

本方法所用试剂，除非另有规定，应使用分析纯试剂和符合 GB/T 6682 中二级水的规定。与测定的最低浓度相比，使用的水或试剂中的铝含量应低到可以忽略。

安全提示：本方法使用的强酸具有腐蚀性，使用时应注意。溅到身上时，用大量水冲洗，避免吸入或接触皮肤。

3.3.1 盐酸，$\rho(HCl)=1.16$ g/mL。

3.3.2 硝酸，$\rho(HNO_3)=1.40$ g/mL。

3.3.3 过氧化氢，$w(H_2O_2)=30\%$。

3.3.4 氯化铯溶液，$\rho(CsCl)=20$ g/L。

称取 25.3 g 氯化铯溶解于 100 mL 盐酸中，用水稀释至 1 000 mL。

3.3.5 铝标准贮备溶液，$\rho(Al)=1\ 000$ mg/L。

称取 1.000 g 铝（纯度≥99.9%或同级）溶解于 15 mL 盐酸中，全部转移至 1 000 mL 容量瓶中，用水稀释至刻度。或用市售的含有(1.000±0.002)g 铝的铝标准物质制备成溶液。

3.3.6 铝标准溶液，$\rho(Al)=100$ mg/L。

移取 100 mL 铝标准贮备溶液至 1 000 mL 容量瓶中，加 10 mL 硝酸，用水稀释至刻度。

3.3.7 铝校准溶液

分别移取 5 mL、10 mL、20 mL、30 mL 和 50 mL 铝标准溶液至 100 mL 容量瓶中，在每个容量瓶中各加入 2 mL 氯化铯溶液、1 mL 硝酸，用水稀释至刻度，摇匀。此系列校准溶液分别含有 5 mg/L、10 mg/L、20 mg/L、30 mg/L 或 50 mg/L 铝。此校准溶液需当天配制。

3.3.8 空白溶液

移取 1 mL 硝酸至 100 mL 容量瓶中，用水稀释至刻度。如果样品需消解或蒸发至较小体积，那么应按相同步骤处理空白溶液。

3.3.9 调零溶液

用水作调零溶液。如果空白溶液中的铝含量低到可以忽略，那么也可以用空白溶液调零。调零溶液不应贮存于聚烯烃制瓶子中(见 3.5.1)。

3.4 仪器、设备

3.4.1 原子吸收光谱仪，带有铝空心阴极灯。

3.4.2 气源，具有一氧化二氮和乙炔气；乙炔钢瓶的剩余压力不能低于 500 kPa。

3.4.3 容量瓶，10 mL、100 mL 及 1 000 mL。

3.4.4 单标线移液管，5 mL、10 mL、20 mL、30 mL 及 50 mL。

3.4.5 微升移液管。

3.4.6 石英玻璃烧杯，250 mL。

3.4.7 加热用具，例如电加热板。

3.4.8 膜过滤装置，具有孔径 0.45 μm 的膜过滤器。

3.5 采样及样品制备

3.5.1 一般要求

玻璃仪器在使用前须用热的稀硝酸[$c(HNO_3)\approx 0.2$ mol/L]清洗，再用水彻底漂洗干净。用到的所有移液管以及容器应避免含铝污染物。将样品收集于适当塑料材质的瓶子中。由于聚烯烃制瓶子可能含痕量铝，因此不能使用。按照洗涤玻璃仪器的方法洗涤样品容器。

3.5.2 测定溶解铝的预处理

样品收集(3.5.1)后尽可能立刻用孔径 0.45 μm 的膜过滤器过滤水样。每 1 000 mL 水样过滤后加 1 mL 硝酸酸化，酸化至 pH 值<2。

3.5.3 消解步骤的预处理

样品收集后，立刻在每 1 000 mL 样品中加 1 mL 硝酸酸化至 pH 值<2。在石英玻璃烧杯中取 100 mL 样品，加 1 mL 硝酸和 1 mL 过氧化氢，于电加热板上蒸发至近干，应避免完全蒸干水样。取下冷却至室温，在烧杯中再加入 1 mL 硝酸和少量水，使烧杯中的剩余物质全部溶解，转移至 100 mL 容量瓶中，用水稀释至刻度。同样处理空白。

3.5.4 试验溶液的制备

取 20 mL 按 3.5.2 或 3.5.3 所述进行了预处理的水样于 25 mL 容量瓶中。加入 2 mL 氯化铯溶液，混匀，用水稀释至刻度。同样处理空白溶液及校准溶液。

3.6 分析步骤

3.6.1 测定前，按照仪器说明书设定原子吸收光谱仪的操作参数。

3.6.2 将调零溶液吸入火焰，使仪器调零。

3.6.3 按浓度由小到大的顺序，分别吸入制备的校准溶液，进行校准。

3.6.4 每次校准溶液后，吸入调零溶液，重新设置仪器零点。

3.6.5 测定空白溶液以及按 3.5.4 制备的试验溶液。

3.6.6 每一系列样品后，以及最多测定 10～20 次后，用空白溶液和一个中间浓度的校准溶液检查校准曲线。

如果试验溶液的铝含量超过校准曲线的有效范围，那么应相应地稀释试验溶液。

3.7 结果计算

根据校准溶液得到的测定数据确定校准曲线。

水样中铝含量以质量浓度 $\rho(\mathrm{Al})$ 计，数值以 mg/L 表示，按式(1)计算：

$$\rho(\mathrm{Al}) = \frac{(A_s - A_{s0})V_m}{bV_p} \qquad \cdots\cdots\cdots(1)$$

式中：

A_s——试验溶液的吸光度；

A_{s0}——空白溶液的吸光度；

b——按线性回归计算的校准曲线的斜率的数值，单位为升每毫克(L/mg)；

V_p——用于制备试验溶液的水样的体积的数值，单位为毫升(mL)；

V_m——试验溶液的体积的数值，单位为毫升(mL)。

除在此提及以外的其他稀释都应考虑。

3.8 结果表示

报告的数值近似到 1 mg/L，最多保留两位有效数字。例如：铝(Al) 7 mg/L；铝(Al) 32 mg/L。

4 石墨炉原子吸收光谱法

4.1 原理

将试验溶液注入原子吸收光谱仪光路的石墨炉的石墨管中，在 309.3 nm 波长下测其吸光度。

4.2 干扰

4.2.1 下列离子在所规定的质量浓度内，对石墨炉测定方法无干扰：

a) 100 mg/L 的铁、铜、镍、钴、镉、铅、四氟硼酸盐和硅酸盐；

b) 1 000 mg/L 的钠、钾、钙、氯化物、硫酸盐、磷酸盐和醋酸盐。

4.2.2 试验溶液中含有少量氟化物时，会导致信号减弱。通过在样品注入后立刻向石墨炉中另外注入 10 μL 硫酸[$\rho(H_2SO_4)=1.07$ g/mL]的方法来对质量浓度为 50 μg/L 的氟化物进行补偿。

4.2.3 低浓度铝在测定过程中易被污染。

4.2.4 对于不明基体组成的样品分析，可以使用标准添加法。通过背景修正最大程度补偿非吸收的偏差。

4.3 试剂和材料

本方法所用试剂，除非另有规定，应使用分析纯试剂和符合 GB/T 6682 中二级水的规定。与测定的最低浓度相比，使用的水或试剂中的铝含量应低到可以忽略。

安全提示：本方法使用的强酸具有腐蚀性，使用时应注意。溅到身上时，用大量水冲洗，避免吸入或接触皮肤。

4.3.1 盐酸，$\rho(HCl)=1.16$ g/mL。

4.3.2 硝酸，$\rho(HNO_3)=1.40$ g/mL。

4.3.3 过氧化氢，$w(H_2O_2)=30\%$。

4.3.4 基体改进剂

用水溶解 500 mg 无水硝酸镁于 100 mL 容量瓶中，用水稀释至刻度。

4.3.5 硫酸，$\rho(H_2SO_4)=1.07$ g/mL。

4.3.6 铝标准贮备溶液Ⅰ，$\rho(Al)=1\ 000$ mg/L。

称取 1.000 g 铝溶解于 15 mL 盐酸中，全部转移至 1 000 mL 容量瓶中，用水稀释至刻度。或者，用市售的含有(1.000±0.002)g 铝的铝标准物质制备成溶液。溶液贮存在塑料瓶内。不能使用聚烯烃制的瓶子(见 3.5.1)。

4.3.7 铝标准贮备溶液Ⅱ，$\rho(Al)=100$ mg/L。

移取 10 mL 铝标准贮备溶液Ⅰ于 100 mL 容量瓶中，加入 1 mL 硝酸并用水稀释至刻度。溶液贮存在塑料瓶内。不能使用聚烯烃制的瓶子(见 3.5.1)。

4.3.8 铝标准溶液，$\rho(Al)=1\ 000$ μg/L。

移取 10 mL 铝标准贮备溶液Ⅱ于 1 000 mL 容量瓶中，加入 1 mL 硝酸并用水稀释至刻度。溶液贮存在塑料瓶内。不能使用聚烯烃制的瓶子(见 3.5.1)。

4.3.9 铝校准溶液

分别移取 1 mL、2 mL、3 mL、4 mL、6 mL 和 10 mL 铝标准溶液至 100 mL 容量瓶中，在每个容量瓶中加入 1 mL 硝酸，用水稀释至刻度，摇匀。此系列校准溶液分别含有 10 μg/L、20 μg/L、30 μg/L、40 μg/L、60 μg/L 或 100 μg/L 铝。此校准溶液现用现配。

4.3.10 空白溶液

移取 1 mL 硝酸至 100 mL 容量瓶中，用水稀释至刻度。如果需要消解样品，那么应按相同步骤处理空白溶液。

4.3.11 调零溶液

用水作调零溶液。如果空白溶液中的铝含量低到可以忽略，那么也可以用空白溶液调零。

4.4 仪器、设备

4.4.1 原子吸收光谱仪：带有石墨炉控制装置，铝空心阴极灯。

4.4.2 氩气。

4.4.3 单标线移液管，1 mL、2 mL、5 mL 及 10 mL。

4.4.4 其他仪器、设备，见 3.4。

4.5 采样及样品制备

同 3.5。

4.6 分析步骤

4.6.1 一般要求

在测定前，按照仪器说明书设定原子吸收光谱仪的操作参数。用调零溶液将仪器调零。不能使用聚烯烃制的瓶子(见 3.5.1)。

4.6.2 直接校准和测定

只有在如 4.2 所述的基体干扰可以排除的情况下，可以采用此校准步骤。否则，应按照 4.6.3 用标准添加法。每次测量前，将 10 μL 基体改进剂注入石墨管中。按照仪器说明书，分别测定校准溶液、空白溶液以及试验溶液的吸光度。当氟化物超过 0.05 μg/L 时，需额外将 10 μL 硫酸注入石墨管中。

4.6.3 用标准添加法校准和测定

4.6.3.1 分别移取 0.1 mL 硝酸和 5 mL 样品溶液(3.5)，置于四个 10 mL 容量瓶中。当样品溶液中铝含量大于 100 μg/L 时，应使用较小体积，并将此计入计算。

4.6.3.2 然后依次加入 0.0、0.1 mL、0.2 mL 和 0.3 mL 铝标准溶液，并用水稀释至刻度，摇匀。

注：相对应 5 mL 样品和空白溶液，添加 0.1 mL 铝标准溶液相当于 20 μg/L 铝。补充至 10 mL 的稀释不进入计算。

4.6.3.3 每次测定前，将 10 μL 基体改进剂注入石墨管中。

4.6.3.4 按 4.6.2 所述分别测定吸光度。

4.7 结果计算

4.7.1 直接测定

按照 3.7 进行计算，铝的质量浓度以微克每升水样表示。

4.7.2 标准添加

以加入标准溶液的铝浓度为横坐标、相应的吸光度为纵坐标，绘制曲线。将曲线反向延长与横坐标相交，交点即为所测水样中铝的质量浓度。

4.8 结果表示

报告的数值近似到 1 μg/L，最多保留两位有效数字。例如：铝(Al) 48 μg/L。

5 试验报告

试验报告应包括以下内容：

a) 使用的方法；

b) 水样的鉴定；

c) 样品的预处理；

d) 按照 3.8 或 4.8 表示的结果；

e) 任何偏离本方法的因素以及所有可能影响到结果的情况。

附 录 A
（资料性附录）
本标准章条编号与 ISO 12020:1997 章条编号对照

表 A.1 给出了本标准章条编号与 ISO 12020:1997 章条编号对照一览表。

表 A.1 本标准章条编号与 ISO 12020:1997 章条编号对照

本标准章条编号	对应的国际标准章条编号
1	1
2	—
3.1	2.2
3.2	2.1
3.3	2.3
3.4	2.4
3.5	2.5
3.6	2.6
3.7	2.7
3.8	2.8
4.1	3.2
4.2	3.1
4.3	3.3
4.4	3.4
4.5	3.5
4.6	3.6
4.7	3.7
4.8	3.8
—	4
5	5
附录 A	—
—	附录 A
—	附录 B